KB219073

세상이 변해도 배움의 즐거움은 변함없도록

시대는 빠르게 변해도
배움의 즐거움은
변함없어야 하기에

어제의 비상은
남다른 교재부터
결이 다른 콘텐츠
전에 없던 교육 플랫폼까지

변함없는 혁신으로
교육 문화 환경의 새로운 전형을
실현해왔습니다.

비상은 오늘, 다시 한번
새로운 교육 문화 환경을 실현하기 위한
또 하나의 혁신을 시작합니다.

오늘의 내가 어제의 나를 초월하고
오늘의 교육이 어제의 교육을 초월하여
배움의 즐거움을 지속하는 혁신,

바로, 메타인지 기반 완전 학습을.

상상을 실현하는 교육 문화 기업 비상

메타인지 기반 완전 학습

초월을 뜻하는 meta와 생각을 뜻하는 인지가 결합한 메타인지는 자신이 알고 모르는 것을 스스로 구분하고 학습계획을 세우도록 하는 궁극의 학습 능력입니다. 비상의 메타인지 기반 완전 학습 시스템은 잠들어 있는 메타인지를 깨워 공부를 100% 내 것으로 만들도록 합니다.

완벽한 자율학습서

완자

통합과학 2

Structure 구성과 특징

01 단원 핵심 내용 파악하기

이 단원에서 꼭 알아야 하는 핵심 포인트를 확인하고,
친절하게 설명된 개념 정리로 개념을 이해한다.

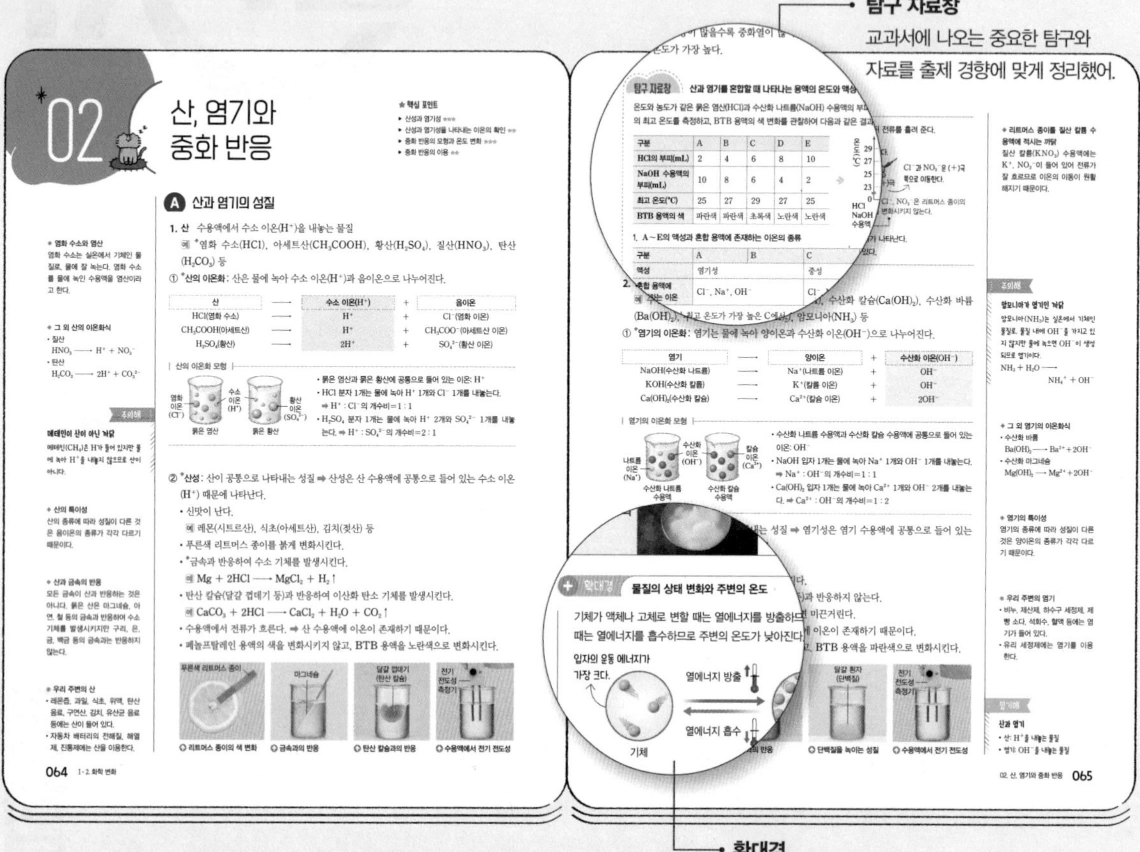

탐구 자료창
교과서에 나오는 중요한 탐구와 자료를 출제 경향에 맞게 정리했어.

확대경
심화된 내용이나 알아두면 좋은 개념을 더 제시하여 개념 학습에 도움이 될 거야!

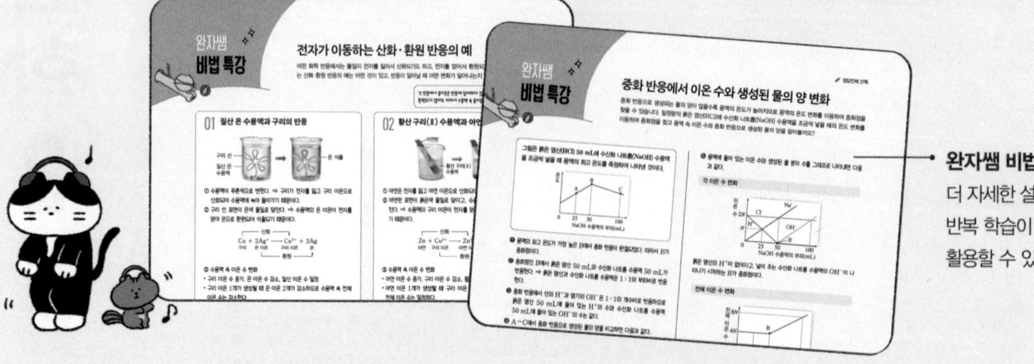

완자쌤 비법 특강
더 자세한 설명이 필요하거나 반복 학습이 필요한 경우에 활용할 수 있어.

02 내신 문제 적용하기

시험에 자주 출제되는 유형의 문제를 풀어 보면서 실전에 대비하고, 문제를 통해 개념을 다시 한번 다진다. 실력 UP 문제의 난이도 있는 문제에도 도전해 보자.

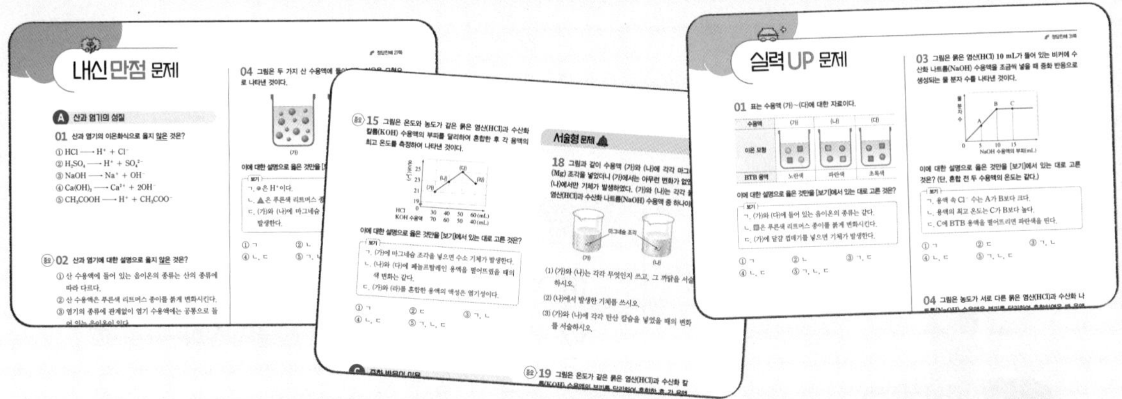

03 반복 학습으로 실력 다지기

중단원 핵심 내용을 다시 한번 복습한 다음, 중단원 마무리 문제를 통해 자신의 실력을 확인한다. 중단원 고난도 문제를 통해 어려운 문제에도 대비한다.

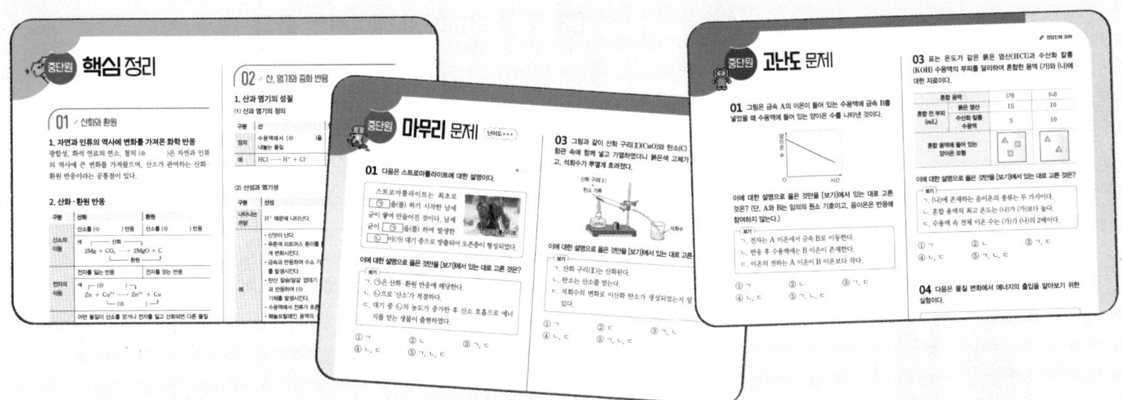

학생용 부록 / 수능 미리보기

수능에 자주 출제되는 유형을 자료로 미리 알아보고, 수능 예상문제를 통해 미리 수능에 도전한다.

Contents 차례

I 변화와 다양성

II 환경과 에너지

과학과 미래 사회

통합과학1 미리보기

I 과학의 기초

1 과학의 기초

01. 과학의 기본량
02. 측정 표준과 정보

II 물질과 규칙성

1 자연의 구성 원소

01. 우주 초기 원소의 생성
02. 지구와 생명체를 구성하는 원소의 생성

2 물질의 규칙성과 성질

01. 원소의 주기성
02. 화학 결합과 물질의 성질
03. 지각과 생명체 구성 물질의 규칙성(1)
04. 지각과 생명체 구성 물질의 규칙성(2)
05. 물질의 전기적 성질

III 시스템과 상호작용

1 지구시스템

01. 지구시스템의 구성과 상호작용
02. 지권의 변화와 영향

2 역학 시스템

01. 중력을 받는 물체의 운동
02. 운동과 충돌

3 생명 시스템

01. 생명 시스템의 기본 단위
02. 생명 시스템에서의 화학 반응
03. 생명 시스템에서 정보의 흐름

완자와 내 교과서 비교하기

통합과학1

			완자	비상교육	동아 출판	미래엔	지학사	천재교과서
Ⅰ. 과학의 기초	1. 과학의 기초	01. 과학의 기본량	10~17	16~23	14~21	14~21	16~25	14~22
		02. 측정 표준과 정보	18~25	26~33	22~29	28~35	26~35	23~29
Ⅱ. 물질과 규칙성	1. 자연의 구성 원소	01. 우주 초기 원소의 생성	32~43	42~47	40~45	48~53	48~53	40~45
		02. 지구와 생명체를 구성하는 원소의 생성	44~55	48~53	46~51	54~59	54~59	46~51
	2. 물질의 규칙성과 성질	01. 원소의 주기성	64~75	58~65	58~63	60~65	66~73	58~63
		02. 화학 결합과 물질의 성질	76~87	66~71	64~69	66~73	74~79	64~71
		03. 지각과 생명체 구성 물질의 규칙성 (1)	88~93	72~75	70~71	80~81	80~83	78~80
		04. 지각과 생명체 구성 물질의 규칙성 (2)	94~103	76~79	72~75	82~87	84~87	81~85
		05. 물질의 전기적 성질	104~111	80~85	76~79	88~91	88~91	86~89
Ⅲ. 시스템과 상호작용	1. 지구 시스템	01. 지구시스템의 구성과 상호작용	124~137	96~101	92~101	104~111	104~111	100~107
		02. 지권의 변화와 영향	138~151	102~107	102~107	112~118	112~117	108~115
	2. 역학 시스템	01. 중력을 받는 물체의 운동	160~169	112~117	114~119	124~131	124~129	122~127
		02. 운동과 충돌	170~177	118~123	120~127	132~137	130~135	128~133
	3. 생명 시스템	01. 생명 시스템의 기본 단위	186~195	128~131	134~139	150~153	142~147	140~145
		02 생명 시스템에서의 화학 반응	196~203	132~135	140~145	144~149	148~151	146~151
		03 생명 시스템에서 정보의 흐름	204~213	136~141	146~151	154~158	152~155	152~155

통합과학2

대단원	중단원	소단원	완자	비상교육	동아 출판	미래엔	지학사	천재교과서
Ⅰ. 변화와 다양성	1. 지구 환경 변화와 생물 다양성	01. 지질 시대의 환경과 생물	10~21	16~21	14~19	14~19	16~23	14~21
		02. 변이와 자연선택에 의한 생물의 진화	22~31	22~25	20~23	20~25	24~28	22~27
		03. 생물다양성	32~41	26~28	24~27	26~32	28~33	28~31
	2. 화학 변화	01. 산화와 환원	52~63	32~37	34~41	38~45	38~45	38~47
		02. 산, 염기와 중화 반응	64~77	38~45	42~49	46~53	46~53	48~59
		03. 물질 변화에서 에너지의 출입	78~87	46~51	50~53	54~59	54~59	60~63
Ⅱ. 환경과 에너지	1. 생태계와 환경 변화	01. 생물과 환경	100~109	62~65	66~69	72~75	72~77	74~79
		02. 생태계평형	110~119	66~71	70~77	76~81	78~83	80~85
		03. 지구 환경 변화와 인간 생활	120~129	72~79	84~93	82~91	84~93	86~95
	2. 에너지 전환과 활용	01. 태양 에너지의 생성과 전환	140~145	84~87	100~103	98~101	100~103	102~103
		02. 발전과 에너지원	146~155	88~95	104~109	102~109	104~111	104~111
		03. 에너지 효율과 신재생 에너지	156~165	96~103	110~117	110~117	112~117	112~121
Ⅲ. 과학과 미래 사회	1. 과학과 미래 사회	01. 과학 기술의 활용	178~185	114~123	130~137	130~137	130~141	132~143
		02. 과학 기술의 발전과 쟁점	186~193	126~135	138~145	144~153	142~151	144~151

변화와 다양성

1 지구 환경 변화와 생물다양성

2 화학 변화

이 단원의 학습 연계

중학교에서 배운 내용

- 생물다양성
- 생물이 다양해지는 과정
- 생물다양성의 중요성
- 생물다양성 감소 원인

생물다양성 일정한 지역에 살고 있는 생물의 종류가 많을수록, 같은 종류에 속하는 생물의 특성이 다양할수록, 생태계가 다양할수록 생물다양성이 높다.

1 생물의 종류: 생물의 [❶] 가 많을 때, 여러 종류의 생물이 고르게 분포할 때 생물다양성이 높다.

2 같은 종류에 속하는 생물의 특성: 같은 종류에 속하는 생물이라도 생물의 특징을 결정하는 [❷] 가 다르기 때문에 크기나 생김새와 같은 특징이 다양하다.

3 생태계: 숲, 갯벌, 바다, 사막 등 생태계가 다양하면 생물의 종류가 많아진다.

생물이 다양해지는 과정 생물의 변이와 생물이 환경에 적응하는 과정에 의해 생물이 다양해진다.

1 [❸] : 같은 종류의 생물 사이에서 나타나는 서로 다른 특징

2 생물이 다양해지는 과정

한 종류의 생물 무리에는 다양한 변이가 있다. ➡ 환경에 [❹] 하기 알맞은 변이를 지닌 생물이 더 많이 살아남아 자손을 남긴다. ➡ 이 과정이 매우 오랜 세월 동안 반복되면 원래의 생물과 특징이 다른 생물이 나타날 수 있다.

생물다양성의 중요성 생태계평형 유지, 사람이 살아가는 데 필요한 [❺] 제공, 지구 환경 보전

생물다양성 감소 원인 서식지파괴, 남획, 외래생물 유입, 환경 오염

❶ 종류 ❷ 유전자 ❸ 변이 ❹ 적응 ❺ 생물자원

통합과학에서 배울 내용

- 시상 화석과 표준 화석
- 지질 시대의 구분
- 지질 시대의 지구 환경과 생물의 변화
- 지질 시대의 대멸종
- 변이의 발생
- 자연선택
- 변이와 자연선택을 통한 진화
- 진화와 생물다양성
- 생물다양성의 요소
- 생물다양성보전

화석을 이용하여 지질 시대를 알고, 생물은 지구의 다양한 환경에 적응하면서 진화하여 현재와 같은 생물다양성이 형성되었음을 배울 거야.

지질 시대의 환경과 생물

★ 핵심 포인트
- 화석의 종류와 화석을 이용한 과거의 해석 ★★★
- 지질 시대의 구분 ★★
- 지질 시대의 환경과 생물 ★★★
- 대멸종과 생물다양성 ★★

A 화석으로 알아낸 지질 시대

1. 화석 과거에 살았던 생물의 유해나 흔적이 지층에 남아 있는 것으로, 주로 ◆퇴적암에서 발견된다. 예 생물의 뼈나 알, 발자국, 기어 다닌 흔적, 생물이 뚫은 구멍, ❶규화목 등

① ◆**화석의 생성 과정** 미래엔 교과서에만 나와요.

생물의 유해나 흔적이 땅속에 묻힌다. ➡ 퇴적물이 쌓여 오랜 시간이 지나면 화석이 생성된다. ➡ 지층이 융기해 침식 작용을 받아 화석이 드러난다.

② **화석의 종류**

- 시상 화석: 지층의 생성 환경을 알려주는 화석 → 특정한 환경에서 서식
  ➡ 조건: 생물의 생존 기간이 길고, 분포 면적이 좁아야 한다.
- 표준 화석: 지층의 생성 시기를 알려주는 화석 → 특정한 시기에 생존
  ➡ 조건: 생물의 생존 기간이 짧고, 분포 면적이 넓어야 한다.

▲ 시상 화석과 표준 화석의 조건

시상 화석의 예	생성 환경	표준 화석의 예	생성 시기
고사리	따뜻하고 습한 육지	삼엽충, 갑주어, 완족류	고생대
산호	따뜻하고 얕은 바다	암모나이트, 공룡	중생대
조개	얕은 바다나 갯벌	화폐석, 매머드	신생대

2. 화석을 이용하여 알 수 있는 것

① **지층이 생성될 당시의 환경**: 시상 화석을 이용하여 지층이 생성될 당시의 환경을 알 수 있다.

탐구 자료창 **화석을 통해 과거 환경 추론하기**

그림은 현재 지구에 살고 있는 고사리, 조개의 모습과 각 생물의 화석의 모습을 나타낸 것이다.

1. **화석이 발견된 지층의 환경**: 생물은 과거에도 현재와 유사한 환경에서 서식했을 것으로 추정한다.
   - 고사리: 따뜻하고 습한 육지
   - 조개: 얕은 바다나 갯벌
2. **생물의 서식 환경과 다른 곳에서 화석이 발견되는 경우**: 생물이 퇴적된 이후 지각 변동을 받아 환경이 바뀌었기 때문이다. 예 태백 구문소에서 발견되는 조개 화석

◆ **대부분의 화석이 퇴적암에서 발견되는 까닭**
높은 열과 압력을 받으면 생물의 유해가 파손되거나 형태가 사라지기 때문에 화성암이나 변성암에서는 화석이 발견되기 어렵고, 대부분 퇴적암에서 발견된다.

◆ **화석의 생성 조건**
- 생물의 개체수가 많아야 한다.
- 생물에 단단한 부분이 있을수록 화석으로 남기 쉽다.
- 생물의 유해나 흔적이 훼손되기 전에 지층 속에 빨리 매몰되어 ❷화석화 작용을 받아야 한다.

+ 확대경

몰드와 캐스트
지층 속에 있는 화석이 지하수에 의한 용해로 완전히 제거되어 원래 화석의 외형과 똑같은 형태가 남는 것을 몰드라고 한다. 지하수에 녹아 있던 광물질이 몰드에 채워져 굳어지면 화석의 원형이 복원되는데, 이를 캐스트라고 한다.

용어

❶ **규화목(硅 규소, 化 되다, 木 나무)** 나무의 원래 형태와 구조를 보존한 상태로 이산화 규소가 나무의 성분과 대체되어 만들어진 화석

❷ **화석화 작용** 생물의 유해나 흔적이 다른 물질로 치환되거나 탄소로 변해 화석으로 되는 작용

② **지층의 생성 시기**: 표준 화석을 이용하여 지층의 생성 시기를 알 수 있다.
└• 표준 화석은 고생대와 중생대를 분류할 때 삼엽충의 멸종을 활용하는 것처럼 지질 시대 구분의 기준이 될 수 있다.

③ **생물의 진화 과정**: 생성 시기를 알고 있는 지층에서 발견된 화석을 통해 생물의 진화 과정을 추론할 수 있다. →• 무척추동물 → 척추동물(어류 → 양서류 → 파충류 → 조류와 포유류)

④ **과거 대륙의 이동**: 멀리 떨어진 화석을 비교하여 ◆과거 대륙의 분포 변화를 추론할 수 있다.

⑤ **과거 바다와 육지 환경**: 화석으로 발견된 생물의 서식 환경을 통해 지층이 퇴적될 당시의 환경이 바다였는지 육지였는지 알 수 있다.

삼엽충, 완족류, 갑주어, 방추충, 암모나이트, 화폐석, 산호, 조개 화석 발견 ➡ 과거 바다 환경

공룡, 매머드, 고사리, 소철, 참나무 화석 발견 ➡ 과거 육지 환경

⑥ **과거의 기후 변화**: 기후에 민감한 생물종의 분포와 특성을 이용하여 과거의 기후 변화를 추정할 수 있다. 예 꽃가루 화석, 유공충 화석 등을 분석하여 과거 기후를 추정할 수 있다.
└• 당시의 식생 분포 추정 └• 당시 해수의 온도 추정

| 화석을 이용한 지층의 퇴적 환경과 생성 시기 해석 |

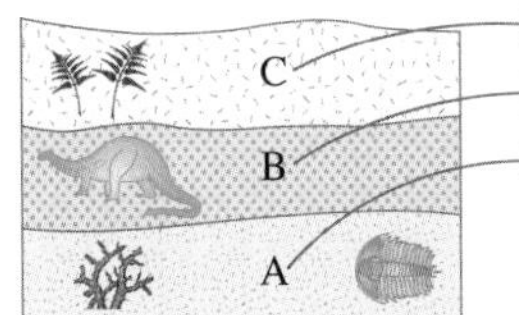

화석이 발견된 지층의 단면

- 지층 C: 고사리 화석 발견 ➡ 지층이 퇴적될 당시 따뜻하고 습한 육지 환경이었다.
- 지층 B: 공룡 화석 발견 ➡ 중생대에 퇴적되었고, 지층이 퇴적될 당시 육지 환경이었다.
- 지층 A: 산호, 삼엽충 화석 발견 ➡ 고생대에 퇴적되었고, 지층이 퇴적될 당시 따뜻하고 수심이 얕은 바다 환경이었다.

➡ 지층 A가 퇴적될 때는 바다 환경이었다가 지층이 융기한 후 지층 B와 C가 퇴적될 때는 육지 환경이 되었다.

3. 지질 시대 지구가 탄생(45.67억 년 전)한 후부터 현재까지의 기간

① **지질 시대의 구분 기준**: 표준 화석을 통해 알아낸 생물계의 급격한 변화, 부정합과 같은 대규모 지각 변동 →• 지질 시대는 지구 환경의 급격한 변화로 많은 종류의 생물이 갑자기 멸종하거나 출현한 시기를 경계로 구분한다.

② **지질 시대의 구분**: ◆선캄브리아시대, 고생대, 중생대, 신생대로 구분

화석이 거의 발견되지 않는 시대	선캄브리아시대 ➡ 화석이 거의 발견되지 않는 까닭: 생물의 개체수가 적었고, 생물체에 단단한 골격이 없었으며, 화석이 되었어도 오랜 시간 동안 지각 변동과 풍화 작용을 많이 받아 화석으로 남아 있기 어렵기 때문
화석이 많이 발견되는 시대	생물계의 큰 변화를 기준으로 고생대, 중생대, 신생대로 구분한다.

③ ◆**지질 시대의 상대적 길이**: 선캄브리아시대≫고생대 > 중생대 > 신생대
└• 화석과 지층에 대한 정보가 불확실하거나 부족하기 때문에 세분하기 어려우므로 길다.

| 지층에서 발견된 화석으로 지질 시대 구분하기 |

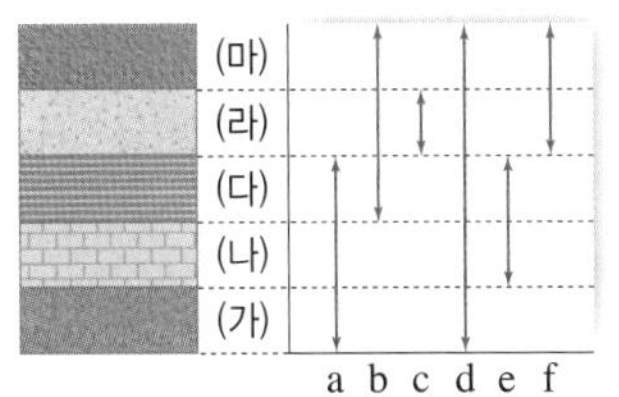

지층 (가)~(마)에서 산출된 화석 a~f(단, 지층은 ❸역전되지 않았다.)

▶

지층의 경계	생물계의 변화
(가)와 (나)	e 출현
(나)와 (다)	b 출현
(다)와 (라)	a, e 멸종과 c, f 출현
(라)와 (마)	c 멸종

▶ 지질 시대 구분: 지층 (다)와 (라)의 경계 ➡ 생물계의 급격한 변화(화석의 변화)가 나타나기 때문

◆ **과거 대륙의 분포 변화**
여러 대륙에서 메소사우루스 화석, 글로소프테리스 화석이 발견되는 것을 통해 현재는 멀리 떨어져 있는 대륙들이 과거에는 한 덩어리로 뭉쳐 있었다는 것을 알 수 있다.

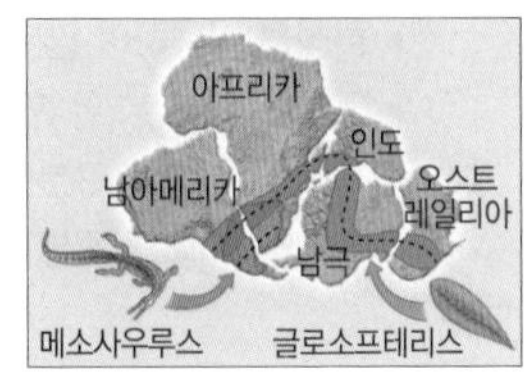

확대경

부정합
부정합은 지각 변동을 거친 지층 위에 새로운 지층이 퇴적되어 위아래 두 지층 사이가 연속적이지 않은 관계를 말한다.
➡ 부정합의 생성 과정: 퇴적 → 융기 → 침식 → 침강 → 퇴적

부정합

◆ **선캄브리아시대**
지질 기록에서 처음으로 풍부하고 다양한 생물의 화석이 산출되는 시기는 고생대의 시작인 캄브리아기이다. 선캄브리아시대는 화석이 거의 발견되지 않는 시대, 즉 '캄브리아기 이전'의 지질 시대라는 뜻이다.

◆ **지질 시대의 상대적 길이**
지질 시대를 12시간으로 나타내면, 고생대는 10시 35분, 중생대는 11시 21분, 신생대는 11시 50분에 시작했다.

용어
❸ **역전**(逆 거스르다, 轉 돌다) 오래된 지층과 오래되지 않은 지층이 뒤집히는 현상

정답친해 2쪽

개념 확인 문제

핵심 체크

- (❶): 지질 시대에 살았던 생물의 유해나 흔적이 지층에 남아 있는 것
  - (❷): 지층이 생성될 당시의 환경을 알려주는 화석 예 고사리, 산호, 조개 등
  - 표준 화석: 지층이 생성된 (❸)를 알려주는 화석 예 삼엽충, 암모나이트, 화폐석 등
- 화석을 이용하여 알 수 있는 것: 지층의 생성 환경과 생성 시기, 생물의 진화, 과거의 기후 변화 등
- (❹): 지구가 탄생한 후부터 현재까지의 기간
  - 지질 시대의 구분 기준: 화석으로부터 알아낸 (❺)의 급격한 변화
  - 지질 시대의 구분: 선캄브리아시대, (❻), 중생대, 신생대

1 화석이 될 수 있는 것만을 [보기]에서 있는 대로 고르시오.

보기
ㄱ. 퇴적암　　ㄴ. 뼈
ㄷ. 배설물　　ㄹ. 생물이 땅속에 뚫은 구멍

2 화석에 대한 설명으로 옳은 것은 ○, 옳지 않은 것은 ×로 표시하시오.

(1) 화석은 주로 퇴적암에서 발견된다. ( )
(2) 생물의 유해나 흔적이 지층 속에 느리게 매몰되어야 화석으로 남기 쉽다. ( )
(3) 일부 화석을 통해 지층이 생성된 시기를 알 수 있다. ( )

3 다음은 화석이 생성되는 과정을 설명한 것이다. ( ) 안에 알맞은 말을 쓰시오.

생물의 유해나 ㉠( )이 땅속에 묻힌다. → 그 위에 퇴적물이 쌓여 오랜 시간이 지나면 ㉡( )이 생성된다. → 지각 변동으로 지층이 ㉢( )한 후 침식 작용을 받아 화석이 드러난다.

4 시상 화석으로 적합한 것은 '시', 표준 화석으로 적합한 것은 '표'라고 쓰시오.

(1) 생물이 살았던 당시의 환경을 알려주는 화석 ( )
(2) 생존 기간이 짧고, 분포 면적이 넓은 생물의 화석 ( )
(3) 지질 시대를 구분하는 기준이 되는 화석 ( )
(4) 산호, 고사리, 조개 화석 ( )

5 지질 시대와 각 지질 시대의 표준 화석을 옳게 연결하시오.

(1) 고생대 • 　　• ㉠ 공룡
(2) 중생대 • 　　• ㉡ 삼엽충
(3) 신생대 • 　　• ㉢ 매머드

6 지층이 생성될 당시에 육지 환경이었을 것으로 추정할 수 있는 화석만을 [보기]에서 있는 대로 고르시오.

보기
ㄱ. 공룡　　ㄴ. 산호　　ㄷ. 삼엽충
ㄹ. 암모나이트　　ㅁ. 고사리　　ㅂ. 매머드

7 지질 시대를 구분하는 기준으로 적합한 것만을 [보기]에서 있는 대로 고르시오.

보기
ㄱ. 빙하기　　ㄴ. 대기의 성분 변화
ㄷ. 부정합　　ㄹ. 화석의 급격한 변화

8 그림은 지질 시대를 상대적 길이에 따라 나타낸 것이다.

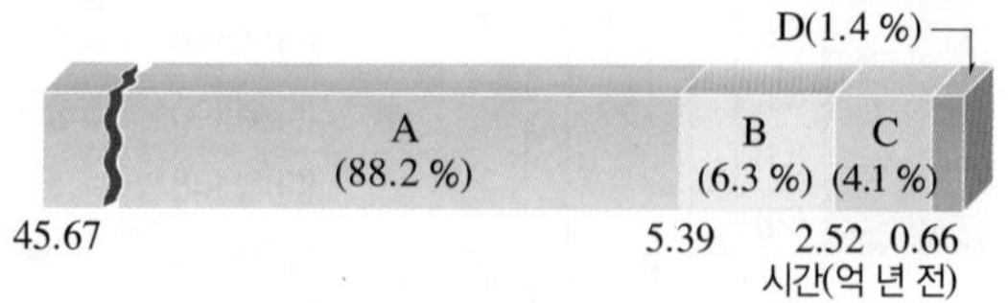

A~D에 해당하는 지질 시대의 이름을 각각 쓰시오.

B 지질 시대의 지구 환경과 생물의 변화

완자쌤 비법 특강 / 16쪽

1. 선캄브리아시대

환경

- 기후: 비교적 온난하였으나 여러 차례 ❶빙하기가 있었을 것으로 추정된다.
- 수륙 분포: 지각 변동을 많이 받았고, 발견되는 화석이 매우 적어 정확하게 알기 어렵다.

생물

- 발견되는 화석이 매우 드물다. ➡ 생물의 개체수가 적었고, 생물체에 단단한 뼈나 껍질이 없었으며, 화석이 되었어도 오랜 시간 동안 지각 변동과 풍화 작용을 받아 화석으로 남아 있기 어렵기 때문
- 바다에서 최초의 생명체가 출현하였다. ➡ 강한 자외선이 바다 속에는 닿지 않았기 때문

바다
- 최초의 광합성 생물인 남세균(사이아노박테리아) 출현 — 단세포생물로, 청록색으로 보인다.
  ➡ ◆바다와 대기로 산소 방출
- 초기에는 단세포생물, 말기에는 최초의 다세포생물 출현
  ➡ ◆스트로마톨라이트 형성, 에디아카라 동물군 화석 형성

육지 육지에서는 생물이 출현할 수 없었다. — 초기에는 대기 중에 산소가 희박하였고, 오존층이 형성되지 않아 강한 자외선이 지표에 도달하였기 때문

2. 고생대

환경

- 기후: 초기에는 대체로 온난하였으나 말기에는 빙하기가 있었다.
- 수륙 분포: 말기에 대륙들이 모여 하나의 초대륙인 ❷판게아가 형성되었다.

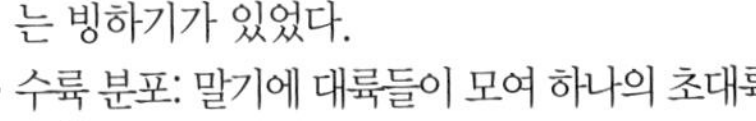

얕은 바다의 면적이 감소하였고, 기후가 급격히 변하였기 때문에 생물종과 개체수가 크게 감소하였다.

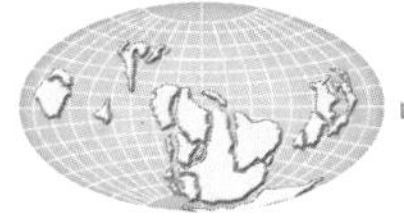

고생대 중기

고생대 말기

생물

- 초기에 해양 생물의 종과 수가 폭발적으로 증가하였다. ➡ 바다와 대기의 산소 농도가 증가했기 때문 — 껍데기, 뼈와 같이 단단한 부분을 가진 해양 생물이 출현
- 중기에 육상 생물이 출현 ➡ 대기 중에 오존층이 형성되어 지표에 도달하는 강한 자외선을 차단하였기 때문 — 생물의 서식지가 바다에서 육지로 확장
- 말기에 삼엽충, 방추충 등 생물의 ◆대멸종이 있었다.
  판게아 형성, 화산 폭발 등으로 인한 환경 변화가 원인으로 추정된다.

바다 삼엽충, 방추충, 완족류, 필석, 어류(예 갑주어) 번성
(삼엽충, 방추충, 완족류, 필석 — 무척추동물 / 어류 — 최초의 척추동물)

육지 양서류, 곤충류(예 대형 잠자리), ❸양치식물(예 고사리) 번성, 파충류, 겉씨식물 출현
(양서류, 곤충류 — 생물다양성 증가 / 양치식물 — 크기가 수십 m로 거대하였으며, 이때 생긴 양치식물로 이루어진 숲은 현재 석탄층으로 남아 있다.)

3. 중생대

환경

- 기후: 빙하기가 없이 전반적으로 온난하였다.

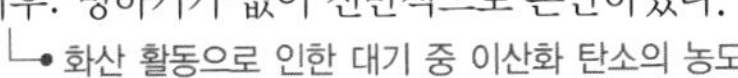

  └ 화산 활동으로 인한 대기 중 이산화 탄소의 농도 증가로 온실 효과가 커졌기 때문

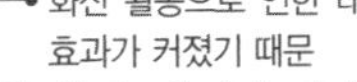

- 수륙 분포: 초기에 판게아가 분리되기 시작하면서 여러 대륙으로 갈라졌고, 대서양과 인도양이 형성되었으며, 인도가 분리되어 북상하였다. — 고생대 말기에 비해 대륙과 해양 분포가 다양해졌다.

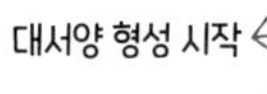

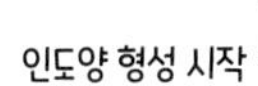

중생대 중기

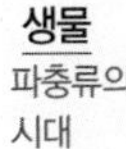

생물 (파충류의 시대)

- 서식지의 다양성 증가로 고생대 말기의 대멸종에서 살아남은 생물들이 번성하였고, 새로운 생물종이 출현하였다.
- 말기에 공룡, 암모나이트 등 생물의 대멸종이 있었다.
  소행성 충돌, 화산 폭발 등이 원인으로 추정된다.

바다 암모나이트, 해양 파충류 번성

육지 공룡, 육상 파충류, 겉씨식물(예 은행나무, 소나무 등) 번성, 속씨식물, 조류(예 시조새), 원시 포유류 출현
(시조새 — 최초의 조류)

지학사 교과서에만 나와요.

◆ 지질 시대의 산소 농도 변화

남세균의 광합성으로 산소가 바다와 대기로 방출 → 대기 중 산소 농도 증가 → 오존층 형성 → 육상 생물 출현 → 서식지 확대로 생물의 수 증가

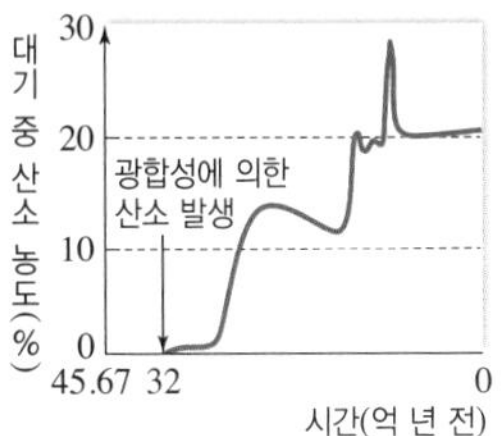

◆ 선캄브리아시대의 화석

- 스트로마톨라이트: 남세균의 점액질에 모래나 진흙과 같은 부유물이 달라붙어 만들어진 퇴적 구조로, 가장 오래된 생물의 흔적
- 에디아카라 동물군: 약 6억 년 전에 생성된 호주 에디아카라 언덕에서 발견된 무척추동물인 해파리, 해면동물 등 골격이나 껍데기가 없는 다세포생물의 화석군

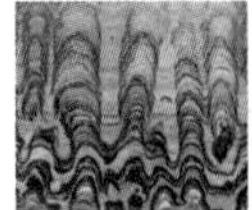

스트로마톨라이트

에디아카라 동물군

◆ 대멸종

지구 환경의 급격한 변화로 대량의 생물종이 한꺼번에 광범위한 지역에서 멸종하는 사건으로, 대멸종은 수만 년~수백만 년에 걸쳐 일어났다.

용어

❶ **빙하기(氷 얼음, 河 물, 期 기간)** 기후가 한랭하여 고위도 지역이나 산악 지대에 발달한 빙하가 상대적으로 많이 확장된 시기

❷ **판게아(Pangaea)** 고생대 말기에 여러 대륙들이 하나로 뭉쳐 이루어진 거대한 초대륙

❸ **양치(羊 양, 齒 이빨)식물** 꽃과 씨앗 없이 포자로 번식하는 식물

❋ **생물의 진화 과정**
- 척추동물: 어류 → 양서류 → 파충류 → 조류와 포유류
- 식물: 양치식물 → 겉씨식물 → 속씨식물

◆ **대륙이 이동할 때 환경 변화**
- 대륙이 합쳐질 때: 해안선의 총 길이가 감소하여 얕은 바다의 면적 감소로 해양 생물의 서식처 감소, 해류가 단순해져 기후대가 단순해짐 ➡ 생물의 수 감소
- 대륙이 분리될 때: 해안선의 총 길이가 증가하여 대륙붕의 면적 증가로 해양 생물의 서식처 증가, 해류가 복잡해져 기후대가 복잡해짐 ➡ 생물의 수 증가

❋ **그 외 대멸종 원인**
- 기후 변화: 대륙의 이동 등으로 대기와 해수의 순환이 변하거나 온실 기체의 농도 변화로 인한 지구의 기후 변화는 지구의 기온, 강수량을 변화시켜 대멸종을 일으킬 수 있다.
- 해양 환경 변화: 대규모 적조가 발생하거나 해양의 순환이 변하면, 해양에 녹아 있는 산소의 양이 급격하게 줄어들어 해양 생물의 급격한 멸종을 일으킬 수 있다.

4. 신생대

환경	• 기후: 초기에는 대체로 온난하였으나, 말기에는 빙하기와 간빙기가 반복되었다. • 수륙 분포: 히말라야산맥과 알프스산맥이 형성되었으며, 현재와 유사한 수륙 분포가 형성되었다.
생물 포유류의 시대	• 빙하기에 해수면이 낮아져 얕은 바다였던 곳이 육지로 드러나면서 생물이 여러 대륙으로 이동하였다. ─• 생물의 종류가 가장 다양했던 지질 시대 • 넓은 초원을 이루었고, 현재와 유사한 생물종을 이루었다. 바다 화폐석 번성 육지 매머드, 조류, 포유류(체온을 일정하게 유지할 수 있고, 급격한 기후 변화에도 생존), 속씨식물(예 참나무, 단풍나무 등) 번성, 말기에 인류의 조상 출현

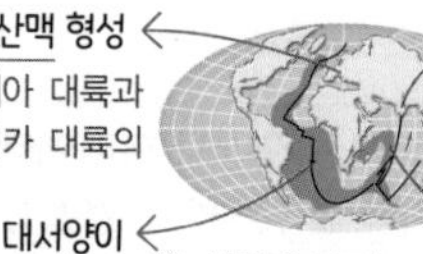

⬆ 신생대 말기

| 지질 시대별 평균 기온 변화 | 지학사 교과서에만 나와요.

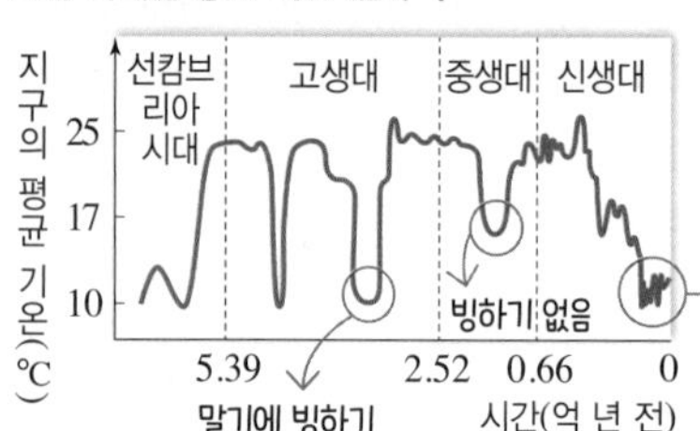

- 지질 시대 동안 지구의 기온은 계속 변하였다.
- 중생대는 지구의 평균 기온이 높은 시기로 빙하기가 없었다.
- 빙하기에는 해수면이 낮아진다. ➡ 해수면 높이는 중생대 때 높다.

C 대멸종과 생물다양성

1. 대멸종의 원인 지구 환경의 급격한 변화 ─• 대멸종은 여러 원인이 복합적으로 더해져 작용한 것으로 추정

① ◆**대륙 이동에 따른 수륙 분포 변화**: 판게아가 형성되면서 기후대가 변화하고 단순해졌다.

② **소행성 충돌(운석 충돌)**: 소행성의 충돌로 발생한 먼지 구름이 햇빛을 차단하여 기온이 하강하였고, 식물의 광합성량이 감소하였으며, 대규모 해일이 발생하였다. └• 중생대 말기

③ **화산 폭발**: 방출된 화산재가 햇빛을 차단하여 기온이 하강하였다. 이산화 탄소, 메테인 등의 화산 가스가 대기로 유입되어 산성비가 내렸으며, 온실 효과를 일으켜 기온이 상승하였다.

탐구 자료창 **지질 시대 대멸종의 원인을 설명하는 가설 타당성 평가하기**

그림은 지질 시대 동안 지구에 존재하는 (해양) 생물 과(─• 생물의 분류 단계인 '종-속-과-목-강-문-계' 중 한 단계)의 수 변화를 나타낸 것이다.

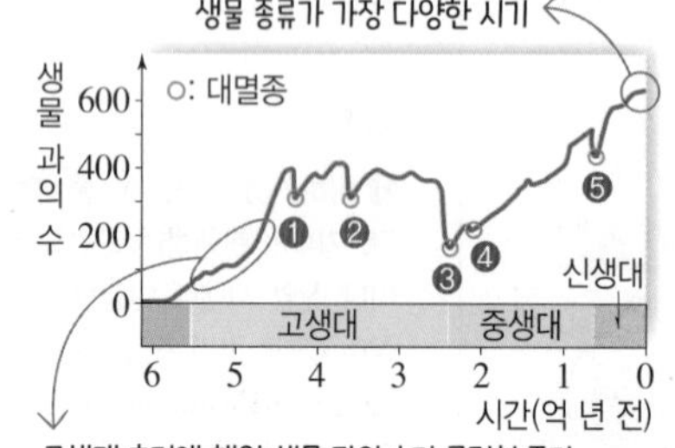

1. **대멸종의 횟수**: 총 5회 ➡ 고생대 말기(❸)에 가장 큰 규모의 대멸종이 일어났다.
2. **대멸종의 원인**
   ❶ 빙하의 확장으로 인한 해수면 하강, 기온 하강 등
   ❷ 기온 하강, 해양의 무산소화 등
   ❸ 판게아 형성, 화산 폭발로 인한 온난화, 소행성 충돌 등(삼엽충, 방추충 등 멸종)
   ❹ 판게아 분리에 따른 화산 활동 등
   ❺ 소행성 충돌, 화산 폭발 등(공룡, 암모나이트 등 멸종)
3. **대멸종의 원인을 설명하는 화산 폭발설의 타당성**: 시베리아 지역에 있는 거대한 용암 대지는 고생대 말기에 시베리아 지역의 대규모 화산 폭발이 수백만 년 동안 계속되어 형성된 것으로 추정되며, 이 무렵에 지구에 있던 생물종의 90 % 이상이 멸종하였다.

2. 대멸종 이후의 생물다양성 변화 대멸종 시기에 지구 환경에 적응하지 못한 생물은 멸종했지만, 새로운 환경에 적응한 생물들은 다양한 종으로 진화하면서 생물다양성은 증가하게 되었고, 오늘날의 생물다양성을 형성하였다. → 공룡이 멸종된 자리에 살아남았던 포유류는 신생대에 번성할 수 있었다.

정답친해 2쪽

개념 확인 문제

핵심 체크

- **선캄브리아시대**
  - 환경: 지각 변동을 많이 받았을 것으로 추정된다.
  - 생물: 최초의 광합성 생물인 (❶)이 출현하여 대기 중 산소의 농도가 증가하였고, 말기에는 다세포생물이 출현하였다. ➡ (❷), 에디아카라 동물군 화석 형성
- **고생대**
  - 환경: 말기에 빙하기가 있었고, 대륙들이 모여 초대륙인 (❸)가 형성되었다.
  - 생물: 초기에 대부분의 생물들이 바다에서 서식, 중기에 육상 생물 출현, 어류, 양서류, 곤충류, (❹)식물 번성
- **중생대**
  - 환경: (❺)가 없었던 지질 시대로, 초기에 판게아가 분리되기 시작하였다.
  - 생물: (❻), 공룡, 파충류, 겉씨식물 번성
- **신생대**
  - 환경: 말기에 빙하기와 (❼)가 반복되었고, 현재와 비슷한 수륙 분포를 이루었다.
  - 생물: 화폐석, 매머드, 포유류, 속씨식물 번성, 말기에 인류의 조상 출현
- **대멸종과 생물다양성**: 급격한 지구 환경 변화에 적응하지 못한 생물은 멸종했지만 대멸종 이후 새로운 환경에 적응한 생물은 다양한 종으로 진화하면서 (❽)이 증가하게 되었다.

1 지질 시대의 기후와 환경에 대한 설명으로 옳은 것은 ○, 옳지 않은 것은 ×로 표시하시오.

(1) 지질 시대 중 지구의 평균 기온이 가장 높았던 시기는 고생대이다. ( )

(2) 선캄브리아시대에는 빙하기가 존재하였다. ( )

(3) 신생대 말기에는 빙하기와 간빙기가 번갈아 가며 나타난다. ( )

(4) 판게아가 형성된 시기는 중생대이다. ( )

2 지질 시대의 생물에 대한 설명으로 옳은 것은 ○, 옳지 않은 것은 ×로 표시하시오.

(1) 최초의 생명체는 에디아카라 동물군이다. ( )

(2) 고생대의 육지에는 속씨식물이 번성하였다. ( )

(3) 중생대에는 거대한 파충류가 번성하였다. ( )

(4) 신생대 초기에는 화폐석이 번성하였다. ( )

3 그림은 어느 지질 시대의 수륙 분포를 나타낸 것이다. 이 지질 시대의 이름을 쓰시오.

4 그림은 지질 시대 동안 해양 생물 과의 수 변화를 나타낸 것이다.

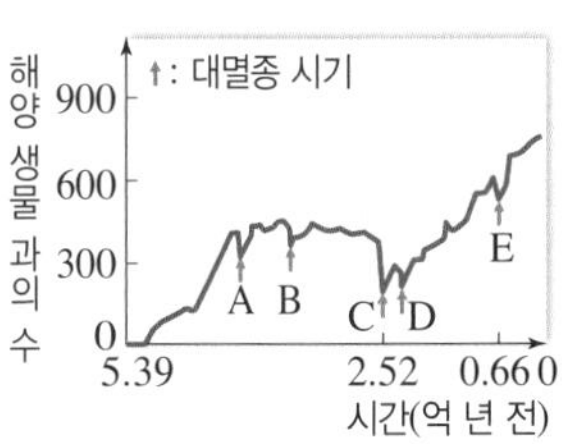

(1) A~E 중 가장 많은 생물들이 멸종한 시기를 쓰시오.

(2) A~E 중 암모나이트가 멸종한 시기를 쓰시오.

정답친해 3쪽

지질 시대의 지구 환경과 생물의 변화

지구는 지질 시대를 거치는 동안 수많은 지각 변동을 겪어 왔으며, 그동안 다양한 생물이 출현하고 멸종하면서 지구의 환경과 생물은 끊임 없이 변화해 왔어요. 지질 시대에 따라 수륙 분포 등의 환경과 생물의 변화가 어떻게 나타나는지 시대 순으로 한눈에 볼 수 있도록 정리해 볼까요?

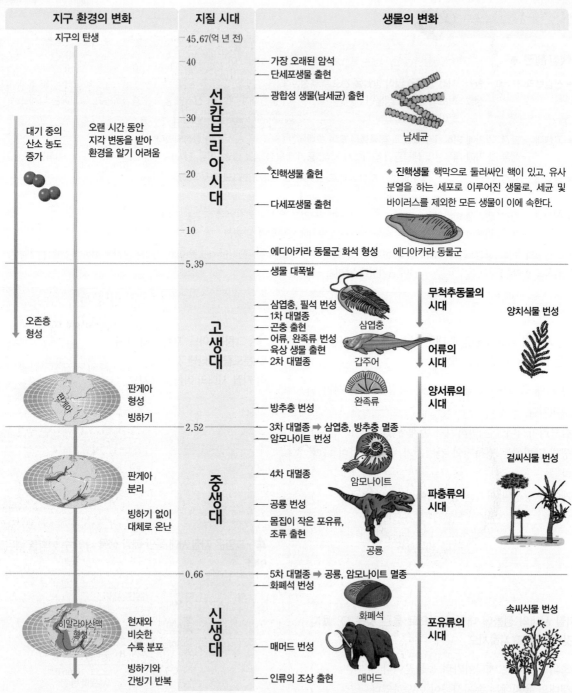

지구 환경의 변화	지질 시대	생물의 변화
지구의 탄생	45.67(억 년 전)	
대기 중의 산소 농도 증가 / 오랜 시간 동안 지각 변동을 받아 환경을 알기 어려움	선캄브리아 시대 (40, 30, 20, 10)	가장 오래된 암석 단세포생물 출현 광합성 생물(남세균) 출현 (남세균) ◆진핵생물 출현 다세포생물 출현 에디아카라 동물군 화석 형성 (에디아카라 동물군)
오존층 형성 판게아 형성 빙하기	5.39 고생대	생물 대폭발 삼엽충, 필석 번성 (삼엽충) 1차 대멸종 곤충 출현 어류, 완족류 번성 (갑주어) 육상 생물 출현 2차 대멸종 (완족류) 방추충 번성 무척추동물의 시대 → 어류의 시대 → 양서류의 시대 양치식물 번성
판게아 분리 빙하기 없이 대체로 온난	2.52 중생대	3차 대멸종 ➡ 삼엽충, 방추충 멸종 암모나이트 번성 (암모나이트) 4차 대멸종 공룡 번성 (공룡) 몸집이 작은 포유류, 조류 출현 파충류의 시대 겉씨식물 번성
히말라야산맥 형성 현재와 비슷한 수륙 분포 빙하기와 간빙기 반복	0.66 신생대	5차 대멸종 ➡ 공룡, 암모나이트 멸종 화폐석 번성 (화폐석) 매머드 번성 (매머드) 인류의 조상 출현 포유류의 시대 속씨식물 번성

◆ **진핵생물** 핵막으로 둘러싸인 핵이 있고, 유사 분열을 하는 세포로 이루어진 생물로, 세균 및 바이러스를 제외한 모든 생물이 이에 속한다.

Q1. 생물의 서식지가 바다에서 육지로 확장된 시기는 언제인지 쓰고, 그 까닭을 서술하시오.

내신 만점 문제

정답친해 3쪽

A 화석으로 알아낸 지질 시대

01 화석에 대한 설명으로 옳은 것은?

① 화석은 대부분 화성암에서 발견된다.
② 생물의 흔적은 화석이 될 수 없다.
③ 일부 화석을 통해 과거 대륙의 이동을 알 수 있다.
④ 지질 시대 중 화석이 가장 많이 발견되는 시대는 선캄브리아시대이다.
⑤ 생물의 유해나 흔적은 퇴적물이 쌓인 후 시간이 오래 지날수록 화석이 될 가능성이 크다.

02 화석의 생성 조건에 대한 설명으로 옳은 것만을 [보기]에서 있는 대로 고른 것은?

보기
ㄱ. 생물의 크기가 커야 한다.
ㄴ. 생물에 단단한 부분이 없어야 한다.
ㄷ. 생물의 유해나 흔적이 화석화 작용을 받아야 한다.

① ㄱ ② ㄷ ③ ㄱ, ㄴ
④ ㄴ, ㄷ ⑤ ㄱ, ㄴ, ㄷ

03 다음은 우리나라의 어느 지역에서 발견된 화석의 모습과 이 지역의 지층에 대한 학생들의 대화 내용이다.

대화 내용이 옳은 학생만을 있는 대로 고르시오.

중요 **04** 그림은 생물의 분포 면적에 따른 생존 기간을 나타낸 것이다. 이에 대한 설명으로 옳은 것만을 [보기]에서 있는 대로 고른 것은?

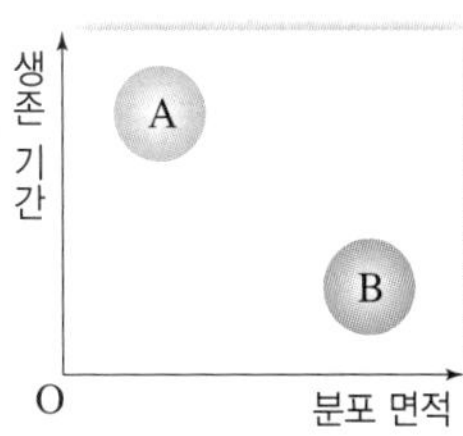

보기
ㄱ. A를 이용하여 지층의 생성 환경을 알 수 있다.
ㄴ. B를 이용하여 지층의 생성 시기를 알 수 있다.
ㄷ. 완족류는 B에 해당한다.

① ㄱ ② ㄴ ③ ㄱ, ㄷ
④ ㄴ, ㄷ ⑤ ㄱ, ㄴ, ㄷ

중요 **05** 그림 (가)와 (나)는 서로 다른 화석을 나타낸 것이다.

(가)

(나)

이에 대한 설명으로 옳지 않은 것은?

① (가)는 고사리 화석이다.
② (가)의 생물은 따뜻하고 습한 육지에서 서식한다.
③ 지질 시대의 구분에 활용할 수 있는 것은 (나)이다.
④ 공룡은 (나)의 생물과 동일한 시대에 번성하였다.
⑤ (나)의 생물은 (가)의 생물보다 분포 면적이 좁다.

06 화석과 지질 시대에 대한 설명으로 옳지 않은 것은?

① 화석 연구를 통해 생물의 진화 과정을 알 수 있다.
② 화석을 통해 어느 지역에서 융기나 침강이 나타났는지를 알 수 있다.
③ 선캄브리아시대에 비해 고생대에 발견되는 화석의 양과 종류가 많다.
④ 고생대, 중생대, 신생대는 생물계의 급격한 변화를 기준으로 구분한다.
⑤ 딱딱한 골격을 갖는 생물체가 매우 적어 화석이 거의 발견되지 않는 지질 시대는 신생대이다.

중요 **07** 그림은 서로 다른 지층 A~D의 단면과 각 지층에서 발견된 화석을 나타낸 것이다.

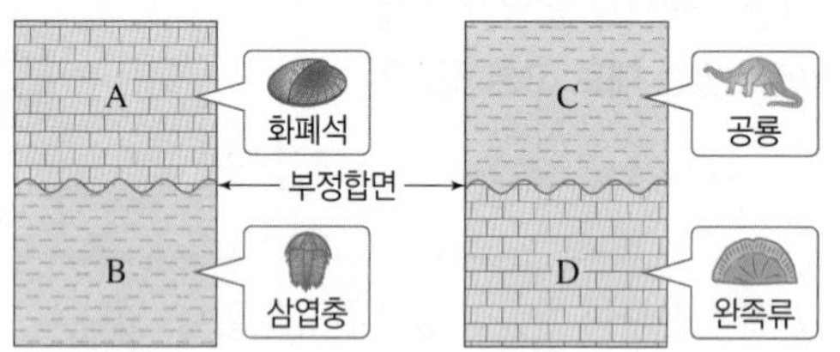

이에 대한 설명으로 옳은 것만을 [보기]에서 있는 대로 고른 것은?

보기
ㄱ. 지층 A는 신생대에 퇴적되었다.
ㄴ. 지층 B는 지층 C보다 먼저 퇴적되었다.
ㄷ. 지층 C와 지층 D는 육지 환경에서 퇴적되었다.

① ㄱ ② ㄷ ③ ㄱ, ㄴ
④ ㄴ, ㄷ ⑤ ㄱ, ㄴ, ㄷ

08 지질 시대에 대한 설명으로 옳은 것만을 [보기]에서 있는 대로 고른 것은?

보기
ㄱ. 지질 시대는 최초의 생물체가 탄생한 이후부터 현재까지의 기간이다.
ㄴ. 생물종의 큰 변화는 지질 시대의 구분 기준에 해당한다.
ㄷ. 지질 시대 중 상대적 길이가 가장 긴 시대는 중생대이다.

① ㄴ ② ㄷ ③ ㄱ, ㄴ
④ ㄱ, ㄷ ⑤ ㄱ, ㄴ, ㄷ

중요 **09** 그림은 지층 A~E에서 발견된 화석과 화석의 산출 범위를 나타낸 것이다.

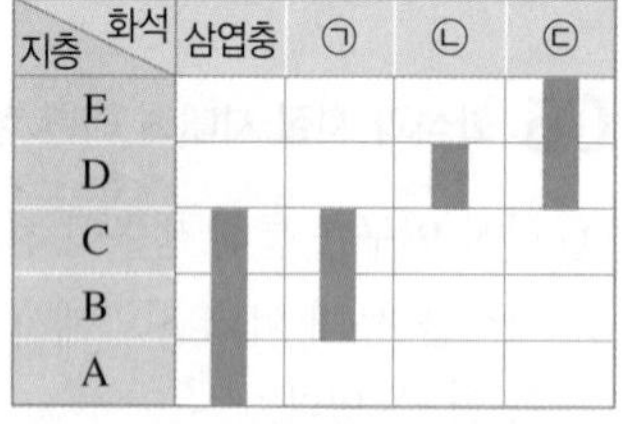

지층 \ 화석	삼엽충	㉠	㉡	㉢
E				
D				
C				
B				
A				

이에 대한 설명으로 옳은 것만을 [보기]에서 있는 대로 고르시오. (단, 지층은 생성된 후 뒤집히지 않았다.)

보기
ㄱ. 지층 B는 고생대에 퇴적되었다.
ㄴ. 화석 ㉡은 시상 화석이다.
ㄷ. 지층 A~E 중 지질 시대는 지층 C와 D의 경계로 구분하는 것이 적절하다.

B 지질 시대의 지구 환경과 생물의 변화

10 지질 시대에 대한 설명으로 옳지 않은 것은?

① 선캄브리아시대에는 스트로마톨라이트가 형성되었다.
② 오존층이 형성된 시기는 고생대이다.
③ 겉씨식물은 중생대에 번성하였다.
④ 지질 시대 중 가장 온난했던 시기는 중생대이다.
⑤ 최초의 다세포생물이 출현한 시기는 신생대이다.

11 그림은 지질 시대를 상대적 길이에 따라 나타낸 것이다.
이에 대한 설명으로 옳은 것만을 [보기]에서 있는 대로 고르시오.

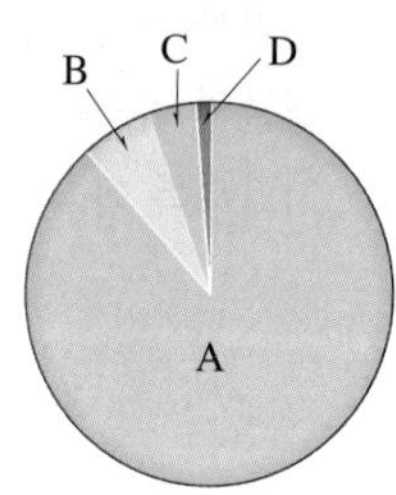

보기
ㄱ. 최초의 육상 생물이 출현한 시기는 A 시대이다.
ㄴ. 생물에 의한 광합성은 B 시대에 시작되었다.
ㄷ. 공룡 화석은 C 시대의 표준 화석에 해당한다.
ㄹ. D 시대에는 현재와 수륙 분포가 비슷하였다.

12 그림은 지질 시대 동안 지구의 평균 기온 변화를 나타낸 것이다.

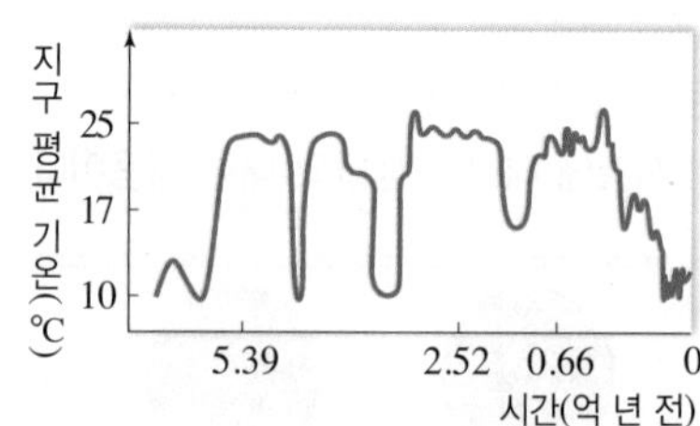

이에 대한 설명으로 옳은 것만을 [보기]에서 있는 대로 고르시오.

보기
ㄱ. 빙하의 면적이 가장 넓었던 시기는 중생대이다.
ㄴ. 신생대 말기에는 간빙기와 빙하기가 반복되어 나타난다.
ㄷ. 신생대 말기에는 중생대보다 지구의 평균 해수면 높이가 낮았을 것이다.

13 그림은 지질 시대 동안 대기 중 산소 농도 변화를 나타낸 것이다.

이에 대한 설명으로 옳은 것만을 [보기]에서 있는 대로 고르시오.

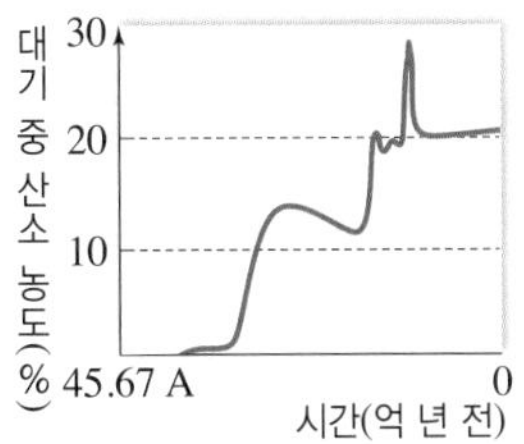

보기

ㄱ. A 시기 이전에는 지구에 생명체가 바다에서만 생활하였다.

ㄴ. A 시기 이후에 남세균이 출현하였다.

ㄷ. A 시기에 육지 환경에서 스트로마톨라이트가 형성되었다.

중요 **14** 그림 (가)~(다)는 삼엽충, 암모나이트, 화폐석을 순서 없이 나타낸 것이다.

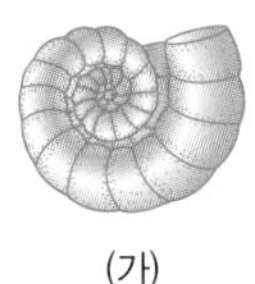
(가)

(나)

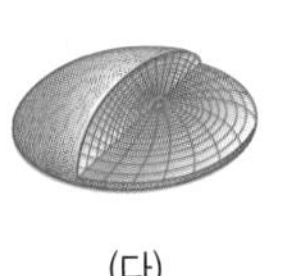
(다)

이에 대한 설명으로 옳은 것만을 [보기]에서 있는 대로 고른 것은?

보기

ㄱ. 화석의 생성 순서대로 나열하면 (나) → (가) → (다)이다.

ㄴ. (가)의 생물이 번성한 시기에는 육지에서 속씨식물이 번성하였다.

ㄷ. (가)~(다)의 생물은 모두 바다 환경에서 서식하였다.

① ㄱ ② ㄴ ③ ㄱ, ㄷ ④ ㄴ, ㄷ ⑤ ㄱ, ㄴ, ㄷ

15 다음은 지질 시대의 여러 사건에 대한 설명이다.

(가) 파충류와 겉씨식물이 번성하였다.
(나) 말기에 삼엽충, 완족류 등이 멸종하였다.
(다) 바다에서 최초의 광합성 생물이 출현하였다.
(라) 초원이 넓게 발달하였고, 포유류가 번성하였다.

지질 시대가 오래된 것부터 순서대로 나열하시오.

16 그림 (가)와 (나)는 서로 다른 지질 시대의 복원도이다.

(가)

(나)

이에 대한 설명으로 옳은 것만을 [보기]에서 있는 대로 고른 것은?

보기

ㄱ. 방추충은 (가) 시기의 표준 화석이다.

ㄴ. (가) 시기에는 양치식물이 번성하였다.

ㄷ. (나) 시기에는 바다에서 화폐석이 번성하였다.

① ㄱ ② ㄷ ③ ㄱ, ㄴ ④ ㄴ, ㄷ ⑤ ㄱ, ㄴ, ㄷ

중요 **17** 그림 (가)~(다)는 고생대, 중생대, 신생대의 수륙 분포를 순서 없이 나타낸 것이다.

(가)

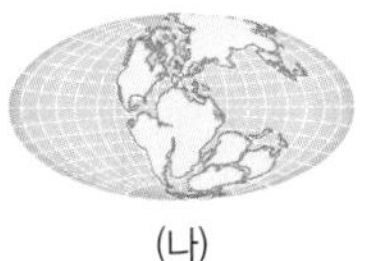
(나)

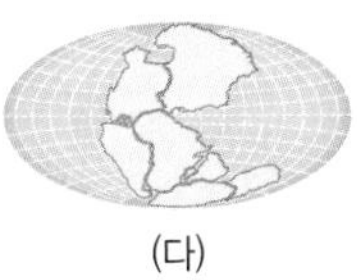
(다)

이에 대한 설명으로 옳은 것만을 [보기]에서 있는 대로 고른 것은?

보기

ㄱ. (가)의 지질 시대에는 유라시아 대륙과 인도 대륙이 충돌하여 산맥을 형성하였다.

ㄴ. (나)는 고생대의 수륙 분포이다.

ㄷ. 대서양은 (다)의 지질 시대에 형성되었다.

① ㄱ ② ㄴ ③ ㄷ ④ ㄱ, ㄷ ⑤ ㄴ, ㄷ

C 대멸종과 생물다양성

18 지질 시대의 대멸종에 대한 설명으로 옳은 것은?

① 대멸종은 수억 년에 걸쳐 일어났다.
② 지질 시대 중 대멸종은 총 4번 발생하였다.
③ 가장 큰 대멸종은 고생대 말기에 일어났다.
④ 대멸종이 일어나면 생물 과의 수는 대폭 증가한다.
⑤ 대멸종 이후 생물다양성은 회복되지 않는다.

중요 **19** 그림은 지질 시대 동안 해양 생물 과의 수 변화를 나타낸 것이다.

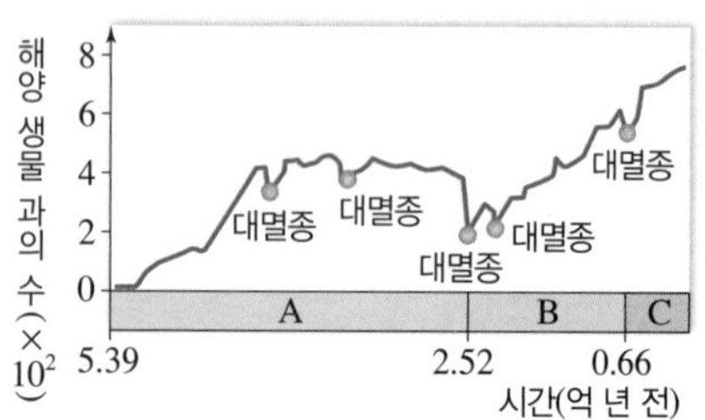

이에 대한 설명으로 옳은 것만을 [보기]에서 있는 대로 고르시오.

> 보기
> ㄱ. A 시대 말기에는 완족류가 멸종하였다.
> ㄴ. 생물다양성은 A 시대보다 C 시대에 더 크다.
> ㄷ. B 시대 말기에 일어난 대멸종의 주된 원인은 판게아의 형성이다.

중요 **20** 그림은 생물의 주요 멸종 시기 A~E를 나타낸 것이다.

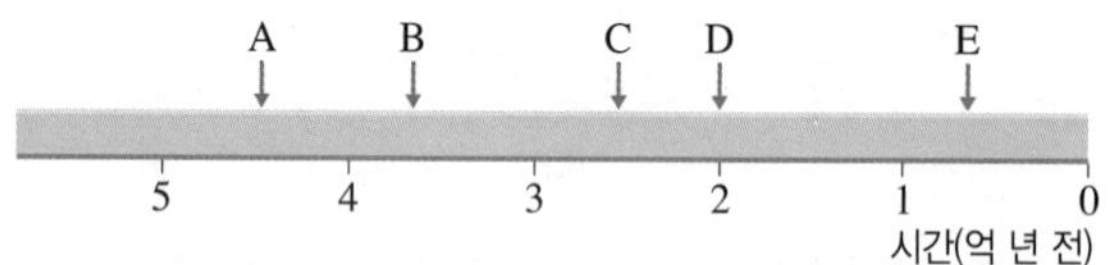

이에 대한 설명으로 옳은 것만을 [보기]에서 있는 대로 고른 것은?

> 보기
> ㄱ. A 시기에는 주로 해양 생물이 멸종하였다.
> ㄴ. 매머드가 번성한 시기는 D 시기와 E 시기 사이이다.
> ㄷ. 어류는 C 시기 이후에 출현하였다.

① ㄱ ② ㄷ ③ ㄱ, ㄴ
④ ㄴ, ㄷ ⑤ ㄱ, ㄴ, ㄷ

서술형 문제

21 그림 (가)와 (나)는 서로 다른 두 지층에서 발견되는 화석을 나타낸 것이다.

(가)

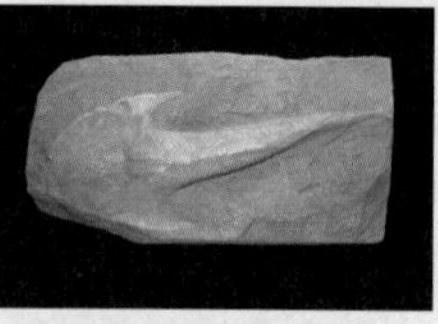
(나)

(1) (가)가 발견된 지층이 생성된 지질 시대를 쓰시오.
(2) (가)와 (나)가 발견된 지층의 퇴적 환경을 서술하시오.

22 선캄브리아시대의 화석에 비해 신생대의 화석이 많이 발견되는 까닭을 세 가지 서술하시오.

23 중생대에는 빙하기가 없이 전반적으로 온난하였다. 그 까닭을 기권의 변화와 관련지어 서술하시오.

24 고생대 말 대멸종이 일어날 때 수륙 분포에 대해 서술하고, 이때 멸종된 생물을 한 가지 쓰시오.

정답친해 6쪽

실력 UP 문제

01 그림 (가)와 (나)는 어떤 지층에서 산출된 화석들을 나타낸 것이다.

(가)

(나)

이 지층에 대한 설명으로 옳은 것만을 [보기]에서 있는 대로 고른 것은?

보기
ㄱ. 고생대에 퇴적된 지층이다.
ㄴ. 퇴적될 당시 차갑고 얕은 바다였다.
ㄷ. 현재 이 지층은 퇴적될 당시보다 고도가 높은 곳에 존재할 것이다.

① ㄱ ② ㄴ ③ ㄱ, ㄷ
④ ㄴ, ㄷ ⑤ ㄱ, ㄴ, ㄷ

02 그림은 고생대부터 현재까지의 주요 생물들의 생존 시기를 나타낸 것이다. A, B, C는 각각 양서류, 조류(새), 파충류 중 하나이다.

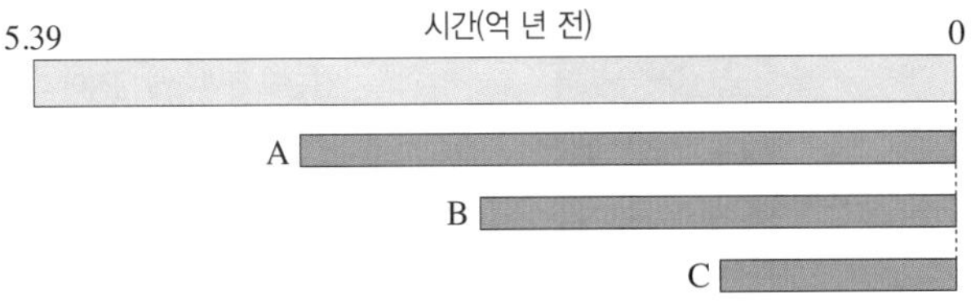

이에 대한 설명으로 옳은 것만을 [보기]에서 있는 대로 고른 것은?

보기
ㄱ. A는 양서류이다.
ㄴ. B는 외부 온도에 상관 없이 체온을 일정하게 유지할 수 있다.
ㄷ. 대륙 빙하의 면적은 C가 출현한 지질 시대가 가장 넓었다.

① ㄱ ② ㄴ ③ ㄷ
④ ㄱ, ㄴ ⑤ ㄴ, ㄷ

03 그림은 어느 지역의 지층 A~E의 모습과 각 지층에서 발견된 화석 ㉠~㉤의 분포를 나타낸 것이다. 이 지역에는 고생대와 신생대 지층이 나타나며, 표준 화석의 개수는 3개이고, 지층 B는 고생대에 퇴적되었다.

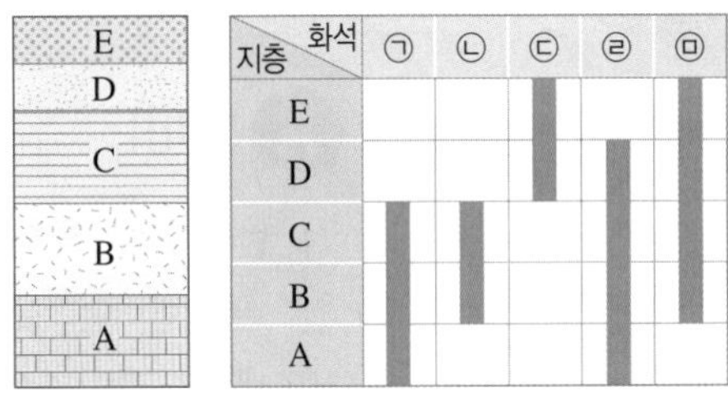

이에 대한 설명으로 옳은 것만을 [보기]에서 있는 대로 고른 것은? (단, 이 지역의 지층은 역전된 적이 없었다.)

보기
ㄱ. 지층 C는 신생대에 퇴적되었다.
ㄴ. 공룡 화석은 화석 ㉣로 적절하다.
ㄷ. 고사리는 화석 ㉤이 될 수 있다.

① ㄱ ② ㄷ ③ ㄱ, ㄴ
④ ㄴ, ㄷ ⑤ ㄱ, ㄴ, ㄷ

04 그림은 지질 시대 동안 동물 과의 수를 현재 동물 과의 수에 대한 비로 나타낸 것이다.

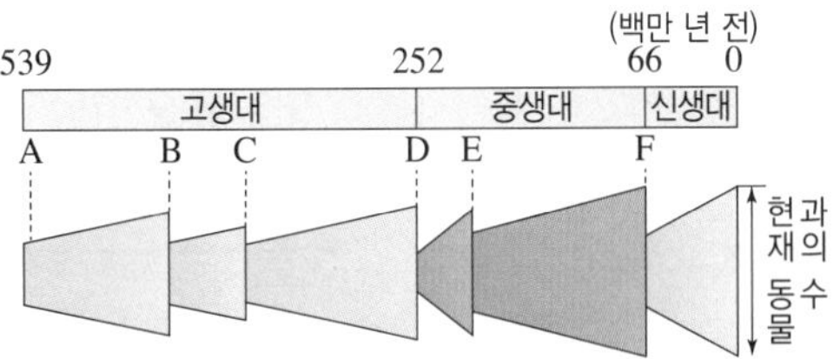

이에 대한 설명으로 옳은 것만을 [보기]에서 있는 대로 고른 것은?

보기
ㄱ. A 시기는 고생대 최초의 대멸종 시기이다.
ㄴ. D 시기의 대멸종은 지권의 변화와 관련이 있다.
ㄷ. 동물 과의 수 멸종 비율은 F 시기가 가장 크다.

① ㄱ ② ㄴ ③ ㄷ
④ ㄱ, ㄴ ⑤ ㄴ, ㄷ

02 변이와 자연선택에 의한 생물의 진화

★ 핵심 포인트
- 변이 ★★
- 자연선택 ★★★
- 다윈의 자연선택설 ★★★
- 변이와 자연선택에 의한 생물의 진화 ★★

A 변이

1. 변이 같은 ❶종의 개체 사이에서 나타나는 형질의 차이를 변이라고 하며, 일반적으로 말하는 변이는 ◆유전적 변이를 의미한다.

① 개체가 가진 유전자의 차이로 나타난다. → 유전자의 차이는 유전정보의 차이를 의미한다.

② 형질이 자손에게 유전된다. ➡ 진화가 일어나는 원동력이 된다.

③ **변이의 예**

- 무당벌레의 딱지날개 무늬와 색이 다양하다.
- 사랑앵무의 깃털 색이 다양하다.

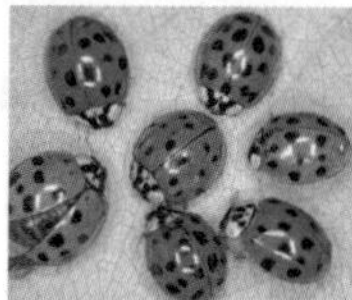

▲ 무당벌레의 다양한 딱지날개 무늬와 색

▲ 사랑앵무의 다양한 깃털 색

2. 변이가 나타나는 원인 변이는 오랫동안 축적된 돌연변이와 ◆유성생식 과정에서 일어나는 생식세포의 다양한 조합으로 발생한다. 일반적으로 돌연변이는 생존에 불리하지만, 환경 변화로 돌연변이가 생존에 유리해지면 집단에서 돌연변이 유전자의 비율이 높아질 수 있다.

① **돌연변이**: DNA의 유전정보에 변화가 생겨 부모에게 없던 형질이 자손에게 나타나는 현상이다. ➡ 돌연변이로 새로운 유전자가 만들어지며, 자손에게 유전될 수 있다.

돌연변이에 의한 변이

- 푸른색 깃털 유전자에 돌연변이가 발생하여 흰색 깃털 유전자가 나타난다. ➡ 새로운 유전자의 출현
- 흰색 깃털 유전자에 의해 흰색 깃털 공작이 나타난다. ➡ 새로운 변이의 출현
- 흰색 깃털 공작은 자손에게 흰색 깃털 유전자를 물려준다. ➡ 공작 집단의 변이가 다양해진다.

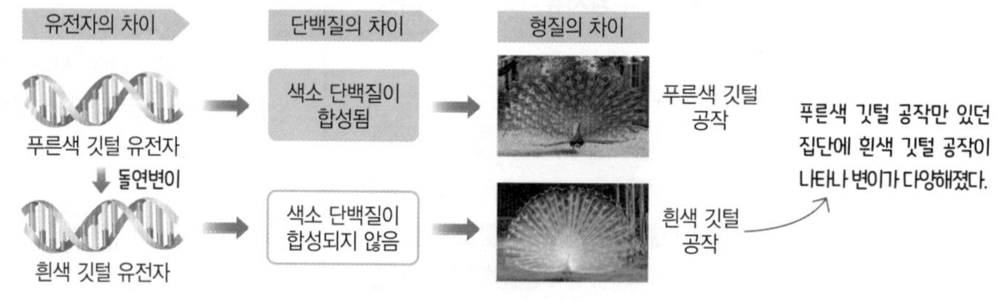

② **유성생식 과정에서 생식세포의 다양한 조합**: 유성생식 과정에서 유전자 조합이 다양한 생식세포를 형성하고, 암수 생식세포가 무작위로 수정하여 형질이 다양한 자손이 나타난다.

유성생식 과정에서 생식세포의 다양한 조합

- 얼룩무늬 털을 가진 부모에게서 유전자 조합이 다양한 생식세포가 형성된다.
- 암수 생식세포가 무작위로 수정하여 유전적으로 다양한 자손이 형성될 수 있다.

➡ 얼룩무늬 털 부모로부터 여러 가지 무늬의 강아지가 태어날 수 있다.

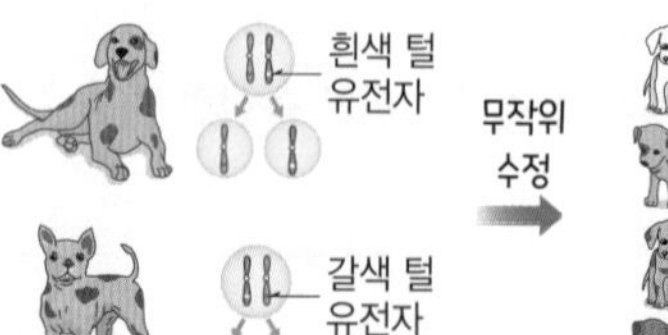

동아 교과서에만 나와요.

◆ **비유전적 변이**
유전적 변이와 달리 환경의 영향으로 나타나며, 형질이 자손에게 유전되지 않는다.
예 • 훈련으로 단련된 사람은 근육이 발달하지만, 이 형질은 자녀에게 유전되지 않는다.
• 어린 홍학은 몸 색깔이 회색이지만, 자라면서 먹이의 종류와 양에 따라 제각기 다른 특징을 가지는 붉은 무늬가 나타난다.

변이가 나타나는 과정
개체가 가진 유전자의 차이에 따라 합성되는 단백질의 종류와 양이 달라지고, 그에 따라 형질의 차이(변이)가 나타난다.

◆ **유성생식**
암수 생식세포가 수정하여 새로운 개체를 만드는 생식 방법이다. 생식세포분열을 통해 부모로부터 각각 절반의 염색체(유전자)를 가진 암수 생식세포가 형성되고, 이들의 수정을 통해 자손이 만들어진다.

암기해

변이가 나타나는 원인
- 돌연변이
- 생식세포의 다양한 조합

용어

❶ **종(種, Species)** 생물학적 종은 자연 상태에서 교배하여 생식 능력이 있는 자손을 낳을 수 있는 집단이다.

B 자연선택

1. 자연선택 자연 상태에서는 변이에 따라 개체마다 환경에 다르게 적응하는데, 다양한 변이가 있는 개체들 중 환경에 적응하기 유리한 형질을 가진 개체가 그렇지 않은 개체보다 더 잘 살아남아 자손을 더 많이 남기는 것을 자연선택이라고 한다.

• 환경에 적응하는 능력이 다르다.

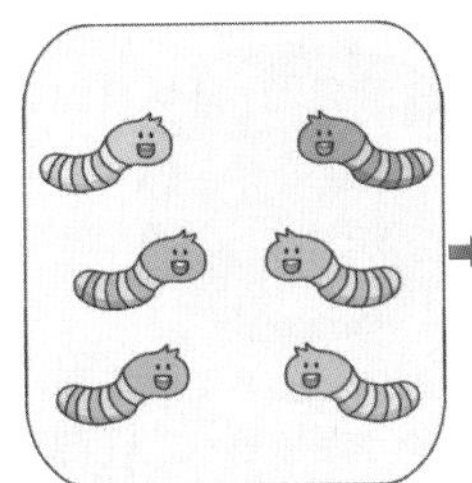
같은 종의 생물 무리에 다양한 형질을 가진 개체들이 존재한다.

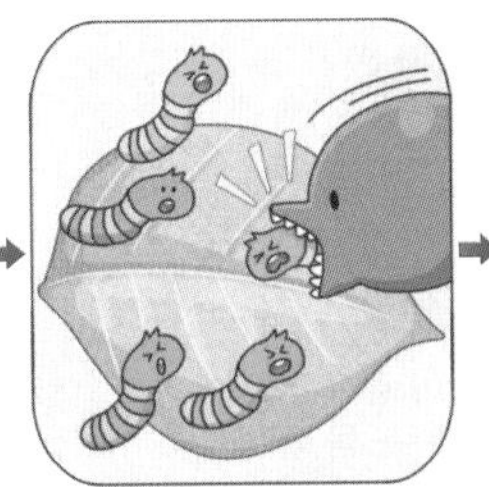
자연 상태에서 ◆포식자의 눈에 더 잘 띄는 ◆피식자 개체가 높은 비율로 잡아먹힌다.

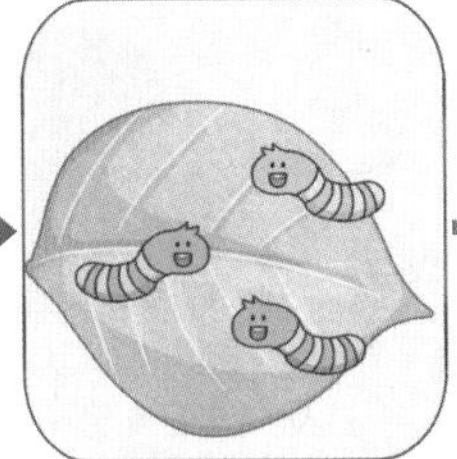
시간이 지남에 따라 포식자의 눈에 덜 띄는 피식자 개체가 더 잘 살아남는다.

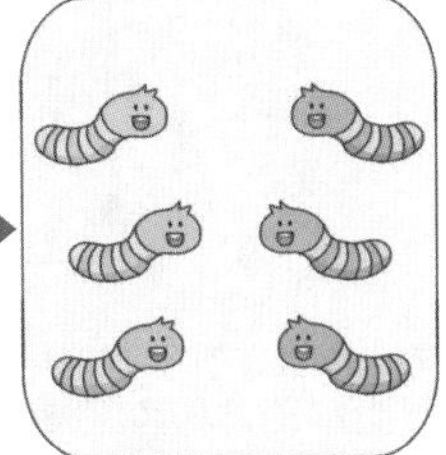
살아남은 개체의 형질이 자손에게 전달되어 그 형질을 가진 개체의 비율이 증가한다.

▲ 자연선택이 일어나는 과정

◆ **포식과 피식**
서로 다른 종 사이의 먹고 먹히는 관계를 말한다. 이때 잡아먹는 생물을 포식자라고 하고, 먹이가 되는 생물을 피식자라고 한다.

탐구 자료창 자연선택 과정에 대한 모의실험

(가) 빨간색 도화지 위에 세 가지 색(빨간색, 노란색, 초록색) 과자를 각각 10개씩 올려놓고 잘 섞는다.

(나) 모둠원 3명은 각자 눈을 감았다가 떴을 때 가장 먼저 눈에 띄는 과자를 젓가락으로 1개 집어서 도화지 밖으로 꺼낸다. 이를 반복하여 한 사람당 과자를 총 5개씩 꺼낸다.

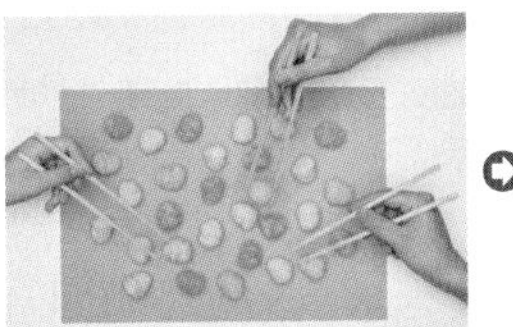

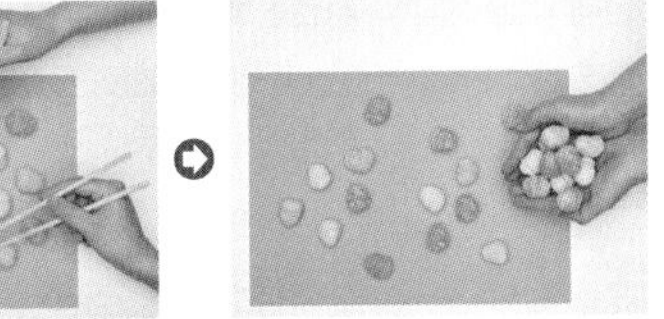

(다) 남은 과자의 수를 색깔별로 센 다음, 같은 색깔의 과자를 남은 수만큼 추가한 후 잘 섞는다.

(라) 과정 (나)~(다)를 2회 더 반복한 뒤 결과를 표에 기록한다.

구분	빨간색	노란색	초록색
처음	10개	10개	10개
1회	16개(8개 남음+8개 추가)	6개(3개 남음+3개 추가)	8개(4개 남음+4개 추가)
2회	20개(10개 남음+10개 추가)	4개(2개 남음+2개 추가)	6개(3개 남음+3개 추가)
3회	24개(12개 남음+12개 추가)	2개(1개 남음+1개 추가)	4개(2개 남음+2개 추가)

(마) 빨간색 도화지를 초록색 도화지로 바꾸고, 과정 (가)~(라)를 반복한 뒤 결과를 표에 기록한다.

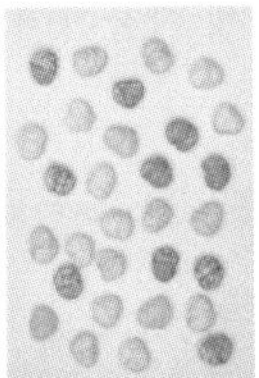

구분	빨간색	노란색	초록색
처음	10개	10개	10개
1회	6개(3개 남음+3개 추가)	8개(4개 남음+4개 추가)	16개(8개 남음+8개 추가)
2회	2개(1개 남음+1개 추가)	6개(3개 남음+3개 추가)	22개(11개 남음+11개 추가)
3회	0개(0개 남음+0개 추가)	4개(2개 남음+2개 추가)	26개(13개 남음+13개 추가)

1. **해석**: 과자가 놓인 도화지는 환경을 의미하며, 도화지 색을 바꾸는 것은 환경의 변화를 의미한다. 과자의 색깔이 각기 다른 것은 변이를, 과자를 도화지 밖으로 꺼내는 것은 포식 등에 의해 무리에서 제거되는 것을, 과자를 추가하는 것은 자손을 남기는 것을 의미한다.
2. **결과 및 결론**: 과정을 반복할수록 빨간색 도화지에서는 빨간색 과자의 비율이, 초록색 도화지에서는 초록색 과자의 비율이 높아지며, 다른 색깔 과자의 비율은 낮아진다. ➡ 특정 환경에서 생존에 유리한 형질을 가진 개체는 그렇지 않은 개체에 비해 더 잘 살아남으며, 살아남은 개체의 형질이 자손에게 전달되어 그 형질을 가진 개체의 비율이 높아진다.

비상 교과서에서는 40개의 과자에서 15개를 제거한 후 색깔별로 남은 과자의 비율에 맞춰 추가하였어요.
미래엔 교과서에서는 또다른 색깔의 과자를 이용하여 돌연변이의 발생을 표현하였고, 지학사 교과서에서는 젓가락 대신 두 종류의 집게를 사용하여 포식자의 종류를 표현했어요.

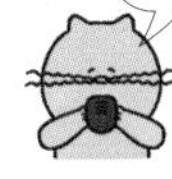

암기해

자연선택
다양한 변이를 가진 개체들 중 환경에 적응하기 유리한 형질을 가진 개체가 더 잘 살아남아 자손을 많이 남긴다.

✽ **인간의 활동에 의한 자연선택**
인간의 특정 활동이 자연선택에 영향을 주기도 한다.
- 항생제, 살충제를 지속적으로 사용하면서 항생제 내성 세균, 살충제 내성 곤충의 비율이 증가하였다.
- 큰 대구를 많이 잡아 대서양 대구의 평균 크기가 작아졌다.
- 사사패모는 사람이 채집하러 가기 힘든 곳에는 초록색 개체의 비율이 높고, 사람이 접근하기 쉬운 곳에는 주변과 비슷한 색을 띠는 개체의 비율이 높다.

위치에 따라 색깔이 다른 사사패모 (출처: Yang Niu)

주의해

항생제 내성 세균의 등장
항생제 내성 세균은 항생제의 사용으로 나타난 것이 아니라 돌연변이 등으로 인해 항생제 사용 전에 집단 내에 이미 존재하고 있었다.

◆ **낫모양적혈구**

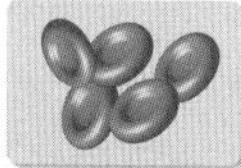

정상 적혈구 낫모양적혈구

낫모양적혈구는 산소 운반 능력이 떨어지며, 모세혈관을 막아 혈액의 흐름을 느리게 하여 악성 빈혈을 유발한다.

용어

❶ **내성(耐 견디다, 性 성품)** 곤충이나 세균이 살충제나 항생제의 지속적인 사용에 대해 나타내는 저항성

2. 자연선택의 예

① **딱정벌레 집단의 자연선택**: 산불로 인해 토양이 검게 변한 환경에서 어두운 몸 색깔의 딱정벌레가 자연선택되어 집단 내에서 그 비율이 점차 높아진다. ➡ 환경 변화는 자연선택의 방향에 영향을 준다.

| 딱정벌레 집단의 자연선택 | 미래엔 교과서에만 나와요.

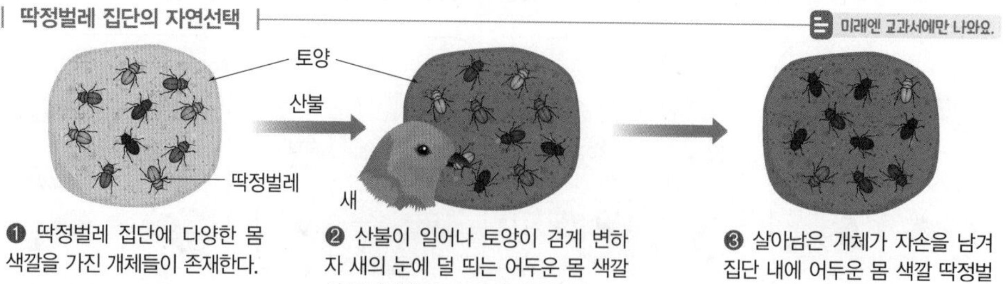

❶ 딱정벌레 집단에 다양한 몸 색깔을 가진 개체들이 존재한다.
❷ 산불이 일어나 토양이 검게 변하자 새의 눈에 덜 띄는 어두운 몸 색깔의 딱정벌레가 더 잘 살아남는다.
❸ 살아남은 개체가 자손을 남겨 집단 내에 어두운 몸 색깔 딱정벌레의 비율이 증가한다.

② **항생제 ❶내성 세균의 자연선택**: 항생제를 지속적으로 사용하는 환경에서는 항생제 내성 세균이 자연선택되어 집단 내에서 그 비율이 점차 높아진다. ➡ 자연선택은 생물 집단이 변화하는 환경에 적응하게 한다. → 살충제를 자주 살포하는 환경에서 살충제 내성 해충 집단이 형성되는 것도 이와 같은 원리로 설명할 수 있다.

| 항생제 내성 세균의 자연선택 |

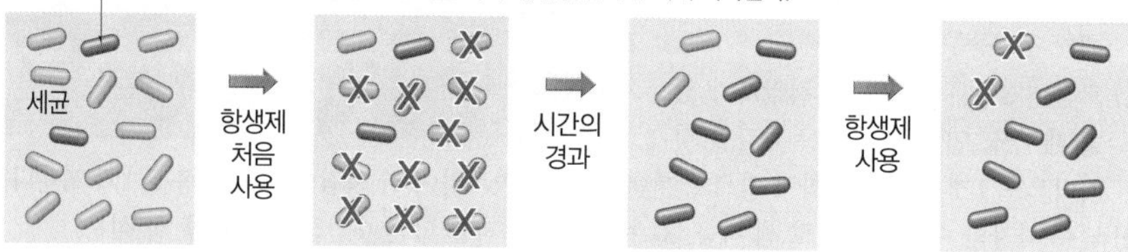

❶ 많은 세균 중에서 항생제 내성 세균이 일부 존재한다.
❷ 항생제를 사용하면 항생제에 내성이 없는 세균은 대부분 죽는다.
❸ 항생제 내성 세균이 자손을 남겨 그 비율이 점점 증가한다.
❹ 집단의 모든 세균이 항생제 내성을 가지게 되었다.

➡ 항생제를 지속적으로 사용하는 환경에서는 자연선택을 통해 항생제 내성 세균 집단이 형성될 수 있다.

③ **◆낫모양적혈구 유전자의 자연선택**: 말라리아가 많이 발생하는 아프리카 일부 지역에서는 낫모양적혈구 유전자를 가진 사람의 비율이 다른 지역보다 높게 나타난다. ➡ 같은 변이라도 어떤 환경에서는 생존에 불리하게 작용하지만, 다른 환경에서는 유리하게 작용하여 자연선택의 결과가 달라지기도 한다.

| 낫모양적혈구 유전자의 자연선택 | 동아 교과서에만 나와요.

- 낫모양적혈구는 헤모글로빈 유전자의 돌연변이로 나타나며, 생존에 불리하기 때문에 일반적으로 드물게 발견된다.
- 말라리아를 일으키는 말라리아원충은 적혈구에 기생하는데, 낫모양적혈구에서는 증식하기 어려워 낫모양적혈구를 가진 사람은 말라리아에 잘 걸리지 않는다.
  └→ 말라리아에 저항성이 있다.
- 말라리아가 많이 발생하는 지역에서는 낫모양적혈구 유전자가 생존에 유리하게 작용한다. ➡ 낫모양적혈구 유전자가 자연선택되어 다른 지역보다 낫모양적혈구 유전자의 빈도가 높다.

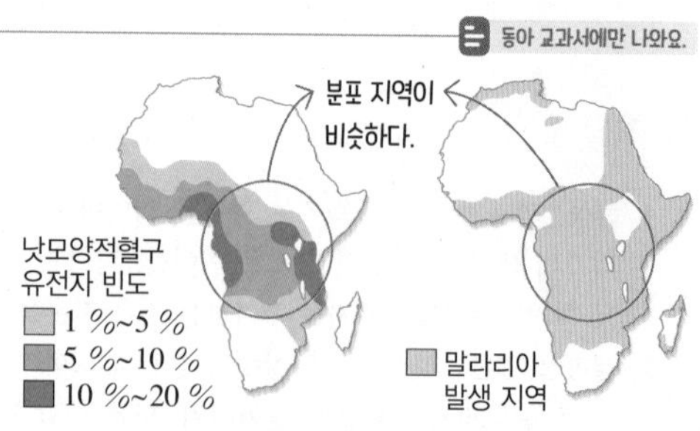

정답친해 7쪽

개념 확인 문제

핵심 체크

- (❶): 같은 종의 개체 사이에서 나타나는 형질의 차이 ➡ 유전자의 차이로 나타나며, 진화의 원동력이 된다.
- 변이가 나타나는 원인
  - (❷): DNA의 유전정보에 변화가 생겨 부모에게 없던 형질이 자손에게 나타나는 것
  - 유성생식 과정에서 (❸)이 다양한 생식세포 형성, 암수 생식세포의 무작위 (❹)
- **자연선택**: 다양한 변이가 있는 개체들 중에서 환경에 적응하기 유리한 형질을 가진 개체가 더 잘 살아남아 자손을 더 많이 남긴다.

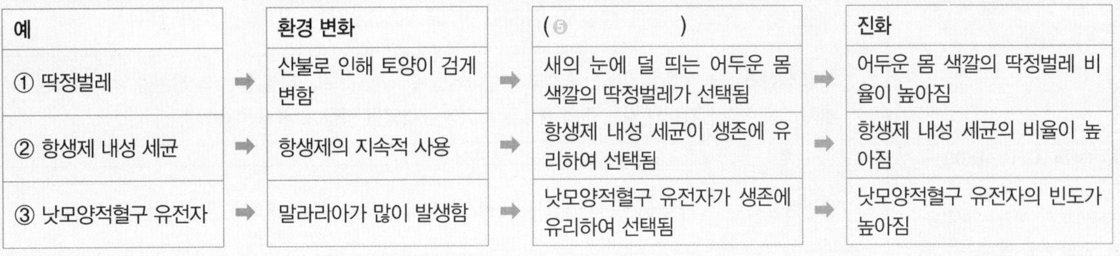

예		환경 변화		(❺)		진화
① 딱정벌레	➡	산불로 인해 토양이 검게 변함	➡	새의 눈에 덜 띄는 어두운 몸 색깔의 딱정벌레가 선택됨	➡	어두운 몸 색깔의 딱정벌레 비율이 높아짐
② 항생제 내성 세균	➡	항생제의 지속적 사용	➡	항생제 내성 세균이 생존에 유리하여 선택됨	➡	항생제 내성 세균의 비율이 높아짐
③ 낫모양적혈구 유전자	➡	말라리아가 많이 발생함	➡	낫모양적혈구 유전자가 생존에 유리하여 선택됨	➡	낫모양적혈구 유전자의 빈도가 높아짐

1 그림은 다양한 딱지날개 무늬와 색을 가진 무당벌레이다. 이와 같이 같은 종의 개체 사이에서 나타나는 형질의 차이를 무엇이라고 하는지 쓰시오.

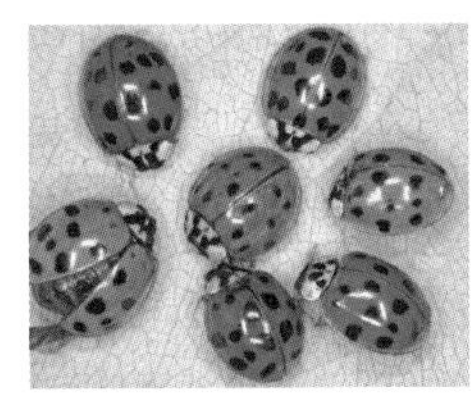

2 다음은 변이가 나타나는 과정이다. ( ) 안에 알맞은 말을 쓰시오.

> 개체가 가진 ㉠( )의 차이 → ㉡( )의 종류와 양 차이 → ㉢( )의 차이

3 변이가 나타나는 원인으로 옳은 것만을 [보기]에서 있는 대로 고르시오.

> 보기
> ㄱ. 돌연변이
> ㄴ. 암수 생식세포의 무작위 수정
> ㄷ. 체세포분열에 의한 세포의 형성
> ㄹ. 유전자 조합이 다양한 생식세포의 형성

4 다양한 변이가 있는 개체들 중 환경에 적응하기 유리한 형질을 가진 개체가 그렇지 않은 개체에 비해 더 잘 살아남아 자손을 더 많이 남기는 것을 무엇이라고 하는지 쓰시오.

5 그림은 자연선택이 일어나는 과정을 순서 없이 나타낸 것이다. 자연선택이 일어나는 과정을 순서대로 나열하시오.

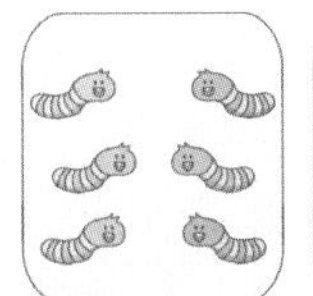
(가) 살아남은 개체의 형질을 가진 개체의 비율이 증가한다.

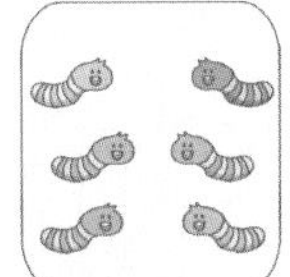
(나) 같은 종의 생물 무리에 다양한 형질의 개체가 존재한다.

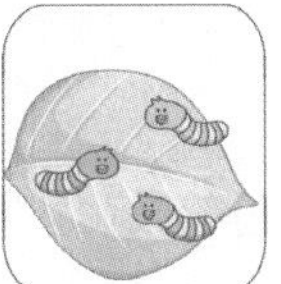
(다) 포식자 눈에 덜 띄는 피식자 개체가 더 잘 살아남는다.

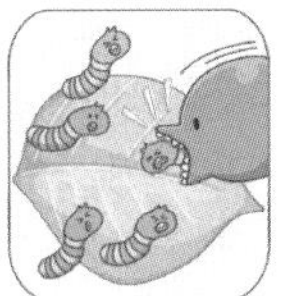
(라) 포식자 눈에 잘 띄는 피식자 개체가 많이 잡아먹힌다.

6 변이와 자연선택에 대한 설명으로 옳은 것은 ○, 옳지 않은 것은 ×로 표시하시오.

(1) 돌연변이는 집단에 없던 새로운 변이를 만들 수 있다. ( )

(2) 자연 상태에서는 변이에 따라 환경에 다르게 적응한다. ( )

(3) 같은 부모로부터 태어난 자손 사이에는 변이가 존재하지 않는다. ( )

(4) 산불로 토양이 검게 변한 지역에서는 몸 색깔이 밝은 딱정벌레가 어두운 딱정벌레보다 포식자로부터 살아남는 데 유리하다. ( )

(5) 같은 변이라도 환경에 따라 자연선택의 결과가 다르게 나타나기도 한다. ( )

(6) 인간의 활동은 자연선택에 영향을 줄 수 있다. ( )

C 변이와 자연선택에 의한 생물의 진화

미래엔 교과서에서는 생물의 특성이 변화하여 원래의 종과는 다른 새로운 종이 생겨나는 과정을 진화로 보았고, 동아 교과서에서는 생물 집단의 특성이 변하는 것을 진화로 보았다.

1. ◆진화 오랜 시간 동안 여러 세대를 거치면서 생물이 변화하는 현상 ➡ 진화의 결과 지구에 다양한 생물이 나타나게 되었다.

2. 다윈의 자연선택설 ◆다윈의 진화론으로, 변이와 자연선택으로 생물의 진화를 설명한다.

① **자연선택설에 따른 진화 과정**: 다양한 변이가 있는 개체들 중에서 환경에 적응하기 유리한 형질을 가진 개체가 살아남아 자손을 남기고(자연선택), 이러한 자연선택 과정이 오랜 세월 동안 누적되면서 생물이 점차 변하고 다양해지는 진화가 일어난다.

과잉 생산과 변이	생물은 주어진 환경에서 살아남을 수 있는 것보다 더 많은 수의 자손을 낳으며(과잉 생산), 이때 태어난 같은 종의 개체들 사이에는 다양한 형질이 나타난다(변이).
↓ 생존경쟁	과잉 생산된 개체들은 먹이나 서식지, 배우자 등을 차지하기 위해 생존경쟁을 한다.
↓ 자연선택	다양한 변이를 가진 개체들 중 환경에 적응하기 유리한 형질을 가진 개체가 생존경쟁에서 살아남아 자손을 더 많이 남긴다.
↓ 유전과 진화	생존경쟁에서 살아남은 개체가 생존에 유리한 형질을 자손에게 전달하여 그 형질을 가진 개체의 비율이 높아진다. ➡ 이 과정이 반복되어 진화가 일어난다.

자연선택설로 설명한 기린의 진화 과정

많은 수의 기린이 살고 있었고, 기린의 목 길이는 짧은 것에서 긴 것까지 다양하였다.
➡ 과잉 생산과 변이

목이 짧은 기린은 높은 곳의 잎을 먹기 불리하여 죽었고, 목이 긴 기린만 살아남았다.
➡ 생존경쟁, 자연선택

살아남은 목이 긴 기린이 형질을 자손에게 전달하였고, 이 과정이 반복되어 목이 긴 기린이 번성하였다.
➡ 유전과 진화

② **자연선택설의 한계점**: 다윈은 변이가 나타나는 원인과 부모의 형질이 자손에게 전달되는 원리를 명확하게 설명하지 못하였다. → 다윈이 자연선택설을 발표하던 당시에는 유전의 원리가 밝혀지지 않았기 때문이다.

3. 다양한 생물의 출현과 진화

① 지구 환경은 지속적으로 변화해 왔으며, 환경 변화는 자연선택의 방향에 영향을 준다. 생태계의 환경은 다양하므로 생물은 서로 다른 환경에 적응하여 다양한 방향으로 자연선택되었다. ➡ 지구에 다양한 생물이 나타나게 되었다.

② **여러 종으로 진화한 핀치**: 다양한 변이를 가진 같은 종의 핀치가 갈라파고스 제도의 각 섬에 적응하는 과정에서 환경에 유리한 변이를 가진 핀치가 자연선택되었고, 이 과정이 오랫동안 반복되면서 각 섬마다 살고 있는 핀치의 종류가 달라졌다.

◆ **진화**
진화는 생물의 변화를 의미하는 것으로, 한 개체의 유전자는 평생 변하지 않으므로 개체 수준에서는 진화를 관찰할 수 없다. 즉, 진화는 집단 수준에서 관찰할 수 있는데, 집단 내에서 특정 유전자를 가진 개체의 비율이 변하는 것으로 진화를 관찰할 수 있다.

◆ **다윈(Darwin, C. R., 1809~1882)**
다양한 환경에서 살아가는 생물을 관찰하여 『종의 기원』을 발표하였다. 이 책에서 다윈은 자연선택을 바탕으로 한 진화론을 주장하였다.

암기해

다윈의 자연선택설
과잉 생산과 변이 → 생존경쟁 → 자연선택 → 유전과 진화

✳ **라마르크의 용불용설**
많이 사용하는 기관은 발달하여 자손에게 유전되고, 사용하지 않는 기관은 퇴화하여 진화가 일어난다고 설명한다. 예를 들어 기린은 높은 곳에 있는 나뭇잎을 따먹기 위해 목을 계속 사용한 결과 지금처럼 목이 길어졌다는 것이다. 후천적으로 얻은 형질(비유전적 변이)은 유전되지 않으므로 현재는 받아들여지지 않는다.

궁금해

자연선택에 의한 진화는 항상 오랜 시간에 걸쳐 서서히 일어날까?
일반적으로 자연선택에 의한 진화는 오랜 시간에 걸쳐 서서히 일어나지만, 급격한 환경 변화가 나타나면 짧은 시간 내에 자연선택이 일어나 진화가 일어나기도 한다.

생물종이 다양해진 과정 – 갈라파고스 제도의 핀치

남아메리카 대륙에서 한 종의 핀치 무리가 갈라파고스 제도로 날아들었고, 각 섬마다 많은 수의 핀치가 태어났다.

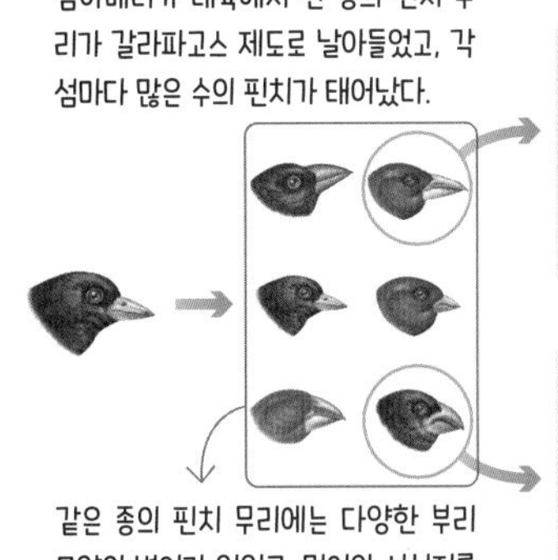

같은 종의 핀치 무리에는 다양한 부리 모양의 변이가 있었고, 먹이와 서식지를 차지하기 위해 서로 경쟁하였다.

선인장이 많은 섬

선인장이 많은 섬에서는 길고 뾰족한 부리를 가진 핀치가 살아남아 더 많은 자손을 남겼다. ➡ 오랜 시간이 지난 후 길고 뾰족한 부리를 가진 핀치가 번성하였다.

크고 단단한 씨가 많은 섬

크고 단단한 씨가 많은 섬에서는 크고 두꺼운 부리를 가진 핀치가 살아남아 더 많은 자손을 남겼다. ➡ 오랜 시간이 지난 후 크고 두꺼운 부리를 가진 핀치가 번성하였다.

- 각 섬마다 먹이 환경이 달랐고, 먹이 환경에 적합한 부리를 가진 핀치가 자연선택되었다.
- 같은 종의 핀치가 오랜 시간 동안 서로 다른 방향으로 자연선택된 결과 서로 다른 모양과 크기의 부리를 가진 여러 종으로 진화하였다. → 현재 갈라파고스 제도에는 부리의 모양이 조금씩 다른 14종의 핀치가 살고 있다.

천재 교과서에만 나와요.

✻ 그랜드캐니언에 사는 다람쥐의 진화

흰꼬리영양다람쥐　　해리스영양다람쥐

그랜드캐니언의 남북에 사는 흰꼬리영양다람쥐와 해리스영양다람쥐는 같은 종의 다람쥐가 협곡에 의해 두 무리로 나뉘면서 각각의 환경에 적응하여 진화한 결과 두 종의 다람쥐가 된 것이다.

개념 확인 문제

정답친해 7쪽

핵심 체크

- (❶): 생물이 오랜 시간 동안 여러 세대를 거치면서 변화하는 현상
- **다윈의 자연선택설**: 생물이 진화하는 과정을 '과잉 생산과 (❷) → 생존경쟁 → (❸) → 유전과 진화'로 설명하였다.
- 생물은 서로 다른 환경에 적응하여 다양한 방향으로 자연선택되었다. ➡ 지구에 다양한 생물이 나타나게 되었다.

1 생물의 진화에 대한 설명으로 옳은 것은 ○, 옳지 않은 것은 ×로 표시하시오.

(1) 한 세대 내에서 빠르게 일어난다. ( )
(2) 변이는 진화의 원동력이 된다. ( )
(3) 진화의 결과 지구의 생물종이 다양해졌다. ( )
(4) 진화는 우수한 형질을 가진 개체가 자연선택되어 일어난다. ( )

2 다윈의 진화론에 대한 설명으로 옳은 것은 ○, 옳지 않은 것은 ×로 표시하시오.

(1) 다윈은 변이와 자연선택을 종합하여 생물의 진화를 설명하였다. ( )
(2) 생물은 주어진 환경에서 살아남을 수 있는 것보다 많은 수의 자손을 낳는다. ( )
(3) 환경에 적응하기 유리한 형질을 가진 개체가 살아남아 더 많은 자손을 남긴다. ( )
(4) 다윈은 개체 사이에 변이가 나타나는 원인을 유전의 원리를 이용하여 설명하였다. ( )

3 다음은 갈라파고스 제도에서 핀치의 종이 다양해지는 과정을 설명한 것이다. ( ) 안에 알맞은 말을 쓰시오.

> 남아메리카 대륙에서 한 종의 핀치 무리가 갈라파고스 제도로 건너와 각 섬에서 부리의 모양과 크기가 다양한 핀치가 태어났다. 각 섬의 ㉠( ) 환경에 적응하는 과정에서 생존에 유리한 변이를 가진 핀치가 ㉡( ) 되었고, 이 과정이 오랫동안 반복되고 누적되어 각 섬마다 살고 있는 핀치의 종류가 달라졌다.

내신 만점 문제

A 변이

중요 01 다음은 변이에 대한 학생 A~C의 의견이다.

같은 종의 개체 사이에서 나타나는 형질 차이를 변이라고 해.
변이는 주로 환경의 차이로 인해 나타나.
유전자로부터 합성되는 단백질의 종류와 양이 달라서 형질의 차이가 나타나.
학생 A
학생 B
학생 C

제시한 의견이 옳은 학생만을 있는 대로 고르시오.

02 변이의 예로 옳은 것만을 [보기]에서 있는 대로 고른 것은?

보기
ㄱ. 기린과 얼룩말의 무늬가 서로 다르다.
ㄴ. 사랑앵무의 깃털 색이 개체마다 다르다.
ㄷ. 같은 부모로부터 태어난 새끼 고양이의 털색이 서로 다르다.

① ㄱ ② ㄴ ③ ㄷ ④ ㄱ, ㄴ ⑤ ㄴ, ㄷ

중요 03 다음은 학생 A~C가 같은 종에 속하는 나비의 날개 무늬 다양성에 대해 조사하여 발표한 내용이다.

- 학생 A: 같은 종에 속하는 나비의 날개 무늬가 다양한 것은 개체들의 유전정보가 다르기 때문입니다.
- 학생 B: 유성생식 과정에서 생식세포의 다양한 조합은 여러 가지 날개 무늬가 나타나는 원인이 됩니다.
- 학생 C: 돌연변이는 다양한 날개 무늬의 원인이 되며, 환경에 적응하기 유리한 방향으로만 돌연변이가 발생합니다.

제시한 의견이 옳은 학생만을 있는 대로 고른 것은?

① A ② C ③ A, B
④ B, C ⑤ A, B, C

04 다음은 같은 종의 딱정벌레 집단에 대한 자료이다.

(가) 붉은색 딱정벌레는 몸 색깔이 붉은 정도가 개체마다 다르다.
(나) 붉은색 딱정벌레 집단의 자손 중에 갑자기 초록색 딱정벌레가 나타났다.
(다) 초록색 딱정벌레와 붉은색 딱정벌레가 교배하여 붉은색과 초록색의 자손을 낳았다.

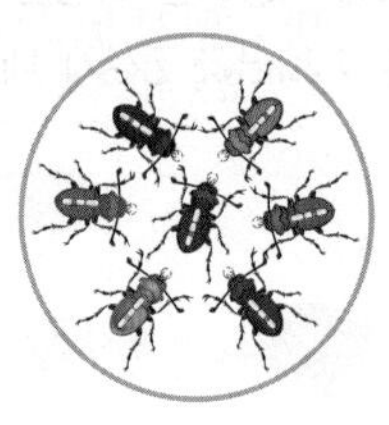

이에 대한 설명으로 옳은 것만을 [보기]에서 있는 대로 고른 것은?

보기
ㄱ. (가)에서 개체마다 몸 색깔이 붉은 정도가 다른 것은 변이의 예이다.
ㄴ. (나)에서 돌연변이가 일어났다.
ㄷ. (나)를 통해 딱정벌레 집단의 변이가 다양해졌다.

① ㄱ ② ㄷ ③ ㄱ, ㄴ
④ ㄴ, ㄷ ⑤ ㄱ, ㄴ, ㄷ

B 자연선택

05 그림은 산불이 일어나 토양이 검게 변한 곳에서 같은 종의 딱정벌레 집단의 몸 색깔 변화를 나타낸 것이다. 딱정벌레의 포식자인 새는 모든 시기에 존재한다.

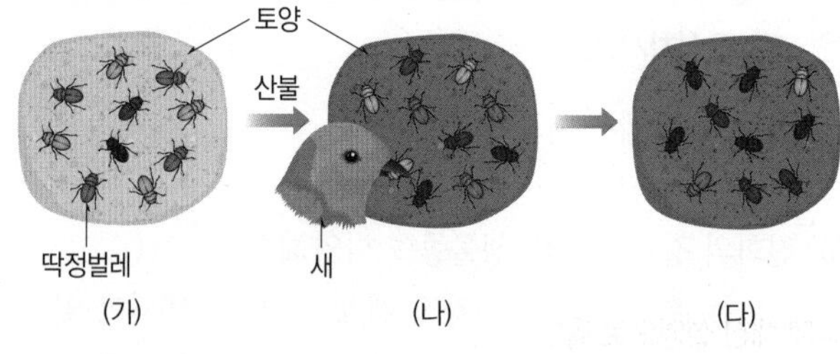

이에 대한 설명으로 옳은 것만을 [보기]에서 있는 대로 고른 것은?

보기
ㄱ. (가)에서 딱정벌레 개체마다 몸 색깔에 대한 유전자가 다르다.
ㄴ. (나)에서 딱정벌레의 몸 색깔은 포식자에 의한 자연선택에 영향을 주지 않는다.
ㄷ. 몸 색깔이 어두운 딱정벌레의 비율은 (나)에서가 (다)에서보다 높다.

① ㄱ ② ㄴ ③ ㄷ ④ ㄱ, ㄴ ⑤ ㄴ, ㄷ

중요 **06** 그림은 세균 집단이 항생제가 지속적으로 사용되는 환경에 적응하는 과정을 나타낸 것이다. ㉠과 ㉡은 각각 항생제 내성 세균과 항생제 내성이 없는 세균 중 하나이다.

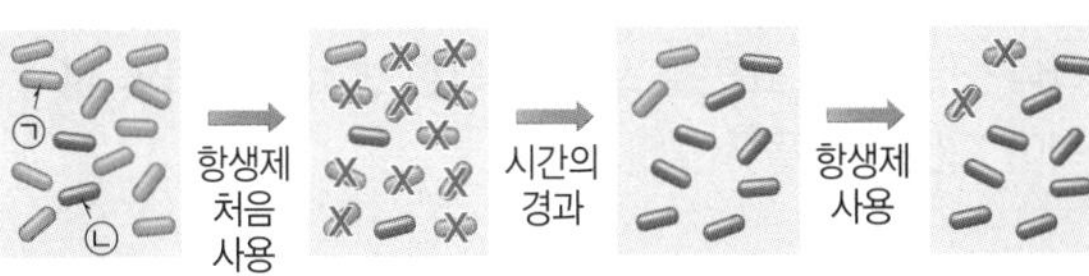

이에 대한 설명으로 옳은 것만을 [보기]에서 있는 대로 고른 것은?

보기
ㄱ. 항생제 내성 세균은 ㉠이다.
ㄴ. 시간이 지날수록 ㉡의 비율이 높아진 것은 항생제의 사용으로 ㉠이 ㉡으로 변화하였기 때문이다.
ㄷ. 항생제 내성 세균이 가진 항생제 내성 형질은 유전된다.

① ㄱ ② ㄴ ③ ㄷ
④ ㄱ, ㄴ ⑤ ㄴ, ㄷ

07 그림 (가)는 아프리카에서 말라리아가 많이 발생하는 지역을, (나)는 같은 지역에서의 낫모양적혈구 유전자 빈도를 나타낸 것이다. 낫모양적혈구는 심한 빈혈을 일으켜 일반적으로 드물게 발견된다.

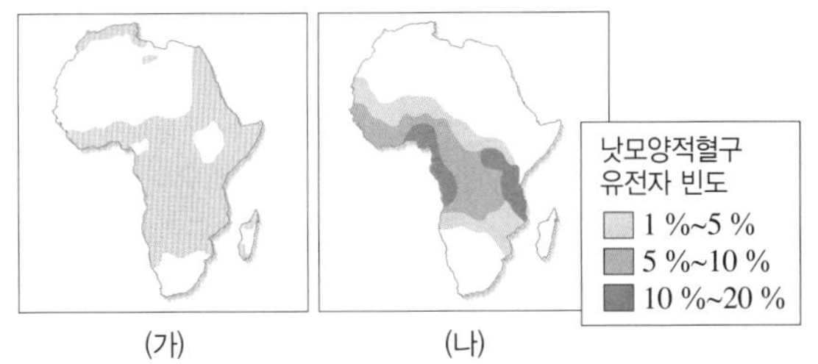

(가) (나)

이에 대한 설명으로 옳은 것만을 [보기]에서 있는 대로 고른 것은?

보기
ㄱ. 말라리아가 많이 발생하는 지역에서 낫모양적혈구 유전자의 빈도가 높다.
ㄴ. 말라리아가 많이 발생하는 지역에서는 낫모양적혈구 유전자가 생존에 불리하게 작용한다.
ㄷ. 같은 형질이라도 환경에 따라 자연선택되는 결과가 다르다.

① ㄱ ② ㄴ ③ ㄱ, ㄷ
④ ㄴ, ㄷ ⑤ ㄱ, ㄴ, ㄷ

중요 **08** 변이와 자연선택에 대한 설명으로 옳지 않은 것은?

① 인간의 특정 활동이 자연선택에 영향을 주기도 한다.
② 어떤 변이를 갖느냐에 따라 개체가 환경에 적응하는 능력이 다르다.
③ 변이와 자연선택은 생물이 진화하는 원동력이 된다.
④ 자연선택이 반복되면서 생물은 이전과는 다른 형질을 가진 생물로 변화한다.
⑤ 특정 환경에서 생존에 유리한 형질은 다른 환경에서도 항상 유리하게 작용한다.

C 변이와 자연선택에 의한 생물의 진화

09 진화에 대한 설명으로 옳은 것만을 [보기]에서 있는 대로 고른 것은?

보기
ㄱ. 생물이 진화하는 과정에서 새로운 생물이 생겨나기도 하고, 있던 생물이 사라지기도 한다.
ㄴ. 진화가 일어나면 집단 내에서 특정 형질을 가진 개체의 비율이 변한다.
ㄷ. 같은 종의 생물은 환경에 관계없이 같은 방향으로 진화한다.

① ㄱ ② ㄷ ③ ㄱ, ㄴ
④ ㄴ, ㄷ ⑤ ㄱ, ㄴ, ㄷ

중요 **10** 다음은 다윈의 자연선택설에 따른 진화 과정을 나타낸 것이다. ㉠~㉢은 각각 자연선택, 생존경쟁, 변이 중 하나이다.

과잉 생산과 (㉠) → (㉡) → (㉢) → 유전과 진화

이에 대한 설명으로 옳은 것만을 [보기]에서 있는 대로 고른 것은?

보기
ㄱ. ㉠은 자연선택이다.
ㄴ. 개체들이 먹이와 서식 공간을 두고 경쟁하는 과정은 ㉡에 해당한다.
ㄷ. 환경에 잘 적응한 개체가 살아남아 더 많은 자손을 남기는 것은 ㉢에 해당한다.

① ㄱ ② ㄴ ③ ㄱ, ㄷ
④ ㄴ, ㄷ ⑤ ㄱ, ㄴ, ㄷ

중요 **11** 그림은 기린의 목이 길어지게 된 과정을 다윈의 진화론으로 나타낸 것이다.

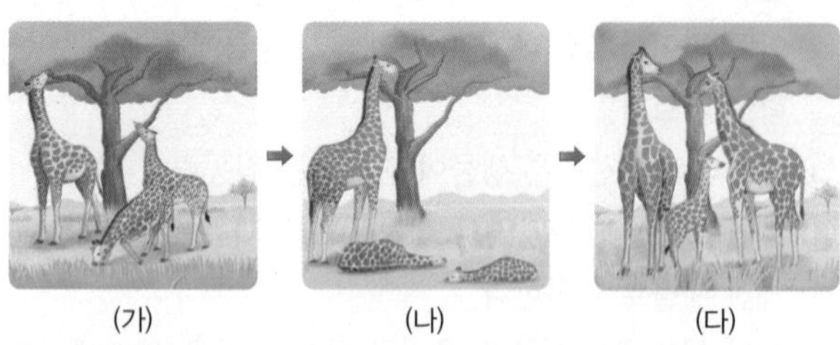
(가) (나) (다)

이에 대한 설명으로 옳은 것만을 [보기]에서 있는 대로 고른 것은?

보기
ㄱ. (가)에서 목 길이가 다양한 기린이 있었다.
ㄴ. (가) → (나) 과정에서 생존경쟁과 자연선택이 일어났다.
ㄷ. 자연선택된 형질은 자손에게 유전된다.

① ㄱ ② ㄴ ③ ㄱ, ㄷ
④ ㄴ, ㄷ ⑤ ㄱ, ㄴ, ㄷ

중요 **12** 그림은 한 종의 핀치가 갈라파고스 제도의 여러 섬에 흩어져 살면서 다른 종으로 진화하는 과정 중 일부를 나타낸 것이다.

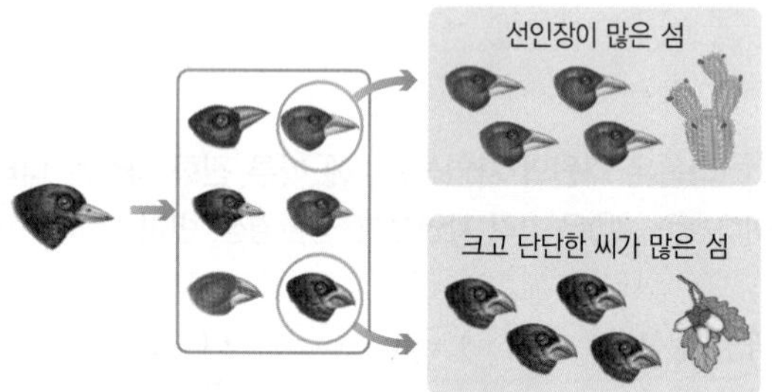

이에 대한 설명으로 옳은 것만을 [보기]에서 있는 대로 고른 것은?

보기
ㄱ. 핀치 부리 모양의 변이는 각 섬의 환경에 적응하면서 나타났다.
ㄴ. 선인장이 많은 섬에서는 핀치 부리가 두꺼울수록 생존에 유리하다.
ㄷ. 먹이 환경이 다른 섬에서 핀치는 부리 모양이 서로 다른 방향으로 진화하였다.

① ㄱ ② ㄴ ③ ㄷ
④ ㄱ, ㄷ ⑤ ㄴ, ㄷ

서술형 문제

13 유성생식을 하는 생물에서 다양한 유전적 변이가 나타나는 두 가지 요인을 쓰고, 이러한 변이가 진화의 원동력이 되는 까닭을 서술하시오.

중요 **14** 다음은 자연선택에 대한 모의실험이다.

[실험 과정]
(가) 노란색 도화지 위에 ㉠노란색, 파란색, 빨간색 초콜릿을 10개씩 골고루 섞어 놓는다.
(나) 세 모둠원이 각각 눈을 감았다 떴을 때 ㉡가장 먼저 눈에 띄는 초콜릿을 집어 도화지 밖으로 꺼내는 과정을 5회 반복한다.

(다) 남아 있는 초콜릿의 수를 세고, ㉢색깔별로 남은 수만큼 같은 색깔의 초콜릿을 추가한다.
(라) (나)와 (다) 과정을 3회 반복한 후 결과를 기록한다.

[실험 결과] (라) 과정 후 도화지 위에는 노란색 26개, 파란색 0개, 빨간색 4개가 남았다.

(1) 자연 상태에서 ㉠~㉢이 의미하는 것은 각각 무엇인지 서술하시오.
(2) 진화의 측면에서 이 실험 결과가 의미하는 것을 서술하시오.

15 다음은 다윈의 연구 내용이다.

찰스 다윈은 1859년 『종의 기원』에서 생존에 유리한 형질을 가진 개체들이 더 많은 자손을 낳아 그 형질이 다음 세대에 더 많이 전달된다는 자연선택의 개념을 제시하였다. 그는 갈라파고스 제도의 핀치를 관찰하여 각 섬의 환경에 따라 부리 모양이 다르게 진화한 것을 자연선택의 증거로 제시하였다.

핀치의 진화 과정을 다윈의 자연선택설로 서술하시오.

정답친해 10쪽

실력 UP 문제

01 다음은 홍학의 몸 색깔에 관련된 자료이다.

> 몸 색깔이 붉은 부모에게서 태어난 어린 홍학은 ㉠몸 색깔이 회색이지만, 자라면서 먹이의 종류와 양에 따라 ㉡제각기 다른 특징을 가지는 붉은 무늬가 나타난다.

이에 대한 설명으로 옳은 것만을 [보기]에서 있는 대로 고른 것은?

보기
ㄱ. ㉠은 유전자로부터 합성되는 단백질에 의해 나타나는 형질이다.
ㄴ. ㉡은 돌연변이로 생긴 형질이다.
ㄷ. ㉡은 자손에게 유전된다.

① ㄱ ② ㄴ ③ ㄷ ④ ㄱ, ㄴ ⑤ ㄴ, ㄷ

02 그림 (가)는 어느 지역에서 나무줄기에 지의류가 있을 때와 없을 때 천적에 주로 잡아먹히는 나방을, (나)는 이 지역의 지의류 분포 변화에 따른 나방의 색깔별 개체수 분포를 나타낸 것이다. ㉠은 '지의류 증가'와 '지의류 감소' 중 하나이다.

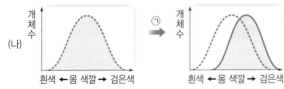

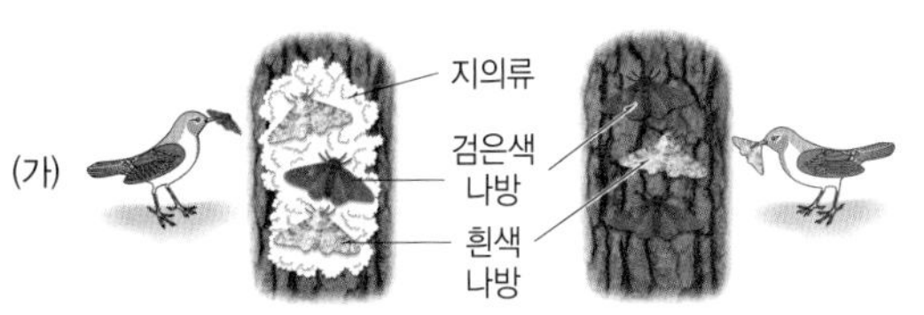

이에 대한 설명으로 옳은 것만을 [보기]에서 있는 대로 고르시오.

보기
ㄱ. 나무줄기에 지의류가 있는 환경에서는 흰색 나방이 생존에 유리하다.
ㄴ. ㉠은 '지의류 증가'이다.
ㄷ. 환경 변화는 자연선택의 방향에 영향을 준다.

03 다음은 키가 큰 선인장이 자라고 있는 갈라파고스 제도의 한 섬에서 일어난 땅거북의 진화 과정을 순서 없이 나열한 것이다. 땅거북은 선인장을 먹이로 한다.

> (가) 목이 긴 땅거북이 목이 짧은 땅거북보다 먹이를 더 쉽게 얻는다.
> (나) 오랜 시간 동안 목이 긴 땅거북이 더 많은 자손을 남긴다.
> (다) 많은 수의 땅거북이 있으며, 목이 긴 땅거북과 목이 짧은 땅거북이 공존하고 있다.

이에 대한 설명으로 옳은 것만을 [보기]에서 있는 대로 고른 것은?

보기
ㄱ. (나)에서 세대가 거듭될수록 땅거북 무리에서 긴 목 유전자의 비율이 증가한다.
ㄴ. 진화 과정은 (다) → (나) → (가)이다.
ㄷ. 이 섬에서 환경이 변화하여 키가 큰 선인장의 개체수가 급격히 줄어들어도 (나)와 같은 결과가 나올 것이다.

① ㄱ ② ㄷ ③ ㄱ, ㄴ
④ ㄴ, ㄷ ⑤ ㄱ, ㄴ, ㄷ

04 그림은 어떤 섬에서 씨를 먹고 사는 핀치를 대상으로 가뭄 전후 부리 크기에 따른 개체수를 조사한 결과이다. 가뭄 전에는 작고 연한 씨가 많았지만, 심한 가뭄으로 씨의 수는 감소하고, 작고 연한 씨보다 크고 딱딱한 씨가 많아졌다.

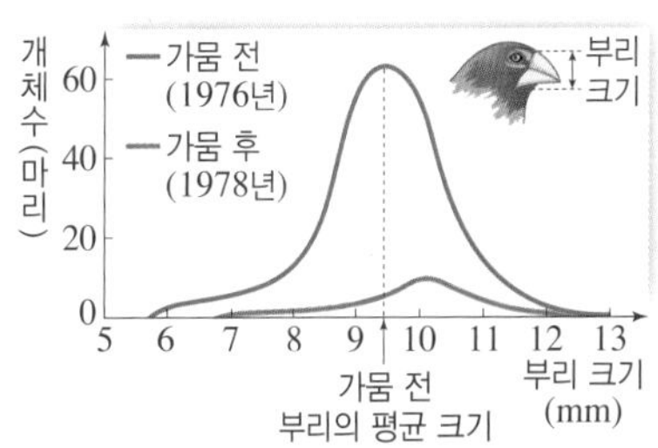

이에 대한 설명으로 옳은 것만을 [보기]에서 있는 대로 고른 것은?

보기
ㄱ. 핀치의 전체 개체수는 가뭄 전보다 가뭄 후가 많다.
ㄴ. 작은 부리가 크고 단단한 씨를 먹기에 유리할 것이다.
ㄷ. 가뭄을 겪으면서 핀치 부리의 평균 크기가 커지는 방향으로 진화가 일어났다.

① ㄱ ② ㄴ ③ ㄷ
④ ㄱ, ㄷ ⑤ ㄴ, ㄷ

생물다양성

★ 핵심 포인트
- 생물다양성의 요소와 예 ★★★
- 종다양성 ★★★
- 생물다양성의 감소 원인과 보전 ★★

A 생물다양성

1. 생물다양성 생물이 지닌 유전자의 다양성, 일정한 지역에서 관찰되는 생물종의 다양성, 생물이 서식하는 생태계의 다양성을 모두 포함하는 개념이다.

① **유전적 다양성**: 같은 생물종에서 개체마다 유전자가 달라 다양한 형질이 나타나는 것을 의미한다. → 같은 생물종이라도 유전자 차이 때문에 개체마다 모양, 크기, 색 등이 다르게 나타난다(다양한 변이가 존재한다).

예 • 바지락은 개체마다 껍데기 무늬와 색이 다르다.
• 헬리코니우스나비는 개체마다 날개 무늬가 다르다.
• 별불가사리는 개체마다 무늬와 색이 다르다.

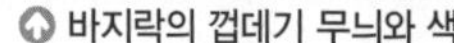
바지락의 껍데기 무늬와 색

헬리코니우스나비의 날개 무늬

별불가사리의 무늬와 색

- 하나의 형질을 결정하는 유전자가 다양할수록 변이가 다양하며 유전적 다양성이 높다.
- ◆유전적 다양성이 높을수록 급격한 환경 변화에도 살아남는 개체가 존재할 확률이 높으므로 멸종될 가능성이 낮다. ➡ 유전적 다양성은 종다양성 유지에 중요한 역할을 한다.

+ 확대경 유전적 다양성의 필요성

원래 바나나에는 씨가 있지만, 1950년대까지 주로 재배되었던 그로 미셸 품종은 씨가 없어서 땅속줄기를 잘라 옮겨 심는 ❶무성생식의 한 방법으로 번식시켰다. 1950년대 말 곰팡이에 의해 유발되는 파나마병이 유행하면서 그로 미셸 품종은 대부분의 지역에서 멸종되었고, 파나마병에 저항성이 있는 캐번디시 품종이 재배되기 시작하였다. 하지만 곰팡이의 변종이 출현하면서 캐번디시 품종 역시 멸종될 위험에 처해 있다. ➡ 단일 품종을 대량 재배할 경우 유전적 다양성이 낮아 환경 변화가 일어났을 때 멸종될 가능성이 높다.

씨 없는 바나나

암기해

생물다양성
- 유전적 다양성 (우린 모두 같은 종이야.)
- 종다양성
- 생태계다양성

◆ **유전적 다양성과 환경 변화**
유전적 다양성이 높을수록 집단 내에 유전자가 다양하므로, 급격한 환경 변화가 일어났을 때 변화된 환경에 적응하는 데 적합한 유전자를 가진 개체가 있을 확률이 높다. 따라서 멸종될 가능성이 낮다.

용어

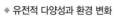

❶ **무성생식(無 없다, 性 암컷과 수컷, 生 낳다, 殖 불리다)** 암수 생식세포의 결합 없이 이루어지는 생식

② **종다양성**: 일정한 지역에 서식하는 생물종의 다양한 정도로, 일정한 지역에 얼마나 많은 생물종이 얼마나 고르게 분포하여 살고 있는지를 나타낸다.

- 서식하는 생물종의 수가 많을수록, 각 생물종의 분포 비율이 균등할수록 종다양성이 높다.
- 종다양성이 높을수록 복잡한 먹이그물이 형성되어 생태계가 안정적으로 유지된다.

| 종다양성 비교 |

그림은 면적이 같은 두 지역 (가), (나)에 서식하는 식물 종 A~D를, 표는 두 지역에 서식하는 A~D의 개체수를 나타낸 것이다.

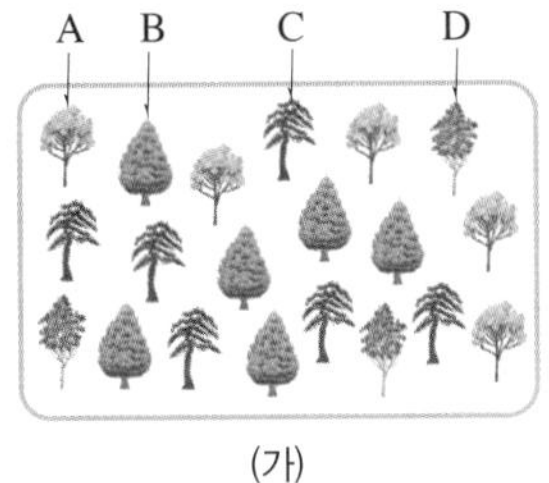

(가)

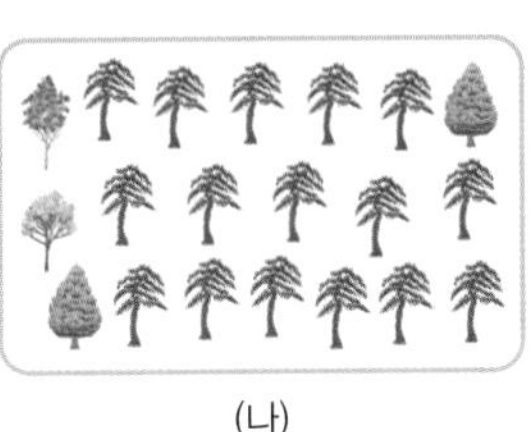
(나)

구분	(가)	(나)
A	5	1
B	6	2
C	6	16
D	3	1
총 개체수	20	20

- (가)와 (나) 모두 서식하는 식물 종은 4종이고, 총 개체수는 20으로 같다.
- (가)는 각 식물 종이 (나)에 비해 고르게 분포하지만, (나)는 C의 분포 비율이 상대적으로 높다.

➡ (가)가 (나)보다 종다양성이 높다.

③ **생태계다양성**: 일정한 지역에 존재하는 생태계의 다양한 정도를 의미한다.
└• 생태계의 다양함뿐 아니라 그 구성 요소 사이에서 일어나는 상호작용의 다양함까지 포함하는 개념이다.

- 대륙과 해양의 분포, 위도, 기온, 강수량 등 환경의 차이로 인해 지구에는 열대우림, 갯벌, 습지, 삼림, 초원, 사막, 호수, 강, 바다 등 다양한 생태계가 존재한다.
- 생태계의 종류에 따라 환경이 다르므로 환경과 상호작용을 하며 살아가는 생물종과 개체수도 다르다. ➡ 생태계가 다양할수록 종다양성과 유전적 다양성도 높아진다.

생태계의 종류에 따라 그 환경에 적응해 진화한 생물로 구성된다.•

| 여러 가지 생태계 |

열대우림

갯벌

습지

- 열대우림은 강수량이 많고 기온이 높아 종다양성이 가장 높다.
  └• 열대우림은 식물의 종류가 많으며, 그 생물을 이용하는 동물이나 균류의 종류도 많기 때문이다.
- 갯벌과 습지는 육상 생태계와 수생태계를 잇는 완충 지대로, 두 생태계의 자원을 모두 이용하는 생물종이 공존하므로 종다양성이 상대적으로 높다.

2. 생물다양성의 요소와 기능 유전적 다양성은 종다양성을 유지하는 데 중요한 역할을 하고, 종다양성은 ◆생태계평형을 유지하는 데 중요한 역할을 한다. 생태계가 다양할수록 생물에게 다양한 서식지와 환경요인이 제공되므로 종다양성과 유전적 다양성도 높아진다. ➡ 유전적 다양성, 종다양성, 생태계다양성은 서로 밀접하게 연결되어 있으며, 모두 생물다양성 유지에 중요한 역할을 한다.

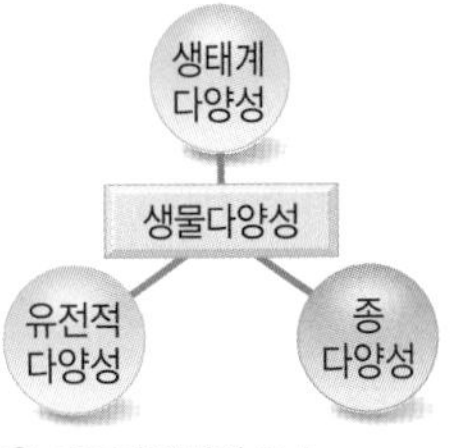

생물다양성의 요소

암기해

종다양성이 높은 생태계
- 생물종의 수가 많다.
- 각 생물종의 분포 비율이 균등하다.

궁금해

지구에는 얼마나 많은 생물종이 있을까?
현재까지 알려진 생물종만해도 약 190만 종에 이르며, 아직 발견되지 않은 생물종까지 포함하면 약 1000만 종 이상일 것으로 추정된다. 지금까지 발견된 생물종으로는 곤충이 가장 많다.

◆ **생태계평형**
생태계를 구성하는 생물의 종류, 개체수, 물질의 양 등이 균형을 이루면서 안정된 상태를 유지하는 것을 말한다.

B 생물다양성의 중요성

생태계 안정성은 Ⅱ-1-02 생태계평형에서 자세히 배워요.

1. 생물다양성과 생태계평형 생물은 저마다 고유한 기능을 수행하며 서로 밀접한 관계를 맺고 살아가므로 다양한 생물은 생태계를 안정적으로 유지하는 데 중요하다. 따라서 특정 종이 사라져 생물다양성이 낮아지면 생태계평형이 깨지기 쉽다. ➡ 생물다양성이 높을수록 생태계가 안정적으로 유지된다.

2. 생물다양성과 생물자원 모든 생물은 생명 그 자체로 소중할 뿐만 아니라 다양한 생물자원을 제공한다. 생물자원은 인간의 생활과 생산 활동에 이용되는 모든 생물적 자원으로, ◆생물다양성이 높을수록 생물자원이 풍부해진다.

└ 생물적 자원: 유전자, 생명체, 생태계 등을 모두 포함한다.

◆ **생물다양성의 중요성**
생물은 인간에게 다양한 자원을 제공할 뿐 아니라 기후 안정, 환경 정화, 토양 보전과 자외선 차단 등에도 영향을 준다.
예를 들어 다양한 식물과 미생물은 오염 물질을 흡수하고 분해하는 등 환경 정화에 중요한 역할을 하며, 다양한 식물의 뿌리는 토양 침식을 방지하여 토양 보전에 기여한다.

① **의식주 재료 제공**: 생물은 인간의 의식주에 필요한 각종 자원을 제공한다.

의복 재료

목화(면섬유), 양(양모), 누에(비단) 등은 섬유의 원료를 제공하여 의복 재료로 이용된다.

식량 재료

벼, 밀, 콩, 옥수수 등은 주식으로 이용되고, 사과, 바나나, 배 등도 식량으로 이용된다.

주택 재료

나무, 풀 등은 주택 재료로 사용된다.

② **의약품 원료 제공**: 생물자원을 이용하여 의약품을 만든다. 대부분의 의약품은 생물자원에서 찾아냈거나 생물자원을 활용하여 만든다.

해열진통제의 원료가 되는 버드나무

해열진통제의 원료가 되는 조팝나무

심장병 치료제의 원료가 되는 디기탈리스

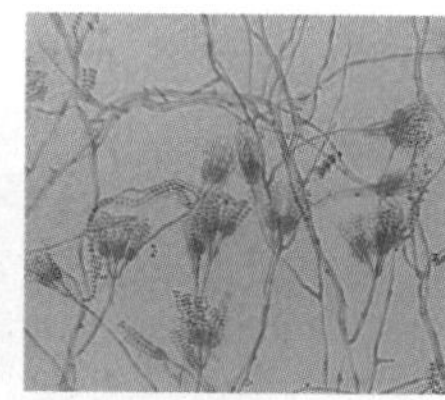
항생제의 원료가 되는 푸른곰팡이

◆ **바이오연료**
동식물이나 미생물이 생산한 유기물로부터 얻는 연료를 바이오연료라고 한다. 바이오에탄올, 바이오디젤, 바이오가스 등이 있다.

③ **에너지 생산 및 산업용 재료 제공**: 생물자원은 ◆바이오에탄올과 같은 에너지 생산에 이용되며, 여러 산업의 재료로 활용된다.

④ **사회적·심미적 가치**: 다양한 생태계는 사람에게 휴식 장소, 여가 활동 장소, 생태 관광 장소 등을 제공한다.

바이오에탄올 생산에 이용되는 옥수수

여러 가지 식품 산업에 활용되는 효모

생태 관광 장소를 제공하는 생태계

개념 확인 문제

핵심 체크

▸ 생물다양성

(❶) 다양성	(❷)다양성	(❸)다양성
같은 생물종에서 개체마다 유전자가 달라 다양한 형질이 나타나는 것이다. ➡ 종다양성 유지에 중요한 역할을 한다.	일정한 지역에 서식하는 생물종의 다양한 정도이다. ➡ 생태계 안정성에 중요한 역할을 한다.	일정한 지역에 존재하는 생태계의 다양한 정도이다. ➡ 종다양성과 유전적 다양성에 영향을 준다.

▸ 생물다양성이 (❹)을수록 생태계가 안정적으로 유지된다.

▸ (❺): 인간의 생활과 생산 활동에 이용되는 모든 생물적 자원으로, 의식주 재료, 의약품 원료, 에너지 생산 등에 이용된다.

1 그림은 생물다양성의 세 가지 요소를 나타낸 것이다.

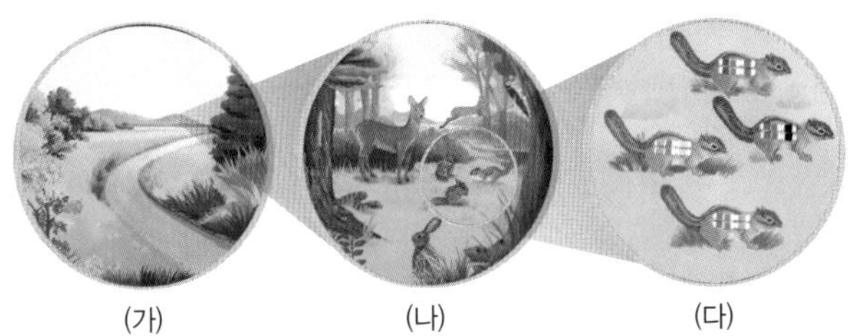

(가)~(다)에 해당하는 생물다양성 요소를 각각 쓰시오.

2 다음은 생물다양성의 세 가지 요소에 대한 예이다. 유전적 다양성에 해당하는 예에는 '유', 종다양성에 해당하는 예에는 '종', 생태계다양성에 해당하는 예에는 '생'을 쓰시오.

(1) 제주도에는 해안, 산, 습지, 초원 등이 있다. ··· ( )

(2) 바지락은 개체마다 껍데기 무늬와 색이 다르다. ··· ( )

(3) 숲에 참나무, 소나무, 다람쥐 등이 서식한다. ··· ( )

3 생물다양성에 대한 설명으로 옳은 것은 ○, 옳지 않은 것은 ×로 표시하시오.

(1) 종다양성은 일정한 지역에 사는 생물 전체를 포함한다. ··· ( )

(2) 유전적 다양성은 생물종에 관계없이 개체마다 다양한 형질이 나타나는 것을 의미한다. ··· ( )

(3) 유전적 다양성이 낮은 집단은 급격한 환경 변화에 적응하지 못하고 멸종될 가능성이 높다. ··· ( )

(4) 생태계다양성에는 구성 요소 사이의 상호작용은 포함되지 않는다. ··· ( )

4 그림은 면적이 같은 두 지역 (가)와 (나)에 서식하는 생물종 A~E를 나타낸 것이다.

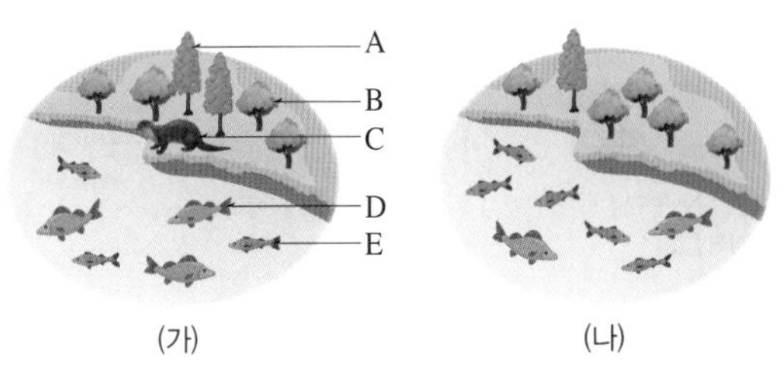

(1) (가)와 (나)의 생물종 수를 각각 쓰시오.

(2) 표에 각 생물종의 개체수와 총 개체수를 쓰시오.

구분	A	B	C	D	E	총 개체수
(가)						
(나)						

(3) (가)와 (나) 중 종다양성이 더 높은 지역을 고르시오. (단, A~E 이외의 종은 고려하지 않는다.)

5 생물다양성의 가치와 생물자원에 대한 설명으로 옳은 것은 ○, 옳지 않은 것은 ×로 표시하시오.

(1) 생물다양성이 낮을수록 생물자원이 풍부해진다. ··· ( )

(2) 생물다양성이 높은 생태계가 낮은 생태계보다 안정적으로 유지된다. ··· ( )

(3) 생물자원으로부터 의약품의 원료를 얻을 수 있다. ··· ( )

(4) 생태계 자체는 생물자원으로서의 효용 가치가 없다. ··· ( )

C 생물다양성의 감소 원인과 보전

생물다양성의 감소 원인과 보전은 생태계평형과 관련이 깊어요. 교과서에 따라서 이 내용을 Ⅱ-1-02. 생태계평형에서 다루기도 하니 우리 교과서를 확인해요.

1. 생물다양성의 감소 원인 최근 생물다양성은 매우 빠른 속도로 감소하고 있는데, 주요 원인은 인간의 활동과 관련이 깊다.

① **서식지파괴 및 단편화**[1]: 생물다양성 감소의 가장 큰 원인이다.

- 서식지파괴: 삼림의 벌채, 습지의 매립 등으로 서식지가 파괴되면 생물이 서식할 수 있는 면적이 줄어들어 생물다양성이 급격히 감소한다.
- 서식지단편화: 도로 건설, 주택 개발 등으로 대규모의 서식지가 소규모로 분할되는 것을 말한다. 서식지가 분할되면 서식지의 면적이 감소하고, 생물종의 이동을 제한하여 고립시키므로 멸종 위험이 높아진다. → 도로 건설로 서식지가 분할되면 야생 동물이 도로를 건너다가 자동차에 치여 죽는 로드킬이 발생할 가능성이 높아진다.

삼림의 벌채

◆ **생물다양성의 감소 원인**
서식지파괴는 생물다양성 감소에 가장 큰 영향을 주는 요인으로, 서식지가 파괴되면 그 서식지에 살던 생물종의 약 80 %가 영향을 받는다.

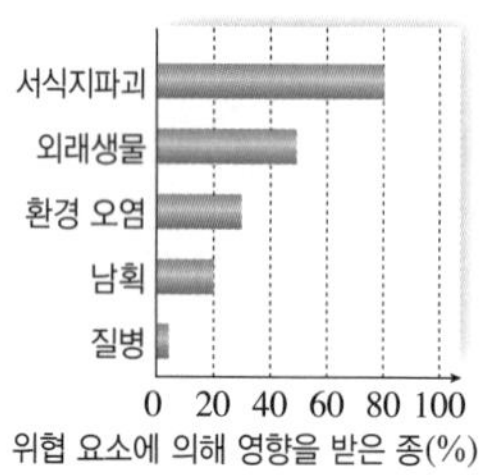

서식지단편화

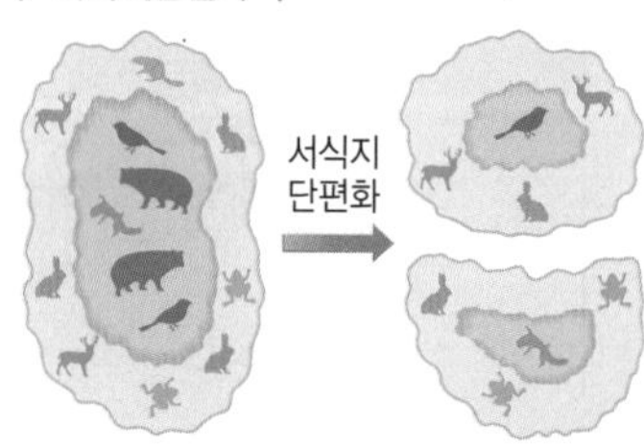

- 서식지가 단편화되면 서식지의 총 면적은 감소한다.
- 서식지가 단편화되면 가장자리의 면적은 넓어지고, 중앙의 면적은 좁아진다. ➡ 서식지의 가장자리에 사는 생물종보다 중앙에 사는 생물종이 더 큰 영향을 받는다.
- 서식지가 단절되면 생물종의 이동을 제한하여 고립시키기 때문에 그 지역에 서식하는 생물종의 개체수가 감소하여 멸종으로 이어질 수 있다.

② **불법 포획[2]과 남획[3]**: 보호 동식물을 불법 포획하거나 야생 동식물을 남획하면 해당 생물종의 개체수가 급격하게 감소하여 멸종될 수 있다. ➡ 특정 생물종의 멸종은 생태계의 먹이 관계에도 영향을 주어 생물다양성을 감소시킨다.
예 우리나라 삼림에 서식하던 호랑이, 곰, 여우 등의 대형 포유류는 무분별한 사냥으로 멸종 위기에 처하였고, 일부는 이미 멸종하였다.

③ **외래생물(외래종)의 유입**: 외래생물이 새로운 환경에 적응하여 대량으로 번식하면 토종 생물의 서식지를 차지하여 생존을 위협하고 먹이 관계에 변화를 일으켜 생태계평형을 깨뜨린다. 예 뉴트리아, 가시박, 블루길 등

◆ **외래생물**
원래 살고 있던 서식지에서 벗어나 다른 지역으로 유입된 생물을 말한다. 대부분의 외래생물은 새로운 환경에 잘 적응하지 못하지만, 외래생물이 성공적으로 정착하면 천적이 없어 대량으로 번식하면서 토종 생물의 생존을 위협하여 생물다양성을 감소시킬 수 있다.

뉴트리아

몸집이 크고 번식력이 좋으며, 잡식성으로 토종 생물을 먹어 치우지만, 마땅한 천적이 없다.

가시박

덩굴식물로, 넓은 잎이 주변의 다른 식물을 뒤덮어 성장을 방해한다.

블루길

북아메리카에서 들여온 외래생물로, 어린 물고기와 알 등을 닥치는 대로 잡아먹는다.

④ **환경 오염**: 대기 오염으로 인한 산성비는 하천, 호수, 토양 등을 산성화시키고, 강이나 바다에 유입된 화학 물질과 중금속은 수중 생물에게 피해를 준다.

용어

❶ **서식지(棲 살다, 息 숨쉬다, 地 땅)** 생물이 먹이를 얻고 생식 활동을 하며 살아가는 공간
❷ **포획(捕 사로잡다, 獲 짐승을 잡다)** 물고기나 동물을 잡는 행위
❸ **남획(濫 넘치다, 獲 짐승을 잡다)** 생물을 과도하게 많이 잡는 행위

2. 생물다양성보전을 위한 노력

개인적 노력	• 에너지를 절약하고, 자원을 재활용하며, 친환경 제품을 사용한다. • 생물다양성의 중요성을 알리는 다양한 홍보 활동에 참여한다.
사회적·국가적 노력	• 도로 건설 등으로 단편화된 서식지를 연결하는 생태통로를 설치한다. • 생물다양성 관련 법을 제정하고, 생물다양성이 높은 지역은 국립 공원으로 지정하여 관리한다. • 야생 생물 보호 및 관리에 관한 법률을 제정하여 야생 생물과 그 서식지를 보호한다. • 멸종 위기에 처한 종을 복원하고 관리한다. • 검역 등을 강화하여 외래생물이 불법적으로 유입되는 것을 막고, 외래생물을 도입하기 전에 외래생물이 기존 생태계에 주는 영향을 철저히 검증한다. • 환경 오염 방지 대책 및 기후 변화 해결 방안을 지속적으로 마련하여 시행한다. ⬆ 생태통로
국제적 노력	◆생물다양성에 관한 국제 협약을 체결한다. 예 생물다양성협약, 람사르 협약, 멸종 위기에 처한 야생 동식물의 국제 거래에 관한 협약, 이동성 야생 동물 보호 협약 등

◆ 생물다양성에 관한 국제 협약
- 생물다양성협약: 생물다양성을 보전하고, 지속 가능한 방식으로 생물다양성 요소를 이용하며, 유전자원 이용으로 발생하는 이익을 공정하고 공평하게 공유하는 것을 목적으로 한다.
- 람사르 협약: 물새 서식처로 국제적으로 중요한 습지를 보호하는 국제 협약
예 고창 운곡습지, 창녕 우포늪

정답친해 12쪽

개념 확인 문제

핵심 체크

- 생물다양성 감소의 원인: (❶)파괴 및 단편화, 불법 포획과 남획, (❷) 유입, 환경 오염 등
- 생물다양성보전을 위한 노력
  - 개인적 노력: 에너지 절약, 자원 재활용, 친환경 제품 사용 등
  - 사회적·국가적 노력: 생태통로 설치, 국립 공원 지정, (❸) 복원 사업, 외래생물 도입 전 철저한 검증 등
  - 국제적 노력: 생물다양성에 관한 국제 협약 체결 등

1 생물다양성의 감소 원인에 대한 설명으로 옳은 것은 ○, 옳지 않은 것은 ×로 표시하시오.

(1) 생물다양성 감소의 가장 큰 원인은 외래생물 유입이다. ( )

(2) 숲의 나무를 베어 내면 그곳에 살던 생물의 서식지가 파괴된다. ( )

(3) 서식지가 단편화되면 서식지 면적이 증가한다. ( )

(4) 불법 포획과 남획, 환경 오염은 모두 생물다양성을 감소시키는 원인이다. ( )

2 원래 살고 있던 서식지에서 벗어나 다른 지역으로 유입된 생물을 무엇이라고 하는지 쓰시오.

3 그림과 같이 산을 뚫고 도로를 건설할 때 서식지단편화로 인한 영향을 감소시키기 위해 설치하면 좋을 구조물은 무엇인지 쓰시오.

4 다음 설명에 해당하는 국제 협약은 무엇인지 쓰시오.

> 생물다양성보전, 생물다양성 요소의 지속 가능한 이용, 유전자원 이용으로 발생하는 이익의 공정하고 공평한 공유를 목적으로 하는 국제 협약

내신 만점 문제

A 생물다양성

01 다음은 생물다양성의 세 가지 요소에 대한 학생들의 발표 내용이다.

학생	발표 내용
A	종다양성은 서로 다른 지역에 사는 생물종의 다양한 정도를 말합니다.
B	유전적 다양성은 같은 생물종에서 개체마다 유전자가 달라 다양한 형질이 나타나는 것을 말합니다.
C	생태계다양성은 대륙과 해양의 분포, 위도, 기온, 강수량 등 환경의 차이로 나타납니다.

발표한 내용이 옳은 학생만을 있는 대로 고른 것은?

① A ② B ③ C
④ A, B ⑤ B, C

중요 **02** 그림은 생물다양성의 세 가지 요소를 나타낸 것이다.

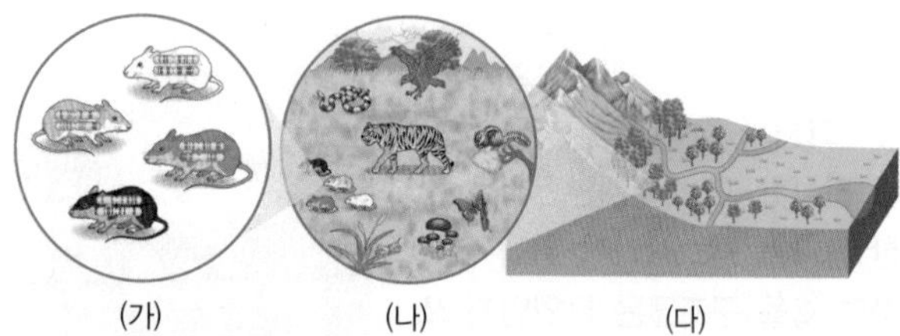
(가) (나) (다)

이에 대한 설명으로 옳은 것만을 [보기]에서 있는 대로 고른 것은?

보기
ㄱ. 급격한 환경 변화가 일어났을 때 (가)가 높은 집단은 (가)가 낮은 집단보다 멸종될 가능성이 높다.
ㄴ. (나)에는 생물과 환경 사이의 상호작용의 다양함도 포함된다.
ㄷ. (가), (나), (다)는 서로 밀접하게 연관되어 있다.

① ㄱ ② ㄷ ③ ㄱ, ㄴ
④ ㄴ, ㄷ ⑤ ㄱ, ㄴ, ㄷ

03 표는 생물다양성의 예를 나타낸 것이다. A~C는 종다양성, 유전적 다양성, 생태계다양성을 순서 없이 나타낸 것이다.

구분	예
A	숲, 초원, 사막, 갯벌, 호수, 강, 바다 등이 있다.
B	사람마다 눈동자 색이 다르다.
C	(가)

이에 대한 설명으로 옳은 것만을 [보기]에서 있는 대로 고른 것은?

보기
ㄱ. B는 종다양성이다.
ㄴ. A가 높을수록 C도 높아진다.
ㄷ. '열대우림에 다양한 생물종이 살고 있다.'는 (가)에 해당한다.

① ㄱ ② ㄴ ③ ㄷ
④ ㄱ, ㄴ ⑤ ㄴ, ㄷ

중요 **04** 그림은 면적이 동일한 두 지역 (가)와 (나)에 서식하는 식물 종 A~D의 분포를 나타낸 것이다.

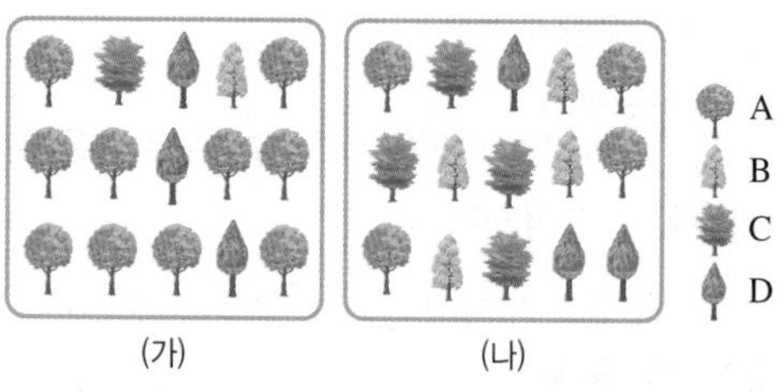

(가) (나)

이에 대한 설명으로 옳은 것만을 [보기]에서 있는 대로 고른 것은? (단, A~D 이외의 종은 고려하지 않는다.)

보기
ㄱ. 총 개체수는 (가)와 (나)에서 같다.
ㄴ. 각 식물 종의 분포 비율은 (가)에서가 (나)에서보다 고르다.
ㄷ. 종다양성은 (나)에서가 (가)에서보다 높다.

① ㄱ ② ㄴ ③ ㄱ, ㄷ
④ ㄴ, ㄷ ⑤ ㄱ, ㄴ, ㄷ

중요 **05** 그림은 생물다양성의 세 가지 요소를, 표는 A의 예를 나타낸 것이다.

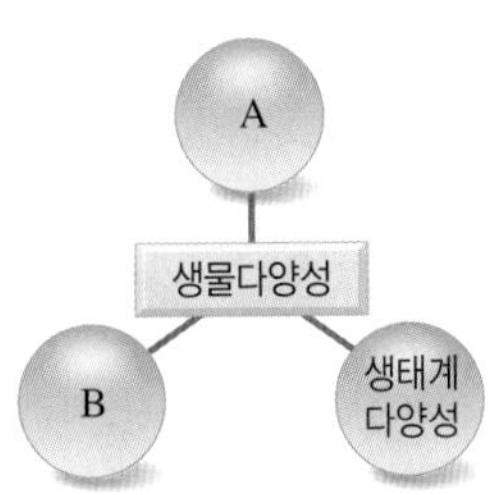

A의 예
울창한 소나무 숲에서 딱따구리는 나무를 쪼아대고, 사슴벌레는 낙엽 사이를 기어 다니고 있다.

이에 대한 설명으로 옳지 않은 것은?

① A는 종다양성이다.
② 생물종의 수가 많을수록, 각 생물종의 분포 비율이 균등할수록 A가 높다.
③ B는 한 생물종이 가지는 유전정보의 다양함을 의미한다.
④ 헬리코니우스나비의 날개 무늬가 개체마다 다른 것은 B의 예이다.
⑤ 생물이 서식하는 환경의 다양한 정도는 생물다양성에 포함되지 않는다.

06 다음은 바나나에 대한 자료이다.

- 바나나 야생종은 씨가 있어 ㉠씨를 통해 번식한다.
- 과거에 시장을 점령했던 그로 미셸 품종은 씨가 없어 ㉡뿌리나 줄기의 일부를 잘라 옮겨 심는 방법으로 재배되었으며, 곰팡이에 의해 발생한 질병으로 대부분의 지역에서 멸종되었다.
- 오늘날 상업적으로 재배되는 캐번디시 품종은 씨가 없어 ㉡의 방법으로 재배되고 있다.

이에 대한 설명으로 옳은 것만을 [보기]에서 있는 대로 고른 것은?

보기
ㄱ. ㉠으로 형성된 자손이 ㉡으로 형성된 자손보다 유전적 다양성이 높다.
ㄴ. 그로 미셸 품종이 대부분의 지역에서 멸종된 것은 유전적 다양성이 낮았기 때문이다.
ㄷ. 야생종보다 캐번디시 품종이 다양한 형질을 나타낼 것이다.

① ㄱ　② ㄴ　③ ㄷ
④ ㄱ, ㄴ　⑤ ㄱ, ㄷ

B 생물다양성의 중요성

07 다음은 생물다양성의 가치에 대한 학생 A~C의 대화 내용이다.

모든 생물은 생명 그 자체로 소중해.
다양한 생물은 인간에게 의식주 재료와 의약품 원료 같은 자원을 제공해 줘.
생물다양성은 토양 보전과 환경 정화 기능에는 영향을 주지 않아.
학생 A
학생 B
학생 C

제시한 내용이 옳은 학생만을 있는 대로 고른 것은?

① A　② B　③ C
④ A, B　⑤ B, C

중요 **08** 생물자원에 대한 설명으로 옳지 않은 것은?

① 벼, 밀, 콩 등은 식량으로 이용된다.
② 목화, 누에 등은 섬유의 원료를 제공한다.
③ 옥수수나 사탕수수를 이용해 에너지를 얻는다.
④ 버드나무와 조팝나무로부터 해열진통제의 원료를 얻는다.
⑤ 휴식 장소, 여가 활동 등으로 활용되는 것은 생물자원에 포함되지 않는다.

C 생물다양성의 감소 원인과 보전

09 다음 설명에 해당하는 생물다양성의 감소 원인은?

> 생물을 자연적으로 회복할 수 있는 수준 이상으로 많이 잡는 것을 말한다. 해당 생물종의 개체수가 급격하게 감소하여 멸종될 수 있다.

① 남획　② 불법 포획　③ 환경 오염
④ 서식지단편화　⑤ 외래생물 유입

중요 **10** 그림은 생물다양성을 감소시키는 원인에 따라 영향을 받은 종의 비율을 나타낸 것이다.

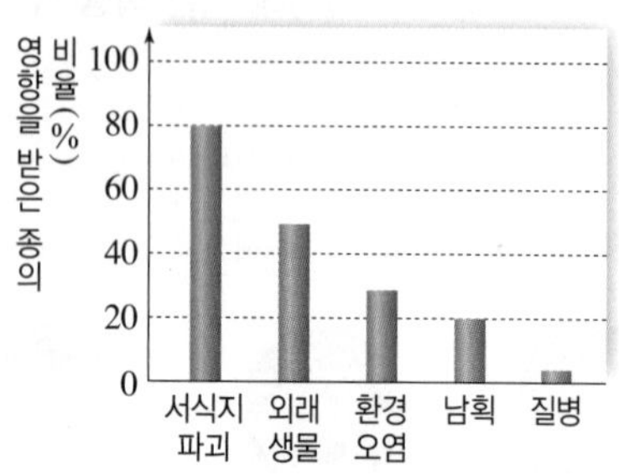

이에 대한 설명으로 옳은 것만을 [보기]에서 있는 대로 고른 것은?

보기
ㄱ. 외래생물은 토종 생물의 생존을 위협할 수 있다.
ㄴ. 질병은 생물다양성 감소에 가장 큰 영향을 준다.
ㄷ. 생물다양성의 감소 원인은 대부분 인간의 활동과는 관련이 없다.

① ㄱ ② ㄴ ③ ㄷ
④ ㄱ, ㄷ ⑤ ㄴ, ㄷ

11 생물다양성보전을 위한 실천 방안으로 옳지 않은 것은?

① 불법 포획이나 남획을 금지한다.
② 생물의 서식지를 복원하거나 보존한다.
③ 생물다양성 관련 법을 제정하고 관리한다.
④ 자원 재활용이나 대중교통 이용 등 환경 보호 활동에 참여한다.
⑤ 생물다양성 감소는 특정 지역에 국한된 문제이므로 지역 주민 위주로 보전 활동을 하는 것이 효율적이다.

12 다음에서 설명하고 있는 국제 협약은?

물새 서식처로서 국제적으로 중요한 습지에 관한 국제 협약으로, 생태적·사회적·경제적·문화적으로 가치가 높은 습지를 보존하는 활동을 한다.

① 람사르 협약 ② 기후 변화 협약
③ 사막화 방지 협약 ④ 생물다양성협약
⑤ 이동성 야생 동물 보호 협약

서술형 문제

중요 **13** 그림은 같은 종에 속하는 나비들의 다양한 날개 무늬를 나타낸 것이다.

(1) 나비의 날개 무늬가 다양한 까닭을 서술하시오.

(2) 생물다양성의 세 요소 중 위의 예에 해당하는 것을 쓰고, 이 같은 요소가 높은 것은 어떤 이점이 있는지 근거를 들어 서술하시오.

14 그림은 이끼로 덮인 서식지를 (가)~(다)의 세 가지 유형으로 나눈 다음, 6개월 후 이끼 밑에 서식하는 소형 동물 중 사라진 생물종 수를 조사한 결과를 나타낸 것이다.

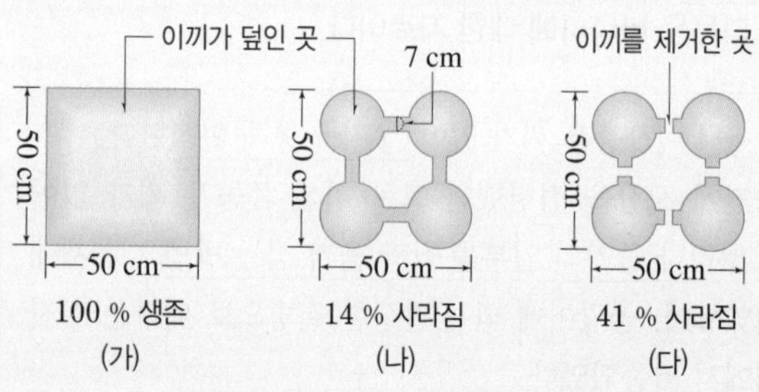

(1) 서식지의 분할이 종다양성에 미치는 영향을 그렇게 생각한 까닭과 함께 서술하시오.

(2) 산을 가로지르는 길을 만들 때 산을 절개하는 것과 터널을 뚫는 것 중 생물다양성보전의 측면에서 더 유리한 것은 어느 것인지 실험 결과와 관련 지어 서술하시오.

15 생물다양성보전을 위해 개인 수준에서 할 수 있는 노력을 사례와 함께 서술하시오.

정답친해 15쪽

실력 UP 문제

01 그림은 생물다양성의 세 가지 요소를 분류하는 과정을 나타낸 것이다. A와 B는 각각 생태계다양성과 유전적 다양성 중 하나이다.

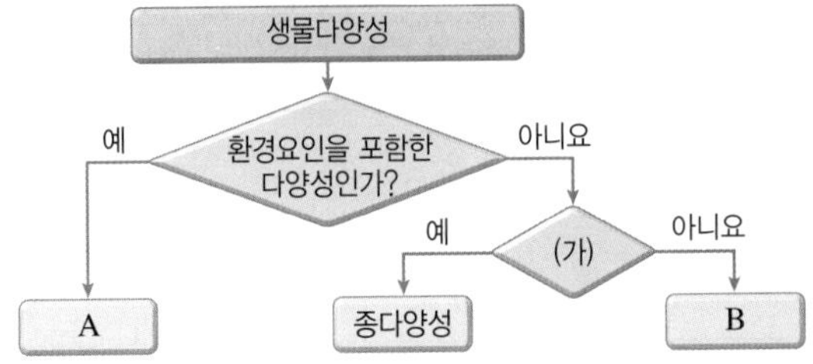

이에 대한 설명으로 옳은 것만을 [보기]에서 있는 대로 고른 것은?

보기

ㄱ. A는 생태계다양성이다.
ㄴ. B는 일정한 지역에 존재하는 생물의 다양한 정도이다.
ㄷ. '같은 생물종에서의 변이를 의미하는가?'는 (가)에 해당한다.

① ㄱ ② ㄴ ③ ㄷ ④ ㄱ, ㄴ ⑤ ㄴ, ㄷ

02 그림은 면적이 같은 두 지역 (가)와 (나)에 서식하고 있는 식물 종 A∼E의 개체수를 나타낸 것이다.

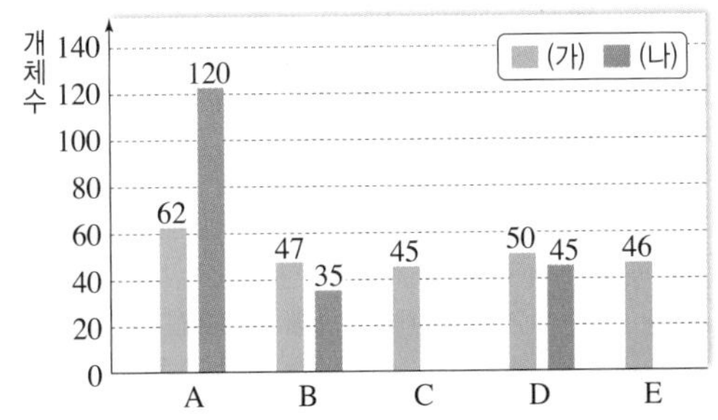

이에 대한 설명으로 옳은 것만을 [보기]에서 있는 대로 고른 것은? (단, A∼E 이외의 종은 고려하지 않는다.)

보기

ㄱ. D가 전체 식물에서 차지하는 개체수의 비율은 (나)에서가 (가)에서보다 높다.
ㄴ. 식물의 종다양성은 (가)에서가 (나)에서보다 높다.
ㄷ. (가)에서보다 (나)에서 생태계평형이 잘 유지된다.

① ㄱ ② ㄴ ③ ㄷ ④ ㄱ, ㄴ ⑤ ㄴ, ㄷ

03 그림은 서식지가 보존되는 면적에 따라 주어진 면적에서 원래 발견되었던 종의 비율을 나타낸 것이다.

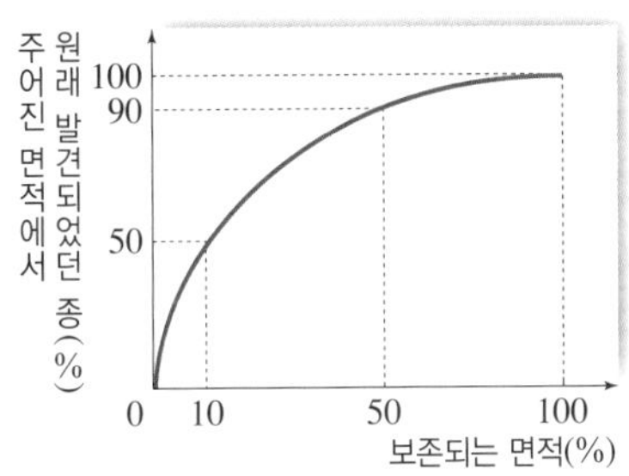

이에 대한 설명으로 옳은 것만을 [보기]에서 있는 대로 고른 것은?

보기

ㄱ. 서식지파괴는 종다양성을 감소시킨다.
ㄴ. 주어진 면적의 50 %가 보존될 때, 원래 발견되었던 종의 약 10 %가 보존된다.
ㄷ. 보존되는 면적이 감소할수록 종의 수가 급격하게 감소한다.

① ㄱ ② ㄴ ③ ㄱ, ㄴ ④ ㄱ, ㄷ ⑤ ㄴ, ㄷ

04 다음은 일부 생태계 교란 생물의 도입 배경과 문제점에 관한 자료이다.

- 뉴트리아는 식량 공급과 모피 생산을 위해 국내로 들여왔으나, 수요 감소 등으로 사육을 포기해 방치되면서 수초는 물론 농작물까지 먹어 치우고 있다.
- 가시박은 참외나 수박의 접목용으로 도입되었으나, 다른 식물을 휘감고 올라가면서 넓은 잎이 햇빛을 차단하여 그 밑의 식물을 말라 죽게 만든다.

이에 대한 설명으로 옳은 것만을 [보기]에서 있는 대로 고른 것은?

보기

ㄱ. 인간이 의도적으로 도입한 생물종도 외래생물에 포함된다.
ㄴ. 대부분의 외래생물은 새로운 환경에 잘 적응하여 생태계를 교란시킨다.
ㄷ. 외래생물에 의한 생태계 교란은 모두 일시적이며, 시간이 지나면 원래의 생태계로 회복된다.

① ㄱ ② ㄴ ③ ㄷ ④ ㄱ, ㄴ ⑤ ㄴ, ㄷ

01 / 지질 시대의 환경과 생물

1. 화석으로 알아낸 지질 시대

(1) **화석**: 과거에 살았던 생물의 유해나 흔적이 지층에 남아 있는 것

구분	시상 화석	표준 화석
특징	• 지층의 생성 환경을 알려주는 화석 • 생물의 생존 기간이 길고, 분포 면적이 좁아야 한다.	• 지층의 생성 시기를 알려주는 화석 • 생물의 생존 기간이 짧고, 분포 면적이 넓어야 한다.
예	• 고사리: 따뜻하고 습한 육지 • 산호: 따뜻하고 얕은 바다 • 조개: 얕은 바다나 갯벌	• 고생대: 삼엽충, 갑주어, 완족류, 방추충 • 중생대: 암모나이트, 공룡 • 신생대: 화폐석, (❶)

(2) **화석을 이용하여 알 수 있는 것**: 지층의 생성 환경과 시기, 생물의 진화 과정, 과거 대륙의 이동, 과거 육지와 바다 환경, 과거의 기후 변화 등

(3) **지질 시대**: 지구가 탄생한 후부터 현재까지의 기간

지질 시대의 구분 기준	(❷)의 급격한 변화(화석 변화)와 대규모 지각 변동(부정합)
지질 시대의 구분	선캄브리아시대, 고생대, 중생대, 신생대

2. 지질 시대의 지구 환경과 생물의 변화

선캄브리아시대	• 발견되는 화석이 매우 드물다. • 바다에서 최초의 생명체가 출현하였고, 최초의 광합성 생물인 (❸)이 출현하였다. • 스트로마톨라이트, 에디아카라 동물군 화석 형성
고생대	• 말기에 빙하기가 있었고, 판게아가 형성되었다. • (❹)이 형성되어 최초의 육상 생물이 출현하였다. • 삼엽충, 완족류, 어류, 양서류, 양치식물이 번성하였다. • 말기에 대멸종이 있었다. ➡ 삼엽충, 방추충 등 멸종
중생대	• 지질 시대 중 가장 온난한 시기였고, 판게아가 분리되었다. • 암모나이트, 공룡, 파충류, 겉씨식물이 번성하였다. • 말기에 대멸종이 있었다. ➡ 공룡, 암모나이트 등 멸종
신생대	• 초기에는 온난하였으나 말기에는 빙하기와 간빙기가 반복되었고, 수륙 분포가 현재와 비슷하였다. • 화폐석, 매머드, 포유류, 속씨식물이 번성하였고, 최초의 인류 조상이 출현하였다.

3. 대멸종과 생물다양성

대멸종 원인	지구 환경의 급격한 변화
지질 시대의 대멸종	• 대멸종 횟수: 5회 ➡ (❺) 말기에 대멸종이 가장 크게 일어났다. • 고생대 말기의 대멸종: 판게아 형성, 화산 폭발로 인한 온난화 등이 원인 ➡ 삼엽충, 방추충 등 멸종 • 중생대 말기의 대멸종: 소행성 충돌, 화산 폭발 등이 원인 ➡ 공룡, 암모나이트 등 멸종
대멸종 이후 생물다양성	생물의 수와 종류가 크게 감소했지만, 새로운 환경에 살아남은 생물이 진화하면서 생물다양성이 증가하였다.

02 / 변이와 자연선택에 의한 생물의 진화

1. 변이와 자연선택

(1) **변이**: 같은 종의 개체 사이에서 나타나는 형태, 기능, 습성 등 형질의 차이이다.

(2) **변이가 나타나는 원인**

(❻)	유전자에 변화가 생겨 부모에게 없던 형질이 자손에게 나타난다. ➡ 새로운 유전자가 만들어진다.
유성생식 과정에서 생식세포의 다양한 조합	유성생식 과정에서 유전자 조합이 다양한 생식세포가 형성되고, 암수 생식세포가 무작위로 (❼)하여 형질이 다양한 자손이 나타난다.

(3) **자연선택**: 다양한 변이가 있는 개체들 중 환경에 적응하기 유리한 형질을 가진 개체가 그렇지 않은 개체보다 더 잘 살아남아 자손을 더 많이 남기는 것

(4) **자연선택의 예**

딱정벌레의 자연선택	① 산불로 인해 토양이 검게 변하자 (❽) 몸 색깔의 딱정벌레가 더 잘 살아남는다. ② 살아남은 개체의 형질에 대한 유전자가 자손에게 전달되어 집단 내에 어두운 몸 색깔 형질을 가진 개체의 비율이 증가한다.
항생제 내성 세균의 자연선택	① 세균 집단 내에 항생제 내성 세균이 일부 존재한다. ② 항생제를 지속적으로 사용하는 환경에서는 항생제 내성 세균이 자연선택되어 그 비율이 점점 증가하고, 세균 집단은 항생제 내성을 가지게 된다.
낫모양적혈구 유전자의 자연선택	① 낫모양적혈구 유전자를 가진 사람은 말라리아에 저항성이 있다. ② 말라리아가 많이 발생하는 지역에서는 낫모양적혈구 유전자가 생존에 (❾)하게 작용하여 자연선택된다. ➡ 다른 지역보다 낫모양적혈구 유전자를 가진 사람의 비율이 높다.

2. 변이와 자연선택에 의한 생물의 진화

(1) **생물의 (⑩)**: 생물이 오랜 시간 동안 여러 세대를 거치면서 변화하는 현상

(2) **다윈의 (⑪)**: 다양한 변이가 있는 개체들 중에서 환경에 적응하기 유리한 형질을 가진 개체가 살아남아 자손을 남기고, 이러한 자연선택 과정이 오랜 세월 동안 누적되면서 생물의 진화가 일어난다.

과잉 생산과 변이 → 생존경쟁 → 자연선택 → 유전과 진화

과잉 생산과 변이	생물은 주어진 환경에서 살아남을 수 있는 것보다 많은 수의 자손을 낳으며(과잉 생산), 개체들 사이에는 다양한 형질이 나타난다(⑫).
생존경쟁	과잉 생산된 개체들 사이에서 먹이나 서식 공간 등을 두고 생존경쟁이 일어난다.
자연선택	환경에 적응하기 유리한 형질을 가진 개체가 생존경쟁에서 살아남아 더 많은 자손을 남긴다.
유전과 진화	살아남은 개체는 생존에 유리한 형질을 자손에게 전달하며, 이러한 과정이 반복되어 진화가 일어난다.

(3) **다윈의 자연선택설의 한계점**: 변이가 나타나는 원인과 부모의 형질이 자손에게 전달되는 원리를 명확하게 설명하지 못하였다.

(4) **다양한 생물의 출현과 진화**: 생태계의 환경은 다양하므로 생물은 서로 다른 환경에 적응하여 다양한 방향으로 자연선택되었다. ➡ 지구에 다양한 생물이 나타나게 되었다.

핀치의 종이 다양해진 과정	① 같은 종의 핀치가 갈라파고스 제도의 여러 섬에 흩어져 살게 되었고, 핀치 무리에는 다양한 부리 모양의 변이가 있었다. ② 각 섬의 (⑬) 환경에 적합한 부리 모양을 가진 핀치가 자연선택되었고, 이 과정이 오랫동안 반복되어 오늘날 여러 종의 핀치로 진화하였다.

03 / 생물다양성

1. 생물다양성

(⑭)	• 같은 생물종에서 개체마다 유전자가 달라 다양한 형질이 나타나는 것 • 유전적 다양성이 높을수록 급격한 환경 변화에도 살아남는 개체가 있을 확률이 높아 멸종될 가능성이 낮다.
종다양성	• 일정한 지역에 서식하는 생물종의 다양한 정도 • 생물종의 수가 (⑮)수록, 각 생물종의 분포 비율이 (⑯)할수록 종다양성이 높다. • 종다양성이 높을수록 생태계가 안정적으로 유지된다.
생태계다양성	• 일정한 지역에 존재하는 생태계의 다양한 정도 • 열대우림, 갯벌, 초원 등 다양한 생태계가 존재한다. • 생태계에 따라 환경이 다르고, 서식하는 생물종과 개체수가 다르다. ➡ 생태계다양성이 높을수록 종다양성과 유전적 다양성이 높아진다.

2. 생물다양성의 중요성

(1) **생물다양성과 생태계평형**: 생물다양성이 높을수록 생태계 평형이 잘 유지된다.

(2) **생물다양성과 생물자원**: (⑰)은 인간의 생활과 생산 활동에 이용되는 모든 생물적 자원이다.

의식주 재료	의복 재료(목화, 누에, 양), 식량 재료(벼, 밀, 콩), 주택 재료(나무, 풀)
의약품 원료	버드나무·조팝나무(해열진통제), 디기탈리스(심장병 치료제), 푸른곰팡이(항생제)
에너지 및 산업 재료	옥수수나 사탕수수를 이용하여 바이오에탄올을 생산하며, 효모를 여러 산업의 재료로 활용한다.
사회적·심미적 가치	휴식 장소, 여가 활동 장소, 생태 관광 장소 등을 제공한다.

3. 생물다양성의 감소 원인과 보전

(1) 생물다양성의 감소 원인

서식지파괴	삼림의 벌채, 습지의 매립 등으로 서식지가 파괴되면 서식지 면적이 감소한다.
서식지 (⑱)	도로 건설 등으로 서식지가 소규모로 분할되는 것을 말한다. ➡ 서식지 면적이 감소하고, 생물종의 이동을 제한하여 고립시키므로 멸종 위험이 높아진다.
불법 포획과 남획	특정 생물종의 멸종 위험을 높이고, 생태계의 먹이 관계에 영향을 주어 생물다양성을 감소시킨다.
(⑲) 유입	외래생물이 새로운 환경에 적응하여 대량으로 번식하면 토종 생물의 서식지를 차지하여 생존을 위협하고, 먹이 관계에 변화를 주어 생태계평형을 깨뜨린다. 예 뉴트리아, 가시박, 배스, 블루길 등
환경 오염	대기 오염으로 인한 산성비는 하천, 토양 등을 산성화시키고, 강이나 바다로 유입된 화학 물질 등은 수중 생물에게 피해를 준다.

(2) 생물다양성보전을 위한 노력

개인적 노력	에너지 절약, 자원 재활용, 친환경 제품 사용, 생물다양성의 중요성을 알리는 홍보 활동 등
사회적·국가적 노력	관련 법률 제정, 생태통로 설치, 국립 공원 지정, 멸종위기종 복원 사업 등
국제적 노력	생물다양성에 관한 국제 협약 체결 예 생물다양성협약, 람사르 협약 등

중단원 마무리 문제

●○○

01 화석에 대한 설명으로 옳은 것만을 [보기]에서 있는 대로 고른 것은?

> 보기
> ㄱ. 화석은 주로 석회암, 셰일, 이암 등에서 발견된다.
> ㄴ. 화석 분포를 통해 수륙 분포의 변화를 추정할 수 있다.
> ㄷ. 해파리와 같은 생물보다 단단한 골격이 있는 생물이 화석이 될 가능성이 크다.

① ㄱ　② ㄴ　③ ㄱ, ㄷ
④ ㄴ, ㄷ　⑤ ㄱ, ㄴ, ㄷ

서술형

●●○

02 그림은 고생물의 생존 기간과 분포 면적을 나타낸 것이다. A~D 중 과거에 생물이 살았던 당시의 환경을 알려주는 화석으로 가장 적합한 것을 쓰고, 그렇게 생각한 까닭을 서술하시오.

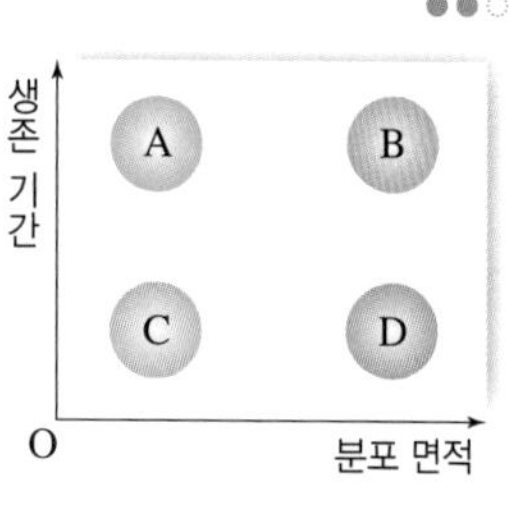

●●●

03 그림 (가)와 (나)는 서로 다른 두 지역의 지층 단면과 각 지층에서 발견되는 화석을 나타낸 것이다.

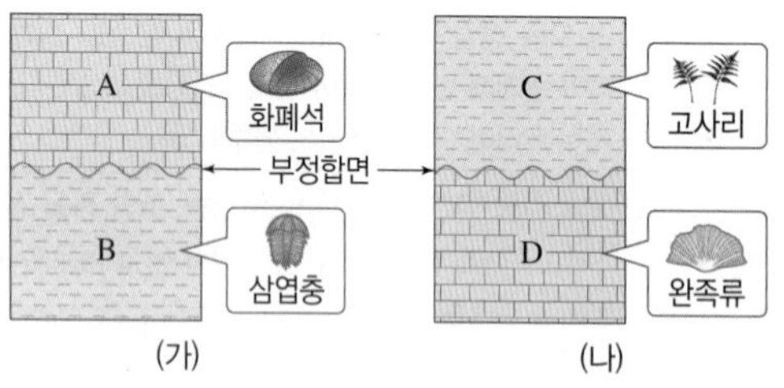

이에 대한 설명으로 옳은 것은?

① 지층 A는 중생대에 퇴적되었다.
② 지층 B와 D는 같은 지질 시대에 퇴적되었다.
③ (가)의 퇴적 환경은 바다에서 육지로 변하였다.
④ 지층 C는 바다에서 퇴적되었다.
⑤ 지층 C는 6억 년 전에 퇴적되었다.

서술형

●●○

04 그림은 우리나라 강원도에 위치한 어느 지질 명소의 지층에서 발견된 화석을 나타낸 것이다. 이 지역은 현재 육지이다.

이 지층의 생성 시기를 쓰고, 화석을 근거로 하여 이 지층이 형성될 당시의 고도를 현재와 비교하여 서술하시오.

●●●

05 그림 (가)는 지질 시대에 따른 환경과 생물 A~E의 생존 기간을, (나)는 어느 지층에서 산출되는 화석을 나타낸 것이다.

지질 시대와 환경 변화	생물의 생존 기간				
	A	B	C	D	E
신생대					
중생대					
고생대 / 오존층 생성					

(가)

산출되는 화석
A, B, C, E

(나)

이에 대한 설명으로 옳은 것만을 [보기]에서 있는 대로 고른 것은?

> 보기
> ㄱ. 생물의 생존 기간만을 고려할 때 표준 화석으로 가장 적절한 것은 D이다.
> ㄴ. 방추충은 (나)의 지층이 퇴적된 지질 시대의 표준 화석이다.
> ㄷ. E는 육상 생물이다.

① ㄱ　② ㄷ　③ ㄱ, ㄴ
④ ㄴ, ㄷ　⑤ ㄱ, ㄴ, ㄷ

●●○

06 그림은 지질 시대의 길이를 상대적으로 나타낸 것이다. A~D는 각각 선캄브리아시대, 고생대, 중생대, 신생대 중 하나이다.

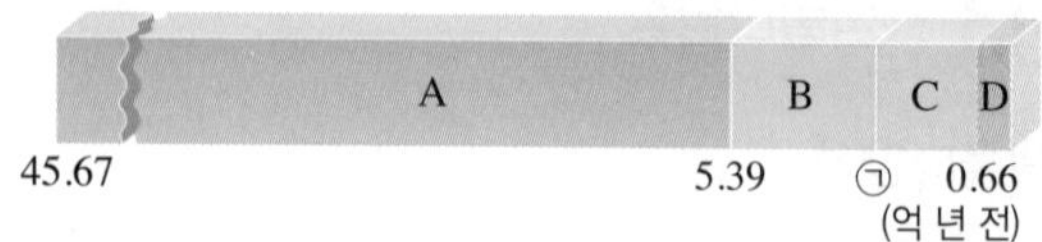

이에 대한 설명으로 옳은 것만을 [보기]에서 있는 대로 고르시오.

> 보기
> ㄱ. 에디아카라 동물군은 B 시대에 출현하였다.
> ㄴ. 겉씨식물이 번성하던 시대는 C이다.
> ㄷ. D 시대 초기에는 빙하기와 간빙기가 반복되었다.
> ㄹ. ㉠은 3보다 작다.

정답친해 16쪽

07 그림 (가)는 초대륙인 A가 형성된 시기의 수륙 분포를, (나)와 (다)는 서로 다른 화석을 나타낸 것이다.

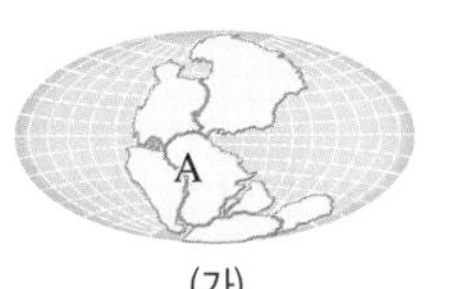

(가)

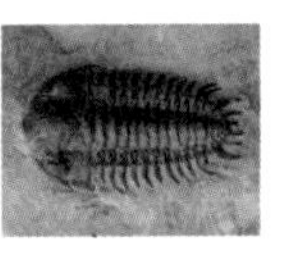
(나)

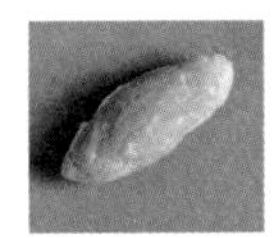
(다)

이에 대한 설명으로 옳은 것만을 [보기]에서 있는 대로 고른 것은?

보기
ㄱ. (나)의 멸종은 A의 형성보다 먼저 나타났다.
ㄴ. (나)와 (다)는 모두 (가) 지질 시대의 표준 화석이다.
ㄷ. (다)는 바다에서 서식하였다.

① ㄱ ② ㄷ ③ ㄱ, ㄴ
④ ㄴ, ㄷ ⑤ ㄱ, ㄴ, ㄷ

08 그림은 서로 다른 두 지질 시대 (가)와 (나)의 환경과 생물을 나타낸 것이다.

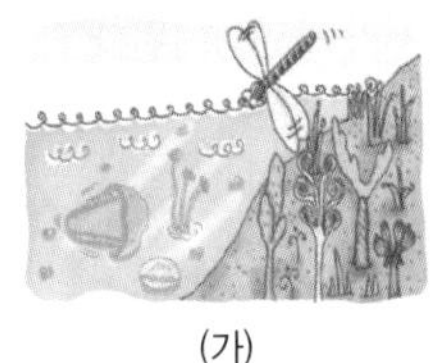
(가)

(나)

이에 대한 설명으로 옳은 것만을 [보기]에서 있는 대로 고른 것은?

보기
ㄱ. (가) 시기에는 빙하기가 없었다.
ㄴ. 최초의 인류는 (나) 시기에 등장하였다.
ㄷ. 히말라야산맥이 형성된 지질 시대는 (나)이다.

① ㄱ ② ㄴ ③ ㄱ, ㄷ
④ ㄴ, ㄷ ⑤ ㄱ, ㄴ, ㄷ

09 지질 시대 동안 생물의 대멸종을 일으킨 환경 변화로 옳은 것만을 [보기]에서 있는 대로 고른 것은?

보기
ㄱ. 소행성 충돌 ㄴ. 수륙 분포 변화
ㄷ. 대규모 화산 폭발 ㄹ. 대규모 지진 발생

① ㄱ, ㄷ ② ㄱ, ㄹ ③ ㄴ, ㄹ
④ ㄱ, ㄴ, ㄷ ⑤ ㄴ, ㄷ, ㄹ

10 그림은 고생대부터 신생대까지 해양 동물 군과 육상 식물 군의 수 변화를 나타낸 것이다.
이에 대한 설명으로 옳지 않은 것은?

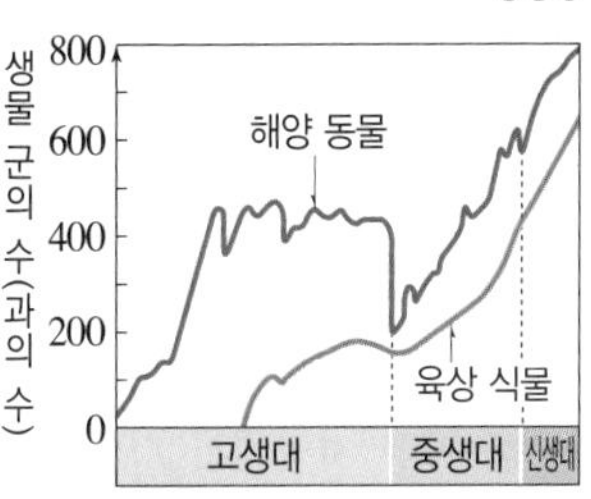

① 해양 동물 군의 수가 가장 많이 감소한 시기는 고생대 말기이다.
② 판게아의 형성은 고생대 말기에 일어난 대멸종의 주요 원인 중 하나이다.
③ 생물다양성은 중생대보다 신생대에 증가하였다.
④ 지질 시대의 구분에는 육상 식물보다 해양 동물이 더 적절하다.
⑤ 삼엽충이 멸종한 시기에는 육상 식물이 증가하였다.

[11~12] 그림은 지질 시대 동안 생물 과의 멸종 비율을 나타낸 것이다.

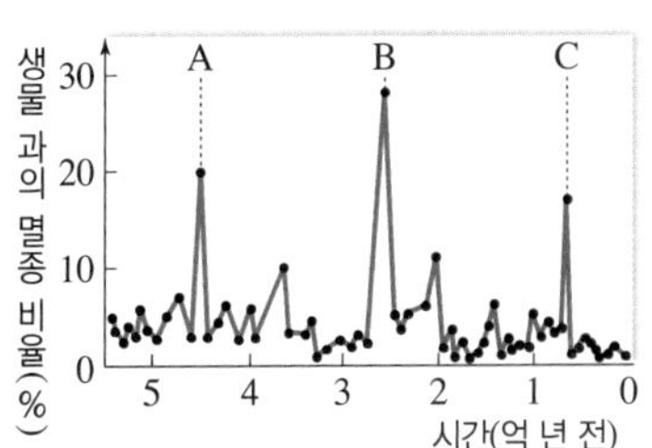

11 이에 대한 설명으로 옳은 것만을 [보기]에서 있는 대로 고른 것은?

보기
ㄱ. 생물 과의 수가 가장 크게 감소한 시기는 A이다.
ㄴ. 화폐석이 멸종한 시기는 B이다.
ㄷ. C 시기 이후에는 생물다양성이 회복되었다.

① ㄱ ② ㄷ ③ ㄱ, ㄴ
④ ㄴ, ㄷ ⑤ ㄱ, ㄴ, ㄷ

서술형

12 C 시기의 대멸종이 일어난 주요 원인을 두 가지 서술하시오.

13 변이와 자연선택에 대한 설명으로 옳은 것만을 [보기]에서 있는 대로 고른 것은?

보기
ㄱ. 돌연변이는 변이가 나타나는 원인이 되지 않는다.
ㄴ. 자연선택된 개체의 형질은 자손에게 전달될 수 있다.
ㄷ. 특정 지역에서 자연선택된 형질은 다른 지역에서도 자연선택된다.

① ㄱ ② ㄴ ③ ㄷ ④ ㄱ, ㄷ ⑤ ㄴ, ㄷ

서술형

14 그림은 어떤 생물 집단에서 진화가 일어나는 과정을 나타낸 것이다. ㉠과 ㉡은 서로 다른 형질을 나타내며, ㉡은 이전 세대에서는 없다가 갑자기 나타났다.

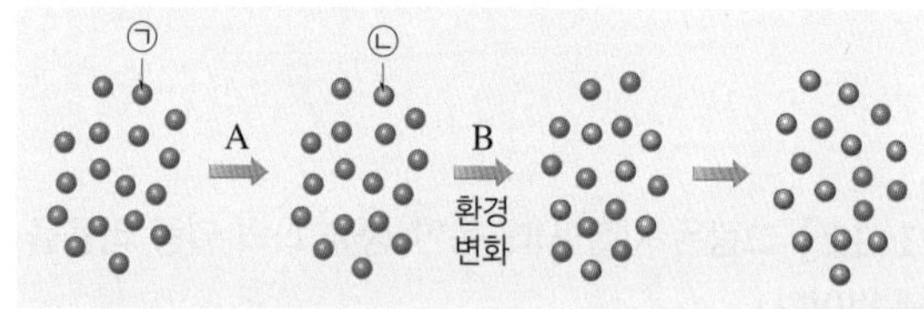

A 과정에서 ㉡이 출현한 원인을 쓰고, B 과정 이후에 ㉡을 가진 개체의 비율이 증가한 원인을 서술하시오. (단, B 과정은 여러 세대에 걸쳐 일어났다.)

15 그림은 살충제 살포에 따라 해충 집단이 변화하는 과정을 나타낸 것이다. ㉠과 ㉡은 각각 살충제 내성이 있는 해충과 살충제 내성이 없는 해충 중 하나이다.

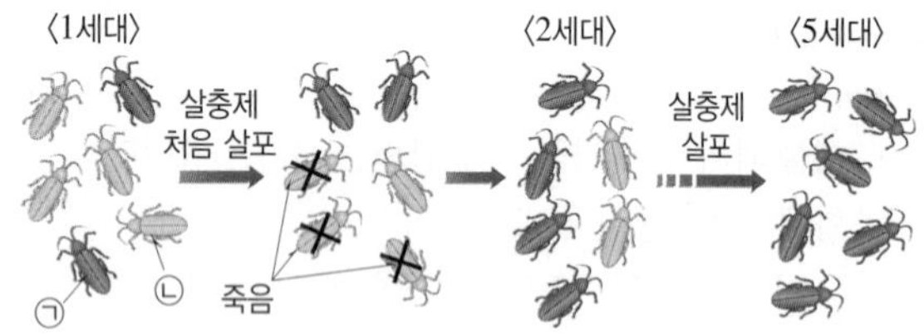

이에 대한 설명으로 옳은 것만을 [보기]에서 있는 대로 고른 것은?

보기
ㄱ. 살충제 살포 결과 ㉠이 자연선택되었다.
ㄴ. 유전적 다양성은 5세대에서가 1세대에서보다 높다.
ㄷ. 살충제 내성 형질은 살충제 사용으로 인해 발생한 변이이다.

① ㄱ ② ㄴ ③ ㄷ ④ ㄱ, ㄷ ⑤ ㄴ, ㄷ

16 다음은 자연선택에 대한 모의실험이다.

(가) 흰색 도화지에 흰색 나방 모형과 검은색 나방 모형을 각각 20개씩 올려놓는다.
(나) 모둠원 2명이 눈을 감았다 떴을 때 가장 먼저 눈에 띄는 모형을 제거하는 과정을 각각 10회씩 반복한다.
(다) 제거된 나방 모형의 수를 색깔별로 센 다음, 같은 색깔의 모형을 남은 수만큼 추가한 후 잘 섞는다.
(라) 흰색 도화지를 검은색 도화지로 바꾸고, (가)~(다)를 반복한다.

[실험 결과]

남은 모형	흰색 도화지	검은색 도화지
흰색 나방	26개	12개
검은색 나방	14개	28개

이에 대한 설명으로 옳은 것만을 [보기]에서 있는 대로 고른 것은?

보기
ㄱ. (나) 과정은 번식을 의미한다.
ㄴ. 도화지의 색을 바꾸는 것은 환경의 변화를 의미한다.
ㄷ. 생존에 유리한 형질을 가진 개체가 자연선택된다.

① ㄱ ② ㄷ ③ ㄱ, ㄴ ④ ㄴ, ㄷ ⑤ ㄱ, ㄴ, ㄷ

17 그림은 기린의 진화 과정을 다윈의 자연선택설로 나타낸 것이다.

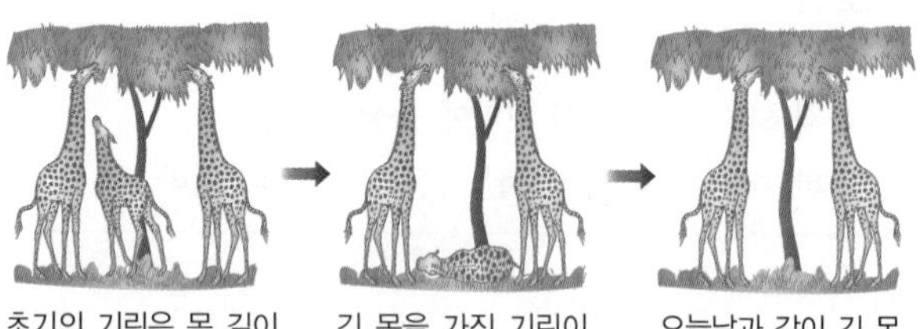
초기의 기린은 목 길이가 다양했다. → 긴 목을 가진 기린이 살아남았다. → 오늘날과 같이 긴 목을 가지게 되었다.

이에 대한 설명으로 옳은 것만을 [보기]에서 있는 대로 고른 것은?

보기
ㄱ. 자연선택된 개체는 생존에 유리한 형질만 자손에게 전달한다.
ㄴ. 높은 나무에 달린 잎을 먹기 위해 목을 길게 뻗은 결과 목이 점점 길어졌다.
ㄷ. 생물은 주어진 환경에서 살아남을 수 있는 것보다 많은 수의 자손을 낳는다.

① ㄱ ② ㄴ ③ ㄷ ④ ㄱ, ㄷ ⑤ ㄴ, ㄷ

18 그림은 서로 다른 지역에서 낫모양적혈구 유전자형에 따른 인구 구성을, 표는 낫모양적혈구 유전자형에 따른 특징을 나타낸 것이다. Hb^A는 정상 유전자이고, Hb^S는 낫모양적혈구 유전자이다. (가)와 (나)는 각각 말라리아가 많이 발생하는 지역과 말라리아가 발생하지 않는 지역 중 하나이다.

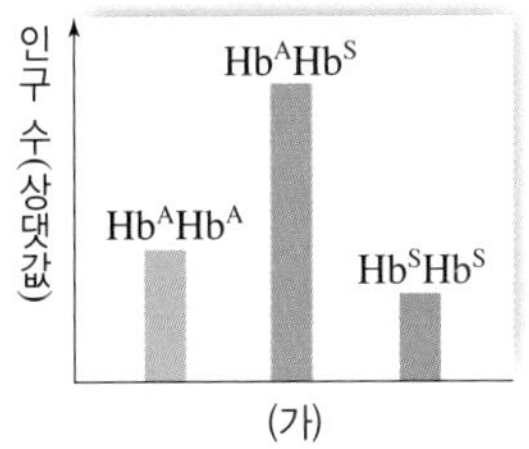

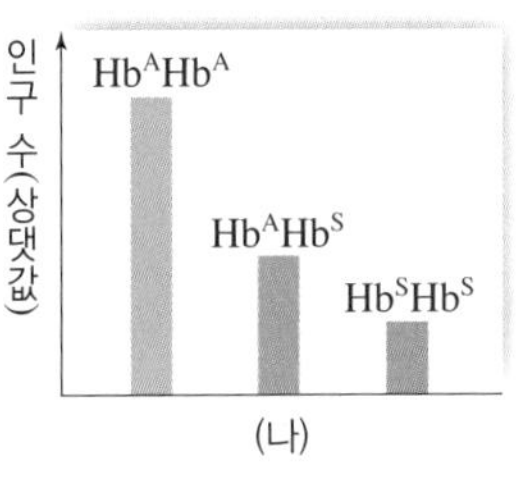

유전자형	Hb^AHb^A	Hb^AHb^S	Hb^SHb^S
적혈구 모양	정상	정상 또는 낫 모양	낫 모양
빈혈	없음	미약	악성
말라리아 저항성	없음	있음	있음

이에 대한 설명으로 옳은 것만을 [보기]에서 있는 대로 고른 것은?

보기
ㄱ. (가)에서 Hb^AHb^S인 사람이 자연선택되었다.
ㄴ. 말라리아가 많이 발생하는 지역은 (나)이다.
ㄷ. 낫모양적혈구 유전자는 자손에게 유전된다.

① ㄱ ② ㄴ ③ ㄱ, ㄷ ④ ㄴ, ㄷ ⑤ ㄱ, ㄴ, ㄷ

19 남아메리카 대륙에서 같은 종의 핀치 무리가 갈라파고스 제도로 날아들었고, 각 섬마다 많은 수의 핀치가 태어났다. 그림은 갈라파고스 제도의 각 섬에 서식하는 핀치의 먹이와 부리 모양을 나타낸 것이다.

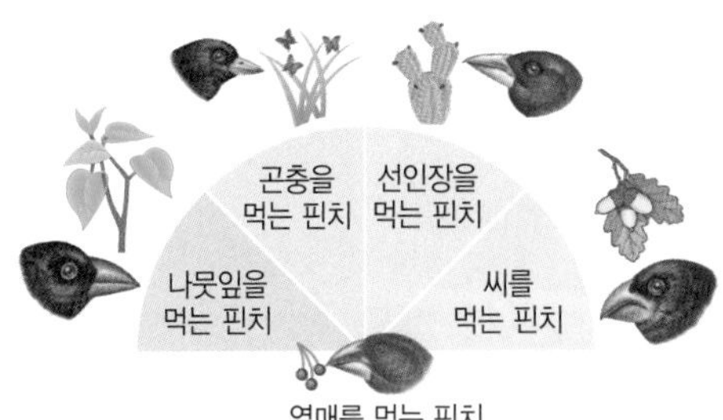

이에 대한 설명으로 옳은 것만을 [보기]에서 있는 대로 고르시오.

보기
ㄱ. 먹이의 종류가 핀치의 진화에 영향을 주었다.
ㄴ. 각 섬에 사는 여러 종의 핀치는 모두 같은 종에서 진화하였다.
ㄷ. 자주 사용하는 기관이 발달하여 자손에게 유전된다.

20 그림은 어떤 나비 집단의 진화 과정을 나타낸 것이다. (가)와 (나)는 바다의 형성으로 분리된 지역이며, ㉠과 ㉡은 각각 돌연변이와 자연선택 중 하나이다. A~C는 서로 다른 날개 형질을 가진다.

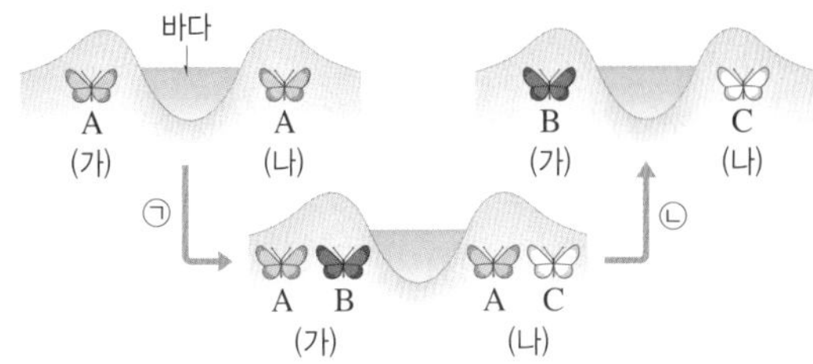

이에 대한 설명으로 옳은 것만을 [보기]에서 있는 대로 고른 것은?

보기
ㄱ. 나비 집단의 변이는 ㉠과 ㉡에 의해 모두 증가한다.
ㄴ. (가)에서 환경에 대한 적응력은 B가 A보다 높다.
ㄷ. (나)에서 A와 C는 유전적으로 동일하다.

① ㄱ ② ㄴ ③ ㄷ ④ ㄱ, ㄷ ⑤ ㄴ, ㄷ

서술형

21 그림은 생물다양성의 세 가지 요소를 나타낸 것이다.

A~C는 각각 어떤 요소인지 쓰고, B가 높은 생태계의 특징을 다음 요소와 관련지어 서술하시오.

생물종의 수, 생물종의 분포 비율

22 생물다양성에 대한 설명으로 옳은 것만을 [보기]에서 있는 대로 고른 것은?

보기
ㄱ. 생태계다양성이 높을수록 종다양성이 높다.
ㄴ. 종다양성이 높은 생태계가 종다양성이 낮은 생태계보다 평형이 잘 유지된다.
ㄷ. 새로운 질병이 발생했을 때 유전적 다양성이 낮은 집단이 높은 집단보다 종이 유지될 가능성이 높다.

① ㄱ ② ㄴ ③ ㄷ ④ ㄱ, ㄴ ⑤ ㄴ, ㄷ

서술형

23 다음은 생물다양성과 관련된 실험이다.

[실험 과정]
(가) 어떤 해안 조간대에 두 구역을 설정한 후 한 구역은 불가사리를 주기적으로 제거하고, 다른 구역은 불가사리를 제거하지 않는다.
(나) 두 구역에서 생물종의 변화를 관찰하고 기록한다.

[실험 결과]
- 불가사리가 제거된 구역에서만 홍합의 개체수가 급격히 증가하였다.
- 1년 후 불가사리가 제거된 구역에서는 15종의 생물 중 8종만 남았으며, 5년 후에는 거의 모든 생물종이 사라졌다.
- 불가사리가 제거되지 않은 구역에서는 종 수의 변화가 거의 없었다.

이 실험으로부터 알 수 있는 종다양성 유지의 중요성을 그렇게 생각한 까닭과 함께 서술하시오.

24 표는 서로 다른 두 지역 Ⅰ과 Ⅱ에 서식하는 식물 종 A~D의 개체수를 나타낸 것이다. Ⅱ의 면적은 Ⅰ의 2배이고, Ⅰ과 Ⅱ의 총 개체수는 동일하며, $\frac{\text{B의 개체수}}{\text{면적}}$는 Ⅰ과 Ⅱ에서 같다.

구분	A	B	C	D
Ⅰ	27	㉠	26	29
Ⅱ	0	56	44	?

이에 대한 설명으로 옳은 것만을 [보기]에서 있는 대로 고른 것은?

보기
ㄱ. ㉠은 28이다.
ㄴ. 식물 종의 수는 Ⅰ에서가 Ⅱ에서의 2배이다.
ㄷ. 식물의 종다양성은 Ⅱ에서가 Ⅰ에서보다 높다.

① ㄱ ② ㄴ ③ ㄷ ④ ㄱ, ㄷ ⑤ ㄴ, ㄷ

25 그림은 어떤 서식지가 도로와 철도에 의해 분할되었을 때의 변화를 나타낸 것이다.

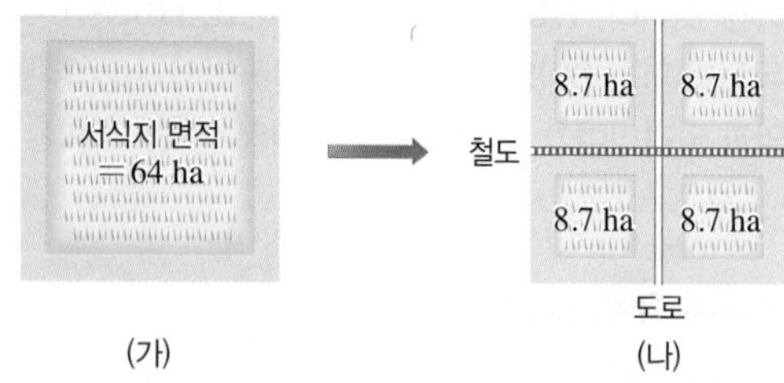

이에 대한 설명으로 옳은 것만을 [보기]에서 있는 대로 고른 것은?

보기
ㄱ. 서식지단편화를 나타낸다.
ㄴ. 분할 후 서식지 중심부에 살던 생물종보다 서식지 가장자리에 살던 생물종이 사라질 위험이 더 높다.
ㄷ. (나)에서 생태통로를 설치하여 서식지를 연결하면 생물다양성은 서식지 분할 전과 같아질 것이다.

① ㄱ ② ㄴ ③ ㄷ ④ ㄱ, ㄷ ⑤ ㄴ, ㄷ

서술형

26 다음은 블루길에 대한 자료이다.

블루길은 식량 자원으로 활용하기 위해 ㉠외국에서 도입된 생물이다. 번식력과 생존력이 높고, 어린 물고기나 새우류를 닥치는 대로 잡아먹어 생태계를 교란시킨다.

㉠과 같은 생물을 무엇이라고 하는지 쓰고, ㉠에 의한 생물다양성 감소 문제가 발생하지 않도록 하기 위한 방안을 두 가지 서술하시오.

27 생물다양성보전을 위한 노력으로 옳지 않은 것은?

① 친환경 제품을 사용한다.
② 멸종 위기종을 복원하는 사업을 한다.
③ 에너지를 절약하고 자원을 재활용한다.
④ 생물다양성이 높은 숲을 국립 공원으로 지정한다.
⑤ 하나의 서식지를 여러 개의 작은 서식지로 분리하여 관리한다.

중단원 고난도 문제

01 그림 (가)와 (나)는 서로 다른 두 지역의 지층 단면과 각 지층에서 산출된 화석을 나타낸 것이다. B와 C는 같은 시기와 장소에서 퇴적된 지층이다.

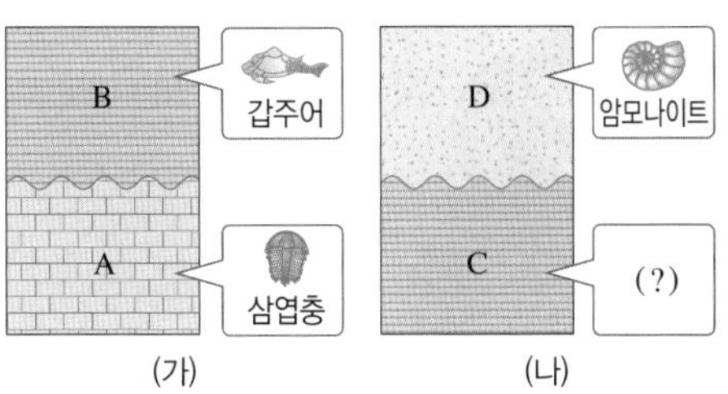

이에 대한 설명으로 옳은 것만을 [보기]에서 있는 대로 고른 것은? (단, 지층의 역전은 없다.)

보기
ㄱ. 지층 A~D 중 가장 먼저 퇴적된 지층은 A이다.
ㄴ. 지층 C에서는 고사리 화석이 나타날 수 있다.
ㄷ. 고생대 말보다 지층 D가 퇴적된 시기에 해양 생물의 서식지가 더 넓어졌다.

① ㄱ ② ㄴ ③ ㄱ, ㄷ
④ ㄴ, ㄷ ⑤ ㄱ, ㄴ, ㄷ

02 그림은 동일한 동물 종으로 구성된 집단 P_1과 P_2가 서로 다른 환경에서 자연선택이 일어나 각각 집단 A와 B로 되었을 때, 몸 색깔에 따른 개체수를 나타낸 것이다.

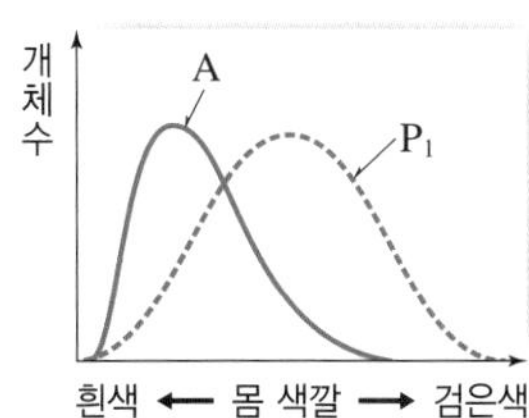

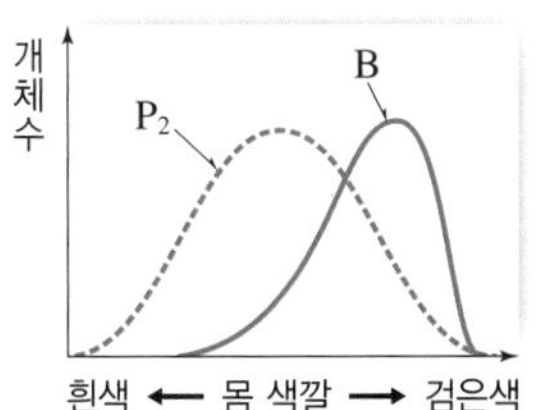

이에 대한 설명으로 옳은 것만을 [보기]에서 있는 대로 고른 것은?

보기
ㄱ. 몸 색깔의 변이는 P_1에서가 A에서보다 많다.
ㄴ. P_2가 B로 될 때 총 개체수는 늘어났다.
ㄷ. 같은 형질이라도 환경에 따라 생존에 유리한 정도가 다르다.

① ㄱ ② ㄴ ③ ㄷ ④ ㄱ, ㄷ ⑤ ㄴ, ㄷ

03 그림은 면적이 같은 세 지역 (가)~(다)에 서식하는 식물 종 A~E의 개체수를 나타낸 것이다.

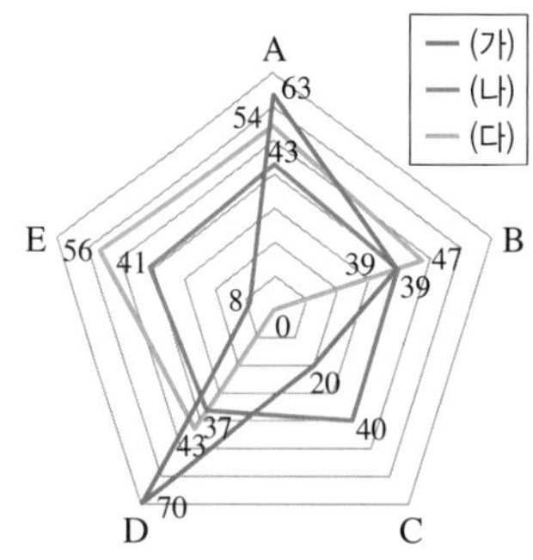

이에 대한 설명으로 옳은 것만을 [보기]에서 있는 대로 고른 것은? (단, A~E만을 고려한다.)

보기
ㄱ. 식물 종의 수는 (나)에서가 (가)에서보다 많다.
ㄴ. 총 개체수는 (가), (나), (다)에서 모두 같다.
ㄷ. 생태계의 안정성은 (나)에서가 (다)에서보다 높다.

① ㄱ ② ㄴ ③ ㄷ
④ ㄱ, ㄷ ⑤ ㄴ, ㄷ

04 그림 (가)는 생물다양성의 세 가지 요소와 그 예를, (나)는 같은 종의 생물로 구성된 집단 A의 개체수에 따른 유전자 변이의 수를 나타낸 것이다. Ⅰ~Ⅲ은 종다양성, 생태계다양성, 유전적 다양성을 순서 없이 나타낸 것이며, ㉠은 Ⅲ의 예이고, (나)는 Ⅱ의 예이다.

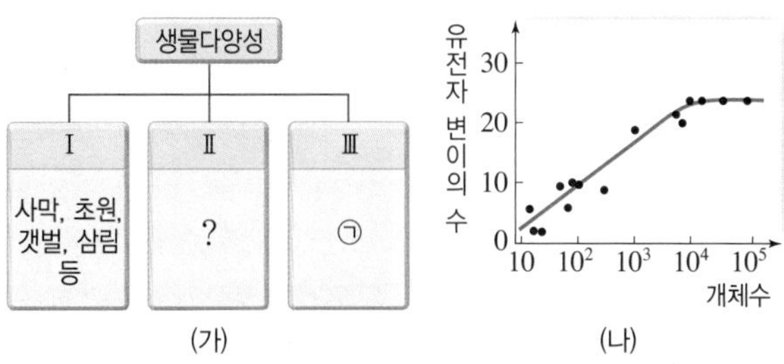

이에 대한 설명으로 옳은 것만을 [보기]에서 있는 대로 고른 것은?

보기
ㄱ. Ⅱ는 종다양성이다.
ㄴ. Ⅰ이 높을수록 Ⅲ도 높아진다.
ㄷ. '어떤 습지에 수달, 황새, 팔색조 등이 서식한다.'는 ㉠에 해당한다.

① ㄱ ② ㄴ ③ ㄷ
④ ㄱ, ㄴ ⑤ ㄴ, ㄷ

Ⅰ 변화와 다양성

1 지구 환경 변화와 생물다양성

2 화학 변화

이 단원의 학습 연계

중학교에서 배운 내용

- 상태 변화와 열에너지 출입
- 물리 변화와 화학 변화
- 화학 반응식을 나타내는 방법
- 화학 반응에서의 에너지 출입

상태 변화와 열에너지 출입

1 열에너지를 방출하는 상태 변화 : [❶], 액화, 승화(기체 → 고체)

2 열에너지를 흡수하는 상태 변화 : 융해, [❷], 승화(고체 → 기체)

물리 변화와 화학 변화

1 [❸] : 물질의 고유한 성질은 변하지 않으면서 모양이나 상태 등이 변하는 현상

2 [❹] : 어떤 물질이 성질이 다른 새로운 물질로 변하는 현상

화학 반응식을 나타내는 방법

단계	방법	예
1단계	화살표의 왼쪽에는 반응물을, 오른쪽에는 생성물을 쓴다. 반응물이나 생성물이 2개 이상일 경우 '+'로 연결한다.	수소 + 산소 ⟶ 물 (수소 + 산소: 반응물, 물: 생성물)
2단계	반응물과 생성물을 화학식으로 나타낸다.	$H_2 + O_2 \longrightarrow H_2O$ (수소, 산소, 물)
3단계	화학 반응 전후에 원자의 종류와 개수가 같도록 계수를 맞춘다.	$2H_2 + O_2 \longrightarrow 2H_2O$

화학 반응에서의 에너지 출입

1 화학 반응이 일어날 때 에너지를 방출하면 주변의 온도가 [❺]진다.

2 화학 반응이 일어날 때 에너지를 흡수하면 주변의 온도가 [❻]진다.

❶ 응고 ❷ 기화 ❸ 물리 변화 ❹ 화학 변화 ❺ 높아 ❻ 낮아

통합과학에서 배울 내용

- 산화·환원 반응의 정의
- 우리 주변의 산화·환원 반응
- 산과 염기의 성질
- 중화 반응
- 물질 변화와 에너지의 출입
- 에너지가 출입하는 물질 변화의 예와 이용

산소 또는 전자의 이동으로 산화·환원 반응을 어떻게 설명하는지 배울 거야. 산과 염기의 성질을 알아보고, 중화 반응에서 어떤 변화가 일어나는지 배울 거야. 또 에너지가 출입하는 물질 변화에는 어떤 것이 있는지 알아볼 거야.

01 산화와 환원

★ 핵심 포인트

- 자연과 인류의 역사에 변화를 가져온 화학 반응의 예, 공통점 ★★
- 산소 및 전자의 이동과 산화·환원 반응 ★★★
- 우리 주변의 산화·환원 반응 ★★

A 자연과 인류의 역사에 변화를 가져온 화학 반응

1. 광합성

① **광합성**: 식물의 엽록체에서 빛에너지를 이용하여 이산화 탄소와 물로 포도당과 산소를 만드는 반응

이산화 탄소 + 물 $\xrightarrow{\text{빛에너지}}$ 포도당 + 산소
(이산화 탄소 + 물: 반응물, 포도당 + 산소: 생성물)

식물의 광합성

② **광합성이 자연의 역사에 미친 영향**

❶ 원시 바다에 최초로 광합성을 하는 생물인 ◆남세균이 출현하여 산소가 생성되었다.

❷ 산소는 바다에 녹아 있던 철과 반응하여 산화 철을 생성하였다. 산소는 바닷속의 철과 충분히 반응한 다음 대기 중으로 방출되었고, 대기 중 산소의 농도가 증가하였다.

❸ 산소 ◆호흡으로 에너지를 얻는 생물이 출현하였고, 대기 중의 산소가 오존을 생성하면서 ◆오존층이 형성되었다.

❹ 오존층이 태양으로부터 오는 유해한 자외선을 흡수하면서 생물이 바다에서 육지로 올라올 수 있게 되었다.

2. 화석 연료의 ❶연소

① **화석 연료**: 지질 시대 생물의 유해가 땅속에 묻힌 채 오랫동안 화학 변화하여 생성된 것으로, 탄소와 수소가 주성분이다.

예 석탄, 석유, 천연가스 등

② **화석 연료의 연소**: 화석 연료가 공기 중에서 산소와 빠르게 반응하여 연소할 때 이산화 탄소와 물을 생성하면서 많은 열에너지를 방출한다.

화석 연료 + 산소 ⟶ 이산화 탄소 + 물
(화석 연료 + 산소: 반응물, 이산화 탄소 + 물: 생성물)

화석 연료의 연소

③ **화석 연료의 연소가 인류의 역사에 미친 영향**

- 인류는 연소 반응에서 발생하는 열에너지와 빛을 이용하여 추위와 어둠을 극복했으며, 음식을 익혀 먹을 수 있게 되었다.
- 석탄을 에너지원으로 하는 증기 기관과 증기 기관차의 발명은 산업 혁명이 일어나는 데에 큰 영향을 주었다.

◆ **남세균**
사이아노박테리아라고도 하며, 지구에서 광합성으로 산소를 생성하기 시작한 최초의 생물로 알려져 있다. 남세균의 퇴적물을 스트로마톨라이트라고 한다.

✔ 이것까지 나와요! 지구시스템과학

호상철광층
바닷속에서 산소와 철 이온이 반응하여 만들어진 산화 철이 퇴적되어 형성된 지층이다. 산화 철이 풍부한 층과 산화 철이 고갈된 층이 교대로 반복되어 나타난다.

◆ **세포호흡**
생물의 세포에서 포도당과 산소가 반응하여 이산화 탄소와 물이 생성되면서 에너지가 발생하는 반응이다. 세포호흡은 광합성과 함께 자연과 인류의 역사를 바꾼 화학 반응이며, 산소가 관여하는 반응이다.

◆ **오존의 생성과 오존층**
대기 중의 산소 분자(O_2)가 자외선을 흡수하여 산소 원자(O)로 분해되고, 산소 원자가 산소 분자와 결합하여 오존(O_3)을 생성한다. 성층권에서 오존의 농도가 상대적으로 높은 공기층을 오존층이라고 한다.

용어
❶ **연소(燃 타다, 燒 타다)** 어떤 물질이 산소와 빠르게 결합하면서 빛과 열을 내는 것

3. 철의 [1]제련

① **철의 제련**: 산화 철(Ⅲ)에서 산소를 제거하여 순수한 철을 얻는 과정

산화 철(Ⅲ) + 일산화 탄소 ⟶ 철 + 이산화 탄소
(산화 철(Ⅲ) + 일산화 탄소: 반응물, 철 + 이산화 탄소: 생성물)

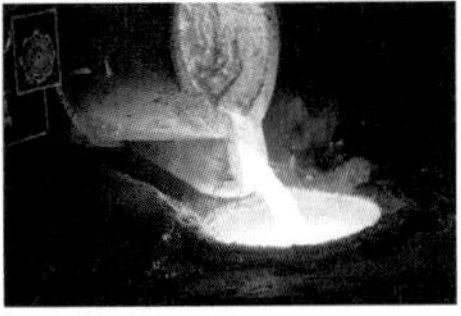
철의 제련

② **철을 제련하는 까닭**: 자연에서 철은 주로 산소와 결합하여 존재하므로 그대로 사용하기 어렵기 때문이다.
(철: 매장량이 많으며 단단하고 비교적 쉽게 가공할 수 있다.)

③ **철의 제련이 인류의 역사에 미친 영향**: 제련한 철로 무기, 농기구 등을 만들어 사용하면서 철을 본격적으로 이용하는 철기 시대를 열었으며, 인류 문명이 더욱 발달하였다.

4. 자연과 인류의 역사를 바꾼 화학 반응의 공통점

광합성, 세포호흡, 화석 연료의 연소, 철의 제련은 모두 산소가 관여하는 산화·환원 반응이다.

B 산화·환원 반응

1. 산소의 이동과 산화·환원 반응

구분	산화	환원
정의	물질이 산소를 얻는 반응	물질이 산소를 잃는 반응
예	$4Fe + 3O_2 \longrightarrow 2Fe_2O_3$ (Fe: 산화)	$2CuO \longrightarrow 2Cu + O_2$ (CuO: 환원)
산화·환원 반응의 동시성	화학 반응이 일어날 때 어떤 물질이 산소를 얻으면 다른 물질은 산소를 잃는다. ➡ 산화와 환원은 항상 동시에 일어난다.	예 $2Mg + CO_2 \longrightarrow 2MgO + C$ (마그네슘, 이산화 탄소, 산화 마그네슘, 탄소) 산화: Mg 산소를 얻음 환원: CO_2 산소를 잃음

탐구 자료창 산화 구리(Ⅱ)와 탄소의 반응 알아보기

그림과 같이 검은색 산화 구리(Ⅱ)와 탄소 가루를 고르게 섞어 시험관에 넣고 충분히 가열하였더니 석회수가 뿌옇게 흐려지면서 시험관 속에 붉은색 물질이 생성되었다.

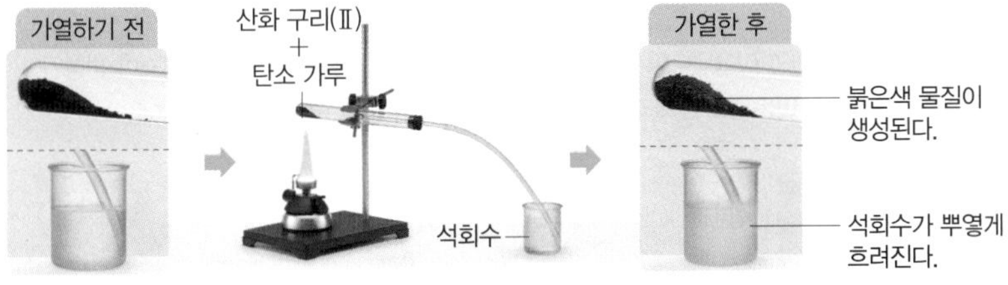

1. **석회수가 뿌옇게 흐려지는 까닭**: ◆이산화 탄소 기체가 발생하였기 때문이다.
2. **시험관 속에서 생성된 물질이 붉은색을 띠는 까닭**: 구리가 생성되었기 때문이다.
3. **산화 구리(Ⅱ)와 탄소 가루 혼합물을 가열할 때 일어나는 반응**: 검은색 산화 구리(Ⅱ)는 산소를 잃고 붉은색 구리로 환원되고, 이와 동시에 탄소는 산소를 얻어 이산화 탄소로 산화된다.

$$2CuO + C \longrightarrow 2Cu + CO_2$$
(산화 구리(Ⅱ), 탄소, 구리, 이산화 탄소 / C: 산화, CuO: 환원)

＊ **산화물**
산소와 결합하여 형성된 물질을 산화물이라고 한다. 산화 철(Ⅲ)은 철의 산화물이다.

＊ **산소의 특징**
산소는 지구 대기의 약 21 %를 차지하여 대기에서 두 번째로 풍부한 기체이다. 산소는 다른 물질과 반응을 잘 하는 성질이 있어 우리 주변에서 일어나는 다양한 변화에 관여하며, 금속은 자연에서 대부분 산소와 결합한 형태로 존재한다.

◆ **석회수를 이용한 이산화 탄소 기체 확인**
석회수는 수산화 칼슘($Ca(OH)_2$) 수용액이다. 석회수에 이산화 탄소(CO_2) 기체를 통과시키면 탄산 칼슘($CaCO_3$)이 생성된다. 탄산 칼슘은 흰색이고 물에 거의 녹지 않아 석회수가 뿌옇게 흐려진다. 따라서 석회수를 이용하면 이산화 탄소 기체의 발생 여부를 확인할 수 있다.
$Ca(OH)_2 + CO_2 \longrightarrow CaCO_3\downarrow + H_2O$

✔ 이것까지 나와요! 화학 반응의 세계

산화제와 환원제
- 산화제: 자신은 환원되면서 다른 물질을 산화시키는 물질
- 환원제: 자신은 산화되면서 다른 물질을 환원시키는 물질

예 $2CuO + C \longrightarrow 2Cu + CO_2$ (CuO: 산화제, C: 환원제)

용어

❶ **제련(製 만들다, 鍊 정련하다)** 광석을 용광로에 넣고 녹여서 금속을 분리·추출하여 정제하는 것

◆ 겉불꽃과 속불꽃
- 겉불꽃: 산소가 잘 공급된다.
- 속불꽃: 산소가 부족하고, 알코올이 불완전 연소하여 발생한 일산화 탄소가 많다.

지학사 교과서에만 나와요.

✽ 철 솜을 가열할 때 질량의 변화
철 솜을 가열하면 철이 산소와 결합하여 산화 철(Ⅲ)이 생성된다. 따라서 가열한 철 솜의 질량은 가열하기 전보다 결합한 산소의 질량만큼 크다.

$$4Fe + 3O_2 \longrightarrow 2Fe_2O_3$$ (산화)

◆ 전자의 이동과 산화·환원 반응

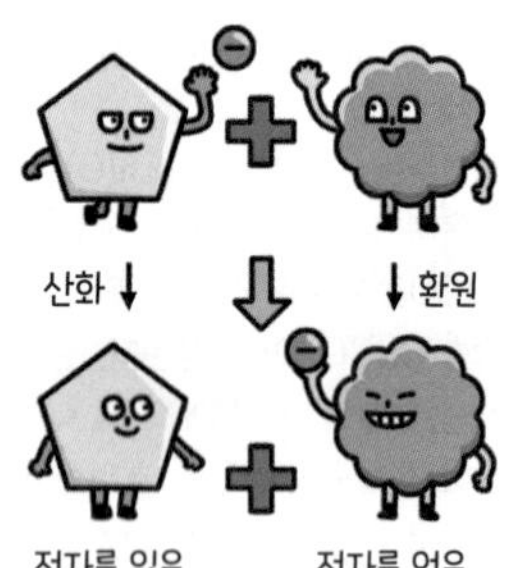

✽ 이온 결합 물질의 생성과 산화·환원 반응
금속 원소는 전자를 잃고 양이온이 되기 쉽고, 비금속 원소는 전자를 얻어 음이온이 되기 쉽다. 이온 결합 물질이 생성될 때 금속 원소의 원자는 전자를 잃고 산화되고, 비금속 원소의 원자는 전자를 얻어 환원된다.

$$2Na + Cl_2 \longrightarrow 2NaCl$$ (Na: 산화, Cl_2: 환원)

암기해

산화·환원 반응

구분	산화	환원
산소	얻음	잃음
전자	잃음	얻음

탐구 자료창 구리판의 변화 해석하기

미래엔 교과서에만 나와요.

(가)와 같이 붉은색 구리판을 알코올램프의 ◆겉불꽃에 넣었더니 구리판이 검게 변하였고, (나)와 같이 구리판의 검게 변한 부분을 알코올램프의 속불꽃에 넣었더니 다시 붉게 변하였다.

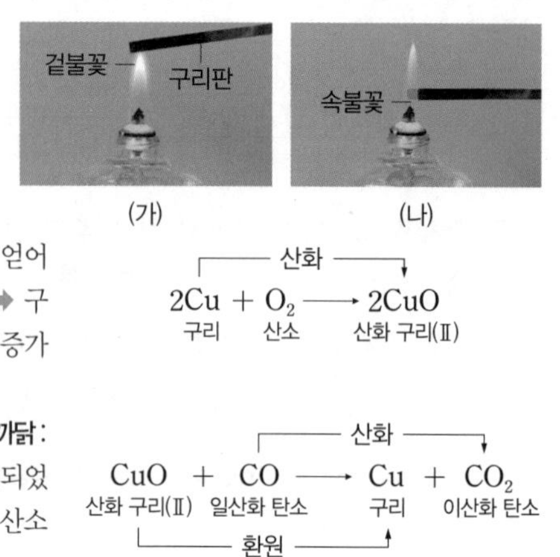

(가) (나)

1. **(가)에서 구리판이 검게 변한 까닭**: 구리가 산소를 얻어 검은색 산화 구리(Ⅱ)로 산화되었기 때문이다. ➡ 구리와 결합한 산소의 질량만큼 구리판의 질량이 증가한다.

$$2Cu + O_2 \longrightarrow 2CuO$$
구리, 산소, 산화 구리(Ⅱ) (Cu: 산화)

2. **(나)에서 구리판의 검게 변한 부분이 다시 붉게 변한 까닭**: 산화 구리(Ⅱ)가 산소를 잃고 붉은색 구리로 환원되었기 때문이다. ➡ 산화 구리(Ⅱ)에서 떨어져 나간 산소의 질량만큼 구리판의 질량이 감소한다.

$$CuO + CO \longrightarrow Cu + CO_2$$
산화 구리(Ⅱ), 일산화 탄소, 구리, 이산화 탄소 (CO: 산화, CuO: 환원)

2. ◆전자의 이동과 산화·환원 반응

산화·환원 반응을 전자의 이동으로 정의하면 산소가 관여하지 않는 여러 가지 반응을 산화와 환원으로 설명할 수 있다.

완자쌤 비법 특강 / 55쪽

① 전자의 이동을 이용한 산화·환원 반응의 정의

구분	산화	환원
정의	물질이 전자를 잃는 반응	물질이 전자를 얻는 반응
예	산화: $Zn \longrightarrow Zn^{2+} + 2\ominus$	환원: $Cu^{2+} + 2\ominus \longrightarrow Cu$
산화·환원 반응의 동시성	화학 반응이 일어날 때 어떤 물질이 전자를 얻으면 다른 물질은 전자를 잃는다. ➡ 산화와 환원은 항상 동시에 일어난다.	예 $Zn + Cu^{2+} \longrightarrow Zn^{2+} + Cu$ (아연, 구리 이온, 아연 이온, 구리) 산화 전자를 잃음 / 환원 전자를 얻음

② 산소가 관여하는 산화·환원 반응에서 전자의 이동: 산소를 얻는 반응인 산화는 전자를 잃는 것이고, 산소를 잃는 반응인 환원은 전자를 얻는 것이다.

마그네슘의 연소

마그네슘을 공기 중에서 가열하면 마그네슘이 밝은 빛을 내면서 연소하여 흰색의 산화 마그네슘이 생성된다. 이때 마그네슘은 전자를 잃고 마그네슘 이온으로 산화되고, 산소는 전자를 얻어 산화 이온으로 환원된다.

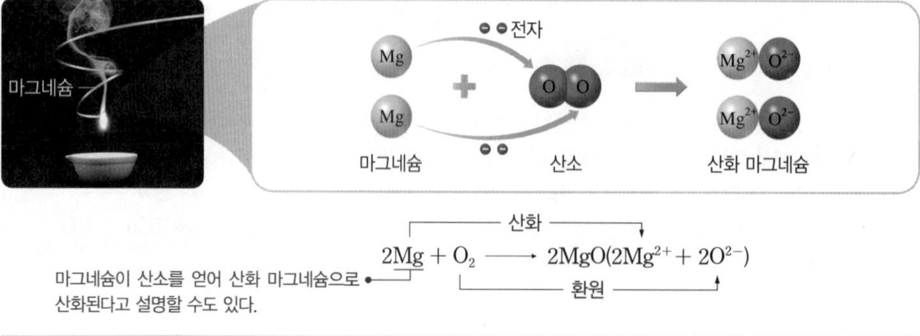

$$2Mg + O_2 \longrightarrow 2MgO(2Mg^{2+} + 2O^{2-})$$ (Mg: 산화, O_2: 환원)

마그네슘이 산소를 얻어 산화 마그네슘으로 산화된다고 설명할 수도 있다.

정답친해 22쪽

완자쌤 비법 특강

전자가 이동하는 산화·환원 반응의 예

어떤 화학 반응에서는 물질이 전자를 잃어서 산화되기도 하고, 전자를 얻어서 환원되기도 해요. 전자가 이동하는 산화·환원 반응의 예는 어떤 것이 있고, 반응이 일어날 때 어떤 변화가 일어나는지 알아볼까요?

각 반응에서 음이온은 반응에 참여하지 않으므로 산화되거나 환원되지 않아요. 따라서 수용액 속 음이온의 수는 일정해요.

01 질산 은 수용액과 구리의 반응

① 수용액이 푸른색으로 변한다. ➡ 구리가 전자를 잃고 구리 이온으로 산화되어 수용액에 녹아 들어가기 때문이다.

② 구리 선 표면이 은색 물질로 덮인다. ➡ 수용액의 은 이온이 전자를 얻어 은으로 환원되어 석출되기 때문이다.

$$Cu + 2Ag^{+} \longrightarrow Cu^{2+} + 2Ag$$

(구리, 은 이온 → 구리 이온, 은 / 산화: Cu → Cu^{2+}, 환원: Ag^{+} → Ag)

③ 수용액 속 이온 수 변화
- 구리 이온 수 증가, 은 이온 수 감소, 질산 이온 수 일정
- 구리 이온 1개가 생성될 때 은 이온 2개가 감소하므로 수용액 속 전체 이온 수는 감소한다.

Q1. 이 반응에서 산화되는 것을 써 보자.

02 황산 구리(Ⅱ) 수용액과 아연의 반응

① 아연은 전자를 잃고 아연 이온으로 산화되어 수용액에 녹아 들어간다.

② 아연판 표면이 붉은색 물질로 덮이고, 수용액의 푸른색이 점점 옅어진다. ➡ 수용액의 구리 이온이 전자를 얻어 구리로 환원되어 석출되기 때문이다.

$$Zn + Cu^{2+} \longrightarrow Zn^{2+} + Cu$$

(아연, 구리 이온 → 아연 이온, 구리 / 산화: Zn → Zn^{2+}, 환원: Cu^{2+} → Cu)

③ 수용액 속 이온 수 변화
- 아연 이온 수 증가, 구리 이온 수 감소, 황산 이온 수 일정
- 아연 이온 1개가 생성될 때 구리 이온 1개가 감소하므로 수용액 속 전체 이온 수는 일정하다.

Q2. 이 반응에서 환원되는 것을 써 보자.

03 염화 구리(Ⅱ) 수용액과 알루미늄의 반응

① 알루미늄은 전자를 잃고 알루미늄 이온으로 산화되어 수용액에 녹아 들어간다.

② 알루미늄 포일의 표면이 붉은색 물질로 덮이고, 수용액의 푸른색이 점점 옅어진다. ➡ 수용액의 구리 이온이 전자를 얻어 구리로 환원되어 석출되기 때문이다.

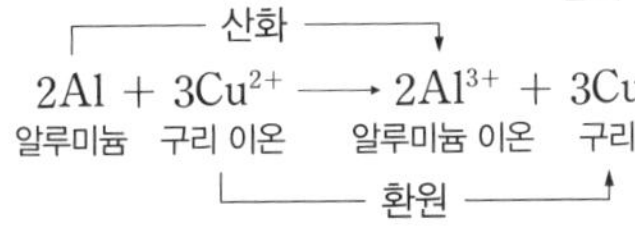

$$2Al + 3Cu^{2+} \longrightarrow 2Al^{3+} + 3Cu$$

(알루미늄, 구리 이온 → 알루미늄 이온, 구리 / 산화: Al → Al^{3+}, 환원: Cu^{2+} → Cu)

③ 수용액 속 이온 수 변화
- 알루미늄 이온 수 증가, 구리 이온 수 감소, 염화 이온 수 일정
- 알루미늄 이온 2개가 생성될 때 구리 이온 3개가 감소하므로 수용액 속 전체 이온 수는 감소한다.

Q3. 이 반응에서 수용액 속 양이온 수는 어떻게 변하는지 써 보자.

04 묽은 염산과 아연의 반응

① 아연판의 질량이 감소한다. ➡ 아연이 전자를 잃고 아연 이온으로 산화되어 수용액에 녹아 들어가기 때문이다.

② 아연판의 표면에서 기포가 발생한다. ➡ 수용액의 수소 이온이 전자를 얻어 수소로 환원되어 수소 기체가 발생하기 때문이다.

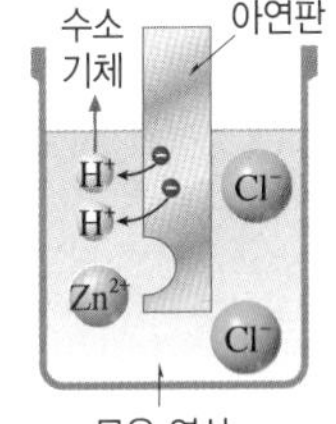

$$Zn + 2H^{+} \longrightarrow Zn^{2+} + H_2$$

(아연, 수소 이온 → 아연 이온, 수소 / 산화: Zn → Zn^{2+}, 환원: H^{+} → H_2)

③ 수용액 속 이온 수 변화
- 아연 이온 수 증가, 수소 이온 수 감소, 염화 이온 수 일정
- 아연 이온 1개가 생성될 때 수소 이온 2개가 감소하므로 수용액 속 전체 이온 수는 감소한다.

Q4. 이 반응에서 아연판의 질량은 어떻게 변하는지 써 보자.

정답친해 22쪽

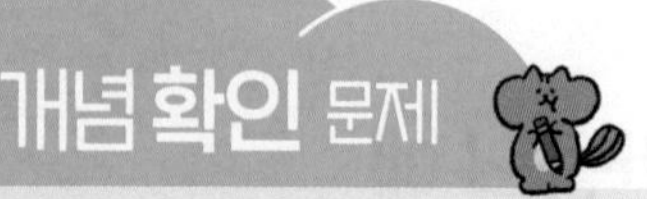

핵심 체크

- (❶): 식물의 엽록체에서 빛에너지를 이용하여 이산화 탄소와 물로 포도당과 산소를 만드는 반응
- **화석 연료의 연소**: 화석 연료가 공기 중에서 (❷)와 빠르게 반응하여 연소할 때 이산화 탄소와 물을 생성하면서 많은 열에너지를 방출한다.
- **철의 제련**: 산화 철(Ⅲ)에서 (❸)를 제거하여 순수한 철을 얻는 과정
- **산화·환원 반응의 정의**

구분	산화	환원
산소의 이동	산소를 (❹) 반응	산소를 (❺) 반응
전자의 이동	전자를 (❻) 반응	전자를 (❼) 반응

- **산화·환원 반응의 (❽)**: 산화와 환원은 항상 동시에 일어난다.

1 다음은 자연과 인류의 역사에 변화를 가져온 세 가지 화학 반응이다.

(가) 이산화 탄소 + 물 ⟶ 포도당 + 산소
(나) 화석 연료 + 산소 ⟶ 이산화 탄소 + 물
(다) 산화 철(Ⅲ) + 일산화 탄소 ⟶ 철 + 이산화 탄소

(가)~(다)에 대한 설명으로 옳은 것은 ○, 옳지 않은 것은 ×로 표시하시오.

(1) 남세균이 최초로 (가)를 하면서 대기 중 산소 농도가 증가하였다. ( )
(2) 자연에서 철은 대부분 산소와 결합하여 존재하므로 철을 사용하려면 (다)를 거쳐야 한다. ( )
(3) (가)~(다)에 모두 산소가 관여한다. ( )

2 산화·환원 반응에 대한 설명으로 옳은 것만을 [보기]에서 있는 대로 고르시오.

보기
ㄱ. 산화는 물질이 산소를 잃는 반응이다.
ㄴ. 환원은 물질이 전자를 얻는 반응이다.
ㄷ. 산화·환원 반응이 일어날 때 항상 산소가 이동한다.

3 ( ) 안에 산화 또는 환원을 알맞게 쓰시오.

(1) $2CuO + C \longrightarrow 2Cu + CO_2$
㉠( ) (C → CO_2), ㉡( ) (CuO → Cu)

(2) $Zn + Cu^{2+} \longrightarrow Zn^{2+} + Cu$
㉠( ) (Zn → Zn^{2+}), ㉡( ) (Cu^{2+} → Cu)

(3) $2Na + Cl_2 \longrightarrow 2NaCl$
㉠( ) (Na → NaCl), ㉡( ) (Cl_2 → NaCl)

4 그림과 같이 산화 구리(Ⅱ)(CuO)와 탄소(C) 가루 혼합물을 시험관에 넣고 가열하였다.

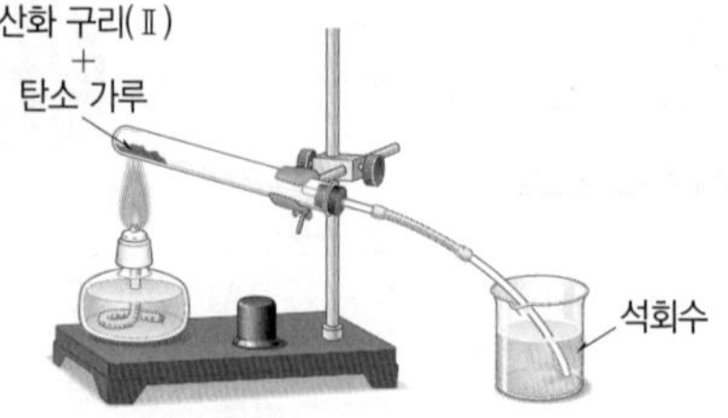

이에 대한 설명으로 옳은 것은 ○, 옳지 않은 것은 ×로 표시하시오.

(1) 석회수가 뿌옇게 흐려진다. ( )
(2) 시험관 속에 붉은색 물질이 생성된다. ( )
(3) 탄소는 환원된다. ( )

C 우리 주변의 산화·환원 반응

1. 광합성과 세포호흡

| 광합성 |

식물의 엽록체에서 빛에너지를 이용하여 이산화 탄소와 물로 포도당과 산소를 만드는 반응이다.

(포도당: 생명체의 에너지원으로 사용된다.)

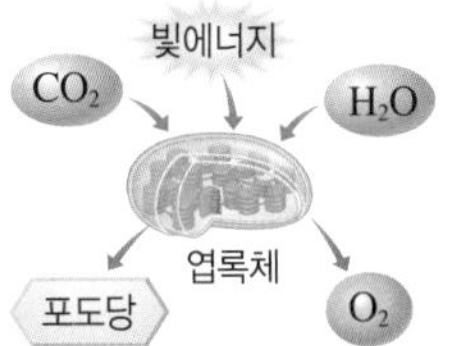

$$6CO_2 + 6H_2O \xrightarrow{\text{빛에너지}} C_6H_{12}O_6 + 6O_2$$

이산화 탄소 / 물 / 포도당 / 산소

(CO_2 → $C_6H_{12}O_6$: 환원, H_2O → O_2: 산화)

| 세포호흡 |

생명체의 세포 속 마이토콘드리아에서 포도당과 산소로 이산화 탄소와 물을 생성하면서 에너지를 방출하는 반응이다.

(에너지: 생명 현상을 유지하는 데에 사용된다.)

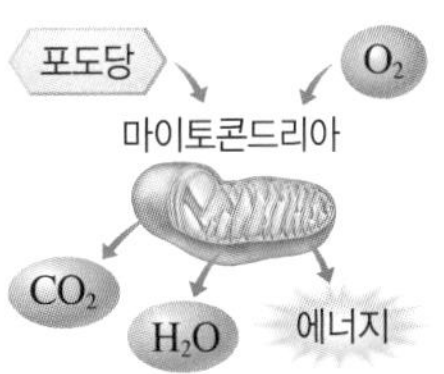

$$C_6H_{12}O_6 + 6O_2 \longrightarrow 6CO_2 + 6H_2O + \text{에너지}$$

포도당 / 산소 / 이산화 탄소 / 물

($C_6H_{12}O_6$ → CO_2: 산화, O_2 → H_2O: 환원)

2. 연소

| 메테인과 뷰테인의 연소 |

메테인이나 뷰테인이 공기 중에서 연소할 때 이산화 탄소와 물을 생성하고, 많은 열이 발생한다.

메테인의 연소 (메테인: 도시가스의 주성분)

메테인의 연소

$$CH_4 + 2O_2 \longrightarrow CO_2 + 2H_2O$$

메테인 / 산소 / 이산화 탄소 / 물

(CH_4 → CO_2: 산화, O_2 → H_2O: 환원)

뷰테인의 연소

$$2C_4H_{10} + 13O_2 \longrightarrow 8CO_2 + 10H_2O$$

뷰테인 / 산소 / 이산화 탄소 / 물

(C_4H_{10} → CO_2: 산화, O_2 → H_2O: 환원)

3. 철의 제련

| 용광로에서 철의 제련 |

❶ **코크스[1]의 산화**: 코크스가 산소를 얻어 일산화 탄소로 산화된다.

$$2C + O_2 \longrightarrow 2CO$$

코크스 / 산소 / 일산화 탄소

(C → CO: 산화)

❷ **산화 철(Ⅲ)의 환원**: 철광석에 들어 있는 산화 철(Ⅲ)이 일산화 탄소와 반응하면 산화 철(Ⅲ)은 산소를 잃고 철로 환원되고, 일산화 탄소는 산소를 얻어 이산화 탄소로 산화된다.

$$Fe_2O_3 + 3CO \longrightarrow 2Fe + 3CO_2$$

산화 철(Ⅲ) / 일산화 탄소 / 철 / 이산화 탄소

(CO → CO_2: 산화, Fe_2O_3 → Fe: 환원)

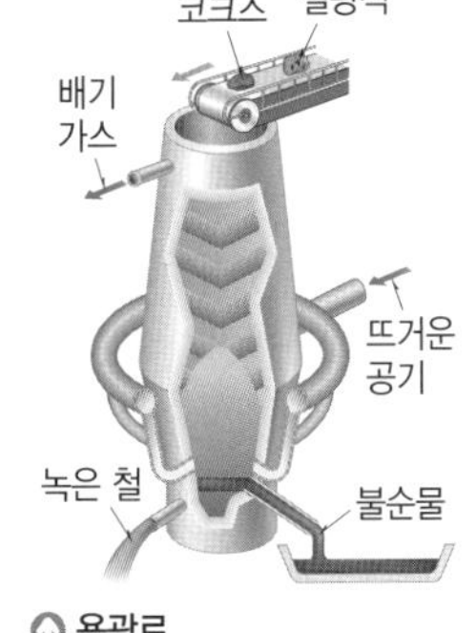

용광로

용어

[1] **코크스** 석탄을 높은 온도에서 오랫동안 구운 것으로, 주성분은 탄소이다.

◆ 그 밖의 산화·환원 반응
- 탈색제
- 음식물의 부패
- 우리 몸의 노화
- 철 가루 손난로
- 불꽃놀이의 폭죽
- 식품 속 산화 방지제
- 자동차 배기관의 촉매 장치
- 알루미늄의 부식을 방지하는 산화 피막

4. 수소 연료 전지 비상, 동아 교과서에만 나와요.

| 수소 연료 전지에서의 반응과 이용 |

❶ 수소 연료 전지에서 수소와 산소가 반응하여 물이 생성되며, 이때 물질의 화학 에너지가 전기 에너지로 전환된다.

$$2H_2 + O_2 \longrightarrow 2H_2O$$

(수소 → 물: 산화, 산소 → 물: 환원)

❷ 수소 연료 전지의 이용: 수소 연료 전지 자동차, 우주선 등
- 이산화 탄소를 발생시키지 않고, 에너지 효율이 비교적 높다.

▲ 수소 연료 전지 자동차

5. ◆그 밖의 산화·환원 반응

◆철의 부식	과일의 갈변	양초의 연소

철로 된 울타리나 자전거 등이 산소와 반응하여 녹슬면 붉은색으로 변하고 광택을 잃는다.	사과, 바나나 등의 껍질을 벗겨 공기 중에 두면 과일 속 폴리페놀이 산화되어 갈색으로 변한다.	양초를 태울 때 양초의 주성분인 파라핀이 연소하여 이산화 탄소와 수증기가 생성된다.
섬유 표백	**리튬 배터리**	**반딧불이의 불빛**
	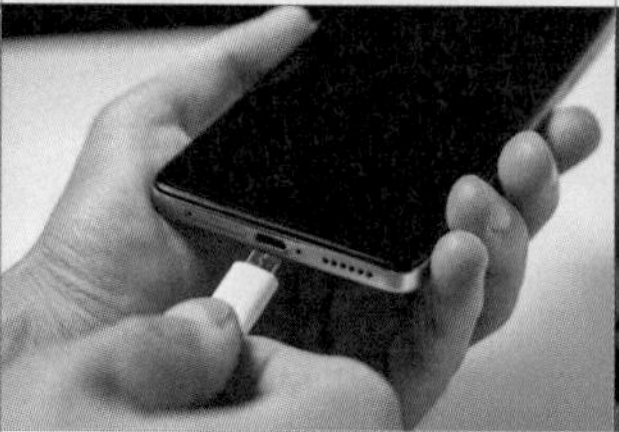	
누렇게 변한 옷을 표백제로 세탁하면 산화·환원 반응이 일어나 옷이 하얗게 된다.	리튬이 전자를 잃고 산화된 다음 양극에서 음극으로 이동하는 과정에서 배터리가 충전된다.	반딧불이의 광세포에서 루시페린이 산화되는 과정에서 빛에너지를 방출한다.

◆ 철의 부식
붉은 녹의 주성분은 산화 철(Ⅲ)(Fe_2O_3)이다. 철(Fe)이 산소(O_2)와 반응하여 산화 철(Ⅲ)을 생성할 때 철은 산소를 얻어 산화 철(Ⅲ)로 산화되는 것이기도 하고, 전자를 잃고 철 이온(Fe^{3+})으로 산화되는 것이기도 하다.

$$4Fe + 3O_2 \longrightarrow 2Fe_2O_3$$

(Fe → Fe_2O_3: 산화, O_2 → Fe_2O_3: 환원)

미래엔, 동아 교과서에만 나와요.
✱ 철의 부식 방지
페인트칠 등으로 철이 공기 중의 산소나 수분과 접촉하는 것을 막으면 철이 녹스는 것을 방지할 수 있다.

+ 확대경 예술과 산화·환원 반응

1. **에칭**: 판화를 만드는 기법 중 하나로, 산성 부식액이 금속판을 부식시키는 산화·환원 반응을 이용한다.
2. **고려청자**: 도자기를 구울 때 도자기 속 철 이온이 환원되어 특유의 푸른색이 나타난다.
3. **유화**: 회화 기법 중 하나로, 물감에 들어 있는 기름 성분이 공기 중의 산소와 반응하여 산화되면서 굳어지는 것을 이용한다.
4. **미술 작품 복원**: 그을음을 산소와 반응시키면 이산화 탄소, 일산화 탄소, 수증기로 변하는 것을 이용하여 화재로 손상된 미술 작품의 그을음을 제거한다.

에칭

고려청자

유화

미술 작품 복원

지학사 교과서에만 나와요.
✱ 빠른 산화 반응과 느린 산화 반응
- 빠른 산화 반응: 연소 등
- 느린 산화 반응: 금속의 부식, 과일의 갈변 등

정답친해 22쪽

개념 확인 문제

핵심 체크

- **광합성과 세포호흡**: 식물의 엽록체에서 광합성이 일어날 때 이산화 탄소는 포도당으로 (❶)되고, 세포 속의 마이토콘드리아에서 세포호흡이 일어날 때 포도당은 이산화 탄소로 (❷)된다.
- **연소**: 메테인이 연소할 때 메테인은 이산화 탄소로 (❸)된다.
- **철의 제련**: 코크스가 산소와 반응하여 일산화 탄소로 (❹)된다. ➡ 철광석의 산화 철(Ⅲ)과 일산화 탄소가 반응하여 (❺)는 이산화 탄소로 산화되고, (❻)은 철로 환원된다.
- **수소 연료 전지**: 수소와 산소가 반응하여 (❼)이 생성되는 과정에서 산화·환원 반응이 일어난다.

1 다음은 생명체에서 일어나는 산화·환원 반응에 대한 설명이다. ( ) 안에 알맞은 말을 쓰시오.

> ㉠( )은 식물의 엽록체에서 빛에너지를 이용하여 일어나는 반응으로, 생성물인 ㉡( )은 생명체의 에너지원으로 사용된다. ㉢( )은 세포 속의 마이토콘드리아에서 일어나는 반응으로, 반응이 일어날 때 방출하는 에너지의 일부는 생명 현상을 유지하는 데에 사용된다.

2 ( ) 안에 산화 또는 환원을 알맞게 쓰시오.

(1) $C_6H_{12}O_6 + 6O_2 \longrightarrow 6CO_2 + 6H_2O$ (㉠( ), ㉡( ))

(2) $2C_4H_{10} + 13O_2 \longrightarrow 8CO_2 + 10H_2O$ (㉠( ), ㉡( ))

3 다음은 철의 제련 과정에서 일어나는 반응을 화학 반응식으로 나타낸 것이다.

> (가) $2C + O_2 \longrightarrow 2CO$
> (나) $Fe_2O_3 + 3CO \longrightarrow 2Fe + 3CO_2$

(1) (가)에서 산화되는 물질의 화학식을 쓰시오.
(2) (나)에서 산화되는 물질의 화학식을 쓰시오.
(3) (나)에서 환원되는 물질의 화학식을 쓰시오.

4 일상생활에서 이용되는 산화·환원 반응에 대한 설명으로 옳은 것만을 [보기]에서 있는 대로 고르시오.

> 보기
> ㄱ. 도시가스의 주성분인 메테인이 연소할 때 산소와 물을 생성한다.
> ㄴ. 용광로에 철광석과 코크스를 넣고 가열하면 순수한 철을 얻을 수 있다.
> ㄷ. 수소 연료 전지에서 얻은 전기 에너지를 자동차의 동력원으로 이용할 수 있다.

5 우리 주변에서 일어나는 반응에 대한 설명으로 옳은 것은 ○, 옳지 않은 것은 ×로 표시하시오.

(1) 반딧불이가 빛을 내는 반응은 산화·환원 반응이다. ( )
(2) 철로 된 울타리는 공기 중의 이산화 탄소와 반응하여 붉은색으로 녹슨다. ( )
(3) 사과를 깎아 공기 중에 두면 갈색으로 변하는 것은 산화·환원 반응이 일어나기 때문이다. ( )

6 산화·환원 반응을 이용하는 예로 적절한 것만을 [보기]에서 있는 대로 고르시오.

> 보기
> ㄱ. 고려청자　ㄴ. 섬유 표백
> ㄷ. 양초의 연소　ㄹ. 리튬 배터리

내신 만점 문제

A 자연과 인류의 역사에 변화를 가져온 화학 반응

[01~02] 다음은 자연과 인류의 역사에 변화를 가져온 세 가지 화학 반응이다.

(가) 이산화 탄소+물 ⟶ 포도당+ ㉠
(나) 산화 철(Ⅲ)+일산화 탄소 ⟶ 철+ ㉡
(다) 화석 연료+ ㉠ ⟶ ㉡ +물

01 ㉠과 ㉡에 해당하는 물질을 각각 쓰시오.

중요 **02** (가)~(다)에 대한 설명으로 옳지 않은 것은?

① (가)는 마이토콘드리아에서 일어난다.
② 원시 바다에 (가)를 하는 생물이 출현하여 대기 중 산소 농도가 증가하였다.
③ (나)는 철의 제련 과정에서 일어나는 반응이다.
④ (다)는 산업 혁명이 일어나는 데에 영향을 주었다.
⑤ (가)~(다)에 모두 산소가 관여한다.

03 다음은 철에 대한 설명이다.

자연 상태에서 철은 주로 산소와 결합하여 존재한다. 따라서 (가)순수한 철을 얻기 위해서는 ㉠ 에서 ㉡ 을(를) 제거해야 한다.

이에 대한 설명으로 옳은 것만을 [보기]에서 있는 대로 고른 것은?

보기
ㄱ. ㉠으로 '산화 철(Ⅲ)'이 적절하다.
ㄴ. ㉡으로 '산소'가 적절하다.
ㄷ. (가) 과정을 철의 제련이라고 한다.

① ㄱ ② ㄴ ③ ㄱ, ㄷ
④ ㄴ, ㄷ ⑤ ㄱ, ㄴ, ㄷ

B 산화·환원 반응

04 다음은 산화·환원 반응에 대한 세 학생의 대화이다.

산화는 물질이 산소를 얻는 반응이야.
환원은 물질이 전자를 잃는 반응이야.
산화와 환원은 항상 동시에 일어나.

학생 A 학생 B 학생 C

대화 내용이 옳은 학생만을 있는 대로 고른 것은?

① A ② B ③ A, C
④ B, C ⑤ A, B, C

중요 **05** 다음은 산화 구리(Ⅱ)(CuO)를 이용한 실험이다.

[실험 과정]
산화 구리(Ⅱ)와 탄소 가루의 혼합물을 시험관에 넣고 가열한다.

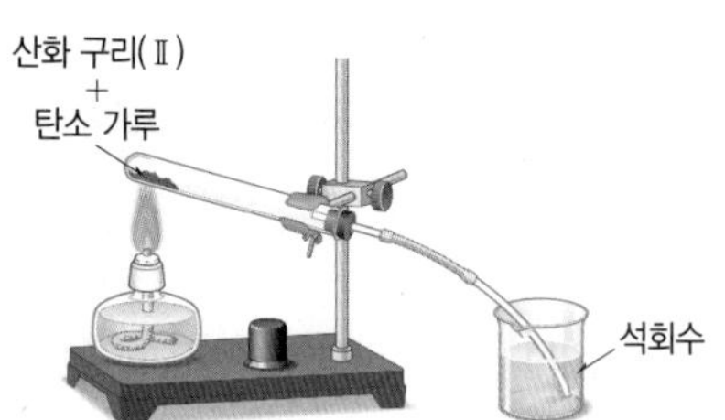

[실험 결과]
• 석회수가 뿌옇게 흐려졌다.
• 시험관 속에 붉은색 물질이 생성되었다.

이에 대한 설명으로 옳은 것만을 [보기]에서 있는 대로 고른 것은?

보기
ㄱ. 이산화 탄소가 생성된다.
ㄴ. 시험관 속에 생성된 붉은색 물질은 구리이다.
ㄷ. 시험관 속에서 일어나는 반응은 산화·환원 반응이다.

① ㄱ ② ㄷ ③ ㄱ, ㄴ
④ ㄴ, ㄷ ⑤ ㄱ, ㄴ, ㄷ

06 다음은 구리(Cu)판을 이용한 실험이다.

> (가) 붉은색 구리판을 알코올램프의 겉불꽃에 넣어 가열하였더니 구리판이 검게 변하였다.
> (나) 구리판의 검게 변한 부분을 속불꽃에 넣어 가열하였더니 다시 붉게 변하였다.

이에 대한 설명으로 옳은 것만을 [보기]에서 있는 대로 고르시오.

보기
ㄱ. (가)에서 구리는 산화된다.
ㄴ. (나)에서 구리판의 검게 변한 부분은 환원된다.
ㄷ. (가)와 (나)에서 모두 산화·환원 반응이 일어난다.

중요 **07** 다음은 두 가지 산화·환원 반응의 화학 반응식이다.

> (가) $2Na + Cl_2 \longrightarrow 2NaCl$
> (나) $CuO + H_2 \longrightarrow Cu + H_2O$

(가)와 (나)에서 산화되는 물질을 옳게 짝 지은 것은?

	(가)	(나)		(가)	(나)
①	Na	CuO	②	Na	H_2
③	Cl_2	CuO	④	Cl_2	H_2
⑤	Cl_2	Cu			

08 그림과 같이 질산 은($AgNO_3$) 수용액에 구리(Cu) 선을 넣었더니 구리 선 표면에 은이 석출되었다.

이에 대한 설명으로 옳은 것만을 [보기]에서 있는 대로 고른 것은?

보기
ㄱ. 구리는 전자를 잃는다.
ㄴ. 질산 이온은 환원된다.
ㄷ. 수용액 속 은 이온 수는 감소한다.

① ㄱ ② ㄴ ③ ㄱ, ㄷ
④ ㄴ, ㄷ ⑤ ㄱ, ㄴ, ㄷ

09 그림과 같이 염화 구리(Ⅱ)($CuCl_2$) 수용액에 알루미늄(Al) 포일을 넣었더니 알루미늄 포일 표면에 붉은색 물질이 석출되었다.
이에 대한 설명으로 옳은 것만을 [보기]에서 있는 대로 고른 것은?

보기
ㄱ. 알루미늄은 환원된다.
ㄴ. 수용액의 푸른색은 점점 옅어진다.
ㄷ. 수용액 속 양이온 수는 감소한다.

① ㄱ ② ㄴ ③ ㄱ, ㄷ
④ ㄴ, ㄷ ⑤ ㄱ, ㄴ, ㄷ

10 그림과 같이 묽은 염산(HCl)에 아연(Zn)판을 넣었더니 아연판 표면에 기포가 생성되었다.
이에 대한 설명으로 옳은 것만을 [보기]에서 있는 대로 고른 것은?

보기
ㄱ. 전자는 아연에서 수소 이온으로 이동한다.
ㄴ. 아연판의 질량은 감소한다.
ㄷ. 수용액 속 수소 이온 수는 감소한다.

① ㄱ ② ㄴ ③ ㄱ, ㄷ
④ ㄴ, ㄷ ⑤ ㄱ, ㄴ, ㄷ

C 우리 주변의 산화·환원 반응

중요 **11** 그림은 생명체에서 일어나는 두 가지 화학 반응을 모식적으로 나타낸 것이다.

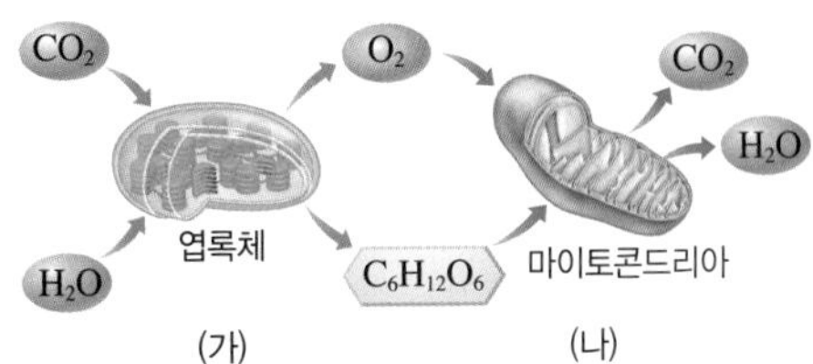

이에 대한 설명으로 옳은 것만을 [보기]에서 있는 대로 고르시오.

보기
ㄱ. (가)에서 이산화 탄소는 환원된다.
ㄴ. (나)에서 포도당은 산화된다.
ㄷ. (가)와 (나)는 모두 산화·환원 반응이다.

12 다음은 일상생활에서 일어나는 두 가지 반응이다.

(가) 도시가스의 주성분인 메테인이 연소한다.

(나) 철로 된 울타리가 녹슨다.

이에 대한 설명으로 옳은 것만을 [보기]에서 있는 대로 고른 것은?

보기
ㄱ. (가)에서 메테인은 산화된다.
ㄴ. (나)에서 철은 전자를 얻는다.
ㄷ. (가)와 (나)는 모두 반응물에 산소가 있다.

① ㄱ ② ㄴ ③ ㄱ, ㄷ
④ ㄴ, ㄷ ⑤ ㄱ, ㄴ, ㄷ

13 수소 연료 전지에 대한 설명으로 옳은 것만을 [보기]에서 있는 대로 고른 것은?

보기
ㄱ. 수소 연료 전지에서 수소는 산화된다.
ㄴ. 수소 연료 전지에서 화학 에너지가 전기 에너지로 전환된다.
ㄷ. 수소 연료 전지 자동차는 이산화 탄소를 발생시키지 않는다.

① ㄱ ② ㄷ ③ ㄱ, ㄴ
④ ㄴ, ㄷ ⑤ ㄱ, ㄴ, ㄷ

14 다음은 철의 제련 과정에 대한 설명이다.

㉠코크스와 ㉡산소가 반응하여 일산화 탄소가 생성되고, ㉢산화 철(Ⅲ)과 ㉣일산화 탄소가 반응하여 철과 이산화 탄소가 생성된다.

㉠~㉣ 중 산화되는 물질만을 있는 대로 고른 것은?

① ㉠, ㉢ ② ㉠, ㉣ ③ ㉡, ㉢
④ ㉡, ㉣ ⑤ ㉢, ㉣

서술형 문제

중요 **15** 그림과 같이 산화 구리(Ⅱ)(CuO)와 탄소(C) 가루를 혼합하여 시험관에 넣고 가열하였더니 붉은색 물질이 생성되었고, 석회수가 뿌옇게 흐려졌다.

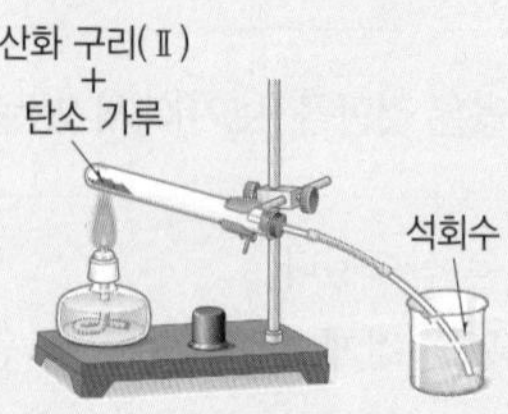

시험관 속에 생성된 붉은색 물질이 무엇인지 쓰고, 그 생성 과정을 산화·환원 반응과 관련지어 서술하시오.

중요 **16** 그림과 같이 푸른색의 황산 구리(Ⅱ)($CuSO_4$) 수용액에 아연(Zn)판을 넣었더니 수용액의 푸른색이 옅어지고 아연판 표면에 붉은색 물질이 석출되었다.

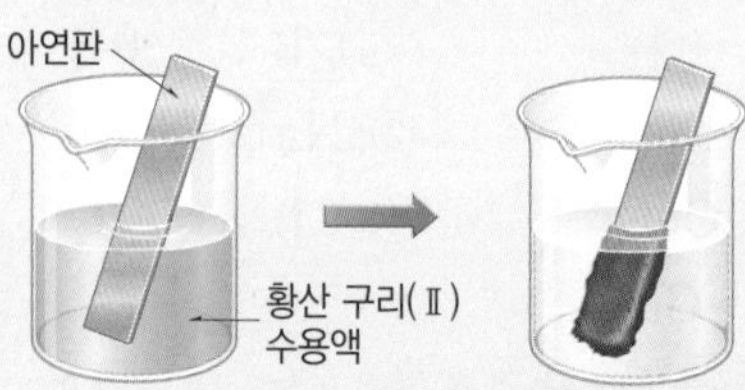

(1) 수용액의 푸른색이 옅어지는 까닭을 산화·환원 반응과 관련지어 서술하시오.

(2) 수용액 속 전체 이온 수의 변화를 쓰고, 그 까닭을 서술하시오.

17 그림은 마그네슘(Mg)이 연소하는 모습이다.

마그네슘이 연소할 때 산화되는 물질과 환원되는 물질을 각각 쓰고, 그 까닭을 전자의 이동과 관련지어 서술하시오.

정답친해 25쪽

실력 UP 문제

01 다음은 세 가지 반응의 화학 반응식이다.

(가) $4Al + 3O_2 \longrightarrow 2Al_2O_3$
(나) $Zn + 2HCl \longrightarrow ZnCl_2 + H_2$
(다) $2Mg + CO_2 \longrightarrow 2MgO + C$

이에 대한 설명으로 옳은 것만을 [보기]에서 있는 대로 고른 것은?

보기
ㄱ. (가)에서 산소는 환원된다.
ㄴ. (나)에서 아연 원자 1개가 반응할 때 이동하는 전자는 1개이다.
ㄷ. (다)에서 마그네슘은 전자를 잃는다.

① ㄱ ② ㄴ ③ ㄱ, ㄷ
④ ㄴ, ㄷ ⑤ ㄱ, ㄴ, ㄷ

02 다음은 구리(Cu)판을 이용한 실험이다.

(가) 붉은색 구리판을 알코올램프의 겉불꽃에 넣어 가열하였더니 검게 변하였다.

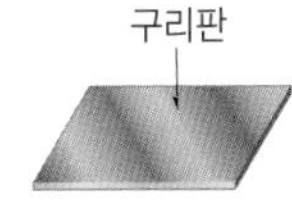

(나) (가)에서 구리판의 검게 변한 부분에 수소를 공급하며 가열하였더니 다시 붉게 변하였다.

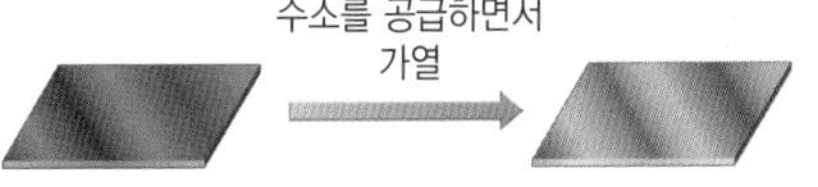

이에 대한 설명으로 옳은 것만을 [보기]에서 있는 대로 고른 것은?

보기
ㄱ. (가)에서 구리는 산화된다.
ㄴ. (가)에서 전자는 구리에서 산소로 이동한다.
ㄷ. (나)에서 수소는 산화된다.

① ㄱ ② ㄷ ③ ㄱ, ㄴ
④ ㄴ, ㄷ ⑤ ㄱ, ㄴ, ㄷ

03 그림 (가)는 충분한 양의 A^{2+}이 들어 있는 수용액에 금속 B를 넣었을 때 금속 B의 표면에 금속 A가 석출되는 모습을 나타낸 것이고, (나)는 (가)에서 반응이 일어날 때 시간에 따른 수용액 속 양이온 수를 나타낸 것이다. 18족 원소와 같은 전자 배치를 갖는 B의 이온은 B^{n+}이다.

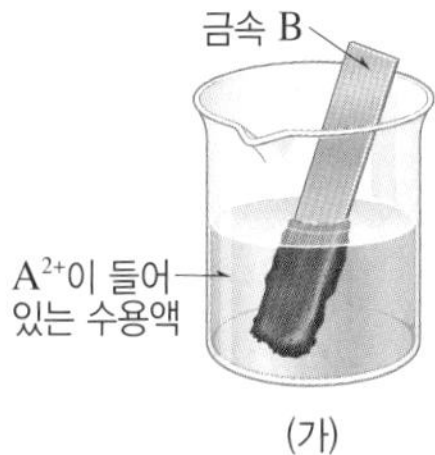

(가)

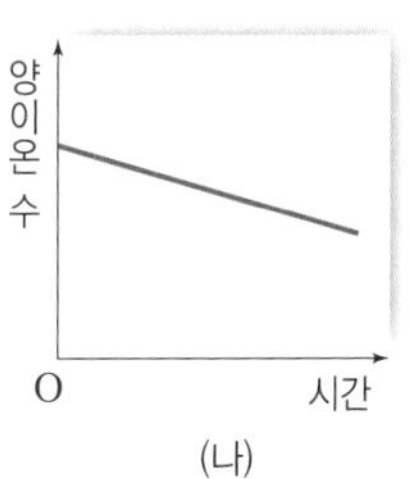

(나)

이에 대한 설명으로 옳은 것만을 [보기]에서 있는 대로 고른 것은? (단, A와 B는 임의의 원소 기호이고, A와 B는 물과 반응하지 않으며, 음이온은 반응에 참여하지 않는다.)

보기
ㄱ. A^{2+}은 전자를 얻는다.
ㄴ. 금속 B는 산화된다.
ㄷ. $n=1$이다.

① ㄱ ② ㄷ ③ ㄱ, ㄴ
④ ㄴ, ㄷ ⑤ ㄱ, ㄴ, ㄷ

04 그림과 같이 묽은 염산(HCl)에 금속 A와 금속 B를 넣었더니 금속 A의 표면에서만 기포가 발생하였고, 금속 B의 표면에서는 아무런 변화가 없었다. 18족 원소와 같은 전자 배치를 갖는 A의 이온은 A^{2+}이다.

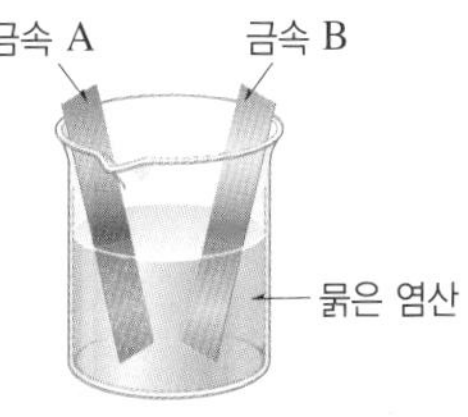

이에 대한 설명으로 옳은 것만을 [보기]에서 있는 대로 고른 것은? (단, A와 B는 임의의 원소 기호이고, 음이온은 반응에 참여하지 않는다.)

보기
ㄱ. 금속 A는 산화된다.
ㄴ. 금속 B는 전자를 잃는다.
ㄷ. 수용액 속 양이온 수는 감소한다.

① ㄱ ② ㄴ ③ ㄱ, ㄷ
④ ㄴ, ㄷ ⑤ ㄱ, ㄴ, ㄷ

02 산, 염기와 중화 반응

★ 핵심 포인트
- ▶ 산성과 염기성 ★★★
- ▶ 산성과 염기성을 나타내는 이온의 확인 ★★
- ▶ 중화 반응의 모형과 온도 변화 ★★★
- ▶ 중화 반응의 이용 ★★

A 산과 염기의 성질

1. 산 수용액에서 수소 이온(H^+)을 내놓는 물질

예 ◆염화 수소(HCl), 아세트산(CH_3COOH), 황산(H_2SO_4), 질산(HNO_3), 탄산(H_2CO_3) 등

① ◆**산의 이온화**: 산은 물에 녹아 수소 이온(H^+)과 음이온으로 나누어진다.

산	⟶	수소 이온(H^+)	+	음이온
HCl(염화 수소)	⟶	H^+	+	Cl^-(염화 이온)
CH_3COOH(아세트산)	⟶	H^+	+	CH_3COO^-(아세트산 이온)
H_2SO_4(황산)	⟶	$2H^+$	+	SO_4^{2-}(황산 이온)

| 산의 이온화 모형 |

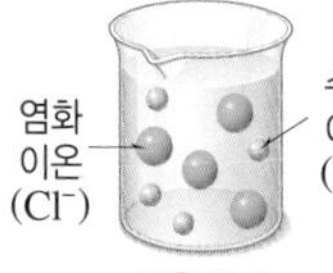
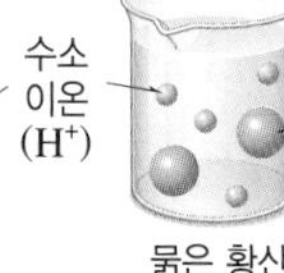
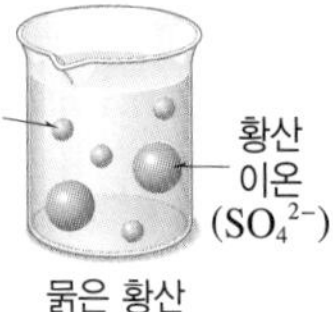

- 묽은 염산과 묽은 황산에 공통으로 들어 있는 이온: H^+
- HCl 분자 1개는 물에 녹아 H^+ 1개와 Cl^- 1개를 내놓는다. ➡ $H^+ : Cl^-$의 개수비$=1:1$
- H_2SO_4 분자 1개는 물에 녹아 H^+ 2개와 SO_4^{2-} 1개를 내놓는다. ➡ $H^+ : SO_4^{2-}$의 개수비$=2:1$

② ◆**산성**: 산이 공통으로 나타내는 성질 ➡ 산성은 산 수용액에 공통으로 들어 있는 수소 이온(H^+) 때문에 나타난다.

- 신맛이 난다.
  예 레몬(시트르산), 식초(아세트산), 김치(젖산) 등
- 푸른색 리트머스 종이를 붉게 변화시킨다.
- ◆금속과 반응하여 수소 기체를 발생시킨다.
  예 $Mg + 2HCl \longrightarrow MgCl_2 + H_2\uparrow$
- 탄산 칼슘(달걀 껍데기 등)과 반응하여 이산화 탄소 기체를 발생시킨다.
  예 $CaCO_3 + 2HCl \longrightarrow CaCl_2 + H_2O + CO_2\uparrow$
- 수용액에서 전류가 흐른다. ➡ 산 수용액에 이온이 존재하기 때문이다.
- 페놀프탈레인 용액의 색을 변화시키지 않고, BTB 용액을 노란색으로 변화시킨다.

리트머스 종이의 색 변화

금속과의 반응

탄산 칼슘과의 반응

수용액에서 전기 전도성

◆ **염화 수소와 염산**
염화 수소는 실온에서 기체인 물질로, 물에 잘 녹는다. 염화 수소를 물에 녹인 수용액을 염산이라고 한다.

◆ **그 외 산의 이온화식**
- 질산
  $HNO_3 \longrightarrow H^+ + NO_3^-$
- 탄산
  $H_2CO_3 \longrightarrow 2H^+ + CO_3^{2-}$

주의해

메테인이 산이 아닌 까닭
메테인(CH_4)은 H가 들어 있지만 물에 녹아 H^+을 내놓지 않으므로 산이 아니다.

◆ **산의 특이성**
산의 종류에 따라 성질이 다른 것은 음이온의 종류가 각각 다르기 때문이다.

◆ **산과 금속의 반응**
모든 금속이 산과 반응하는 것은 아니다. 묽은 산은 마그네슘, 아연, 철 등의 금속과 반응하여 수소 기체를 발생시키지만 구리, 은, 금, 백금 등의 금속과는 반응하지 않는다.

❋ **우리 주변의 산**
- 레몬즙, 과일, 식초, 위액, 탄산음료, 구연산, 김치, 유산균 음료 등에는 산이 들어 있다.
- 자동차 배터리의 전해질, 해열제, 진통제에는 산을 이용한다.

| 산성을 나타내는 이온의 확인 |

◆질산 칼륨 수용액에 적신 푸른색 리트머스 종이 위에 묽은 염산에 적신 실을 올린 뒤 전류를 흘려 준다.

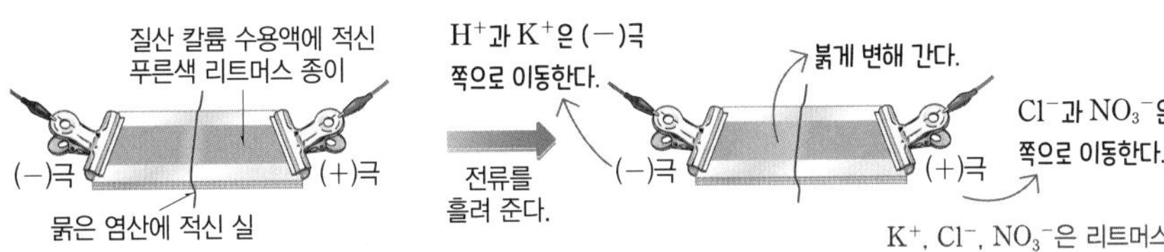

1. 푸른색 리트머스 종이가 실에서부터 (−)극 쪽으로 붉게 변해 간다.
   ➡ H^+이 (−)극 쪽으로 이동하면서 푸른색 리트머스 종이를 붉게 변화시킨다.
2. 묽은 염산 대신 아세트산 수용액, 묽은 황산, 묽은 질산으로 실험해도 같은 결과가 나타난다.
   ➡ 산성은 산 수용액에 공통으로 들어 있는 H^+ 때문에 나타나는 것을 알 수 있다.

2. 염기 수용액에서 수산화 이온(OH^-)을 내놓는 물질

예 수산화 나트륨(NaOH), 수산화 칼륨(KOH), 수산화 칼슘($Ca(OH)_2$), 수산화 바륨($Ba(OH)_2$), 수산화 마그네슘($Mg(OH)_2$), 암모니아(NH_3) 등

① ◆**염기의 이온화**: 염기는 물에 녹아 양이온과 수산화 이온(OH^-)으로 나누어진다.

염기		양이온		수산화 이온(OH^-)
NaOH(수산화 나트륨)	⟶	Na^+(나트륨 이온)	+	OH^-
KOH(수산화 칼륨)	⟶	K^+(칼륨 이온)	+	OH^-
$Ca(OH)_2$(수산화 칼슘)	⟶	Ca^{2+}(칼슘 이온)	+	$2OH^-$

| 염기의 이온화 모형 |

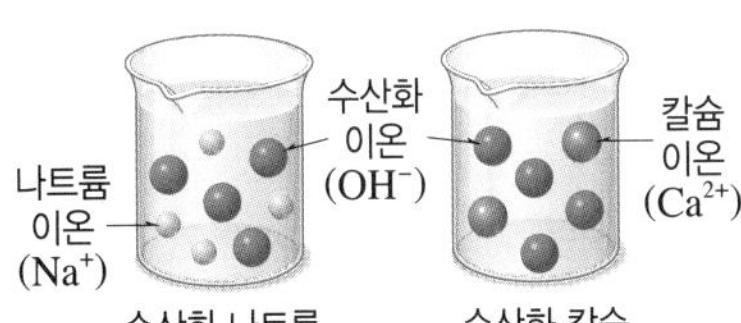

- 수산화 나트륨 수용액과 수산화 칼슘 수용액에 공통으로 들어 있는 이온: OH^-
- NaOH 입자 1개는 물에 녹아 Na^+ 1개와 OH^- 1개를 내놓는다. ➡ Na^+ : OH^-의 개수비 = 1 : 1
- $Ca(OH)_2$ 입자 1개는 물에 녹아 Ca^{2+} 1개와 OH^- 2개를 내놓는다. ➡ Ca^{2+} : OH^-의 개수비 = 1 : 2

② ◆**염기성**: 염기가 공통으로 나타내는 성질 ➡ 염기성은 염기 수용액에 공통으로 들어 있는 수산화 이온(OH^-) 때문에 나타난다.

- 쓴맛이 난다.
- 붉은색 리트머스 종이를 푸르게 변화시킨다.
- 대부분 금속이나 탄산 칼슘(달걀 껍데기 등)과 반응하지 않는다.
- 단백질을 녹이는 성질이 있어 손으로 만지면 미끈거린다.
- 수용액에서 전류가 흐른다. ➡ 염기 수용액에 이온이 존재하기 때문이다.
- 페놀프탈레인 용액을 붉은색으로 변화시키고, BTB 용액을 파란색으로 변화시킨다.

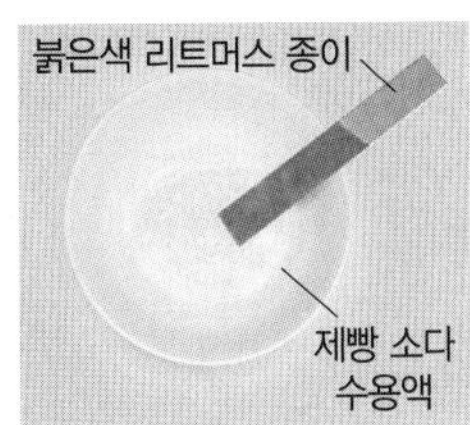

▲ 리트머스 종이의 색 변화

▲ 금속과의 반응

▲ 단백질을 녹이는 성질

▲ 수용액에서 전기 전도성

◆ **리트머스 종이를 질산 칼륨 수용액에 적시는 까닭**

질산 칼륨(KNO_3) 수용액에는 K^+, NO_3^-이 들어 있어 전류가 잘 흐르므로 이온의 이동이 원활해지기 때문이다.

주의해

암모니아가 염기인 까닭

암모니아(NH_3)는 실온에서 기체인 물질로, 물질 내에 OH^-을 가지고 있지 않지만 물에 녹으면 OH^-이 생성되므로 염기이다.

$NH_3 + H_2O \longrightarrow NH_4^+ + OH^-$

◆ **그 외 염기의 이온화식**

- 수산화 바륨
  $Ba(OH)_2 \longrightarrow Ba^{2+} + 2OH^-$
- 수산화 마그네슘
  $Mg(OH)_2 \longrightarrow Mg^{2+} + 2OH^-$

◆ **염기의 특이성**

염기의 종류에 따라 성질이 다른 것은 양이온의 종류가 각각 다르기 때문이다.

✻ **우리 주변의 염기**

- 비누, 제산제, 하수구 세정제, 제빵 소다, 석회수, 혈액 등에는 염기가 들어 있다.
- 유리 세정제에는 염기를 이용한다.

암기해

산과 염기

- 산: H^+을 내놓는 물질
- 염기: OH^-을 내놓는 물질

| 염기성을 나타내는 이온의 확인 |

질산 칼륨 수용액에 적신 붉은색 리트머스 종이 위에 수산화 나트륨 수용액에 적신 실을 올린 뒤 전류를 흘려 준다.

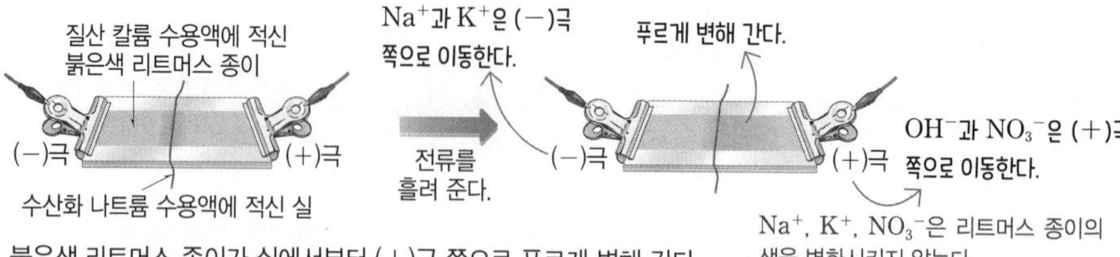
질산 칼륨 수용액에 적신
붉은색 리트머스 종이
(−)극
(+)극
수산화 나트륨 수용액에 적신 실
Na^+과 K^+은 (−)극 쪽으로 이동한다.
전류를 흘려 준다.
푸르게 변해 간다.
(−)극
(+)극
OH^-과 NO_3^-은 (+)극 쪽으로 이동한다.
Na^+, K^+, NO_3^-은 리트머스 종이의 색을 변화시키지 않는다.

1. 붉은색 리트머스 종이가 실에서부터 (+)극 쪽으로 푸르게 변해 간다.
   ➡ OH^-이 (+)극 쪽으로 이동하면서 붉은색 리트머스 종이를 푸르게 변화시킨다.
2. 수산화 나트륨 수용액 대신 수산화 칼슘 수용액, 수산화 칼륨 수용액, 수산화 바륨 수용액으로 실험해도 같은 결과가 나타난다.
   ➡ 염기성은 염기 수용액에 공통으로 들어 있는 OH^- 때문에 나타나는 것을 알 수 있다.

탐구 자료창 **산과 염기의 성질 관찰**

홈판에 묽은 염산, 아세트산 수용액, 레몬즙, 식초, 수산화 나트륨 수용액, 수산화 칼륨 수용액, 제빵 소다 수용액, 하수구 세정제를 각각 10방울씩 떨어뜨린 다음 리트머스 종이와 BTB 용액의 색 변화, 마그네슘·탄산 칼슘(달걀 껍데기)·두부와의 반응, 전기 전도성을 관찰하여 다음과 같은 결과를 얻었다.

물질	묽은 염산	아세트산 수용액	레몬즙	식초	수산화 나트륨 수용액	수산화 칼륨 수용액	제빵 소다 수용액	하수구 세정제
리트머스 종이	푸른색 리트머스 종이가 붉게 변한다.				붉은색 리트머스 종이가 푸르게 변한다.			
BTB 용액	노란색으로 변한다.				파란색으로 변한다.			
마그네슘과의 반응	◆수소 기체가 발생한다.				변화가 없다.			
탄산 칼슘(달걀 껍데기)과의 반응	이산화 탄소 기체가 발생한다.				변화가 없다.			
두부와의 반응	변화가 없다.				표면이 흐물흐물해진다.			
전기 전도성	전류가 흐른다.							

◆ **수소 기체의 확인**

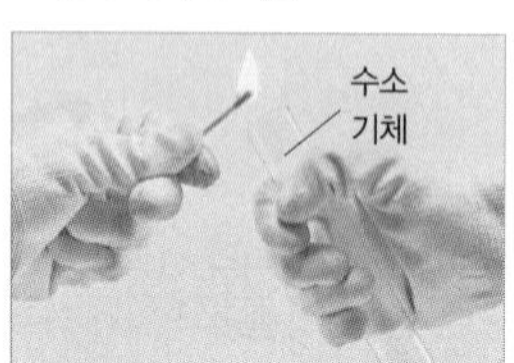
수소
기체

수소 기체는 스스로 잘 타는 성질(가연성)이 있으므로 성냥불을 갖다 대었을 때 '펙' 소리를 내며 탄다. 이를 통해 수소 기체가 발생했음을 확인할 수 있다.

1. **물질의 분류**

산성 물질	염기성 물질
묽은 염산, 아세트산 수용액, 레몬즙, 식초	수산화 나트륨 수용액, 수산화 칼륨 수용액, 제빵 소다 수용액, 하수구 세정제

2. **산과 염기의 성질**

산의 공통적인 성질(산성)	염기의 공통적인 성질(염기성)
• 푸른색 리트머스 종이를 붉게 변화시킨다. • BTB 용액을 노란색으로 변화시킨다. • 마그네슘과 반응하여 수소 기체를 발생시킨다. • 탄산 칼슘(달걀 껍데기)과 반응하여 이산화 탄소 기체를 발생시킨다. • 수용액에서 전류가 흐른다.	• 붉은색 리트머스 종이를 푸르게 변화시킨다. • BTB 용액을 파란색으로 변화시킨다. • 마그네슘, 탄산 칼슘(달걀 껍데기)과 반응하지 않는다. • 단백질(두부)을 녹이는 성질이 있다. • 수용액에서 전류가 흐른다.

3. **산과 염기의 공통적인 성질**: 수용액에서 전류가 흐른다. ➡ 산 수용액과 염기 수용액에는 모두 이온이 존재한다.

확대경 지시약

비상, 미래엔 교과서에만 나와요.

지시약은 용액의 [1]액성에 따라 색이 변하는 물질로, 용액의 액성을 구별하기 위해 사용한다.

구분	리트머스 종이	페놀프탈레인 용액	BTB 용액	메틸 오렌지 용액
산성	푸른색 → 붉은색	무색	노란색	붉은색
중성	–	무색	초록색	노란색
염기성	붉은색 → 푸른색	붉은색	파란색	노란색

용어

❶ **액성(液 용액, 性 성질)** 용액의 성질로 산성, 중성, 염기성으로 구분한다.

정답친해 26쪽

개념 확인 문제

핵심 체크

- **산**: 수용액에서 (❶)을 내놓는 물질
- **염기**: 수용액에서 (❷)을 내놓는 물질
- **산성과 염기성**

산성	염기성
• 신맛이 난다. • 푸른색 리트머스 종이를 (❸)게 변화시킨다. • 금속과 반응하여 (❹) 기체를 발생시킨다. • 탄산 칼슘(달걀 껍데기 등)과 반응하여 (❺) 기체를 발생시킨다. • 수용액에서 전류가 흐른다. • 페놀프탈레인 용액의 색을 변화시키지 않는다. • BTB 용액을 (❻)색으로 변화시킨다.	• 쓴맛이 난다. • 붉은색 리트머스 종이를 (❼)게 변화시킨다. • 대부분 금속이나 탄산 칼슘(달걀 껍데기 등)과 반응하지 않는다. • (❽)을 녹이는 성질이 있어 손으로 만지면 미끈거린다. • 수용액에서 전류가 흐른다. • 페놀프탈레인 용액을 (❾)색으로 변화시킨다. • BTB 용액을 (❿)색으로 변화시킨다.

1 다음 산과 염기의 이온화식을 완성하시오.

(1) $HCl \longrightarrow (\quad) + Cl^-$

(2) $H_2SO_4 \longrightarrow 2H^+ + (\quad)$

(3) $(\quad) \longrightarrow Na^+ + OH^-$

2 산과 염기에 대한 설명으로 옳은 것은 ○, 옳지 않은 것은 ×로 표시하시오.

(1) 산 수용액에는 공통으로 들어 있는 양이온이 있다. ( )

(2) 묽은 염산과 아세트산 수용액은 모두 마그네슘과 반응하여 수소 기체를 발생시킨다. ( )

(3) 수산화 나트륨 수용액은 탄산 칼슘과 반응하여 이산화 탄소 기체를 발생시킨다. ( )

3 질산 칼륨(KNO_3) 수용액에 적신 푸른색 리트머스 종이 위에 묽은 염산(HCl)에 적신 실을 올려놓고 전류를 흘려 주면 실에서부터 ㉠( )극 쪽으로 리트머스 종이가 ㉡( )게 변한다.

4 다음 설명에 해당하는 물질만을 [보기]에서 있는 대로 고르시오.

보기

ㄱ. 식초	ㄴ. 하수구 세정제
ㄷ. 아세트산 수용액	ㄹ. 수산화 칼륨 수용액

(1) 푸른색 리트머스 종이를 붉게 변화시킨다.

(2) 페놀프탈레인 용액을 떨어뜨리면 붉은색을 띤다.

(3) 전기 전도성이 있다.

B 중화 반응

1. 중화 반응 산과 염기가 반응하여 물이 생성되는 반응

① 산의 수소 이온(H^+)과 염기의 수산화 이온(OH^-)이 1 : 1의 개수비로 반응하여 물(H_2O)을 생성한다.

$$H^+ + OH^- \longrightarrow H_2O$$

| 묽은 염산(HCl)과 수산화 나트륨(NaOH) 수용액의 반응 |

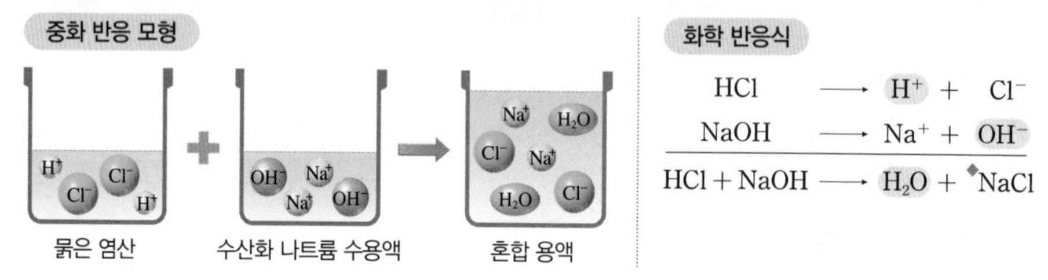

② **중화점**: 산의 수소 이온(H^+)과 염기의 수산화 이온(OH^-)이 모두 반응하여 산과 염기가 완전히 중화되는 지점

③ **혼합 용액의 액성**: 혼합하는 산 수용액 속 수소 이온(H^+) 수와 염기 수용액 속 수산화 이온(OH^-) 수에 따라 혼합 용액의 액성이 달라진다.

혼합 전 이온 수	H^+의 수>OH^-의 수	H^+의 수=OH^-의 수	H^+의 수<OH^-의 수
혼합 용액의 액성	반응 후 H^+이 남아 있다. ➡ 산성	H^+과 OH^-이 모두 반응한다. ➡ 중성	반응 후 OH^-이 남아 있다. ➡ 염기성

2. 중화 반응이 일어날 때의 변화 완자쌤 비법 특강 / 72쪽

① **지시약의 색 변화**: 중화점을 지나면 용액의 액성이 달라지므로 지시약의 색이 변한다.

② **용액의 이온 수와 액성 변화**

예 일정량의 묽은 염산(HCl)에 수산화 나트륨(NaOH) 수용액을 조금씩 넣을 때의 변화

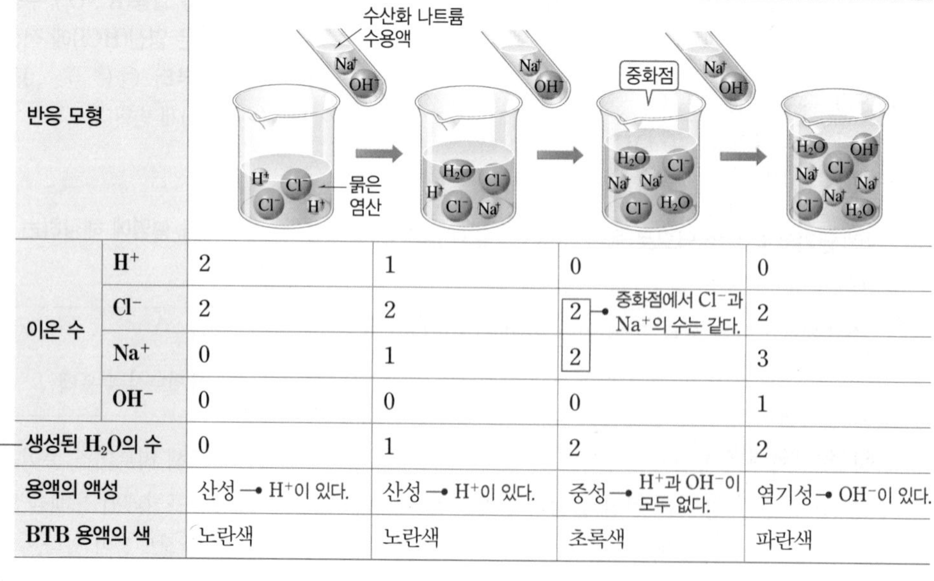

이온 수	H^+	2	1	0	0
	Cl^-	2	2	2 (중화점에서 Cl^-과 Na^+의 수는 같다.)	2
	Na^+	0	1	2	3
	OH^-	0	0	0	1
생성된 H_2O의 수		0	1	2	2
용액의 액성		산성 → H^+이 있다.	산성 → H^+이 있다.	중성 → H^+과 OH^-이 모두 없다.	염기성 → OH^-이 있다.
BTB 용액의 색		노란색	노란색	초록색	파란색

미래엔 교과서에만 나와요.

◆ **염**

중화 반응에서 물과 함께 생성되는 물질로, 산의 음이온과 염기의 양이온이 만나 생성된다.

산+염기 ⟶ 물+염

예 묽은 염산과 수산화 나트륨 수용액의 반응에서 생성된 염은 염화 나트륨(NaCl)으로, 수용액을 가열하여 물을 증발시키면 고체 상태의 염화 나트륨을 얻을 수 있다.

암기해

혼합 용액의 액성

산성	H^+이 있음
중성	H^+과 OH^-이 모두 없음
염기성	OH^-이 있음

53쪽에서 석회수를 이용한 이산화 탄소 기체의 확인 반응을 배웠죠? 석회수는 염기인 수산화 칼슘의 수용액이고, 이산화 탄소는 물에 녹아 산인 탄산을 생성해요. 따라서 이 반응은 중화 반응이에요.

중화점 이후에는 중화 반응이 일어나지 않으므로 생성된 물 분자 수가 일정하다.

| 중화 반응의 이온 수 변화 그래프 |

일정량의 묽은 염산(HCl)에 수산화 나트륨(NaOH) 수용액을 조금씩 넣을 때 이온 수의 변화는 다음과 같다.

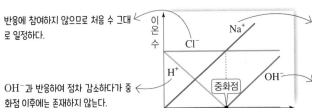

반응에 참여하지 않으므로 처음 수 그대로 일정하다.

반응에 참여하지 않으므로 수산화 나트륨 수용액을 넣는 대로 증가한다.

OH^-과 반응하여 점차 감소하다가 중화점 이후에는 존재하지 않는다.

H^+과 반응하므로 처음에는 존재하지 않다가 중화점 이후부터 증가한다.

이온 수 / Na^+ / Cl^- / H^+ / OH^- / 중화점 / O / NaOH 수용액의 부피

③ 용액의 온도 변화

- 중화열: 중화 반응이 일어날 때 발생하는 열
- 반응하는 수소 이온(H^+)의 수와 수산화 이온(OH^-)의 수가 많을수록, 즉 생성되는 물(H_2O)의 양이 많을수록 중화열이 많이 발생한다. ➡ 완전히 중화되었을 때 혼합 용액의 온도가 가장 높다.

탐구 자료창 **산과 염기를 혼합할 때 나타나는 용액의 온도와 액성 변화**

온도와 농도가 같은 묽은 염산(HCl)과 수산화 나트륨(NaOH) 수용액의 부피를 달리하여 혼합할 때 혼합 용액의 최고 온도를 측정하고, BTB 용액의 색 변화를 관찰하여 다음과 같은 결과를 얻었다.

구분	A	B	C	D	E
HCl의 부피(mL)	2	4	6	8	10
NaOH 수용액의 부피(mL)	10	8	6	4	2
최고 온도(°C)	25	27	29	27	25
BTB 용액의 색	파란색	파란색	초록색	노란색	노란색

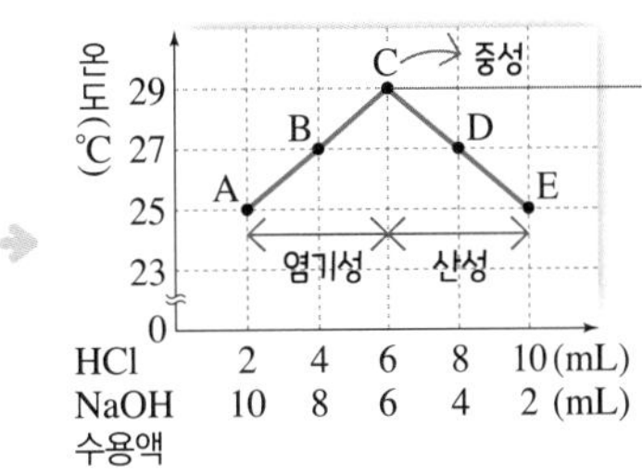

- 혼합 용액의 최고 온도가 가장 높다. ➡ 완전히 중화되었다.

1. A ~ E의 액성과 혼합 용액에 존재하는 이온의 종류

구분	A	B	C	D	E
액성	염기성		중성	산성	
혼합 용액에 존재하는 이온	Cl^-, Na^+, OH^-		Cl^-, Na^+	H^+, Cl^-, Na^+	

2. 혼합 용액의 최고 온도가 가장 높은 C에서 완전히 중화되었다. ➡ 같은 농도의 묽은 염산과 수산화 나트륨 수용액은 1 : 1의 부피비로 반응한다.
3. **A와 B의 액성**: 같은 농도의 묽은 염산과 수산화 나트륨 수용액은 1 : 1의 부피비로 반응하므로 A에서는 묽은 염산 2 mL와 수산화 나트륨 수용액 2 mL가 반응하고, B에서는 묽은 염산 4 mL와 수산화 나트륨 수용액 4 mL가 반응한다. ➡ A와 B에는 반응하지 않은 OH^-이 존재하므로 A와 B의 액성은 염기성이다.
4. **D와 E의 액성**: 같은 농도의 묽은 염산과 수산화 나트륨 수용액은 1 : 1의 부피비로 반응하므로 D에서는 묽은 염산 4 mL와 수산화 나트륨 수용액 4 mL가 반응하고, E에서는 묽은 염산 2 mL와 수산화 나트륨 수용액 2 mL가 반응한다. ➡ D와 E에는 반응하지 않은 H^+이 존재하므로 D와 E의 액성은 산성이다.
5. **혼합 용액에서 발생한 중화열의 양 비교**
   - C에서 중화 반응으로 생성된 물의 양이 가장 많으므로 중화열이 가장 많이 발생한다.
   - A와 E, B와 D는 각각 중화 반응으로 생성된 물의 양이 같으므로 발생한 중화열의 양이 같다.

※ 구경꾼 이온

반응에 참여하지 않는 이온을 구경꾼 이온이라고 한다. 묽은 염산(HCl)과 수산화 나트륨(NaOH) 수용액의 반응에서 Cl^-과 Na^+은 구경꾼 이온이다.

| 중화 반응의 온도 변화 그래프 | 동아 교과서에만 나와요.

일정량의 묽은 염산(HCl)에 온도가 같은 수산화 나트륨(NaOH) 수용액을 조금씩 넣을 때 용액의 온도 변화는 다음과 같다.

중화점
H^+과 OH^-이 모두 반응하여 중화열이 가장 많이 발생하였으므로 용액의 온도가 가장 높다.

중화점 이전
반응이 일어나는 동안 발생하는 중화열로 용액의 온도가 점점 높아진다.

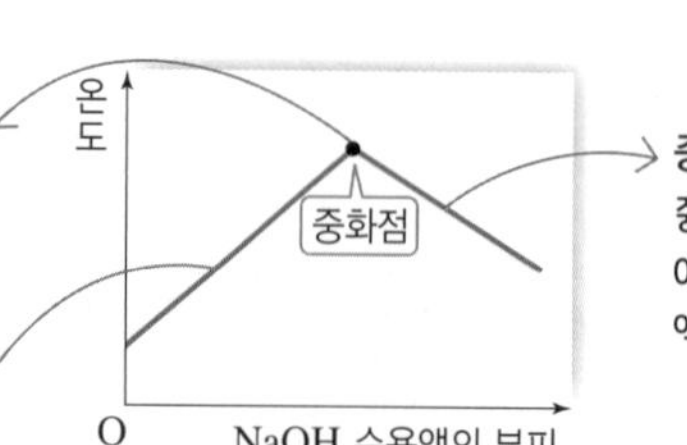

중화점 이후
중화 반응이 더 이상 일어나지 않으므로 중화열이 발생하지 않고, 혼합 용액보다 온도가 낮은 용액이 가해지므로 용액의 온도가 점점 낮아진다.

◆ 그 밖의 중화 반응
- 과일 통조림을 만들 때 산으로 과일 껍질을 녹인 다음 염기로 중화한다.
- 구연산 등의 산성 물질이 들어 있는 세제로 염기성 물질인 변기의 때를 제거한다.

C ◆중화 반응의 이용

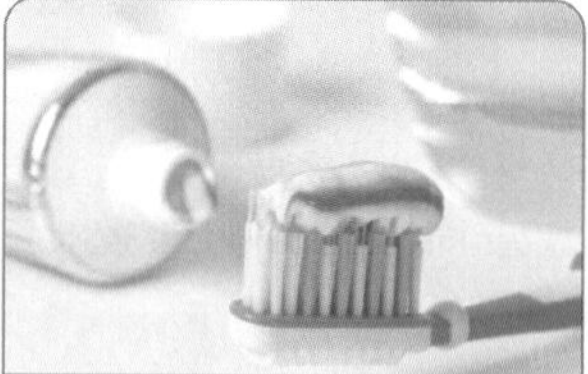

세균이 입속의 음식물을 분해하여 생기는 젖산은 충치를 유발하므로 치약에 들어 있는 염기성 물질로 중화한다.

생선 요리에 산성 물질인 레몬즙을 뿌려 비린내의 원인인 염기성 물질을 중화한다.

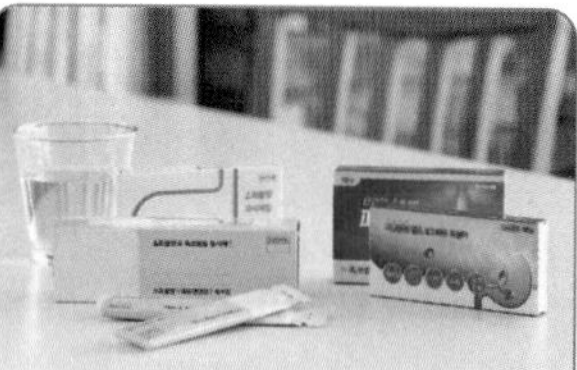

염산이 들어 있는 위액이 너무 많이 분비되어 속이 쓰릴 때 염기성 물질이 들어 있는 제산제를 복용한다.

벌레에 물렸을 때 염기성 물질인 암모니아수 등이 들어 있는 약을 발라 산성 물질인 벌레의 독을 중화한다.

묵은 김치의 신맛을 줄이기 위해 염기성 물질인 제빵 소다를 넣어 신맛을 내는 물질을 중화한다.

수영장에서 염소로 소독하여 산성을 띠는 물에 염기성 물질을 넣어 중화한다.

산성을 띠는 펄프를 염기성 물질로 중화하여 만든 중성지로 책을 만들면 책을 오래 보관할 수 있다.

공장에서 발생한 기체를 배출하기 전에 산성비의 원인인 황산화물을 염기성 물질인 산화 칼슘, 석회석 등으로 중화한다.

산성비, 비료 등으로 산성화된 토양이나 호수에 염기성 물질인 석회 가루를 뿌려 중화한다.

지학사 교과서에만 나와요.

✳ 지구시스템의 상호작용과 중화 반응
바다는 대기 중 온실 기체의 농도를 일정하게 유지하는 역할을 하는데, 바다는 약한 염기성을 띠어 이산화 탄소를 흡수하기 때문이다.

주의해

중화 반응이 아닌 예
머리카락에 의해 하수구가 막혔을 때 하수구 세정제를 사용하는 것은 단백질을 녹이는 염기의 성질을 이용한 것이다.

정답친해 26쪽

개념 확인 문제

핵심 체크 ●

▸ (❶): 산과 염기가 반응하여 물이 생성되는 반응

➡ 산의 H^+과 염기의 OH^-이 (❷)의 개수비로 반응하여 물을 생성한다.

$$H^+ + OH^- \longrightarrow H_2O$$

▸ (❸): 산의 H^+과 염기의 OH^-이 모두 반응하여 산과 염기가 완전히 중화되는 지점

▸ 혼합 용액의 액성

혼합 전 이온 수	H^+의 수 > OH^-의 수	H^+의 수 = OH^-의 수	H^+의 수 < OH^-의 수
혼합 용액의 액성	(❹)	중성	(❺)

▸ (❻): 중화 반응이 일어날 때 발생하는 열 ➡ 반응하는 H^+의 수와 OH^-의 수가 많을수록, 즉 생성되는 (❼)의 양이 많을수록 중화열이 많이 발생한다. ➡ 완전히 중화되었을 때 혼합 용액의 온도가 가장 (❽).

1 중화 반응에 대한 설명으로 옳은 것은 ○, 옳지 않은 것은 ×로 표시하시오.

(1) 산의 H^+과 염기의 OH^-이 1 : 1의 개수비로 반응하여 물을 생성한다. ( )

(2) 중화 반응이 일어날 때 열이 발생한다. ( )

(3) 중화 반응으로 생성되는 물의 양이 많을수록 혼합 용액의 온도는 높아진다. ( )

(4) 산 수용액과 염기 수용액을 혼합한 용액의 액성은 항상 중성이다. ( )

2 그림은 일정량의 수산화 나트륨(NaOH) 수용액에 묽은 염산(HCl)을 조금씩 넣을 때 용액에 들어 있는 입자를 모형으로 나타낸 것이다. (단, 혼합 전 두 수용액의 온도는 같다.)

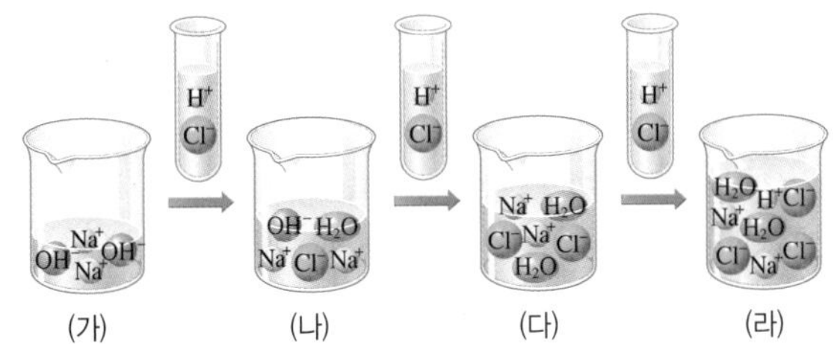

(1) (가)~(라)에 BTB 용액을 떨어뜨렸을 때 나타나는 색을 각각 쓰시오.

(2) (가)~(라) 중 용액의 최고 온도가 가장 높은 것을 쓰시오.

3 그림은 온도와 농도가 같은 묽은 염산(HCl)과 수산화 나트륨(NaOH) 수용액의 부피를 달리하여 혼합한 후 각 용액의 최고 온도를 측정하여 나타낸 것이다.

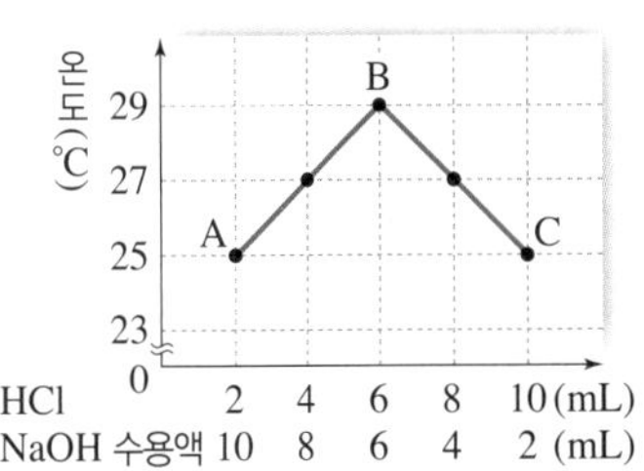

(1) A~C의 액성을 각각 쓰시오.

(2) A~C 중 중화 반응으로 생성된 물의 양이 가장 많은 것을 쓰시오.

4 중화 반응의 예로 옳은 것만을 [보기]에서 있는 대로 고르시오.

보기
ㄱ. 깎아 둔 사과가 갈색으로 변한다.
ㄴ. 욕실에 둔 철로 된 머리핀이 녹슨다.
ㄷ. 위산 과다로 속이 쓰릴 때 제산제를 먹는다.
ㄹ. 충치를 예방하기 위해 치약으로 양치질을 한다.
ㅁ. 생선구이에 레몬즙을 뿌려 생선 비린내를 제거한다.

정답친해 27쪽

중화 반응에서 이온 수와 생성된 물의 양 변화

중화 반응으로 생성되는 물의 양이 많을수록 용액의 온도가 높아지므로 용액의 온도 변화를 이용하여 중화점을 찾을 수 있습니다. 일정량의 묽은 염산(HCl)에 수산화 나트륨(NaOH) 수용액을 조금씩 넣을 때의 온도 변화를 이용하여 중화점을 찾고 용액 속 이온 수와 중화 반응으로 생성된 물의 양을 알아볼까요?

그림은 묽은 염산(HCl) 50 mL에 수산화 나트륨(NaOH) 수용액을 조금씩 넣을 때 용액의 최고 온도를 측정하여 나타낸 것이다.

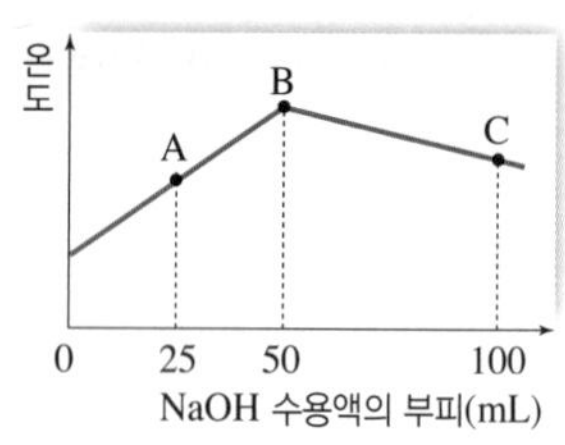

❶ 용액의 최고 온도가 가장 높은 B에서 중화 반응이 완결되었다. 따라서 B가 중화점이다.

❷ 중화점인 B에서 묽은 염산 50 mL와 수산화 나트륨 수용액 50 mL가 반응한다. ➡ 묽은 염산과 수산화 나트륨 수용액은 1 : 1의 부피비로 반응한다.

❸ 중화 반응에서 산의 H^+과 염기의 OH^-은 1 : 1의 개수비로 반응하므로 묽은 염산 50 mL에 들어 있는 H^+의 수와 수산화 나트륨 수용액 50 mL에 들어 있는 OH^-의 수는 같다.

❹ A～C에서 중화 반응으로 생성된 물의 양을 비교하면 다음과 같다.
- B에서 생성된 물 분자 수를 $2N$이라고 하면 묽은 염산 50 mL에 들어 있는 H^+과 Cl^-의 수는 각각 $2N$이고, 수산화 나트륨 수용액 50 mL에 들어 있는 Na^+과 OH^-의 수는 각각 $2N$이다.
- A에서는 묽은 염산과 수산화 나트륨 수용액이 각각 25 mL씩 반응하므로 A에서 생성된 물 분자 수는 N이다.
- 중화점 이후에는 중화 반응이 일어나지 않으므로 C에서 생성된 전체 물 분자 수는 B에서와 같이 $2N$이다.

❺ A～C에 들어 있는 이온 수와 생성된 물 분자 수를 정리하면 표와 같다.

구분		A	B	C
이온 수	H^+	N	0	0
	Cl^-	$2N$	$2N$	$2N$
	Na^+	N	$2N$	$4N$
	OH^-	0	0	$2N$
전체 이온 수		$4N$	$4N$	$8N$
생성된 물 분자 수		N	$2N$	$2N$

❻ 용액에 들어 있는 이온 수와 생성된 물 분자 수를 그래프로 나타내면 다음과 같다.

각 이온 수 변화

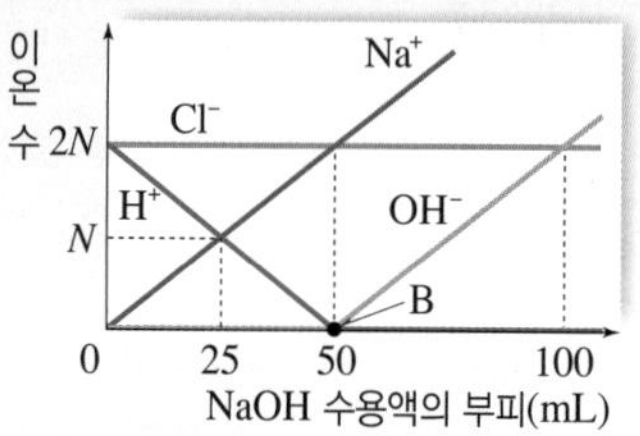

묽은 염산의 H^+이 없어지고, 넣어 주는 수산화 나트륨 수용액의 OH^-이 나타나기 시작하는 B가 중화점이다.

전체 이온 수 변화

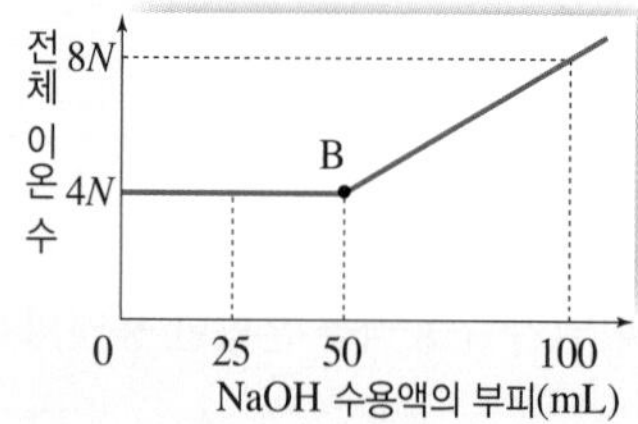

- 전체 이온 수가 일정하다가 증가하기 시작하는 B가 중화점이다.
- 중화점 이전에는 중화 반응이 일어나는 동안 H^+ 수가 감소하는 만큼 Na^+ 수가 증가하고, Cl^- 수는 일정하므로 전체 이온 수는 일정하다.

생성된 물 분자 수 변화

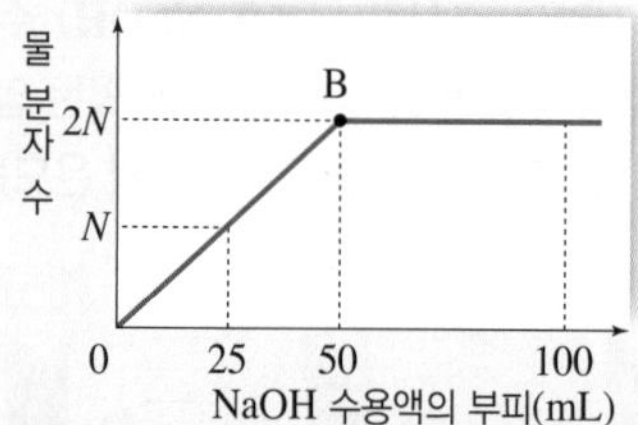

- 물 분자 수가 증가하다가 일정해지는 B가 중화점이다.
- 중화점 이후에는 수산화 나트륨 수용액을 넣어도 중화 반응이 일어나지 않으므로 물 분자 수가 증가하지 않는다.

Q1. A～C에서 중화 반응으로 생성된 전체 물의 양을 등호 또는 부등호로 비교하시오.

Q2. A～C에 각각 BTB 용액을 떨어뜨렸을 때 나타나는 색을 쓰시오.

내신 만점 문제

정답친해 27쪽

A 산과 염기의 성질

01 산과 염기의 이온화식으로 옳지 않은 것은?

① $HCl \longrightarrow H^+ + Cl^-$
② $H_2SO_4 \longrightarrow H^+ + SO_4^{2-}$
③ $NaOH \longrightarrow Na^+ + OH^-$
④ $Ca(OH)_2 \longrightarrow Ca^{2+} + 2OH^-$
⑤ $CH_3COOH \longrightarrow H^+ + CH_3COO^-$

중요 **02** 산과 염기에 대한 설명으로 옳지 않은 것은?

① 산 수용액에 들어 있는 음이온의 종류는 산의 종류에 따라 다르다.
② 산 수용액은 푸른색 리트머스 종이를 붉게 변화시킨다.
③ 염기의 종류에 관계없이 염기 수용액에는 공통으로 들어 있는 음이온이 있다.
④ 염기 수용액에 탄산 칼슘을 넣으면 이산화 탄소 기체가 발생한다.
⑤ 산 수용액과 염기 수용액은 모두 전기 전도성이 있다.

중요 **03** 다음은 우리 주변에서 볼 수 있는 네 가지 물질이다.

(가) 비눗물	(나) 레몬즙
(다) 탄산 음료	(라) 제빵 소다 수용액

(가)~(라)에 대한 설명으로 옳은 것은?

① (가)에 마그네슘 조각을 넣으면 수소 기체가 발생한다.
② (나)에 BTB 용액을 떨어뜨리면 파란색을 띤다.
③ (다)는 달걀 껍데기와 반응하지 않는다.
④ (라)는 푸른색 리트머스 종이를 붉게 변화시킨다.
⑤ (가)~(라)는 모두 전류가 흐른다.

04 그림은 두 가지 산 수용액에 들어 있는 이온을 모형으로 나타낸 것이다.

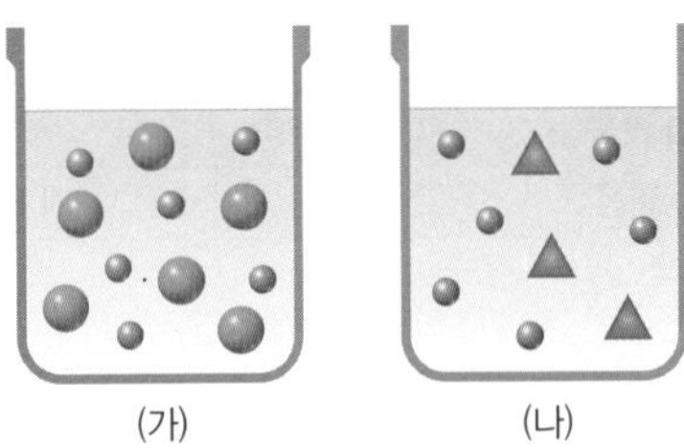

이에 대한 설명으로 옳은 것만을 [보기]에서 있는 대로 고른 것은?

보기
ㄱ. ●은 H^+이다.
ㄴ. ▲은 푸른색 리트머스 종이를 붉게 변화시킨다.
ㄷ. (가)와 (나)에 마그네슘 조각을 넣으면 모두 기체가 발생한다.

① ㄱ ② ㄴ ③ ㄱ, ㄷ
④ ㄴ, ㄷ ⑤ ㄱ, ㄴ, ㄷ

중요 **05** 그림과 같이 질산 칼륨(KNO_3) 수용액에 적신 푸른색 리트머스 종이 위에 묽은 염산(HCl)에 적신 실을 올려놓고 전류를 흘려 주었더니 실에서부터 (−)극 쪽으로 리트머스 종이가 붉게 변하였다.

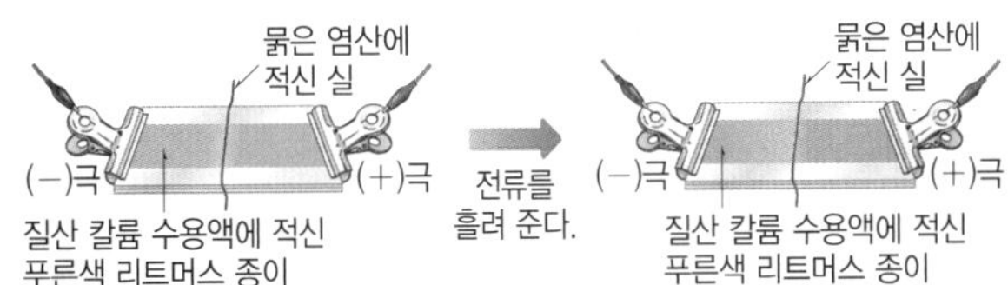

이에 대한 설명으로 옳은 것만을 [보기]에서 있는 대로 고른 것은?

보기
ㄱ. 붉은색의 이동은 H^+ 때문에 나타난다.
ㄴ. (−)극 쪽으로 이동하는 이온은 한 가지이다.
ㄷ. 묽은 염산 대신 묽은 황산으로 실험해도 같은 결과가 나타난다.

① ㄱ ② ㄴ ③ ㄱ, ㄷ
④ ㄴ, ㄷ ⑤ ㄱ, ㄴ, ㄷ

06 표는 묽은 염산(HCl)과 아세트산(CH_3COOH) 수용액을 이용하여 실험한 결과를 나타낸 것이다.

구분	묽은 염산	아세트산 수용액
탄산 칼슘과의 반응	기체 발생	㉠
마그네슘과의 반응	㉡	기체 발생
BTB 용액	노란색	㉢

㉠~㉢으로 적절한 것을 옳게 짝 지은 것은?

	㉠	㉡	㉢
①	기체 발생	기체 발생	노란색
②	기체 발생	기체 발생	파란색
③	기체 발생	변화 없음	파란색
④	변화 없음	기체 발생	노란색
⑤	변화 없음	변화 없음	노란색

중요 **07** 표는 물질 A~C를 이용하여 실험한 결과를 나타낸 것이다. A~C는 각각 묽은 염산(HCl), 수산화 나트륨($NaOH$) 수용액, 아세트산(CH_3COOH) 수용액 중 하나이다.

구분	A	B	C
마그네슘 조각을 넣었을 때	㉠		수소 기체 발생
페놀프탈레인 용액을 떨어뜨렸을 때	무색	㉡	㉢

이에 대한 설명으로 옳은 것만을 [보기]에서 있는 대로 고른 것은?

보기
ㄱ. ㉠으로 '수소 기체 발생'이 적절하다.
ㄴ. ㉡과 ㉢으로 모두 '붉은색'이 적절하다.
ㄷ. A와 C에 들어 있는 양이온의 종류는 같다.

① ㄱ ② ㄴ ③ ㄱ, ㄷ
④ ㄴ, ㄷ ⑤ ㄱ, ㄴ, ㄷ

B 중화 반응

08 중화 반응에 대한 설명으로 옳지 않은 것은?

① 산과 염기가 반응하여 물이 생성되는 반응이다.
② 산의 H^+과 염기의 OH^-이 1 : 1의 개수비로 반응한다.
③ 중화점은 산과 염기가 완전히 중화되는 지점이다.
④ 중화열은 중화 반응이 일어날 때 발생하는 열이다.
⑤ 중화 반응으로 생성되는 물의 양이 많을수록 혼합 용액의 온도는 낮아진다.

09 묽은 염산(HCl) 10 mL와 수산화 나트륨($NaOH$) 수용액 5 mL를 혼합하였다. 혼합 전 묽은 염산과 수산화 나트륨 수용액의 농도는 같고, 온도는 25 ℃로 같다. 이에 대한 설명으로 옳은 것만을 [보기]에서 있는 대로 고른 것은?

보기
ㄱ. 혼합 용액의 액성은 중성이다.
ㄴ. 혼합 용액의 최고 온도는 25 °C보다 높다.
ㄷ. 혼합 용액에서 이온 수가 가장 많은 것은 H^+이다.

① ㄱ ② ㄴ ③ ㄱ, ㄷ
④ ㄴ, ㄷ ⑤ ㄱ, ㄴ, ㄷ

중요 **10** 그림은 일정량의 묽은 염산(HCl)에 수산화 나트륨($NaOH$) 수용액을 조금씩 넣을 때 용액에 들어 있는 입자를 모형으로 나타낸 것이다.

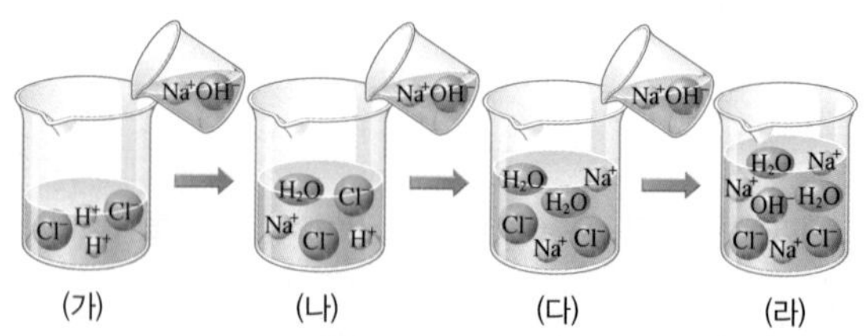

이에 대한 설명으로 옳은 것만을 [보기]에서 있는 대로 고른 것은? (단, 혼합 전 두 수용액의 온도는 같다.)

보기
ㄱ. (가)에 마그네슘 조각을 넣으면 수소 기체가 발생한다.
ㄴ. 용액의 최고 온도는 (다)가 가장 높다.
ㄷ. (나)와 (라)를 혼합한 용액의 액성은 염기성이다.

① ㄱ ② ㄷ ③ ㄱ, ㄴ
④ ㄴ, ㄷ ⑤ ㄱ, ㄴ, ㄷ

중요 **11** 그림은 일정량의 묽은 염산(HCl)에 수산화 칼륨(KOH) 수용액을 조금씩 넣을 때 용액에 들어 있는 이온 수를 나타낸 것이다.

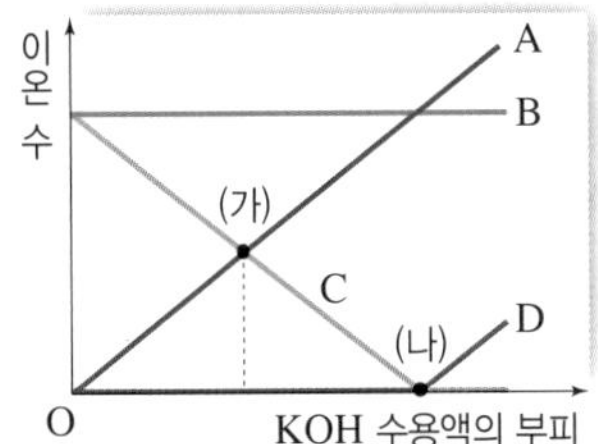

이에 대한 설명으로 옳은 것만을 [보기]에서 있는 대로 고른 것은?

보기
ㄱ. A는 K^+이고, B는 Cl^-이다.
ㄴ. C와 D는 모두 중화 반응에 참여하는 이온이다.
ㄷ. 중화 반응으로 생성된 물의 양은 (나)가 (가)보다 많다.

① ㄱ ② ㄷ ③ ㄱ, ㄴ
④ ㄴ, ㄷ ⑤ ㄱ, ㄴ, ㄷ

중요 **12** 그림은 묽은 황산(H_2SO_4) (가)와 수산화 나트륨(NaOH) 수용액 (나)를 혼합하여 용액 (다)를 만드는 것을 입자 모형으로 나타낸 것이다.

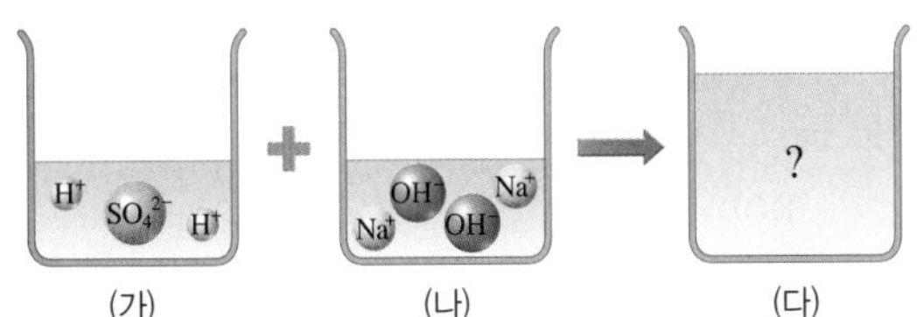

(가) (나) (다)

이에 대한 설명으로 옳은 것만을 [보기]에서 있는 대로 고른 것은? (단, 혼합 전 두 수용액의 온도는 같다.)

보기
ㄱ. 용액의 최고 온도는 (다)가 (가)보다 높다.
ㄴ. (다)에 들어 있는 Na^+ 수는 (나)보다 크다.
ㄷ. (다)에 페놀프탈레인 용액을 떨어뜨리면 붉은색을 띤다.

① ㄱ ② ㄴ ③ ㄱ, ㄷ
④ ㄴ, ㄷ ⑤ ㄱ, ㄴ, ㄷ

13 그림은 같은 온도의 X 수용액과 수산화 나트륨(NaOH) 수용액을 혼합할 때 용액에 들어 있는 입자를 모형으로 나타낸 것이다.

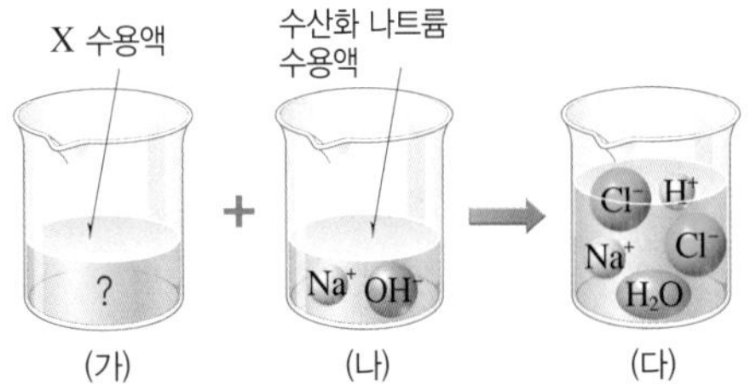

(가) (나) (다)

이에 대한 설명으로 옳은 것만을 [보기]에서 있는 대로 고른 것은?

보기
ㄱ. (가)에 탄산 칼슘을 넣으면 기체가 발생한다.
ㄴ. (다)와 온도가 같은 수산화 칼륨 수용액을 (다)에 넣으면 용액의 온도가 높아진다.
ㄷ. 용액 속 전체 이온 수는 (다)가 (가)보다 많다.

① ㄱ ② ㄷ ③ ㄱ, ㄴ
④ ㄴ, ㄷ ⑤ ㄱ, ㄴ, ㄷ

중요 **14** 표는 온도와 농도가 같은 묽은 염산(HCl)과 수산화 나트륨(NaOH) 수용액의 부피를 달리하여 혼합한 용액 (가)~(라)에 대한 자료이다.

구분	(가)	(나)	(다)	(라)
묽은 염산의 부피(mL)	40	30	20	10
수산화 나트륨 수용액의 부피(mL)	20	30	40	50

이에 대한 설명으로 옳은 것만을 [보기]에서 있는 대로 고른 것은?

보기
ㄱ. BTB 용액을 떨어뜨렸을 때의 색은 (가)와 (라)가 같다.
ㄴ. 용액의 최고 온도는 (나)가 가장 높다.
ㄷ. (가)에 들어 있는 H^+ 수와 (다)에 들어 있는 OH^- 수는 같다.

① ㄱ ② ㄴ ③ ㄱ, ㄷ
④ ㄴ, ㄷ ⑤ ㄱ, ㄴ, ㄷ

중요 **15** 그림은 온도와 농도가 같은 묽은 염산(HCl)과 수산화 칼륨(KOH) 수용액의 부피를 달리하여 혼합한 후 각 용액의 최고 온도를 측정하여 나타낸 것이다.

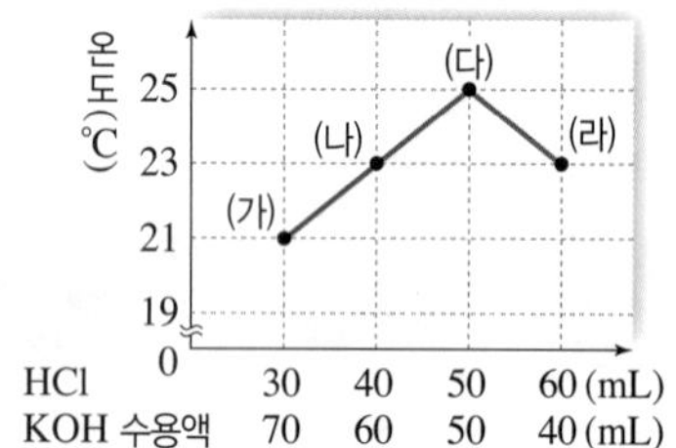

이에 대한 설명으로 옳은 것만을 [보기]에서 있는 대로 고른 것은?

보기
ㄱ. (가)에 마그네슘 조각을 넣으면 수소 기체가 발생한다.
ㄴ. (나)와 (다)에 페놀프탈레인 용액을 떨어뜨렸을 때의 색 변화는 같다.
ㄷ. (가)와 (라)를 혼합한 용액의 액성은 염기성이다.

① ㄱ ② ㄷ ③ ㄱ, ㄴ
④ ㄴ, ㄷ ⑤ ㄱ, ㄴ, ㄷ

C 중화 반응의 이용

16 중화 반응의 예로 옳은 것만을 [보기]에서 있는 대로 고르시오.

보기
ㄱ. 김치의 신맛을 줄이기 위해 제빵 소다를 넣는다.
ㄴ. 머리카락으로 막힌 하수구에 하수구 세정제를 붓는다.
ㄷ. 철광석과 코크스를 함께 가열하여 순수한 철을 얻는다.

중요 **17** 산성화된 토양에 석회 가루를 뿌리는 것과 같은 원리를 이용하는 예로 적절하지 않은 것은?

① 도시가스를 연소시켜 요리를 한다.
② 생선 비린내를 없애기 위해 레몬즙을 뿌린다.
③ 공장의 매연 속 황산화물을 산화 칼슘으로 제거한다.
④ 벌에 쏘인 곳에 암모니아수가 들어 있는 약을 바른다.
⑤ 위산이 많이 분비되어 속이 쓰릴 때 제산제를 먹는다.

서술형 문제

18 그림과 같이 수용액 (가)와 (나)에 각각 마그네슘(Mg) 조각을 넣었더니 (가)에서는 아무런 변화가 없었고, (나)에서만 기체가 발생하였다. (가)와 (나)는 각각 묽은 염산(HCl)과 수산화 나트륨(NaOH) 수용액 중 하나이다.

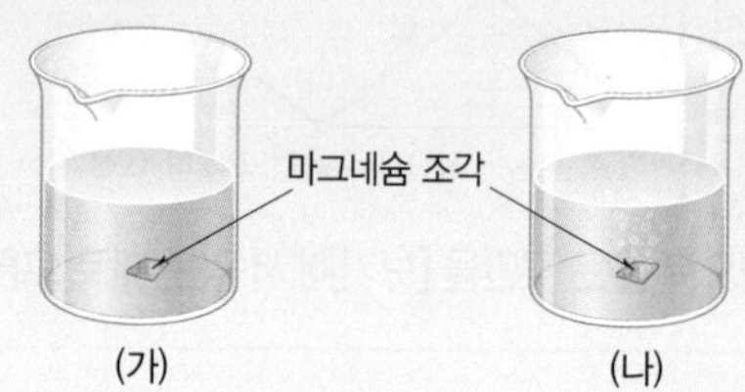

(1) (가)와 (나)는 각각 무엇인지 쓰고, 그 까닭을 서술하시오.

(2) (나)에서 발생한 기체를 쓰시오.

(3) (가)와 (나)에 각각 탄산 칼슘을 넣었을 때의 변화를 서술하시오.

중요 **19** 그림은 온도가 같은 묽은 염산(HCl)과 수산화 칼륨(KOH) 수용액의 부피를 달리하여 혼합한 후 각 용액의 최고 온도를 측정하여 나타낸 것이다.

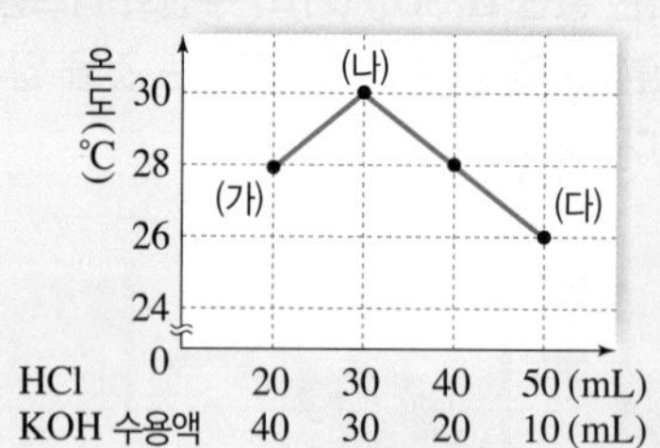

(가)~(다)에서 중화 반응으로 생성된 물의 양을 부등호로 비교하고, 그 까닭을 혼합 용액의 온도와 관련지어 서술하시오.

20 입속의 세균이 음식물을 분해할 때 만들어지는 산성 물질은 충치를 유발한다. 치약으로 이를 닦으면 충치를 예방할 수 있는데, 그 까닭을 중화 반응과 관련지어 서술하시오.

실력 UP 문제

정답친해 31쪽

01 표는 수용액 (가)~(다)에 대한 자료이다.

수용액	(가)	(나)	(다)
이온 모형			
BTB 용액	노란색	파란색	초록색

이에 대한 설명으로 옳은 것만을 [보기]에서 있는 대로 고른 것은?

보기
ㄱ. (가)와 (다)에 들어 있는 음이온의 종류는 같다.
ㄴ. ■은 푸른색 리트머스 종이를 붉게 변화시킨다.
ㄷ. (가)에 달걀 껍데기를 넣으면 기체가 발생한다.

① ㄱ ② ㄴ ③ ㄱ, ㄷ
④ ㄴ, ㄷ ⑤ ㄱ, ㄴ, ㄷ

02 그림은 묽은 염산(HCl) 10 mL가 들어 있는 비커에 수산화 나트륨(NaOH) 수용액을 조금씩 넣을 때 용액에 들어 있는 이온 ㉠과 ㉡의 수를 나타낸 것이다.

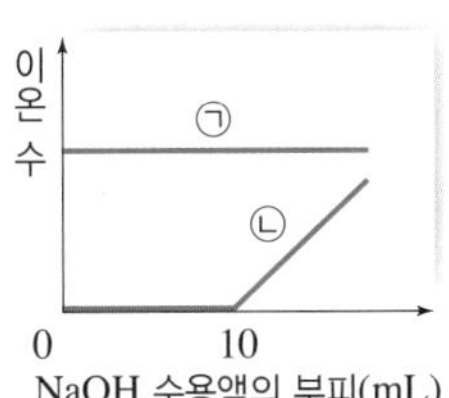

이에 대한 설명으로 옳은 것만을 [보기]에서 있는 대로 고른 것은?

보기
ㄱ. ㉠은 Cl^-이다.
ㄴ. 수산화 나트륨 수용액에는 ㉡이 들어 있다.
ㄷ. 묽은 염산 5 mL와 수산화 나트륨 수용액 5 mL를 혼합한 용액의 액성은 중성이다.

① ㄱ ② ㄴ ③ ㄱ, ㄷ
④ ㄴ, ㄷ ⑤ ㄱ, ㄴ, ㄷ

03 그림은 묽은 염산(HCl) 10 mL가 들어 있는 비커에 수산화 나트륨(NaOH) 수용액을 조금씩 넣을 때 중화 반응으로 생성되는 물 분자 수를 나타낸 것이다.

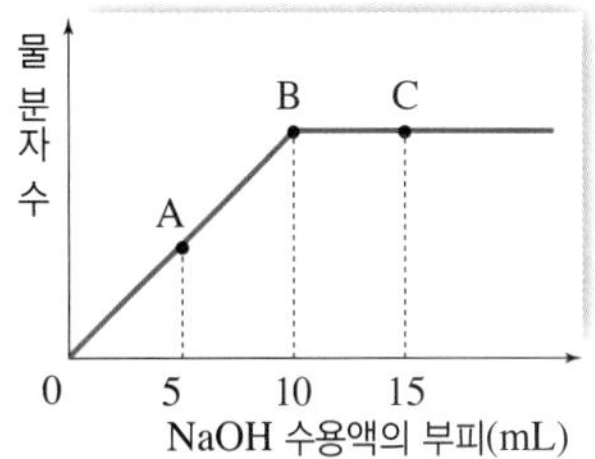

이에 대한 설명으로 옳은 것만을 [보기]에서 있는 대로 고른 것은? (단, 혼합 전 두 수용액의 온도는 같다.)

보기
ㄱ. 용액 속 Cl^- 수는 A가 B보다 크다.
ㄴ. 용액의 최고 온도는 C가 B보다 높다.
ㄷ. C에 BTB 용액을 떨어뜨리면 파란색을 띤다.

① ㄱ ② ㄷ ③ ㄱ, ㄴ
④ ㄴ, ㄷ ⑤ ㄱ, ㄴ, ㄷ

04 그림은 농도가 서로 다른 묽은 염산(HCl)과 수산화 나트륨(NaOH) 수용액을 부피를 달리하여 혼합하였을 때 용액의 최고 온도를 측정한 것이다. 실험 Ⅰ과 Ⅱ는 묽은 염산의 농도만 다른 조건에서 실험 과정을 반복한 것이다.

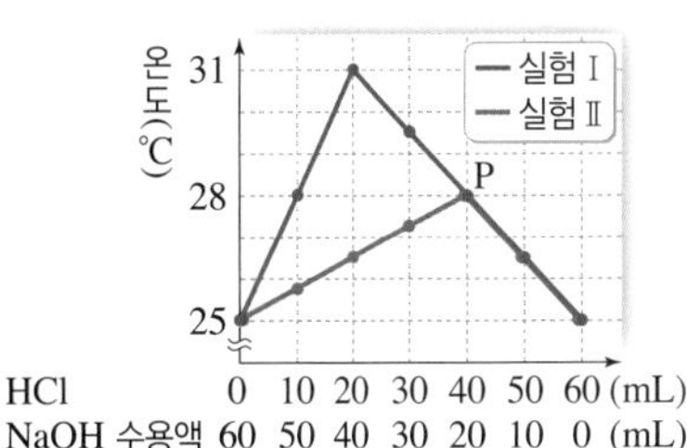

이에 대한 설명으로 옳은 것만을 [보기]에서 있는 대로 고른 것은?

보기
ㄱ. 실험 Ⅰ에서 같은 부피의 묽은 염산과 수산화 나트륨 수용액에 들어 있는 이온 수는 Cl^-과 Na^+이 같다.
ㄴ. 묽은 염산에서 같은 부피에 들어 있는 Cl^- 수는 실험 Ⅰ이 실험 Ⅱ의 4배이다.
ㄷ. P에서 생성된 물 분자 수는 실험 Ⅰ과 Ⅱ가 같다.

① ㄱ ② ㄴ ③ ㄱ, ㄷ
④ ㄴ, ㄷ ⑤ ㄱ, ㄴ, ㄷ

03 물질 변화에서 에너지의 출입

★ 핵심 포인트
- 열에너지의 출입과 주변의 온도 변화 ★★★
- 에너지가 출입하는 현상의 예와 이용 ★★★

A 물질 변화와 에너지의 출입

1. 물리 변화와 에너지의 출입

① **물리 변화**: 상태 변화와 같이 물질을 이루는 입자의 종류가 변하지 않고 물질의 성질이 유지되는 변화

② **열에너지를 방출하는 상태 변화**: 응고, 액화, 승화(기체 → 고체)가 일어날 때 열에너지를 방출하며, 주변의 온도가 높아진다.

물의 응고		이글루 내부에 물을 뿌리면 내부의 온도가 높아진다. ➡ 물이 응고하면서 열에너지를 방출하기 때문이다.
수증기의 액화		여름날 소나기가 내리기 전에는 날씨가 후덥지근하다. ➡ 수증기가 액화하면서 열에너지를 방출하기 때문이다.

③ ◆**열에너지를 흡수하는 상태 변화**: 융해, 기화, 승화(고체 → 기체)가 일어날 때 열에너지를 흡수하며, 주변의 온도가 낮아진다.

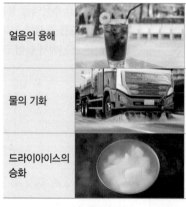

얼음의 융해		얼음을 넣은 음료수가 시원해진다. ➡ 얼음이 융해하면서 열에너지를 흡수하기 때문이다.
물의 기화		여름날 도로에 물을 뿌리면 시원해진다. ➡ 물이 기화하면서 열에너지를 흡수하기 때문이다.
드라이아이스의 승화		드라이아이스 근처에 있으면 시원해진다. ➡ 드라이아이스가 승화하면서 열에너지를 흡수하기 때문이다.

◆ **열에너지를 흡수하는 상태 변화의 다른 예**
- 손 소독제를 손에 바르면 알코올이 증발하면서 시원해진다.
- 여름날 땀이 나면 땀이 증발하면서 시원해진다.

+ 확대경 물질의 상태 변화와 주변의 온도 지학사 교과서에만 나와요.

기체가 액체나 고체로 변할 때는 열에너지를 방출하므로 주변의 온도가 높아진다. 반면 고체가 액체나 기체로 변할 때는 열에너지를 흡수하므로 주변의 온도가 낮아진다.

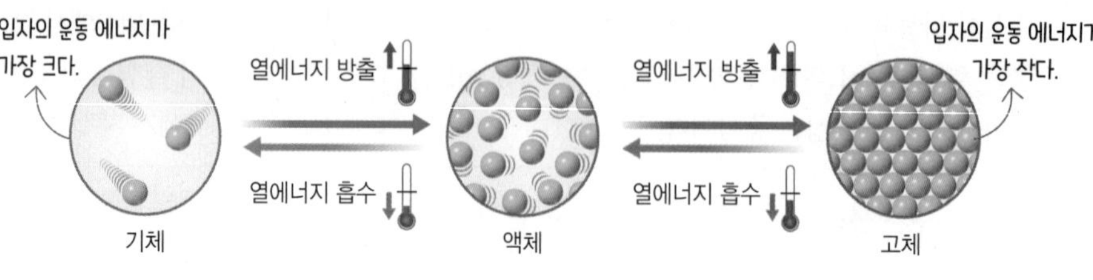

✔ 이것까지 나와요! 중등과학

상태 변화가 일어날 때 입자 운동과 배열의 변화
- 열에너지를 방출하는 상태 변화가 일어날 때 입자 운동이 둔해지고, 입자 사이의 거리가 가까워지며, 입자 배열이 규칙적으로 변한다.
- 열에너지를 흡수하는 상태 변화가 일어날 때 입자 운동이 활발해지고, 입자 사이의 거리가 멀어지며, 입자 배열이 불규칙하게 변한다.

2. 화학 변화와 에너지의 출입

① **화학 변화**: 물질을 이루는 원자들이 재배열하여 새로운 물질이 만들어지는 변화로, 물질의 성질이 변한다.

② 화학 반응이 일어나면 반응물과 생성물의 화학 에너지 차이만큼 에너지가 출입한다.
└ 반응물의 에너지와 생성물의 에너지는 항상 다르므로 화학 반응이 일어날 때는 항상 에너지가 출입한다.

③ ◆**열에너지를 방출하는 화학 반응**: 발열 반응이라고도 하며, 반응이 일어날 때 주변의 온도가 높아진다.

| 열에너지를 방출하는 화학 반응에서 주변의 온도와 에너지의 변화 |

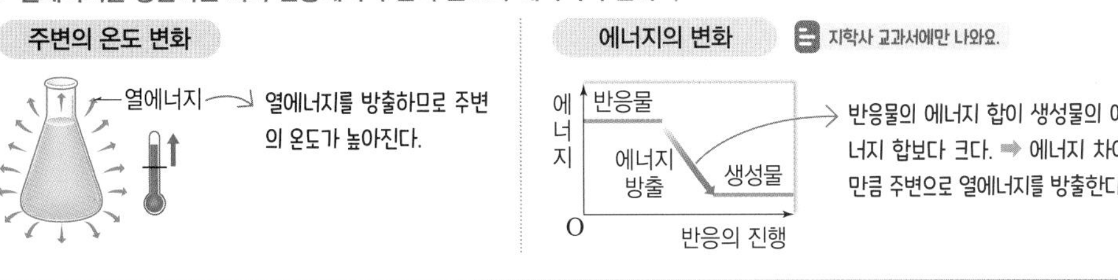

주변의 온도 변화
열에너지
열에너지를 방출하므로 주변의 온도가 높아진다.
에너지의 변화
지학사 교과서에만 나와요.
에너지
반응물
에너지 방출
생성물
O
반응의 진행
반응물의 에너지 합이 생성물의 에너지 합보다 크다. ➡ 에너지 차이만큼 주변으로 열에너지를 방출한다.

수산화 나트륨 수용액
묽은 염산

연소 반응	철이 녹스는 반응	중화 반응
나무나 메테인이 연소할 때 열에너지를 방출한다.	철로 된 자물쇠가 녹슬면서 열에너지를 방출한다.	묽은 염산과 수산화 나트륨 수용액이 반응할 때 중화열을 방출한다.

④ ◆**열에너지를 흡수하는 화학 반응**: 흡열 반응이라고도 하며, 반응이 일어날 때 주변의 온도가 낮아진다.

| 열에너지를 흡수하는 화학 반응에서 주변의 온도와 에너지의 변화 |

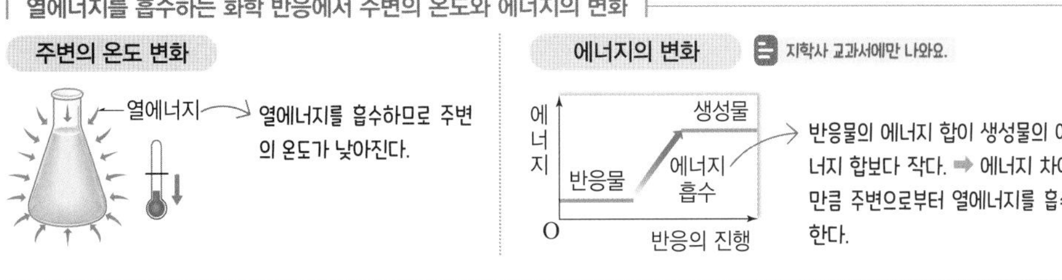

주변의 온도 변화
열에너지
열에너지를 흡수하므로 주변의 온도가 낮아진다.
에너지의 변화
지학사 교과서에만 나와요.
에너지
생성물
반응물
에너지 흡수
O
반응의 진행
반응물의 에너지 합이 생성물의 에너지 합보다 작다. ➡ 에너지 차이만큼 주변으로부터 열에너지를 흡수한다.

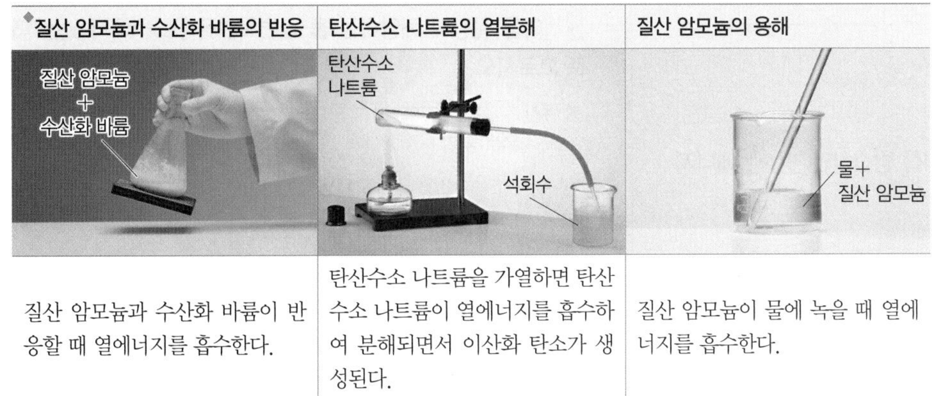

질산 암모늄 + 수산화 바륨
탄산수소 나트륨
석회수
물+ 질산 암모늄

◆질산 암모늄과 수산화 바륨의 반응	탄산수소 나트륨의 열분해	질산 암모늄의 용해
질산 암모늄과 수산화 바륨이 반응할 때 열에너지를 흡수한다.	탄산수소 나트륨을 가열하면 탄산수소 나트륨이 열에너지를 흡수하여 분해되면서 이산화 탄소가 생성된다.	질산 암모늄이 물에 녹을 때 열에너지를 흡수한다.

발열 반응과 흡열 반응을 정의할 때 교과서에 따라 화학 반응에 한정하기도 하고, 상태 변화를 포함하기도 해요.

◆ 에너지를 방출하는 화학 반응의 다른 예
- 산화 칼슘이나 염화 칼슘이 물에 녹을 때 열에너지를 방출한다.
- 금속과 산이 반응할 때 열에너지를 방출한다.
- 반딧불이의 몸에서 빛에너지를 방출한다.

└ 열에너지뿐 아니라 빛에너지, 전기 에너지 등이 출입하는 반응도 발열 반응 또는 흡열 반응에 포함된다.

◆ 에너지를 흡수하는 화학 반응의 다른 예
- 염화 암모늄과 수산화 바륨이 반응할 때 열에너지를 흡수한다.
- 물을 전기 분해할 때 물이 전기 에너지를 흡수하여 수소 기체와 산소 기체로 분해된다.

◆ 질산 암모늄과 수산화 바륨의 반응에서 나무판이 삼각 플라스크에 달라붙는 까닭
물을 뿌린 나무판 위에서 질산 암모늄과 수산화 바륨을 반응시키면 주변으로부터 열에너지를 흡수하여 삼각 플라스크와 나무판 사이의 물이 얼기 때문에 나무판이 삼각 플라스크에 달라붙는다.

암기해

열에너지의 출입과 주변의 온도 변화

열에너지의 출입	주변의 온도 변화
방출	높아짐
흡수	낮아짐

따뜻해. 시원해.

정답친해 32쪽

핵심 체크

▸ 물질 변화와 에너지의 출입

구분	열에너지를 방출하는 변화	열에너지를 흡수하는 변화
주변의 온도 변화	주변의 온도가 (❶)진다.	주변의 온도가 (❷)진다.
물리 변화	응고, (❸), 승화(기체 → 고체) 예 이글루 내부에 물을 뿌리면 내부의 온도가 (❹)진다.	(❺), 기화, 승화(고체 → 기체) 예 여름날 도로에 물을 뿌리면 시원해진다.
화학 변화	(❻) 반응: 열에너지를 방출하는 화학 반응 예 나무나 메테인이 연소할 때 열에너지를 방출한다.	(❼) 반응: 열에너지를 흡수하는 화학 반응 예 질산 암모늄과 수산화 바륨이 반응할 때 열에너지를 흡수한다.

1 물질 변화와 에너지의 출입에 대한 설명으로 옳은 것은 ○, 옳지 않은 것은 ×로 표시하시오.

(1) 화학 변화가 일어날 때는 항상 에너지를 흡수한다. ( )

(2) 열에너지를 흡수하는 변화가 일어날 때는 주변의 온도가 높아진다. ( )

(3) 액화가 일어날 때는 에너지를 방출한다. ( )

(4) 고체에서 기체로 승화가 일어날 때는 에너지를 흡수한다. ( )

2 다음은 화학 변화와 에너지 출입에 대한 설명이다. ( ) 안에 알맞은 말을 쓰시오.

> 화학 반응이 일어날 때는 에너지가 출입한다. 열에너지를 방출하는 화학 반응을 ㉠( ) 반응이라고 하고, 열에너지를 흡수하는 화학 반응을 ㉡( ) 반응이라고 한다.

3 다음 반응이 일어날 때 에너지를 방출하면 '방출', 에너지를 흡수하면 '흡수'라고 쓰시오.

(1) 산화 칼슘이 물에 녹는다. ( )

(2) 질산 암모늄이 물에 녹는다. ( )

(3) 탄산수소 나트륨이 열분해된다. ( )

(4) 메테인이 공기 중에서 연소한다. ( )

4 그림은 물질 변화가 일어날 때 열에너지의 출입을 나타낸 것이다.

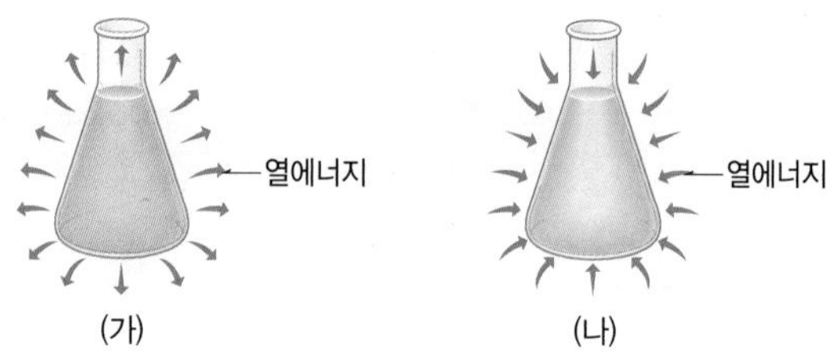

(가)와 (나)에 대한 설명으로 옳은 것은 ○, 옳지 않은 것은 ×로 표시하시오.

(1) 발열 반응은 (가)에 해당한다. ( )

(2) (나)가 일어날 때 주변의 온도가 높아진다. ( )

(3) 화석 연료의 연소 반응은 (가)에 해당한다. ( )

(4) 질산 암모늄과 수산화 바륨의 반응은 (나)에 해당한다. ( )

5 다음 설명에 해당하는 물질 변화만을 [보기]에서 있는 대로 고르시오.

> 보기
> ㄱ. 물의 증발
> ㄴ. 나무의 연소
> ㄷ. 탄산수소 나트륨의 열분해
> ㄹ. 묽은 염산과 수산화 나트륨 수용액의 반응

(1) 물질 변화가 일어날 때 에너지를 흡수한다.

(2) 물질 변화가 일어날 때 주변의 온도가 높아진다.

B 물질 변화에서 에너지의 출입 이용

1. 물질 변화에서 에너지가 출입하는 현상의 이용

① ◆에너지를 방출하는 현상의 이용

메테인, 뷰테인 등의 연료가 연소할 때 방출하는 열에너지를 이용하여 요리나 난방을 한다.

손난로를 흔들면 손난로 속 철 가루가 산소와 반응하면서 열에너지를 방출하여 따뜻해진다.

철 가루가 산화 철(Ⅲ)로 산화되면서 열에너지를 방출한다.

발열 용기에서는 산화 칼슘이 물에 녹을 때 방출하는 열에너지를 이용하여 음식을 데운다.

자동차, 배, 기차 등의 교통수단은 화석 연료가 연소하면서 방출하는 열에너지를 이용하여 움직인다.

과수원에서 개화 시기에 물을 뿌리면 물이 응고하면서 열에너지를 방출하므로 냉해를 예방할 수 있다.

커피 전문점에서는 수증기가 액화하면서 방출하는 열에너지를 이용하여 우유를 데운다.

◆ **에너지를 방출하는 현상을 이용하는 다른 예**
- 산화 칼슘이 물에 녹을 때 방출하는 열에너지를 이용하여 열에 약한 구제역 바이러스를 제거한다.
- 겨울철 과일 보관소에 물그릇을 넣어 두면 물이 응고하면서 열에너지를 방출하므로 과일을 얼지 않게 보관할 수 있다.

② ◆에너지를 흡수하는 현상의 이용

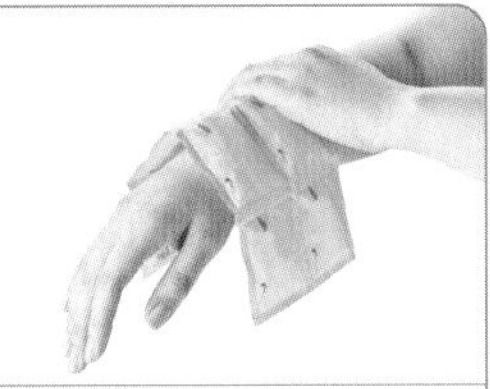
냉찜질 팩을 주무르면 질산 암모늄이 물에 녹으면서 열에너지를 흡수하여 차가워진다.

제빵 소다를 넣어 빵을 구우면 탄산수소 나트륨이 열에너지를 흡수하여 분해되고, 이산화 탄소가 발생하여 반죽이 부푼다.

불이 났을 때 소화기로 탄산수소 나트륨 분말을 뿌리면 탄산수소 나트륨이 분해되면서 열에너지를 흡수하여 불이 꺼진다.

탄산수소 나트륨 분말이나 열분해로 발생한 이산화 탄소가 산소를 차단하는 역할도 한다.

◆냉장고나 에어컨에서는 냉매가 기화하면서 열에너지를 흡수하여 시원해진다.

신선식품을 배달할 때 얼음주머니를 넣으면 얼음이 융해하면서 열에너지를 흡수하여 신선도가 유지된다.

아이스크림을 포장할 때 드라이아이스를 넣으면 드라이아이스가 승화하면서 열에너지를 흡수하여 아이스크림이 녹지 않는다.

◆ **에너지를 흡수하는 현상을 이용하여 음료를 시원하게 하는 방법**
소금이 물에 녹을 때 열에너지를 흡수한다. 소금을 뿌린 얼음물에 음료를 넣으면 얼음물만 사용했을 때보다 더 시원하게 만들 수 있다.

◆ **냉장고 뒤의 방열판과 에어컨의 실외기에서 에너지의 출입**
냉장고 뒤의 방열판이나 에어컨의 실외기에서는 냉매가 다시 액화하면서 열에너지를 방출한다.

탐구 자료창 물과 산화 칼슘을 이용한 음식 조리 방법 설계 및 실험

1. 산화 칼슘의 양에 따른 산화 칼슘 수용액의 온도 변화 알아보기

산화 칼슘이 각각 30 g, 40 g, 50 g씩 들어 있는 비커 3개에 25 °C의 물을 각각 200 g씩 넣고 수용액의 최고 온도를 측정하여 다음과 같은 결과를 얻었다.

산화 칼슘의 질량(g)	30	40	50
최고 온도(°C)	60	70	79

➡ 산화 칼슘이 물에 녹을 때 열에너지를 방출하며, 물에 녹는 산화 칼슘의 양이 많을수록 수용액의 온도가 높아진다.

2. 물과 산화 칼슘을 이용하여 달걀 삶기

① 준비물: 물, 산화 칼슘, 달걀, 비커, 알루미늄 포일

② 이용하는 화학 반응: $CaO + H_2O \longrightarrow Ca(OH)_2$

③ 달걀을 삶을 수 있는 조건: 70 °C 이상으로 15분 정도 유지한다.

④ 달걀을 삶기 위해 필요한 물과 산화 칼슘의 양: 물 200 g과 산화 칼슘 50 g 정도를 반응시킨다.

⑤ 조리 방법

❶ 알루미늄 포일을 이용하여 비커 안에 들어갈 수 있는 그릇을 만든다.

❷ 비커에 산화 칼슘 50 g이 들어 있는 팩을 넣은 다음 물 200 g을 넣는다.

❸ 팩 위에 달걀과 물이 들어 있는 알루미늄 포일 그릇을 올린다.

2. 생명 현상과 지구 현상에서 에너지의 출입

① 생명 현상에서 에너지의 출입

광합성		식물의 엽록체에서 광합성이 일어날 때 빛에너지를 흡수한다. 광합성으로 만들어진 포도당은 생명을 유지하는 양분으로 사용된다.
세포호흡		생명체의 마이토콘드리아에서 세포호흡이 일어날 때 열에너지를 방출한다. 방출된 에너지의 일부는 체온을 유지하거나 운동을 하는 등의 생명활동에 이용된다.

② 지구 현상에서 에너지의 출입

물의 순환		물은 태양 에너지를 흡수해 증발하여 수증기가 되고, 수증기는 열에너지를 방출해 [1]응결되어 구름이 된다. 이 과정에서 수증기가 눈이나 비가 되어 내리기도 한다. └• 에너지가 흡수되거나 방출되지 않으면 물의 순환은 일어나지 않는다.
태풍의 발달		태풍은 바다에서 태양 에너지를 흡수하여 증발한 수증기가 물로 응결되는 과정에서 열에너지를 방출하며 발달한다.

용어

❶ **응결(凝 엉기다, 結 맺다)** 증기의 온도 저하 또는 압축에 의하여 증기의 일부가 액체로 변하는 현상

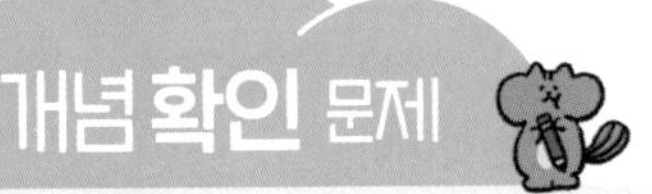

핵심 체크

▸ 물질 변화에서 에너지가 출입하는 현상의 이용

에너지를 (❶)하는 현상의 이용	• 요리 및 난방: 연료가 연소할 때 열에너지를 방출한다. • 철 가루 손난로: 철 가루가 (❷)와 반응하면서 열에너지를 방출한다.
에너지를 (❸)하는 현상의 이용	• 냉찜질 팩: 질산 암모늄이 물에 녹으면서 열에너지를 흡수한다. • 제빵 소다를 넣어 빵 굽기: 탄산수소 나트륨이 열에너지를 흡수하여 분해되면서 이산화 탄소가 발생한다.

▸ 생명 현상에서 에너지의 출입

- 광합성: 식물의 엽록체에서 광합성이 일어날 때 빛에너지를 (❹)한다.
- 세포호흡: 생명체의 마이토콘드리아에서 세포호흡이 일어날 때 열에너지를 (❺)한다.

▸ 지구 현상에서 에너지의 출입

- 물의 순환: 물은 에너지를 (❻)하여 수증기가 되고, 수증기는 에너지를 (❼)하여 구름이 된다.
- 태풍의 발달: 태풍은 바다에서 에너지를 흡수하여 증발한 수증기가 물로 응결되는 과정에서 에너지를 방출하며 발달한다.

1 물질 변화에서 에너지가 출입하는 현상과 그 이용에 대한 설명으로 옳은 것은 ○, 옳지 않은 것은 ×로 표시하시오.

(1) 자동차는 화석 연료가 연소하면서 흡수하는 열에너지로 움직인다. ( )

(2) 손난로를 흔들면 철 가루가 산소와 반응하면서 열에너지를 방출한다. ( )

(3) 냉찜질 팩에서는 질산 암모늄이 물에 녹으면서 열에너지를 흡수한다. ( )

(4) 과수원에서 개화 시기에 물을 뿌리면 물이 기화하면서 열에너지를 흡수하여 냉해를 예방할 수 있다. ( )

(5) 신선식품을 배달할 때 얼음주머니를 넣으면 얼음이 융해하면서 열에너지를 방출하여 신선도가 유지된다. ( )

2 다음은 산화 칼슘의 이용에 대한 설명이다. ( ) 안에 알맞은 말을 고르시오.

> 산화 칼슘이 물에 녹을 때 열에너지를 ㉠(방출, 흡수)하여 주변의 온도가 ㉡(높아, 낮아)진다. 이를 이용하면 불 없이 음식을 조리할 수 있다.

3 다음은 일상생활에서 물질 변화를 이용하는 예이다. 물질 변화가 일어날 때 에너지를 방출하면 '방출', 에너지를 흡수하면 '흡수'라고 쓰시오.

(1) 메테인을 연소시켜 음식을 요리한다. ( )

(2) 빵을 구울 때 제빵 소다를 넣어 빵을 부풀린다. ( )

(3) 냉장고의 냉매가 기화하면서 냉장고 속 음식이 시원해진다. ( )

(4) 아이스크림을 포장할 때 드라이아이스를 넣어 아이스크림을 녹지 않게 보관한다. ( )

4 다음은 물질 변화가 일어날 때 에너지가 출입하는 것을 이용하는 두 가지 예이다. ( ) 안에 알맞은 말을 쓰시오.

> (가) 커피 전문점에서는 수증기가 ㉠( )하면서 ㉡( )하는 열에너지로 우유를 데운다.
> (나) 불이 난 곳에 소화기로 탄산수소 나트륨 분말을 뿌리는 것은 탄산수소 나트륨이 분해되면서 열에너지를 ㉢( )하는 현상을 이용한 것이다.

내신 만점 문제

A 물질 변화와 에너지의 출입

중요 **01** 물질 변화에서 에너지의 출입에 대한 설명으로 옳지 않은 것은?

① 화학 반응이 일어날 때 반응물과 생성물의 화학 에너지 차이만큼 에너지가 출입한다.
② 열에너지를 방출하는 반응이 일어날 때는 주변의 온도가 높아진다.
③ 응고가 일어날 때는 에너지를 흡수한다.
④ 기화가 일어날 때는 주변의 온도가 낮아진다.
⑤ 중화 반응이 일어날 때는 에너지를 방출한다.

02 열에너지를 방출하는 물질 변화에 대한 설명으로 옳은 것만을 [보기]에서 있는 대로 고른 것은?

보기
ㄱ. 열에너지를 방출하는 화학 반응을 발열 반응이라고 한다.
ㄴ. 물질 변화가 일어날 때 주변의 온도가 높아진다.
ㄷ. 응고, 액화, 메테인의 연소 등이 해당한다.

① ㄱ ② ㄴ ③ ㄱ, ㄷ
④ ㄴ, ㄷ ⑤ ㄱ, ㄴ, ㄷ

03 그림은 어떤 화학 반응이 일어날 때 에너지의 변화를 나타낸 것이다. 이에 대한 설명으로 옳은 것만을 [보기]에서 있는 대로 고른 것은?

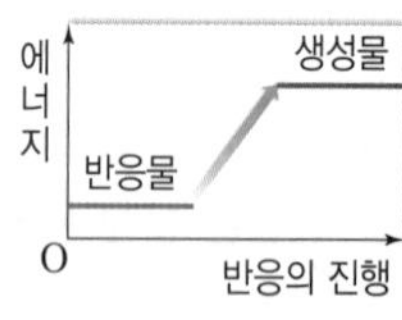

보기
ㄱ. 반응이 일어날 때 열에너지를 흡수한다.
ㄴ. 반응이 일어날 때 주변의 온도가 높아진다.
ㄷ. 이 반응을 이용하여 손난로를 만들 수 있다.

① ㄱ ② ㄴ ③ ㄷ
④ ㄱ, ㄴ ⑤ ㄴ, ㄷ

중요 **04** 다음은 두 가지 물질 변화이다.

(가) 철로 된 문이 녹슨다.
(나) 탄산수소 나트륨이 열분해된다.

이에 대한 설명으로 옳은 것만을 [보기]에서 있는 대로 고른 것은?

보기
ㄱ. (가)에서 에너지를 방출한다.
ㄴ. (나)는 발열 반응이다.
ㄷ. (나)에서 에너지의 출입 방향은 얼음이 융해할 때와 같다.

① ㄱ ② ㄴ ③ ㄱ, ㄷ
④ ㄴ, ㄷ ⑤ ㄱ, ㄴ, ㄷ

중요 **05** 다음은 질산 암모늄과 수산화 바륨의 반응에서 열에너지의 출입을 알아보기 위한 실험이다.

[실험 과정]
(가) 물을 뿌린 나무판 위에 삼각 플라스크를 올려놓는다.
(나) 삼각 플라스크에 질산 암모늄과 수산화 바륨을 넣고 유리 막대로 섞는다.
(다) 시간이 지난 후 삼각 플라스크를 들어 올린다.

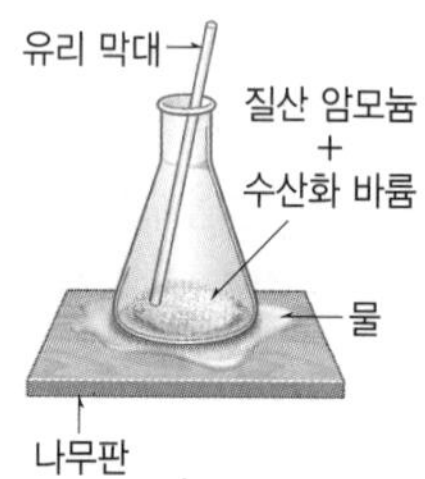

[실험 결과]
나무판이 삼각 플라스크에 달라붙었다.

삼각 플라스크 안에서 일어나는 반응에 대한 설명으로 옳은 것만을 [보기]에서 있는 대로 고른 것은?

보기
ㄱ. 열에너지를 흡수하는 반응이다.
ㄴ. 반응이 일어날 때 주변의 온도가 높아진다.
ㄷ. 반응물의 에너지 합이 생성물의 에너지 합보다 작다.

① ㄱ ② ㄴ ③ ㄱ, ㄷ
④ ㄴ, ㄷ ⑤ ㄱ, ㄴ, ㄷ

중요 **06** 다음은 물질 변화와 에너지의 출입에 대한 학생 A~C의 대화이다.

- 학생 A: 질산 암모늄을 물에 녹이면 주변의 온도가 낮아져.
- 학생 B: 묽은 염산과 수산화 나트륨 수용액이 반응할 때 에너지를 방출해.
- 학생 C: 탄산수소 나트륨을 가열할 때 일어나는 반응은 나무가 연소하는 반응과 에너지의 출입 방향이 같아.

대화 내용이 옳은 학생만을 있는 대로 고른 것은?

① A ② C ③ A, B
④ B, C ⑤ A, B, C

07 다음은 물질 변화가 일어날 때 에너지가 출입하는 세 가지 예이다.

(가) 금속과 산의 반응
(나) 반딧불이가 빛을 내는 반응
(다) 염화 암모늄과 수산화 바륨의 반응

이에 대한 설명으로 옳은 것만을 [보기]에서 있는 대로 고른 것은?

보기
ㄱ. (가)와 (다)에서 에너지의 출입 방향은 같다.
ㄴ. (나)에서 에너지를 방출한다.
ㄷ. (다)에서 주변의 온도가 낮아진다.

① ㄱ ② ㄷ ③ ㄱ, ㄴ
④ ㄴ, ㄷ ⑤ ㄱ, ㄴ, ㄷ

08 다음은 네 가지 물질 변화이다.

(가) 물을 전기 분해한다.
(나) 프로페인이 연소한다.
(다) 염화 칼슘이 물에 녹는다.
(라) 차가운 컵 표면에 물방울이 맺힌다.

물질 변화가 일어날 때 에너지를 흡수하는 것만을 있는 대로 고른 것은?

① (가) ② (다) ③ (가), (라)
④ (나), (다) ⑤ (나), (라)

B 물질 변화에서 에너지의 출입 이용

09 다음은 물질 변화가 일어날 때 에너지가 출입하는 현상을 이용하는 두 가지 예이다.

(가) 빵을 구울 때 제빵 소다를 넣어 빵을 부풀린다.

(나) 아이스크림을 포장할 때 드라이아이스를 넣어 아이스크림이 녹지 않게 한다.

이에 대한 설명으로 옳은 것만을 [보기]에서 있는 대로 고른 것은?

보기
ㄱ. (가)는 에너지를 흡수하는 현상을 이용한 것이다.
ㄴ. (나)는 고체에서 기체로 승화가 일어날 때 주변의 온도가 낮아지는 현상을 이용한 것이다.
ㄷ. (가)와 (나)에서 물질 변화가 일어날 때 에너지의 출입 방향은 같다.

① ㄱ ② ㄴ ③ ㄱ, ㄷ
④ ㄴ, ㄷ ⑤ ㄱ, ㄴ, ㄷ

중요 **10** 다음은 우리 주변에서 물질 변화가 일어날 때 열에너지가 출입하는 것을 이용하는 네 가지 예이다.

(가) 에어컨의 냉매가 기화하면서 실내가 시원해진다.
(나) 뷰테인을 연소시켜 음식을 조리한다.
(다) 산화 칼슘을 이용한 발열 용기로 음식을 데운다.
(라) 질산 암모늄을 이용한 냉찜질 팩으로 찜질을 한다.

물질 변화가 일어날 때 열에너지를 ㉠방출하는 것을 이용하는 예와 ㉡흡수하는 것을 이용하는 예를 옳게 짝 지은 것은?

	㉠	㉡
①	(가), (나)	(다), (라)
②	(가), (다)	(나), (라)
③	(가), (라)	(나), (다)
④	(나), (다)	(가), (라)
⑤	(다), (라)	(가), (나)

11 가열 장치 없이 음식을 조리하는 실험에 이용하기에 적절한 물질 변화만을 [보기]에서 있는 대로 고른 것은?

보기
ㄱ. 얼음의 융해
ㄴ. 산화 칼슘이 물에 녹는 반응
ㄷ. 질산 암모늄이 물에 녹는 반응

① ㄱ ② ㄴ ③ ㄱ, ㄷ
④ ㄴ, ㄷ ⑤ ㄱ, ㄴ, ㄷ

중요 **12** 다음은 우리 주변에서 물질 변화를 이용하는 예이다.

불이 났을 때 소화기로 탄산수소 나트륨 분말을 뿌린다.

물질 변화가 일어날 때 에너지의 출입 방향이 이와 같은 것만을 [보기]에서 있는 대로 고른 것은?

보기
ㄱ. 모닥불 ㄴ. 광합성
ㄷ. 냉찜질 팩 ㄹ. 철 가루 손난로

① ㄱ, ㄴ ② ㄱ, ㄹ ③ ㄴ, ㄷ
④ ㄱ, ㄷ, ㄹ ⑤ ㄴ, ㄷ, ㄹ

13 다음은 생명 현상과 지구 현상에서 일어나는 에너지의 출입에 대한 설명이다.

(가) 생명체의 몸속에서 세포호흡이 일어날 때 에너지를 (㉠)하며, 이 에너지의 일부는 생명활동에 이용된다.
(나) 물은 에너지를 (㉡)해 증발하여 수증기가 되고, 수증기는 에너지를 (㉢)해 응결되어 구름이 된다.

( ) 안에 들어갈 말을 옳게 짝 지은 것은?

	㉠	㉡	㉢
①	방출	방출	흡수
②	방출	흡수	방출
③	방출	흡수	흡수
④	흡수	방출	흡수
⑤	흡수	흡수	방출

서술형 문제

14 그림과 같이 소금을 뿌린 얼음물에 음료를 넣으면 소금을 뿌리지 않은 얼음물에 넣었을 때보다 더 시원하게 보관할 수 있다.

그 까닭을 소금이 물에 녹을 때 열에너지의 출입 및 주변의 온도 변화와 관련지어 서술하시오.

중요 **15** 다음은 우리 주변에서 볼 수 있는 두 가지 현상이다.

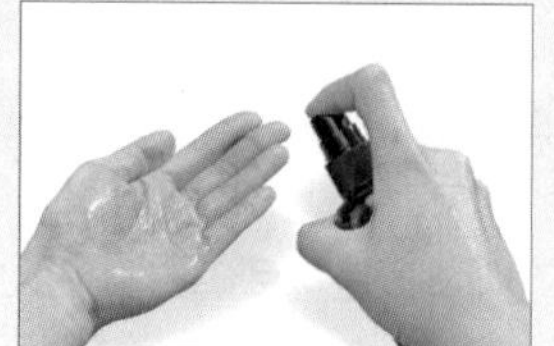
(가) 에탄올이 들어 있는 손 소독제를 손에 바르면 시원해진다.

(나) 철 가루가 들어 있는 손난로를 흔들면 따뜻해진다.

(1) (가)에서 시원함이 느껴지는 까닭을 열에너지의 출입 및 주변의 온도 변화와 관련지어 서술하시오.

(2) (나)에서 따뜻함이 느껴지는 까닭을 열에너지의 출입 및 주변의 온도 변화와 관련지어 서술하시오.

16 다음은 구제역 바이러스의 제거에 대한 설명이다.

동물 전염병인 구제역을 일으키는 바이러스는 열에 약하다. 농가에서는 구제역 바이러스를 제거하기 위해 ㉠산화 칼슘과 물을 뿌린다.

㉠의 까닭을 열에너지의 출입과 관련지어 서술하시오.

정답친해 34쪽

실력 UP 문제

01 다음은 일상생활에서 일어나는 세 가지 현상이다.

(가) 손난로를 흔들면 ㉠철 가루와 산소가 반응한다.
(나) 가스레인지에서 ㉡메테인이 연소하여 국이 끓는다.
(다) 커피 전문점에서 ㉢수증기의 액화를 이용하여 우유를 데운다.

이에 대한 설명으로 옳은 것만을 [보기]에서 있는 대로 고른 것은?

보기
ㄱ. ㉠에서 반응물과 생성물의 화학 에너지 차이만큼 에너지를 방출한다.
ㄴ. ㉡에서 반응물의 에너지 합은 생성물의 에너지 합보다 작다.
ㄷ. ㉠과 ㉢은 에너지의 출입 방향이 같다.

① ㄱ ② ㄴ ③ ㄱ, ㄷ
④ ㄴ, ㄷ ⑤ ㄱ, ㄴ, ㄷ

02 다음은 염화 칼슘과 질산 암모늄이 각각 물과 반응할 때 열에너지의 출입을 알아보기 위한 실험이다.

(가) 비커 Ⅰ과 Ⅱ에 각각 25 °C의 물을 100 g씩 넣는다.
(나) 비커 Ⅰ에 염화 칼슘 10 g을 넣어 녹이면서 용액의 온도 변화를 관찰하였더니 용액의 온도가 높아졌다.
(다) 비커 Ⅱ에 질산 암모늄 10 g을 넣어 녹이면서 용액의 온도 변화를 관찰하였더니 용액의 온도가 낮아졌다.

이에 대한 설명으로 옳은 것만을 [보기]에서 있는 대로 고른 것은?

보기
ㄱ. 염화 칼슘과 물의 반응은 발열 반응이다.
ㄴ. 질산 암모늄과 물이 반응할 때 주변의 온도는 낮아진다.
ㄷ. 질산 암모늄과 물의 반응은 손난로에 이용하기에 적절하다.

① ㄱ ② ㄷ ③ ㄱ, ㄴ
④ ㄴ, ㄷ ⑤ ㄱ, ㄴ, ㄷ

03 다음은 가열 장치 없이 음식을 조리하는 실험이다.

(가) 비커에 산화 칼슘 50 g이 들어 있는 팩을 넣고 물 200 mL를 넣는다.
(나) 팩 위에 달걀과 물이 들어 있는 알루미늄 포일 그릇을 올린다.
(다) 시간이 지난 다음 달걀을 깨 보았더니 달걀이 익었다.

• 이용하는 화학 반응: ㉠$CaO + H_2O \longrightarrow Ca(OH)_2$

이에 대한 설명으로 옳은 것만을 [보기]에서 있는 대로 고른 것은?

보기
ㄱ. ㉠은 흡열 반응이다.
ㄴ. ㉠에서 반응물의 에너지 합은 생성물의 에너지 합보다 크다.
ㄷ. 산화 칼슘 대신 질산 암모늄으로 실험해도 같은 결과를 얻을 수 있다.

① ㄱ ② ㄴ ③ ㄱ, ㄷ
④ ㄴ, ㄷ ⑤ ㄱ, ㄴ, ㄷ

04 다음은 생명 현상에서 일어나는 두 가지 반응을 화학 반응식으로 나타낸 것이다.

(가) $6CO_2 + 6H_2O \longrightarrow C_6H_{12}O_6 + 6O_2$
(나) $C_6H_{12}O_6 + 6O_2 \longrightarrow 6CO_2 + 6H_2O$

이에 대한 설명으로 옳은 것만을 [보기]에서 있는 대로 고른 것은?

보기
ㄱ. (가)는 에너지를 흡수하는 반응이다.
ㄴ. (나)는 에너지를 방출하는 반응이다.
ㄷ. (나)는 중화 반응과 에너지의 출입 방향이 같다.

① ㄱ ② ㄴ ③ ㄱ, ㄷ
④ ㄴ, ㄷ ⑤ ㄱ, ㄴ, ㄷ

01 / 산화와 환원

1. 자연과 인류의 역사에 변화를 가져온 화학 반응

광합성, 화석 연료의 연소, 철의 (❶)은 자연과 인류의 역사에 큰 변화를 가져왔으며, 산소가 관여하는 산화·환원 반응이라는 공통점이 있다.

2. 산화·환원 반응

구분	산화	환원
산소의 이동	산소를 (❷) 반응	산소를 (❸) 반응
	예 (산화: Mg → MgO, 환원: CO_2 → C) $2Mg + CO_2 \longrightarrow 2MgO + C$	
전자의 이동	전자를 잃는 반응	전자를 얻는 반응
	예 (❹): Zn → Zn^{2+}, (❺): Cu^{2+} → Cu $Zn + Cu^{2+} \longrightarrow Zn^{2+} + Cu$	
동시성	어떤 물질이 산소를 얻거나 전자를 잃고 산화되면 다른 물질은 산소를 잃거나 전자를 얻어 환원된다. ➡ 산화와 환원은 항상 동시에 일어난다.	

3. 우리 주변의 산화·환원 반응

광합성	식물의 엽록체에서 빛에너지를 이용하여 이산화 탄소와 물로 포도당과 산소를 만든다. $6CO_2 + 6H_2O \xrightarrow{\text{빛에너지}} C_6H_{12}O_6 + 6O_2$
세포호흡	세포 속의 마이토콘드리아에서 포도당과 산소로 이산화 탄소와 물을 생성하면서 에너지를 방출한다. $C_6H_{12}O_6 + 6O_2 \longrightarrow 6CO_2 + 6H_2O$ + 에너지
연소	예 메테인이 공기 중에서 연소할 때 이산화 탄소와 물을 생성한다. $CH_4 + 2O_2 \longrightarrow CO_2 + 2H_2O$
철의 제련	용광로에 철광석과 코크스를 넣고 가열하면 순수한 철을 얻을 수 있다. $2C + O_2 \longrightarrow 2CO$ $Fe_2O_3 + 3CO \longrightarrow 2Fe + 3CO_2$
수소 연료 전지	수소와 산소가 반응하여 물이 생성될 때 물질의 화학 에너지가 전기 에너지로 전환된다. $2H_2 + O_2 \longrightarrow 2H_2O$

02 / 산, 염기와 중화 반응

1. 산과 염기의 성질

(1) 산과 염기의 정의

구분	산	염기
정의	수용액에서 (❻)을 내놓는 물질	수용액에서 (❼)을 내놓는 물질
예	$HCl \longrightarrow H^+ + Cl^-$	$NaOH \longrightarrow Na^+ + OH^-$

(2) 산성과 염기성

구분	산성	염기성
나타나는 까닭	H^+ 때문에 나타난다.	OH^- 때문에 나타난다.
예	• 신맛이 난다. • 푸른색 리트머스 종이를 붉게 변화시킨다. • 금속과 반응하여 수소 기체를 발생시킨다. • 탄산 칼슘(달걀 껍데기 등)과 반응하여 (❽) 기체를 발생시킨다. • 수용액에서 전류가 흐른다. • 페놀프탈레인 용액의 색을 변화시키지 않는다. • BTB 용액을 노란색으로 변화시킨다.	• 쓴맛이 난다. • 붉은색 리트머스 종이를 (❾) 변화시킨다. • 대부분 금속이나 탄산 칼슘과 반응하지 않는다. • 단백질을 녹이는 성질이 있어 손으로 만지면 미끈거린다. • 수용액에서 전류가 흐른다. • 페놀프탈레인 용액을 붉은색으로 변화시킨다. • BTB 용액을 파란색으로 변화시킨다.

(3) 산성과 염기성을 나타내는 이온의 확인

① 산성을 나타내는 이온의 확인: 푸른색 리트머스 종이가 실에서부터 (−)극 쪽으로 붉게 변해 간다.
➡ (❿)이 (−)극 쪽으로 이동하기 때문이다.

② 염기성을 나타내는 이온의 확인: 붉은색 리트머스 종이가 실에서부터 (+)극 쪽으로 푸르게 변해 간다.
➡ (⓫)이 (+)극 쪽으로 이동하기 때문이다.

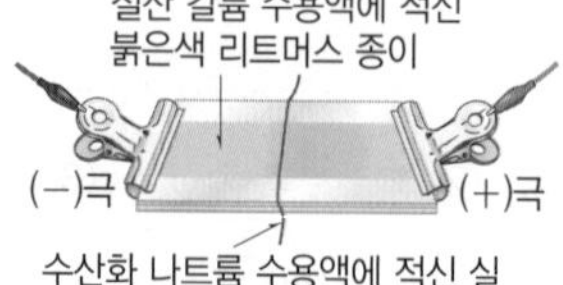

2. 중화 반응

(1) 중화 반응: 산의 H^+과 염기의 OH^-이 (⑫   )의 개수비로 반응하여 물을 생성하는 반응

$$H^+ + OH^- \longrightarrow H_2O$$

예

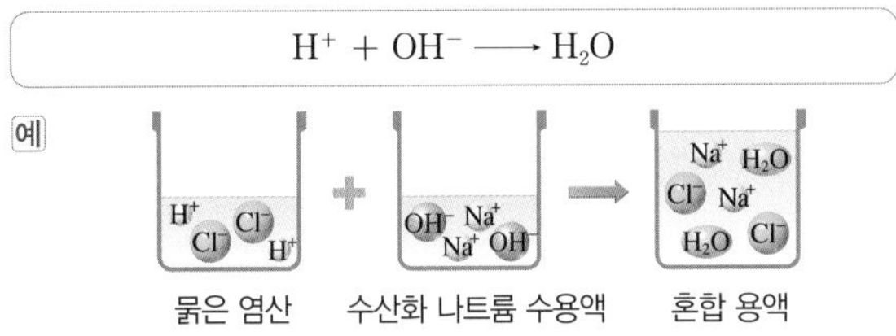

(2) 혼합 용액의 액성

H^+의 수$>$$OH^-$의 수	H^+의 수$=$$OH^-$의 수	H^+의 수$<$$OH^-$의 수
산성	중성	(⑬)

(3) 중화 반응이 일어날 때의 변화

지시약의 색 변화	중화점을 지나면 용액의 액성이 달라지므로 지시약의 색이 변한다.
이온 수와 액성 변화	예 일정량의 묽은 염산에 수산화 나트륨 수용액을 조금씩 넣을 때 묽은 염산 / 수산화 나트륨 수용액 산성 → 산성 → 중성 → 염기성
온도 변화	• (⑭): 중화 반응이 일어날 때 발생하는 열 • 생성되는 물의 양이 많을수록 중화열이 많이 발생한다. ➡ 완전히 중화되었을 때 혼합 용액의 온도가 가장 (⑮). 예 온도와 농도가 같은 묽은 염산과 수산화 나트륨 수용액의 부피를 다르게 하여 혼합할 때 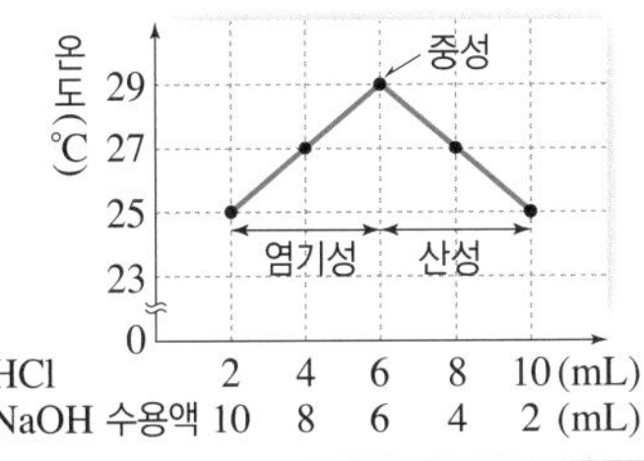

(4) 중화 반응의 이용

- 입속 세균이 만드는 산성 물질을 치약으로 중화한다.
- 생선 요리에 레몬즙을 뿌려 비린내의 원인인 염기성 물질을 중화한다.
- 속이 쓰릴 때 제산제를 복용하여 위액을 중화한다.
- 산성화된 토양이나 호수에 석회 가루를 뿌려 중화한다.

03 / 물질 변화에서 에너지의 출입

1. 물질 변화와 에너지의 출입

(1) 물리 변화와 에너지의 출입

① 열에너지를 방출하는 상태 변화: 응고, 액화, 승화(기체 → 고체) ➡ 주변의 온도가 (⑯   )진다.

② 열에너지를 흡수하는 상태 변화: 융해, 기화, 승화(고체 → 기체) ➡ 주변의 온도가 (⑰   )진다.

(2) 화학 변화와 에너지의 출입

구분	열에너지를 (⑱)하는 화학 반응(발열 반응)	열에너지를 흡수하는 화학 반응(흡열 반응)
주변의 온도 변화	열에너지 방출 ➡ 주변의 온도가 높아진다.	열에너지 흡수 ➡ 주변의 온도가 낮아진다.
에너지 변화	에너지 / 반응물 / 에너지 방출 / 생성물 / O / 반응의 진행	에너지 / 생성물 / 반응물 / 에너지 흡수 / O / 반응의 진행
예	• 연소 반응 • 철이 녹스는 반응	• 질산 암모늄과 수산화 바륨의 반응 • 탄산수소 나트륨의 열분해

2. 물질 변화에서 에너지의 출입 이용

(1) 에너지를 방출하는 현상의 이용

- 메테인, 뷰테인 등이 연소할 때 방출하는 열에너지로 요리나 난방을 한다.
- 손난로에서는 철 가루가 (⑲   )와 반응하면서 열에너지를 방출한다.

(2) 에너지를 흡수하는 현상의 이용

- 냉찜질 팩에서는 질산 암모늄이 물에 녹으면서 열에너지를 흡수한다.
- 제빵 소다를 넣어 빵을 구우면 탄산수소 나트륨이 열에너지를 흡수하여 분해된다.

(3) 생명 현상과 지구 현상에서 에너지의 출입

- 광합성: 빛에너지를 (⑳   )한다.
- 세포호흡: 열에너지를 (㉑   )한다.
- 물의 순환: 물은 에너지를 흡수하여 수증기가 되고, 수증기는 에너지를 방출하여 구름이 된다.
- 태풍의 발달: 태풍은 바다에서 에너지를 흡수하여 증발한 수증기가 물로 응결되는 과정에서 에너지를 방출하며 발달한다.

중단원 마무리 문제 난이도 ●●●

●○○

01 다음은 스트로마톨라이트에 대한 설명이다.

> 스트로마톨라이트는 최초로 [㉠]을(를) 하기 시작한 남세균이 쌓여 만들어진 것이다. 남세균이 [㉠]을(를) 하여 발생한 [㉡]이(가) 대기 중으로 방출되어 오존층이 형성되었다.
>
> 
>

이에 대한 설명으로 옳은 것만을 [보기]에서 있는 대로 고른 것은?

보기

ㄱ. ㉠은 산화·환원 반응에 해당한다.
ㄴ. ㉡으로 '산소'가 적절하다.
ㄷ. 대기 중 ㉡의 농도가 증가한 후 산소 호흡으로 에너지를 얻는 생물이 출현하였다.

① ㄱ ② ㄴ ③ ㄱ, ㄷ
④ ㄴ, ㄷ ⑤ ㄱ, ㄴ, ㄷ

●●○

02 다음은 세 가지 반응을 화학 반응식으로 나타낸 것이다.

> (가) $Cu + 2Ag^{+} \longrightarrow Cu^{2+} + 2Ag$
> (나) $CH_4 + 2O_2 \longrightarrow CO_2 + 2H_2O$
> (다) $6CO_2 + 6H_2O \longrightarrow C_6H_{12}O_6 + 6O_2$

이에 대한 설명으로 옳은 것만을 [보기]에서 있는 대로 고른 것은?

보기

ㄱ. (가)에서 구리는 전자를 얻는다.
ㄴ. (나)에서 메테인은 환원된다.
ㄷ. (가)~(다)는 모두 산화·환원 반응이다.

① ㄱ ② ㄷ ③ ㄱ, ㄴ
④ ㄱ, ㄷ ⑤ ㄴ, ㄷ

●●○

03 그림과 같이 산화 구리(Ⅱ)(CuO)와 탄소(C) 가루를 시험관 속에 함께 넣고 가열하였더니 붉은색 고체가 생성되었고, 석회수가 뿌옇게 흐려졌다.

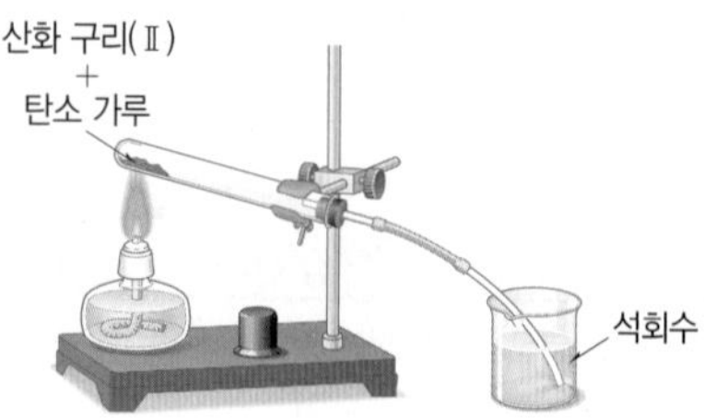

이에 대한 설명으로 옳은 것만을 [보기]에서 있는 대로 고른 것은?

보기

ㄱ. 산화 구리(Ⅱ)는 산화된다.
ㄴ. 탄소는 산소를 얻는다.
ㄷ. 석회수의 변화로 이산화 탄소가 생성되었는지 알 수 있다.

① ㄱ ② ㄷ ③ ㄱ, ㄴ
④ ㄴ, ㄷ ⑤ ㄱ, ㄴ, ㄷ

●●○

04 그림은 질산 은($AgNO_3$) 수용액에 구리(Cu) 조각을 넣었을 때 반응 전과 후 수용액에 들어 있는 양이온을 모형으로 나타낸 것이다.

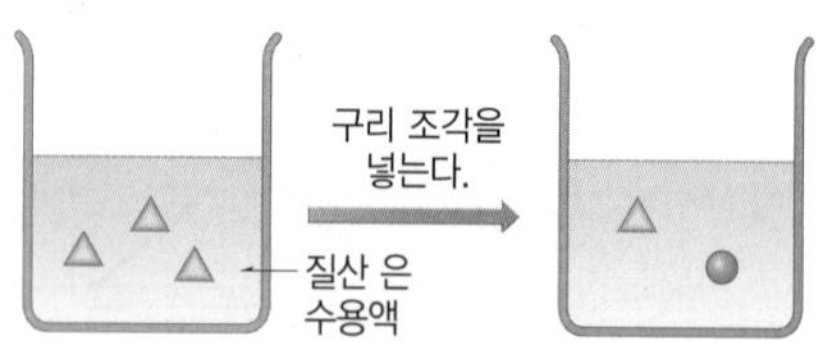

이에 대한 설명으로 옳은 것만을 [보기]에서 있는 대로 고른 것은? (단, 음이온은 반응에 참여하지 않는다.)

보기

ㄱ. ●은 Cu^{2+}이다.
ㄴ. ▲은 환원된다.
ㄷ. 전자는 구리에서 ▲으로 이동한다.

① ㄱ ② ㄷ ③ ㄱ, ㄴ
④ ㄴ, ㄷ ⑤ ㄱ, ㄴ, ㄷ

05 그림은 묽은 염산(HCl)에 마그네슘(Mg) 조각을 넣었을 때 일어나는 반응을 모형으로 나타낸 것이다.

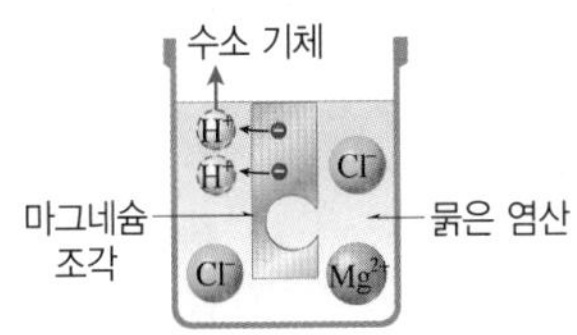

이에 대한 설명으로 옳은 것만을 [보기]에서 있는 대로 고른 것은?

보기
ㄱ. 마그네슘은 환원된다.
ㄴ. 마그네슘 조각의 질량은 증가한다.
ㄷ. 수용액 속 양이온 수는 감소한다.

① ㄱ ② ㄷ ③ ㄱ, ㄴ
④ ㄴ, ㄷ ⑤ ㄱ, ㄴ, ㄷ

06 다음은 세 가지 산화·환원 반응에 대한 설명이다.

(가) 뷰테인(C_4H_{10})이 연소할 때 뷰테인은 이산화 탄소(CO_2)로 (㉠)된다.
(나) 산화 구리(Ⅱ)(CuO)를 알코올램프의 속불꽃에 넣고 가열하면 산화 구리(Ⅱ)가 구리(Cu)로 (㉡)된다.
(다) 황산 구리(Ⅱ)($CuSO_4$) 수용액에 아연(Zn) 조각을 넣으면 아연이 (㉢)되면서 구리가 석출된다.

㉠~㉢에 알맞은 말을 옳게 짝 지은 것은?

	㉠	㉡	㉢
①	산화	산화	산화
②	산화	환원	산화
③	산화	환원	환원
④	환원	산화	산화
⑤	환원	환원	산화

07 그림은 생명체에서 일어나는 두 가지 반응 (가)와 (나)를 나타낸 것이다.

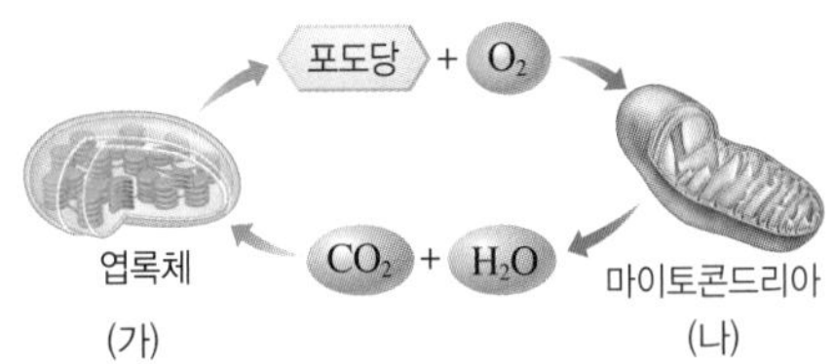

이에 대한 설명으로 옳은 것만을 [보기]에서 있는 대로 고른 것은?

보기
ㄱ. (가)는 세포호흡이다.
ㄴ. (나)에서 포도당은 환원된다.
ㄷ. (나)에서 방출하는 에너지의 일부는 생명 현상을 유지하는 데에 이용된다.

① ㄱ ② ㄷ ③ ㄱ, ㄴ
④ ㄱ, ㄷ ⑤ ㄴ, ㄷ

08 다음은 우리 주변에서 볼 수 있는 두 가지 화학 반응이다.

(가) 수소 + (㉠) ⟶ 물
(나) 메테인 + 산소 ⟶ (㉡) + 물

이에 대한 설명으로 옳은 것만을 [보기]에서 있는 대로 고른 것은?

보기
ㄱ. ㉠과 ㉡은 같은 물질이다.
ㄴ. (가)에서 수소는 산화된다.
ㄷ. (가)와 (나)는 모두 산화·환원 반응이다.

① ㄱ ② ㄷ ③ ㄱ, ㄴ
④ ㄴ, ㄷ ⑤ ㄱ, ㄴ, ㄷ

서술형

09 다음은 철의 제련 과정에서 일어나는 두 반응 (가)와 (나)에 대한 설명이다.

(가) 코크스(C)가 불완전 연소하여 일산화 탄소(CO)를 생성한다.
(나) 산화 철(Ⅲ)(Fe_2O_3)이 일산화 탄소와 반응하여 철(Fe)과 이산화 탄소(CO_2)를 생성한다.

(가)와 (나)에서 산화되는 물질을 각각 쓰고, 그 까닭을 산소의 이동과 관련지어 서술하시오.

10 표는 물질 (가)와 (나)를 이용하여 실험한 결과를 나타낸 것이다. (가)와 (나)는 각각 묽은 염산(HCl)과 수산화 나트륨(NaOH) 수용액 중 하나이다.

구분	(가)	(나)
마그네슘을 넣었을 때 기체가 발생하는가?	㉠	예
붉은색 리트머스 종이를 푸르게 변화시키는가?	예	㉡

이에 대한 설명으로 옳은 것만을 [보기]에서 있는 대로 고른 것은?

보기
ㄱ. ㉠은 '아니요'이다.
ㄴ. ㉡은 '예'이다.
ㄷ. (가)는 페놀프탈레인 용액을 붉게 변화시킨다.

① ㄱ ② ㄴ ③ ㄱ, ㄷ ④ ㄴ, ㄷ ⑤ ㄱ, ㄴ, ㄷ

11 다음은 이온의 이동을 알아보기 위한 실험이다.

[실험 과정]
(가) BTB 용액을 몇 방울 떨어뜨린 질산 칼륨 수용액에 거름종이를 적신 다음 그림과 같이 전극을 연결한다.
(나) ㉠에는 X 수용액을, ㉡에는 Y 수용액을 같은 양씩 떨어뜨린다.
(다) 전류를 흘려 주면서 변화를 관찰한다.

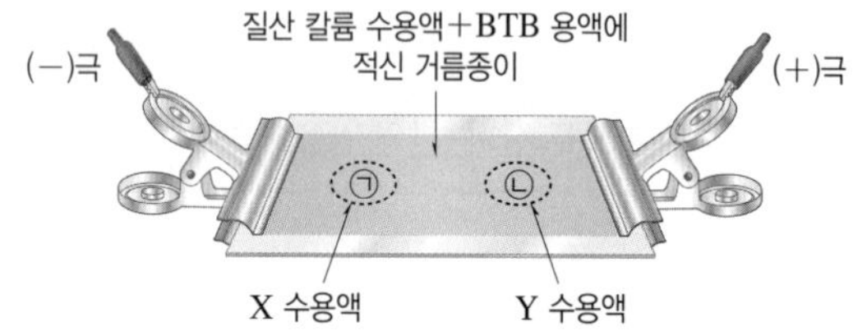

[실험 결과]
• (나)에서 ㉠은 파란색으로, ㉡은 노란색으로 변하였다.
• (다)에서 ㉠과 ㉡ 사이에 초록색이 나타났다.

이에 대한 설명으로 옳은 것만을 [보기]에서 있는 대로 고른 것은?

보기
ㄱ. X 수용액에는 OH^-이, Y 수용액에는 H^+이 들어 있다.
ㄴ. (다)에서 파란색은 (−)극 쪽으로, 노란색은 (+)극 쪽으로 이동한다.
ㄷ. (다)에서는 ㉠과 ㉡ 사이에서 중화 반응이 일어난다.

① ㄱ ② ㄴ ③ ㄱ, ㄷ ④ ㄴ, ㄷ ⑤ ㄱ, ㄴ, ㄷ

12 그림은 수용액 (가)와 (나)에 들어 있는 이온을 모형으로 나타낸 것이다. (가)와 (나)에 각각 BTB 용액을 떨어뜨렸을 때 두 수용액은 모두 파란색을 띠었다.

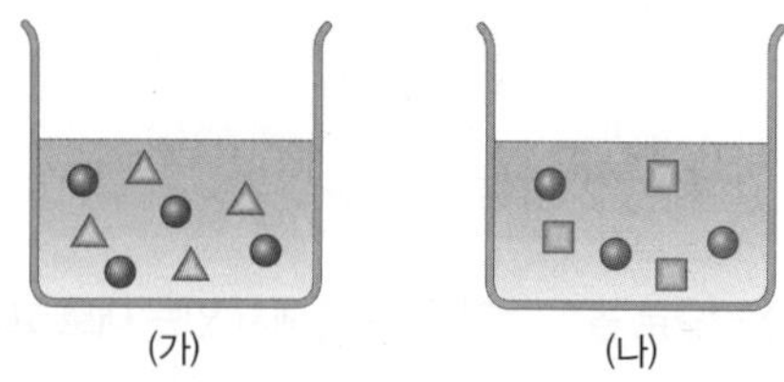

이에 대한 설명으로 옳은 것만을 [보기]에서 있는 대로 고른 것은?

보기
ㄱ. ●은 OH^-이다.
ㄴ. (가)에 전류를 흘려 주면 ▲은 (−)극 쪽으로 이동한다.
ㄷ. ■은 붉은색 리트머스 종이를 푸르게 변화시킨다.

① ㄱ ② ㄷ ③ ㄱ, ㄴ
④ ㄴ, ㄷ ⑤ ㄱ, ㄴ, ㄷ

[13~14] 그림은 일정량의 수산화 칼륨(KOH) 수용액에 묽은 염산(HCl)을 조금씩 넣을 때 용액에 들어 있는 이온 수를 나타낸 것이다. 혼합 전 두 수용액의 온도는 같다.

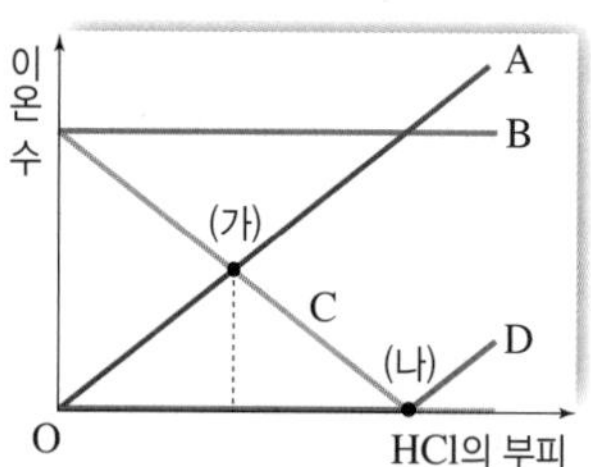

13 A~D에 해당하는 이온을 각각 쓰시오.

서술형

14 용액 (가)와 (나)의 최고 온도를 비교하고, 그 까닭을 반응하는 용액의 부피 및 중화 반응으로 생성되는 물의 양과 관련지어 서술하시오.

●●○

15 표는 온도와 농도가 같은 묽은 염산(HCl)과 수산화 나트륨(NaOH) 수용액의 부피를 달리하여 혼합한 용액 (가)~(마)에 대한 자료이다.

혼합 용액	(가)	(나)	(다)	(라)	(마)
묽은 염산의 부피(mL)	10	15	20	25	30
수산화 나트륨 수용액의 부피(mL)	30	25	20	15	10
최고 온도(°C)	27	30	33	㉠	27

이에 대한 설명으로 옳은 것만을 [보기]에서 있는 대로 고른 것은?

보기
ㄱ. ㉠은 33보다 크다.
ㄴ. (가)와 (마)를 혼합하면 용액의 온도가 높아진다.
ㄷ. 중화 반응으로 생성된 물의 양은 (다)가 (나)보다 많다.

① ㄱ ② ㄷ ③ ㄱ, ㄴ
④ ㄴ, ㄷ ⑤ ㄱ, ㄴ, ㄷ

●●●

16 그림은 수산화 칼륨(KOH) 수용액 10 mL가 들어 있는 비커에 묽은 염산(HCl)을 조금씩 넣을 때 용액에 들어 있는 이온 X의 수를 나타낸 것이다.

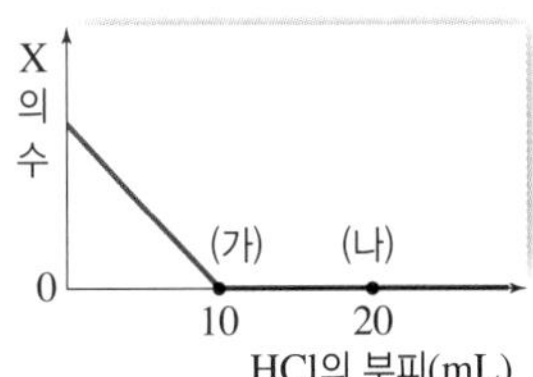

이에 대한 설명으로 옳은 것만을 [보기]에서 있는 대로 고른 것은?

보기
ㄱ. X는 OH^-이다.
ㄴ. (가)는 전기 전도성이 없다.
ㄷ. (나)에 들어 있는 K^+ 수와 H^+ 수는 같다.

① ㄱ ② ㄴ ③ ㄱ, ㄷ
④ ㄴ, ㄷ ⑤ ㄱ, ㄴ, ㄷ

●●●

17 그림은 묽은 염산(HCl)과 수산화 나트륨(NaOH) 수용액의 부피를 달리하여 혼합하였을 때 혼합 용액의 온도 변화를 측정하여 나타낸 것이다.

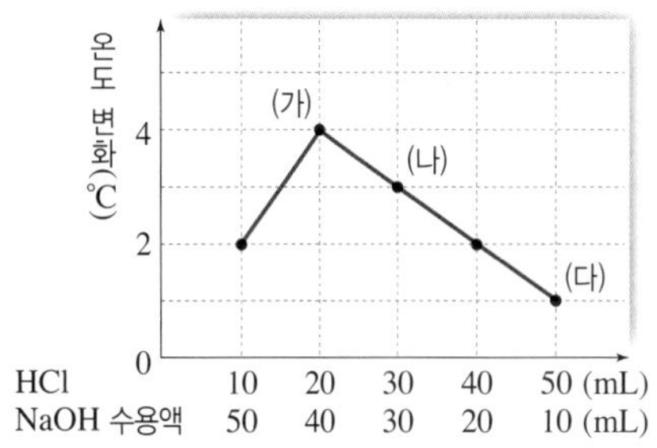

이에 대한 설명으로 옳은 것만을 [보기]에서 있는 대로 고른 것은? (단, 혼합 전 두 수용액의 온도는 같다.)

보기
ㄱ. (가)에 들어 있는 Na^+ 수와 Cl^- 수는 같다.
ㄴ. (나)의 액성은 중성이다.
ㄷ. (다)에 BTB 용액을 떨어뜨리면 노란색을 띤다.

① ㄱ ② ㄴ ③ ㄱ, ㄷ
④ ㄴ, ㄷ ⑤ ㄱ, ㄴ, ㄷ

●○○

18 다음은 우리 주변에서 화학 반응을 이용하는 세 가지 예이다.

(가) 속 쓰림을 완화하기 위해 ㉠제산제를 복용한다.
(나) 생선회의 비린내를 줄이기 위해 ㉡레몬즙을 뿌린다.
(다) 묵은 김치의 신맛을 줄이기 위해 ㉢제빵 소다를 넣는다.

이에 대한 설명으로 옳은 것만을 [보기]에서 있는 대로 고른 것은?

보기
ㄱ. ㉠과 ㉢은 모두 염기성 물질이다.
ㄴ. ㉡에는 H^+이 들어 있다.
ㄷ. (가)~(다)에서는 모두 중화 반응이 일어난다.

① ㄱ ② ㄷ ③ ㄱ, ㄴ
④ ㄴ, ㄷ ⑤ ㄱ, ㄴ, ㄷ

19 다음은 에너지가 출입하는 네 가지 물질 변화이다.

(가) 나무가 연소한다.
(나) 산화 칼슘이 물에 녹는다.
(다) 질산 암모늄이 물에 녹는다.
(라) 묽은 염산과 수산화 나트륨 수용액이 반응한다.

물질 변화가 일어날 때 에너지를 방출하는 것만을 있는 대로 고른 것은?

① (가), (나) ② (가), (다) ③ (다), (라)
④ (가), (나), (라) ⑤ (나), (다), (라)

20 그림과 같이 물을 뿌린 나무판 위에 삼각 플라스크를 올려놓고 질산 암모늄과 수산화 바륨을 반응시킨 후 삼각 플라스크를 들어 올렸더니 나무판이 삼각 플라스크에 달라붙었다.

삼각 플라스크 안에서 일어나는 반응에 대한 설명으로 옳은 것만을 [보기]에서 있는 대로 고른 것은?

보기
ㄱ. 발열 반응이다.
ㄴ. 반응이 일어날 때 주변의 온도가 낮아진다.
ㄷ. 염화 칼슘이 물에 녹는 반응과 에너지의 출입 방향이 같다.

① ㄱ ② ㄴ ③ ㄱ, ㄷ
④ ㄴ, ㄷ ⑤ ㄱ, ㄴ, ㄷ

서술형

21 아이스크림을 포장할 때 드라이아이스를 넣으면 아이스크림이 쉽게 녹지 않는다.
그 까닭을 열에너지의 출입 및 주변의 온도 변화와 관련지어 서술하시오.

22 다음은 세 가지 물질 변화이다.

(가) 광합성

(나) 알코올의 연소

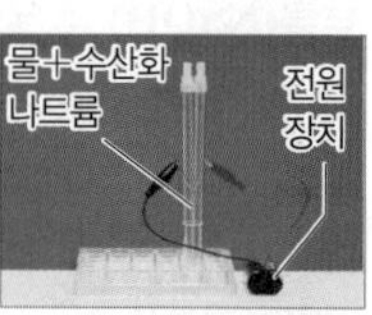

(다) 물의 전기 분해

이에 대한 설명으로 옳은 것만을 [보기]에서 있는 대로 고른 것은?

보기
ㄱ. (가)와 (나)에서 에너지의 출입 방향은 같다.
ㄴ. (나)에서 반응물의 에너지 합은 생성물의 에너지 합보다 작다.
ㄷ. (다)에서 에너지를 흡수한다.

① ㄱ ② ㄷ ③ ㄱ, ㄴ
④ ㄴ, ㄷ ⑤ ㄱ, ㄴ, ㄷ

23 다음은 물질 변화가 일어날 때 에너지가 출입하는 현상을 이용하는 몇 가지 예이다.

(가) 화석 연료를 연소하여 선박을 움직인다.
(나) 추운 겨울날 철 가루 손난로를 사용한다.
(다) 빵을 구울 때 제빵 소다를 넣어 빵을 부풀린다.
(라) 불이 났을 때 소화기로 탄산수소 나트륨 분말을 뿌린다.
(마) 신선식품을 배달할 때 신선도를 유지하기 위해 얼음 주머니를 넣는다.

물질 변화가 일어날 때 열에너지를 ㉠방출하는 것을 이용하는 예와 ㉡흡수하는 것을 이용하는 예를 옳게 짝 지은 것은?

	㉠	㉡
①	(가), (나)	(다), (라), (마)
②	(나), (다)	(가), (라), (마)
③	(다), (마)	(가), (나), (라)
④	(가), (나), (라)	(다), (마)
⑤	(나), (다), (마)	(가), (라)

정답친해 38쪽

중단원 고난도 문제

01 그림은 금속 A의 이온이 들어 있는 수용액에 금속 B를 넣었을 때 수용액에 들어 있는 양이온 수를 나타낸 것이다.

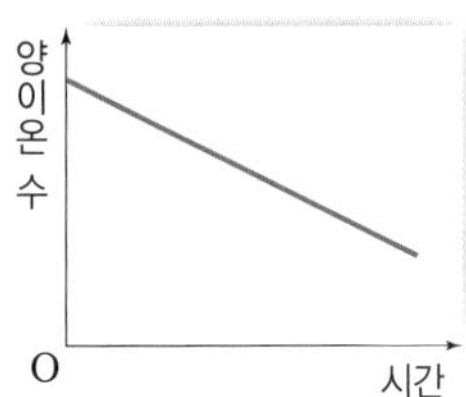

이에 대한 설명으로 옳은 것만을 [보기]에서 있는 대로 고른 것은? (단, A와 B는 임의의 원소 기호이고, 음이온은 반응에 참여하지 않는다.)

보기
ㄱ. 전자는 A 이온에서 금속 B로 이동한다.
ㄴ. 반응 후 수용액에는 B 이온이 존재한다.
ㄷ. 이온의 전하는 A 이온이 B 이온보다 작다.

① ㄱ ② ㄴ ③ ㄱ, ㄷ
④ ㄴ, ㄷ ⑤ ㄱ, ㄴ, ㄷ

02 그림은 일정량의 묽은 염산(HCl)에 충분한 양의 마그네슘(Mg) 조각을 넣었을 때 시간에 따른 용액 속 마그네슘 이온(Mg^{2+}) 수를 나타낸 것이다.

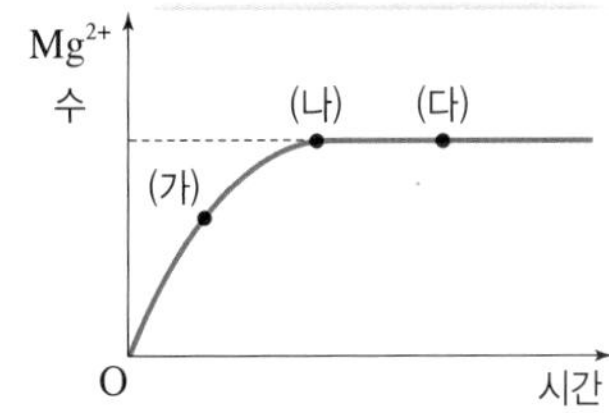

이에 대한 설명으로 옳은 것만을 [보기]에서 있는 대로 고른 것은?

보기
ㄱ. (가)에 BTB 용액을 떨어뜨리면 노란색을 나타낸다.
ㄴ. 용액 속 전체 이온 수는 (나)가 (가)보다 크다.
ㄷ. 용액 속 Cl^- 수는 (다)가 (나)보다 크다.

① ㄱ ② ㄷ ③ ㄱ, ㄴ
④ ㄴ, ㄷ ⑤ ㄱ, ㄴ, ㄷ

03 표는 온도가 같은 묽은 염산(HCl)과 수산화 칼륨(KOH) 수용액의 부피를 달리하여 혼합한 용액 (가)와 (나)에 대한 자료이다.

혼합 용액		(가)	(나)
혼합 전 부피 (mL)	묽은 염산	15	10
	수산화 칼륨 수용액	5	10
혼합 용액에 들어 있는 양이온 모형		△ □ □	△ △

이에 대한 설명으로 옳은 것만을 [보기]에서 있는 대로 고른 것은?

보기
ㄱ. (나)에 존재하는 음이온의 종류는 두 가지이다.
ㄴ. 혼합 용액의 최고 온도는 (나)가 (가)보다 높다.
ㄷ. 수용액 속 전체 이온 수는 (가)가 (나)의 2배이다.

① ㄱ ② ㄴ ③ ㄱ, ㄷ
④ ㄴ, ㄷ ⑤ ㄱ, ㄴ, ㄷ

04 다음은 물질 변화에서 에너지의 출입을 알아보기 위한 실험이다.

[실험 과정]
(가) 비커 Ⅰ에 온도가 20 °C로 같은 수산화 바륨 10 g과 염화 암모늄 4 g을 넣고 섞으면서 물질의 온도를 측정한다.
(나) 비커 Ⅱ에 온도가 20 °C로 같은 물 100 g과 산화 칼슘 10 g을 넣고 섞으면서 용액의 온도를 측정한다.

[실험 결과]
- (가)에서 물질의 온도가 20 °C보다 낮아졌다.
- (나)에서 용액의 온도가 20 °C보다 높아졌다.

이에 대한 설명으로 옳은 것만을 [보기]에서 있는 대로 고른 것은?

보기
ㄱ. 비커 Ⅰ에서 흡열 반응이 일어난다.
ㄴ. 비커 Ⅱ에서 열에너지를 방출하는 반응이 일어난다.
ㄷ. 산화 칼슘이 물에 용해되는 반응은 냉찜질 팩에 이용하기에 적절하다.

① ㄱ ② ㄷ ③ ㄱ, ㄴ
④ ㄴ, ㄷ ⑤ ㄱ, ㄴ, ㄷ

고등학생이면 알아야 할 일반 상식 20

❶ 범죄 신고 번호는 112, 재난 신고 번호는 119입니다. 간첩 신고 번호는 무엇일까요?

❷ 신조어 TMI에서 'I'는 무엇의 약자일까요?

❸ '사운드 오브 뮤직'은 제2차 세계대전 기간 중 어느 나라를 배경으로 한 영화인가요?

❹ 공기는 주로 어떤 기체로 이루어져 있을까요?

❺ 페르시아는 오늘날 어느 나라에 해당하나요?

❻ 삼국사기가 편찬된 시대는 언제인가요?

❼ 세계에서 제일 긴 강은 어디일까요?

❽ 오페라는 어느 나라에서 유래되었을까요?

❾ 커피의 원산지는 어디일까요?

❿ 남자가 많은 곳에 여자가 한 명인 것을 홍일점이라고 합니다. 홍일점을 지칭하는 꽃은 무엇일까요?

⓫ 오늘날과 같은 배추 김치는 언제부터 먹었을까요?

⓬ 프랑스 혁명을 그린 소설 '레 미제라블'의 주인공 이름은 무엇인가요?

⑬ 레오나르도 다빈치가 그린 '최후의 만찬'에서 예수를 포함하여 나오는 인물은 총 몇 명인가요?

⑭ 경상도 사투리인 '삐갱이'는 무슨 뜻일까요?

⑮ '백조의 호수'를 작곡한 차이콥스키는 어느 나라 작곡가인가요?

⑯ 스마트폰을 기기에 접촉해 카드 결제 및 가까운 거리에서 데이터를 주고받는 통신 기술을 가리키는 약자는 무엇인가요?

⑰ 우체국 로고에 있는 새는 무엇인가요?

⑱ 우리가 사용하는 아라비아 숫자를 고안한 나라는 어디일까요?

⑲ 왕의 나이가 어려 왕대비가 대신 정사를 처리하는 것을 무엇이라고 하나요?

⑳ '고생 끝에 즐거움이 온다.'라는 뜻의 사자성어는 무엇일까요?

0개~5개

1주일에 1권씩 독서가 필요합니다.

6개~10개

도서관 방문을 계획하고 책을 읽어야 합니다.

11개~15개

책을 가까이하는 습관을 들일 필요가 있습니다.

16개~20개

지금처럼만 유지하면 됩니다.

정답 | ❶ 111 ❷ information ❸ 오스트리아 ❹ 질소 ❺ 이란 ❻ 고려 ❼ 나일강 ❽ 이탈리아 ❾ 에티오피아 ❿ 석류꽃 ⓫ 조선 시대 ⓬ 장 발장 ⓭ 13명 ⓮ 병아리 ⓯ 러시아 ⓰ NFC ⓱ 제비 ⓲ 인도 ⓳ 수렴청정 ⓴ 고진감래

환경과 에너지

1 생태계와 환경 변화

2 에너지 전환과 활용

이 단원의 학습 연계

중학교에서 배운 내용

- 생물과 환경
- 생태계평형 유지
- 지구 온난화

생물과 환경

1 생물은 빛, 온도, 물, 먹이 등의 환경에 ❶ ______하여 살아간다.

예 북극여우는 귀가 작고 몸집이 크며, 사막여우는 귀가 크고 몸집이 작다. ➡ 북극여우와 사막여우의 생김새가 다른 것은 서로 다른 ❷ ______에 적응한 결과이다.

생태계평형 유지

1 ❸ ______: 생태계를 이루는 생물의 종류와 수가 크게 변하지 않고 안정된 상태를 유지하는 것

2 생태계평형 유지: 생물다양성이 높을수록 ❹ ______이 복잡하여 생물이 멸종될 가능성이 낮아지고, 생태계평형이 잘 유지된다.

먹이그물이 단순한 생태계	어떤 생물이 사라지면 그 생물과 먹이 관계를 맺고 있는 생물이 직접 영향을 받아 생태계가 쉽게 파괴된다.
먹이그물이 복잡한 생태계	어떤 생물이 사라져도 먹이 관계에서 사라진 생물을 대체하는 생물이 있어 생태계가 안정을 유지한다.

지구 온난화

1 지구의 복사 평형: 지구는 태양 복사 에너지를 흡수한 양만큼 지구 복사 에너지를 우주로 방출하므로 복사 평형을 이루어 지구의 평균 기온이 일정하게 유지된다.

2 ❺ ______: 지표에서 방출되는 지구 복사 에너지가 대기에 포함되어 있는 온실 기체에 흡수되었다가 일부가 지표로 다시 방출되어 지구를 보온하는 현상

3 ❻ ______: 온실 효과가 강화되어 지구의 평균 기온이 상승하는 현상

❶ 적응 ❷ 환경 ❸ 생태계평형 ❹ 먹이그물 ❺ 온실 효과 ❻ 지구 온난화

통합과학에서 배울 내용

- 생태계구성요소
- 생물과 환경의 상호 관계
- 먹이 관계와 생태피라미드
- 생태계평형이 유지되는 과정
- 환경 변화와 생태계
- 지구 열수지
- 지구 온난화
- 엘니뇨
- 사막화
- 미래의 지구 환경 변화와 대처 방안

생물과 환경의 상호 관계와
생태계보전의 필요성을 알고, 신재생
에너지를 개발하여 지속 가능한 발전과
지구 환경 문제를 해결하기 위한 인간의
노력을 배울 거야.

생물과 환경

★ 핵심 포인트
- 생태계를 구성하는 요소 ★★
- 생태계구성요소 사이의 관계 ★★★
- 빛과 생물 ★★
- 온도와 생물 ★★

A 생태계를 구성하는 요소

1. 생태계

① ◆생태계: 생물이 다른 생물 및 주변 환경과 서로 영향을 주고받으며 살아가는 체계

→ 한 종의 생물로 이루어진다.
→ 여러 종의 생물로 이루어진다.

② 생태계의 종류: 열대우림, 삼림, 초원, 갯벌, 사막, 연못, 공원, 저수지 등

- 열대우림, 사막 등과 같이 자연적으로 형성된 생태계도 있고, 연못, 공원, 저수지 등과 같이 인위적으로 만들어진 생태계도 있다.

2. 생태계를 구성하는 요소
생태계는 생물요소와 비생물요소로 구성된다.

① 생물요소: 생태계에 존재하는 모든 생물로, 역할에 따라 생산자, 소비자, 분해자로 구분한다.

→ 미래엔 교과서에서는 양분과 에너지가 이동하는 단계에 따라 구분한다고 하였다.

생산자	◆소비자	분해자
광합성으로 생명활동에 필요한 양분(유기물)을 스스로 만드는 생물 예 식물, 식물 ❶플랑크톤	다른 생물을 먹이로 하여 양분(유기물)을 얻는 생물 예 초식동물, 육식동물, 동물 플랑크톤	다른 생물의 사체나 배설물에 포함된 유기물을 분해하여 에너지를 얻는 생물 예 세균, 곰팡이, 버섯
 민들레	 토끼	 버섯

② 비생물요소: 생물을 둘러싸고 있는 환경요인으로, 빛, 온도, 물, 토양, 공기 등이 있다.

→ 동아 교과서에서는 환경요인을 무기 환경이라고 하였다.

◆ 개체, 개체군, 군집, 생태계의 관계
일정한 지역에 사는 같은 종의 개체들이 모여 개체군을 이루고, 여러 개체군이 모여 군집을 이룬다. 지구에는 여러 군집과 환경으로 이루어진 다양한 생태계가 있다.

✳ 생산자, 소비자, 분해자 사이의 유기물 이동

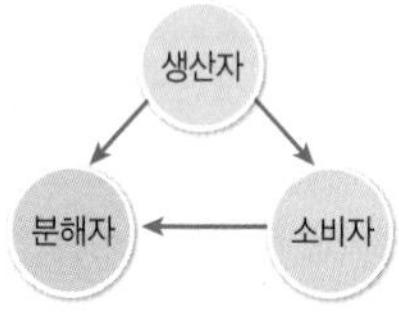

생산자가 광합성을 통해 만든 유기물 중 일부는 소비자로 이동한다. 또 분해자는 생산자와 소비자의 사체나 배설물로부터 유기물을 얻는다.

◆ 소비자의 구분
- 1차 소비자: 생산자를 먹이로 하는 생물
- 2차, 3차 소비자: 각각 1차 소비자와 2차 소비자를 먹이로 하는 생물

암기해

생태계구성요소
- 생물요소: 생산자, 소비자, 분해자
- 비생물요소: 빛, 온도, 물, 토양, 공기 등

용어

❶ 플랑크톤 물속에서 물결에 따라 떠다니는 작은 생물

3. 생태계구성요소 사이의 관계 생태계는 생물요소와 비생물요소의 상호 관계로 유지된다.

└• 생물요소와 비생물요소 사이의 상호작용과 생물요소들 사이의 상호작용이 균형을 이루어야 생태계가 건강하게 유지된다.

| 생태계구성요소 사이의 관계 |

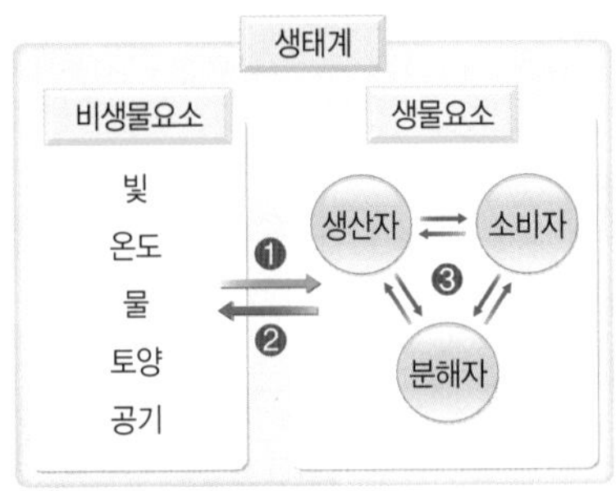

❶ 비생물요소가 생물요소에 영향을 준다.
 예 • 토양에 양분이 풍부하면 식물이 잘 자란다.
 • 가을에 기온이 낮아지면 은행나무 잎이 노랗게 변한다.

❷ 생물요소가 비생물요소에 영향을 준다.
 예 • 낙엽이 쌓여 분해되면 토양이 비옥해진다.
 • 지렁이는 흙속을 돌아다니며 토양의 통기성을 높인다.

❸ 생물요소 사이에 서로 영향을 준다.
 예 • 메뚜기의 개체수가 증가하면 개구리의 개체수도 증가한다.
 • 초식동물은 식물의 잎이나 열매 등을 먹고 산다.

✔ 이것까지 나와요! 생명과학

생물요소 사이의 관계

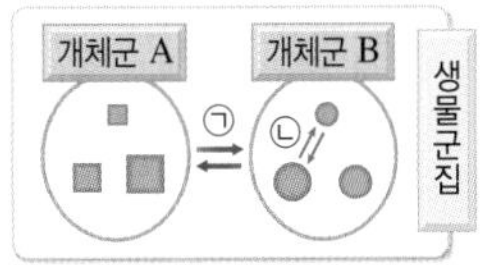

생물은 다른 종의 생물 사이에도 영향을 주고받으며(㉠), 같은 종의 생물 사이에도 영향을 주고받는다(㉡). 같은 종의 기러기 무리가 이동할 때 한 마리가 무리 전체를 이끄는 것은 같은 종의 생물 사이에서 영향을 주고받는 것(㉡)이다.

개념 확인 문제

정답친해 40쪽

핵심 체크 •

▸ (❶): 생물이 다른 생물 및 주변 환경과 서로 영향을 주고받으며 살아가는 체계

▸ 생태계를 구성하는 요소

생물요소			(❺)
(❷)	(❸)	(❹)	
광합성으로 생명활동에 필요한 양분(유기물)을 스스로 만드는 생물 예 식물, 식물 플랑크톤	다른 생물을 먹이로 하여 양분(유기물)을 얻는 생물 예 동물, 동물 플랑크톤	다른 생물의 사체나 배설물에 포함된 유기물을 분해하여 에너지를 얻는 생물 예 세균, 곰팡이	생물을 둘러싸고 있는 환경요인 예 빛, 온도, 물, 공기

1 일정한 지역에 사는 같은 종의 개체들이 무리를 이룬 것을 ㉠(   )이라고 하고, 여러 개체군의 무리를 ㉡(   )이라고 한다.

2 생태계를 구성하는 각 요소에 해당하는 예를 [보기]에서 있는 대로 고르시오.

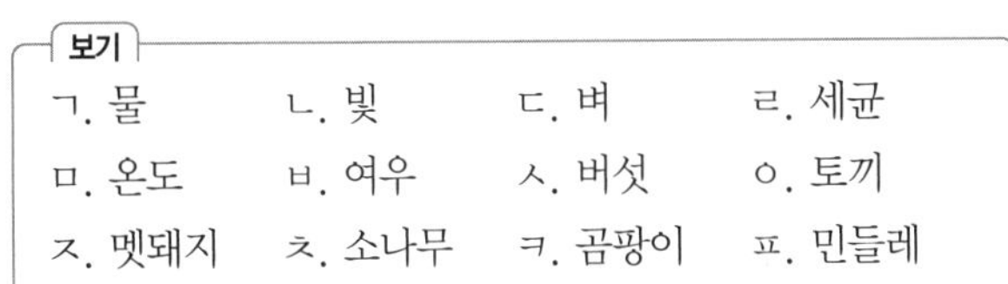

보기			
ㄱ. 물	ㄴ. 빛	ㄷ. 벼	ㄹ. 세균
ㅁ. 온도	ㅂ. 여우	ㅅ. 버섯	ㅇ. 토끼
ㅈ. 멧돼지	ㅊ. 소나무	ㅋ. 곰팡이	ㅍ. 민들레

(1) 생산자 (2) 소비자
(3) 분해자 (4) 비생물요소

3 그림은 생태계구성요소 사이의 관계를 나타낸 것이다. 다음 현상은 ㉠~㉢ 중 어느 것에 해당하는지 쓰시오.

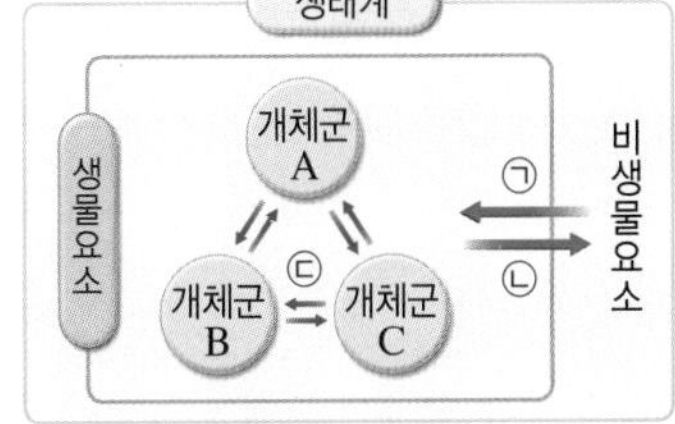

(1) 낙엽이 쌓여 분해되면 토양이 비옥해진다. ······ (   )
(2) 토양에 양분이 풍부하면 식물이 잘 자란다. ····· (   )
(3) 식물이 광합성을 활발히 하면 주변 공기의 조성이 바뀐다. ······ (   )
(4) 가을에 기온이 낮아지면 은행나무 잎이 노랗게 변한다. ······ (   )
(5) 메뚜기의 개체수가 증가하면 개구리의 개체수도 증가한다. ······ (   )

B 생물과 환경의 상호 관계

생물과 환경의 상호 관계에서 각 예가 생물요소가 비생물요소에 영향을 주는 경우인지, 비생물요소가 생물요소에 영향을 주는 경우인지 알아두어요.

생물요소와 비생물요소는 서로 영향을 주고받는다. 생물은 빛, 온도, 물, 토양, 공기 등 여러 환경요인에 대해 ◆적응하면서 살아가며, 생물의 생명활동으로 환경요인이 변화하기도 한다.

◆ **생물의 적응**
환경요인은 생물의 생활 방식, 번식 방법, 서식 장소 등에 영향을 미치며, 생물은 환경요인에 적응하여 몸의 구조와 기능, 습성 등을 바꾸며 살아간다.

1. 빛과 생물 빛은 생물의 분포, 성장, 형태, 생활 방식 등에 영향을 준다.

① 빛의 세기와 생물

• 식물의 종류에 따라 생존에 유리한 빛의 세기가 다르다.

강한 빛에 적응한 식물	• 빛의 세기가 강한 곳에서 잘 자란다. • 울타리조직이 발달하여 잎이 두껍다. 예 소나무, 자작나무 등	소나무
약한 빛에 적응한 식물	• 빛의 세기가 약한 곳에서도 잘 자란다. • 잎이 일반적으로 얇고 넓어 약한 빛을 효율적으로 흡수할 수 있다. 예 밤나무, 산세비에리아, 보스턴고사리 등	보스턴고사리

• 한 식물에서도 강한 빛을 받는 잎은 울타리조직이 발달하여 두껍고, 약한 빛을 받는 잎은 얇고 넓어 약한 빛을 효율적으로 흡수할 수 있다.

※ **빛과 잎의 모양**
라피도포라는 잎이 커질수록 구멍이 크게 생겨 아래쪽에 있는 잎이 빛을 잘 받도록 적응했다.

라피도포라

빛의 세기에 따른 잎의 두께

비상 교과서에만 나와요.

광합성이 활발하게 일어난다.
울타리 조직
울타리조직이 발달하여 잎이 두껍다.
➡ 광합성량이 많다.
울타리 조직
울타리조직이 덜 발달하여 잎이 얇다.

강한 빛을 받는 잎 / 약한 빛을 받는 잎

② [1]일조 시간과 생물: 일조 시간은 동물의 생식주기나 행동, 식물의 개화 시기에 영향을 준다.

• 동물의 적응: 꾀꼬리와 종달새는 일조 시간이 길어지는 봄에 번식하고, 송어와 노루는 일조 시간이 짧아지는 가을에 번식한다. → 일조 시간이 조류나 포유류의 성호르몬 분비에 영향을 주어 생식주기가 달라지기 때문이다.

• 식물의 적응: 붓꽃, 시금치, 상추는 일조 시간이 길어지는 봄과 초여름에 꽃이 피고, 코스모스, 나팔꽃, 국화는 일조 시간이 짧아지는 가을에 꽃이 핀다.

+ 확대경 일조 시간과 식물의 개화

• 장일식물: 일조 시간이 길어지는 봄과 초여름에 꽃이 피는 식물 예 붓꽃, 시금치, 상추 등
• 단일식물: 일조 시간이 짧아지는 가을에 꽃이 피는 식물 예 코스모스, 나팔꽃, 국화 등

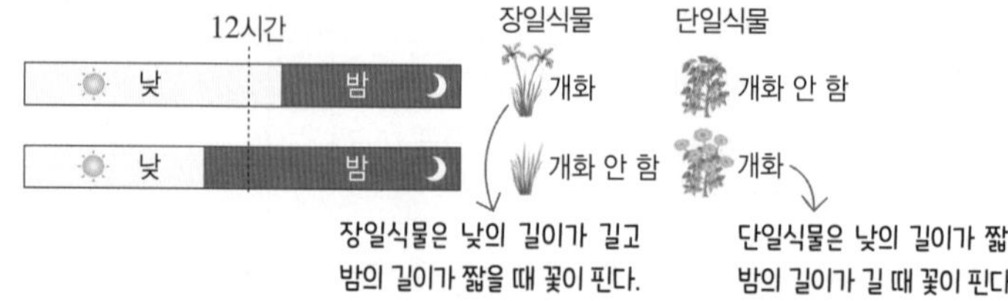

12시간
장일식물
단일식물
낮
밤
개화
개화 안 함
낮
밤
개화 안 함
개화
장일식물은 낮의 길이가 길고 밤의 길이가 짧을 때 꽃이 핀다.
단일식물은 낮의 길이가 짧고 밤의 길이가 길 때 꽃이 핀다.

용어

[1] 일조(日 해, 照 비추다) 시간
하루 중 구름이나 안개 등에 가려지지 않고 햇빛이 실제로 내리쬐는 시간

2. 온도와 생물 온도는 생명체에서 일어나는 ◆물질대사 과정에 영향을 주므로 생물의 생명 활동은 온도의 영향을 받는다.

① 동물의 적응

- 개구리, 뱀, 곰, 박쥐는 추운 겨울이 오면 겨울잠을 잔다.
- 기러기와 같은 철새는 계절에 따라 적합한 온도의 장소로 이동한다.
- 뱀, 도마뱀과 같은 ◆변온동물은 기온에 따라 햇빛이나 그늘을 찾아다닌다.
- 추운 지방에 사는 ◆정온동물은 깃털이나 털이 발달되어 있고, 피하 지방층이 두꺼워 몸에서 열이 방출되는 것을 막는다.
- 펭귄은 겨울이 오기 전에 털갈이를 하여 털이 더 두껍고 촘촘하게 자라게 한다.
- 포유류는 서식지의 기온에 따라 몸집과 몸 말단부의 크기가 다르기도 하여 추운 지역에 살수록 몸집은 커지고, 몸 말단부의 크기는 작아지는 경향이 있다.

온도에 따른 여우의 적응

북극여우는 몸집이 크고 몸 말단부가 작아 열이 덜 방출되므로 추운 곳에서 체온을 유지하기에 효과적이고, 사막여우는 몸집이 작고 몸 말단부가 커서 열이 많이 방출되므로 더운 곳에서 체온을 유지하기에 효과적이다.

몸집이 크고 귀가 작다. ➡ 단위 부피당 체표면적이 작아 열 방출량이 적다.

북극여우

온대여우

몸집이 작고 귀가 크다. ➡ 단위 부피당 체표면적이 커 열 방출량이 많다.

사막여우

② 식물의 적응

- 기온이 매우 낮은 툰드라에 사는 털송이풀은 잎이나 꽃에 털이 나 있어 체온이 낮아지는 것을 막는다.
- 낙엽수는 기온이 낮아지면 단풍이 들고 잎을 떨어뜨린다.
  - 낙엽수: 가을이나 겨울에 잎이 떨어졌다가 봄에 새잎이 나는 나무

털송이풀

단풍나무

3. 물과 생물 물은 생명체를 구성하는 성분 중 가장 많으며, 생물이 생명 현상을 유지하는 데 반드시 필요하다.

① 동물의 적응: 육상에 사는 동물은 몸속의 수분이 손실되는 것을 막는 방법으로 적응하였다.

- 파충류는 몸 표면이 비늘로 덮여 있다.
- 조류와 파충류의 알은 단단한 껍질로 싸여 있다.
- 곤충은 몸 표면이 ◆키틴질로 되어 있다.
- 사막에 사는 포유류는 농도가 진한 오줌을 배설하여 오줌으로 빠져나가는 수분의 양을 줄인다.

도마뱀

장수풍뎅이

◆ **물질대사와 온도**

생물의 물질대사에는 생체촉매인 효소가 관여하는데, 효소는 온도에 따라 활성이 달라지며, 고온에서는 변성된다. 따라서 생물의 생명활동은 온도의 영향을 받는다.

궁금해

개구리와 곰이 겨울잠을 자는 까닭은 어떻게 다를까?

변온동물인 개구리는 스스로 체온을 조절하지 못한다. 따라서 겨울이 오면 체온이 낮아져 물질대사가 원활하지 않으므로 온도 변화가 적은 땅속으로 들어가 겨울잠을 잔다. 반면 정온동물인 곰은 먹이가 부족한 겨울철 동안 에너지 소모를 줄이기 위해 겨울잠을 잔다.

◆ **정온동물과 변온동물**

- 정온동물: 외부 온도 변화와 관계없이 체온을 항상 일정하게 유지하는 동물 예 조류, 포유류
- 변온동물: 스스로 체온을 조절할 수 없어 외부 온도에 따라 체온이 변하는 동물 예 어류, 양서류, 파충류

✳ **생물이 온도에 영향을 주는 예**

- 소의 트림에 포함된 온실 기체(메테인 등)가 지구의 기온을 높인다.
- 숲에 사는 식물은 주변의 온도를 낮춘다.

◆ **키틴질**

곤충류나 갑각류의 외골격을 이루고 있는 물질로, 내부의 연한 살을 보호하고 수분이 증발되는 것을 막는다.

② **식물의 적응**: 식물은 서식하는 곳에 따라 몸의 구조가 다르게 적응하였다.

육상에 서식하는 식물	육상에 서식하는 대부분의 육상식물은 뿌리, 줄기, 잎이 잘 발달해 있다. 예 은행나무, 민들레 등	은행나무
물에 서식하는 식물	물이 풍부한 환경에 서식하는 수생식물은 관다발이나 뿌리가 잘 발달하지 않았고, ❶통기조직이 발달하여 산소와 이산화 탄소를 교환하며 물 위에 잘 뜰 수 있다. 예 수련, 생이가래 등	수련
건조한 곳에 서식하는 식물	건조한 지역에 서식하는 건생식물은 뿌리가 발달해 있으며, 잎이 작거나 가시로 변해 수분이 증발하는 것을 막고, ❷저수조직이 발달하여 내부에 물을 저장할 수 있다. 예 선인장, 알로에 등	선인장

암기해

물에 대한 식물의 적응
- 수생식물: 통기조직
- 건생식물: 작거나 가시로 변한 잎, 저수조직

4. 토양과 생물 토양은 수많은 생물이 살아가는 터전을 제공하고, 토양의 무기염류, 공기, 수분 함량 등은 생물의 생활에 영향을 준다.

① **생물의 적응**
- 바닷가에 사는 함초는 고농도의 염분을 저장하는 조직이 발달해 수분을 잘 흡수한다.
- 토양의 깊이에 따라 공기의 함량이 달라 분포하는 세균의 종류가 달라진다. ➡ 공기를 비교적 많이 포함하고 있는 토양의 표면은 ◆산소세균이 살기에 적합하고, 공기를 적게 포함하는 토양의 깊은 곳은 ◆무산소세균이 살기에 적합하다.

함초

◆ **산소세균과 무산소세균**
- 산소세균: 산소를 이용해 유기물을 분해하여 살아가는 세균
- 무산소세균: 산소 없이 유기물을 분해하여 살아갈 수 있는 세균

② **생물의 영향**
- 지렁이와 두더지는 흙속을 돌아다니며 토양의 통기성을 높여, 산소가 필요한 생물이 살기 좋은 환경을 만든다.
- 지렁이의 배설물은 영양물질이 많아 지렁이가 많이 사는 곳은 토양 성분이 변한다.
- 흰개미는 침과 배설물을 섞어 집을 지으므로 흰개미 집 주변은 토양 성분이 변한다.

두더지

- 토양 속 미생물은 동식물의 사체나 배설물을 무기물로 분해하여 다른 생물에게 양분으로 제공하거나 비생물요소인 환경으로 돌려보낸다. → 생태계에서 물질이 순환하는 데 중요한 역할을 한다.

✱ **생물요소가 비생물요소에 영향을 미치는 또다른 예**
- 고래의 배설물은 해양의 물질순환에 도움을 준다.
- 비버가 댐을 만들면 강의 흐름이 느려지고 댐 주변이 습지 환경으로 변한다.
- 흰개미의 집 짓기 활동은 환경에 영향을 주어 초원의 사막화를 늦추기도 한다.

5. 공기와 생물 공기는 생물의 생활에 영향을 준다.
- 산소가 희박한 고산지대에 사는 사람들은 평지에 사는 사람들에 비해 혈액 속 적혈구의 수가 많아 산소를 효율적으로 운반한다. ➡ 산소가 부족한 환경에 적응하였다.
- 공기 중의 산소는 생물의 호흡에 이용되고, 이산화 탄소는 식물의 광합성에 이용된다. ➡ 생물의 호흡과 광합성으로 주변 공기의 조성이 변한다.

고산지대에 사는 사람

- 노송나무, 삼나무, 소나무 등 일부 나무는 미생물을 제거하는 피톤치드라는 물질을 주변으로 내뿜는다. ➡ 주변 공기의 성분이 변한다.

용어

❶ **통기(通 통하다, 氣 공기)조직**
잎이나 줄기에서 흡수한 공기를 뿌리 쪽으로 보내는 긴 통로와 같은 조직

❷ **저수(貯 저축하다, 水 물)조직**
물을 저장하는 조직

정답친해 40쪽

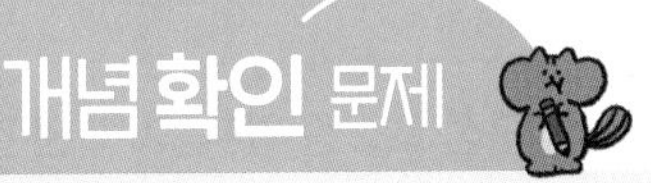

개념 확인 문제

핵심 체크

▸ 빛과 생물

빛의 세기	강한 빛을 받는 잎은 약한 빛을 받는 잎보다 (❶)조직이 발달하여 두껍다.
일조 시간	붓꽃, 시금치, 상추는 봄과 초여름에 꽃이 피고, 국화와 코스모스는 가을에 꽃이 핀다.

▸ **온도와 생물**: 추운 지역에 사는 동물일수록 몸집이 (❷), 몸 말단부의 크기가 (❸) 경향이 있다.

▸ **물과 생물**: 파충류는 몸 표면이 (❹)로 덮여 있고, 곤충류는 몸 표면이 키틴질로 되어 있어 몸속 수분의 손실을 막는다.

▸ **토양과 생물**: 지렁이는 흙속을 돌아다니며 토양의 통기성을 높여 산소가 필요한 생물이 살기 좋은 환경을 만든다.

▸ **공기와 생물**: 생물의 호흡과 (❺)으로 주변 공기의 성분이 변한다.

1 다음 현상과 가장 관련이 깊은 환경요인을 [보기]에서 고르시오.

보기

ㄱ. 빛 ㄴ. 온도 ㄷ. 물
ㄹ. 토양 ㅁ. 공기

(1) 새의 알은 단단한 껍질로 싸여 있다.
(2) 개구리는 추운 겨울이 오면 겨울잠을 잔다.
(3) 식물의 광합성으로 대기 중 산소 농도가 높아진다.
(4) 수련의 줄기와 뿌리에는 통기조직이 발달해 있다.
(5) 지렁이와 두더지는 흙속을 돌아다니며 공기가 잘 통하게 한다.
(6) 양지에서 잘 사는 식물의 잎은 음지에서 잘 사는 식물의 잎보다 두껍다.

2 다음은 생물과 환경의 상호 관계를 나타낸 것이다.

(가) 생물요소가 비생물요소에 영향을 주는 경우
(나) 비생물요소가 생물요소에 영향을 주는 경우

(가), (나) 중 다음 현상에 해당하는 상호 관계를 고르시오.

(1) 소의 트림에 포함된 메테인이 지구의 기온을 높인다. ( )
(2) 라피도포라는 잎이 커질수록 구멍이 크게 생겨 아래쪽에 있는 잎도 빛을 잘 받도록 한다. ( )
(3) 흰개미는 침과 배설물을 섞어 집을 지으므로 흰개미집 주변의 토양은 성분이 변한다. ( )
(4) 염분이 많은 땅에 사는 함초는 고농도의 염분을 저장하는 조직이 발달해 수분을 잘 흡수한다. ( )

3 다음은 생물이 어떤 환경요인에 적응한 현상이다.

- 꾀꼬리는 봄에 번식하고, 노루는 가을에 번식한다.
- 붓꽃은 봄과 초여름에 꽃이 피고, 코스모스는 가을에 꽃이 핀다.

이와 가장 관련이 깊은 환경요인을 쓰시오.

4 그림은 서로 다른 지역에 서식하는 사막여우와 북극여우를 나타낸 것이다.

사막여우

북극여우

사막여우는 몸집이 작고 귀가 크지만, 북극여우는 몸집이 크고 귀가 작다. 이와 같은 차이가 나타나는 것과 가장 관련이 깊은 환경요인을 쓰시오.

5 표는 서식 환경이 다른 두 식물 (가)와 (나)의 특징을 나타낸 것이다.

(가)	(나)
잎이 가시로 변하였고, 저수조직이 발달하였다.	뿌리가 잘 발달하지 않았고, 통기조직이 발달하였다.

(가)와 (나) 중 건조한 환경에서 서식하는 식물은 어느 것인지 고르시오.

내신 만점 문제

A 생태계를 구성하는 요소

01 생태계에 대한 설명으로 옳은 것만을 [보기]에서 있는 대로 고른 것은?

보기
ㄱ. 생태계는 생산자, 소비자, 분해자로만 구성된다.
ㄴ. 일정한 지역에 사는 여러 종의 개체들이 무리를 이룬 것을 개체군이라고 한다.
ㄷ. 일정한 지역에 사는 여러 개체군이 모여 군집을 이룬다.

① ㄴ ② ㄷ ③ ㄱ, ㄴ
④ ㄱ, ㄷ ⑤ ㄱ, ㄴ, ㄷ

중요 **02** 표는 생태계구성요소와 그 특징을 나타낸 것이다. A~D는 생산자, 소비자, 분해자, 비생물요소를 순서 없이 나타낸 것이다.

구성 요소	특징
A	생물을 둘러싸고 있는 환경요인이다.
B	다른 생물을 먹이로 하여 양분을 얻는다.
C	빛에너지를 이용하여 생명활동에 필요한 양분을 스스로 만든다.
D	다른 생물의 사체나 배설물에 포함된 유기물을 분해하여 에너지를 얻는다.

이에 대한 설명으로 옳은 것만을 [보기]에서 있는 대로 고른 것은?

보기
ㄱ. A에는 물, 온도, 토양, 세균 등이 포함된다.
ㄴ. B는 유기물이 이동하는 단계에 따라 1차, 2차, 3차 등으로 구분한다.
ㄷ. 버섯은 C에 해당한다.

① ㄴ ② ㄷ ③ ㄱ, ㄴ
④ ㄱ, ㄷ ⑤ ㄱ, ㄴ, ㄷ

03 다음은 어떤 생태계의 구성 요소 중 일부를 나타낸 것이다.

곰팡이, 메뚜기, 뱀, 벼, 옥수수, 쥐

이에 대한 설명으로 옳지 않은 것은?

① 벼와 옥수수는 생산자에 해당한다.
② 메뚜기는 소비자에 해당한다.
③ 쥐와 뱀은 각각 다른 개체군에 속한다.
④ 생물요소와 비생물요소가 모두 제시되어 있다.
⑤ 곰팡이는 다른 생물의 사체나 배설물에 포함된 유기물을 분해하여 에너지를 얻는다.

04 그림은 생태계를 구성하는 생물요소 사이에서 유기물이 이동하는 방향을 나타낸 것이다. (가)~(다)는 생산자, 소비자, 분해자를 순서 없이 나타낸 것이다.

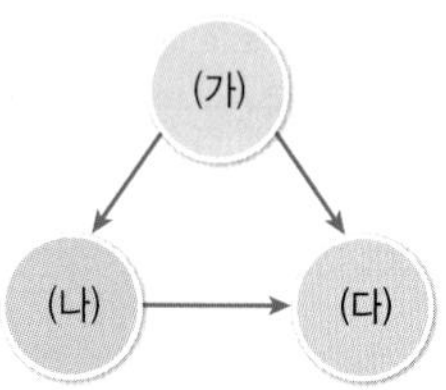

이에 대한 설명으로 옳은 것만을 [보기]에서 있는 대로 고른 것은?

보기
ㄱ. (가)는 생산자이다.
ㄴ. 동물 플랑크톤은 (나)에 해당한다.
ㄷ. (가)~(다)는 모두 비생물요소와 서로 영향을 주고받으며 살아간다.

① ㄱ ② ㄴ ③ ㄱ, ㄷ ④ ㄴ, ㄷ ⑤ ㄱ, ㄴ, ㄷ

중요 **05** 그림은 어떤 생태계를 구성하는 요소 사이의 관계를 나타낸 것이다. 이에 대한 설명으로 옳은 것만을 [보기]에서 있는 대로 고른 것은?

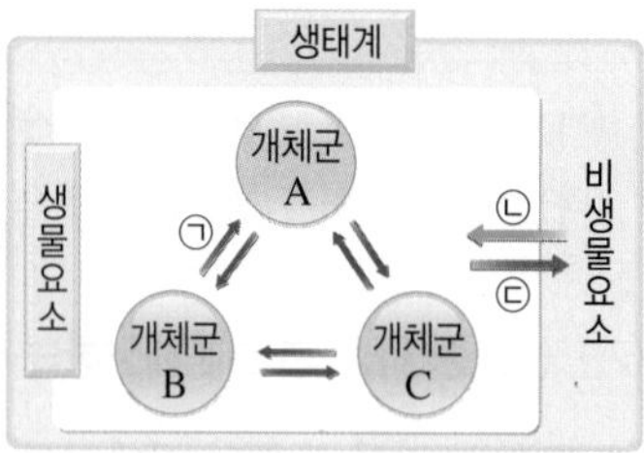

보기
ㄱ. 개체군 A와 B는 같은 군집에 속한다.
ㄴ. '같은 종의 기러기들이 집단으로 이동할 때 리더를 따라 이동한다.'는 ㉠의 예에 해당한다.
ㄷ. '지렁이 배설물에는 영양물질이 많아 지렁이가 많이 사는 곳은 토양 성분이 변한다.'는 ㉢의 예에 해당한다.

① ㄱ ② ㄴ ③ ㄱ, ㄴ ④ ㄱ, ㄷ ⑤ ㄴ, ㄷ

B 생물과 환경의 상호 관계

06 생물과 환경의 상호 관계에 대한 설명으로 옳지 않은 것은?

① 생태계는 생물요소와 비생물요소의 상호 관계로 유지된다.
② 생물은 여러 환경요인에 대해 적응하며 살아간다.
③ 생물의 생명활동은 환경요인을 변화시키지 못한다.
④ 비생물요소는 생물의 생존에 필요한 물질과 장소를 제공한다.
⑤ 비생물요소는 생물의 서식 장소, 번식 방법, 몸의 구조 등에 영향을 미친다.

중요 **07** 그림 (가)와 (나)는 한 식물에서 강한 빛을 받는 잎과 약한 빛을 받는 잎을 순서 없이 나타낸 것이다.

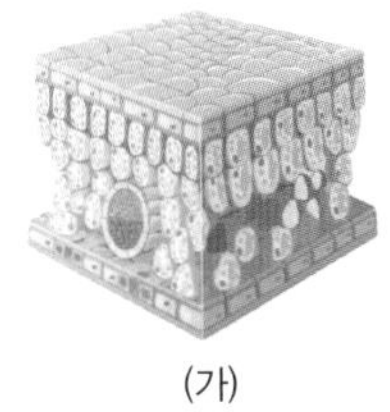
(가)

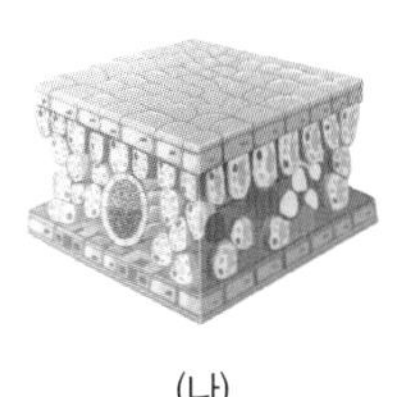
(나)

이에 대한 설명으로 옳은 것만을 [보기]에서 있는 대로 고른 것은?

보기
ㄱ. (가)는 약한 빛을 받는 잎이다.
ㄴ. (가)는 (나)보다 울타리조직이 더 발달하였다.
ㄷ. (가)와 (나)에서 잎의 두께 차이는 빛의 세기와 관련이 있다.

① ㄱ ② ㄷ ③ ㄱ, ㄴ
④ ㄴ, ㄷ ⑤ ㄱ, ㄴ, ㄷ

08 온도가 생물에 영향을 준 예로 옳은 것만을 [보기]에서 있는 대로 고른 것은?

보기
ㄱ. 곤충은 몸 표면이 키틴질로 되어 있다.
ㄴ. 뱀이나 도마뱀이 햇빛이나 그늘을 찾아다닌다.
ㄷ. 툰드라에 사는 털송이풀은 잎에 털이 나 있다.

① ㄱ ② ㄴ ③ ㄷ
④ ㄱ, ㄷ ⑤ ㄴ, ㄷ

09 그림은 일조 시간에 따른 식물 (가)와 (나)의 개화 여부를 나타낸 것이다. (가)와 (나)는 단일식물과 장일식물을 순서 없이 나타낸 것이다.

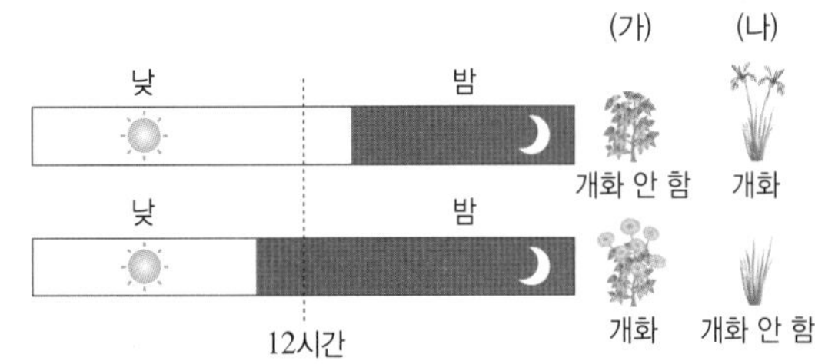

이에 대한 설명으로 옳은 것만을 [보기]에서 있는 대로 고른 것은?

보기
ㄱ. (가)는 단일식물이다.
ㄴ. 국화와 코스모스는 (나)에 속한다.
ㄷ. 일조 시간의 영향을 받은 동물의 예로 '꾀꼬리는 봄에 번식하고, 노루는 가을에 번식한다.'가 있다.

① ㄱ ② ㄴ ③ ㄱ, ㄷ
④ ㄴ, ㄷ ⑤ ㄱ, ㄴ, ㄷ

중요 **10** 그림은 서로 다른 지역에 사는 여우의 모습을 나타낸 것이다. (가)와 (나)는 북극여우와 사막여우를 순서 없이 나타낸 것이다.

(가)

(나)

이에 대한 설명으로 옳은 것만을 [보기]에서 있는 대로 고른 것은?

보기
ㄱ. (가)는 사막여우이다.
ㄴ. (나)는 (가)보다 몸집과 몸의 말단부가 크다.
ㄷ. (가)는 (나)보다 외부로 열을 방출하는 데 유리하다.

① ㄱ ② ㄴ ③ ㄱ, ㄷ
④ ㄴ, ㄷ ⑤ ㄱ, ㄴ, ㄷ

중요 **11** 다음은 생물과 환경의 상호작용에 대한 예이다.

(가) 가을이 되면 단풍나무의 잎이 붉게 변한다.
(나) 조류와 파충류의 알은 단단한 껍질로 싸여 있다.
(다) 지렁이가 많은 곳은 식물에게 필요한 양분이 풍부하다.
(라) 고산지대에 사는 사람들은 평지에 사는 사람들보다 혈액에 적혈구 수가 많다.

(가)~(라)와 가장 관련이 깊은 환경요인을 옳게 짝 지은 것은?

	(가)	(나)	(다)	(라)
①	공기	빛	온도	물
②	빛	물	온도	토양
③	빛	온도	토양	물
④	온도	물	토양	공기
⑤	온도	빛	공기	토양

12 다음은 생태계를 구성하는 요소 사이의 상호작용에 대한 자료이다.

(가) 소나무는 피톤치드라는 물질을 분비하여 세균, 곰팡이를 퇴치한다.
(나) 삼나무가 광합성을 하기 위해 이산화 탄소를 흡수하면 주변 공기의 조성이 변한다.
(다) 토양의 표면에는 산소를 이용하여 유기물을 분해하는 세균이 많이 살고, 토양의 깊은 곳에는 산소 없이 유기물을 분해할 수 있는 세균이 살고 있다.

이에 대한 설명으로 옳은 것만을 [보기]에서 있는 대로 고른 것은?

보기

ㄱ. (가)는 생산자와 소비자 사이에서 일어나는 상호작용이다.
ㄴ. (나)와 (다)는 모두 생물요소가 비생물요소에 영향을 주는 예이다.
ㄷ. 생물과 환경은 서로 영향을 주고받으며 살아간다.

① ㄱ ② ㄷ ③ ㄱ, ㄴ
④ ㄴ, ㄷ ⑤ ㄱ, ㄴ, ㄷ

서술형 문제

13 표는 어떤 생태계를 구성하는 생물을 역할에 따라 구분한 것이다. (가)~(다)는 생산자, 소비자, 분해자를 순서 없이 나타낸 것이다.

(가)	(나)	(다)
고라니, 멧돼지	민들레, 소나무	버섯, 곰팡이

(1) (가)~(다)는 각각 무엇인지 쓰시오.

(2) (가)~(다)가 양분을 얻는 방법을 각각 서술하시오.

14 강한 빛에 적응한 식물의 잎과 약한 빛에 적응한 식물의 잎의 두께를 잎의 구조 및 기능과 관련지어 서술하시오.

15 그림은 사막에 서식하는 선인장을 나타낸 것이다. 선인장의 가시는 무엇이 변한 것인지 쓰고, 이와 같은 구조는 선인장에게 어떤 이점이 있는지 서술하시오.

16 그림은 기온이 서로 다른 지역에 사는 토끼의 모습을 나타낸 것이다.

아메리카 사막토끼

북극토끼

(1) 서식지에 따른 토끼의 몸의 형태에 가장 큰 영향을 준 환경요인은 무엇인지 쓰시오.

(2) 아메리카 사막토끼와 북극토끼에서 귀의 크기가 달라서 얻는 이점을 열의 방출 및 체온 유지와 관련지어 서술하시오.

실력 UP 문제

01 그림은 생태계를 구성하는 요소 사이의 상호 관계를 나타낸 것이다.

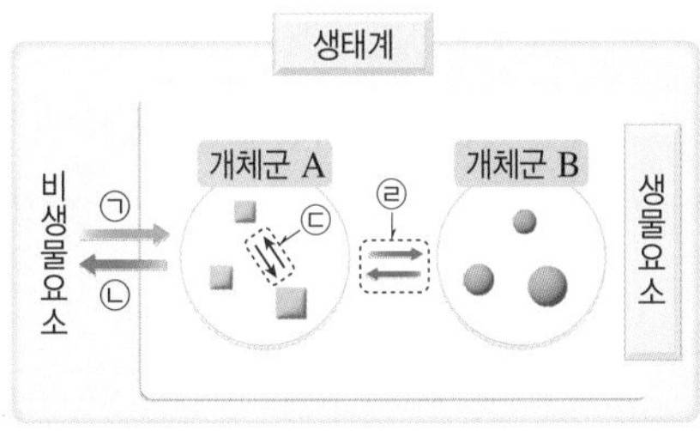

이에 대한 설명으로 옳은 것만을 [보기]에서 있는 대로 고른 것은?

보기

ㄱ. 개체군 B는 생산자, 소비자, 분해자로 이루어져 있다.
ㄴ. 소의 트림에 포함된 메테인이 지구의 기온을 높이는 것은 ㉡에 해당한다.
ㄷ. 같은 종의 닭이 모이를 먼저 먹기 위해 싸우는 것은 ㉣에 해당한다.

① ㄱ ② ㄴ ③ ㄷ ④ ㄱ, ㄴ ⑤ ㄴ, ㄷ

02 일조 시간이 식물의 개화에 미치는 영향을 알아보기 위해 식물 A와 B에 빛 조건을 달리하여 개화 여부를 관찰하였다. 그림은 빛 조건 Ⅰ~Ⅳ를, 표는 Ⅰ~Ⅳ에서 A와 B의 개화 여부를 나타낸 것이다. ⓐ와 ⓑ는 각각 A와 B의 개화 여부를 결정하는 최소한의 '연속적인 빛 없음' 기간이다.

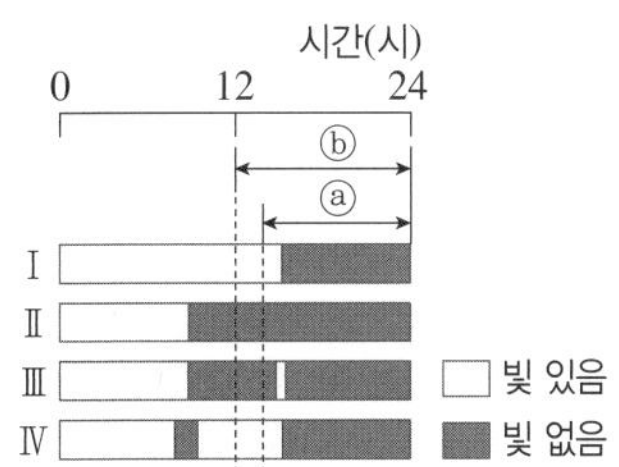

조건	A	B
Ⅰ	×	○
Ⅱ	○	×
Ⅲ	×	○
Ⅳ	㉠	?

(○: 개화함, ×: 개화 안 함)

이에 대한 설명으로 옳은 것만을 [보기]에서 있는 대로 고른 것은?

보기

ㄱ. A는 단일식물이다.
ㄴ. ㉠은 '×'이다.
ㄷ. B는 '빛 없음' 시간의 총합이 12시간보다 길면 개화하지 않는다.

① ㄱ ② ㄷ ③ ㄱ, ㄴ ④ ㄴ, ㄷ ⑤ ㄱ, ㄴ, ㄷ

03 그림 (가)와 (나)는 각각 위도와 온도에 따른 도마뱀의 평균 몸길이를 나타낸 것이다. 도마뱀 A는 위도 30°에, B는 위도 40°에 서식한다. 몸의 부피는 몸길이의 세제곱으로, 체표 면적은 몸길이의 제곱으로 계산한다.

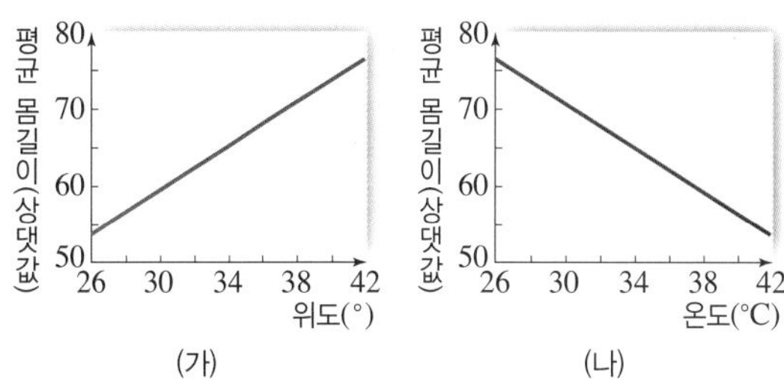

이에 대한 설명으로 옳은 것만을 [보기]에서 있는 대로 고른 것은? (단, 제시된 조건 이외에는 고려하지 않는다.)

보기

ㄱ. $\frac{\text{체표면적}}{\text{몸의 부피}}$은 A가 B보다 작다.
ㄴ. 연평균 온도가 올라가면 도마뱀의 몸집은 커질 것이다.
ㄷ. 위도가 낮은 지역에 서식하는 도마뱀일수록 열을 잘 방출할 수 있는 몸의 구조를 가질 것이다.

① ㄱ ② ㄷ ③ ㄱ, ㄴ
④ ㄴ, ㄷ ⑤ ㄱ, ㄴ, ㄷ

04 다음은 벼와 선인장에 대한 자료이다. A와 B는 각각 '저수조직'과 '통기조직' 중 하나이다.

(가) 뿌리가 물에 잠겨서 살아가는 벼는 (A)을 통해 줄기와 잎에 있는 산소가 뿌리로 이동한다. 벼의 어떤 품종은 ㉠줄기까지 물에 잠기면 줄기가 급격히 자라면서 수면 위로 줄기와 잎을 내밀어 살아남는다.
(나) 선인장은 (B)에 물을 저장하며, 기공 수가 적어 많은 수증기가 빠져나가는 것을 막는다. ㉡기공에서 빠져나간 수증기는 주변의 습도를 변화시킨다.

이에 대한 설명으로 옳은 것만을 [보기]에서 있는 대로 고른 것은?

보기

ㄱ. A는 '통기조직', B는 '저수조직'이다.
ㄴ. ㉠과 ㉡ 모두 비생물요소가 생물요소에 영향을 주는 예에 해당한다.
ㄷ. (가), (나)에서 식물의 구조에 가장 큰 영향을 준 환경 요인은 온도이다.

① ㄱ ② ㄴ ③ ㄷ ④ ㄱ, ㄴ ⑤ ㄱ, ㄷ

생태계평형

★ 핵심 포인트
- 생태계에서의 먹이 관계 ★★
- 생태계에서의 에너지흐름 ★★★
- 생태피라미드 ★★
- 생태계평형 유지 원리 ★★★

A 먹이 관계와 생태피라미드

1. 생태계에서의 먹이 관계 생태계에서 생물들은 먹고 먹히는 관계로 얽혀 있다.

① ◆**먹이사슬**: 생산자부터 최종 소비자까지 먹고 먹히는 관계를 사슬 모양으로 나타낸 것이다.

생산자 → 1차 소비자 → 2차 소비자 → 3차 소비자 → ⋯ → 최종 소비자

② ◆**먹이그물**: 여러 개의 먹이사슬이 서로 얽혀 그물처럼 복잡하게 나타나는 것이다.

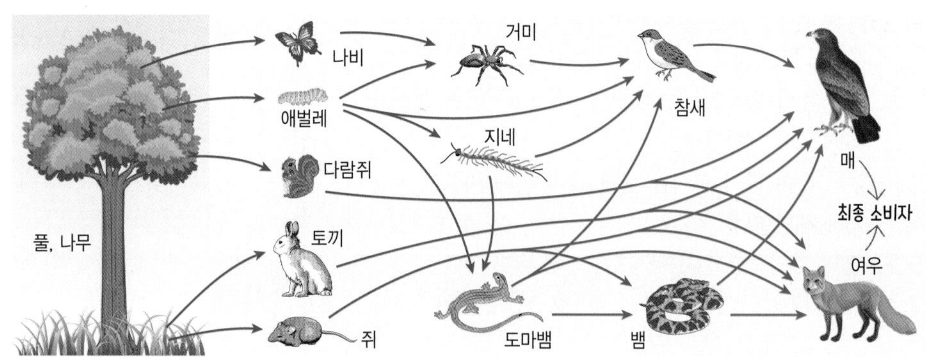

먹이그물 생태계에서 생물들은 하나의 먹이사슬로만 연결되지 않고, 여러 먹이사슬에 동시에 연결된다.

미래엔 교과서에서는 먹이사슬을 먹이 관계로 표현하였다.

2. 생태계에서의 에너지흐름 완자쌤 비법 특강 / 112쪽

① 생태계에서 태양의 빛에너지는 생산자에 의해 유기물의 화학 에너지로 전환된 다음, 먹이사슬을 따라 하위 ◆영양단계에서 상위 영양단계로 이동한다.

② 유기물에 저장된 에너지는 각 영양단계에서 생명활동을 하는 데 쓰이거나 열에너지로 방출되고, 나머지 일부 에너지만 상위 영양단계로 전달된다. ➡ 상위 영양단계로 갈수록 전달되는 에너지양은 줄어든다.

광합성 결과 생성된 양분의 쓰임 생산자가 합성한 양분 중 일부만이 1차 소비자에게 전달된다.

+ 확대경 생태계에서의 물질과 에너지의 이동

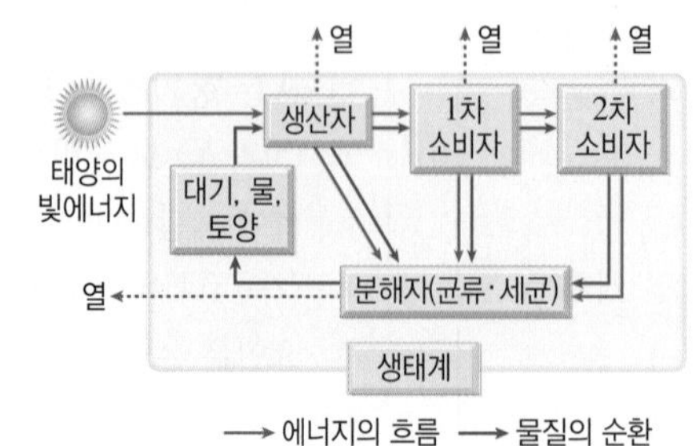

생태계를 구성하는 생물요소와 비생물요소 사이에서는 물질과 에너지가 이동한다.

- 물질: 대기, 물, 토양 등 환경에 있던 무기물은 생산자에 의해 유기물로 전환되고, 유기물은 분해자에 의해 무기물로 전환되면서 생물과 환경 사이를 순환한다.
- 에너지: 먹이사슬을 따라 한 방향으로 흐르다가 생태계 밖으로 빠져나간다. ➡ 생태계가 유지되려면 태양으로부터 빛에너지가 계속 공급되어야 한다.

◆ **먹이사슬과 먹이그물**
실제 생태계에서는 하나의 생물종이 여러 생물종에게 잡아먹히고, 또 하나의 생물종은 여러 생물종을 잡아먹기도 하므로 여러 개의 먹이사슬이 얽혀 복잡한 먹이그물을 나타낸다.

⁕ **해양 생태계의 먹이그물**

식물 플랑크톤, 동물 플랑크톤, 멸치, 전갱이, 고등어, 가다랑어, 참치, 범고래

고등어와 멸치는 1차 소비자이면서 2차 소비자이고, 최종 소비자는 범고래이다.

◆ **영양단계**
생물 개체군이 먹이사슬에서 차지하고 있는 위치로, 생산자, 1차 소비자, 2차 소비자 등이 있다.

암기해

생태계에서 각 영양단계의 에너지양
상위 영양단계로 갈수록 전달되는 에너지양은 줄어든다.

3. 생태피라미드 각 영양단계의 ◆에너지양, 개체수, ◆생체량의 상대적인 양을 하위 영양단계부터 상위 영양단계로 쌓아 올린 것이다. ➡ 일반적으로 안정된 생태계에서는 에너지양, 개체수, 생체량이 상위 영양단계로 갈수록 줄어드는 피라미드 형태를 나타낸다.

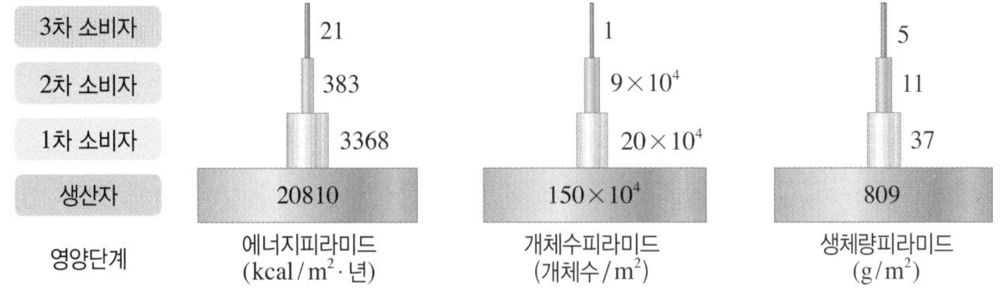

◆ **에너지양과 영양단계**
상위 영양단계로 갈수록 전달되는 에너지양은 점차 감소하므로 먹이 사슬의 영양단계는 일반적으로 계속 연결되지 못하고 몇 단계로 제한된다.

◆ **생체량(생물량)**
일정한 공간에 서식하는 생물 전체의 무게이다.

개념 확인 문제

정답친해 44쪽

핵심 체크 ●

▶ **생태계에서의 먹이 관계**: (❶)은 생산자부터 최종 소비자까지 먹고 먹히는 관계를 사슬 모양으로 나타낸 것이고, (❷)은 여러 개의 (❶)이 서로 얽혀 그물처럼 복잡하게 나타나는 것이다.

▶ **생태계에서의 에너지흐름**: 태양의 (❸)에너지는 생산자에 의해 화학 에너지로 전환되어 먹이사슬을 따라 상위 영양단계로 이동한다.

▶ (❹): 각 영양단계의 에너지양, 개체수, 생체량의 상대적인 양을 하위 영양단계부터 상위 영양단계로 쌓아 올린 것이다. 일반적으로 안정된 생태계에서는 에너지양, 개체수, 생체량이 상위 영양단계로 갈수록 줄어드는 피라미드 형태를 나타낸다.

1 그림은 어떤 안정된 생태계에서의 먹이 관계를 나타낸 것이다.

이에 대한 설명으로 옳은 것은 ○, 옳지 않은 것은 ×로 표시하시오.

(1) 벼는 생산자이다. ( )
(2) 쥐는 1차 소비자이면서 2차 소비자이다. ( )
(3) 매와 늑대는 최종 소비자이다. ( )
(4) 토끼가 사라지면 늑대도 사라진다. ( )
(5) 하나의 생물종은 하나의 먹이사슬에만 연결되어 있다. ( )

2 생태계에서의 에너지흐름에 대한 설명으로 옳은 것은 ○, 옳지 않은 것은 ×로 표시하시오.

(1) 생산자는 빛에너지를 화학 에너지로 전환하여 유기물에 저장한다. ( )
(2) 생산자가 가진 에너지는 생산자가 생명활동을 하는 데 모두 사용된다. ( )
(3) 생태계에서 에너지는 유기물의 형태로 하위 영양단계에서 상위 영양단계로 이동한다. ( )
(4) 먹이사슬을 따라 상위 영양단계로 갈수록 전달되는 에너지양은 증가한다. ( )

3 그림은 어떤 안정된 생태계의 생태피라미드를 나타낸 것이다.
안정된 생태계에서 이와 같은 피라미드 형태를 나타내는 양을 세 가지 쓰시오.

정답친해 44쪽

생태계에서의 에너지흐름

생태계에서 에너지는 순환하지 않고 한 방향으로 흐릅니다. 태양의 빛에너지는 생산자의 광합성에 의해 화학 에너지로 전환되어 유기물에 저장되고, 유기물에 저장된 에너지는 먹이사슬을 따라 상위 영양단계로 이동합니다. 에너지가 이동하는 과정에서 각 영양단계의 에너지양과 에너지효율은 어떠한지 알아보아요.

그림은 어떤 안정된 생태계에서의 에너지흐름을 나타낸 것이다. 에너지양은 상댓값이고, ⓐ~ⓓ는 에너지양이다.

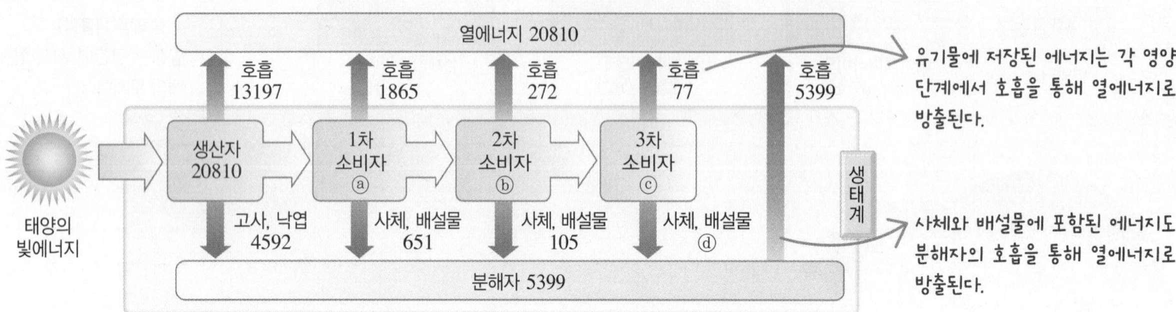

1 생태계에서의 에너지 전환과 이동

빛에너지 $\xrightarrow{\text{광합성}}$ 화학 에너지 $\xrightarrow{\text{호흡}}$ 열에너지

Q1. 생태계에서의 에너지 전환과 이동에 관한 글을 읽고, (   ) 안에 알맞은 말을 써 보자.

태양의 빛에너지는 생산자의 광합성을 통해 유기물의 ㉠(   )로 전환된다.

➡ 유기물의 화학 에너지는 먹이사슬을 따라 상위 영양단계로 이동하는데, 각 영양단계에서 ㉡(   )에 쓰이거나 열에너지로 방출되고, 나머지 일부만 다음 영양단계로 전달된다.

➡ 생물의 사체나 배설물 속의 에너지도 분해자의 호흡을 통해 ㉢(   )로 방출된다.

2 각 영양단계의 에너지양

안정된 생태계에서는 상위 영양단계로 갈수록 전달되는 에너지양이 감소한다.

Q2. 각 영양단계의 에너지양을 구하는 식에서 (   ) 안에 알맞은 수를 써 보자.

- 생산자의 에너지양: 20810 = 13197(호흡) + 4592(고사, 낙엽) + ⓐ(   )(1차 소비자에게 전달)
- 1차 소비자의 에너지양: ⓐ = 1865(호흡) + 651(사체, 배설물) + ⓑ(   )(2차 소비자에게 전달)
- 2차 소비자의 에너지양: ⓑ = 272(호흡) + 105(사체, 배설물) + ⓒ(   )(3차 소비자에게 전달)
- 3차 소비자의 에너지양: ⓒ = 77(호흡) + ⓓ(   )(사체, 배설물)

각 영양단계의 에너지양은 '열로 방출된 에너지양+분해자로 이동한 에너지양+상위 영양단계로 이동한 에너지양'으로 구할 수 있어요.

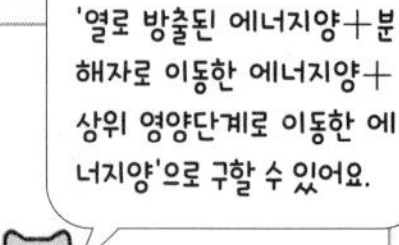

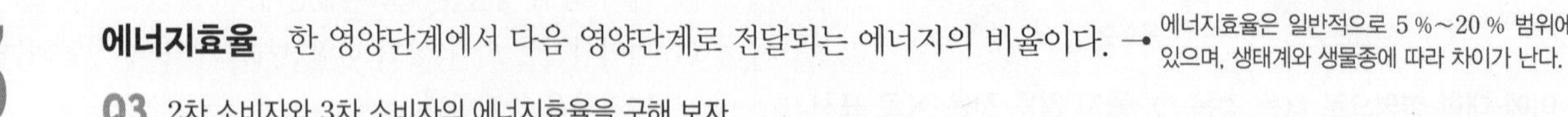

3 에너지효율

한 영양단계에서 다음 영양단계로 전달되는 에너지의 비율이다. → 에너지효율은 일반적으로 5 %~20 % 범위에 있으며, 생태계와 생물종에 따라 차이가 난다.

Q3. 2차 소비자와 3차 소비자의 에너지효율을 구해 보자.

- 에너지효율(%) = $\dfrac{\text{현 영양단계가 보유한 에너지양}}{\text{전 영양단계가 보유한 에너지양}} \times 100$

① 1차 소비자의 에너지효율(%) = $\dfrac{\text{1차 소비자의 에너지양}}{\text{생산자의 에너지양}} \times 100 = \dfrac{3021}{20810} \times 100 \fallingdotseq 14.5\ \%$

② 2차 소비자의 에너지효율(%) =

③ 3차 소비자의 에너지효율(%) =

B 생태계평형

1. 먹이 관계와 개체군의 개체수 변동 군집을 구성하는 개체군 사이의 먹이 관계는 각 개체군의 개체수에 영향을 미친다. ➡ ◆포식과 피식 관계에 있는 두 개체군의 개체수는 주기적으로 변동한다.

| 스라소니와 눈신토끼의 개체수 변동 | 비상 교과서에만 나와요.

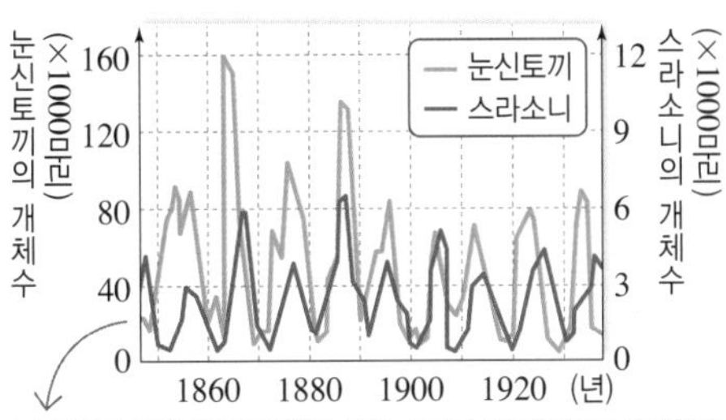

눈신토끼의 개체수가 증감함에 따라 스라소니의 개체수도 증감한다.

- 포식자인 스라소니와 피식자인 눈신토끼의 개체수 변동은 약 10년을 주기로 반복되고 있다.
- 눈신토끼의 개체수가 증가하면 눈신토끼를 먹이로 하는 스라소니의 개체수도 증가한다. 스라소니의 개체수가 증가하면 눈신토끼의 개체수는 감소하고, 그에 따라 먹이가 부족해져 스라소니의 개체수가 감소한다. ➡ 포식과 피식 관계에 있는 두 개체군의 개체수는 주기적으로 변동한다.

◆ **포식과 피식 관계에 있는 개체군의 개체수 변동**
피식자의 개체수가 증가하면 피식자를 잡아먹는 포식자의 개체수도 증가한다. 포식자의 개체수가 증가하면 피식자의 개체수는 감소하고, 그에 따라 먹이가 부족해져 포식자의 개체수도 감소한다. 그 결과 피식자의 개체수는 다시 증가한다.

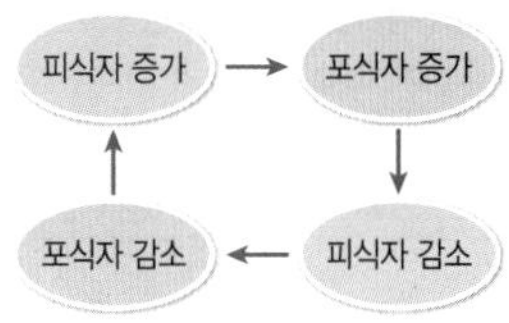

2. 생태계평형 생태계에서 생물군집의 구성이나 개체수, 물질의 양, 에너지의 흐름이 균형을 이루면서 안정된 상태를 유지하는 것이다. 주로 생물들 사이의 먹고 먹히는 관계로 유지되며, 먹이 관계가 복잡할수록 생태계평형이 잘 유지된다. ➡ 종다양성이 높아야 한다.

궁금해

종다양성이 높을수록 생태계평형이 잘 유지되는 까닭은?
생태계를 구성하는 생물종이 다양할수록 먹이그물이 복잡해지고, 먹이그물이 복잡할수록 생태계가 안정적으로 유지되기 때문이다.

| 먹이 관계와 생태계평형 |

먹이 관계가 단순한 생태계

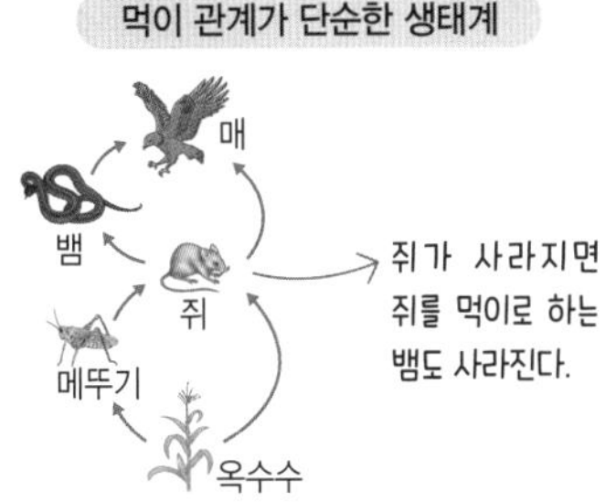

어느 한 생물종이 사라지면 그 생물종과 먹고 먹히는 관계에 있는 생물종이 직접 영향을 받는다. ➡ 생태계평형이 쉽게 깨진다.

먹이 관계가 복잡한 생태계

어느 한 생물종이 사라져도 먹고 먹히는 관계에서 이를 대체할 수 있는 다른 생물종이 있다. ➡ 생태계평형이 잘 깨지지 않는다.

◆ **각 개체군의 개체수 증가에 따른 다른 개체군의 개체수 변화**

구분	생산자	1차 소비자	2차 소비자
생산자 증가	−	증가	증가
1차 소비자 증가	감소	−	증가
2차 소비자 증가	증가	감소	−

3. 생태계평형 유지 원리 안정된 생태계는 어떤 요인에 의해 일시적으로 생태계평형이 깨지더라도 시간이 지나면 ◆먹이 관계에 의해 대부분 생태계평형이 회복된다.

| 생태계평형이 회복되는 과정 |

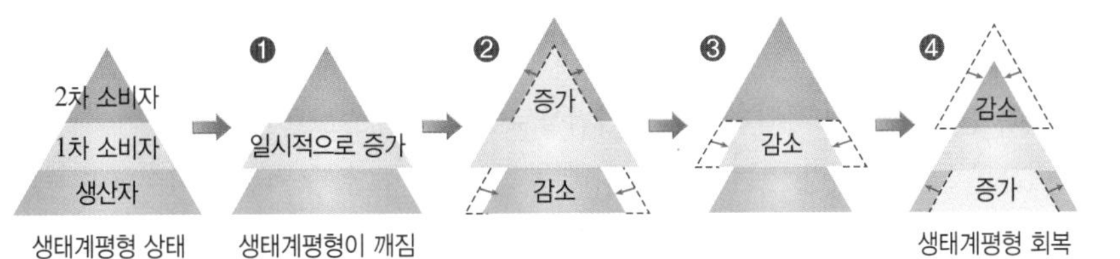

❶ 안정된 생태계에서 1차 소비자의 개체수가 일시적으로 증가하여 생태계평형이 깨진다.
❷ 1차 소비자의 개체수 증가로 생산자의 개체수는 감소하고, 2차 소비자의 개체수는 증가한다.
❸ 생산자의 개체수 감소와 2차 소비자의 개체수 증가로 1차 소비자의 개체수는 감소한다.
❹ 1차 소비자의 개체수 감소로 생산자의 개체수는 증가하고, 2차 소비자의 개체수는 감소하여 평형이 회복된다.

주의해

생태계평형과 개체수
생태계평형을 회복하였다는 것은 생태계가 새로운 평형에 도달하였다는 것이지, 각 영양단계의 개체수가 이전 평형 상태로 돌아갔다는 것은 아니다.

천재 교과서에만 나와요.

※ **먹이 관계를 이용하여 생태계평형을 회복한 사례**

모잠비크의 오랜 전쟁으로 고롱고사 국립 공원은 대형 포유류의 95 %가 사라졌고, 1차 소비자인 초식동물이 급증하였다.

⬇

2차 소비자인 아프리카들개를 도입하였다.

⬇

아프리카들개가 초식동물을 포식하자 1차 소비자의 개체수가 감소하고, 생산자의 개체수는 증가하였다.

⬇

고롱고사 국립 공원 생태계가 회복되었다.

| 먹이 관계와 생태계평형 | — 미래엔 교과서에만 나와요.

그림은 1905년 카이바브 고원에서 사슴을 보호하기 위해 늑대 사냥을 허용한 이후 사슴과 늑대의 개체수, 식물군집의 양 변화를 나타낸 것이다.

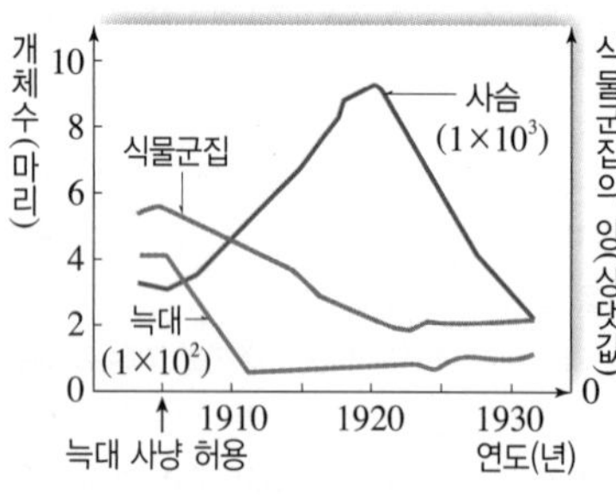

- 카이바브 고원에서의 먹이사슬: 식물군집의 풀 → 사슴 → 늑대
- 1905년~1920년에 사슴의 개체수가 증가한 까닭: 늑대 사냥으로 사슴을 잡아먹는 늑대의 개체수가 감소하였기 때문이다.
- 1920년~1930년에 사슴의 개체수가 감소한 까닭: 사슴 개체수의 급격한 증가로 식물군집의 양이 감소하여 사슴의 먹이가 부족해졌기 때문이다.

➡ 사슴을 보호하기 위해 늑대 사냥을 허용한 것과 같은 인간의 활동(개입)이 생태계평형을 깨뜨릴 수 있다.

C 환경 변화와 생태계

1. 환경 변화와 생태계평형 안정된 생태계에서는 환경 변화가 일어나 일시적으로 생물의 종류와 개체수가 변하더라도 대부분 생태계평형을 회복할 수 있지만, 그 한계를 넘는 환경 변화가 일어나면 생태계평형이 깨질 수 있다. 생태계가 파괴되면 인간을 비롯한 모든 생물의 생존이 위협받으며, 생태계를 회복하는 데에 오랜 시간과 많은 노력이 필요하다.

※ **생물환경의 변화와 생태계평형**
외래생물로 인해 토종 생물의 생존이 위협을 받거나 일부 동물이 사라지면서 연관된 생물들이 잇따라 사라지는 등 생물환경의 변화도 생태계평형이 깨지는 원인이 될 수 있다.

2. 생태계평형을 깨뜨리는 환경 변화 요인 → 미래엔 교과서에서는 서식지파괴, 환경 오염, 남획, 외래생물 유입 등으로 설명하고, 동아 교과서에서는 기후 변화, 서식지파괴, 외래생물 유입 등으로 설명한다.

① **자연재해**: 지진, 화산, 태풍, 홍수 등과 같은 자연재해는 생물의 서식지를 파괴하고, 생태계의 먹이그물에 변화를 일으켜 생태계평형을 깨뜨린다.

② **인간의 활동**

무분별한 벌목	도로와 도시, 공장 등을 건설하기 위해 숲의 나무를 무분별하게 베어 내고 훼손한다. ➡ 숲의 생태계가 파괴되고, 삼림의 토양이 쉽게 침식된다.
인위적인 개발	• 인구 증가로 식량을 대량 생산하기 위해 숲을 파괴하고 농경지를 개발한다. • 대규모 간척 사업이나 토목 공사로 갯벌의 면적이 줄어들고 삼림이 황폐화된다. ➡ 생물의 서식지가 파괴되어 생태계가 불안정해지고 단순해진다.
환경 오염	• 폐그물, 폐플라스틱 등의 해양 쓰레기는 해양 동물의 성장을 저해하고, 생존을 위협한다. • 공장에서 배출된 오염 물질로 인해 산성비가 내려 주변 삼림이 황폐해진다. • 생활 하수, 축산 폐수, 공장 폐수로 배출되는 오염 물질은 수중 생물의 생존을 위협한다.
과도한 화석 연료 사용	화석 연료 사용으로 대기 중의 이산화 탄소 농도가 증가하고 지구 온난화가 심화되어 지구 전체의 기후가 변화한다. ➡ 생물의 서식지가 변하거나 파괴되며, 생물이 멸종되기도 한다.

3. 생태계보전을 위한 노력 → 생태계보전은 생물다양성보전과 같은 맥락에서 이해할 수 있다.

① 보호해야 할 생물이나 서식지를 천연기념물로 지정하여 보호한다.

② 생태적으로 보전 가치가 있는 생태계를 국립 공원이나 보호 구역으로 지정하여 관리한다.

③ 자연환경을 보전하기 위한 특별법을 만들어 시행한다.

④ 환경을 파괴할 수 있는 사업을 시작하기 전에 ◆환경영향평가를 실시한다.

⑤ 국제 사회는 생태계보전을 위해 법을 제정하거나 국제 협약을 맺는다.

⑥ 기후 변화의 원인 중 하나인 이산화 탄소의 배출량을 낮춘다.

⑦ 도시에 옥상 정원을 가꾸고 숲이나 공원을 조성하며, ◆하천 복원 사업을 실시한다.

◆ **환경영향평가**
개발이 환경에 미치는 영향의 정도나 범위를 사전에 예측·평가하고 그 대처 방안을 마련하여 환경오염을 사전에 예방하는 제도이다.

◆ **생태 하천 복원**
콘크리트 제방 대신 나무, 풀, 흙 등과 같은 자연 재료를 이용하여 하천 주변에 생물군집을 조성하고, 수질 정화 시설을 설치하여 물길을 자연스럽게 만들어 준다. 자정 능력을 갖춘 하천을 만들어 생물들의 서식지를 제공한다.

정답친해 45쪽

핵심 체크

- **먹이 관계와 개체군의 개체수 변동**: 군집을 구성하는 개체군 사이의 먹이 관계는 각 개체군의 개체수에 영향을 미친다.
- (❶): 생태계에서 생물군집의 구성이나 개체수, 물질의 양, 에너지의 흐름이 균형을 이루면서 안정된 상태를 유지하는 것이다. ➡ 생물 사이의 먹이 관계로 유지되며, 이 관계가 (❷)할수록 생태계평형이 잘 유지된다.
- **생태계평형 유지 원리**: 안정된 생태계는 일시적으로 생태계평형이 깨지더라도 (❸)에 의해 생태계평형이 회복된다.
- **생태계평형을 깨뜨리는 환경 변화 요인**: 지진, 화산, 태풍, 홍수와 같은 (❹), 무분별한 벌목, 환경 오염, 인위적인 개발과 같은 인간의 활동
- **생태계보전을 위한 노력**: 천연기념물 및 국립 공원 지정, 환경영향평가 실시, 이산화 탄소 배출량 감소, 생태 하천 복원 사업 등

1 그림은 어떤 생태계에서 눈신토끼와 눈신토끼를 먹고 사는 스라소니의 개체수 변화를 나타낸 것이다.

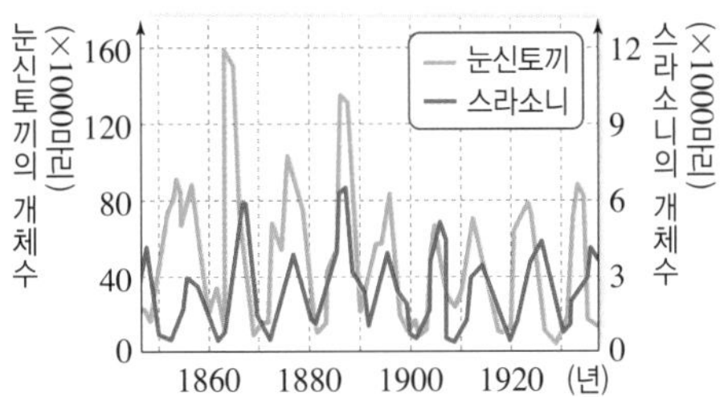

이에 대한 설명으로 옳은 것은 ○, 옳지 않은 것은 ×로 표시하시오.

(1) 눈신토끼는 포식자이고, 스라소니는 피식자이다. ( )

(2) 눈신토끼의 개체수가 증가하면 스라소니의 개체수가 증가한다. ( )

(3) 스라소니의 개체수가 증가하면 눈신토끼의 개체수는 감소한다. ( )

(4) 눈신토끼와 스라소니의 개체수는 약 10년을 주기로 변동한다. ( )

2 표는 어떤 안정된 생태계에서 각 개체군의 개체수가 증가할 때 다른 개체군의 개체수 변화를 나타낸 것이다. ( ) 안에 '증가' 또는 '감소'를 쓰시오.

구분	생산자	1차 소비자	2차 소비자
생산자 증가	–	㉠( )	㉡( )
1차 소비자 증가	㉢( )	–	㉣( )
2차 소비자 증가	㉤( )	㉥( )	–

3 그림 (가)~(라)는 어떤 안정된 생태계에서 1차 소비자의 개체수가 일시적으로 증가한 후 시간이 경과하면서 생태계평형이 회복되는 과정을 순서 없이 나타낸 것이다.

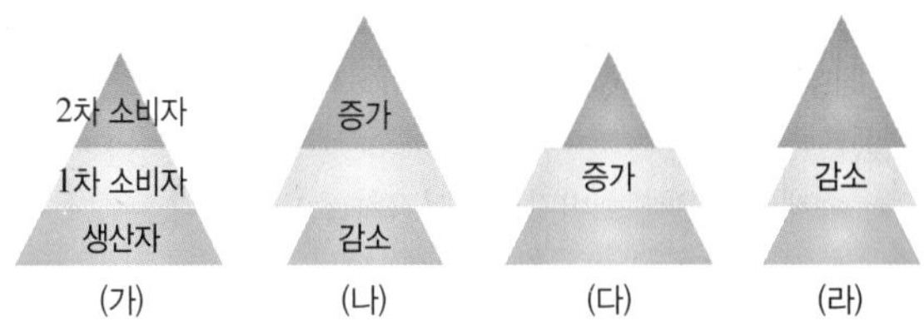

(1) 생태계평형이 회복되는 과정을 순서대로 나열하시오.

(2) 이와 같이 생태계평형을 회복하는 데 가장 큰 영향을 미친 요인은 무엇인지 쓰시오.

4 생태계평형을 깨뜨리는 환경 변화 요인으로 옳은 것만을 [보기]에서 있는 대로 고르시오.

> 보기
> ㄱ. 홍수　　ㄴ. 화산 폭발
> ㄷ. 농경지 개발　　ㄹ. 무분별한 벌목
> ㅁ. 옥상 정원 조성　　ㅂ. 생태 하천 복원

5 생태계보전을 위한 노력에 대한 설명으로 옳은 것은 ○, 옳지 않은 것은 ×로 표시하시오.

(1) 보호해야 할 생물이나 서식지를 천연기념물로 지정하여 보호한다. ( )

(2) 기후 변화의 원인 중 하나인 이산화 탄소의 배출량을 낮춘다. ( )

(3) 생태계평형이 깨진 지역에 외래생물을 도입하여 먹이 관계에 변화를 준다. ( )

(4) 생활 하수, 축산 폐수는 정화 과정을 거친 후 하천으로 배출한다. ( )

내신 만점 문제

A 먹이 관계와 생태피라미드

중요 **01** 그림은 어떤 안정된 생태계의 먹이 관계를 나타낸 것이다.

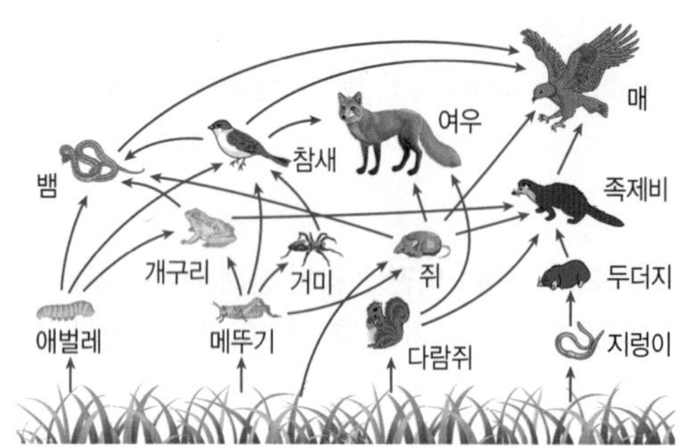

이에 대한 설명으로 옳은 것만을 [보기]에서 있는 대로 고른 것은?

보기
ㄱ. 족제비는 2차 소비자이면서 3차 소비자이다.
ㄴ. 참새가 사라지면 여우도 사라진다.
ㄷ. 먹이사슬의 영양단계는 계속 연결되지 못하고 몇 단계로 제한된다.

① ㄱ ② ㄴ ③ ㄱ, ㄷ
④ ㄴ, ㄷ ⑤ ㄱ, ㄴ, ㄷ

02 표는 어떤 안정된 육상 생태계에서 영양단계별 생체량과 에너지양을 상댓값으로 나타낸 것이다. A~C는 각각 1차 소비자, 2차 소비자, 생산자 중 하나이다.

영양단계	생체량	에너지양
A	0.66	1.2
B	17.7	280
C	1.25	26.8

이에 대한 설명으로 옳은 것만을 [보기]에서 있는 대로 고른 것은?

보기
ㄱ. A는 C보다 상위 영양단계이다.
ㄴ. B는 초식동물에 속한다.
ㄷ. 상위 영양단계로 갈수록 각 영양단계의 생체량은 증가한다.

① ㄱ ② ㄷ ③ ㄱ, ㄴ ④ ㄱ, ㄷ ⑤ ㄴ, ㄷ

03 그림은 어떤 안정된 생태계에서 일어나는 물질과 에너지의 이동을 나타낸 것이다. A~D는 1차 소비자, 2차 소비자, 분해자, 생산자를 순서 없이 나타낸 것이고, ㉠과 ㉡은 각각 물질과 에너지 중 하나이다.

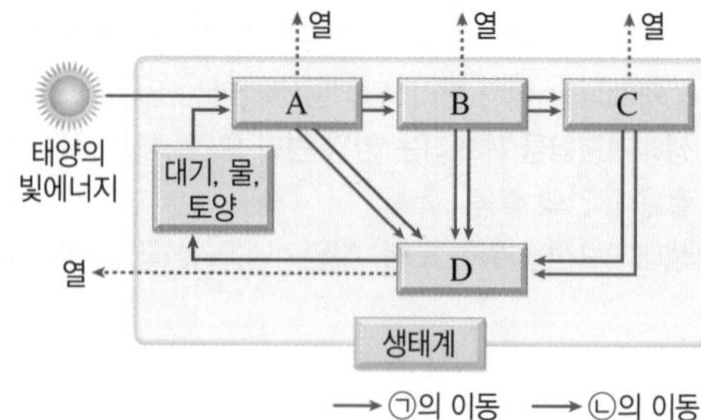

이에 대한 설명으로 옳은 것만을 [보기]에서 있는 대로 고른 것은?

보기
ㄱ. ㉠은 물질이고, ㉡은 에너지이다.
ㄴ. A는 빛에너지를 화학 에너지로 전환한다.
ㄷ. B의 에너지는 모두 C와 D로 전달된다.

① ㄱ ② ㄴ ③ ㄱ, ㄴ
④ ㄴ, ㄷ ⑤ ㄱ, ㄴ, ㄷ

중요 **04** 그림은 어떤 안정된 생태계에서 A~D의 에너지양을 상댓값으로 나타낸 생태피라미드이다. A~D는 각각 1차 소비자, 2차 소비자, 3차 소비자, 생산자 중 하나이다. ㉠과 ㉡은 에너지양이며, $\frac{㉡}{㉠}$은 5이고, $\frac{㉡}{\text{D의 에너지양}}$은 $\frac{1}{10}$이다.

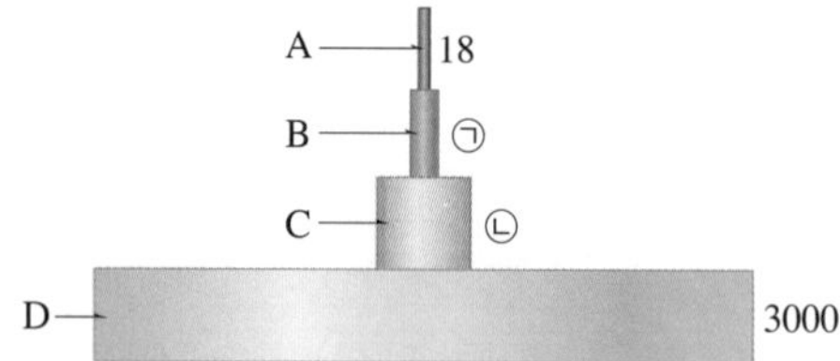

이에 대한 설명으로 옳은 것만을 [보기]에서 있는 대로 고른 것은?

보기
ㄱ. A는 3차 소비자이다.
ㄴ. ㉠+㉡=360이다.
ㄷ. 상위 영양단계로 갈수록 생물이 이용할 수 있는 에너지양은 감소한다.

① ㄱ ② ㄷ ③ ㄱ, ㄴ
④ ㄴ, ㄷ ⑤ ㄱ, ㄴ, ㄷ

B 생태계평형

05 그림은 어떤 생태계에서 포식자인 스라소니와 피식자인 눈신토끼의 개체수 변화를 나타낸 것이다. A와 B는 각각 스라소니와 눈신토끼 중 하나이다.

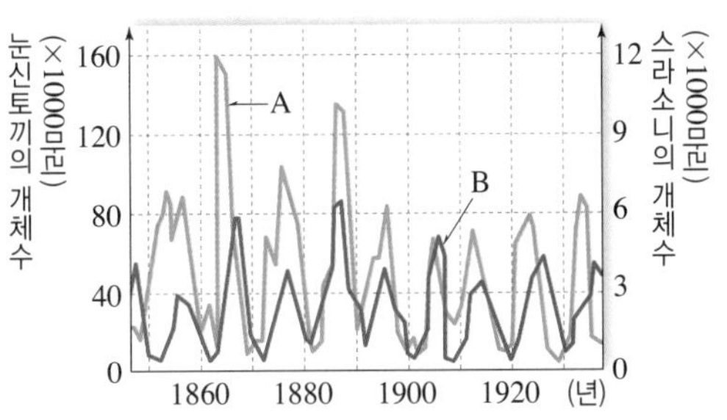

이에 대한 설명으로 옳은 것만을 [보기]에서 있는 대로 고른 것은?

> 보기
> ㄱ. A는 눈신토끼이다.
> ㄴ. A와 B의 개체수는 주기적으로 변동한다.
> ㄷ. 군집을 구성하는 개체군 사이의 먹이 관계는 각 개체군의 개체수에 서로 영향을 미친다.

① ㄱ ② ㄷ ③ ㄱ, ㄴ
④ ㄴ, ㄷ ⑤ ㄱ, ㄴ, ㄷ

중요 **06** 그림은 생태계 (가)와 (나)의 먹이 관계를 나타낸 것이다.

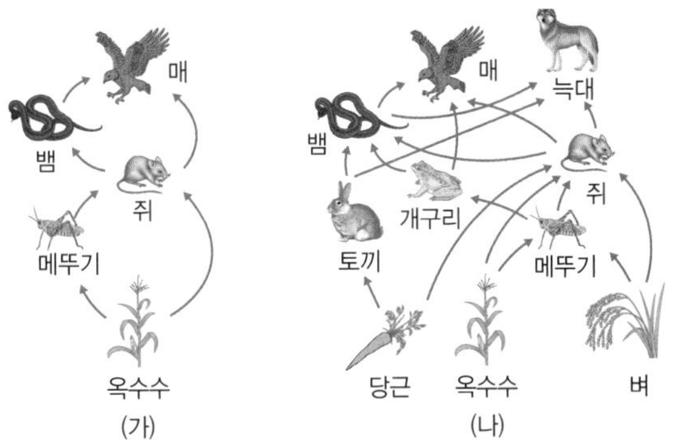

이에 대한 설명으로 옳은 것만을 [보기]에서 있는 대로 고른 것은?

> 보기
> ㄱ. (가)와 (나)에서 모두 최종 소비자는 1종이다.
> ㄴ. (나)에서 개구리의 개체수가 일시적으로 증가해도 쥐의 개체수는 영향을 받지 않는다.
> ㄷ. (가)와 (나)에서 쥐가 사라지면 생태계평형은 (가)에서가 (나)에서보다 쉽게 깨질 것이다.

① ㄱ ② ㄷ ③ ㄱ, ㄴ ④ ㄴ, ㄷ ⑤ ㄱ, ㄴ, ㄷ

중요 **07** 그림은 어떤 안정된 생태계에서 일시적으로 1차 소비자의 개체수가 증가하여 평형이 깨진 후 다시 평형 상태로 회복되는 과정을 개체수피라미드로 나타낸 것이다.

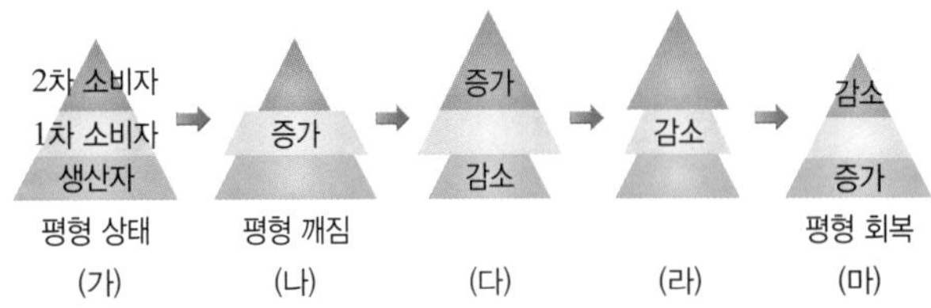

이에 대한 설명으로 옳은 것만을 [보기]에서 있는 대로 고른 것은?

> 보기
> ㄱ. 1차 소비자의 개체수가 감소하면 생산자의 개체수도 감소한다.
> ㄴ. (가)와 (마)에서 같은 영양단계에 속한 생물의 개체수는 같다.
> ㄷ. $\frac{\text{생산자의 개체수}}{\text{2차 소비자의 개체수}}$는 (나)에서가 (다)에서보다 크다.

① ㄱ ② ㄷ ③ ㄱ, ㄴ
④ ㄴ, ㄷ ⑤ ㄱ, ㄴ, ㄷ

08 그림은 어떤 지역에서 사슴을 보호하기 위해 1905년에 늑대 사냥을 허용한 후 사슴과 늑대의 개체수, 식물군집의 양 변화를 나타낸 것이다.

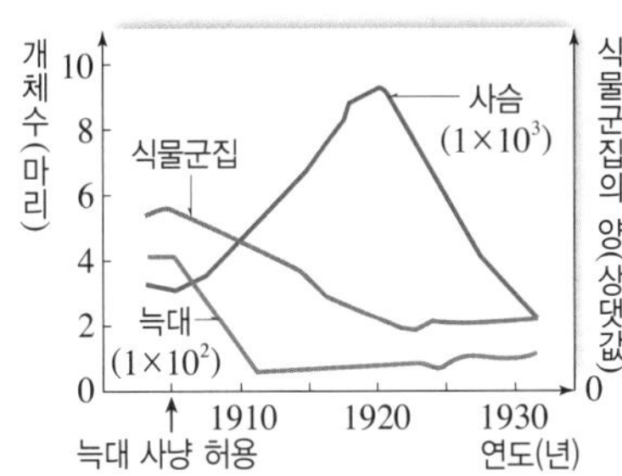

이에 대한 설명으로 옳은 것만을 [보기]에서 있는 대로 고른 것은?

> 보기
> ㄱ. 1905년부터 1920년까지 사슴의 개체수가 증가한 까닭은 식물군집의 양이 증가하였기 때문이다.
> ㄴ. 1920년부터 1930년까지 사슴의 개체수가 감소한 까닭은 늑대의 개체수가 증가하였기 때문이다.
> ㄷ. 사슴을 보호하기 위한 인간의 개입이 생태계평형을 깨뜨릴 수 있음을 알 수 있다.

① ㄱ ② ㄷ ③ ㄱ, ㄴ
④ ㄴ, ㄷ ⑤ ㄱ, ㄴ, ㄷ

09 그림은 서로 다른 종 A~H로 구성된 어떤 안정된 생태계의 먹이 관계를 나타낸 것이다.

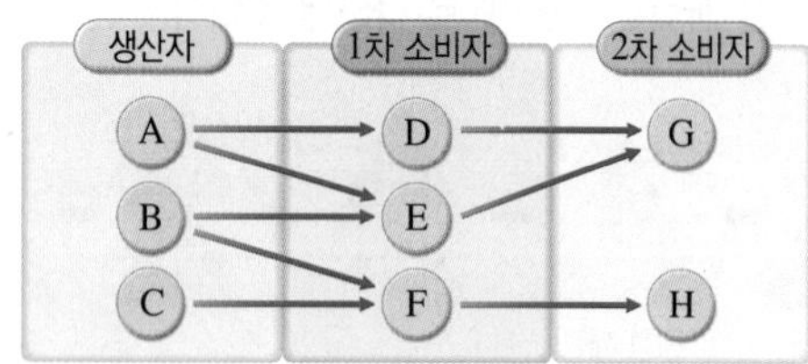

이에 대한 설명으로 옳은 것만을 [보기]에서 있는 대로 고른 것은?

> **보기**
> ㄱ. A가 사라지면 다른 두 종의 생물이 더 사라진다.
> ㄴ. E의 개체수가 증가하면 일시적으로 B의 개체수는 감소하고, G의 개체수는 증가한다.
> ㄷ. F는 H로부터 에너지를 얻는다.

① ㄱ ② ㄴ ③ ㄱ, ㄴ ④ ㄱ, ㄷ ⑤ ㄴ, ㄷ

C 환경 변화와 생태계

중요 **10** 다음은 생태계평형을 깨뜨리는 환경 변화에 대한 학생 A~C의 대화 내용이다.

> • 학생 A: 생물환경의 변화는 생태계평형에 영향을 미치지 않아.
> • 학생 B: 무분별한 벌목으로 숲이 훼손되면 생물의 서식지가 사라져.
> • 학생 C: 해양 쓰레기로 인해 해양 생물이 생존에 위협을 받고 있어.

제시한 내용이 옳은 학생만을 있는 대로 고른 것은?

① A ② B ③ A, C ④ B, C ⑤ A, B, C

11 생태계보전을 위한 노력으로 옳은 것만을 [보기]에서 있는 대로 고르시오.

> **보기**
> ㄱ. 하천에 콘크리트 제방을 쌓고 물길을 직선화한다.
> ㄴ. 간척 사업을 활발하게 하여 갯벌을 농경지로 만든다.
> ㄷ. 대규모 토목 공사 전에 환경영향평가를 실시한다.

서술형 문제

12 그림은 서로 다른 종 A~J로 구성된 어떤 안정된 생태계의 먹이 관계를 나타낸 것이다.

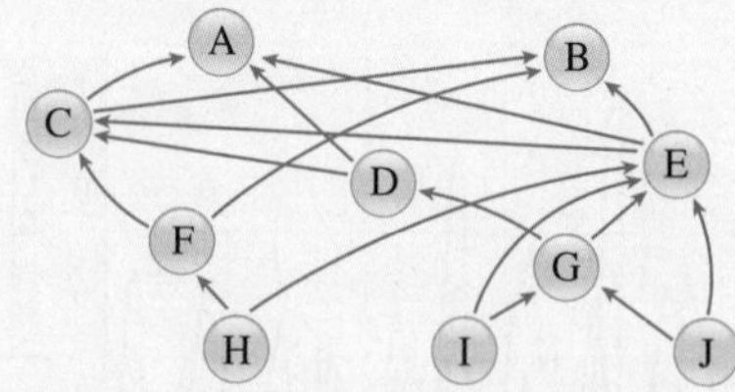

(1) A~J 중 생산자에 해당하는 생물을 모두 쓰시오.

(2) G가 사라졌을 때 D, E, I의 개체수 변화를 그렇게 생각한 까닭과 함께 서술하시오.

13 그림은 어떤 안정된 생태계에서 각 영양단계의 에너지양을 상댓값으로 나타낸 생태피라미드이다.

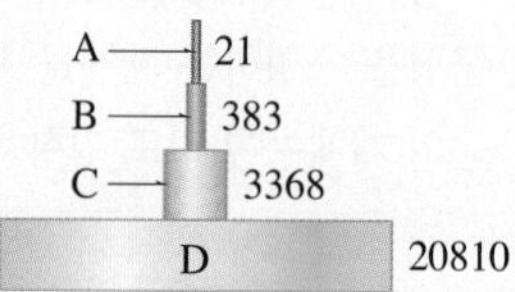

A~D는 각각 1차 소비자, 2차 소비자, 3차 소비자, 생산자 중 하나이다.

(1) A~D는 각각 무엇인지 쓰시오.

(2) D에서 A로 갈수록 각 영양단계의 에너지양이 줄어드는 까닭을 서술하시오.

중요 **14** 그림은 다시마, 성게, 해달로 이루어진 어떤 해양 생태계의 개체수피라미드를 나타낸 것이다. 이 생태계에서 인간의 무분별한 해달 사냥으로 인해 일시적으로 생태계평형이 깨졌다.

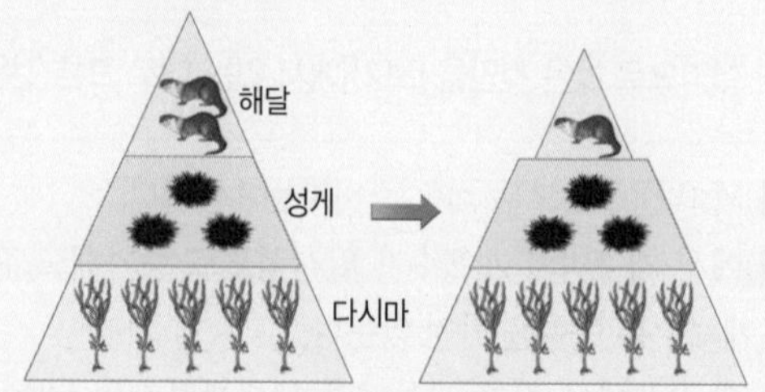

이 생태계가 평형을 회복하는 과정을 다시마, 성게, 해달의 먹이 관계와 개체수 변화로 서술하시오.

실력 UP 문제

01 그림은 해양 생태계 (가)와 (나)의 먹이 관계를 나타낸 것이다.

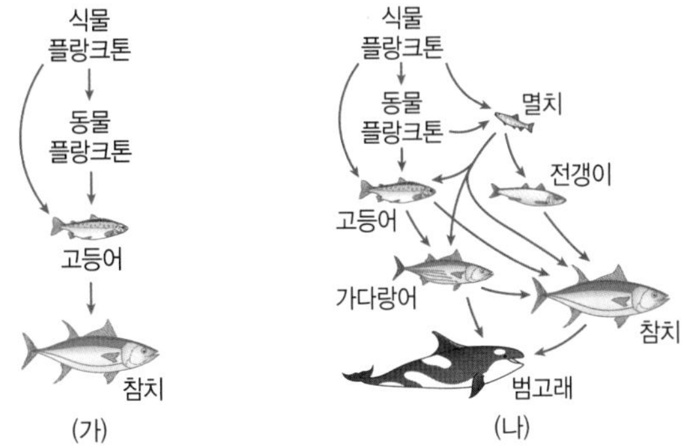

이에 대한 설명으로 옳은 것만을 [보기]에서 있는 대로 고른 것은?

보기
ㄱ. (가)에서 에너지는 화학 에너지 형태로 먹이사슬을 따라 이동한다.
ㄴ. (나)에서 전갱이가 사라지면 멸치의 개체수는 일시적으로 감소한다.
ㄷ. (가)와 (나)에서 고등어 개체수가 급격히 증가했을 때 참치의 개체수 변화는 (가)에서가 (나)에서보다 클 것이다.

① ㄱ ② ㄴ ③ ㄱ, ㄴ ④ ㄱ, ㄷ ⑤ ㄴ, ㄷ

02 그림은 어떤 안정된 생태계에서의 에너지흐름을 나타낸 것이다. A～C는 1차 소비자, 2차 소비자, 생산자를 순서 없이 나타낸 것이고, C의 에너지효율은 20 %이다. 에너지양은 상댓값이고, ㉠～㉢은 에너지양이다.

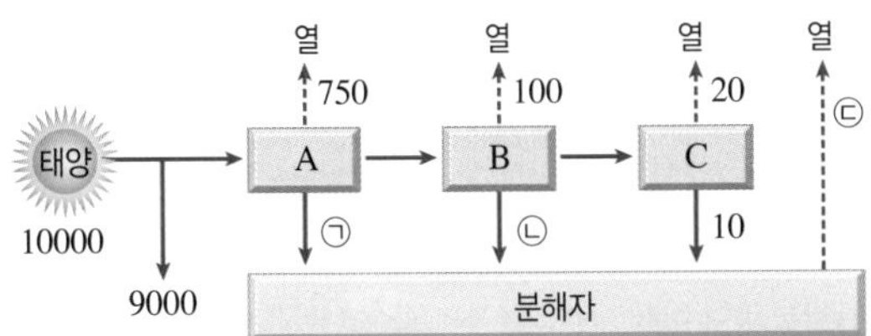

이에 대한 설명으로 옳은 것만을 [보기]에서 있는 대로 고른 것은?

보기
ㄱ. 태양으로부터 오는 빛은 비생물요소에 해당한다.
ㄴ. ㉠+㉡+㉢=250이다.
ㄷ. 에너지효율은 C가 B의 2배이다.

① ㄴ ② ㄷ ③ ㄱ, ㄴ ④ ㄱ, ㄷ ⑤ ㄱ, ㄴ, ㄷ

03 그림은 어떤 안정된 생태계에서 각 영양단계의 에너지양을 상댓값으로 나타낸 생태피라미드이고, 표는 ㉠～㉣이 지닌 중금속의 양을 나타낸 것이다. A～D는 각각 1차 소비자, 2차 소비자, 3차 소비자, 생산자 중 하나이고, ㉠～㉣은 각각 A～D 중 하나이다.

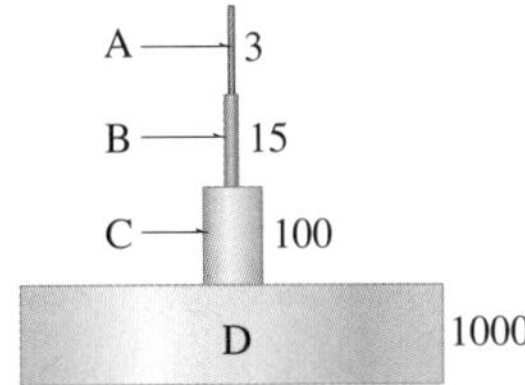

영양단계	중금속의 양(ppm)
㉠	13.8
㉡	0.23
㉢	2.07
㉣	0.04

이에 대한 설명으로 옳은 것만을 [보기]에서 있는 대로 고른 것은? (단, 중금속은 생물체 내에서 잘 분해되거나 배출되지 않는다.)

보기
ㄱ. A는 ㉣이다.
ㄴ. ㉡은 1차 소비자이다.
ㄷ. ㉠이 가진 에너지의 일부는 ㉢으로 전달된다.

① ㄱ ② ㄴ ③ ㄱ, ㄷ
④ ㄴ, ㄷ ⑤ ㄱ, ㄴ, ㄷ

04 표는 옥수수와 생물 A～C가 먹이사슬을 이루고 있는 어떤 생태계에서 각 생물의 개체수가 증가 또는 감소하였을 때 나머지 생물의 일시적인 개체수 변화를 나타낸 것이다. A～C는 각각 1차 소비자, 2차 소비자, 3차 소비자 중 하나이고, ㉠～㉦은 각각 '증가'와 '감소' 중 하나이다.

구분	개체수 변화			
	옥수수	A	B	C
옥수수 개체수 ㉠	–	증가	㉡	㉢
A 개체수 ㉢	감소	–	㉣	감소
B 개체수 ㉣	감소	㉤	–	증가
C 개체수 ㉥	㉦	감소	증가	–

이에 대한 설명으로 옳은 것만을 [보기]에서 있는 대로 고른 것은?

보기
ㄱ. A는 3차 소비자이다.
ㄴ. 옥수수에 저장된 에너지의 일부는 B를 거쳐 C로 이동한다.
ㄷ. ㉤과 ㉦은 모두 '감소'이다.

① ㄱ ② ㄷ ③ ㄱ, ㄴ
④ ㄴ, ㄷ ⑤ ㄱ, ㄴ, ㄷ

지구 환경 변화와 인간 생활

★ 핵심 포인트
- 지구 열수지 ★★★
- 지구 온난화의 메커니즘 ★★★
- 사막화 ★★
- 엘니뇨 ★★★

A 지구 열수지

1. 지구의 복사 평형과 온실 효과

① **지구의 ◆복사 평형**: 지구는 ◆태양 복사 에너지를 흡수하고, 흡수한 만큼 지구 복사 에너지를 우주 공간으로 방출한다. ➡ 지구의 연평균 기온이 일정하게 유지된다.

② **온실 효과**: 온실 기체가 태양 복사 에너지를 대부분 통과시키고, 지표에서 방출되는 지구 복사 에너지를 흡수하였다가 일부를 지표로 재복사하여 대기가 없을 때보다 대기가 있을 때 더 높은 온도로 유지되는 효과 ➡ 온실 기체: 온실 효과를 일으키는 기체 예 수증기, 이산화 탄소, 메테인, 산화 이질소, 오존 등

└● 온실 기체는 적외선을 잘 흡수하고, 가시광선을 잘 흡수하지 못하기 때문

◆ **복사 평형**
물체가 흡수한 복사 에너지량과 방출한 복사 에너지량이 같은 상태로, 이때는 물체의 온도가 일정하게 유지된다.

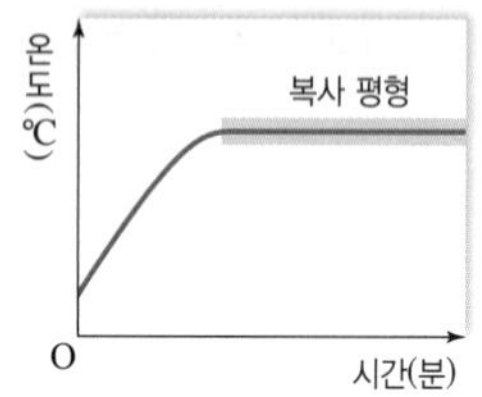

| 지구에 대기가 없을 때와 있을 때 비교 |

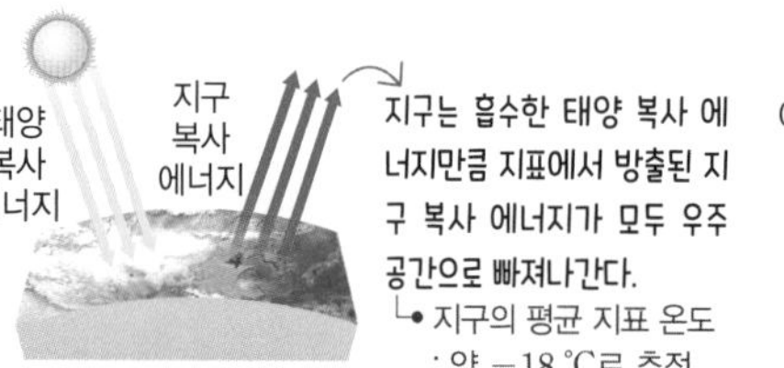

태양 복사 에너지
지구 복사 에너지
지구는 흡수한 태양 복사 에너지만큼 지표에서 방출된 지구 복사 에너지가 모두 우주 공간으로 빠져나간다.
└● 지구의 평균 지표 온도 : 약 −18 ℃로 추정

⬆ 대기가 없을 때

⬆ 대기가 있을 때

지표가 방출한 지구 복사 에너지를 대기 중의 온실 기체가 흡수하였다가 일부를 지표로 재복사한다.
└● 지구의 평균 지표 온도 : 약 15 ℃ ➡ 대기가 없을 때보다 더 높은 온도에서 복사 평형을 이루기 때문

◆ **태양 복사 에너지와 지구 복사 에너지**
- 태양 복사 에너지: 태양이 방출하는 에너지이다. 주로 파장이 짧은 가시광선으로, 지구의 대기를 잘 투과한다.
- 지구 복사 에너지: 지구가 방출하는 에너지이다. 대부분 파장이 긴 적외선으로, 대기 중의 온실 기체에 의해 잘 흡수된다.

2. 지구 ◆열수지 우주, 대기, 지표의 각 영역에서 출입하는 에너지(열) 관계

| 복사 평형 상태의 지구 열수지 |

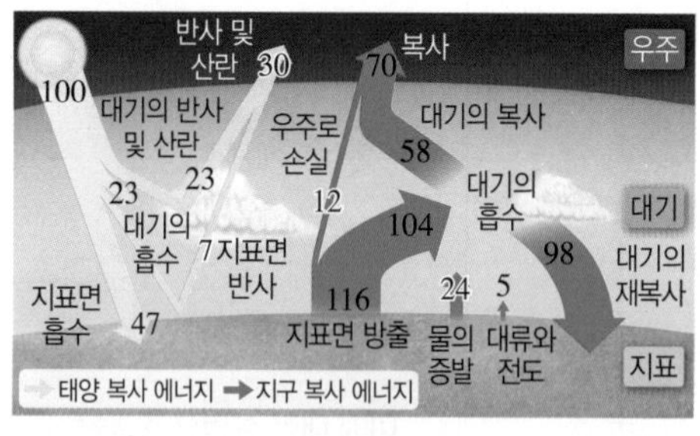

지구에 들어오는 태양 복사 에너지량을 100이라고 할 때
- 지구의 반사율: 30 % ➡ 대기의 반사 및 산란(23)+지표면 반사(7)
- 지구의 복사 평형: 대기와 지표면이 흡수하는 태양 복사 에너지량(23+47=70)=지구가 우주로 방출하는 지구 복사 에너지량(12+58=70)

• 각 영역에서의 열수지: 흡수하는 에너지량과 방출하는 에너지량은 같다.—● 복사 평형 상태이기 때문

구분	흡수량	방출량
대기	대기의 흡수(23)+지표면 방출(104)+물의 증발(24)+대류와 전도(5)=156	대기의 복사(58)+대기의 재복사(98)=156 (대기의 재복사: 온실 효과를 일으키는 에너지)
지표	지표면 흡수(47)+대기의 재복사 흡수(98)=145	지표면 방출(116)+물의 증발(24)+대류와 전도(5)=145
지구 전체	태양 복사 에너지(100)−지구의 반사(23+7)=70	지표면에서 우주로 손실(12)+대기의 복사(58)=70

◆ **열수지**
어떤 물체에 대한 에너지(열)의 출입 관계이다.
└● 천재 교과서에서만 열수지를 어떤 물체가 에너지를 얻고 잃는 것의 차이라고 설명한다.

B 지구 온난화

1. 지구 온난화 대기 중 온실 기체의 양이 증가하면서 온실 효과가 강화되어 지구의 평균 기온이 높아지는 현상 → 대기에서 흡수되는 지구 복사 에너지량이 증가하여 지표로 재복사하는 에너지량이 증가하기 때문

| 자연적인 온실 효과와 인간 활동으로 강화된 온실 효과(지구 온난화) |

지구의 평균 기온이 지속적으로 상승하는 현상은 ◆전 지구적인 복사 평형이 일시적으로 깨져서 나타나는 것이다. ➡ 지구가 흡수하는 태양 복사 에너지량 > 우주로 방출되는 지구 복사 에너지량 천재 교과서에만 나와요.

지구에 들어오는 태양 복사 에너지량은 대기 중 온실 기체의 양과 관계가 없다.

우주로 방출되는 지구 복사 에너지량이 감소

대기가 흡수하는 지구 복사 에너지량, 대기가 지표로 재복사하는 에너지량이 증가

◆ **지구의 복사 평형이 일시적으로 깨지는 경우**
대규모 화산 활동으로 인해 대기 중으로 방출된 화산재가 태양 복사 에너지의 반사율(지구의 반사율)을 증가시켜 지구의 평균 온도를 낮추는 경우에도 지구의 복사 평형이 일시적으로 깨진다.
→ 지구가 흡수하는 태양 복사 에너지량이 감소한다.

① **지구 온난화의 ❶메커니즘과 열수지 변동**: 대기 중 온실 기체의 양이 증가하면 온실 효과가 강화되어 지구 열수지 변동이 나타난다.

대기 중 온실 기체의 농도 증가 ➡ 대기가 흡수하는 지구 복사 에너지량 증가 ➡ 대기가 지표로 재복사하는 에너지량 증가 ➡ 지표가 대기로부터 흡수하는 에너지량 증가 ➡ 지표 온도 상승(지구 온난화)

탐구 자료창 **지구 온난화에 따른 지구 열수지 변동 탐구**

2개의 페트병에 각각 물을 절반만 넣은 후 페트병 B에만 발포 바이타민을 넣고, 페트병의 입구를 막는다. 적외선 전등에서 20 cm 떨어진 곳에 페트병 A, B를 설치하여 10분 동안 페트병의 내부 온도 변화를 관찰한다.
(발포 바이타민: 탄산수소 나트륨이 포함되어 있어 물에 녹으면 이산화 탄소가 발생한다.)

1. **온도가 더 높은 페트병**: 페트병 B ➡ 이산화 탄소가 온실 효과를 일으키기 때문
2. **발포 바이타민의 양을 증가시켰을 때 페트병 B 내부의 온도 변화**: 페트병 B의 온도가 더 많이 상승한다. ➡ 온실 기체인 이산화 탄소 양의 증가로 인해 온실 효과가 강화되어 더 높은 온도에서 복사 평형을 이루었기 때문
3. **온실 기체의 농도가 증가할 때 지구 열수지에서 변화하는 값**: 대기가 흡수하는 지구 복사 에너지량, 대기가 지표로 재복사하는 에너지량, 지표가 대기로부터 흡수하는 에너지량 등

② **최근 지구 온난화의 원인**: 인간의 활동으로 인한 대기 중 ◆온실 기체(주로 이산화 탄소)의 농도 증가 ➡ 산업 혁명 이후 화석 연료의 사용량 증가, 토지 개발, 무분별한 삼림 벌목, 과잉 방목 등
(이산화 탄소: 대기 중 온실 기체의 배출량이 가장 많은 기체 / 무분별한 삼림 벌목: 광합성량 감소 / 과잉 방목: 호흡으로 인한 이산화 탄소 배출, 소화 활동에 의한 메테인 배출 등)

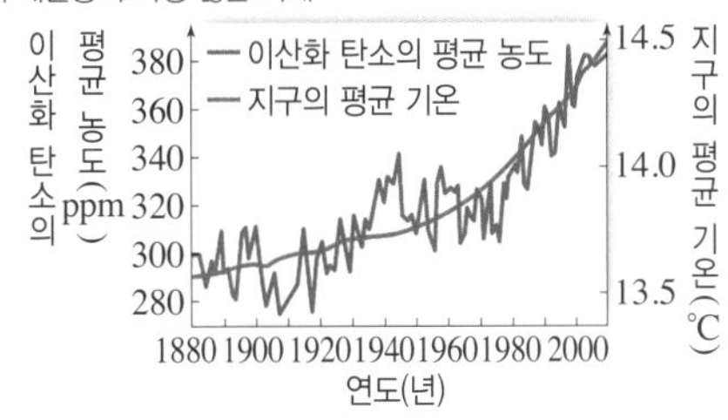

대기 중 이산화 탄소의 평균 농도 변화와 지구의 평균 기온 변화

◆ **온실 기체의 배출량**
수증기는 온실 효과를 가장 크게 일으키는 기체이지만, 대기 중에서 양이 거의 변화가 없다. 산업 혁명 이후에는 인간 활동에 의해 대기 중으로 배출되는 이산화 탄소, 메테인, 산화 이질소 등의 양이 급격히 증가하고 있다.

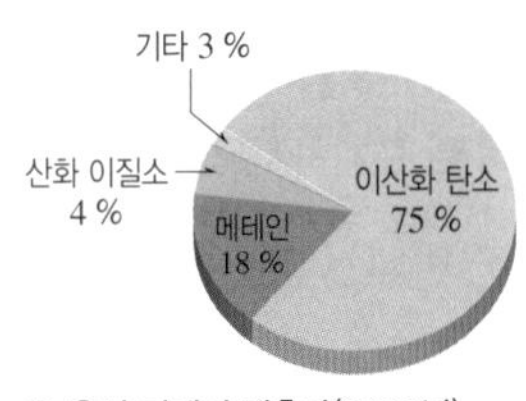

온실 기체의 배출량(2023년)

용어
❶ **메커니즘(mechanism)** 어떤 물체나 현상의 작용 원리나 작용 과정

◆ **해양 산성화**
대기 중 이산화 탄소의 농도가 증가하면 해수에 녹는 이산화 탄소의 양이 증가하여 바다의 수소 이온 농도가 높아지는 현상

2. 지구 온난화의 영향과 대책

영향	• 빙하의 융해, 해수의 열팽창(수온이 상승하면 해수의 부피가 팽창한다.)으로 해수면 상승 ➡ 빙하의 면적 감소(반사율 감소 ➡ 지표의 태양 복사 에너지 흡수량 증가), 해안가 저지대 침수 • 기상 이변 ➡ 홍수, 가뭄, 사막화, 대규모 태풍 발생 등(해수면에서 증발하는 수증기량이 증가하기 때문) • 동식물의 서식지 변화와 멸종, 생물다양성 감소, 물 부족 현상, ◆해양 산성화, 감염병 발생률 증가
대책	• 온실 기체의 배출량 줄이기 ➡ 화석 연료의 사용량 줄이기, 신재생 에너지 개발, 에너지 효율을 높이는 기술 개발 등 • 숲의 면적 늘리기(이산화 탄소의 농도 줄이는 방법), 국제 협약(유엔기후변화 협약 등(온실 기체의 배출 감축 전략을 수립하고 시행하는 국제 협약)) 가입

개념 확인 문제

정답친해 49쪽

핵심 체크 ●

▸ (❶): 온실 기체가 지표에서 방출되는 지구 복사 에너지를 흡수하였다가 일부를 지표로 재복사하여 대기가 없을 때보다 높은 온도로 유지되는 효과 ➡ 온실 기체 : 온실 효과를 일으키는 기체 예 수증기, 이산화 탄소, 메테인, 산화 이질소 등

▸ **지구 열수지**: 지구에 들어오는 태양 복사 에너지량을 100이라고 할 때 약 (❷)은 지표면과 대기에 반사되어 우주 공간으로 되돌아가고, 약 (❸)은 지표면과 대기가 흡수한다.

▸ **지구 온난화**: 대기 중 (❹)의 양이 증가하면서 온실 효과가 강화되어 지구의 평균 기온이 상승하는 현상
- 원인: 대기 중 온실 기체의 농도 증가
- 영향: (❺)의 융해와 해수의 열팽창으로 해수면 상승, 육지 면적 감소, 기상 이변, 생물다양성 감소, 물 부족 현상 등

1 다음은 온실 효과를 설명한 것이다. ( ) 안에 들어갈 알맞은 말을 쓰시오.

> 대기에 포함된 온실 기체는 ㉠( ) 복사 에너지를 대부분 통과시키지만 ㉡( ) 복사 에너지를 흡수하였다가 일부를 지표로 재복사한다. 이로 인해 대기가 없을 때보다 대기가 있을 때 더 ㉢( ) 온도로 유지되는 효과가 나타나는데, 이를 온실 효과라고 한다.

2 지구 열수지에 대한 설명으로 옳은 것은 ○, 옳지 않은 것은 ×로 표시하시오.

(1) 현재 지구의 반사율은 약 30 %이다. ( )
(2) 지표에서 방출된 지구 복사 에너지가 그대로 우주 공간으로 빠져나간다. ( )
(3) 대기, 지표에서 각각 흡수하는 에너지량과 방출하는 에너지량은 같다. ( )
(4) 지구 열수지가 변동되더라도 지구의 평균 기온은 일정하게 유지된다. ( )

3 대기 중 이산화 탄소의 농도가 증가할 때 지구 열수지에서 증가하는 것만을 [보기]에서 있는 대로 고르시오.

> 보기
> ㄱ. 지구에 들어오는 태양 복사 에너지의 양
> ㄴ. 대기가 흡수하는 지구 복사 에너지의 양
> ㄷ. 대기가 지표로 재복사하는 에너지의 양

4 지구 온난화에 대한 설명으로 옳은 것은 ○, 옳지 않은 것은 ×로 표시하시오.

(1) 최근 지구 온난화의 원인은 화석 연료의 사용량 증가, 숲의 면적 증가, 과잉 방목 등이다. ( )
(2) 지구 온난화의 영향으로 해수면 상승, 육지의 면적 증가, 기상 이변 등이 나타난다. ( )
(3) 대기 중 이산화 탄소의 농도가 증가하면 해양 산성화가 나타난다. ( )
(4) 지구 온난화를 막기 위한 방법에는 화석 연료의 사용량 줄이기, 신재생 에너지 개발 등이 있다. ( )

C 엘니뇨와 사막화

1. 대기 대순환과 해수의 표층 순환

① **대기 대순환**: 위도에 따른 에너지 불균형과 지구의 자전에 의해 생기는 지구 전체 규모의 순환으로, 3개의 순환이 나타난다. 따라서 지표면 부근에서는 저위도 지역(적도~위도 30°)에서 무역풍이 불고, 중위도 지역(위도 30°~60°)에서 편서풍이 불며, 고위도 지역(위도 60°~극)에서 극동풍이 연중 분다.

② **해수의 표층 순환**: 대기 대순환의 바람이 수면 위를 지속적으로 불기 때문에 표층 해수가 일정한 방향으로 흐르는 표층 해류가 발생한다. 표층 해류는 대륙의 분포에 의해 북반구와 남반구에서 거의 대칭으로 순환하며 흐른다.

- 표층 해수: 바다의 표면 부근에 있는 바닷물로, 바람에 의해 영향을 받는 부분이다.

| 대기 대순환과 해수의 표층 순환 |

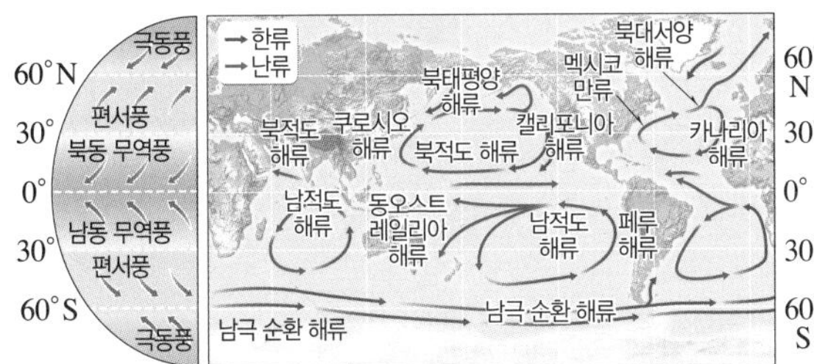

- 표층 해수의 흐름 방향: 저위도 지역의 표층 해수는 무역풍의 영향으로 서쪽으로 흐르고, 중위도 지역의 표층 해수는 편서풍의 영향으로 동쪽으로 흐른다.
- 대기와 해수의 순환: 저위도의 남는 에너지를 고위도로 이동시켜 위도에 따른 에너지 불균형을 해소해 준다.

2. 엘니뇨

적도 부근 동태평양 해역의 표층 수온이 평년보다 높은 상태로 일정 기간 지속되는 현상 → 엘니뇨는 대기(기권)와 해양(수권)의 상호 작용으로 생기는 현상으로, 수년마다 불규칙하게 발생한다.

① **발생 원인**: 무역풍의 약화로 인한 표층 해수의 흐름 변화로 발생

② **평상시와 엘니뇨 발생 시의 비교**

구분	평상시	엘니뇨 발생 시
모식도	저기압, 강수, 표층 해수, 무역풍, 고기압, 서, 따뜻한 해수, 찬 해수, 동	고기압, 표층 해수, 강수, 강수, 저기압, 무역풍 약화, 서, 따뜻한 해수, 찬 해수, 동
대기 순환과 해수의 이동	무역풍으로 인해 적도 부근의 따뜻한 표층 해수가 서쪽으로 이동한다.	무역풍의 약화로 적도 부근의 따뜻한 표층 해수가 평년에 비해 동쪽으로 이동한다.
동태평양 해역의 표층 수온과 기후	• 따뜻한 해수가 서쪽으로 이동하므로 부족한 해수를 채우기 위해 심층의 차가운 해수가 용승한다.(좋은 어장 형성) ➡ 적도 부근 동태평양 해역의 표층 수온이 서태평양 해역보다 낮다. • 고기압이 분포하여 하강 기류가 발달한다. ➡ 날씨가 맑다.	• 용승이 약화된다.(어획량 감소) ➡ ◆평년보다 표층 수온이 상승한다. • 해수의 증발이 활발하고, 기압이 낮아져 상승 기류가 발달한다.(구름의 양 증가) ➡ 강수량이 증가하여 폭우와 홍수가 발생한다. • 평년보다 해수면 높이 상승, 따뜻한 해수층의 두께 증가, 수온 약층이 시작되는 깊이 증가
서태평양 해역의 표층 수온과 기후	• 따뜻한 해수가 이동하여 표층 수온이 높다. • 저기압이 분포하여 상승 기류가 발달한다. ➡ 비가 내린다.	• 평년보다 표층 수온이 낮아진다. • 기압이 높아져 하강 기류가 발달한다. ➡ 강수량이 감소하여 가뭄과 대규모 산불이 발생한다.

✔ 이것까지 나와요! 중등 과학

위도별 복사 에너지량 분포

지구는 구형이므로 위도에 따라 태양 복사 에너지 흡수량과 지구 복사 에너지 방출량이 다르다. ➡ 위도에 따른 에너지 불균형 발생

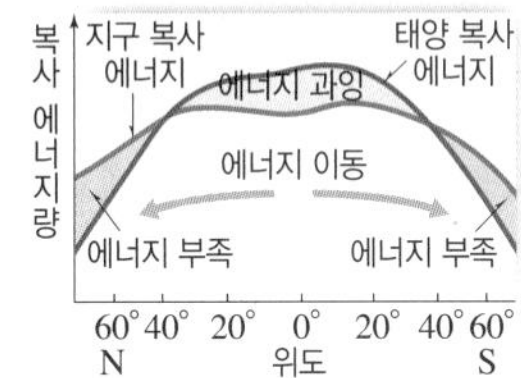

- 적도~위도 약 38°: 태양 복사 에너지 흡수량>지구 복사 에너지 방출량 ➡ 에너지 과잉
- 위도 약 38°~극: 태양 복사 에너지 흡수량<지구 복사 에너지 방출량 ➡ 에너지 부족
  - 대기와 해수의 순환으로 위도 38° 부근에서 에너지의 이동이 가장 활발하다.

+ 확대경

라니냐

엘니뇨의 반대 현상으로 무역풍이 평년보다 강화되어 적도 부근 동태평양 해역에서는 용승이 더 강화되고, 따뜻한 표층 해수의 중심이 평년보다 더 서쪽으로 이동하여 적도 부근 동태평양 해역의 표층 수온이 평년보다 낮은 상태로 일정 기간 지속되는 현상

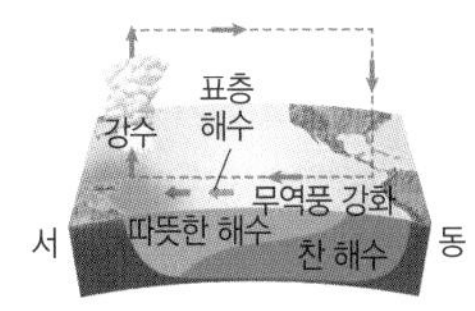

◆ **엘니뇨 시기의 표층 수온 편차**

엘니뇨 시기에는 적도 부근 동태평양 해역의 표층 수온이 평년보다 높으므로 표층 수온 편차(관측값−평년값)가 (+) 값을 나타낸다.

암기해

엘니뇨 발생 과정(동태평양)

무역풍 약화 → 따뜻한 표층 해수가 평년에 비해 동쪽으로 이동, 용승 약화 → 동태평양의 표층 수온 상승 → 해수의 증발량 증가, 상승 기류 발달 → 폭우와 홍수 발생

궁금해?

사막이 위도 30° 부근에 주로 분포하는 까닭은?

중위도 지역에서는 대기 대순환에 의해 지상에서 하강 기류가 발달하여 날씨가 맑고 건조하기 때문에 사막이 주로 분포한다. 반면에, 적도 지역은 지상에서 상승 기류가 발달하여 비가 많이 내리기 때문에 증발량이 강수량보다 적어 사막이 잘 형성되지 않는다.

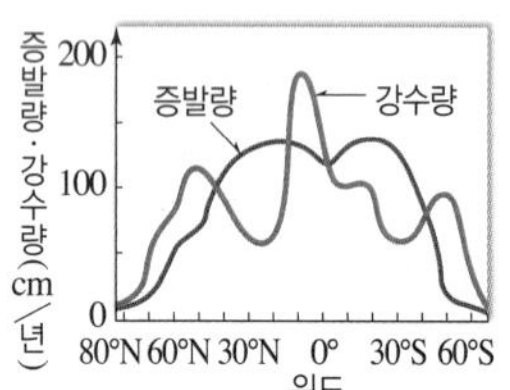

위도별 증발량과 강수량 분포

③ **엘니뇨의 영향**: 엘니뇨는 적도 부근 태평양뿐만 아니라 전 세계 여러 지역에 기상 이변을 일으킨다. ➡ 아시아 지역에는 가뭄, 유럽 지역에는 이상 고온, 호주 지역에는 대규모 산불, 남미 지역에는 홍수가 발생한다. → 최근 엘니뇨는 기후 변화와 합쳐져 영향력이 증가되고 있다. 엘니뇨는 농작물의 재배지와 수확량 변화, 생물의 서식지와 개체수 변화 등을 일으킨다.

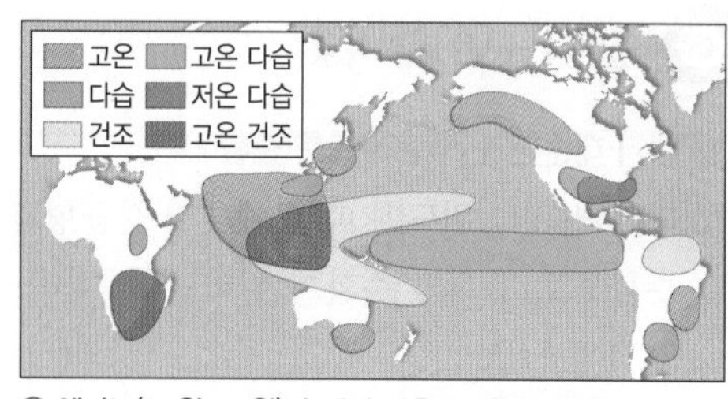

엘니뇨(12월~2월)가 세계 기후에 미치는 영향

3. 사막화 강수량 감소로 인해 사막 주변 지역의 토지가 황폐해지면서 점차 사막으로 변하는 현상

연평균 강수량이 250 mm 이하인 건조한 지역

① **사막 지역**: 대기 대순환에 의해 고압대가 형성되는 위도 30° 부근에 주로 분포한다.(증발량이 강수량보다 많은 지역) ➡ 하강 기류가 발달하여 날씨가 맑고, 건조한 기후가 나타나기 때문

② **사막화 지역**: 주로 사막 주변에 나타나며, 사막화가 진행되면 사막의 면적이 증가한다.

└ 최근 지구 온난화로 인해 가뭄과 같은 기상 이변이 더해져 사막화가 가속화되어 최근 수십 년 동안 사막의 면적이 계속적으로 증가하였다.

사막과 사막화 지역

③ **사막화의 발생 원인, 피해, 대책**

발생 원인	• 자연적인 원인: 대기 대순환 변화에 따른 지속적인 가뭄 → 강수량이 감소하고, 증발량이 증가할 때 • 인위적인 원인: 과잉 경작, 과잉 방목, 무분별한 삼림 벌채, 초지 훼손, 부실한 수자원 관리 등 숲의 면적이 감소하면 지표는 더 많은 에너지를 반사하여 냉각되고, 하강 기류가 생기면서 건조해져 사막화가 가속화된다.
피해	• 거주지 감소, 생물의 서식지 변화로 생태계 파괴, 생물다양성 감소 • 물 부족, 농업 생산성 감소로 식량 부족, 식물 감소로 인해 토양 침식 증가 • 중국과 몽골 지역의 사막화(예 고비 사막)로 우리나라의 ◆황사 빈도 증가 → 호흡기 질환, 눈병 등 유발
대책	인공위성 등을 활용한 지속적인 감시와 이를 바탕으로 한 정확한 예측, 가축 방목 줄이기, 삼림 벌채 줄이기, 인공 조림 시행, 사막화 관련 국제 협약 준수(예 사막화 방지 협약) └ 숲의 면적 늘리기

D 미래의 지구 환경 변화와 대처 방안

1. 미래 기후 예측과 지구 환경 변화 ◆기후 변화 시나리오에 의하면, 대기 중 온실 기체의 배출량이 많을수록 기후 변화가 크고, 그로 인한 환경과 생태계 변화도 크게 나타날 것으로 예측된다.

└ 지구 온난화가 심해진다.

| 기후 변화 시나리오에 따른 지구의 지표 기온 변화 예측 |

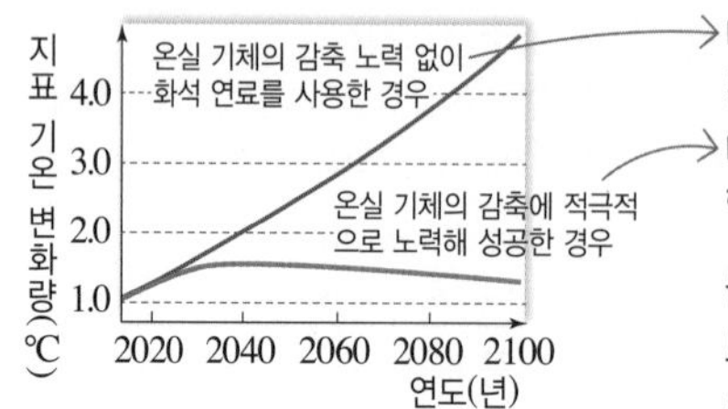

→ 대기 중 이산화 탄소의 배출량이 계속 증가하여 2100년에는 현재보다 지구의 지표 기온이 4 ℃ 정도 높아질 것으로 예측된다.

→ 대기 중 이산화 탄소의 배출량이 점차 감소하여 2100년에는 지구의 지표 기온이 현재와 비슷할 것으로 예측된다.

온실 기체의 배출량이 계속 증가한다면 빙하의 면적 감소, 영구 동토층의 해빙 증가, 해수면 상승, 기상 이변 증가, 생물다양성 감소 등 다양한 피해가 현재보다 더 심하게 나타날 것이다.

◆ **황사**
중국 내륙, 몽골의 황토 지대에서 강한 바람에 의해 상공으로 올라간 모래 먼지가 편서풍을 타고 와 한반도 부근에서 가라앉는 현상이다.

◆ **SSP 시나리오(Shared Socioeconomic Pathways, 공통사회경제경로)**
온실 기체의 감축 수준 및 기후 변화 적응 대책의 수행 여부 등에 따라 미래 사회 경제 구조가 어떻게 달라질 것인지 고려한 기후 변화 시나리오이다.
- SSP 1－2.6: 재생 에너지 기술 발달로 화석 연료 사용이 최소화되고, 친환경적으로 지속가능한 경제 성장을 이룰 것으로 가정하는 경우
- SSP 5－8.5: 산업 기술의 빠른 발전에 중심을 두어 화석 연료 사용이 높고, 도시 위주의 무분별한 개발이 확대될 것으로 가정하는 경우

2. 기후 변화로 인한 지구 환경 변화의 대처 방안

기후 변화 완화 노력 (온실 기체의 배출량을 줄이기 위한 노력)	• 대중 교통 이용하기, 적절한 냉·난방 온도 준수하기, 일회용품 사용 줄이기 등 • 화석 연료를 대체할 수 있는 지속가능한 에너지 기술 개발, 친환경 재생 에너지 사용, 에너지 효율을 높이는 기술 개발, 대규모 삼림 조성, 대기 중 이산화 탄소를 제거하고 배출을 차단하는 기술 활용, 기후 변화에 대비한 국제 협약 가입(예 ◆파리 기후 변화 협약) 등
기후 변화 적응 노력	• 기상 재해 예방 시설 마련(예 하천 제방 보강, 빗물 저수지 등) • 도시 농업 활성화 등 식량 대책 마련, 그늘막 설치, 도심 속 습지 공원 확대 등

◆ **파리 기후 변화 협약**
2015년 유엔기후변화협약 당사국 총회에서 지구 평균 기온의 상승 폭을 산업화 이전 대비 2 ℃ 이하로 유지하고, 1.5 ℃를 넘지 않도록 하는 것을 목표로 하였다. 이를 위해 온실 기체의 배출량을 줄이기로 하였다.

개념 확인 문제

정답친해 49쪽

핵심 체크

▸ **대기 대순환과 해수의 표층 순환**: 저위도 지역의 표층 해수는 (❶   )의 영향으로 서쪽으로 흐른다.

▸ **엘니뇨**: 무역풍의 (❷   )로 적도 부근 동태평양 해역의 표층 수온이 평년보다 (❸   )은 상태로 지속되는 현상 ➡ 엘니뇨 시기에는 적도 부근 동태평양 해역(예 페루)에서는 폭우와 (❹   )가 발생하고, 서태평양 해역(예 인도네시아)에서는 (❺   )과 대규모 산불이 발생한다.

▸ **사막화**: 사막 주변 지역의 토지가 황폐해져 점차 (❻   )으로 변하는 현상 ➡ 사막은 위도 (❼   ) 부근에 주로 분포

▸ **미래의 지구 환경 변화와 대처 방안**: 온실 기체의 배출량이 계속 증가하면 미래의 지구 평균 기온이 현재보다 (❽   )할 것이다. ➡ 대처 방안: 온실 기체의 배출량 줄이기

1 그림은 북반구의 대기 대순환 모형을 나타낸 것이다. A~C의 지표면 부근에서 부는 바람의 이름을 각각 쓰시오.

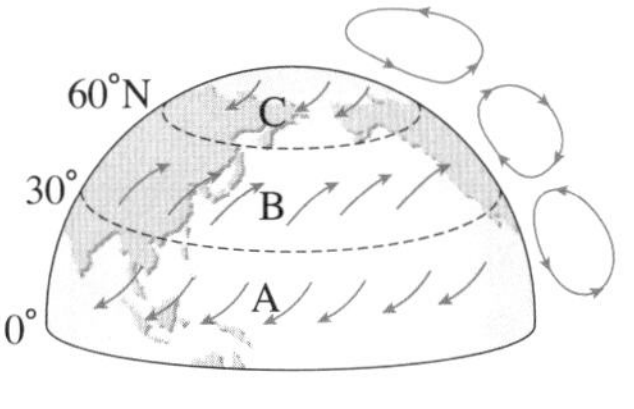

2 엘니뇨에 대한 설명으로 옳은 것은 ○, 옳지 않은 것은 ×로 표시하시오.

(1) 엘니뇨는 수권과 지권의 상호 작용으로 발생한다. ( )

(2) 엘니뇨가 발생하면 적도 부근 동태평양 해역에서는 용승이 평년보다 강해진다. ( )

(3) 엘니뇨가 발생하면 적도 부근 동태평양 해역에서는 따뜻한 해수층의 두께가 평년보다 두꺼워진다. ( )

(4) 엘니뇨가 발생하면 적도 부근 서태평양 해역에서는 평년보다 강수량이 감소한다. ( )

3 사막이 주로 분포하는 지역이 아닌 것은?

① 적도 지역 ② 고압대가 형성되는 지역 ③ 건조한 지역 ④ 하강 기류가 발달한 지역 ⑤ 증발량이 강수량보다 많은 지역

4 사막화의 발생 원인으로 옳은 것만을 [보기]에서 있는 대로 고르시오.

보기
ㄱ. 대규모 홍수 ㄴ. 가축의 과잉 방목
ㄷ. 지속적인 가뭄 ㄹ. 무분별한 삼림 벌채

5 다음은 미래의 지구 환경 변화를 예측한 것이다. ( ) 안에 들어갈 알맞은 말을 고르시오.

> 온실 기체의 배출량이 계속 증가한다면, 해수면 ㉠(상승, 하강), 기상 이변 증가, 생태계 파괴, 생물다양성 ㉡(증가, 감소) 등이 현재보다 더 심하게 나타날 것이다.

내신 만점 문제

A 지구 열수지

01 온실 기체에 대한 설명으로 옳은 것은?

① 온실 기체에는 이산화 탄소, 산소, 메테인 등이 있다.
② 온실 기체는 태양 복사 에너지를 잘 흡수한다.
③ 최근 온실 기체 중 대기 중으로 배출량이 가장 많은 것은 메테인이다.
④ 대기 중 온실 기체의 농도 증가로 인해 온실 효과가 강화되면 지구 온난화가 일어난다.
⑤ 산업 혁명 이후 대기 중 온실 기체의 배출량은 계속 감소하고 있다.

02 그림은 복사 평형 상태인 달과 지구의 모습을 나타낸 것이다. 대기와 지표에 의한 반사는 고려하지 않는다.

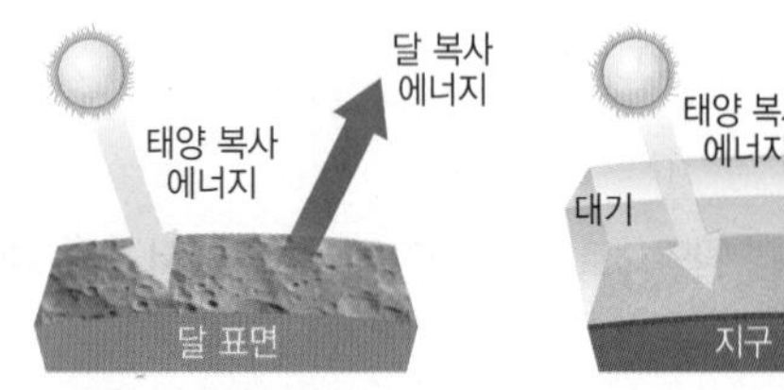

이에 대한 설명으로 옳은 것만을 [보기]에서 있는 대로 고른 것은?

보기
ㄱ. 온실 효과가 나타나는 것은 지구이다.
ㄴ. 만일 지구에 대기가 존재하지 않았다면, 지구의 평균 표면 온도는 현재보다 낮았을 것이다.
ㄷ. 지구와 달의 평균 표면 온도 차이가 나타나는 주된 까닭은 지구보다 달에 도달하는 태양 복사 에너지의 양이 적기 때문이다.

① ㄱ　② ㄷ　③ ㄱ, ㄴ
④ ㄴ, ㄷ　⑤ ㄱ, ㄴ, ㄷ

중요 **03** 그림은 복사 평형 상태에 있는 지구 열수지를 나타낸 모식도이다.

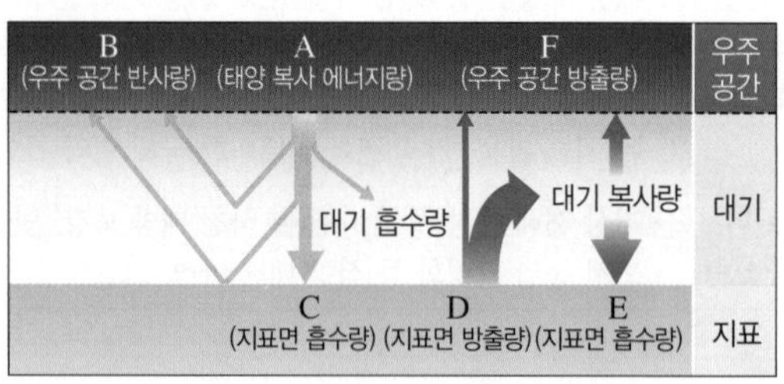

이에 대한 설명으로 옳은 것만을 [보기]에서 있는 대로 고른 것은?

보기
ㄱ. A=B+F이다.
ㄴ. C는 주로 적외선 형태로 흡수되고, D는 주로 가시광선 형태로 방출한다.
ㄷ. 대기 중 온실 기체의 농도가 증가하면 E가 감소한다.

① ㄱ　② ㄷ　③ ㄱ, ㄴ
④ ㄴ, ㄷ　⑤ ㄱ, ㄴ, ㄷ

B 지구 온난화

중요 **04** 그림 (가)는 전 지구와 우리나라 안면도의 이산화 탄소 농도를, (나)는 전 지구와 우리나라의 기온 편차(관측값−평년값)를 나타낸 것이다.

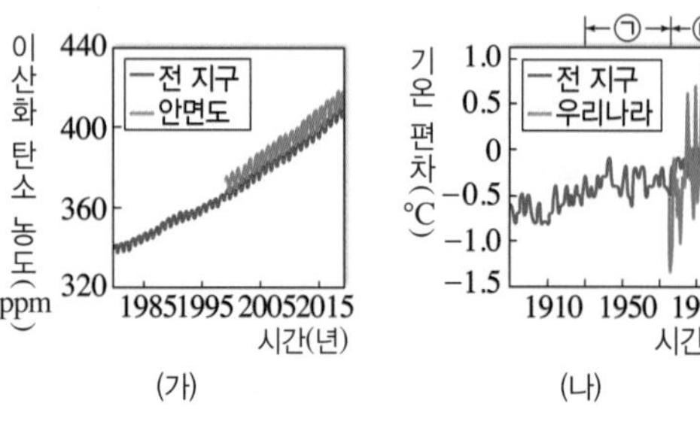

이에 대한 설명으로 옳은 것만을 [보기]에서 있는 대로 고른 것은?

보기
ㄱ. 2000년~2015년 동안 우리나라의 안면도는 전 지구보다 온난화의 영향이 더 컸을 것이다.
ㄴ. ㉡ 시기 동안 우리나라와 전 지구는 모두 평균 기온이 전반적으로 상승하였다.
ㄷ. 전 지구의 빙하 면적은 ㉠ 시기가 ㉡ 시기보다 컸을 것이다.

① ㄱ　② ㄴ　③ ㄱ, ㄷ
④ ㄴ, ㄷ　⑤ ㄱ, ㄴ, ㄷ

05 지구 온난화의 영향에 대한 설명으로 옳은 것은?

① 해수면이 하강한다.
② 빙하에 의한 반사율이 증가한다.
③ 영구 동토층의 면적이 감소한다.
④ 한류성 어종의 분포 면적이 확장된다.
⑤ 해안가 근처 인간의 거주지 면적이 증가한다.

C 엘니뇨와 사막화

중요 **06** 그림은 대기 대순환을 나타낸 것이다. 이에 대한 설명으로 옳지 않은 것은?

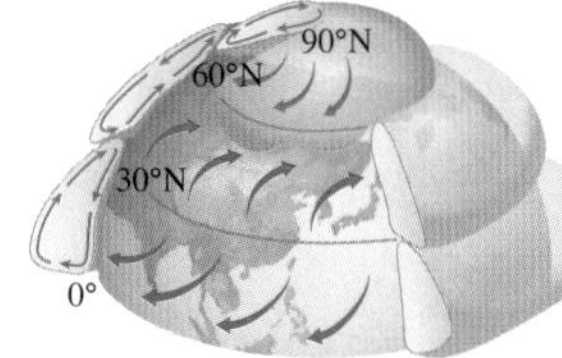

① 위도 0°~30° 사이에서는 무역풍이 분다.
② 위도 30° 부근에서는 상승 기류가 나타난다.
③ 우리나라는 편서풍대에 속한다.
④ 대기 대순환은 해수의 표층 순환과 관계가 있다.
⑤ 대기 대순환은 저위도와 고위도의 에너지 편차를 해소하는 데 기여한다.

07 엘니뇨에 대한 설명으로 옳지 않은 것은?

① 엘니뇨는 무역풍의 약화로 발생한다.
② 엘니뇨는 지구 온난화로 나타나는 현상이다.
③ 엘니뇨 시기에는 적도 부근 동태평양 해역의 표층 수온이 평년보다 높다.
④ 엘니뇨 시기에는 적도 부근 동태평양 해역에서 어획량이 평년보다 감소한다.
⑤ 엘니뇨 시기에는 적도 부근 서태평양 해역에서 평년보다 구름의 양이 감소한다.

중요 **08** 그림 (가), (나)는 엘니뇨 시기와 평년의 적도 부근 태평양의 대기와 해수의 흐름을 순서 없이 나타낸 것이다.

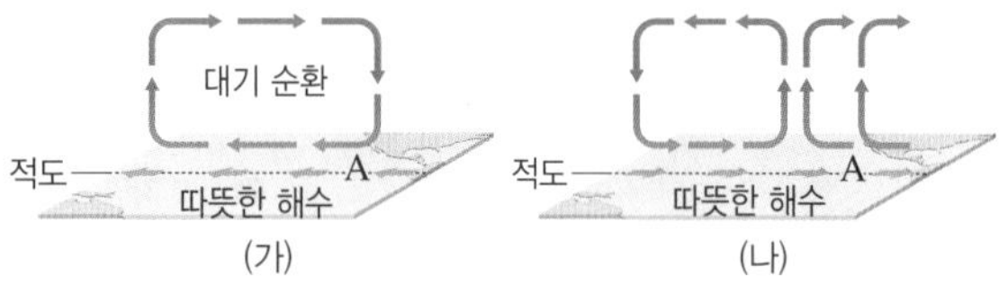

이에 대한 설명으로 옳은 것만을 [보기]에서 있는 대로 고른 것은?

보기
ㄱ. (가)는 엘니뇨 시기이다.
ㄴ. 무역풍의 세기는 (나)보다 (가) 시기일 때 강하다.
ㄷ. A에서는 용승이 (가)보다 (나) 시기에 더 활발하게 일어난다.

① ㄱ ② ㄴ ③ ㄷ
④ ㄱ, ㄴ ⑤ ㄴ, ㄷ

중요 **09** 그림 (가)는 동태평양 적도 해역의 해수면 수온 편차(관측값−평년값)를, (나)는 북반구의 겨울철(12월~2월)에 A, B 중 어느 시기의 기상 이변을 나타낸 것이다. A, B 중 하나는 엘니뇨 시기이다.

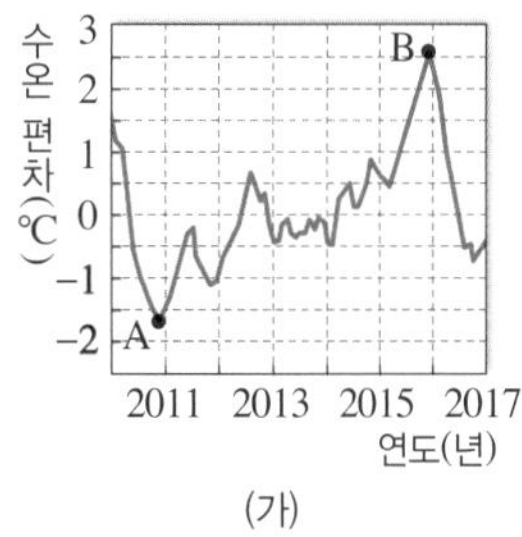

(가)

(나)

이에 대한 설명으로 옳은 것만을 [보기]에서 있는 대로 고른 것은?

보기
ㄱ. 엘니뇨는 A 시기에 나타났다.
ㄴ. (나)는 B 시기에 나타난 모습이다.
ㄷ. B 시기에는 동태평양 적도 해역의 평균 기압이 평년보다 낮을 것이다.

① ㄱ ② ㄴ ③ ㄱ, ㄷ
④ ㄴ, ㄷ ⑤ ㄱ, ㄴ, ㄷ

중요 **10** 그림은 주요 사막과 사막화 지역을 나타낸 것이다.

이에 대한 설명으로 옳지 않은 것은?

① 사막은 주로 고압대에 분포한다.
② 사막화는 주로 사막 주변에서 나타난다.
③ 사막은 (강수량−증발량)의 값이 0보다 큰 지역이다.
④ 지나친 가축의 방목은 사막화의 발생 원인 중 하나이다.
⑤ 고비 사막 주변의 사막화는 우리나라의 황사 발생 빈도를 증가시킬 수 있다.

D 미래의 지구 환경 변화와 대처 방안

11 그림은 기후 변화 시나리오 A, B에 따른 전 지구 평균 강수량 변화를 나타낸 것이다. 기후 변화 시나리오 A, B는 각각 화석 연료의 사용이 증가하는 경우와 화석 연료의 사용을 줄이는 경우 중 하나이다.

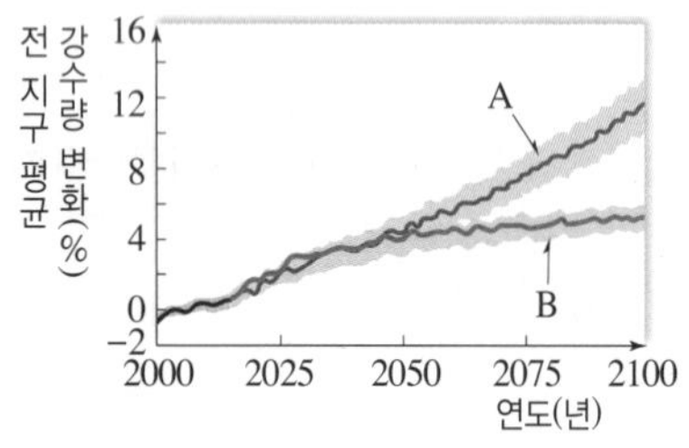

이에 대한 설명으로 옳은 것만을 [보기]에서 있는 대로 고른 것은?

> 보기
> ㄱ. 이산화 탄소의 배출량은 기후 변화 시나리오 A보다 B에서 적을 것이다.
> ㄴ. 전 지구 평균 증발량은 기후 변화 시나리오 B보다 A에서 적을 것이다.
> ㄷ. 태풍의 발생 빈도와 세기는 기후 변화 시나리오 A보다 B에서 클 것이다.

① ㄱ ② ㄷ ③ ㄱ, ㄴ
④ ㄴ, ㄷ ⑤ ㄱ, ㄴ, ㄷ

서술형 문제

12 그림 (가), (나)는 대기의 유무에 따른 에너지 출입 관계를 나타낸 것이다. (가), (나)는 모두 복사 평형 상태이다.

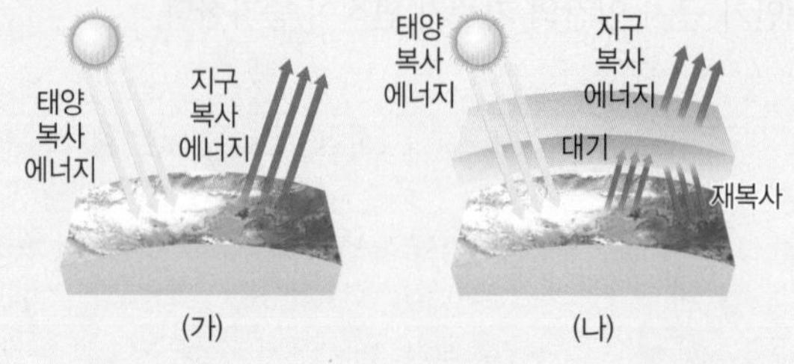

(1) (가), (나)에서 우주로 방출되는 지구 복사 에너지의 양을 비교하여 서술하시오. (단, 대기와 지표에 의한 반사는 고려하지 않는다.)

(2) (가), (나) 중 지구의 지표면 온도가 더 높은 것을 쓰고, 그렇게 생각한 까닭을 서술하시오.

13 그림은 지구의 평균 해수면 높이 변화를 나타낸 것이다. 지구의 평균 해수면 높이가 상승한 까닭을 두 가지 서술하시오.

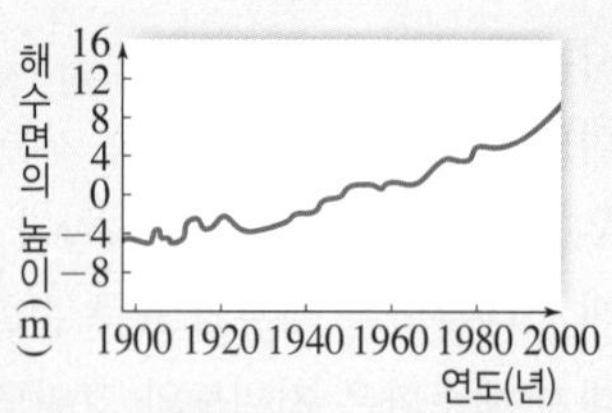

중요 **14** 그림은 2009년부터 2011년까지 적도 부근 서태평양 해역과 동태평양 해역에서 관측한 해수면 높이를 나타낸 것이다. A, B 중 하나는 엘니뇨 시기이다.

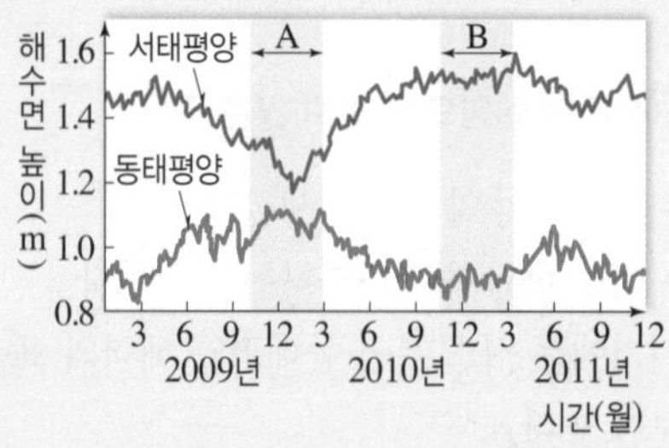

A, B 중 엘니뇨 시기에 해당하는 것을 쓰고, 엘니뇨 시기에 적도 부근 동태평양 해역과 서태평양 해역에서 발생할 수 있는 기상 재해를 각각 서술하시오.

정답친해 52쪽

실력 UP 문제

01 그림은 복사 평형 상태에 있는 지구 열수지를 나타낸 것이다.

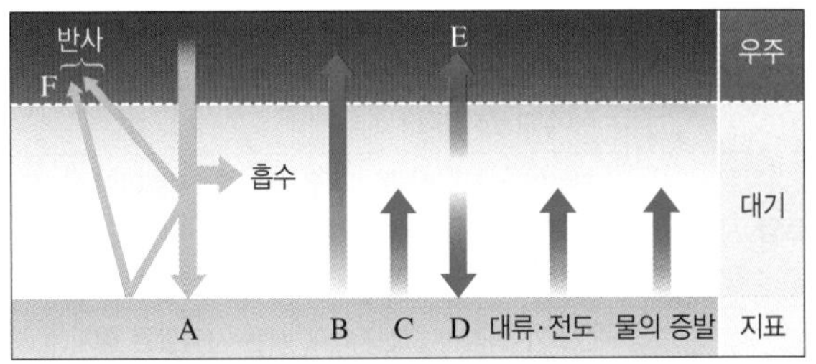

이에 대한 설명으로 옳은 것만을 [보기]에서 있는 대로 고른 것은?

보기
ㄱ. D−C=B−A+E이다.
ㄴ. 대기 중 이산화 탄소의 농도가 증가하면 D는 증가한다.
ㄷ. 지구 온난화가 진행되면 F는 감소한다.

① ㄱ ② ㄴ ③ ㄷ
④ ㄱ, ㄴ ⑤ ㄴ, ㄷ

02 그림 (가), (나)는 서로 다른 두 시기에 해수의 수온 연직 분포를 나타낸 것이다. (가), (나) 중 하나는 엘니뇨 시기이다.

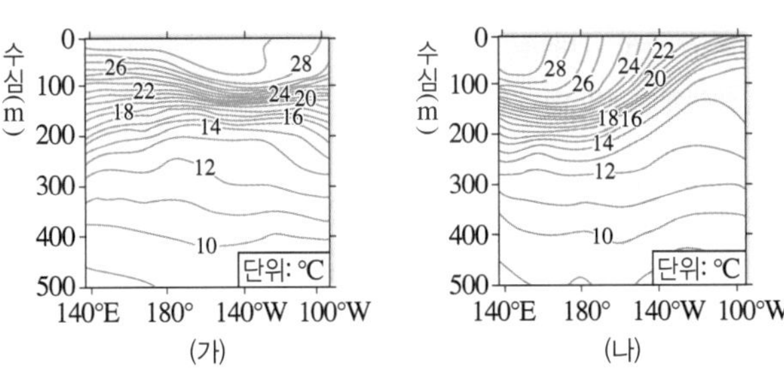

이에 대한 설명으로 옳은 것만을 [보기]에서 있는 대로 고른 것은?

보기
ㄱ. (가)는 엘니뇨 시기이다.
ㄴ. (가) 시기일 때 적도 부근 동태평양 해역에서는 하강 기류가 형성된다.
ㄷ. 적도 부근에서 부는 동풍 계열의 바람은 (가)보다 (나) 시기일 때 세게 분다.

① ㄱ ② ㄴ ③ ㄱ, ㄷ
④ ㄴ, ㄷ ⑤ ㄱ, ㄴ, ㄷ

03 그림은 1920년부터 2015년까지 북반구와 남반구에서의 기온 편차(관측값−평균값)를 나타낸 것이다.

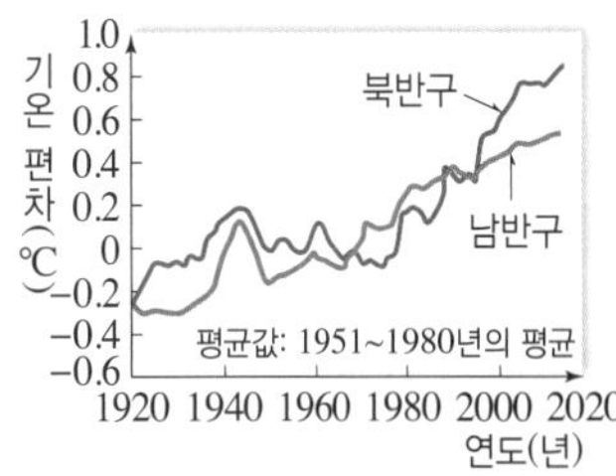

이에 대한 설명으로 옳은 것만을 [보기]에서 있는 대로 고른 것은?

보기
ㄱ. 이 기간 동안 북반구의 기온은 대체로 상승하였다.
ㄴ. 지구의 평균 기온이 상승하면 전 지역에 걸쳐 동일하게 기온이 상승할 것이다.
ㄷ. 이 기간 동안 북극의 반사율은 점차 증가하였을 것이다.
ㄹ. 이 기간 동안 대기 중 이산화 탄소의 농도가 계속 증가하였을 것이다.

① ㄱ, ㄹ ② ㄴ, ㄷ ③ ㄴ, ㄹ
④ ㄱ, ㄴ, ㄷ ⑤ ㄱ, ㄷ, ㄹ

04 다음은 1984년과 2020년 아랄해의 모습과 이에 대한 설명을 나타낸 것이다.

아랄해는 카자흐스탄과 우즈베키스탄 사이에 있는 염분이 높은 호수이다. 1960년대부터 대규모 농사를 위해 아랄해의 물이 사용되면서 호수의 면적이 1960년대에 비해 2020년에 75 %가 줄어들었다.

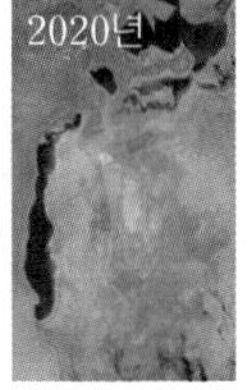

이에 대한 설명으로 옳은 것만을 [보기]에서 있는 대로 고른 것은?

보기
ㄱ. 이 기간 동안 아랄해의 어족 자원이 감소하였을 것이다.
ㄴ. 이 기간 동안 호수 주변의 강수량은 증가하였을 것이다.
ㄷ. 아랄해는 인간의 활동에 의해 사막화된 지역이다.

① ㄱ ② ㄴ ③ ㄱ, ㄷ
④ ㄴ, ㄷ ⑤ ㄱ, ㄴ, ㄷ

중단원 핵심 정리

01 / 생물과 환경

1. 생태계를 구성하는 요소

(1) 생태계

개체	독립적으로 생명활동을 할 수 있는 하나의 생명체
개체군	일정한 지역에 사는 같은 종의 개체들의 무리
(❶)	일정한 지역에 사는 여러 개체군의 무리
생태계	생물과 환경이 밀접한 관계를 맺으며 서로 영향을 주고 받는 하나의 체계

(2) 생태계구성요소

생물요소	생산자	(❷)을 통해 생명활동에 필요한 양분을 스스로 만드는 생물 예 식물, 식물 플랑크톤
	소비자	다른 생물을 먹이로 하여 양분을 얻는 생물 예 동물 플랑크톤, 초식동물, 육식동물
	(❸)	다른 생물의 사체나 배설물에 포함된 유기물을 분해하여 에너지를 얻는 생물 예 세균, 곰팡이
비생물요소		생물을 둘러싸고 있는 환경요인 예 빛, 온도, 물, 토양, 공기 등

(3) 생태계구성요소 사이의 관계

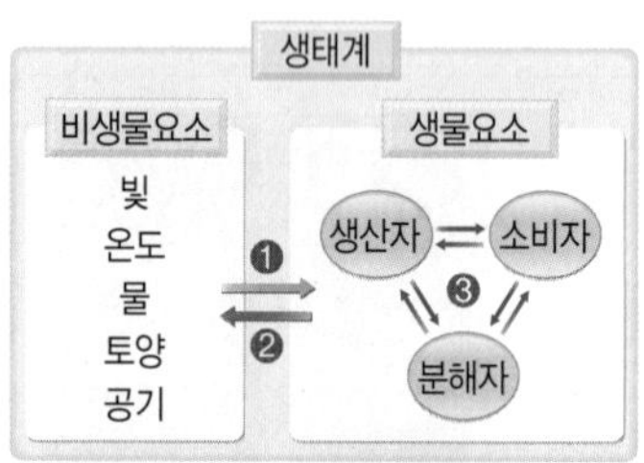

❶ 비생물요소가 생물요소에 영향을 준다.
예 토양에 양분이 풍부하면 식물이 잘 자란다.

❷ 생물요소가 비생물요소에 영향을 준다.
예 낙엽이 쌓여 분해되면 토양이 비옥해진다.

❸ (❹) 사이에 서로 영향을 준다.
예 스라소니의 개체수가 증가하면 토끼의 개체수가 감소한다.

2. 생물과 환경의 상호 관계

빛	빛의 세기	• 식물의 종류에 따라 생존에 유리한 빛의 세기가 다르다. • 강한 빛을 받는 잎이 약한 빛을 받는 잎보다 두껍다. ➡ (❺)이 발달하였기 때문이다.
	일조 시간	• 꾀꼬리는 일조 시간이 길어지는 봄에 번식하고, 송어는 일조 시간이 짧아지는 가을에 번식한다. • 붓꽃은 일조 시간이 길어지는 봄과 초여름에 꽃이 피고, 국화는 일조 시간이 짧아지는 가을에 꽃이 핀다.
(❻)		• 북극여우는 사막여우보다 몸집이 크고 몸 말단부가 작다. ➡ 열 방출량이 적어 추운 곳에서 체온을 유지하기에 유리하다. • 가을이 되면 단풍나무의 잎이 붉게 변한다.
물		• 곤충은 몸 표면이 키틴질로 되어 있고, 새의 알은 단단한 껍질로 싸여 있으며, 사막에 사는 도마뱀은 몸 표면이 비늘로 덮여 있어 수분의 손실을 막는다. • 물에서 사는 수련은 통기조직이 발달하였으며, 건조한 곳에 사는 선인장은 잎이 가시로 변하였고 저수조직이 발달하였다.
토양		• 지렁이는 토양의 통기성을 높이고, 지렁이의 배설물은 토양의 성분을 변하게 한다. • 토양의 깊이에 따라 분포하는 세균의 종류가 달라진다.
(❼)		• 산소가 희박한 고산지대에 사는 사람들은 평지에 사는 사람들에 비해 혈액 속 적혈구 수가 많다. • 생물의 호흡과 광합성으로 주변 공기의 조성이 변한다.

02 / 생태계평형

1. 먹이 관계와 생태피라미드

(1) 생태계에서의 먹이 관계

① 먹이사슬: 생산자부터 최종 소비자까지 먹고 먹히는 관계를 사슬 모양으로 나타낸 것

② (❽): 여러 개의 먹이사슬이 서로 얽혀 그물처럼 복잡하게 나타나는 것

(2) 생태계에서의 에너지흐름

① 생태계에서 에너지는 유기물의 형태로 (❾)을 따라 하위 영양단계에서 상위 영양단계로 이동한다.

② 각 영양단계의 생물이 가진 에너지의 일부는 생명활동을 하는 데 쓰이거나 열에너지로 방출되고, 나머지 일부 에너지만 상위 영양단계로 이동한다. ➡ 상위 영양단계로 갈수록 전달되는 에너지양은 (❿)한다.

(3) (⓫): 일반적으로 안정된 생태계에서 에너지양, 개체수, 생체량의 상대적인 양을 하위 영양단계부터 쌓아 올리면 피라미드 형태를 나타낸다.

2. 생태계평형

(1) **먹이 관계와 개체군의 개체수 변동**: 군집을 구성하는 개체군 사이의 먹이 관계는 각 개체군의 개체수에 영향을 미친다. ➡ 포식과 피식 관계에 있는 두 개체군의 개체수는 주기적으로 변동한다.

(2) **생태계평형**: 생물군집의 구성, 개체수, 물질의 양, 에너지의 흐름이 균형을 이루면서 안정된 상태를 유지하는 것 ➡ 먹이 관계가 (⑫)할수록 잘 유지된다.

(3) **생태계평형이 회복되는 과정**: 안정된 생태계는 어떤 요인에 의해 일시적으로 생태계평형이 깨지더라도 시간이 지나면 (⑬)에 의해 대부분 생태계평형이 회복된다.

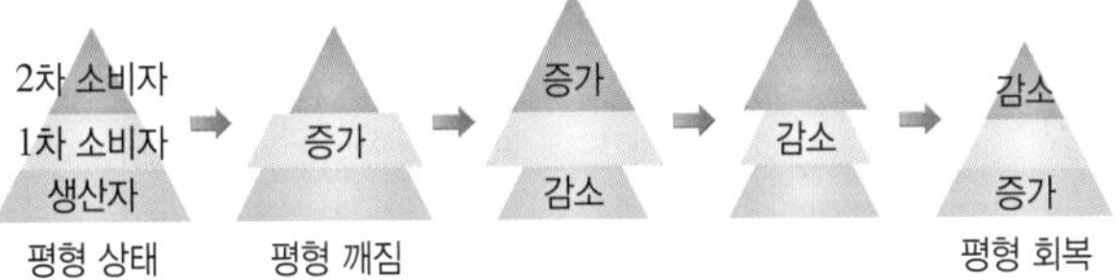

3. 환경 변화와 생태계

(1) **생태계평형을 깨뜨리는 환경 변화 요인**: 자연재해(지진, 화산, 태풍, 홍수 등)와 인간의 활동(무분별한 벌목, 인위적인 개발, 환경 오염 등)

(2) **생태계보전을 위한 노력**: 천연기념물 지정, 국립 공원과 보호 구역 지정, 환경영향평가 실시, 숲이나 공원 조성, 생태 하천 복원 등

03 / 지구 환경 변화와 인간 생활

1. 지구 열수지

온실 효과	• 지구의 복사 평형: 지구는 태양 복사 에너지를 흡수하고, 흡수한 만큼 지구 복사 에너지를 우주로 방출한다. • 온실 효과: 지구 대기에 포함된 온실 기체가 (⑭)를 흡수한 후 일부를 지표로 재복사하여 대기가 없을 때보다 대기가 있을 때 더 높은 온도로 유지되는 효과 • 온실 기체: 온실 효과를 일으키는 기체 예 수증기, 이산화 탄소, 메테인, 산화 이질소 등
지구 열수지	지구에 들어오는 태양 복사 에너지량을 100이라고 할 때 • 지구의 반사율: (⑮)% • 대기와 지표면이 흡수하는 태양 복사 에너지량(70)=지구가 우주로 방출하는 지구 복사 에너지량(70) • 대기의 (⑯)는 온실 효과를 일으킨다. • 복사 평형 상태일 때 지표면, 대기, 지구 전체에서 흡수하는 에너지량과 방출하는 에너지량은 같다. 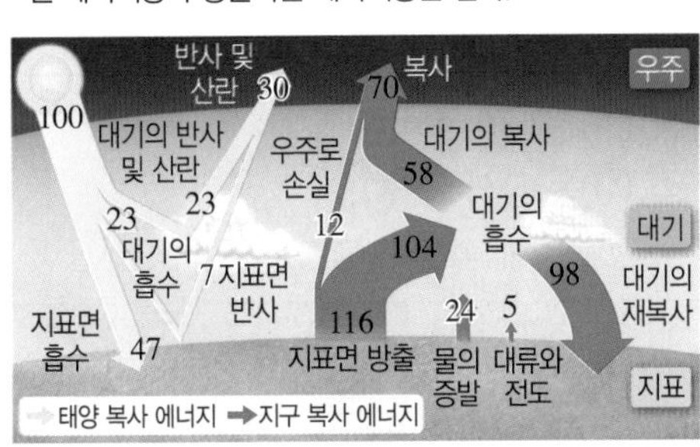

2. 지구 온난화 대기 중 온실 기체의 양이 증가하면서 온실 효과가 강화되어 지구의 평균 기온이 높아지는 현상

지구 열수지 변동	대기 중 온실 기체의 농도 증가 → 대기가 흡수하는 지구 복사 에너지량 증가 → 대기가 지표로 재복사하는 에너지량 증가 → 지표가 대기로부터 흡수하는 에너지량 증가 → 지구의 지표 온도 상승(지구 온난화)
주요 원인	인간의 활동으로 인한 대기 중 온실 기체(주로 이산화 탄소)의 농도 증가 ➡ 산업 혁명 이후 (⑰)의 사용량 증가, 토지 개발, 무분별한 벌목, 과잉 방목 등
영향	빙하의 융해와 해수의 열팽창으로 인한 해수면 (⑱), 기상 이변, 생태계 변화, 해양 산성화 등
대책	• (⑲)의 배출량 줄이기 ➡ 화석 연료 사용 억제 • 숲의 면적 늘리기, 국제 협약 가입

3. 엘니뇨 무역풍의 약화로 적도 부근 동태평양 해역의 표층 수온이 평년보다 높은 상태로 지속되는 현상

구분	평년 대비 엘니뇨 발생 시 변화
대기와 표층 해수	무역풍의 세기 (⑳) ➡ 적도 부근의 따뜻한 표층 해수가 (㉑)쪽으로 이동
동태평양	용승 (㉒), 표층 수온 상승, 해수면 높이 (㉓), 폭우와 홍수 발생
서태평양	표층 수온 하강, 가뭄과 대규모 산불 발생

4. 사막화 사막 주변 지역의 토지가 황폐해지면서 점차 사막으로 변하는 현상 ➡ 사막은 위도 (㉔) 부근에 주로 분포(증발량이 강수량보다 많은 지역)

발생 원인	• 자연적인 원인: (㉕)의 변화 • 인위적인 원인: 과잉 방목, 과잉 경작, 무분별한 삼림 벌채 등
피해	물 부족, 식량 부족, 생태계 파괴, 황사 빈도 증가 등
대책	삼림 벌채 최소화, 숲의 면적 늘리기, 가축의 방목 줄이기, 사막화 관련 국제 협약 준수 등

5. 미래의 지구 환경 변화와 대처 방안

미래 기후 예측과 지구 환경 변화	• 기후 변화 시나리오에 의하면, 대기 중 온실 기체의 배출량이 (㉖)을수록 기후 변화가 커져 지구 환경 변화가 크게 나타날 것으로 예측된다. • 온실 기체의 배출량이 계속 (㉗)하면 빙하의 면적 감소, 해수면 상승, 기상 이변 증가, 생물다양성 감소 등이 현재보다 심하게 나타날 것이다.
지구 환경 변화의 대처 방안	온실 기체의 배출량 줄이기 ➡ 화석 연료를 대체할 수 있는 에너지 개발, 이산화 탄소를 제거하는 기술 활용, 기후 변화에 대비한 국제 협약 가입 등

중단원 마무리 문제 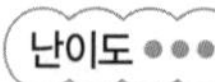

●●○

01 그림은 어떤 지역에서 개체군, 군집, 생태계의 관계를 나타낸 것이다. (가)~(다)는 각각 개체군, 군집, 생태계 중 하나이다.

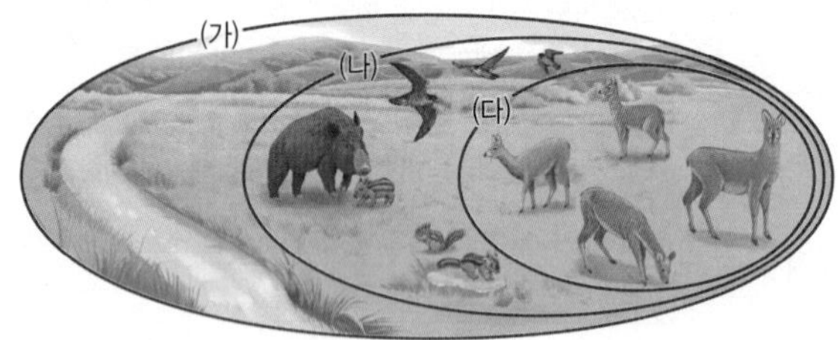

이에 대한 설명으로 옳은 것만을 [보기]에서 있는 대로 고른 것은?

> **보기**
> ㄱ. (가)는 생물요소와 비생물요소를 모두 포함한다.
> ㄴ. (나)는 같은 종의 생물로 구성된다.
> ㄷ. (다)는 생산자, 소비자, 분해자로 구성된다.

① ㄱ　② ㄴ　③ ㄱ, ㄷ　④ ㄴ, ㄷ　⑤ ㄱ, ㄴ, ㄷ

●●○

02 표 (가)는 생태계구성요소 A~C의 예를, (나)는 생태계구성요소의 특징을 나타낸 것이다. A~C는 각각 분해자, 비생물요소, 생산자 중 하나이다.

구성 요소	예
A	곰팡이
B	벼, 옥수수
C	공기, 토양

(가)

특징
• 생물요소이다. • 광합성을 한다. • 다른 생물의 사체나 배설물을 분해한다.

(나)

이에 대한 설명으로 옳은 것만을 [보기]에서 있는 대로 고른 것은?

> **보기**
> ㄱ. A는 (나)의 특징을 모두 갖는다.
> ㄴ. B의 벼와 옥수수는 같은 개체군에 속한다.
> ㄷ. C는 비생물요소이다.

① ㄱ　② ㄷ　③ ㄱ, ㄴ　④ ㄴ, ㄷ　⑤ ㄱ, ㄴ, ㄷ

●●○

03 표는 생태계구성요소 사이의 상호 관계와 그 예를 나타낸 것이다. (가)와 (나)는 각각 '비생물요소가 생물요소에 영향을 주는 경우'와 '생물요소가 비생물요소에 영향을 주는 경우' 중 하나이다.

상호 관계	예
(가)	생물의 호흡과 광합성으로 주변 ㉠공기의 조성이 변한다.
(나)	고산지대에 사는 사람들은 평지에 사는 사람들에 비해 혈액 속 적혈구 수가 많다.
생물요소 사이에 영향을 주는 경우	㉡토끼풀의 개체수가 증가하면 ㉢토끼의 개체수가 증가한다.

이에 대한 설명으로 옳은 것만을 [보기]에서 있는 대로 고른 것은?

> **보기**
> ㄱ. (나)는 '비생물요소가 생물요소에 영향을 주는 경우'이다.
> ㄴ. 일정한 지역에 존재하는 ㉠~㉢은 군집을 이룬다.
> ㄷ. ㉡과 ㉢은 같은 영양단계에 해당한다.

① ㄱ　② ㄷ　③ ㄱ, ㄴ　④ ㄴ, ㄷ　⑤ ㄱ, ㄴ, ㄷ

●●○

04 그림은 생태계구성요소 사이의 상호 관계와 생물군집에서의 유기물 이동을, 표는 생태계구성요소 사이에 일어나는 상호작용의 예를 나타낸 것이다. A~C는 각각 생산자, 소비자, 분해자 중 하나이다.

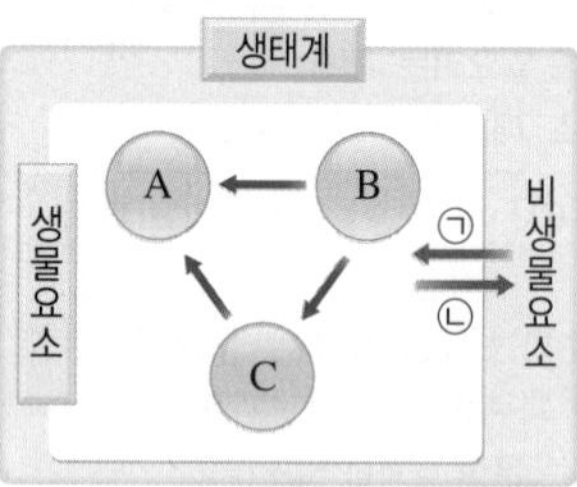

→ 유기물 이동　→ 상호 관계

(가) 빛의 세기가 증가하니 식물 플랑크톤의 개체수가 증가하였다.
(나) ⓐ메뚜기의 개체수가 증가하니 벼의 개체수가 감소하였다.

이에 대한 설명으로 옳은 것만을 [보기]에서 있는 대로 고른 것은?

> **보기**
> ㄱ. (가)는 ㉠의 예이다.
> ㄴ. (나)는 ㉡의 예이다.
> ㄷ. ⓐ는 C에 속한다.

① ㄱ　② ㄴ　③ ㄱ, ㄷ　④ ㄴ, ㄷ　⑤ ㄱ, ㄴ, ㄷ

05 다음은 빛에 대한 생물의 적응 현상이다.

(가) 종달새는 봄에, 노루는 가을에 번식한다.
(나) 붓꽃은 봄과 초여름에 꽃이 피고, 코스모스는 가을에 꽃이 핀다.
(다) 한 식물에서도 ㉠강한 빛을 받는 잎이 ㉡약한 빛을 받는 잎보다 두껍다.

이에 대한 설명으로 옳은 것만을 [보기]에서 있는 대로 고른 것은?

보기
ㄱ. (가)는 계절에 따라 일조 시간이 다르기 때문에 나타나는 현상이다.
ㄴ. (나)에서 식물의 종류에 따라 개화 시기가 다른 것은 빛의 세기에 대한 적응 결과이다.
ㄷ. ㉠은 울타리조직이 발달하여 ㉡보다 두껍다.

① ㄱ ② ㄴ ③ ㄱ, ㄷ ④ ㄴ, ㄷ ⑤ ㄱ, ㄴ, ㄷ

06 그림은 여러 지역에 서식하는 사슴종 X에서 서식지의 위도와 체중의 관계를 나타낸 것이다. 사슴 A와 B는 X에 속한다.

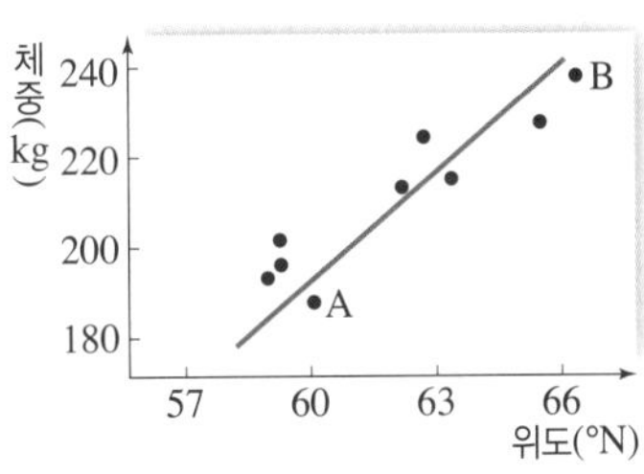

이에 대한 설명으로 옳은 것만을 [보기]에서 있는 대로 고른 것은? (단, 체중은 몸집에 비례하고, 위도가 높아질수록 평균 기온이 낮아진다.)

보기
ㄱ. X는 고위도에 서식할수록 몸집이 크다.
ㄴ. A는 B보다 몸집이 작아서 단위 부피당 열 방출량이 적다.
ㄷ. B는 A보다 몸집이 커서 추운 곳에서 체온을 유지하는 데 효과적이다.

① ㄱ ② ㄴ ③ ㄱ, ㄷ ④ ㄴ, ㄷ ⑤ ㄱ, ㄴ, ㄷ

서술형

07 그림 (가)와 (나)는 사막에 사는 도마뱀과 선인장을 나타낸 것이다.

(가)

(나)

(가)와 (나)가 건조한 환경에 각각 어떻게 적응하였는지 생물체의 구조 및 특징과 관련지어 서술하시오.

08 다음은 생물과 환경의 상호 관계에 대한 학생 A~C의 대화 내용이다.

• 학생 A: 온도는 물질대사 과정에 영향을 주므로 생물의 생명활동은 온도의 영향을 받아.
• 학생 B: 지렁이는 흙속을 돌아다니면서 토양의 통기성을 높여 산소가 필요한 생물이 살기 좋은 환경을 만들어.
• 학생 C: 툰드라에 사는 털송이풀은 공기가 적은 환경에 적응하여 잎이나 꽃에 털이 나 있어.

제시한 내용이 옳은 학생만을 있는 대로 고른 것은?

① A ② C ③ A, B ④ B, C ⑤ A, B, C

09 그림은 어떤 안정된 생태계의 먹이그물을 나타낸 것이다. 이에 대한 설명으로 옳은 것만을 [보기]에서 있는 대로 고른 것은?

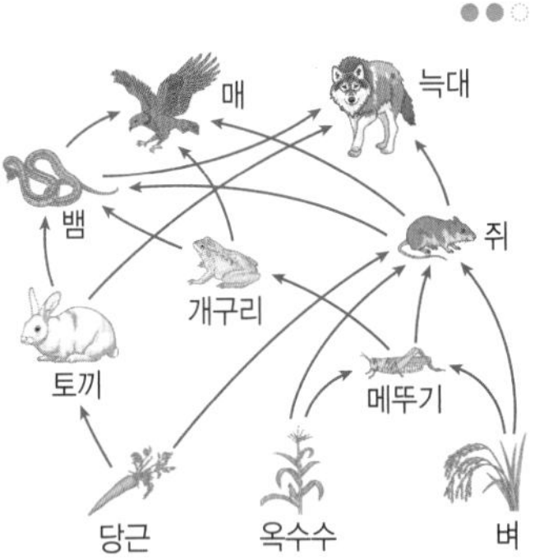

보기
ㄱ. 뱀은 2차 소비자이면서 3차 소비자이다.
ㄴ. 가장 많은 영양단계로 이루어진 먹이사슬의 최종 소비자는 5차 소비자이다.
ㄷ. 이 생태계에서 개구리가 사라지면 메뚜기의 개체수가 증가하므로 종다양성은 증가한다.

① ㄱ ② ㄷ ③ ㄱ, ㄴ ④ ㄴ, ㄷ ⑤ ㄱ, ㄴ, ㄷ

10 그림은 어떤 안정된 생태계에서의 에너지흐름을 나타낸 것이다. A~D는 각각 1차 소비자, 2차 소비자, 생산자, 분해자 중 하나이다.

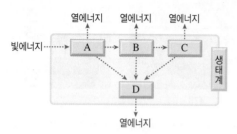

이에 대한 설명으로 옳은 것만을 [보기]에서 있는 대로 고른 것은?

> 보기
> ㄱ. D는 최종 소비자이다.
> ㄴ. A에서 B로 이동한 에너지양은 B에서 C로 이동한 에너지양보다 많다.
> ㄷ. 생태계에서 에너지는 먹이사슬을 따라 순환한다.

① ㄱ ② ㄴ ③ ㄱ, ㄷ
④ ㄴ, ㄷ ⑤ ㄱ, ㄴ, ㄷ

서술형

11 표는 어떤 안정된 생태계에서 영양단계 A~D의 에너지양과 에너지효율을 나타낸 것이다. A~D는 각각 1차 소비자, 2차 소비자, 3차 소비자, 생산자 중 하나이고, 에너지효율(%)은 $\frac{\text{현 영양단계가 보유한 에너지양}}{\text{전 영양단계가 보유한 에너지양}} \times 100$이다.

영양단계	에너지양(상댓값)	에너지효율(%)
A	2000	–
B	30	15
C	6	㉠
D	200	10

(1) A~D를 먹이사슬로 나타내고, 그렇게 생각한 까닭을 서술하시오.
(2) C의 에너지효율 ㉠을 쓰시오.
(3) B의 개체수가 일시적으로 증가하면 A, C, D의 개체수는 어떻게 변하는지 근거를 들어 서술하시오.

12 다음은 어떤 안정된 생태계에 대한 자료이다.

> • 생물 A~D는 하나의 먹이사슬을 이루며, 각각 1차 소비자, 2차 소비자, 3차 소비자, 생산자 중 하나이다.
> • C는 광합성으로 생명활동에 필요한 유기물을 스스로 만든다.
> • B의 개체수가 일시적으로 증가하면 D의 개체수는 감소하고 A의 개체수는 증가한다.
> • 생체량은 상위 영양단계로 갈수록 감소하며, A가 D보다 생체량이 많다.

이에 대한 설명으로 옳은 것만을 [보기]에서 있는 대로 고른 것은?

> 보기
> ㄱ. B는 3차 소비자이다.
> ㄴ. 에너지양은 B가 D보다 적다.
> ㄷ. A의 개체수가 일시적으로 감소하면 C의 개체수는 증가한다.

① ㄱ ② ㄷ ③ ㄱ, ㄴ
④ ㄴ, ㄷ ⑤ ㄱ, ㄴ, ㄷ

13 그림은 어떤 안정된 생태계에서 일시적으로 1차 소비자의 개체수가 증가한 후 다시 평형 상태로 회복되는 과정을 개체수피라미드로 나타낸 것이다. (가)의 ㉠~㉢은 순서 없이 나열한 것이다.

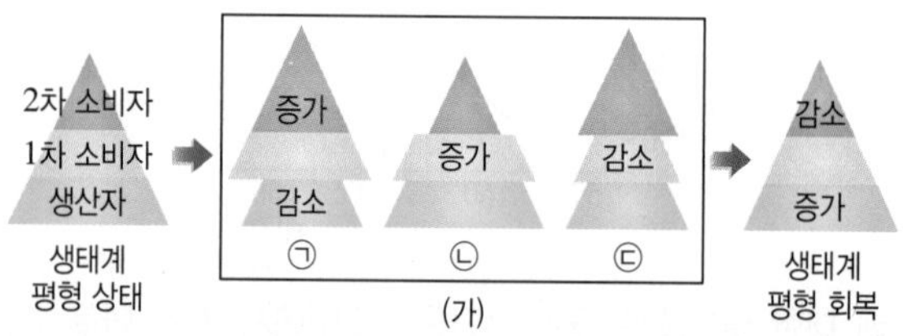

이에 대한 설명으로 옳은 것만을 [보기]에서 있는 대로 고른 것은?

> 보기
> ㄱ. (가)에서 생태계평형이 회복되는 과정은 ㉡ → ㉠ → ㉢이다.
> ㄴ. $\frac{\text{1차 소비자의 개체수}}{\text{2차 소비자의 개체수}}$는 ㉡에서가 ㉢에서보다 크다.
> ㄷ. 2차 소비자의 개체수 변화는 생산자의 개체수 변화에 영향을 미치지 않는다.

① ㄱ ② ㄷ ③ ㄱ, ㄴ
④ ㄴ, ㄷ ⑤ ㄱ, ㄴ, ㄷ

14 그림은 지구에 들어오는 태양 복사 에너지량을 100이라고 하였을 때, 지구 열수지를 나타낸 것이다.

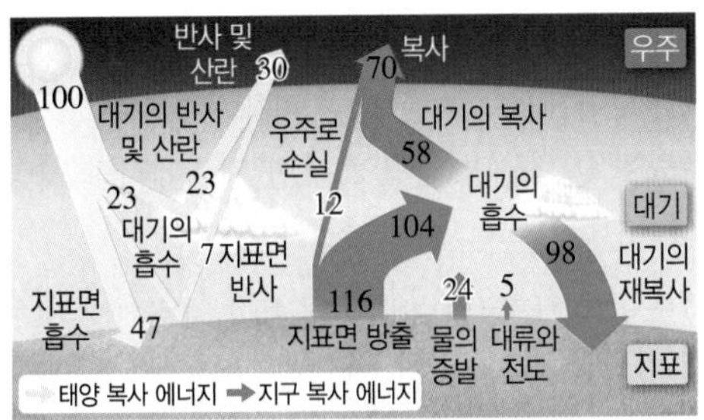

이에 대한 설명으로 옳은 것만을 [보기]에서 있는 대로 고른 것은?

보기

ㄱ. 지구의 반사율은 23 %이다.

ㄴ. 대기는 태양 복사 에너지보다 지구 복사 에너지를 더 많이 흡수한다.

ㄷ. 대기에 의해 우주로 방출되는 지구 복사 에너지의 양은 58이다.

ㄹ. 대기 중 온실 기체의 농도가 변하더라도 지구 열수지는 변동이 없다.

① ㄱ, ㄴ ② ㄴ, ㄷ ③ ㄷ, ㄹ
④ ㄱ, ㄴ, ㄹ ⑤ ㄱ, ㄷ, ㄹ

15 그림은 지구 온난화의 원인과 결과 일부를 나타낸 모식도이다.

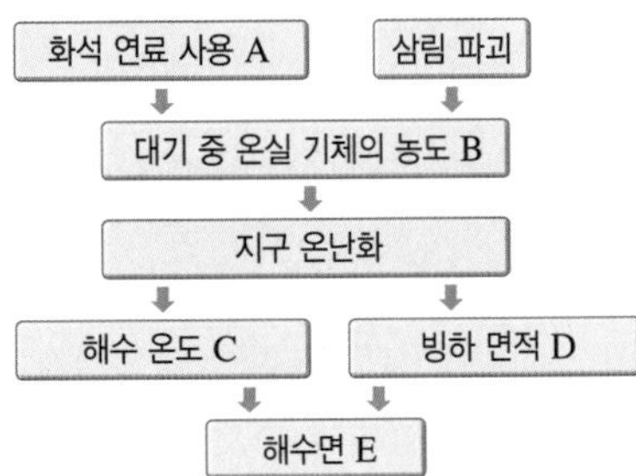

A~E에 들어가는 말 중 증가 또는 상승하는 것만을 있는 대로 고르시오.

16 다음은 지구 온난화를 알아보기 위한 실험이다.

[실험 과정]

(가) 아랫면을 랩으로 막은 상자, 온도계, 적외선 등을 그림과 같이 설치한다.

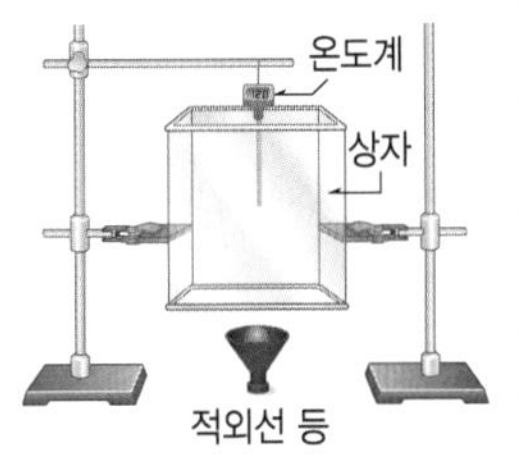

(나) 상자 윗면을 랩으로 막고, 상자 내부의 초기 온도를 측정한 후 적외선 등을 켠 상태로 온도가 일정해졌을 때 상자의 내부 온도를 기록한다.

(다) 상자에 이산화 탄소를 넣은 후 (나) 과정을 수행한다.

(라) 상자에 (다) 과정에서 넣은 이산화 탄소량의 2배를 넣은 후 (나) 과정을 수행한다.

[실험 결과]

실험 과정	(나)	(다)	(라)
상자 내부의 초기 온도(℃)	12.0	12.0	12.0
상자 내부의 온도가 일정해졌을 때 온도(℃)	12.7	(㉠)	13.5

이에 대한 설명으로 옳은 것만을 [보기]에서 있는 대로 고른 것은?

보기

ㄱ. 기체에 의한 적외선의 흡수량은 과정 (나)보다 (라)일 때가 많다.

ㄴ. ㉠은 12.7보다 크고, 13.5보다 작다.

ㄷ. 이 실험을 통해 온실 기체의 농도가 증가할수록 지구의 평균 기온이 더 많이 상승한다는 것을 예측할 수 있다.

① ㄱ ② ㄴ ③ ㄱ, ㄷ
④ ㄴ, ㄷ ⑤ ㄱ, ㄴ, ㄷ

서술형

17 그림은 2003년부터 2012년까지 그린란드의 빙하량 변화를 나타낸 것이다.

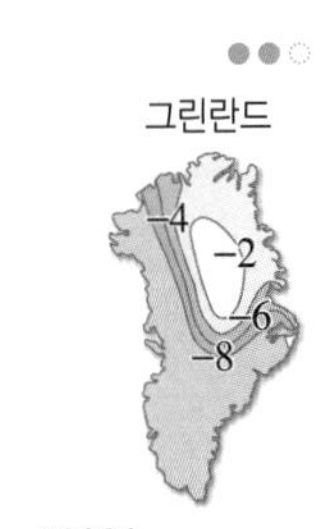

(1) 빙하량의 변화가 나타나는 까닭을 서술하시오.

(2) 빙하량의 변화가 지구의 반사율에 미치는 영향에 대해 서술하시오.

18 그림은 위도에 따른 복사 에너지량을 나타낸 것이다.

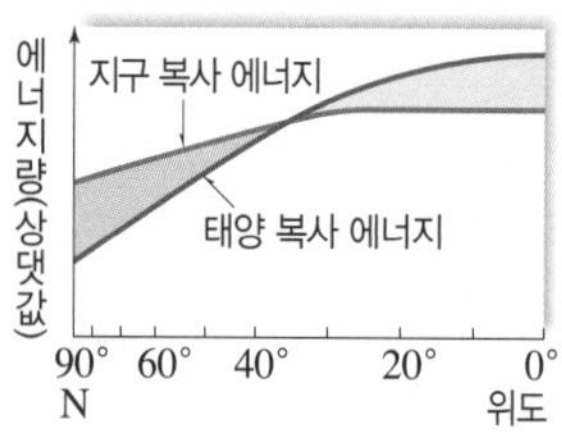

이에 대한 설명으로 옳은 것만을 [보기]에서 있는 대로 고른 것은?

보기
ㄱ. 저위도에서는 에너지 과잉 상태이다.
ㄴ. 에너지 이동이 가장 활발하게 나타나는 위도는 적도 부근이다.
ㄷ. 북반구에서는 대기와 해수의 순환을 통해 에너지가 북쪽 방향으로 이동한다.

① ㄱ ② ㄴ ③ ㄱ, ㄷ
④ ㄴ, ㄷ ⑤ ㄱ, ㄴ, ㄷ

19 그림 (가), (나)는 서로 다른 두 시기의 적도 부근 태평양의 표층 수온을 나타낸 것이다. (가), (나) 중 하나는 엘니뇨 시기이다.

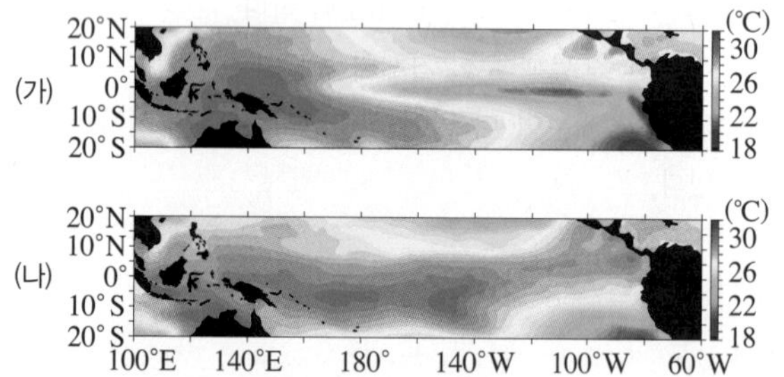

이에 대한 설명으로 옳은 것만을 [보기]에서 있는 대로 고른 것은?

보기
ㄱ. (가)는 엘니뇨 시기이다.
ㄴ. 적도 부근 서태평양 해역의 해수면 높이는 (가)보다 (나) 시기에 더 낮다.
ㄷ. 적도 부근 동태평양 해역에서 강수량은 (가)보다 (나) 시기에 더 많다.

① ㄱ ② ㄷ ③ ㄱ, ㄴ
④ ㄴ, ㄷ ⑤ ㄱ, ㄴ, ㄷ

20 엘니뇨의 영향에 대한 설명으로 옳은 것은?

① 우리나라는 겨울철에 한파가 나타난다.
② 페루는 평년보다 강수량이 감소한다.
③ 인도네시아에서는 잦은 산불 피해가 나타날 수 있다.
④ 엘니뇨가 발생하면 태평양 주변 지역에서만 기상 이변이 나타난다.
⑤ 엘니뇨는 농작물의 수확량, 생물의 서식지와 개체수 변화에 영향을 미치지 않는다.

[21~22] 그림은 사막과 사막화 지역을 나타낸 것이다.

21 이에 대한 설명으로 옳은 것은?

① 사막화 지역은 주로 적도에서 나타난다.
② 사막화가 진행되면 생물다양성이 증가한다.
③ 사막화 지역에서는 증발량이 강수량보다 많다.
④ 중국과 몽골 지역의 사막화는 우리나라의 황사 빈도를 감소시킨다.
⑤ 최근에 나타나는 사막화는 주로 자연적인 원인에 의해 발생한 것이다.

서술형

22 전 세계의 커다란 사막은 주로 위도 30° 부근에 분포한다. 그 까닭을 대기 대순환과 관련 지어 서술하시오.

정답친해 57쪽

중단원 고난도 문제

01 그림 (가)는 어떤 안정된 생태계에서의 물질 이동 경로를, (나)는 이 생태계에서 각 영양단계의 에너지양을 상댓값으로 나타낸 생태피라미드이다. A~C는 각각 1차 소비자, 2차 소비자, 생산자 중 하나이고, Ⅰ~Ⅲ은 각각 A~C 중 하나이다. 에너지효율(%)은 $\frac{\text{현 영양단계가 보유한 에너지양}}{\text{전 영양단계가 보유한 에너지양}} \times 100$이다.

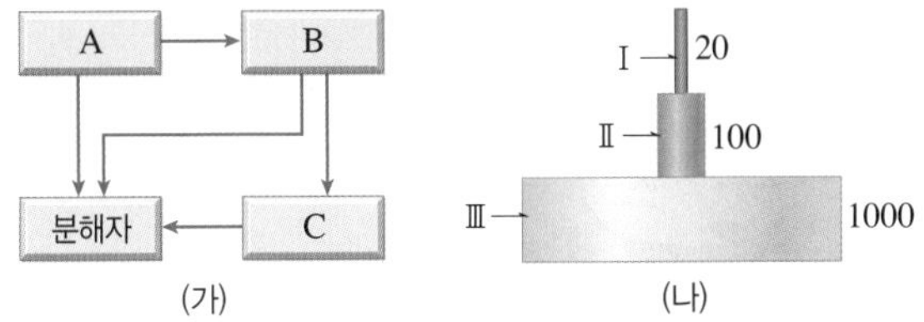

이에 대한 설명으로 옳은 것만을 [보기]에서 있는 대로 고른 것은?

보기
ㄱ. A는 Ⅲ이다.
ㄴ. C의 에너지는 모두 분해자에게 전달된다.
ㄷ. 에너지효율은 C가 B의 2배이다.

① ㄱ ② ㄴ ③ ㄱ, ㄷ ④ ㄴ, ㄷ ⑤ ㄱ, ㄴ, ㄷ

02 그림 (가)는 안정된 어떤 생태계에서 포식과 피식 관계에 있는 두 종 A와 B의 시간에 따른 개체수를, (나)는 포식자와 피식자의 개체수 변화를 나타낸 것이다. (나)에서 개체수의 변화는 시간에 따라 화살표 방향으로 일어난다.

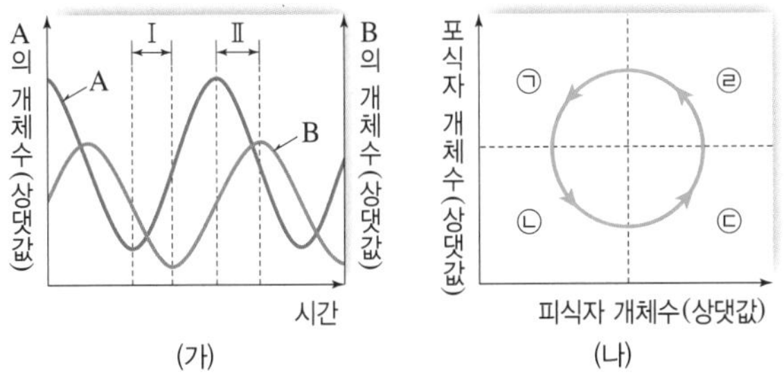

이에 대한 설명으로 옳은 것만을 [보기]에서 있는 대로 고른 것은?

보기
ㄱ. A는 포식자이다.
ㄴ. 구간 Ⅰ에서 B의 개체수가 감소하여 A의 개체수가 증가한다.
ㄷ. (가)의 구간 Ⅱ는 (나)의 ㉣에 해당한다.

① ㄱ ② ㄷ ③ ㄱ, ㄴ ④ ㄴ, ㄷ ⑤ ㄱ, ㄴ, ㄷ

03 그림은 산업 혁명 직전에 복사 평형 상태인 지구 열수지를 나타낸 것이다. 현재 전 지구적으로 온도 상승이 나타나고 있다.

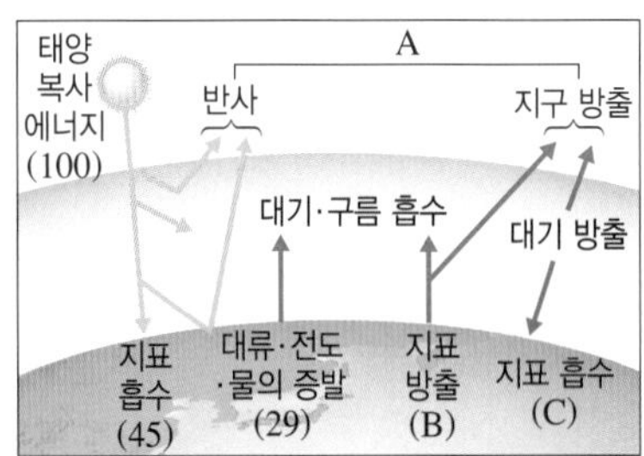

현재 지구에 대한 설명으로 옳은 것만을 [보기]에서 있는 대로 고른 것은?

보기
ㄱ. A는 100보다 작을 것이다.
ㄴ. B는 감소하고, C는 증가할 것이다.
ㄷ. 지구 온난화가 진행된 후 우주로 반사되는 태양 복사 에너지량의 비율은 산업 혁명 직전보다 클 것이다.

① ㄱ ② ㄴ ③ ㄱ, ㄷ
④ ㄴ, ㄷ ⑤ ㄱ, ㄴ, ㄷ

04 그림은 어느 해(Y)부터 7년 동안 태평양 적도 부근 해역의 수온 약층이 나타나기 시작하는 깊이 편차(관측값−평년값)를 나타낸 것이다. A와 B 중 하나는 엘니뇨 시기이다.

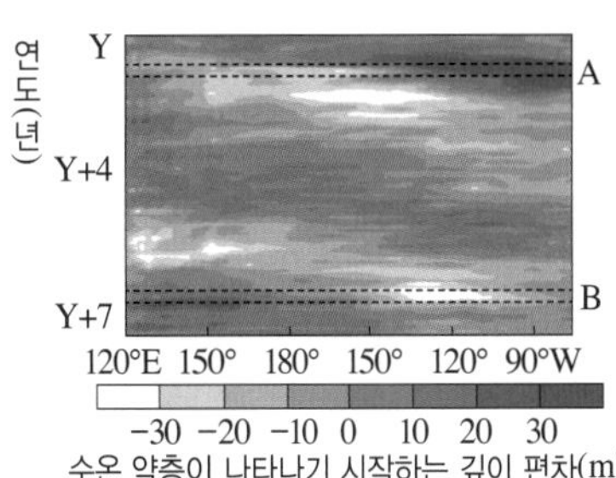

이에 대한 설명으로 옳은 것만을 [보기]에서 있는 대로 고른 것은?

보기
ㄱ. A는 엘니뇨 시기이다.
ㄴ. A보다 B 시기에 페루 연안에서 용승이 강하게 일어난다.
ㄷ. A 시기에는 적도 부근 서태평양 해역의 평균 기압 편차가 양(+)의 값을 갖는다.

① ㄱ ② ㄴ ③ ㄱ, ㄷ
④ ㄴ, ㄷ ⑤ ㄱ, ㄴ, ㄷ

Ⅱ 환경과 에너지

1 생태계와 환경 변화

2 에너지 전환과 활용

이 단원의 학습 연계

중학교에서 배운 내용

- 운동 에너지와 위치 에너지
- 전류
- 전기 에너지
- 자기장

전류의 자기 작용

1 자기장에서 전류가 흐르는 도선이 받는 힘: 전류의 세기가 ❶ ______, 자기장의 세기가 셀수록 크다.

2 전동기의 원리: 영구 자석 사이에 있는 코일에 전류가 흐를 때 코일이 힘을 받아 회전한다.

역학적 에너지

1 역학적 에너지: 위치 에너지와 ❷ ______ 에너지의 합

2 역학적 에너지 전환

- **물체가 자유 낙하 할 때**: 물체의 위치 에너지가 운동 에너지로 전환된다.
- **물체가 연직 방향으로 올라갈 때**: 물체의 운동 에너지가 위치 에너지로 전환된다.

3 역학적 에너지 보존: 물체를 위로 던져 올릴 때나 물체가 자유 낙하 할 때 공기 저항이나 마찰이 없으면 물체의 역학적 에너지는 항상 일정하게 ❸ ______된다.

전기 에너지의 생산과 전환

1 발전: 운동 에너지나 위치 에너지 등 다른 에너지를 전기 에너지로 전환하는 것을 발전이라고 하고, 이때 사용하는 장치를 ❹ ______라고 한다.

2 전기 에너지의 생산

- **풍력 발전**: 바람이 발전기를 돌려 전기 에너지를 생산한다.
- **수력 발전**: 물이 발전기를 돌려 전기 에너지를 생산한다.

3 전기 에너지의 전환

- **선풍기**: 전기 에너지 → 운동 에너지
- **전기다리미**: 전기 에너지 → ❺ ______에너지
- **배터리 충전**: 전기 에너지 → 화학 에너지

❶ 셀수록 ❷ 운동 ❸ 보존 ❹ 발전기 ❺ 열

통합과학에서 배울 내용

- 태양 에너지의 생성
- 태양 에너지의 전환과 보존
- 전자기 유도
- 발전기
- 에너지 전환과 보존
- 에너지 효율
- 신재생 에너지

태양에서 수소 핵융합 반응으로 생성된 에너지가 지구에서 다양한 에너지로 전환되는 것을 알고, 발전기에서 전기 에너지 생성과 발전 방식을 배울 거야. 또 에너지의 효율적 이용과 신재생 에너지 활용에 대해서도 배울 거야.

01

태양 에너지의 생성과 전환

★ 핵심 포인트
- 수소 핵융합 반응 ★★★
- 질량과 에너지의 관계 ★★
- 지구에서 태양 에너지의 전환과 흐름 ★★★

A 태양 에너지의 생성

1. 에너지 일을 할 수 있는 능력

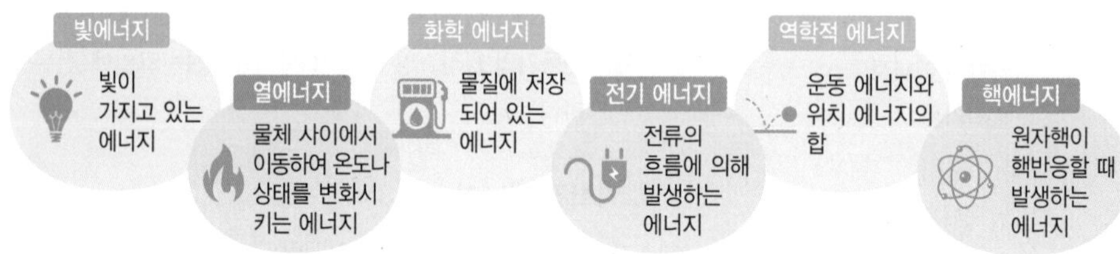
빛에너지
빛이 가지고 있는 에너지
열에너지
물체 사이에서 이동하여 온도나 상태를 변화시키는 에너지
화학 에너지
물질에 저장되어 있는 에너지
전기 에너지
전류의 흐름에 의해 발생하는 에너지
역학적 에너지
운동 에너지와 위치 에너지의 합
핵에너지
원자핵이 핵반응할 때 발생하는 에너지

에너지의 종류

2. 태양 에너지의 생성과 방출 ◆태양 에너지는 중심부에서 일어나는 수소 핵융합 반응(가벼운 원자핵들이 융합하여 무거운 원자핵으로 변하는 반응)을 통해 생성된다.

① ◆**수소 핵융합 반응**: 수소 원자핵 4개가 ❶융합하여 헬륨 원자핵 1개를 만드는 과정에서 질량이 감소하는데, 이때 감소한 질량만큼 태양 에너지가 생성된다.

② **태양 에너지의 방출**: 중심부에서 수소 핵융합 반응으로 생성된 에너지는 태양 표면에 도달하여 사방으로 방출되며, 그 중 일부가 지구에 도달하여(생성된 에너지의 $\frac{1}{20억}$ 정도만 지구에 도달한다.) 자연 변화를 일으키며 생명체가 생명 활동을 유지하는 데 주된 에너지로 이용된다.

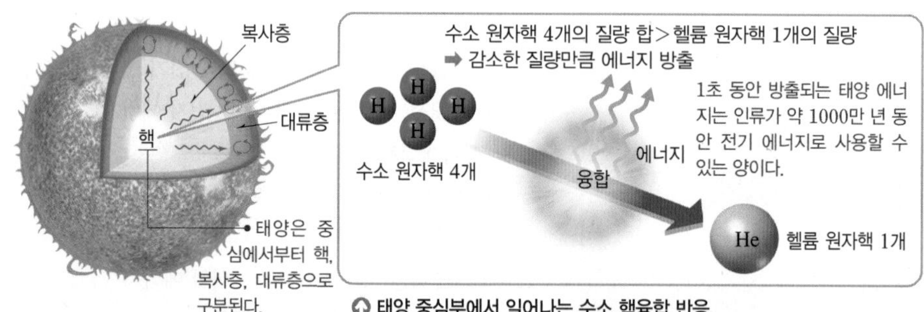
복사층
대류층
핵
태양은 중심에서부터 핵, 복사층, 대류층으로 구분된다.
수소 원자핵 4개의 질량 합>헬륨 원자핵 1개의 질량
➡ 감소한 질량만큼 에너지 방출
H
수소 원자핵 4개
융합
에너지
1초 동안 방출되는 태양 에너지는 인류가 약 1000만 년 동안 전기 에너지로 사용할 수 있는 양이다.
He
헬륨 원자핵 1개

태양 중심부에서 일어나는 수소 핵융합 반응

3. 질량과 에너지의 관계 1905년 아인슈타인의 이론에 의하면 질량과 에너지는 서로 전환될 수 있는 물리량이므로, 핵반응에서 감소한 질량만큼 에너지가 방출된다.

+ 확대경 핵반응에서 줄어든 질량

그림 (가)는 정지해 있는 양성자 2개와 중성자 2개, (나)는 헬륨 원자핵을 나타낸 것이다.

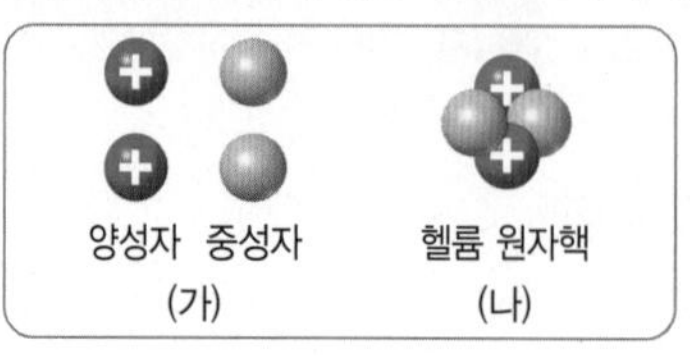
양성자 중성자
(가)
헬륨 원자핵
(나)

- (가)의 총 질량=1.0073 u(양성자 질량)×2+1.0087 u(중성자 질량)×2=4.0320 u
- (나)의 질량=4.0015 u

➡ 헬륨 원자핵의 질량은 헬륨 원자핵을 구성하는 양성자와 중성자의 질량의 합보다 작다.

◆ **태양**
주로 수소와 헬륨으로 이루어져 있고, 압력이 높아서 온도와 밀도가 매우 높다. 태양의 중심부는 약 1500만 K인 초고온 상태이기 때문에 수소 원자는 원자핵과 전자가 분리된 상태로 존재한다.

비상 교과서에만 나와요.
◆ **수소 핵융합 반응**
수소 원자핵 6개가 단계별로 충돌하여 최종적으로 헬륨 원자핵 1개와 수소 원자핵 2개를 만든다.
➡ 결과적으로 수소 핵융합 반응은 수소 원자핵 4개가 융합하여 헬륨 원자핵 1개를 만드는 반응이다.

암기해
수소 핵융합 반응
수소 원자핵 4개 ➡ 헬륨 원자핵 1개

* **우리나라의 핵융합 연구 장치**
KSTAR는 핵융합 에너지를 얻기 위한 연구 장치이다. 바닷물에 풍부한 중수소와 리튬에서 얻은 삼중수소를 충돌시켜 인공 태양을 만드는 연구를 하고 있다.

용어
❶ **융합(融 녹다, 合 합하다)** 둘 이상의 것들이 하나로 합해지는 현상이다.

B 태양 에너지의 전환과 흐름

1. 태양 ◆에너지의 전환 지구에 도달한 태양 에너지는 열에너지, 운동 에너지, 화학 에너지 등 다양한 형태의 에너지로 ❶전환되어 지구 환경과 지구의 모든 생명체에 영향을 준다.

바람	기상 현상	광합성	태양광 발전
대기와 지표에 흡수되어 바람을 일으켜 대기와 해수를 ❷순환하게 한다.	지표와 바다의 물을 증발시켜 구름을 만들어 기상 현상을 일으킨다.	◆광합성을 통해 화학 에너지로 전환되고 일부는 화석 연료의 화학 에너지로 전환된다.	태양의 빛에너지는 전기 에너지로 전환되어 전기 제품에서 여러 형태의 에너지로 전환된다.
태양의 열에너지 → 바람의 운동 에너지 → 대기와 해수의 운동 에너지	태양의 열에너지 → 구름의 ◆위치 에너지 → 물의 위치 에너지	태양의 빛에너지 → 식물의 화학 에너지 → 화석 연료의 화학 에너지	태양의 빛에너지 → 전기 에너지

태양 에너지 전환과 활용

지구에 도달한 태양 에너지는 다양한 형태의 에너지로 전환되어 일상생활에 활용된다.

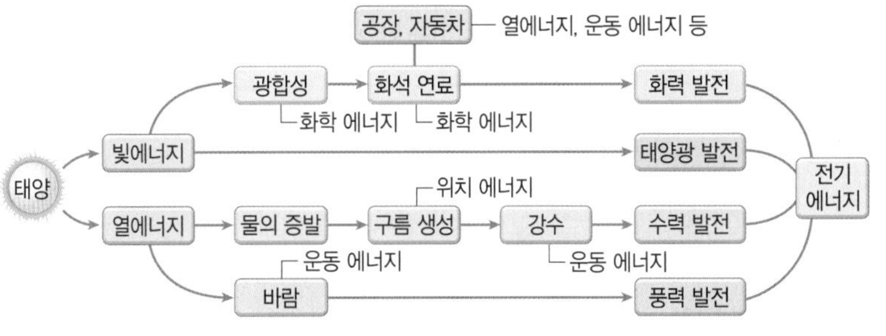

2. 태양 에너지의 흐름 지구에서 태양 에너지의 전환은 연속적인 과정으로 이루어지며 지구 시스템의 각 권역을 이동하면서 에너지 흐름을 일으킨다.

태양 에너지의 흐름

태양의 열에너지에 의해 물이 순환하는 과정에서 다양한 에너지 흐름이 일어난다.

태양의 빛에너지에 의해 탄소가 순환하는 과정에서 다양한 에너지 흐름이 일어난다.

◆ **에너지 전환**
한 형태의 에너지가 다른 형태의 에너지로 바뀌는 것

◆ **광합성이 일어나는 과정**
물+이산화 탄소 $\xrightarrow{\text{태양 에너지}}$ 포도당+산소

◆ **위치 에너지**
기준이 되는 위치와 다른 위치에 있을 때 가지는 에너지로 퍼텐셜 에너지라고도 한다. 대기 중의 수증기가 응결하여 비나 구름의 형태로 높은 위치에 있을 때 위치 에너지를 갖게 된다.

주의해

태양 에너지가 근원이 아닌 에너지
지구 내부 에너지, 우라늄 핵에너지 등

◆ **물과 탄소의 순환 과정**
- 물의 순환 과정
  바다의 물 → 수증기 → 구름(위치 에너지) → 비, 눈(운동 에너지) → 강, 댐의 물(위치 에너지, 운동 에너지) → 수력 발전소(전기 에너지) → 바다의 물
- 탄소의 순환 과정
  대기 중의 이산화 탄소 → 식물의 광합성(화학 에너지) → 화석 연료(화학 에너지) → 자동차, 공장(운동 에너지, 열에너지) → 대기 중의 이산화 탄소

용어

❶ **전환(轉 구르다, 換 바꾸다)** 다른 형태로 바뀌다.
❷ **순환(循 돌다, 環 고리)** 주기적으로 반복되거나 되풀이하여 도는 것이다.

정답친해 60쪽

개념 확인 문제

핵심 체크

- (❶): 일을 할 수 있는 능력
- 태양 에너지는 태양의 중심부에서 (❷) 반응으로 생성된다.
- 태양 에너지는 핵반응 과정에서 감소한 (❸)이 에너지로 전환된 것이다.
- 태양 에너지의 전환
  - 대기와 지표에 흡수되어 바람의 (❹) 에너지로 전환된다.
  - 지표와 바다의 물을 증발시켜 구름의 (❺) 에너지로 전환된다.
  - 태양광 발전에서 태양 전지에 의해 (❻) 에너지로 전환된다.
- 지구에서 태양 에너지의 전환은 연속적인 과정으로 이루어지며 에너지 (❼)을 일으킨다.

1 에너지에 대한 설명으로 옳은 것은 ○, 옳지 않은 것은 ×로 표시하시오.

(1) 핵에너지는 물질에 저장되어 있는 에너지이다. ( )

(2) 역학적 에너지는 운동 에너지와 위치 에너지의 합이다. ( )

(3) 전기 에너지는 전류의 흐름에 의해 발생하는 에너지이다. ( )

2 다음은 핵융합 반응에 대한 설명이다. ( ) 안에 알맞은 말을 쓰시오.

> 핵융합은 가벼운 원자핵이 융합하여 무거운 원자핵으로 변환되는 반응으로, 태양의 중심부에서는 4개의 ㉠( ) 원자핵이 융합하여 1개의 ㉡( ) 원자핵이 만들어지는 수소 핵융합 반응이 일어난다.

3 다음은 태양 에너지가 발생하는 원리를 설명한 것이다. ( ) 안에 알맞은 말을 쓰시오.

> 수소 핵융합 반응 후 생성된 헬륨 원자핵 1개의 질량은 반응 전 수소 원자핵 4개의 질량 합보다 ㉠( )다. 이때 ㉡( )한 질량만큼 태양 에너지가 생성된다.

4 지구에서 여러 가지 자연 현상이 일어나는 데 필요한 에너지와 우리가 살아가는 데 필요한 에너지의 근원이 되는 에너지는 무엇인지 쓰시오.

5 태양 에너지가 전환된 에너지로 옳은 것만을 [보기]에서 있는 대로 고르시오.

> 보기
> ㄱ. 우라늄의 핵에너지
> ㄴ. 화석 연료의 화학 에너지
> ㄷ. 지열 발전의 지열 에너지
> ㄹ. 태양광 발전에 의한 전기 에너지
> ㅁ. 댐에 저장된 물의 위치 에너지

6 다음은 지구에 도달한 태양 에너지의 전환을 나타낸 것이다. ( ) 안에 알맞은 말을 쓰시오.

현상	에너지 전환
광합성	태양의 빛에너지 → ㉠( ) 에너지
바람	태양의 ㉡( )에너지 → 운동 에너지

7 다음은 물과 탄소의 순환 과정의 일부이다. ( ) 안에 알맞은 말을 쓰시오.

물의 순환	탄소의 순환
태양의 열에너지 → 흐르는 물의 ㉠( ) 에너지	태양의 빛에너지 → 식물 양분의 ㉡( ) 에너지

내신 만점 문제

정답친해 60쪽

A 태양 에너지의 생성

01 에너지에 대한 설명으로 옳은 것만을 [보기]에서 있는 대로 고른 것은?

보기
ㄱ. 에너지는 일을 할 수 있는 능력이다.
ㄴ. 역학적 에너지는 물체의 운동 에너지와 위치 에너지의 합이다.
ㄷ. 핵에너지는 화학 결합의 형태로 물질에 저장되어 있는 에너지이다.

① ㄱ ② ㄴ ③ ㄷ
④ ㄱ, ㄴ ⑤ ㄴ, ㄷ

[02~03] 그림은 태양에서 일어나는 수소 핵융합 반응을 나타낸 것이다.

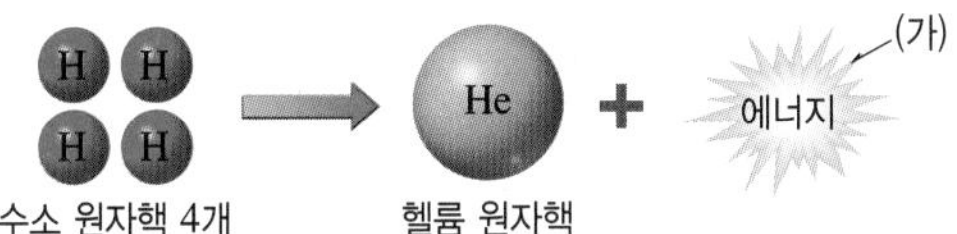

중요 **02** 이 반응에 대한 설명으로 옳은 것만을 [보기]에서 있는 대로 고른 것은?

보기
ㄱ. 수소 핵융합 반응은 초고온 상태에서 일어난다.
ㄴ. 수소 핵융합 반응은 태양 전체에서 일어난다.
ㄷ. 수소 원자핵 4개의 질량 합은 헬륨 원자핵 1개의 질량과 같다.

① ㄱ ② ㄴ ③ ㄷ
④ ㄱ, ㄴ ⑤ ㄴ, ㄷ

03 (가)에 대한 설명으로 옳은 것은?

① 태양 내부의 열에너지가 전환된 것이다.
② 수소 원자핵의 운동 에너지가 전환된 것이다.
③ 헬륨 원자핵의 운동 에너지가 전환된 것이다.
④ 핵반응에서 증가한 질량이 전환된 것이다.
⑤ 핵반응에서 감소한 질량이 전환된 것이다.

04 질량과 에너지의 관계에 대한 설명으로 옳은 것만을 [보기]에서 있는 대로 고른 것은?

보기
ㄱ. 질량과 에너지는 서로 전환될 수 있다.
ㄴ. 핵반응에서 질량은 보존되지 않는다.
ㄷ. 핵반응에서 감소한 질량이 클수록 에너지가 적게 발생한다.

① ㄱ ② ㄱ, ㄴ ③ ㄱ, ㄷ
④ ㄴ, ㄷ ⑤ ㄱ, ㄴ, ㄷ

B 태양 에너지의 전환과 흐름

중요 **05** 태양 에너지에 대한 설명으로 옳은 것만을 [보기]에서 있는 대로 고른 것은?

보기
ㄱ. 태양에서 방출된 에너지는 모두 지구에 도달한다.
ㄴ. 태양 에너지는 지구의 자연 현상과 생명 활동 과정에서 다양한 형태의 에너지로 전환된다.
ㄷ. 태양 에너지는 지구 시스템 각 권역에서 물질을 순환시키고 에너지의 흐름을 일으킨다.

① ㄷ ② ㄱ, ㄴ ③ ㄱ, ㄷ
④ ㄴ, ㄷ ⑤ ㄱ, ㄴ, ㄷ

06 지구에 도달한 태양 에너지가 전환되면서 생기는 현상으로 옳지 않은 것은?

① 바람이 불고 대기와 해수가 움직인다.
② 지진이나 화산 활동이 일어난다.
③ 식물이 광합성을 하여 포도당을 만든다.
④ 바닷물이 증발하여 구름이 생긴다.
⑤ 비나 눈 등의 기상 현상이 일어난다.

중요 07 그림은 지구에서 일어나는 태양 에너지의 전환을 나타낸 것이다.

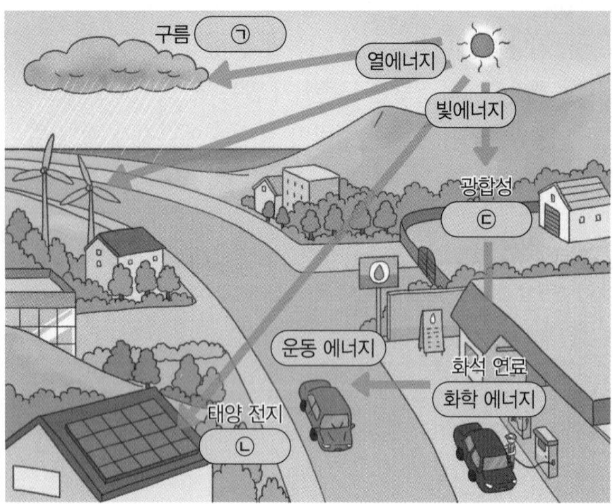

㉠~㉢에 해당하는 에너지로 옳은 것은?

	㉠	㉡	㉢
①	열에너지	전기 에너지	화학 에너지
②	운동 에너지	빛에너지	열에너지
③	운동 에너지	전기 에너지	빛에너지
④	위치 에너지	전기 에너지	화학 에너지
⑤	위치 에너지	빛에너지	열에너지

08 그림은 지구에서 태양 에너지에 의해 일어나는 탄소의 순환 과정을 나타낸 것이다.

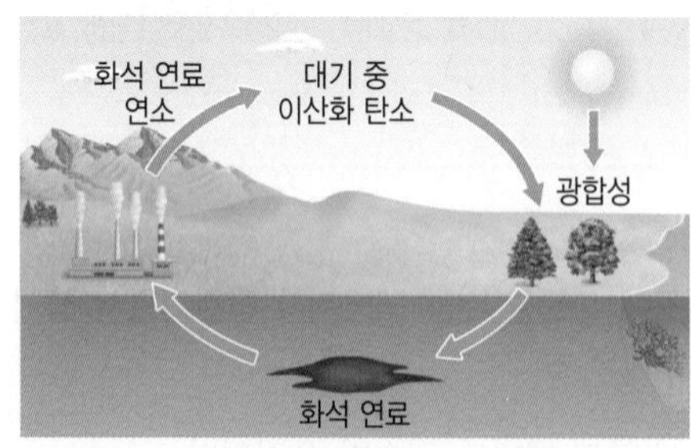

이 과정에서 태양 에너지가 전환되어 나타나는 에너지의 형태로 옳지 않은 것은?

① 빛에너지 ② 열에너지 ③ 핵에너지
④ 운동 에너지 ⑤ 화학 에너지

중요 09 그림은 증발한 바닷물이 구름이 되어 비나 눈과 같은 기상 현상을 일으키는 모습을 나타낸 것이다.

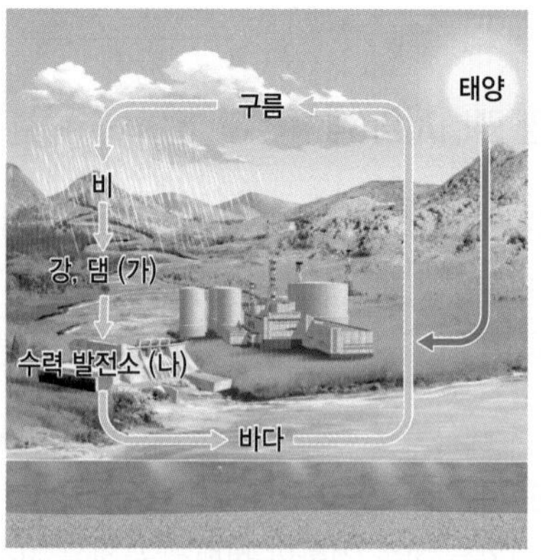

이에 대한 설명으로 옳은 것만을 [보기]에서 있는 대로 고른 것은?

보기
ㄱ. 물의 순환 과정에서 태양 에너지의 전환이 연속적으로 일어난다.
ㄴ. (가)에서 구름의 위치 에너지는 강의 상류, 댐 등에 물의 위치 에너지의 형태로 저장된다.
ㄷ. (나)에서 물의 운동 에너지가 전기 에너지로 전환된다.

① ㄴ ② ㄱ, ㄴ ③ ㄱ, ㄷ
④ ㄴ, ㄷ ⑤ ㄱ, ㄴ, ㄷ

서술형 문제

10 태양에서 일어나는 수소 핵융합 반응을 다음 용어를 모두 포함하여 서술하시오.

1개, 4개, 수소, 헬륨

11 태양에서 에너지가 생성되는 원리를 질량과 에너지의 관계를 이용하여 서술하시오.

실력 UP 문제

정답친해 62쪽

01 그림은 태양의 내부 구조를 나타낸 것이다.

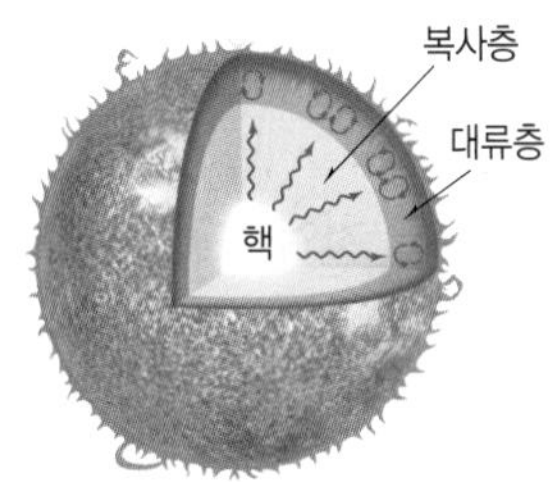

이에 대한 설명으로 옳은 것만을 [보기]에서 있는 대로 고른 것은?

보기
ㄱ. 중심부의 압력은 매우 낮다.
ㄴ. 중심부에서 수소는 원자핵과 전자가 분리된 상태로 존재한다.
ㄷ. 핵에서 핵융합 반응으로 생성된 에너지가 태양 표면에 도달하여 사방으로 방출된다.

① ㄱ ② ㄴ ③ ㄷ
④ ㄱ, ㄴ ⑤ ㄴ, ㄷ

02 그림은 태양의 내부에서 일어나는 수소 핵융합 과정을 나타낸 것이다.

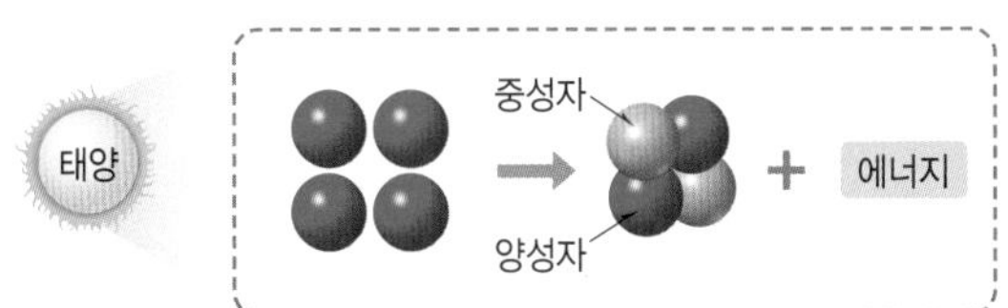

이에 대한 설명으로 옳은 것만을 [보기]에서 있는 대로 고른 것은?

보기
ㄱ. 수소 원자핵 4개가 융합하여 헬륨 원자핵 1개를 만든다.
ㄴ. 헬륨 원자핵 1개의 질량은 양성자 2개와 중성자 2개의 질량을 모두 더한 것보다 작다.
ㄷ. 태양 내부에서 수소의 양은 일정하게 유지된다.

① ㄴ ② ㄷ ③ ㄱ, ㄴ
④ ㄴ, ㄷ ⑤ ㄱ, ㄴ, ㄷ

03 그림은 지구에서 태양 에너지가 전환되어 이용되는 과정을 나타낸 것이다.

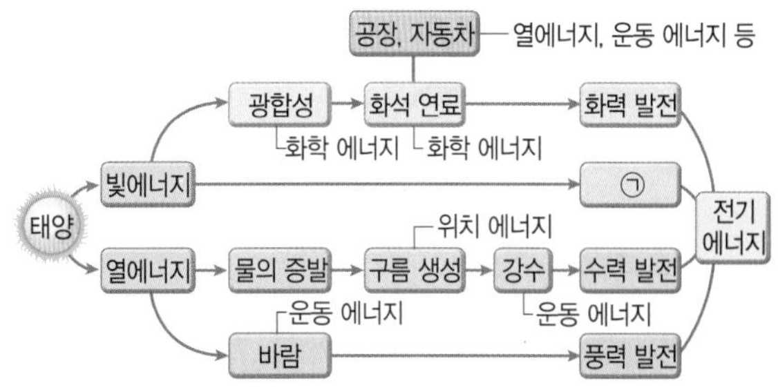

이에 대한 설명으로 옳은 것만을 [보기]에서 있는 대로 고른 것은?

보기
ㄱ. '태양광 발전'이 ㉠에 해당한다.
ㄴ. 태양 에너지는 빛에너지의 형태로 흡수되어 주로 기상 현상을 일으킨다.
ㄷ. 태양 에너지는 운동 에너지로 전환되어 생물의 먹이 사슬을 따라 이동한다.

① ㄱ ② ㄱ, ㄴ ③ ㄱ, ㄷ
④ ㄴ, ㄷ ⑤ ㄱ, ㄴ, ㄷ

04 그림 (가), (나)는 지구에서 일어나는 어느 순환 과정의 일부를 각각 나타낸 것이다.

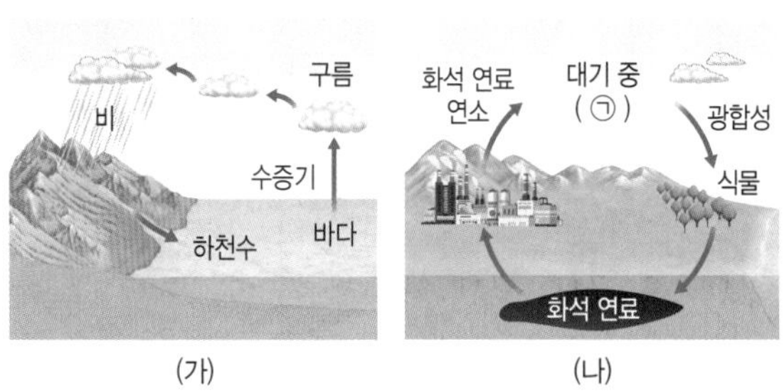

(가) (나)

이에 대한 설명으로 옳은 것만을 [보기]에서 있는 대로 고른 것은?

보기
ㄱ. ㉠은 이산화 탄소이다.
ㄴ. (가)에서 태양의 열에너지는 기상 현상을 일으킨다.
ㄷ. (나)에서 지구 내부 에너지는 화석 연료의 화학 에너지로 전환된다.

① ㄱ ② ㄱ, ㄴ ③ ㄱ, ㄷ
④ ㄴ, ㄷ ⑤ ㄱ, ㄴ, ㄷ

02 발전과 에너지원

★ 핵심 포인트
- 전자기 유도 현상 ★★★
- 발전기의 원리 ★★
- 화력 발전과 핵발전 ★★★

A 전기 에너지의 생산

1. 전자기 유도 코일 근처에서 자석을 움직이거나 자석 근처에서 코일을 움직일 때 코일을 통과하는 자기장의 세기가 변하면서 코일에 전류가 흐르는 현상 → 코일과 자석의 상대 운동이 있을 때

└ 자기장이 시간에 따라 변하면서

2. 유도 전류 전자기 유도에 의해 코일에 흐르는 전류

① **유도 전류의 방향**: 자석의 운동 방향과 자석의 극에 따라 달라진다. → 코일을 통과하는 자기장의 변화를 방해하는 방향으로 흐른다.

- 자석을 코일에 가까이 할 때와 멀리 할 때 유도 전류의 방향은 반대이다.
- 코일에 N극을 가까이 할 때와 S극을 가까이 할 때에 유도 전류의 방향은 반대이다.

| 유도 전류의 방향 | 완자쌤 비법 특강 / 148쪽

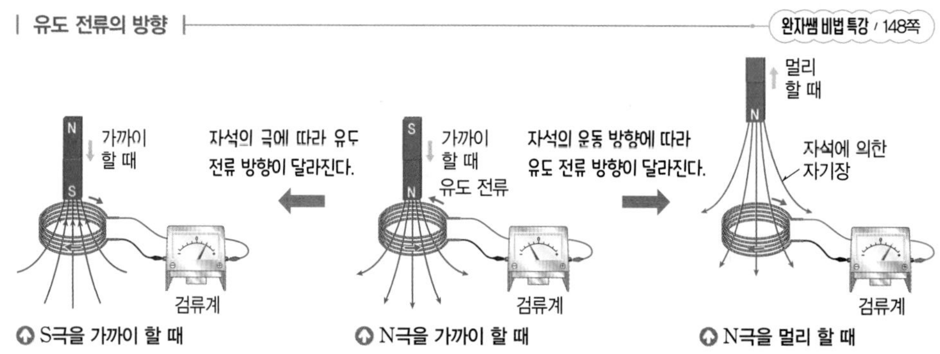

S극을 가까이 할 때 / N극을 가까이 할 때 / N극을 멀리 할 때

② **유도 전류의 세기**: 자석의 세기가 셀수록, 코일과 자석이 상대적으로 빠르게 움직일수록, 코일의 감은 수가 많을수록 코일을 통과하는 자기장의 변화가 커지므로 유도 전류의 세기가 세다.

| 유도 전류의 세기 |

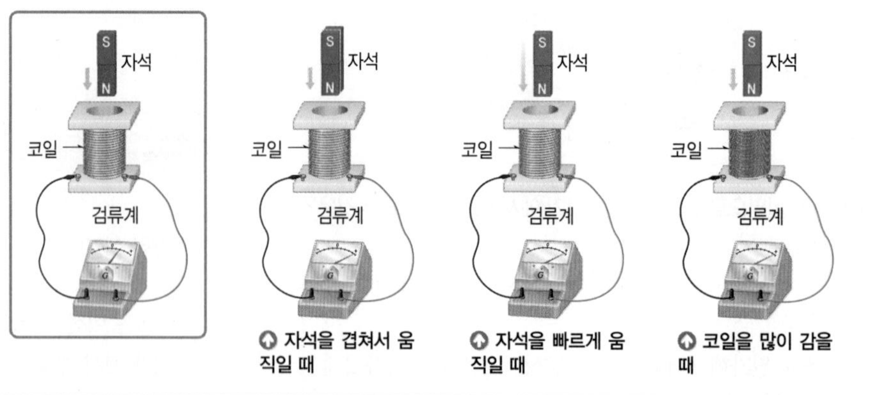

자석을 겹쳐서 움직일 때 / 자석을 빠르게 움직일 때 / 코일을 많이 감을 때

3. 전자기 유도 현상에서 ◆에너지 전환 자석이나 코일의 운동 에너지가 전기 에너지로 전환된다.

자석이나 코일을 움직인다. → 운동 에너지 ➡ 코일을 통과하는 자기장의 세기가 변한다. ➡ 코일에 유도 전류가 흐른다. → 전기 에너지

주의해

코일 주위에 자석이 정지해 있을 때
자석이 코일 주위에 정지해 있을 때 코일을 통과하는 자기장의 세기가 0이기 때문이 아니라 코일을 통과하는 자기장의 세기가 일정하기 때문에 전자기 유도 현상이 일어나지 않는다.

✽ **전자기 유도 현상의 이용**
발전기, 무선 충전기, 인덕션 레인지, 교통 카드, 전기 기타, 변압기, 금속 탐지기, 마이크 등

◆ **코일을 움직일 때 에너지 전환**

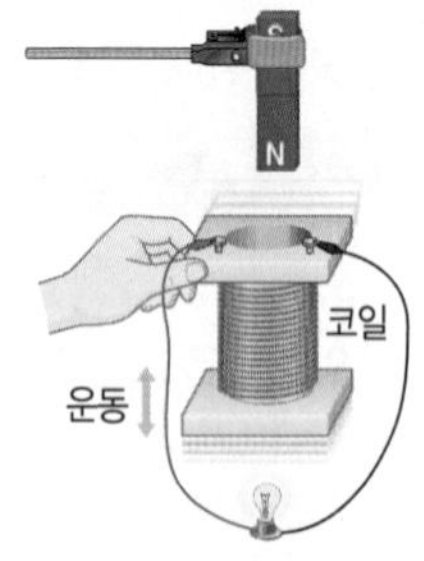

코일을 움직임 → 운동 에너지
⬇
코일을 통과하는 자기장의 세기가 변함
⬇
코일에 유도 전류 흐름 → 전기 에너지

탐구 자료창 전자기 유도 실험

코일과 검류계를 집게 전선으로 연결한 후, 막대자석을 코일 근처에서 움직이면서 ◆검류계의 눈금을 관찰한다.

자석		검류계 바늘의 움직임
(가) N극을 움직일 때	가까이	오른쪽으로 움직인다.
	멀리	왼쪽으로 움직인다.
(나) S극을 움직일 때	가까이	왼쪽으로 움직인다.
	멀리	오른쪽으로 움직인다.
(다) 자석을 빠르게 움직일 때		검류계 바늘이 크게 움직인다.
(라) 자석이 정지해 있을 때		검류계 바늘이 움직이지 않는다.

1. **유도 전류의 방향**: (가), (나)에서 자석의 운동 방향을 반대로 하거나 극을 바꾸면 유도 전류가 반대 방향으로 흐른다.
2. **유도 전류의 세기**: (다)에서 자석을 빠르게 움직일수록 유도 전류의 세기가 세진다.
3. **유도 전류의 발생**: (라)에서 자석이 정지해 있을 때 유도 전류가 흐르지 않는다.

◆ **검류계**
전류의 방향과 세기를 측정하는 기구이다. 전류계와 다르게 영점이 가운데 있으며, 전류의 방향에 따라 검류계의 바늘이 움직이는 방향이 달라진다.

개념 확인 문제

정답친해 63쪽

핵심 체크

- 코일 주위에서 (❶)의 세기가 변할 때 코일에 전류가 유도되어 흐른다.
- (❷): 자석과 코일의 상대 운동에 의해 코일에 전류가 흐르는 현상
- (❸): 전자기 유도에 의해 코일에 흐르는 전류
- 유도 전류의 세기는 자석을 움직이는 속도가 (❹)수록, 자석의 세기가 (❺)수록 세다.
- 코일에 자석의 N극을 가까이 할 때와 N극을 멀리 할 때 유도 전류의 방향은 (❻)(이)다.
- **전자기 유도 현상에서 에너지 전환 과정**: 자석이나 코일의 (❼) 에너지 → 전기 에너지

1 다음은 코일과 자석의 운동에 대한 설명이다. ( ) 안에 알맞은 말을 쓰시오.

> 코일 근처에서 자석을 움직이거나 자석 근처에서 코일을 움직일 때 코일에 유도 전류가 흐르는 현상을 ㉠( )라고 한다. 이때 코일에 흐르는 유도 전류의 방향은 ㉡( )의 변화를 방해하는 방향이다.

2 전자기 유도에 의해 코일에 흐르는 유도 전류의 세기에 영향을 주는 요인만을 [보기]에서 있는 대로 고르시오.

보기
ㄱ. 코일의 감은 수　　ㄴ. 자석의 세기
ㄷ. 자석을 움직이는 빠르기　ㄹ. 코일의 감은 방향

3 그림과 같이 코일 근처에서 자석을 움직이며 관찰한 결과에 대한 설명으로 옳은 것은 ○, 옳지 않은 것은 ×로 표시하시오.

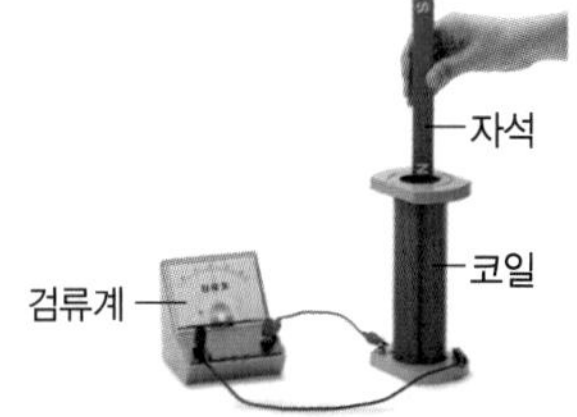

(1) 자석을 움직일 때 검류계 바늘이 움직인다. ······ ( )
(2) 코일 속에 자석이 정지해 있을 때 검류계의 바늘이 움직인다. ······ ( )
(3) 자석을 빨리 움직일수록 검류계 바늘이 움직이는 폭이 커진다. ······ ( )

정답친해 63쪽

자석의 극과 운동 방향에 따른 유도 전류의 방향

유도 전류의 방향은 자석의 운동 방향과 자석의 극에 따라 달라집니다. 다음의 몇 가지 예시에서 검류계의 바늘이 움직이는 방향을 보고 유도 전류의 방향을 함께 정리해 보아요.

유도 전류의 방향 유도 전류는 코일을 통과하는 자기장의 변화를 방해하는 방향으로 흐른다. 즉, 코일을 통과하는 자기장의 세기가 증가할 때는 척력이 작용하는 방향으로 유도 전류가 흐르고 자기장의 세기가 감소할 때는 인력이 작용하는 방향으로 유도 전류가 흐른다.

(---▸ 유도 전류에 의한 자기장, ⟶ 자석에 의한 자기장)

N극을 가까이 할 때

코일을 통과하는 자기장의 세기 증가 → 자석과 코일 사이에 척력 작용 → 유도 전류의 방향: B→Ⓖ→A

(가까이 한다. / 코일 위쪽에 N극 유도 / 검류계 / A / B / 유도 전류)

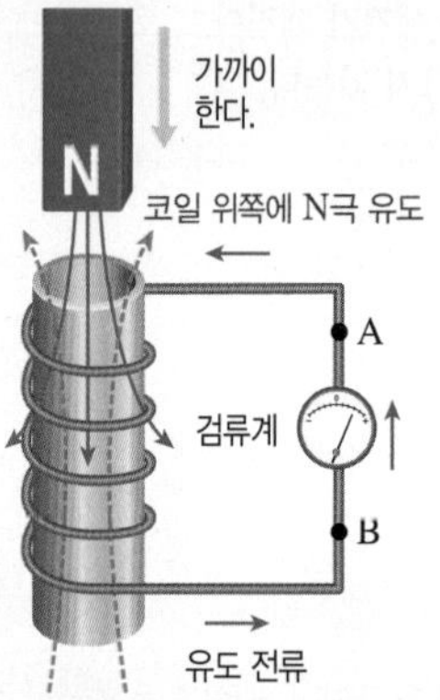

N극을 멀리 할 때

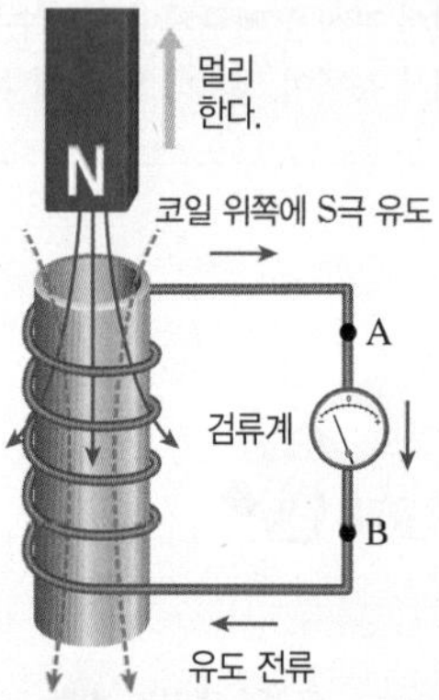

코일을 통과하는 자기장의 세기 감소 → 자석과 코일 사이에 인력 작용 → 유도 전류의 방향: A→Ⓖ→B

(멀리 한다. / 코일 위쪽에 S극 유도 / 검류계 / A / B / 유도 전류)

S극을 가까이 할 때

코일을 통과하는 자기장의 세기 증가 → 자석과 코일 사이에 척력 작용 → 유도 전류의 방향: A→Ⓖ→B

(가까이 한다. / 코일 위쪽에 S극 유도 / 검류계 / A / B / 유도 전류)

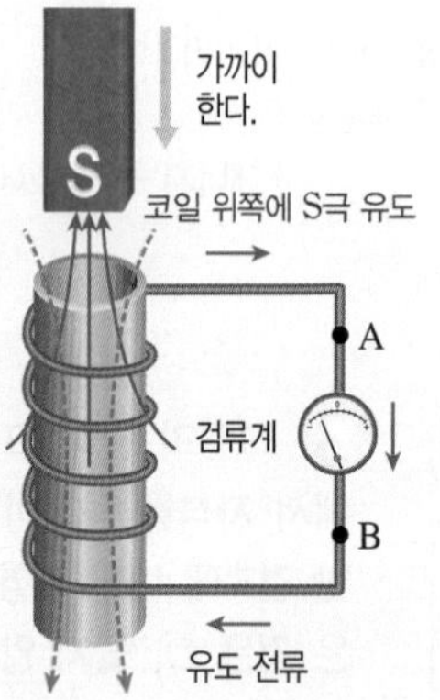

S극을 멀리 할 때

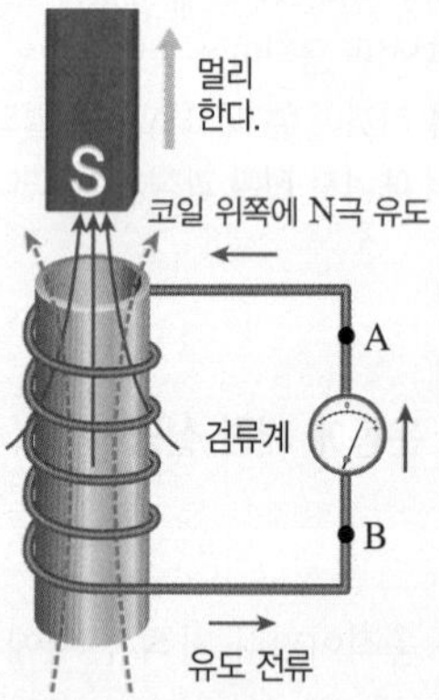

코일을 통과하는 자기장의 세기 감소 → 자석과 코일 사이에 인력 작용 → 유도 전류의 방향: B→Ⓖ→A

(멀리 한다. / 코일 위쪽에 N극 유도 / 검류계 / A / B / 유도 전류)

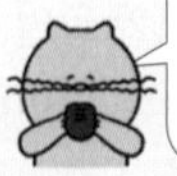

오른손 엄지손가락이 N극을 가리키도록 코일을 감아쥘 때 네 손가락이 감아쥐는 방향이 유도 전류의 방향이에요. 유도 전류의 방향을 찾는 방법은 물리학에서 배워요.

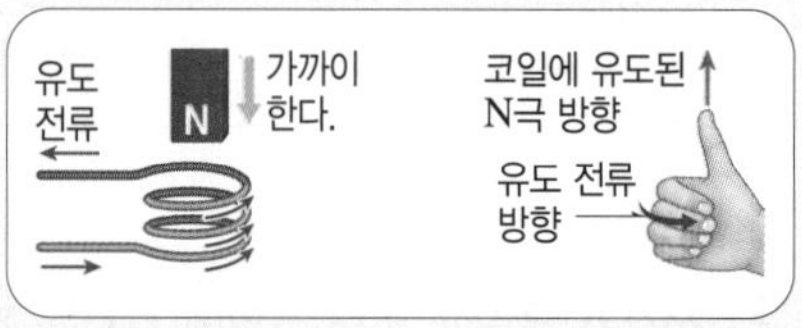

(유도 전류 / 가까이 한다. / 코일에 유도된 N극 방향 / 유도 전류 방향)

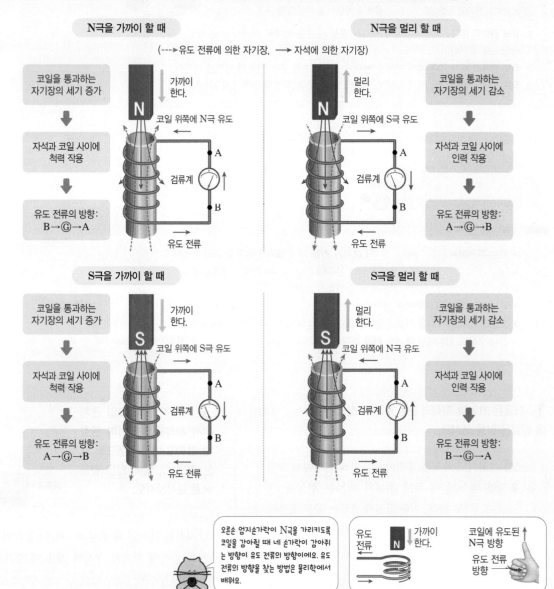

Q1. 자석의 N극을 코일에 가까이 할 때 검류계 바늘이 움직이는 방향과 같은 방향으로 움직이는 경우를 모두 골라 기호를 쓰시오.

(가) 자석의 N극을 코일에서 멀리 할 때 (나) 자석의 S극을 코일에 가까이 할 때
(다) 자석의 S극을 코일에서 멀리 할 때

B 발전기에서 전기 에너지의 생산

1. **발전기** 전자기 유도 현상을 이용하여 운동 에너지를 전기 에너지로 전환하는 장치이다.

(전기 에너지는 다른 에너지로 전환하기 쉽고 사용하기 편리한 형태의 에너지이다.)

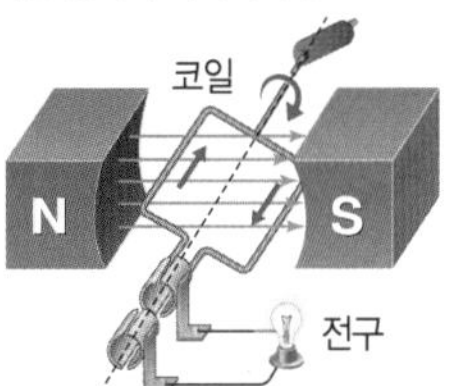

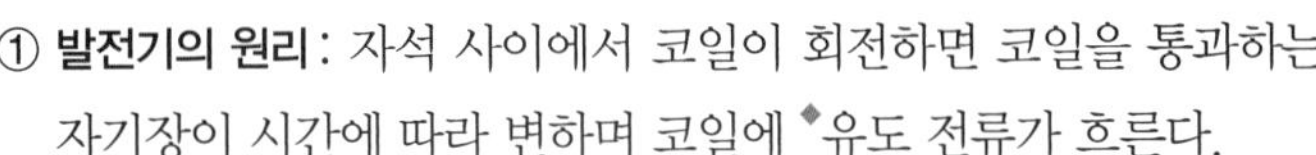

① **발전기의 원리** : 자석 사이에서 코일이 회전하면 코일을 통과하는 자기장이 시간에 따라 변하며 코일에 ◆유도 전류가 흐른다.

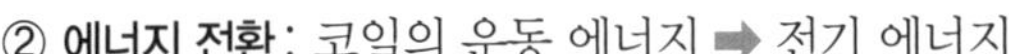

② **에너지 전환** : 코일의 운동 에너지 ➡ 전기 에너지

+ 확대경 발전기의 원리

지학사 교과서에만 나와요.

(90° 회전하는 순간 유도 전류의 방향이 바뀐다.)

0°일 때	45° 회전했을 때	90° 전후	135° 회전했을 때
N S	자기장의 방향 N S	N S	N S

코일 면을 수직으로 통과하는 자기장의 세기 증가 → 코일 면을 수직으로 통과하는 자기장의 세기 감소 →

1. 코일이 자석 사이에서 회전할 때 코일 면과 자기장의 방향이 이루는 각도가 변하면서, 코일 면을 수직으로 통과하는 자기장의 세기에 변화가 생긴다.

0° → 90°	90° → 180°
코일 면을 수직으로 통과하는 자기장의 세기가 증가 → 코일 면을 통과하는 자기력선의 수가 많아진다.	코일 면을 수직으로 통과하는 자기장의 세기가 감소 → 코일 면을 통과하는 자기력선의 수가 적어진다.

2. 코일에 전자기 유도 현상이 일어나 유도 전류가 흐른다.

2. **❶발전소의 발전기** 자석 또는 코일을 회전시키기 위해 ◆터빈을 이용한다.

(터빈: 물의 흐름 등을 이용해 회전하는 힘을 얻는 장치)

① **구조** : 안쪽에 축을 따라 회전하는 자석과 바깥쪽에 철심이 들어 있는 코일이 고정되어 있다.

② **원리** : 발전기의 회전축에 연결된 터빈이 회전하면 발전기 내부의 자석이 회전한다. ➡ 코일을 통과하는 자기장의 세기가 변한다. ➡ 전자기 유도 현상이 일어나 유도 전류가 발생한다.

③ **에너지 전환** : 터빈의 운동 에너지 → 전기 에너지

터빈과 발전기의 구조

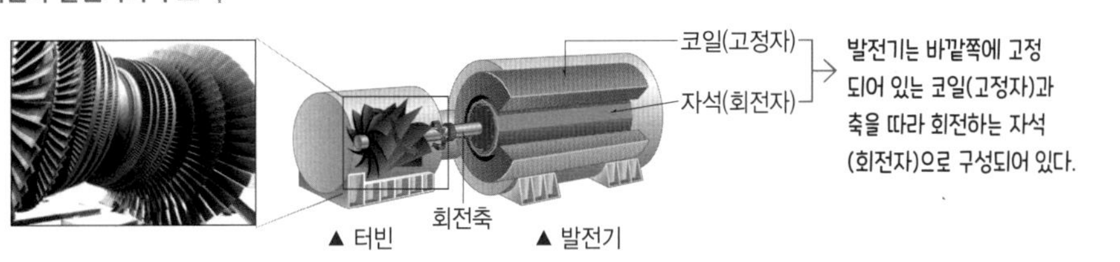

▲ 터빈 ▲ 발전기

3. **에너지원에 따른 발전 방식** 터빈을 돌리는 에너지원에 따라 화력 발전, 핵발전, 수력 발전 등으로 구분된다.

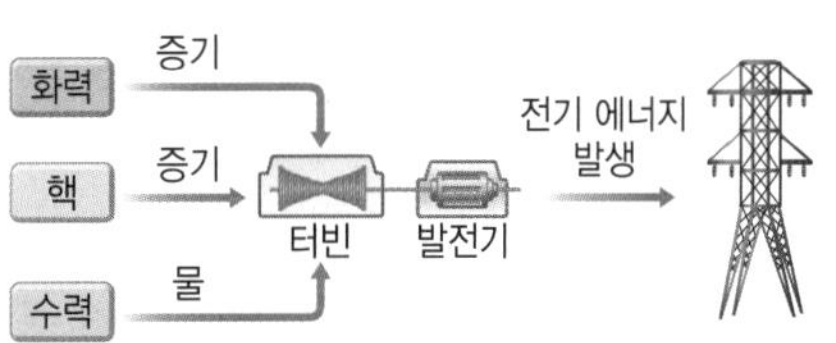

◆ **교류와 직류**
발전기에서 생산되는 전류와 같이 전류의 세기와 방향이 변하는 전류를 교류라 하고, 건전지에 의해 흐르는 전류와 같이 한 방향으로 흐르는 전류를 직류라고 한다.

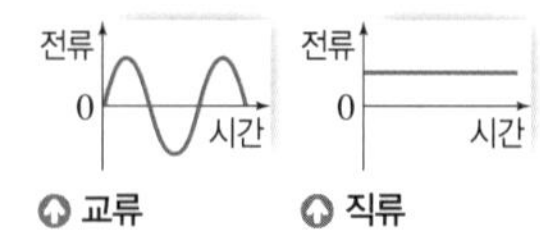

⇧ 교류 ⇧ 직류

◆ **터빈**
수많은 날개가 달린 모양의 회전체로 터빈의 날개는 증기나 물, 바람에 의해 회전한다.

암기해

발전기에서 에너지 전환
운동 에너지 → 전기 에너지

✱ **발전기와 에너지 공급**
발전기의 코일에 흐르는 전류는 자기장의 변화를 방해하는 방향으로 흐르기 때문에 자석의 회전을 방해한다. 따라서 자석을 계속 회전시켜서 전기 에너지를 생산하기 위해서는 터빈에 운동 에너지를 계속 공급해야 한다.

용어

❶ **발전소(發 쏘다, 電 번개, 所 곳)** 전기를 생산하는 곳

◆ **핵분열 반응**
무거운 원자핵이 가벼운 두 개의 원자핵으로 쪼개지는 핵반응이다. 핵융합 과정과 마찬가지로 핵반응에서 입자들의 총 질량이 감소하고, 감소된 질량이 막대한 에너지로 변환되어 방출된다.

천재 교과서에만 나와요.

◆ **핵분열의 연쇄 반응**
핵발전소의 원자로에서 우라늄 원자핵에 중성자를 충돌시키면 원자핵이 쪼개지면서 핵에너지가 열에너지로 전환된다. 이때 함께 방출된 중성자들이 다른 우라늄의 원자핵과 연쇄적으로 충돌하여 막대한 양의 열에너지가 발생한다.

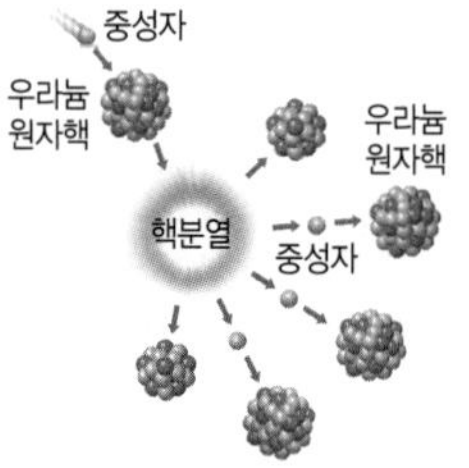

연쇄 반응이 빠르게 일어나면 핵폭탄과 같이 많은 에너지를 순식간에 방출하므로 반응 속도를 조절해야 한다.

◆ **우리나라의 에너지원별 발전 비율**

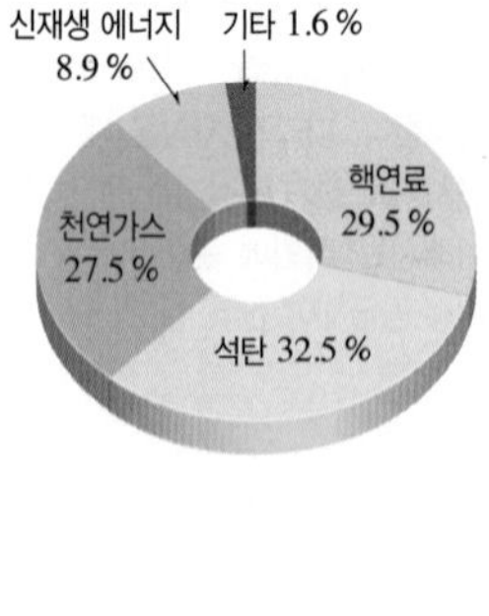

◆ **전력**
단위 시간 동안 생산하거나 사용하는 전기 에너지

4. 여러 가지 발전 방식

구분	화력 발전	핵발전	수력 발전
발전 원리	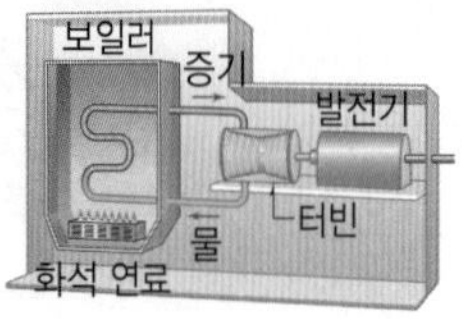	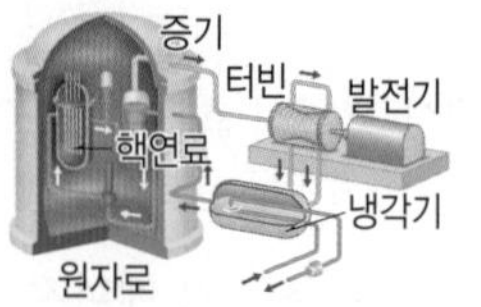	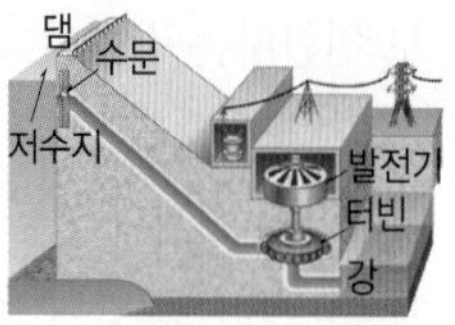
	석탄이나 석유와 같은 화석 연료를 연소시킬 때 발생하는 열로 물을 끓여서 만든 고온·고압의 수증기로 터빈을 돌려 전기 에너지를 얻는다.	우라늄 원자핵의 ◆핵분열 반응에서 감소한 질량이 변환된 에너지로 물을 끓여서 얻은 고온·고압의 수증기로 터빈을 돌려 전기 에너지를 얻는다.	댐에 의해 높은 곳에 있던 물이 낮은 곳으로 내려오면서 터빈을 돌려 전기 에너지를 얻는다.
에너지원	석유나 석탄과 같은 화석 연료의 화학 에너지	우라늄과 같은 핵연료의 핵에너지	높은 곳에 있는 물의 위치 에너지
에너지 전환 과정	화학 에너지 → 열에너지 → 운동 에너지 → 전기 에너지	핵에너지 → 열에너지 → 운동 에너지 → 전기 에너지	위치 에너지 → 운동 에너지 → 전기 에너지

• 화력 발전과 핵발전은 터빈을 통과한 고온, 고압의 증기를 식히는 데 많은 양의 물이 필요하므로, 화력 발전소와 핵발전소는 주로 바닷가에 건설한다.

5. 발전과 인간 생활

◆우리나라에서는 사용하는 대부분의 전기 에너지를 화석 연료와 핵연료를 이용하여 생산하고 있다.

구분	화력 발전	핵발전
발전소		
장점	• 적은 비용으로 짧은 시간 내에 건설할 수 있고, 비교적 좁은 장소에 건설할 수 있다. • 전기 사용 소비지 근처에 건설할 수 있으므로, 생산된 전기를 보내는 비용이 적게 든다. • 발전량 조절이 쉽고, 다양한 화석 연료를 사용할 수 있어 에너지 공급의 안정성이 높다. • ◆전력 수요가 갑자기 증가하거나 에너지가 부족한 상황에 빠르게 대처할 수 있다.	• 적은 양의 연료로 대량의 전력을 생산할 수 있고, 원료 비용이 저렴하다. • 연소 과정이 없어 이산화 탄소 배출이 거의 없다.
단점	• 발전 과정에서 이산화 탄소가 많이 발생하여 지구 온난화가 심해질 수 있다. • 대기 오염 물질 등이 발생하여 환경 오염의 원인이 된다. • 매장량에 한계가 있고 매장 지역이 편중되어 있다.	• 방사성 폐기물 처리가 어렵고, 방사능이 누출될 경우 큰 피해가 생길 수 있다. 사용 후 남은 연료와 원전 내 방사선 관리 구역에서 작업자들이 사용하였던 작업복, 장갑, 기기 교체 부품 등을 포함한다. • 핵연료 매장량에 한계가 있고, 핵발전소를 지을 수 있는 곳이 한정되어 있다.

6. 발전소가 인간 생활에 미치는 영향

화력 발전과 핵발전으로 생산한 전기 에너지를 이용하여 인간의 삶이 편리해졌지만 환경 오염이나 기후 변화에 따른 생태계 파괴의 위험이 증가하고 자원이 고갈될 수 있으므로, 지속가능한 에너지 개발에 많은 노력을 기울여야 한다.

정답친해 63쪽

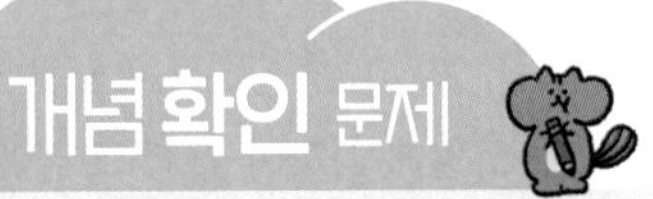

핵심 체크

- (❶): 전자기 유도 현상을 이용해 전기 에너지를 생산하는 장치
- **발전기의 구조**: 안쪽에 축을 따라 회전하는 (❷)과 바깥쪽에 철심이 들어 있는 코일이 고정되어 있다.
- **발전기에서 에너지 전환**: 터빈의 (❸) 에너지 → 전기 에너지
- 발전기에 연결된 터빈을 돌리는 (❹)에 따라 화력 발전, 핵발전, 수력 발전 등으로 구분한다.
- (❺) 발전은 화석 연료를 태울 때 발생하는 열에너지로 전기 에너지를 얻는다.
- 핵발전은 (❻)연료를 이용하여 터빈을 돌려 전기 에너지를 얻는다.
- (❼) 발전은 높은 곳에 있는 물의 위치 에너지를 이용하여 터빈을 돌려 전기 에너지를 얻는다.

1 발전기에 대한 설명으로 옳은 것은 ○, 옳지 않은 것은 ×로 표시하시오.

(1) 자석과 코일로 구성되어 있다. ( )

(2) 자석이나 코일의 위치 에너지를 전기 에너지로 전환하는 장치이다. ( )

(3) 발전소의 발전기는 자석을 회전시키기 위해 터빈을 사용한다. ( )

2 다음은 발전기의 원리를 설명한 것이다. ( ) 안에 알맞은 말을 쓰시오.

> 발전기의 터빈을 회전시키면 발전기 내부의 자석이 터빈과 함께 회전하게 되므로, 고정된 코일을 통과하는 ( )의 세기가 변하여 코일에 유도 전류가 흐른다.

3 다음은 발전 과정을 나타낸 것이다. ( ) 안에 알맞은 장치의 이름을 쓰시오.

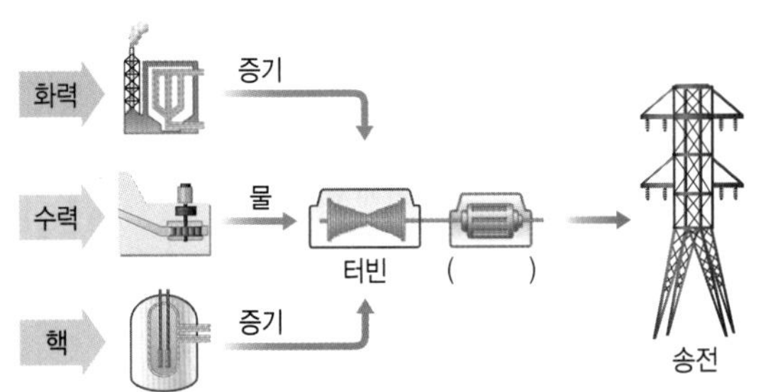

4 각 발전 방식의 에너지원을 옳게 연결하시오.

(1) 화력 발전 • • ㉠ 화석 연료의 화학 에너지

(2) 핵발전 • • ㉡ 물의 위치 에너지

(3) 수력 발전 • • ㉢ 우라늄의 핵에너지

5 다음은 발전 방식에서 에너지 전환 과정을 나타낸 것이다. ( ) 안에 알맞은 에너지의 형태를 쓰시오.

화력 발전	핵발전
보일러, 증기, 발전기, 터빈, 물, 화석 연료	증기, 터빈, 발전기, 핵연료, 냉각기, 원자로
화학 에너지 → ㉠( )에너지 → 운동 에너지 → 전기 에너지	핵에너지 → ㉡( )에너지 → 운동 에너지 → 전기 에너지

6 다음 ( ) 안에 화력 발전의 특징에 대한 설명에는 '화', 핵발전의 특징에 대한 설명에는 '핵'이라고 쓰시오.

(1) 다양한 화석 연료를 사용할 수 있어 에너지 공급의 안정성이 높다. ( )

(2) 이산화 탄소 배출이 거의 없다. ( )

(3) 방사성 폐기물 처리가 어렵고, 방사능이 누출될 경우 큰 피해가 생길 수 있다. ( )

(4) 다른 발전소에 비해 적은 비용으로 건설할 수 있다. ( )

내신 만점 문제

A 전기 에너지의 생산

중요 **01** 그림과 같이 코일에 검류계를 연결한 뒤 자석의 움직임에 따라 나타나는 현상을 관찰하였다.

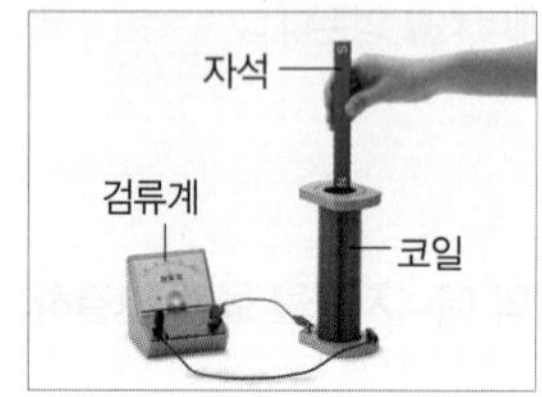

이 실험에 대한 설명으로 옳은 것만을 [보기]에서 있는 대로 고른 것은?

보기
ㄱ. 자석을 코일에 가까이 하거나 멀리 할 때 전류가 흐른다.
ㄴ. 자석이 코일 안에 정지해 있을 때 일정한 세기의 전류가 흐른다.
ㄷ. 자석을 2배 빠르게 움직이면 더 센 전류가 흐른다.

① ㄱ ② ㄴ ③ ㄱ, ㄷ
④ ㄴ, ㄷ ⑤ ㄱ, ㄴ, ㄷ

02 그림과 같이 코일에 자석의 N극을 가까이 하는 순간 코일에 연결된 검류계의 바늘이 왼쪽으로 움직였다.
검류계의 바늘을 오른쪽으로 움직이게 하는 방법으로 옳은 것만을 [보기]에서 있는 대로 고른 것은?

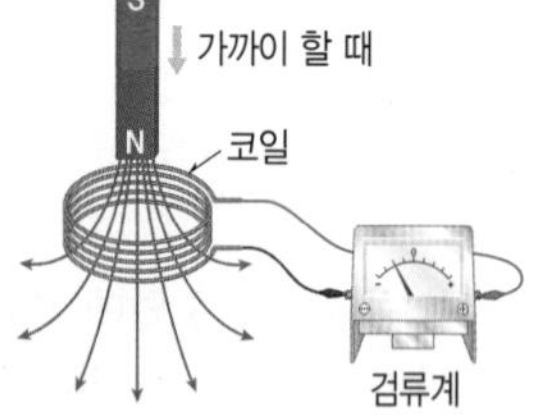

보기
ㄱ. 코일에서 자석의 N극을 멀리 한다.
ㄴ. 코일에서 자석의 S극을 멀리 한다.
ㄷ. 코일에 자석의 S극을 가까이 한다.

① ㄴ ② ㄱ, ㄴ ③ ㄱ, ㄷ
④ ㄴ, ㄷ ⑤ ㄱ, ㄴ, ㄷ

03 그림은 자석의 N극을 코일에 가까이 할 때 코일에 유도 전류가 흐르는 모습을 나타낸 것이다.

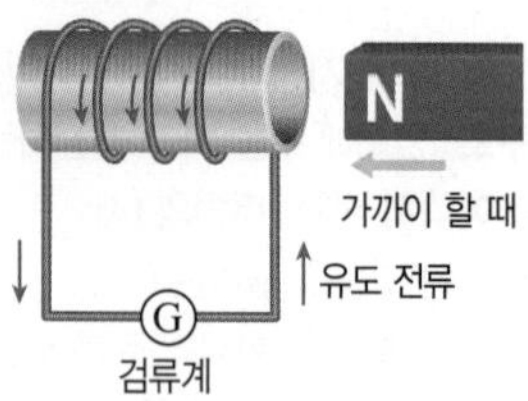

이에 대한 설명으로 옳은 것만을 [보기]에서 있는 대로 고른 것은?

보기
ㄱ. 자석을 코일에 가까이 할 때, 코일을 통과하는 자기장의 세기는 증가한다.
ㄴ. 유도 전류가 흐르는 코일의 전기 에너지는 자석의 운동 에너지가 전환된 것이다.
ㄷ. 자석이 코일 속에서 정지할 때, 코일을 통과하는 자기장은 0이 된다.

① ㄴ ② ㄱ, ㄴ ③ ㄱ, ㄷ
④ ㄴ, ㄷ ⑤ ㄱ, ㄴ, ㄷ

04 그림 (가)와 (나)는 자석의 N극을 코일에 가까이 할 때와 멀리 할 때의 모습을 각각 나타낸 것으로, (가)에서는 b → Ⓖ → a 방향으로 전류가 흘렀다.

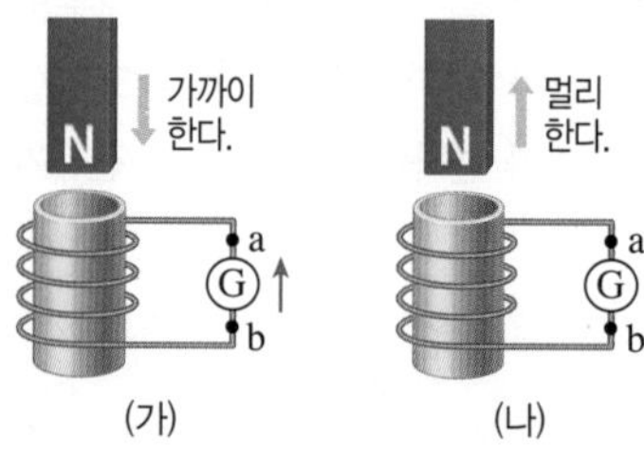

이에 대한 설명으로 옳은 것만을 [보기]에서 있는 대로 고른 것은?

보기
ㄱ. (가)에서 자석과 코일 사이에 밀어 내는 힘이 작용한다.
ㄴ. (나)의 검류계에 전류가 흐르는 방향은 b → Ⓖ → a 이다.
ㄷ. (나)의 코일 내부에서 자석에 의한 자기장의 방향과 유도 전류에 의한 자기장의 방향은 반대이다.

① ㄱ ② ㄴ ③ ㄷ
④ ㄱ, ㄴ ⑤ ㄴ, ㄷ

B 발전기에서 전기 에너지의 생산

중요 **05** 그림은 발전기의 구조를 나타낸 것이다.

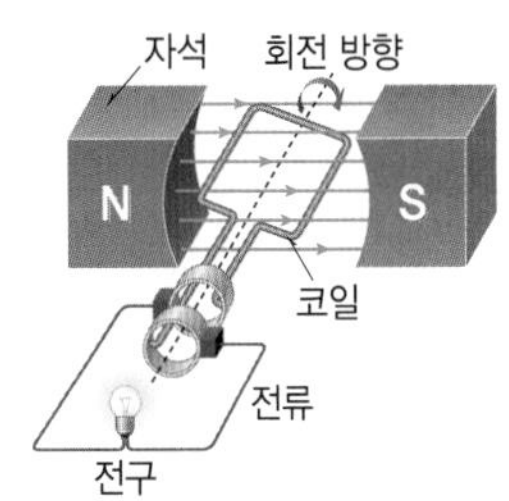

코일이 자석 사이에서 회전할 때 나타나는 현상으로 옳은 것만을 [보기]에서 있는 대로 고른 것은?

보기
ㄱ. 코일이 회전할 때 코일을 통과하는 자기장의 세기는 일정하다.
ㄴ. 코일이 회전할 때 코일의 운동 에너지가 전기 에너지로 전환된다.
ㄷ. 코일이 빠르게 회전할수록 유도 전류의 세기가 약해진다.

① ㄴ ② ㄱ, ㄴ ③ ㄱ, ㄷ
④ ㄴ, ㄷ ⑤ ㄱ, ㄴ, ㄷ

06 그림은 전동기에 발광 다이오드를 연결한 모습을 나타낸 것이다.

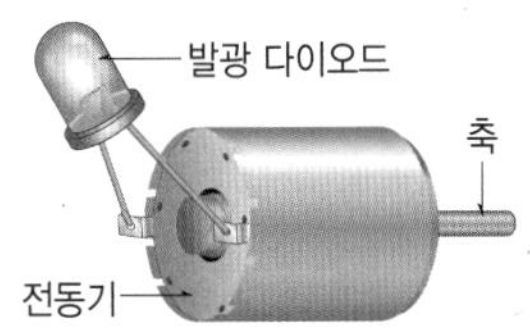

이에 대한 설명으로 옳은 것만을 [보기]에서 있는 대로 고른 것은?

보기
ㄱ. 전동기의 구조와 발전기의 구조는 근본적으로 같다.
ㄴ. 전동기의 축을 돌리면 발광 다이오드에 불이 켜진다.
ㄷ. 전동기의 축을 돌릴 때 전기 에너지가 운동 에너지로 전환된다.

① ㄴ ② ㄱ, ㄴ ③ ㄱ, ㄷ
④ ㄴ, ㄷ ⑤ ㄱ, ㄴ, ㄷ

07 그림은 자전거의 전조등에 사용되는 소형 발전기의 구조를 나타낸 것이다. 자전거의 바퀴를 돌릴 때 발전기 내부의 영구 자석이 회전하면서 전조등이 켜진다.

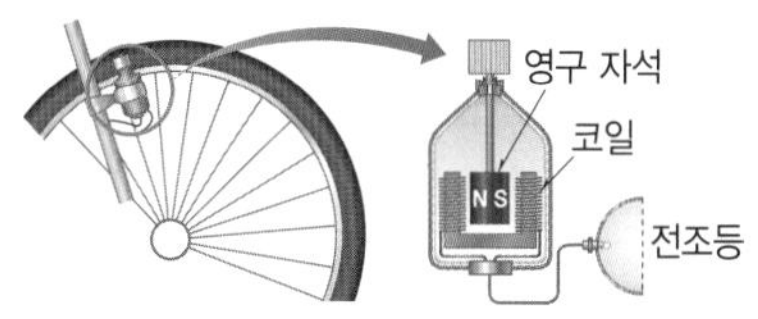

이에 대한 설명으로 옳은 것만을 [보기]에서 있는 대로 고른 것은?

보기
ㄱ. 영구 자석의 회전에 의해 코일에 유도 전류가 흐른다.
ㄴ. 전조등에 흐르는 전류의 방향은 일정하다.
ㄷ. 영구 자석의 운동 에너지가 전기 에너지로 전환된다.

① ㄱ ② ㄱ, ㄴ ③ ㄱ, ㄷ
④ ㄴ, ㄷ ⑤ ㄱ, ㄴ, ㄷ

중요 **08** 그림은 화력 발전소, 수력 발전소, 핵발전소의 발전 과정을 나타낸 것이다.

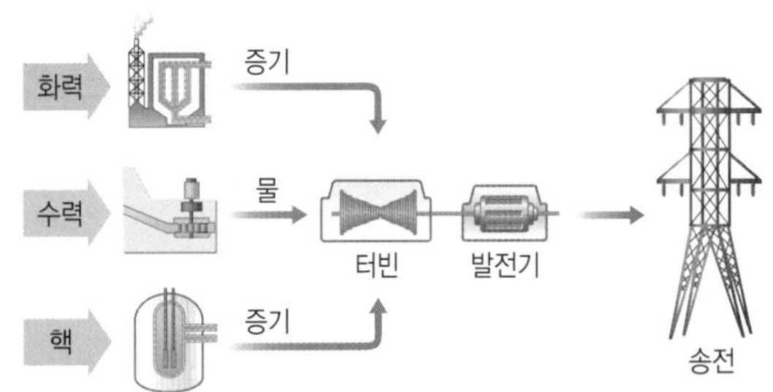

이에 대한 설명으로 옳지 않은 것은?

① 터빈은 기체나 액체의 흐름을 이용하여 회전 운동을 얻는 장치이다.
② 터빈이 회전할 때 자석이 터빈과 함께 회전한다.
③ 발전기는 전자기 유도를 이용하여 전기 에너지를 생산한다.
④ 터빈을 돌리는 에너지원에 따라 발전 방식이 구분된다.
⑤ 세 발전 방식에서 에너지 전환 과정은 모두 동일하다.

중요 **09** 그림은 석유 또는 석탄 등의 화석 연료를 사용하는 화력 발전소의 원리를 나타낸 것이다.

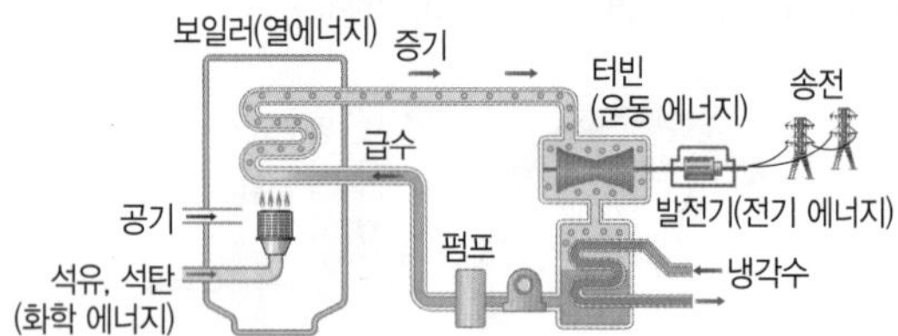

이에 대한 설명으로 옳은 것만을 [보기]에서 있는 대로 고른 것은?

> 보기
> ㄱ. 화석 연료를 태울 때 발생하는 열로 물을 끓여 얻은 증기로 터빈을 돌린다.
> ㄴ. 화력 발전은 이산화 탄소 배출이 거의 없지만, 방사능 누출의 위험이 있다.
> ㄷ. 에너지 전환 과정은 열에너지 → 운동 에너지 → 화학 에너지 → 전기 에너지이다.

① ㄱ ② ㄴ ③ ㄱ, ㄷ
④ ㄴ, ㄷ ⑤ ㄱ, ㄴ, ㄷ

중요 **10** 핵발전에 대한 설명으로 옳은 것만을 [보기]에서 있는 대로 고른 것은?

> 보기
> ㄱ. 방사성 폐기물 처리가 어렵고 방사능 유출의 위험이 있다.
> ㄴ. 화력 발전에 비해 연료비가 많이 든다.
> ㄷ. 적은 양의 연료로 대량의 전력을 생산할 수 있다.

① ㄴ ② ㄱ, ㄴ ③ ㄱ, ㄷ
④ ㄴ, ㄷ ⑤ ㄱ, ㄴ, ㄷ

11 화석 연료 및 핵연료를 이용하는 발전소가 인간 생활에 미치는 영향에 대한 설명으로 옳지 않은 것은?

① 전기를 대규모로 공급하는 것이 가능해졌다.
② 지속가능한 에너지를 이용하여 전기 에너지를 생산하게 되었다.
③ 가정에서는 다양한 가전 제품을 사용할 수 있게 되었다.
④ 첨단 과학 기술의 발전이 가능해졌다.
⑤ 환경 오염이나 발전소 건설에 따른 주민 갈등 등과 같은 문제들이 발생한다.

12 그림은 핵발전소에서 전기 에너지를 만드는 과정을 나타낸 것이다.

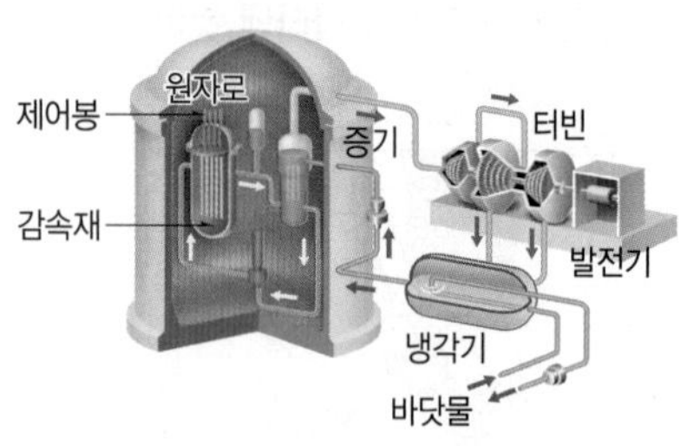

이에 대한 설명으로 옳은 것만을 [보기]에서 있는 대로 고른 것은?

> 보기
> ㄱ. 핵융합 반응이 일어날 때 발생하는 에너지를 이용한다.
> ㄴ. 발전 과정에서 이산화 탄소를 많이 배출한다.
> ㄷ. 원자로에서 발생한 열로 증기를 발생시켜 발전기의 터빈을 돌린다.

① ㄷ ② ㄱ, ㄴ ③ ㄱ, ㄷ
④ ㄴ, ㄷ ⑤ ㄱ, ㄴ, ㄷ

서술형 문제

13 그림은 코일, 자석, 검류계를 이용한 전자기 유도 실험을 나타낸 것이다. 검류계에 흐르는 유도 전류의 세기를 증가시키는 방법을 세 가지 서술하시오.

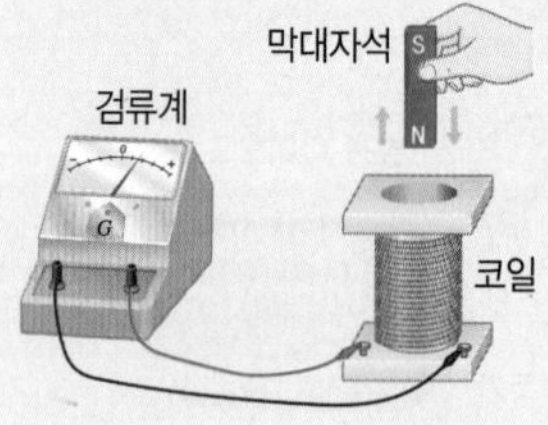

14 발전기에서 전기 에너지가 만들어지는 과정을 다음 용어를 모두 사용하여 서술하시오.

> 코일, 회전, 자석, 자기장, 유도 전류, 전자기 유도

정답친해 66쪽

실력 UP 문제

01 그림 (가)는 코일 위에서 자석을 연직 방향으로 운동시키는 모습을, (나)는 (가)에서 코일과 자석 사이의 간격 d를 시간에 따라 나타낸 것이다.

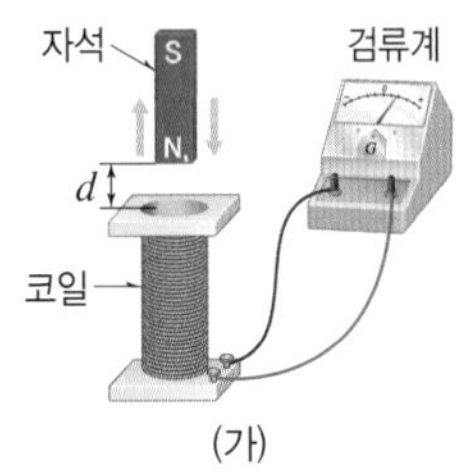

(가)

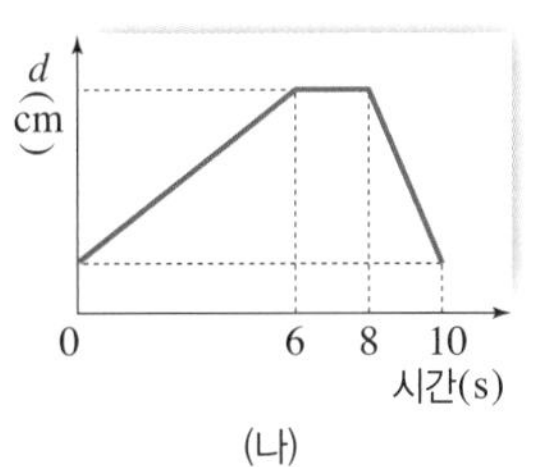

(나)

검류계에 흐르는 유도 전류에 대한 설명으로 옳은 것만을 [보기]에서 있는 대로 고른 것은?

보기
ㄱ. 7초일 때 전류가 최대이다.
ㄴ. 전류의 세기는 3초일 때가 9초일 때보다 크다.
ㄷ. 전류의 방향은 3초일 때와 9초일 때가 서로 반대이다.

① ㄱ ② ㄷ ③ ㄱ, ㄴ
④ ㄴ, ㄷ ⑤ ㄱ, ㄴ, ㄷ

02 그림 (가)와 (나)는 발전기의 자석 사이에 놓인 코일이 회전하는 어느 한 순간의 모습을 차례대로 나타낸 것이다.

(가) (나)

이에 대한 설명으로 옳지 않은 것은?

① (가)에서 코일 면을 통과하는 자기장의 세기가 증가한다.
② (나)에서 코일 면을 통과하는 자기장의 세기가 감소한다.
③ 코일의 ab 부분에 흐르는 유도 전류의 방향은 (가)와 (나)에서 같다.
④ 코일에 흐르는 유도 전류는 코일의 회전을 방해한다.
⑤ 코일의 운동 에너지가 클수록 더 많은 전기 에너지를 얻을 수 있다.

03 그림과 같이 코일에 발광 다이오드(LED)를 연결하고 자석을 떨어뜨려 코일 내부를 통과하게 하였다. (가)는 자석이 코일에 가까이 접근할 때이고, (나)는 (가)의 자석이 코일을 빠져 나온 직후이다. (가)에서 발광 다이오드에 불이 켜진다.

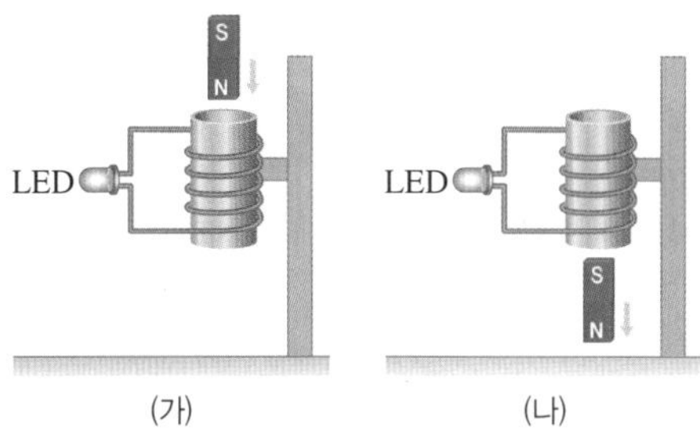

(가) (나)

이에 대한 설명으로 옳은 것만을 [보기]에서 있는 대로 고른 것은?

보기
ㄱ. (가)에서 자석이 코일로부터 받는 자기력의 방향은 위쪽이다.
ㄴ. (가)에서 발광 다이오드에 불이 켜질 때 운동 에너지 → 전기 에너지 → 빛에너지의 전환이 일어난다.
ㄷ. (나)에서 발광 다이오드에 불이 켜진다.

① ㄴ ② ㄷ ③ ㄱ, ㄴ ④ ㄱ, ㄷ ⑤ ㄴ, ㄷ

04 그림 (가)와 (나)는 각각 핵발전과 화력 발전을 순서 없이 나타낸 것이다.

(가)

(나)

이에 대한 설명으로 옳은 것만을 [보기]에서 있는 대로 고른 것은?

보기
ㄱ. (나)는 핵분열 반응으로 전기 에너지를 얻는다.
ㄴ. (가), (나)의 근원이 되는 에너지는 태양 에너지이다.
ㄷ. (가), (나)에서 '열에너지 → 운동 에너지 → 전기 에너지'의 에너지 전환 과정이 공통으로 나타난다.

① ㄱ ② ㄴ ③ ㄱ, ㄴ
④ ㄱ, ㄷ ⑤ ㄴ, ㄷ

03 에너지 효율과 신재생 에너지

★ 핵심 포인트
- 에너지 보존 법칙 ★★
- 에너지 효율 ★★★
- 신재생 에너지 ★★★

A 에너지 전환과 보존

1. ◆에너지 전환 한 형태의 에너지에서 다른 형태의 에너지로 바뀌는 것

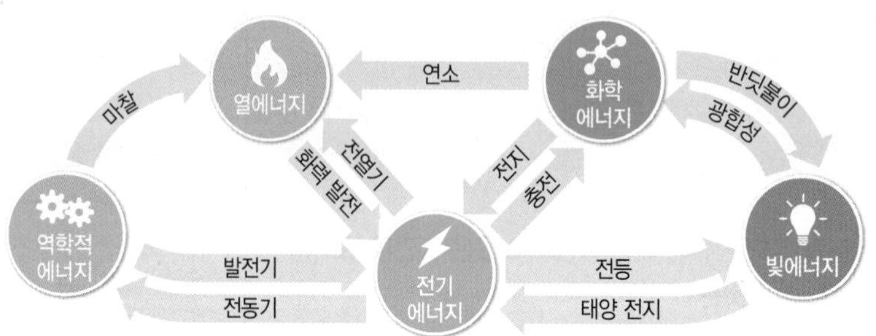

2. ◆에너지 보존 법칙 에너지는 서로 전환되지만 새롭게 생겨나거나 없어지지 않고 에너지가 전환되는 과정에서 에너지의 총량은 항상 일정하게 보존된다.

휴대 전화에서의 에너지 전환과 보존

- 휴대 전화에 공급된 전기 에너지는 화학 에너지로 전환되어 배터리에 저장된 뒤 다시 전기 에너지로 전환되어 다양한 장치에 공급된다.
- 휴대 전화에서 다양한 형태로 전환된 모든 에너지를 합하면 휴대 전화에 공급된 전기 에너지의 양과 같다.

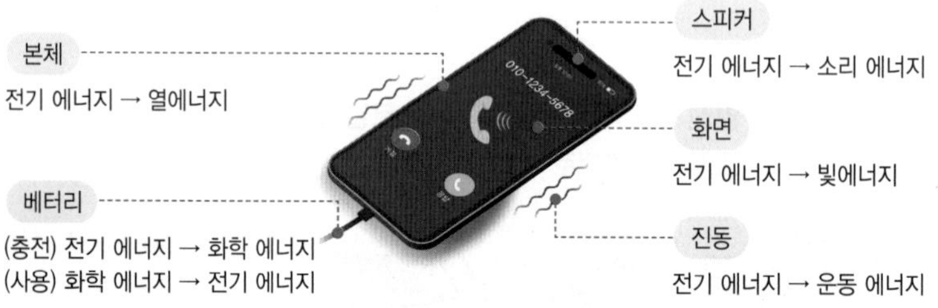

3. 에너지 절약의 필요성

① 에너지의 전환 과정에서 에너지의 전체 양은 보존되더라도, 에너지가 전환될 때마다 에너지의 일부는 다시 사용할 수 없는 열에너지의 형태로 전환되어 버려진다.

② 에너지가 전환될 때마다 우리가 사용할 수 있는 에너지의 양이 계속 줄어들기 때문에 에너지를 절약해야 한다.

B 에너지 효율

1. 공급한 에너지와 버려지는 열에너지 에너지를 사용하는 과정에서 공급한 에너지의 일부가 항상 열에너지로 전환되어 버려지기 때문에 공급한 에너지를 모두 유용한 에너지로 전환하는 것은 불가능하다.

◆ **여러 가지 에너지 전환의 예**
- 텔레비전: 전기 에너지 → 빛에너지, 소리 에너지
- 조명 기구: 전기 에너지 → 빛에너지
- 가스레인지: 화학 에너지 → 열에너지
- 인덕션: 전기 에너지 → 열에너지
- 선풍기: 전기 에너지 → 운동 에너지
- 모닥불: 화학 에너지 → 열에너지, 빛에너지

◆ **에너지 보존 법칙**
열역학 제1법칙이라고 한다.

주의해

역학적 에너지 보존과 마찰
- 마찰이 없을 때 역학적 에너지는 항상 일정하게 보존된다.
- 마찰이 있을 때는 역학적 에너지의 일부가 열에너지로 전환되므로 역학적 에너지가 보존되지 않으며, 이 경우에는 역학적 에너지와 열에너지의 합이 일정하게 보존된다.

2. 에너지 효율 공급한 에너지 중에서 유용하게 사용된 에너지의 비율(%)

$$\text{◆에너지 효율(\%)} = \frac{\text{유용하게 사용된 에너지}}{\text{공급한 에너지}} \times 100$$

➡ 버려지는 열에너지가 있기 때문에 에너지 효율은 항상 100 %보다 작다.

| 자동차 에너지 효율 비교하기 |

그림은 내연 기관 자동차와 전기 자동차에 각각 공급된 에너지 중 자동차의 운동 에너지로 전환된 에너지의 비율을 나타낸 것이다.

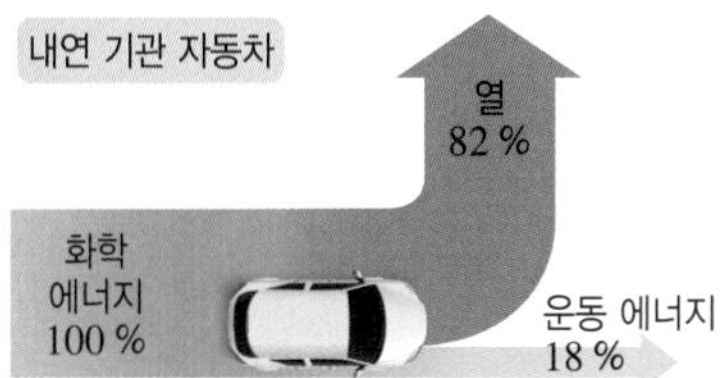

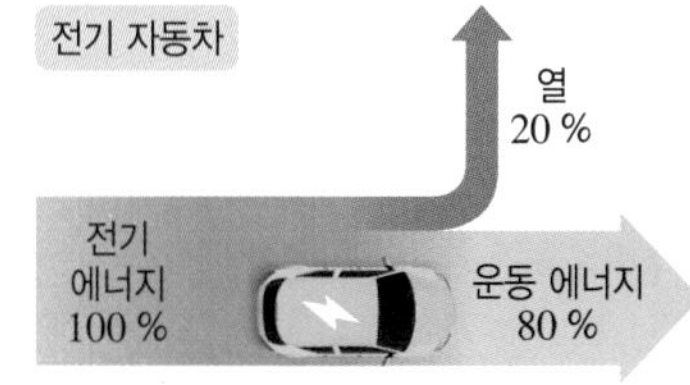

내연 기관 자동차의 에너지 효율 =18 % ➡ 화석 연료를 사용하는 과정에서 많은 양의 에너지가 열에너지의 형태로 버려지기 때문에 에너지 효율이 낮다.	전기 자동차의 에너지 효율=80 % ➡ 발전 과정까지 고려하면 에너지 효율은 이보다 낮아지지만 일반 자동차보다 효율이 높다.

3. 에너지의 효율적 이용 에너지 효율이 높을수록 버려지는 열에너지의 양이 적으므로 에너지를 절약할 수 있고, 이산화 탄소 배출량도 줄일 수 있어 환경 문제 해결에도 도움이 된다.

① 에너지 효율을 높이는 기술 개발

- [1]하이브리드 자동차, ◆전기 자동차: 감속하는 동안 줄어드는 운동 에너지의 일부를 전기 에너지로 전환하여 전지에 저장했다가 다시 사용하여 에너지 효율을 높인다.
- 열병합 발전: 화력 발전 과정에서 발생하는 열을 난방, 온수 등에 활용하여 에너지 효율을 높인다.

화력 발전의 에너지 흐름	열병합 발전의 에너지 흐름
화석 연료의 화학 에너지 100 % → 62 % 전력 생산 (손실 42 %, 전력 20 %) / 38 % 보일러 (손실 7 %, 열 31 %) → 에너지 효율 51 %	화석 연료의 화학 에너지 100 % → 열병합 발전 (손실 25 %, 전력 30 %, 열 45 %) → 에너지 효율 75 %
화석 연료의 연소 과정에서 버려지는 열에너지의 양이 많기 때문에 에너지 효율이 낮다.	화력 발전에서 버려지는 열을 회수하여 난방이나 온수를 전력과 함께 공급하므로 에너지 효율이 높다.

- 조명 기구: 백열등(가격이 저렴하지만 에너지 효율이 낮아 현재는 거의 생산되지 않고 있다.)이나 형광등 대신 에너지 효율이 높은 발광 LED등을 사용한다.

② 에너지 효율 관리

- 에너지 소비 효율 등급 표시 제도(1등급에 가까울수록 에너지 효율이 높다.): 에너지를 효율적으로 사용하는 정도에 따라 1등급에서 5등급으로 나누어 표시하는 제도
- 에너지 절약 표시: 에너지 효율이 높고 대기 전력을 줄인 제품에 표시한다.

▲ 에너지 소비 효율 등급 표시

에너지절약
▲ 에너지 절약 표시

천재, 동아 교과서에만 나와요.

◆ 열기관의 에너지 효율

자동차의 내연 기관(엔진)과 같이 화석 연료가 연소할 때 발생하는 열에너지를 이용하여 동력을 얻는 장치를 열기관이라고 하고, 열기관의 에너지 효율을 열효율이라고 한다.

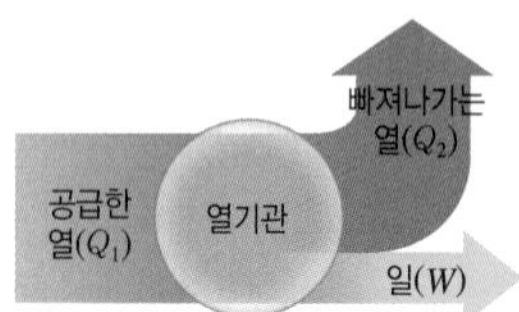

$$\text{열효율} = \frac{\text{열기관이 외부에 한 일}}{\text{공급한 열}}$$

$$e = \frac{W}{Q_1} = \frac{Q_1 - Q_2}{Q_1} = 1 - \frac{Q_2}{Q_1}$$

◆ 전기 자동차의 회생 제동 기술

가속 페달에서 발을 떼거나 브레이크 페달을 밟으면 전동기가 발전기로 작용하여 줄어드는 운동 에너지의 일부를 전기 에너지로 전환하여 전지에 다시 저장한다.
➡ 운동 에너지의 일부 → 전기 에너지

✻ 스마트 플러그

스마트 기기로 인터넷을 통해 전기 제품을 외부에서 제어하는 기술로, 에너지를 효율적으로 관리할 수 있다.

용어

[1] **하이브리드**(hybrid) 두 가지 이상의 이질적인 기능이 합쳐진 것

정답친해 67쪽

개념 확인 문제

핵심 체크

- 에너지 (❶): 한 형태의 에너지가 다른 형태의 에너지로 바뀌는 것
  - 광합성: (❷)에너지 → 화학 에너지
  - 배터리 충전: 전기 에너지 → (❸) 에너지
- 에너지 (❹) 법칙: 에너지는 여러 가지 형태로 전환될 수 있지만 전체 양은 항상 일정하게 보존된다.
- 에너지가 다른 에너지로 전환될 때마다 에너지의 일부는 다시 사용하기 어려운 형태의 (❺)로 전환되어 버려진다.
- 에너지 (❻)$=\frac{\text{유용하게 사용된 에너지}}{\text{공급한 에너지}}\times 100$
- 에너지 효율은 항상 100%(=1)보다 (❼)다.
- 에너지의 효율적 이용
  - 에너지 효율을 높이는 기술을 개발한다. 예 (❽) 자동차, 전기 자동차
  - 에너지 효율이 높은 제품의 생산과 소비를 유도한다. 예 에너지 (❾) 등급 표시 제도, 에너지 절약 표시

1 다음은 여러 가지 에너지의 전환 과정이다. ( ) 안에 알맞은 에너지의 종류를 쓰시오.

- 진등: 진기 에너지 → ㉠( )에너지
- 반딧불이: ㉡( ) 에너지 → 빛에너지
- 전열기: 전기 에너지 → ㉢( )에너지

2 에너지 전환에 대한 설명으로 옳은 것은 ○, 옳지 않은 것은 ×로 표시하시오.

(1) 한 형태의 에너지는 다른 형태의 에너지로 전환될 수 있다. ( )

(2) 노트북을 사용할 때 발생하는 열에너지는 다시 사용할 수 있다. ( )

(3) 에너지가 전환될 때 일부가 항상 열에너지로 전환되어 버려진다. ( )

3 다음 ( ) 안에 알맞은 말을 쓰시오.

> 에너지는 서로 전환되지만 새롭게 생겨나거나 없어지지 않고 에너지가 전환되는 과정에서 에너지의 총량은 항상 일정하게 보존된다. 이를 ( ) 법칙이라고 한다.

4 어떤 열기관이 500 J의 에너지를 공급받아서 100 J의 일을 하였다. 이 열기관의 열효율은 몇 %인지 쓰시오.

5 에너지 효율에 대한 설명으로 옳은 것은 ○, 옳지 않은 것은 ×로 표시하시오.

(1) 에너지 효율은 공급한 에너지 중에서 유용하게 사용된 에너지의 비율이다. ( )

(2) 공급한 에너지의 양이 같을 때, 에너지 효율이 낮을수록 버려지는 열에너지의 양은 많다. ( )

(3) 에너지 효율은 100 %가 될 수 있다. ( )

6 에너지를 효율적으로 이용하는 방안에 대한 설명으로 옳은 것만을 [보기]에서 있는 대로 고르시오.

보기
ㄱ. 에너지 효율이 높은 자동차를 개발한다.
ㄴ. 에너지 소비 효율 등급이 5등급인 제품을 사용한다.
ㄷ. 조명 기구로 LED등을 사용한다.
ㄹ. 열병합 발전보다 화력 발전으로 전기 에너지를 생산한다.

7 다음 ( ) 안에 알맞은 말을 쓰시오.

> ( ) 등급 표시 제도는 에너지를 1등급~5등급으로 나누어 표시하는 제도로, 1등급에 가까울수록 효율이 높다.

C 신재생 에너지의 활용

1. 신재생 에너지 기존의 화석 연료를 변환하여 이용하거나 햇빛, 물, 지열, 강수, 바람, 해양, 생물 유기체 등의 재생 가능한 에너지를 변환하여 이용하는 에너지이다.

신에너지	수소, 연료 전지, 석탄의 액화 및 가스화	◆재생 에너지	태양광, 태양열, 풍력, 수력, 해양, 지열, 폐기물, 바이오
장점	• 에너지 자원이 고갈될 염려가 적어서 지속적으로 발전이 가능한 에너지이다. • 친환경적이어서 지구 환경 문제 해결에 기여할 수 있다.		
단점	• 자연 조건에 따라 발전량의 변동이 크므로, 안정적인 전력 공급이 어렵다. • 설치 비용이 많이 들고 발전 효율이 낮은 편이다.		

2. 신재생 에너지의 종류와 발전 방식

신에너지	수소 에너지	수소가 연소할 때 발생하는 에너지를 이용하거나, 연료 전지를 만들어 전기 에너지를 생산한다.	
	연료 전지	◆연료가 가진 화학 에너지를 화학 반응(수소가 산화되어 물이 되는 반응)을 통해 직접 전기 에너지로 전환한다.	
	석탄의 액화 및 가스화	석탄을 액체나 가스 형태로 전환하여 사용한다.	
재생에너지	태양광 에너지	에너지원	태양의 빛에너지
		발전 방식	태양 전지에서 태양의 빛에너지를 직접 전기 에너지로 전환한다.
	풍력 에너지	에너지원	바람의 운동 에너지
		발전 방식	바람의 운동 에너지를 이용하여 발전기와 연결된 날개를 돌려 전기 에너지를 생산한다.
	수력 에너지	에너지원	높은 곳에 있는 물이 가진 위치 에너지
		발전 방식	높은 곳에서 낮은 곳으로 흐르는 물로 터빈을 돌려 전기 에너지를 생산한다.
	◆조력 에너지	에너지원	밀물과 썰물 때 해수면의 높이차로 생기는 에너지
		발전 방식	밀물 때 바닷물이 들어오면서 생기는 물의 운동 에너지로 터빈을 돌려 전기 에너지를 생산한다.
	◆파력 에너지	에너지원	파도의 운동 에너지
		발전 방식	파도가 칠 때 해수면이 상승하거나 하강하여 생기는 공기의 흐름을 이용하여 전기 에너지를 생산한다.
	◆지열 에너지	에너지원	지구 내부의 열에너지
		발전 방식	지하에 있는 뜨거운 물과 수증기의 열에너지로 전기 에너지를 생산한다.
	바이오 에너지	에너지원	농작물, 목재, 해조류 등 살아 있는 생명체의 에너지, 매립지의 가스를 원료로 이용하는 에너지
		발전 방식	연료를 발효시키거나 연료를 연소시켜 발생하는 가스로 터빈을 돌려 전기 에너지를 생산한다.
	폐기물 에너지	에너지원	산업체와 가정에서 생기는 가연성 폐기물을 소각할 때 발생하는 열에너지
		발전 방식	폐기물을 소각할 때 발생하는 열에너지로 증기를 만들고 이 증기로 터빈을 돌려 전기 에너지를 생산한다.

◆ **재생 에너지**
계속해서 다시 사용할 수 있는 에너지라는 뜻이다.

◆ **연료 전지의 연료**
연료 전지는 수소, 메탄올, 나프타, 천연가스 등을 연료로 사용한다.

◆ **조력 발전의 원리**
방조제를 쌓아 밀물 때 바닷물을 받아들이면서 터빈을 돌려 전기 에너지를 생산한다.

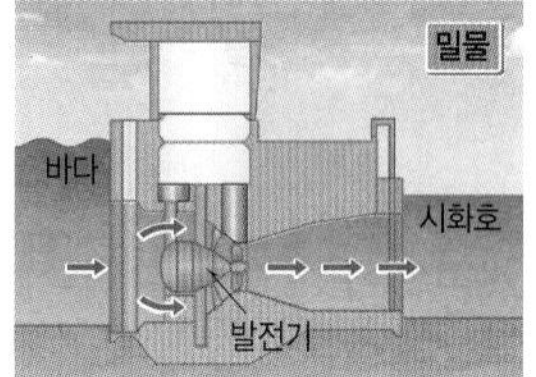

◆ **파력 발전의 원리**
파도가 칠 때 해수면이 움직여 발전소 안의 공기가 압축될 때 공기의 흐름이 터빈을 돌려 전기 에너지를 생산한다.

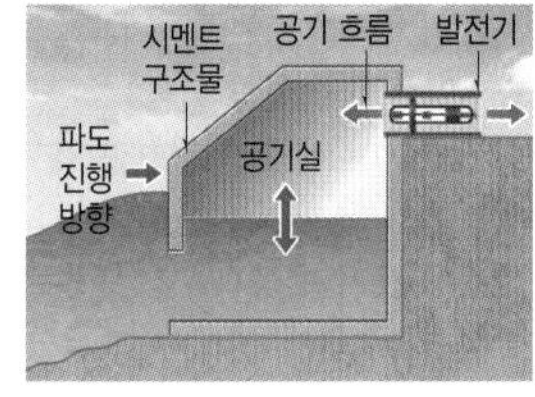

◆ **지열 난방**
땅속에 있는 고온의 지하수나 수증기를 끌어올려 온수와 난방에 이용한다.

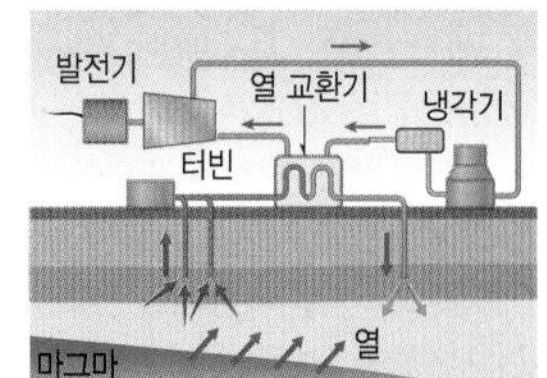

◆ **태양광 발전**
태양 전지에 빛을 비추면 전자가 움직이면서 전류가 흐른다.

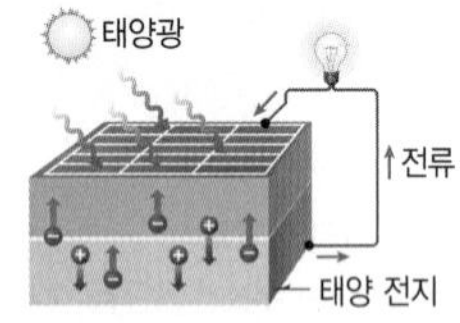

3. 신재생 에너지 활용의 필요성 우리나라 에너지 생산량의 대부분을 차지하는 화력 발전과 핵발전은 연료의 매장량이 한정되어 있고, 지구 온난화와 안전 사고를 유발할 위험이 있다. 따라서 지속가능한 발전과 환경 문제 해결을 위해 신재생 에너지를 활용해야 한다.

4. 신재생 에너지를 이용한 발전의 장단점 → 친환경적이지만 설치 비용이 많이 들고 발전 효율이 낮다.

연료 전지	장점	• 최종 생성물로 물만 생성되므로 환경 오염 물질을 거의 배출하지 않는다. • 연료의 화학 에너지가 전기 에너지로 직접 전환되므로 에너지 효율이 높다.
	단점	• 효율적인 수소 저장 기술과 안정성 확보를 위한 기술이 필요하다.
◆태양광 발전	장점	• 고갈될 염려가 없고, 발전 과정에서 환경 오염 물질을 배출하지 않는다. • 태양 전지는 건물의 지붕이나 외벽, 아파트 발코니, 난간 등 다양한 곳에 설치할 수 있다.
	단점	• 계절과 날씨에 따라 발전량이 달라진다. 흐린 날과 밤에는 전기를 생산할 수 없다. • 대규모 발전을 하려면 넓은 면적이 필요하다.
풍력 발전	장점	• 전력 생산 단가가 저렴하고, 발전 과정에서 온실 기체나 오염 물질을 배출하지 않는다. • 설비가 비교적 간단하고, 설치 기간이 짧다.
	단점	• ◆발전 지역이 제한적이고, 바람의 세기와 방향이 계속 변하므로 발전량을 예측하기 어렵다. → 지속적으로 바람이 부는 높은 산, 바다 근처나 해양에 설치한다. • 날개에서 발생한 소음이 주변에 피해를 주기도 한다.
조력 발전	장점	• 전기를 내량 생산할 수 있고 발전량을 예측하기 쉽다.
	단점	• 해수면의 높이차가 큰 지역에 설치해야 하고 설치 비용이 많이 든다. • 갯벌이 파괴되어 해양 생태계에 혼란을 줄 수 있다.
바이오 에너지	장점	• 화석 연료보다 이산화 탄소 배출량이 적고 저렴하며, 고체 연료나 액체 연료 등 다양하게 이용할 수 있다.
	단점	• 원료가 되는 식물 재배에 넓은 면적의 토지가 필요하며, 재배에 시간이 걸리고 에너지가 소모된다.

◆ **우리나라의 친환경 에너지 도시**

삼척시 도계읍 무지개 마을

5. 에너지 문제를 해결하기 위한 노력

① ◆**친환경 에너지 도시**: 지역 환경에 맞는 신재생 에너지를 활용하여 에너지와 환경 문제를 해결하는 도시 → 영국의 베드제드 마을, 독일의 프라이부르크, 아랍에미리트의 마스다르, 우리나라의 삼척시 도계읍 무지개 마을 등이 있다.

② ◆**핵융합 연구**: 수소와 같은 가벼운 원자핵이 융합하여 헬륨 원자핵이 되는 반응에서 줄어든 질량이 에너지로 변환되는 것을 이용하는 연구 → 우리나라를 포함해 35개국이 참여하는 '국제 핵융합 실험로(ITER)' 연구가 진행되고 있다.

➡ 우리나라에서는 독자적으로 '한국 차세대 초전도 토카막 연구'를 진행하여 한국형 핵융합 연구 장치(KSTAR)를 개발하였다.
(토카막: 도넛 모양의 공간에 자기장을 만들어 그 안에 초고온 상태의 플라스마를 벽에 닿지 않게 가두는 장치)

◆ **핵융합 발전**
핵융합 발전은 바닷물에 풍부한 중수소와 3중수소를 융합하여 헬륨으로 만드는 과정에서 줄어든 질량이 에너지로 전환되는 것을 이용해 전기 에너지를 생산하는 발전 방식이다.

스마트 그리드, 가상 발전소 기술 동아 교과서에만 나와요.

① 스마트 그리드(지능형 전력망): 기존의 전력망에 정보 통신 기술을 접목하여 수요자와 공급자가 실시간으로 정보를 교환하며 효율적으로 에너지를 관리하는 시스템이다. 소비자의 전력 사용량과 소비 패턴을 분석할 수 있는 스마트 계량기와 여분의 에너지를 저장하고 관리하는 ◆에너지 저장 시스템(ESS)을 사용한다.

② 가상 발전소(VPP) 기술: 에너지 저장 시스템과 신재생 에너지 발전소 등 여러 분산 전원을 연결해 하나의 발전소처럼 운영한다.

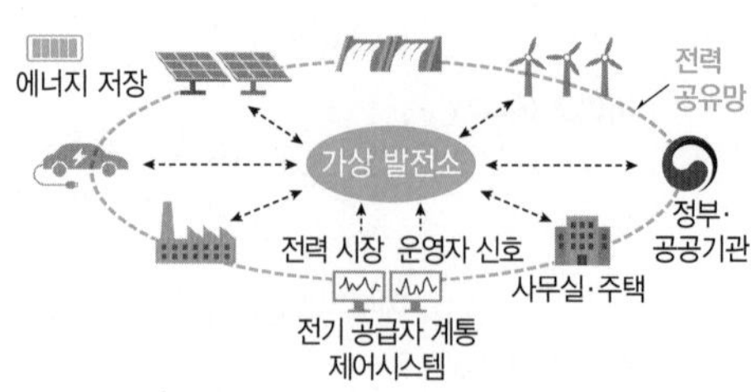

◆ **에너지 저장 시스템(Energy Storage System)**
생산된 전력을 저장해 두었다가 전력이 필요한 시기에 사용할 수 있도록 에너지를 저장하고 관리하는 시스템을 말한다.

개념 확인 문제

정답친해 67쪽

핵심 체크

- (❶) **에너지**: 기존의 화석 연료를 변환하여 이용하거나 햇빛, 바다, 바람 등의 재생 가능한 에너지를 변환하여 이용하는 에너지
- (❷): 연료가 가진 화학 에너지를 화학 반응을 통해 전기 에너지로 전환하는 장치
- (❸) **발전**: 바람의 운동 에너지를 이용하여 전기 에너지를 생산하는 방식
- (❹) **발전**: 밀물과 썰물 때 생기는 해수면의 높이차를 이용하여 전기 에너지를 생산하는 방식
- (❺) **발전**: 파도가 칠 때 해수면의 움직임을 이용하여 전기 에너지를 생산하는 방식
- (❻) **에너지**: 농작물, 목재, 음식물 쓰레기 등을 태워 전기 에너지를 생산하는 방식
- (❼) **도시**: 지역 환경에 맞는 신재생 에너지를 활용하여 에너지와 환경 문제를 해결하는 도시

1 신재생 에너지에 대한 설명으로 옳은 것은 ○, 옳지 않은 것은 ×로 표시하시오.

(1) 에너지 자원이 고갈될 염려가 적다. ( )
(2) 지구 환경 문제 해결에 도움이 된다. ( )
(3) 전력 공급이 안정적이다. ( )

2 다음은 연료 전지에 대한 설명이다. ( ) 안에 알맞은 말을 쓰시오.

> 연료를 연소시키지 않고 ( )을 통해 연료가 가진 화학 에너지를 직접 전기 에너지로 전환한다.

3 지하에 있는 고온의 지하수나 수증기의 열에너지를 이용하여 난방을 하거나 전기를 생산하는 발전 방식의 종류를 쓰시오.

4 그림 (가)와 (나)는 해양 에너지를 이용한 서로 다른 발전 방식의 원리를 나타낸 것이다. 각 발전 방식의 이름을 쓰시오.

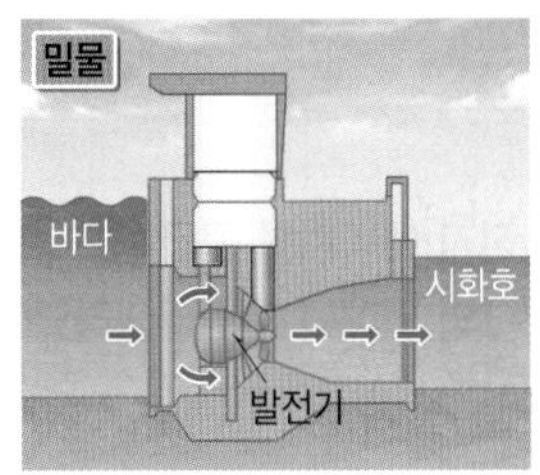

(가)

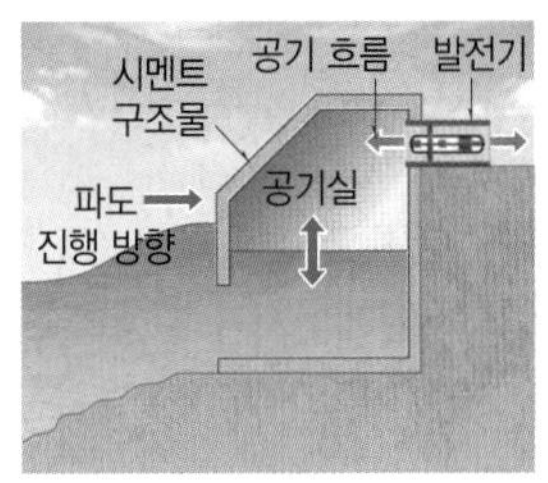

(나)

5 다음 설명에 해당하는 발전 방식을 쓰시오.

> • 전력 생산 단가가 저렴하고, 발전 과정에서 온실 기체나 오염 물질을 배출하지 않는다.
> • 발전 지역이 제한적이고, 바람의 세기와 방향이 계속 변하므로 발전량을 예측하기 어렵다.
> • 날개에서 발생한 소음이 주변에 피해를 주기도 한다.

6 태양광 발전에 대한 설명으로 옳은 것은 ○, 옳지 않은 것은 ×로 표시하시오.

(1) 태양 전지는 건물의 지붕이나 외벽, 아파트 발코니, 난간 등 다양한 곳에 설치할 수 있다. ( )
(2) 계절과 날씨에 관계없이 발전량이 항상 일정하다. ( )
(3) 대규모 발전을 하려면 넓은 면적이 필요하다. ( )

7 신재생 에너지 기술을 효율적으로 활용하는 예와 관계있는 것만을 [보기]에서 있는 대로 고르시오.

> **보기**
> ㄱ. 친환경 에너지 도시
> ㄴ. 가상 발전소 기술
> ㄷ. 핵분열 연구

내신 만점 문제

A 에너지 전환과 보존

01 에너지와 에너지 전환에 대한 설명으로 옳은 것만을 [보기]에서 있는 대로 고른 것은?

보기
ㄱ. 에너지는 일을 할 수 있는 능력이며, 다양한 형태로 존재한다.
ㄴ. 에너지가 전환될 때마다 우리가 사용할 수 있는 에너지 양은 일정하게 유지된다.
ㄷ. 에너지가 전환될 때 에너지의 일부는 불필요한 열에너지로 전환된다.

① ㄴ ② ㄱ, ㄴ ③ ㄱ, ㄷ ④ ㄴ, ㄷ ⑤ ㄱ, ㄴ, ㄷ

02 일상생활에서 일어나는 에너지 전환을 나타낸 것으로 옳지 않은 것은?

① 가스레인지: 화학 에너지 → 열에너지
② TV 화면: 전기 에너지 → 빛에너지
③ 마이크: 소리 에너지 → 전기 에너지
④ 스피커: 전기 에너지 → 소리 에너지
⑤ 열기관: 역학적 에너지 → 열에너지

중요 **03** 그림은 TV를 켤 때, TV에서 일어나는 에너지 전환을 나타낸 것이다.
이에 대한 설명으로 옳은 것만을 [보기]에서 있는 대로 고른 것은?

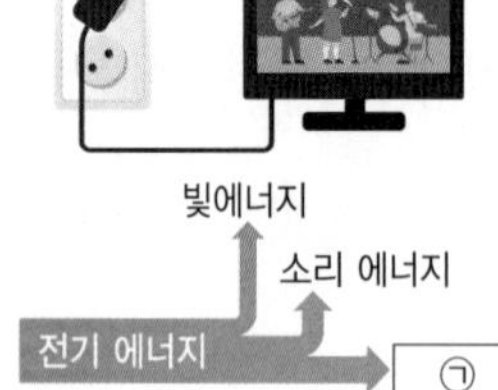

보기
ㄱ. TV에서 전환된 에너지를 모두 합하면 TV에 공급된 전기 에너지의 양과 같다.
ㄴ. '열에너지'가 ㉠에 해당한다.
ㄷ. ㉠은 유용하게 사용할 수 있는 에너지이다.

① ㄱ ② ㄴ ③ ㄷ ④ ㄱ, ㄴ ⑤ ㄴ, ㄷ

중요 **04** 그림은 여러 가지 에너지 전환의 예를 나타낸 것이다.

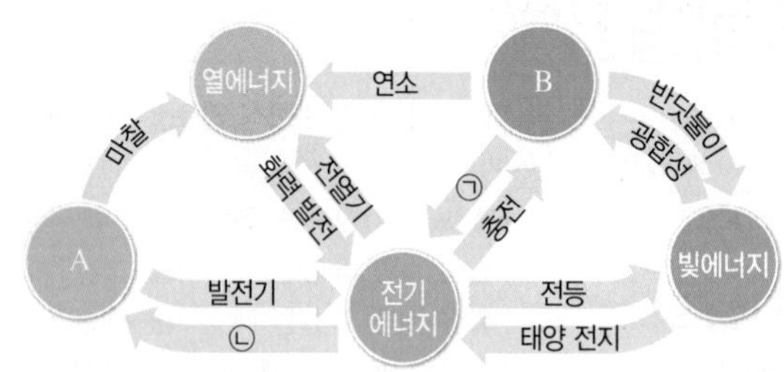

이에 대한 설명으로 옳은 것만을 [보기]에서 있는 대로 고른 것은?

보기
ㄱ. A는 화학 에너지이다.
ㄴ. B는 역학적 에너지이다.
ㄷ. ㉠의 예로 전지, ㉡의 예로 전동기를 들 수 있다.

① ㄷ ② ㄱ, ㄴ ③ ㄱ, ㄷ
④ ㄴ, ㄷ ⑤ ㄱ, ㄴ, ㄷ

B 에너지 효율

중요 **05** 에너지 효율에 대한 설명으로 옳은 것만을 [보기]에서 있는 대로 고른 것은?

보기
ㄱ. 에너지 효율은 공급한 전체 에너지에 대한 열에너지 등으로 버려진 에너지의 비율이다.
ㄴ. 에너지 효율이 높은 제품은 같은 효과를 내는 데 더 적은 에너지를 사용한다.
ㄷ. 에너지 효율은 경우에 따라 100 % 이상도 가능하다.

① ㄴ ② ㄱ, ㄴ ③ ㄱ, ㄷ
④ ㄴ, ㄷ ⑤ ㄱ, ㄴ, ㄷ

06 어떤 조명에 매초 60 J의 전기 에너지를 공급하였더니, 18 J의 빛에너지가 발생하고 42 J의 열에너지가 발생하였다. 이 조명 기구의 에너지 효율은?

① 15 % ② 25 % ③ 30 % ④ 40 % ⑤ 60 %

07 다음은 전기 자동차 A, B에 공급한 전기 에너지와 바퀴를 움직이는 데 사용한 에너지를 나타낸 것이다.

자동차	A	B
공급한 전기 에너지(J)	600	500
바퀴를 움직이는 데 사용한 에너지(J)	300	400

이에 대한 설명으로 옳은 것만을 [보기]에서 있는 대로 고른 것은?

보기
ㄱ. 에너지 효율은 B가 A보다 크다.
ㄴ. 공급한 전기 에너지가 같을 때 버려지는 열에너지는 A가 B보다 많다.
ㄷ. 바퀴를 움직이는 에너지가 같을 때 공급된 전기 에너지의 양은 A가 B보다 적다.

① ㄱ ② ㄴ ③ ㄷ ④ ㄱ, ㄴ ⑤ ㄴ, ㄷ

중요 **08** 그림 (가)와 (나)는 화석 연료를 사용하는 일반 자동차와 전기 에너지를 사용하는 전기 자동차에서의 에너지 전환을 각각 나타낸 것이다.

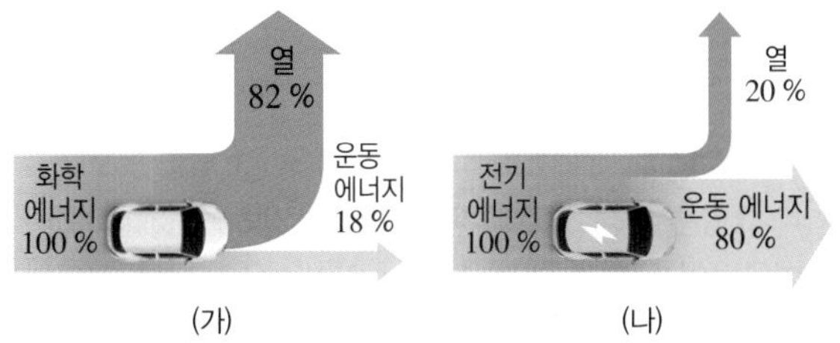

(가) (나)

이에 대한 설명으로 옳은 것만을 [보기]에서 있는 대로 고른 것은?

보기
ㄱ. 공급한 에너지에 대해 원하는 용도로 사용한 에너지의 비율은 (가)가 (나)보다 높다.
ㄴ. (가)에서는 연료의 연소 과정에서 발생하는 열에너지의 비율이 높기 때문에 에너지 효율이 낮다.
ㄷ. (나)에서는 감속할 때 줄어드는 운동 에너지의 일부를 전기 에너지로 전환하여 재사용한다.

① ㄴ ② ㄷ ③ ㄱ, ㄴ ④ ㄱ, ㄷ ⑤ ㄴ, ㄷ

09 그림 (가), (나)는 가전제품의 표면에 부착된 것이다.

(가) (나)

이에 대한 설명으로 옳지 않은 것은?

① (가)는 1등급일수록 에너지 효율이 높다는 것을 나타낸다.
② (가)는 5등급일수록 같은 일을 할 때 전기 에너지를 적게 소비한다는 것을 나타낸다.
③ (가)는 1등급일수록 같은 조건일 때 에너지를 절약할 수 있다는 것을 나타낸다.
④ (나)가 부착된 제품을 구입하면 에너지를 절약할 수 있다.
⑤ (나)가 부착된 제품은 전원을 끈 상태에서 소비하는 전력을 줄인다.

중요 **10** 에너지 이용의 효율을 높이기 위한 방안으로 옳은 것만을 [보기]에서 있는 대로 고른 것은?

보기
ㄱ. 전기 자동차와 하이브리드 자동차와 같이 에너지 효율이 높은 자동차를 개발한다.
ㄴ. 화력 발전보다는 열병합 발전을 이용하여 전기를 생산한다.
ㄷ. 스마트 기기로 전기 사용량을 실시간으로 확인할 수 있는 스마트 플러그를 사용한다.

① ㄴ ② ㄱ, ㄴ ③ ㄱ, ㄷ ④ ㄴ, ㄷ ⑤ ㄱ, ㄴ, ㄷ

C 신재생 에너지의 활용

중요 **11** 신재생 에너지에 대한 설명으로 옳은 것만을 [보기]에서 있는 대로 고른 것은?

보기
ㄱ. 재생 가능한 에너지를 사용하므로 지속적으로 발전이 가능하다.
ㄴ. 지구 온난화와 같은 환경 문제를 해결할 수 있다.
ㄷ. 화력 발전에 비해 발전 효율이 높아 대규모 전력 공급이 가능하다.

① ㄴ ② ㄱ, ㄴ ③ ㄱ, ㄷ ④ ㄴ, ㄷ ⑤ ㄱ, ㄴ, ㄷ

중요 **12** 그림 (가)는 태양 전지를 이용한 태양광 발전을, (나)는 바람을 이용한 풍력 발전을 나타낸 것이다.

(가)

(나)

이에 대한 설명으로 옳지 않은 것은?

① (가)는 화력 발전에 비해 발전 효율이 높다.
② (가)는 대규모 발전을 위해 넓은 장소가 필요하다.
③ (나)는 전력 생산 단가가 저렴한 편이다.
④ (나)는 발전 지역이 제한적이고 발전량 예측이 어렵다.
⑤ (나)는 날개에서 발생한 소음이 피해를 줄 수 있다.

13 그림 (가)와 (나)는 지열 발전과 조력 발전의 원리를 순서 없이 나타낸 것이다.

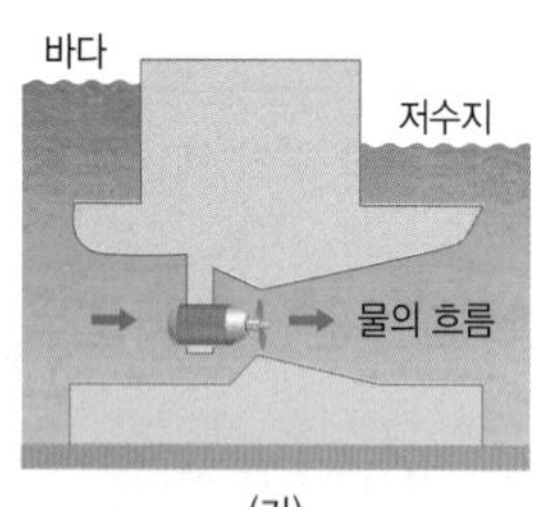

(가)

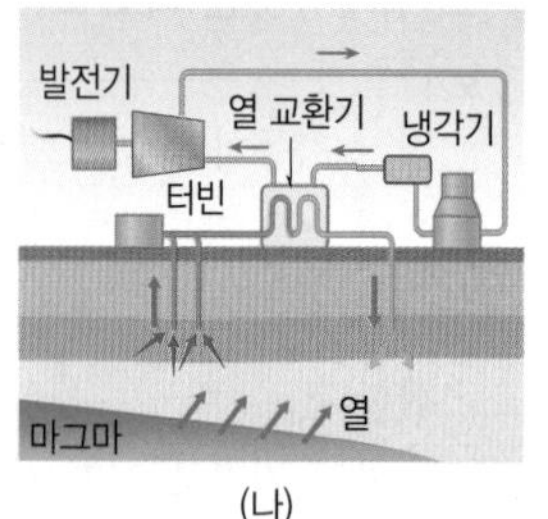

(나)

이에 대한 설명으로 옳지 않은 것은?

① (가), (나) 모두 신재생 에너지를 이용한다.
② (가), (나) 모두 설치 장소가 제한적이다.
③ (가)의 에너지원은 물의 위치 에너지이다.
④ (나)의 에너지원은 지구 내부 에너지이다.
⑤ (가), (나) 모두 고온·고압의 증기로 터빈을 돌린다.

14 친환경 에너지 도시를 설명한 것으로 옳지 않은 것은?

① 건물 외벽에 고효율 단열재를 사용한다.
② 화석 연료의 사용 비율을 점차 증가시킨다.
③ 지역 환경에 맞는 신재생 에너지를 활용한다.
④ 이산화 탄소를 배출하는 교통 수단 사용을 자제한다.
⑤ 빗물을 저장하여 옥상 정원 관리와 화장실에 사용한다.

15 다음의 발전 방식 A～C는 태양광 발전, 풍력 발전, 지열 발전의 특징을 순서 없이 나타낸 것이다.

특징	A	B	C
전자기 유도 현상을 이용한다.	○	㉠	×
발전량이 날씨에 따라 변한다.	㉡	○	○

(○: 예, ×: 아니요)

이에 대한 설명으로 옳은 것만을 [보기]에서 있는 대로 고른 것은?

보기
ㄱ. A는 지열 발전이다.
ㄴ. '×'가 ㉠에 해당한다.
ㄷ. '○'가 ㉡에 해당한다.

① ㄱ ② ㄱ, ㄴ ③ ㄱ, ㄷ
④ ㄴ, ㄷ ⑤ ㄱ, ㄴ, ㄷ

서술형 문제

16 에너지가 보존됨에도 불구하고 에너지를 절약해야 하는 까닭은 무엇인지 서술하시오.

17 그림은 화석 연료가 연소할 때 발생하는 열에너지를 이용하여 동력을 얻는 장치인 열기관을 나타낸 것이다. 이 열기관은 고열원으로부터 600 kJ의 열에너지를 공급 받아 외부에 W의 일을 하고 저열원으로 480 kJ의 열에너지를 방출한다.

이 열기관의 열효율이 몇 %인지 계산 과정과 함께 구하시오.

정답친해 70쪽

실력 UP 문제

01 그림은 여러 가지 에너지 전환을 나타낸 것이다.

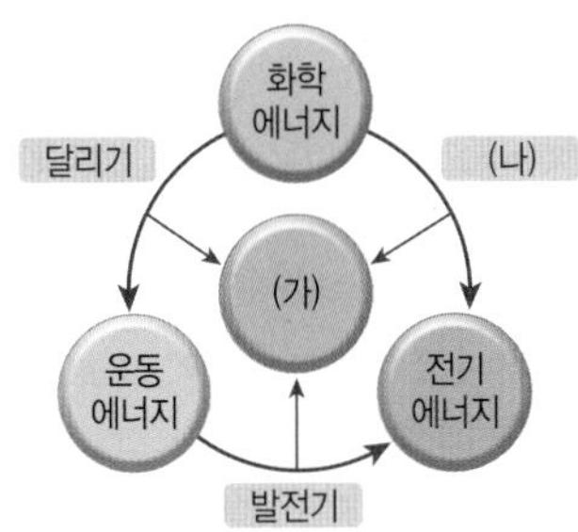

이에 대한 설명으로 옳은 것만을 [보기]에서 있는 대로 고른 것은?

보기
ㄱ. '빛에너지'가 (가)에 해당한다.
ㄴ. '연료 전지'가 (나)에 해당한다.
ㄷ. 에너지 전환 과정에서 항상 열에너지가 발생한다.

① ㄴ ② ㄱ, ㄴ ③ ㄱ, ㄷ
④ ㄴ, ㄷ ⑤ ㄱ, ㄴ, ㄷ

02 다음은 전구 A, B와 열기관 C, D의 에너지 효율을 나타낸 것이다.

전구	효율(%)	열기관	효율(%)
A	8	C	30
B	24	D	45

이에 대한 설명으로 옳은 것만을 [보기]에서 있는 대로 고른 것은?

보기
ㄱ. 같은 밝기라면 소비하는 전기 에너지는 B가 A의 3배이다.
ㄴ. 같은 양의 에너지가 공급된다면 버려지는 열에너지는 C가 D보다 많다.
ㄷ. 같은 양의 일을 한다면 열기관 C가 D보다 연료를 더 적게 소비한다.

① ㄱ ② ㄴ ③ ㄱ, ㄷ
④ ㄴ, ㄷ ⑤ ㄱ, ㄴ, ㄷ

03 그림은 화력 발전 과정에서 발생하는 열을 난방, 온수 등에 활용하는 발전 방식에서 에너지 흐름을 나타낸 것이다.

이에 대한 설명으로 옳은 것만을 [보기]에서 있는 대로 고른 것은?

보기
ㄱ. '열병합'이 (가)에 해당한다.
ㄴ. 에너지 효율은 일반 화력 발전의 경우보다 높다.
ㄷ. 발전 과정에서 버려지는 열에너지의 비율은 일반 화력 발전의 경우보다 낮다.

① ㄱ ② ㄷ ③ ㄱ, ㄴ
④ ㄴ, ㄷ ⑤ ㄱ, ㄴ, ㄷ

04 그림은 가상 발전소의 구조를 나타낸 것이다.

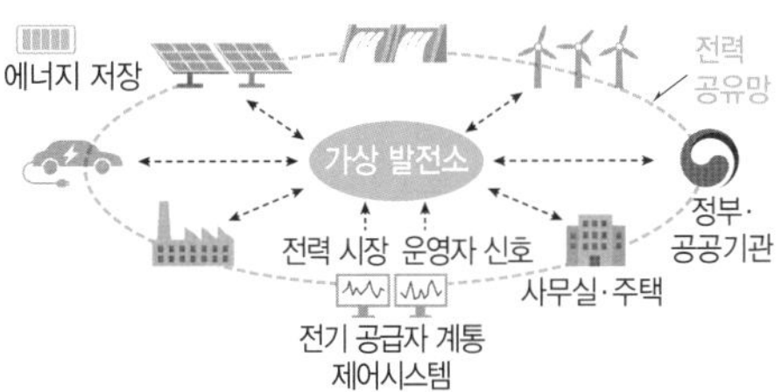

이에 대한 설명으로 옳은 것만을 [보기]에서 있는 대로 고른 것은?

보기
ㄱ. 정보통신 기술을 이용한다.
ㄴ. 대규모 에너지 발전 자원을 소규모 발전소로 분산 · 제어하는 시스템이다.
ㄷ. 신재생 에너지의 단점을 보완하기 위한 기술 중 하나이다.

① ㄱ ② ㄱ, ㄴ ③ ㄱ, ㄷ
④ ㄴ, ㄷ ⑤ ㄱ, ㄴ, ㄷ

01 / 태양 에너지의 생성과 전환

1. 태양 에너지의 생성

(1) **에너지**: 일을 할 수 있는 능력

(2) **태양 에너지의 생성 과정**: 태양의 중심부에서 (❶) 원자핵 4개가 융합하여 헬륨 원자핵 1개를 만드는 수소 핵융합 반응을 통해 생성된다.

(3) **태양 에너지의 생성 원리**: 수소 핵융합 반응에서 감소한 (❷)이 에너지로 변환되어 방출된다.

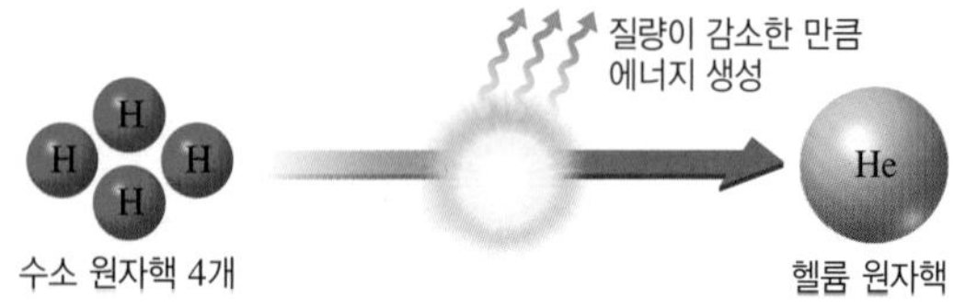

2. 태양 에너지의 전환과 흐름

(1) 태양 에너지의 전환

태양의 열에너지	• 태양의 열에너지 → 바람의 (❸) 에너지 → 대기와 해수의 운동 에너지 • 태양의 열에너지 → 구름의 위치 에너지 → 물의 위치 에너지
태양의 빛에너지	• 태양의 빛에너지 → 식물의 (❹) 에너지 → 화석 연료의 화학 에너지 • 태양의 빛에너지 → (❺) 에너지

(2) **태양 에너지의 흐름**: 태양 에너지의 전환은 연속적으로 이루어지며, 에너지 흐름을 일으킨다.

02 / 발전과 에너지원

1. 전기 에너지의 생산

(1) **전자기 유도**: 코일과 자석의 상대 운동으로 코일을 통과하는 (❻)의 세기가 변할 때 코일에 유도 전류가 흐르는 현상

(2) **유도 전류의 세기**: 코일과 자석이 상대적으로 빠르게 움직일수록, 자석의 세기가 강할수록, 코일의 감은 수가 많을수록 커진다.

(3) **전자기 유도에서 에너지 전환**: 운동 에너지 → (❼) 에너지

2. 발전기에서의 전기 에너지 생성

(1) **발전기**: (❽) 현상을 이용하여 운동 에너지를 전기 에너지로 전환하는 장치이다.

(2) **발전소의 발전기**: 자석 또는 코일을 회전시키기 위해 터빈을 이용한다.

(3) 여러 가지 발전 방식

화력 발전	화석 연료를 연소시킬 때 발생하는 열로 얻은 증기로 터빈을 돌려 전기 에너지를 얻는다. • (❾) 에너지 → 열에너지 → 운동 에너지 → 전기 에너지
수력 발전	댐에 의해 높은 곳에 있던 물이 낮은 곳으로 내려오면서 터빈을 돌려 전기 에너지를 얻는다. • 위치 에너지 → 운동 에너지 → 전기 에너지
핵 발전	핵분열 반응에서 감소한 질량이 에너지로 변환되어 방출될 때의 열로 얻은 증기로 터빈을 돌려 전기 에너지를 얻는다. • (❿)에너지 → 열에너지 → 운동 에너지 → 전기 에너지

(4) 화력 발전과 핵발전의 특징

화력 발전	장점	• 발전량을 조절하기 쉽고, 에너지 공급의 안정성이 높다. • 전력 수요가 갑자기 증가하거나 에너지가 부족한 상황에 빠르게 대처할 수 있다.
	단점	• 이산화 탄소와 대기 오염 물질이 발생한다. • 매장량에 한계가 있다.
핵 발전	장점	• 적은 양의 연료로 대량의 전력을 생산할 수 있다. • 연소 과정이 없어 (⓫) 배출이 거의 없다.
	단점	• 방사성 폐기물 처리가 어렵고, 방사능이 누출될 수 있다. • 핵연료 매장량에 한계가 있다.

03 / 에너지 효율과 신재생 에너지

1. 에너지 전환과 보존

(1) 에너지 전환

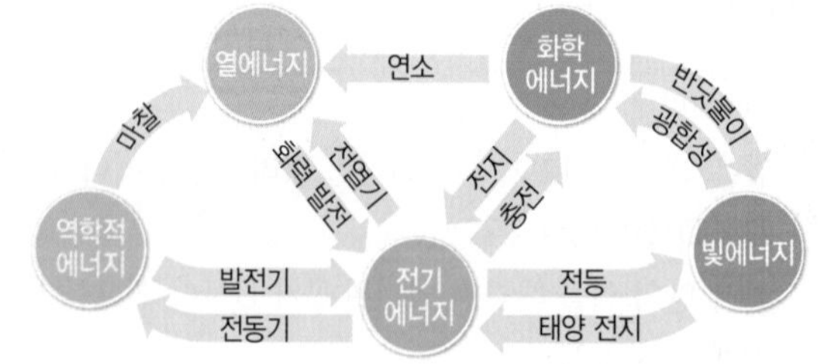

(2) **에너지 (⓬) 법칙**: 한 에너지는 다른 형태의 에너지로 전환될 수 있지만 새롭게 생겨나거나 소멸되지 않으며, 전체 양은 항상 일정하게 보존된다.

(3) 에너지 절약의 필요성: 에너지의 전체 양은 보존되더라도 에너지가 전환될 때마다 에너지의 일부는 다시 사용할 수 없는 (⑬)에너지로 전환되기 때문에 유용한 에너지의 양은 계속 줄어든다.

2. 에너지의 효율적 이용

(1) 에너지 (⑭)

$$\text{에너지 효율(\%)} = \frac{\text{유용하게 사용된 에너지}}{\text{공급한 에너지}} \times 100$$

➡ 에너지 효율은 항상 100 %보다 작다.

(2) 에너지의 효율적 이용: 에너지 효율이 높을수록 버려지는 열에너지의 양이 적으므로 에너지를 절약할 수 있고, 이산화 탄소 배출량도 줄일 수 있어 환경 문제 해결에도 도움이 된다.

(3) 에너지 효율을 높이는 기술

전기 자동차, 하이브리드 자동차	감속하는 동안 줄어드는 운동 에너지의 일부를 전기 에너지로 전환하여 전지에 저장했다가 다시 사용하여 에너지 효율을 높인다.
(⑮) 발전	화력 발전에서 버려지는 열을 회수하여 난방이나 온수를 전력과 함께 공급함으로써 에너지 효율을 높인다.
LED등	백열등이나 형광등 대신 에너지 효율이 높은 발광 다이오드(LED)를 사용한다.

(4) 에너지 효율 관리

(⑯) 등급 표시	에너지를 효율적으로 사용하는 정도에 따라 1등급~5등급으로 나누어 표시한다.
에너지 절약 표시	에너지 효율이 높고 대기 전력을 줄인 제품에 표시한다.
스마트 플러그	인터넷을 통해 전기 제품을 외부에서 제어하는 기술로, 에너지를 효율적으로 관리할 수 있다.

3. 신재생 에너지의 활용

(1) (⑰) 에너지: 기존의 화석 연료를 변환하여 이용하거나 햇빛, 바다, 바람 등의 재생 가능한 에너지원을 변환하여 이용하는 에너지

신에너지	수소, 연료 전지, 석탄의 액화 및 가스화
재생 에너지	태양광, 태양열, 풍력, 수력, 해양, 지열, 폐기물, 바이오
특징	• 에너지 자원이 고갈될 염려가 적어서 지속적으로 발전이 가능한 에너지이다. • 친환경적이어서 지구 환경 문제 해결에 기여할 수 있다. • 자연 조건에 따라 발전량의 변동이 크므로, 안정적인 전력 공급이 어렵다. • 설치 비용이 많이 들고 발전 효율이 낮은 편이다.

(2) 신재생 에너지 종류: 태양광 에너지, 풍력 에너지, 조력 에너지, 파력 에너지, 지열 에너지, 연료 전지, 수력 에너지, 바이오 에너지, 폐기물 에너지

연료 전지	원리	연료가 가진 화학 에너지를 화학 반응을 통해 직접 전기 에너지로 전환한다.
	특징	• 최종 생성물로 물만 생성된다. • 에너지 효율이 높다.
태양광 발전	원리	태양 전지를 이용해 태양의 (⑱)에너지를 직접 전기 에너지로 전환한다.
	특징	• 태양 전지를 다양한 곳에 설치할 수 있다. • 계절과 날씨에 따라 발전량이 달라진다. • 대규모 발전을 하려면 넓은 면적이 필요하다.
풍력 발전	원리	바람의 (⑲) 에너지를 이용하여 전기를 생산한다.
	특징	• 전력 생산 단가가 저렴하다. • 설비가 비교적 간단하고, 설치 기간이 짧다. • 발전 지역이 제한적이고, 발전량 예측이 어렵다. • 날개에서 소음이 발생한다.
(⑳) 발전	원리	밀물과 썰물 때 해수면의 높이차를 이용해 전기 에너지를 생산한다.
	특징	• 전기를 대량 생산할 수 있고 발전량을 예측하기 쉽다. • 해수면의 높이차가 큰 지역에 설치해야 하고 설치 비용이 많이 든다.
파력 발전	원리	파도가 칠 때 해수면의 움직임을 이용하여 전기 에너지를 생산한다.
(㉑) 발전	원리	지하에 있는 고온의 증기를 이용하여 전기를 생산한다.
바이오 에너지	원리	농작물, 목재, 음식물 쓰레기 등을 태워 에너지를 생산하거나 가공하여 이용한다.
	특징	• 화석 연료보다 이산화 탄소 배출량이 적고 저렴하며, 고체 연료 등 다양하게 이용할 수 있다. • 재배에 넓은 토지가 필요하며, 시간이 걸리고 에너지가 소모된다.

(3) 에너지 문제 해결을 위한 노력: 친환경 에너지 도시, 핵융합 연구, 스마트 그리드, 가상 발전소 기술

친환경 에너지 도시	지역 환경에 맞는 (㉒) 에너지를 활용하여 에너지와 환경 문제를 해결하는 도시
핵융합 연구	수소와 같은 가벼운 원자핵이 융합하여 헬륨 원자핵이 되는 반응에서 줄어든 질량이 에너지로 변환되는 것을 이용한다. ➡ 한국형 핵융합 연구 장치(KSTAR)를 개발하였다.
스마트 그리드	기존의 전력망에 정보통신 기술을 접목하여 수요자와 공급자가 실시간으로 정보를 교환하며 에너지를 관리하는 시스템이다.

중단원 마무리 문제

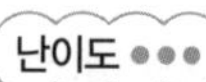

●○○

01 태양 에너지에 대한 설명으로 옳은 것만을 [보기]에서 있는 대로 고른 것은?

보기
ㄱ. 지구에서 기상 현상 및 대기와 해수의 순환을 일으키는 근원적 에너지이다.
ㄴ. 지구 내부 에너지의 근원이 된다.
ㄷ. 지구 생명체의 생명 활동을 유지시키는 주된 에너지이다.

① ㄱ ② ㄱ, ㄴ ③ ㄱ, ㄷ
④ ㄴ, ㄷ ⑤ ㄱ, ㄴ, ㄷ

●●○

02 그림은 태양 에너지가 생성되는 핵반응을 나타낸 것이다.

이에 대한 설명으로 옳은 것만을 [보기]에서 있는 대로 고른 것은?

보기
ㄱ. 태양 에너지는 지구에서 일어나는 에너지의 전환과 순환 대부분의 원인이 된다.
ㄴ. 태양 에너지는 수소 원자핵이 분열하여 헬륨 원자핵으로 바뀌는 반응으로 생성된다.
ㄷ. 핵반응 과정에서 질량이 일정하게 보존된다.

① ㄱ ② ㄱ, ㄴ ③ ㄱ, ㄷ
④ ㄴ, ㄷ ⑤ ㄱ, ㄴ, ㄷ

●●○

03 다음은 지구에 도달한 태양 에너지의 전환에 대한 설명이다.

• 태양 에너지는 대기에 흡수되어 바람의 (㉠)로 전환된다.
• 태양 에너지는 광합성 과정에서 (㉡)로 전환되어 식물에 저장된다.
• 태양 에너지는 태양광 발전을 통해 (㉢)로 전환된다.

㉠~㉢에 해당하는 에너지를 옳게 짝 지은 것은?

	㉠	㉡	㉢
①	열에너지	핵에너지	전기 에너지
②	열에너지	화학 에너지	빛에너지
③	운동 에너지	화학 에너지	빛에너지
④	운동 에너지	화학 에너지	전기 에너지
⑤	위치 에너지	핵에너지	빛에너지

●●○

04 그림은 지구에서 물이 순환하며 비나 눈과 같은 기상 현상을 일으키는 모습을 나타낸 것이다.

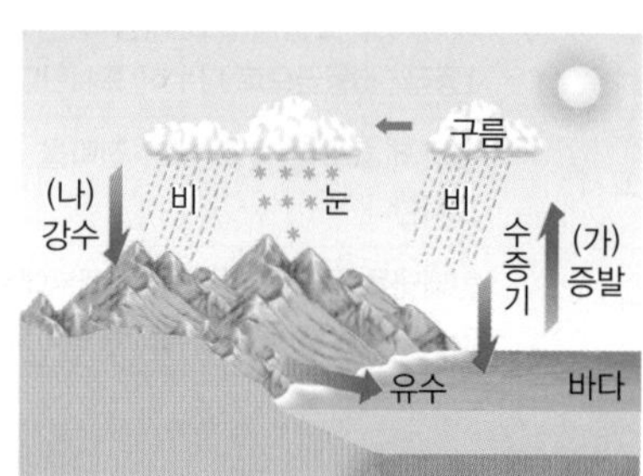

이에 대한 설명으로 옳은 것만을 [보기]에서 있는 대로 고른 것은?

보기
ㄱ. 태양 에너지가 일으키는 에너지 전환과 흐름의 과정이다.
ㄴ. (가)에서 바닷물이 증발하여 구름이 될 때 태양의 빛에너지가 위치 에너지로 전환된다.
ㄷ. (나)에서 구름이 비가 되어 떨어질 때 구름의 위치 에너지가 비의 운동 에너지로 전환된다.

① ㄱ ② ㄱ, ㄴ ③ ㄱ, ㄷ
④ ㄴ, ㄷ ⑤ ㄱ, ㄴ, ㄷ

05 그림 (가)는 정지해 있는 금속 고리 속에 자석이 정지해 있을 때, 그림 (나)는 정지해 있는 금속 고리에 자석을 가까이 할 때, 그림 (다)는 정지해 있는 자석에 금속 고리를 가까이 할 때의 모습을 나타낸 것이다.

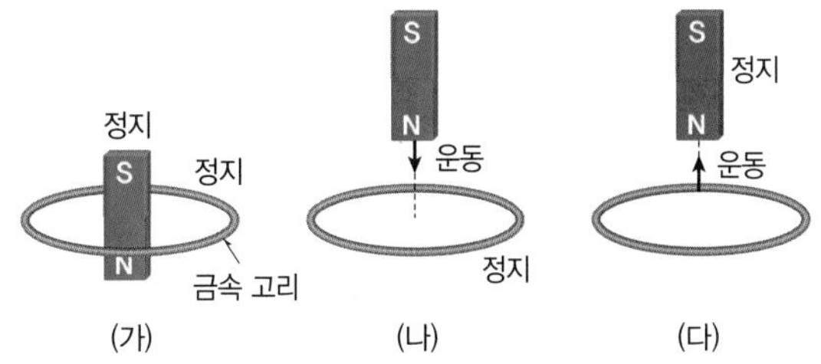

이에 대한 설명으로 옳은 것만을 [보기]에서 있는 대로 고른 것은?

보기
ㄱ. (가)에서 금속 고리에 유도 전류가 흐르지 않는다.
ㄴ. (나)와 (다)에서 금속 고리에 흐르는 유도 전류의 방향은 서로 반대이다.
ㄷ. (다)에서 금속 고리를 통과하는 자기장의 세기는 감소한다.

① ㄱ ② ㄴ ③ ㄷ
④ ㄱ, ㄴ ⑤ ㄴ, ㄷ

06 그림 (가)~(다)와 같이 낙하 높이, 코일의 감은 수를 변화시키면서 동일한 자석을 가만히 놓아 떨어뜨렸다. 코일의 감은 수는 (가)=(나)<(다)이다.

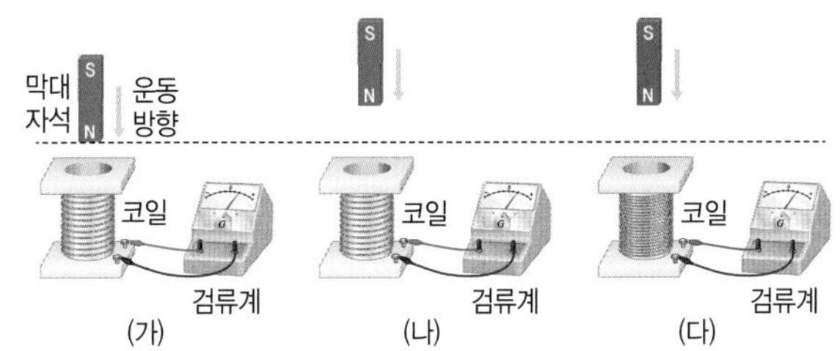

자석이 코일 속으로 들어가는 순간, 검류계의 바늘이 움직이는 정도를 비교한 것으로 옳은 것은? (단, 공기 저항은 무시하고 자석은 회전하지 않는다.)

① (가)>(나)>(다) ② (가)>(다)>(나)
③ (나)>(가)>(다) ④ (다)>(가)>(나)
⑤ (다)>(나)>(가)

[07~08] 그림은 검류계가 연결된 고정된 코일의 중심축을 따라 화살표 방향으로 자석이 멀어지고 있는 순간의 모습을 나타낸 것이다.

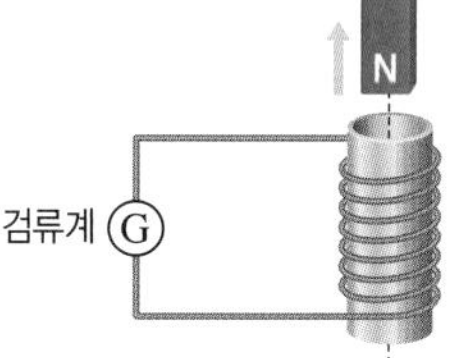

07 이에 대한 설명으로 옳은 것만을 [보기]에서 있는 대로 고른 것은?

보기
ㄱ. 자석에 의한 코일 내부의 자기장이 약해진다.
ㄴ. 코일의 위쪽은 N극을 띤다.
ㄷ. 자석과 코일 사이에는 인력이 작용한다.

① ㄱ ② ㄴ ③ ㄱ, ㄷ
④ ㄴ, ㄷ ⑤ ㄱ, ㄴ, ㄷ

서술형

08 코일 내부에서 자석에 의한 자기장의 방향과 유도 전류에 의한 자기장의 방향을 각각 서술하시오.

09 그림과 같이 선풍기 앞에 발광 다이오드를 연결한 간이 발전기를 놓고 선풍기를 작동하였더니, 간이 발전기의 날개가 회전하면서 발광 다이오드에 불이 켜졌다.

이에 대한 설명으로 옳은 것만을 [보기]에서 있는 대로 고른 것은?

보기
ㄱ. 간이 발전기는 자석과 코일로 구성되어 있다.
ㄴ. 발광 다이오드의 불을 켜기 위해 건전지가 필요하다.
ㄷ. 간이 발전기의 날개가 빠르게 회전할수록 발광 다이오드의 밝기는 더 밝아진다.

① ㄱ ② ㄱ, ㄴ ③ ㄱ, ㄷ
④ ㄴ, ㄷ ⑤ ㄱ, ㄴ, ㄷ

서술형

10 그림은 자전거 발전기의 구조를 나타낸 것으로, 자전거의 바퀴를 돌리면 전구에 불이 켜진다.

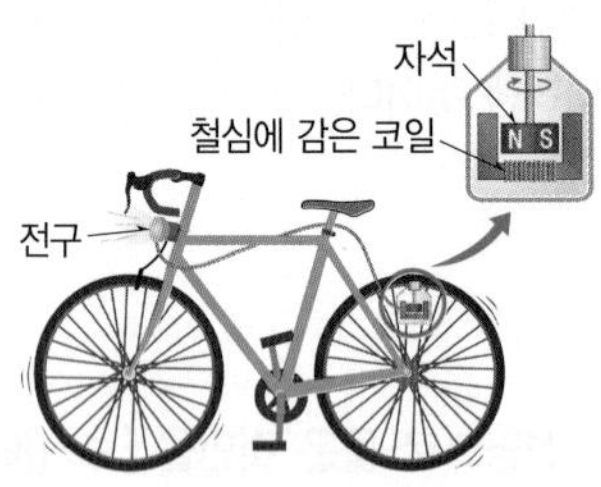

전구에 불이 켜지는 과정에서 일어나는 에너지 전환 과정을 서술하시오.

11 그림은 발전소 발전기의 구조를 모식적으로 나타낸 것이다. 이에 대한 설명으로 옳은 것만을 [보기]에서 있는 대로 고른 것은?

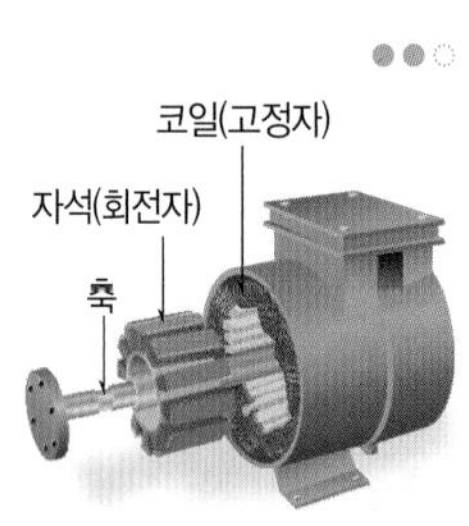

보기
ㄱ. 자석과 코일이 함께 회전한다.
ㄴ. 전자기 유도 현상을 이용하여 전기 에너지를 생산한다.
ㄷ. 자석을 회전시키기기 위해 터빈을 이용한다.

① ㄱ ② ㄷ ③ ㄱ, ㄴ
④ ㄴ, ㄷ ⑤ ㄱ, ㄴ, ㄷ

12 화력 발전과 핵발전의 공통점에 대한 설명으로 옳은 것만을 [보기]에서 있는 대로 고른 것은?

보기
ㄱ. 고온·고압의 증기로 터빈을 돌린다.
ㄴ. 주로 해안가에서 먼 곳에 건설한다.
ㄷ. 연료의 매장량이 정해져 있어 사용할 수 있는 양에 한계가 있다.

① ㄱ ② ㄱ, ㄴ ③ ㄱ, ㄷ
④ ㄴ, ㄷ ⑤ ㄱ, ㄴ, ㄷ

13 그림은 화력 발전과 핵발전에서 에너지 전환 과정을 나타낸 것이다.

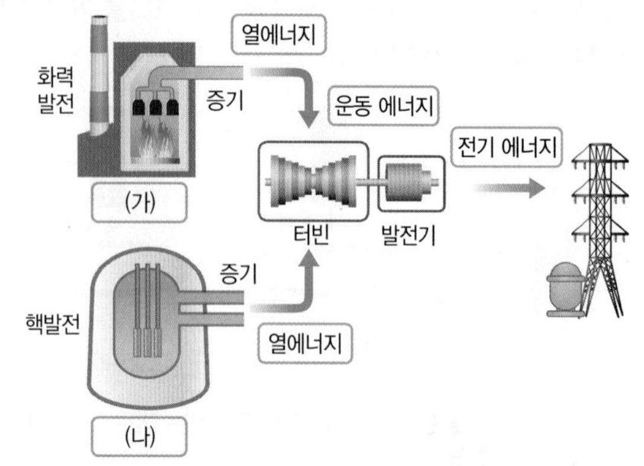

(가)와 (나)에 들어갈 알맞은 에너지의 형태를 쓰시오.

14 화력 발전에 대한 설명으로 옳지 <u>않은</u> 것은?

① 석유, 석탄, 천연가스와 같은 화석 연료가 연소할 때 발생하는 열을 이용한다.
② 발전 효율이 높은 편이고 발전량을 조절하기 쉽다.
③ 건설하는 데 걸리는 시간이 다른 발전소에 비해 길다.
④ 발전 과정에서 온실 기체와 대기 오염 물질이 많이 발생한다.
⑤ 에너지가 부족한 상황에 빠르게 대처할 수 있다.

15 핵발전의 특징으로 옳은 것만을 [보기]에서 있는 대로 고른 것은?

보기
ㄱ. 핵분열 과정에서 줄어든 질량이 에너지로 변환되는 것을 이용한다.
ㄴ. 연료의 연소 과정이 없어 이산화 탄소 배출이 거의 없다.
ㄷ. 핵발전으로 생기는 폐기물의 처리가 쉽다.

① ㄱ ② ㄱ, ㄴ ③ ㄱ, ㄷ
④ ㄴ, ㄷ ⑤ ㄱ, ㄴ, ㄷ

16 에너지 전환에 대한 설명으로 옳은 것만을 [보기]에서 있는 대로 고른 것은?

보기
ㄱ. 에너지는 한 형태에서 다른 형태로 전환될 수 있다.
ㄴ. 에너지가 전환될 때마다 에너지의 일부는 다시 사용하기 어려운 에너지로 전환된다.
ㄷ. 에너지가 전환될 때마다 에너지의 총량은 줄어든다.

① ㄱ ② ㄱ, ㄴ ③ ㄱ, ㄷ
④ ㄴ, ㄷ ⑤ ㄱ, ㄴ, ㄷ

17 그림은 휴대 전화를 사용할 때 휴대 전화에서 일어나는 여러 현상들을 나타낸 것이다.

휴대 전화가
진동한다.
화면에서
빛이 난다.
2:15 PM
배터리가
충전된다.
휴대 전화가
뜨거워진다.
스피커에서
소리가 들린다.

이에 대한 설명으로 옳은 것만을 [보기]에서 있는 대로 고른 것은?

보기
ㄱ. 배터리가 충전될 때 화학 에너지가 전기 에너지로 전환된다.
ㄴ. 휴대 전화가 진동할 때 전기 에너지가 운동 에너지로 전환된다.
ㄷ. 휴대 전화가 뜨거워질 때 발생하는 열에너지는 다시 사용할 수 있다.

① ㄱ ② ㄴ ③ ㄷ
④ ㄱ, ㄴ ⑤ ㄴ, ㄷ

서술형

18 바닥에 튕긴 농구공이 튀어 오르는 높이가 점점 낮아지다가 시간이 지나면 결국 멈추는 까닭을 다음의 용어를 포함하여 서술하시오.

전체 에너지, 열에너지, 역학적 에너지

서술형

19 그림은 열효율이 0.2인 열기관이 고열원에서 열을 흡수하여 외부에 일(W)을 하고, 저열원으로 8 kJ의 열을 방출하는 것을 나타낸 것이다.

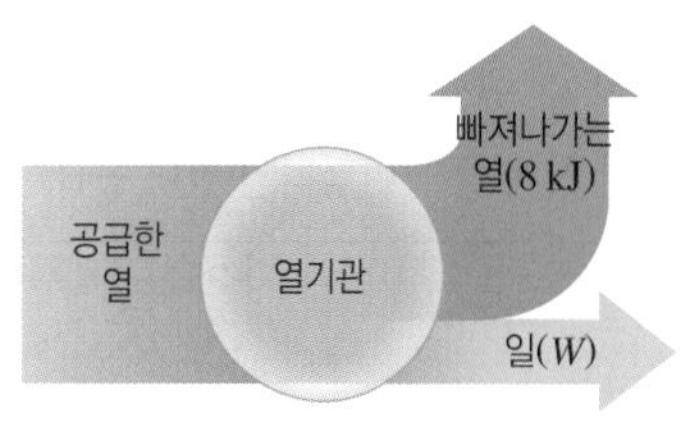
빠져나가는
열(8 kJ)
공급한
열
열기관
일(W)

이때 일(W)은 몇 kJ인지 계산 과정과 함께 구하시오.

20 다음은 형광등과 LED등의 에너지 효율을 각각 나타낸 것이다.

조명 기구	에너지 효율(%)
형광등	21
LED등	49

이에 대한 설명으로 옳은 것만을 [보기]에서 있는 대로 고른 것은?

보기
ㄱ. 공급한 에너지 중에서 원하는 형태의 에너지로 전환하는 비율은 형광등이 LED등보다 낮다.
ㄴ. 공급한 에너지에서 불필요하게 발생하는 열에너지의 비율은 형광등이 LED등보다 높다.
ㄷ. 같은 밝기일 때 전기 에너지를 소비하는 양은 형광등이 LED등보다 적다.

① ㄱ ② ㄴ ③ ㄷ
④ ㄱ, ㄴ ⑤ ㄴ, ㄷ

21 에너지의 효율적인 이용의 중요성에 대한 설명으로 옳은 것만을 [보기]에서 있는 대로 고른 것은?

보기
ㄱ. 에너지의 사용 과정에서 버려지는 열에너지를 줄일 수 있다.
ㄴ. 같은 일을 하는 데 더 적은 에너지를 사용하므로, 에너지를 절약할 수 있다.
ㄷ. 이산화 탄소 배출량을 줄일 수 있어 환경 문제를 해결하는 데 도움이 된다.

① ㄱ ② ㄱ, ㄴ ③ ㄱ, ㄷ
④ ㄴ, ㄷ ⑤ ㄱ, ㄴ, ㄷ

22 신재생 에너지의 특징에 대한 설명으로 옳은 것만을 [보기]에서 있는 대로 고른 것은?

보기
ㄱ. 화석 연료의 고갈 문제에 대비할 수 있다.
ㄴ. 계속 사용할 수 있고 환경 문제를 일으키지 않는다.
ㄷ. 설치 비용이 적게 들고 안정적인 전력 공급이 가능하다.

① ㄱ ② ㄷ ③ ㄱ, ㄴ
④ ㄴ, ㄷ ⑤ ㄱ, ㄴ, ㄷ

23 그림 (가), (나), (다)는 각각 화력 발전, 태양광 발전, 풍력 발전을 나타낸 것이다.

(가) (나) (다)

이에 대한 설명으로 옳은 것만을 [보기]에서 있는 대로 고른 것은?

보기
ㄱ. 환경 오염 물질을 배출하는 발전 방식은 (가)이다.
ㄴ. 발전기를 사용하지 않는 발전 방식은 (나)이다.
ㄷ. 에너지원이 고갈되지 않는 발전 방식은 (나), (다)이다.

① ㄱ ② ㄱ, ㄴ ③ ㄱ, ㄷ
④ ㄴ, ㄷ ⑤ ㄱ, ㄴ, ㄷ

24 그림은 에너지원으로부터 전기 에너지를 생산하는 과정 A, B, C를 나타낸 것이다. A, B, C는 각각 연료 전지 발전, 조력 발전, 지열 발전 중 하나이다.

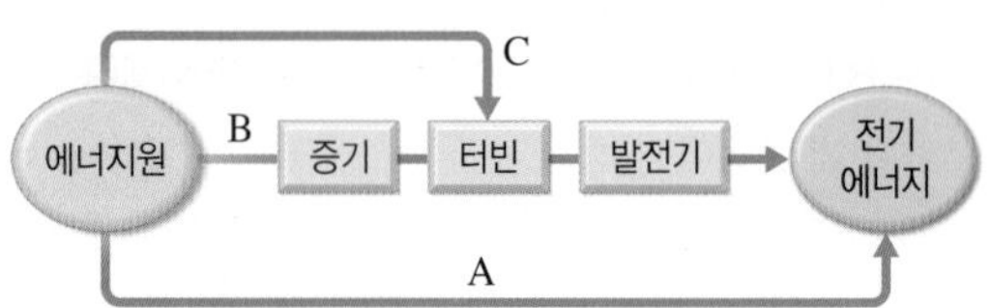

A, B, C에 해당하는 발전 방식을 각각 쓰시오.

25 그림 (가)와 (나)는 각각 조력 발전과 파력 발전의 원리를 나타낸 것이다.

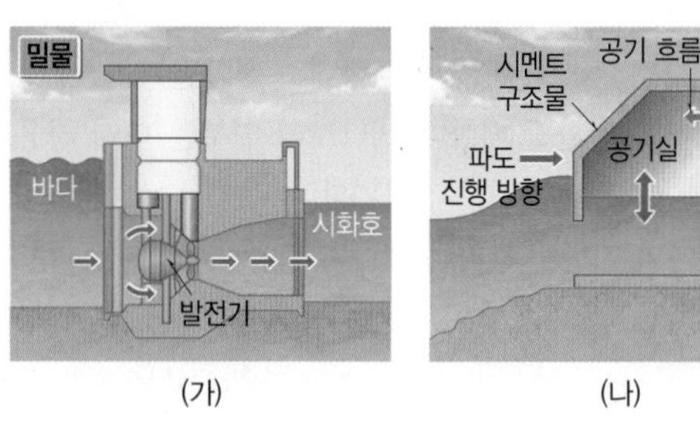

(가) (나)

이에 대한 설명으로 옳은 것만을 [보기]에서 있는 대로 고른 것은?

보기
ㄱ. (가)는 발전량을 예측하기 쉽고 전기를 대량 생산할 수 있다.
ㄴ. (가)는 설치 비용이 많이 들고 설치 장소가 제한적이다.
ㄷ. (나)는 발전량이 항상 일정하다.

① ㄱ ② ㄷ ③ ㄱ, ㄴ
④ ㄴ, ㄷ ⑤ ㄱ, ㄴ, ㄷ

26 그림은 신재생 에너지를 이용한 발전 방식을 기준에 따라 분류한 것이다.

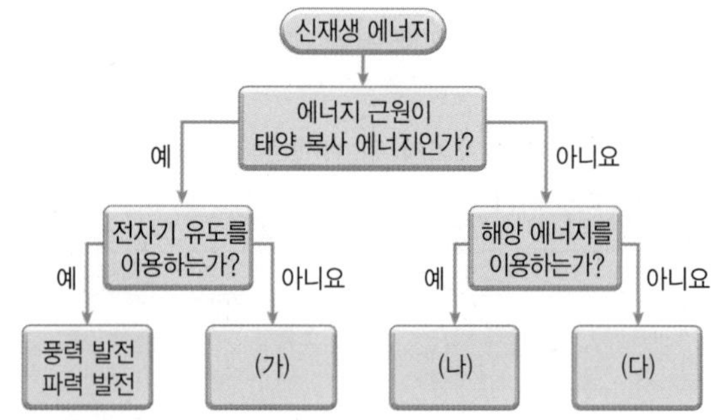

(가)~(다)에 들어갈 발전 방식으로 옳은 것은?

	(가)	(나)	(다)
①	지열 발전	태양열 발전	조력 발전
②	지열 발전	조력 발전	태양광 발전
③	조력 발전	태양광 발전	지열 발전
④	태양광 발전	지열 발전	조력 발전
⑤	태양광 발전	조력 발전	지열 발전

정답친해 74쪽

고난도 문제

01 그림은 태양 에너지의 생성 과정을 모식적으로 나타낸 것이다.

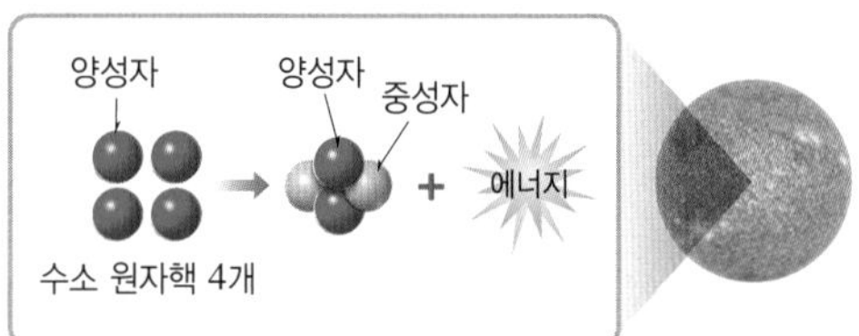

이에 대한 설명으로 옳은 것만을 [보기]에서 있는 대로 고른 것은?

보기
ㄱ. 수소 핵융합 반응으로 생성되는 원자핵은 헬륨이다.
ㄴ. 핵융합 반응 전의 전체 질량은 반응 후의 전체 질량보다 크다.
ㄷ. 핵융합 반응으로 생성된 에너지는 태양 표면에서 복사의 형태로 방출된다.

① ㄱ ② ㄷ ③ ㄱ, ㄴ
④ ㄴ, ㄷ ⑤ ㄱ, ㄴ, ㄷ

02 그림은 코일에 검류계를 연결한 후 자석을 코일 위에서 가만히 놓아 코일 속으로 통과시키는 모습을 나타낸 것이다. 자석은 코일의 중심축상에 있는 점 p, q를 지난다. 이에 대한 설명으로 옳은 것만을 [보기]에서 있는 대로 고른 것은? (단, 공기 저항은 무시하고, 자석은 회전하지 않는다.)

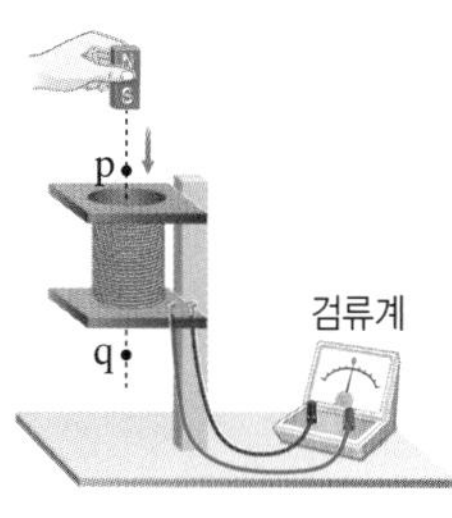

보기
ㄱ. 자석이 p와 q를 지날 때 검류계 바늘이 움직이는 방향은 같다.
ㄴ. 자석이 q를 지날 때 자석과 솔레노이드 사이에 척력이 작용한다.
ㄷ. 자석의 역학적 에너지는 p에서가 q에서보다 크다.

① ㄱ ② ㄷ ③ ㄱ, ㄴ
④ ㄴ, ㄷ ⑤ ㄱ, ㄴ, ㄷ

03 그림 (가)는 고열원으로부터 열에너지를 흡수하여 $3W$의 일을 하고 저열원으로 Q의 열에너지를 방출하는 열기관을, (나)는 Q의 열에너지를 흡수하여 $2W$의 일을 하는 열기관을 나타낸 것이다.

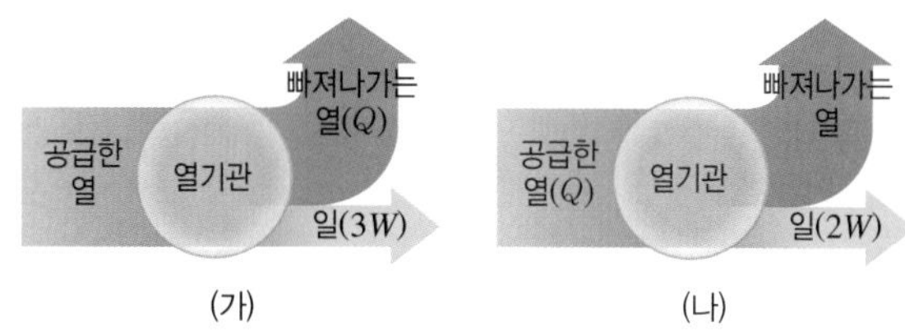

(가)와 (나)의 열효율이 e로 같다면 Q와 e로 옳은 것은?

	Q	e		Q	e
①	$3W$	$\frac{1}{8}$	②	$4W$	$\frac{1}{5}$
③	$5W$	$\frac{1}{4}$	④	$6W$	$\frac{1}{3}$
⑤	$8W$	$\frac{1}{2}$			

04 그림은 태양 전지에서 전기 에너지가 만들어지는 원리를 나타낸 것이다.

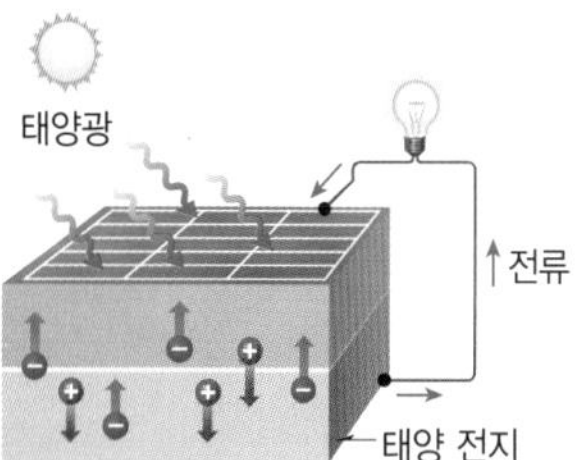

이에 대한 설명으로 옳은 것만을 [보기]에서 있는 대로 고른 것은?

보기
ㄱ. 환경 오염 물질이 거의 발생하지 않는다.
ㄴ. 태양광 발전 설비의 유지와 보수가 쉽다.
ㄷ. 태양 전지의 설치 면적에 관계없이 많은 양의 전기 에너지를 생산할 수 있다.

① ㄱ ② ㄱ, ㄴ ③ ㄱ, ㄷ
④ ㄴ, ㄷ ⑤ ㄱ, ㄴ, ㄷ

고등학생이면 알아야 할 일반 상식 20

1 후고구려를 세운 인물로, 본인을 미륵이라고 일컬었으며 관심법으로 마음을 읽어 낼 수 있다고 했던 인물은 누구인가요?

2 인도에서 오랫동안 지속된 폐쇄적 사회 계급 제도로, 브라만, 수드라 등으로 나누어지는 이 계급 제도를 무엇이라고 하나요?

3 중세 유럽의 상공업자들이 만든 동업 조합을 뜻하는 단어이며, 최근에는 온라인 게임 게이머들의 모임을 뜻하는 단어로 사용되기도 하는 이 단어는 무엇인가요?

4 산삼 캐는 것을 직업으로 하는 사람을 무엇이라고 하나요?

5 UN에서 교육, 과학, 문화의 보급과 국제 교류를 증진하기 위해 설립한 전문 기구로, 세계유산을 지정하는 일을 하기도 하는 이 기구는 무엇인가요?

6 고대 로마에서 건축된 거대한 원형 경기장으로, 검투사들의 싸움과 연극이 열렸던 이 건축물은 무엇인가요?

7 지구에서 가장 긴 산맥으로 남아메리카 서쪽을 따라 약 7,000 km에 걸쳐 이어진 이 산맥의 이름은 무엇인가요?

8 중세 유럽에서 시작된 전염병으로, 수천만 명의 목숨을 앗아가며 유럽 인구의 약 1/3을 사망하게 한 이 병은 무엇일까요?

9 지구에서 가장 높은 온도를 기록한 장소로, 미국 캘리포니아주에 위치하며, 여름철 최고 기온이 58.3℃를 기록한 적이 있는 이 장소는 어디일까요?

10 서울에서 타 도시까지 거리를 측정할 때 서울의 시작점이 되는 곳은 어디일까요?

11 전 세계에서 올림픽 종목 마라톤이 유일하게 금지된 나라는 어디일까요?

12 글피는 며칠 후를 나타내는 말인가요?

13

작은 차이가 큰 변화를 유발하는 현상으로 작은 사건이 엄청난 결과로 이어진다는 의미를 가진 이 단어는 무엇일까요?

14

일주일 동안 규정된 근무 일수를 다 채운 근로자에게 1일 임금을 추가로 지급해 주는 이 수당의 이름은 무엇일까요?

15

독일의 철학자 니체의 운명관을 나타내는 단어인 이것은 자신의 운명을 사랑하라는 의미입니다. 이 단어는 무엇일까요?

16

'사족이 길다.' '사족을 없애라.' 할 때 사족은 필요없는 다리라는 뜻입니다. 여기서 사족은 어떤 동물의 다리를 의미하는 것일까요?

17

물티슈를 영어로 무엇이라고 할까요?

18

타인의 기대나 관심으로 인하여 능률이 오르거나 결과가 좋아지는 현상인 이 효과는 무엇일까요?

19

경상도는 어느 2개 지역의 글자를 따서 만든 이름일까요?

20

컴퓨터 간에 정보를 주고받을 때의 통신 방법에 대한 규칙과 약속, 통신의 규약을 의미하는 이것은 무엇일까요?

상식이 부족해요.	애매모호하네요.	상식적이네요.	상식이 풍부하네요.
0개~5개	6개~10개	11개~15개	16개~20개
1주일에 1권씩 독서가 필요합니다.	도서관 방문을 계획하고 책을 읽어야 합니다.	책을 가까이하는 습관을 들일 필요가 있습니다.	지금처럼만 유지하면 됩니다.

정답 | ❶ 궁예 ❷ 카스트 제도 ❸ 길드 ❹ 심마니 ❺ 유네스코 ❻ 콜로세움 ❼ 안데스산맥 ❽ 흑사병 ❾ 데스밸리 ❿ 광화문 ⓫ 이란 ⓬ 3일 ⓭ 나비 효과 ⓮ 주휴 수당 ⓯ 아모르파티 ⓰ 뱀 ⓱ Wet Tissue ⓲ 피그말리온 효과 ⓳ 경주, 상주 ⓴ 프로토콜

과학과 미래 사회

1 과학과 미래 사회

통합과학에서 배울 내용

- 감염병 진단 기술
- 과학의 유용성
- 빅데이터 활용 사례
- 빅데이터의 장점과 문제점
- 인공지능 로봇
- 사물 인터넷
- 과학의 유용성과 한계

과학 기술이 인간의 삶과 문명을 얼마나 발달시키고 미래 사회에 영향을 주는지 배울 거야. 그리고 과학 기술의 발전 과정에서 발생할 수 있는 과학 관련 사회적 쟁점과 과학 윤리의 중요성도 알아볼 거야.

01 과학 기술의 활용

★ 핵심 포인트
- 감염병 진단 기술 ★★★
- 과학의 유용성 ★★
- 빅데이터 활용 사례 ★★
- 빅데이터의 장점과 문제점 ★★★

A 과학의 유용성과 필요성

1. 과학 기술을 활용한 감염병 진단

① **감염병**: 바이러스, 세균, 곰팡이와 같은 병원체에 감염되어 발생하는 질병 예 감기, 독감, 결핵, 폐렴, 무좀 등

(감염 → 호흡을 통한 흡입, 오염된 물과 음식물의 섭취, 피부 접촉, 수혈, 곤충 등을 통해 감염된다.)

② **감염병의 진단**: 감염 증상이 나타난 사람에게서 채취한 검체에서 병원체의 존재를 확인한다.

(검체 → 혈액, 소변, 타액 등)

③ **감염병의 진단 검사(바이러스에 의한 감염병의 경우)**

- 신속항원검사: ◆바이러스를 구성하는 단백질을 이용한다.
- 유전자증폭검사(PCR): 바이러스를 구성하는 핵산을 이용한다.
  (→ 중합효소연쇄반응(PCR, Polymerase Chain Reaction))

	신속항원검사 면역 진단 기술	유전자증폭검사(PCR) 분자 진단 기술
원리	채취한 검체에 바이러스를 구성하는 단백질(항원)이 존재하는지를 면역 반응(◆항원–항체 반응)으로 확인	채취한 검체에 들어 있는 매우 적은 양의 핵산을 복제한 다음 병원체 감염 여부를 정밀하게 분석하여 확인
특징	• 일상생활에서 간편하고 신속하게 감염 여부를 진단할 수 있다. • 검체에 들어 있는 병원체의 양이 적을 경우 병원체가 검출되지 않을 수도 있다.	• 검체에 들어 있는 병원체의 양이 매우 적더라도 감염 여부를 정밀하게 분석할 수 있다. • 정확도가 매우 높지만 검사 시간이 신속항원검사에 비해 길다.

탐구 자료창 단백질을 이용한 감염병 진단 기술 체험

홈판에 표시한 A~D 홈에 다음과 같은 순서로 시료와 시약을 5분 간격으로 넣는다.

순서 \ 홈	A	B	C	D
포획 항체	2방울	2방울	2방울	2방울
진단 시료	감염병 음성 표준 시료 2방울	감염병 양성 표준 시료 2방울	사람 1의 시료 2방울	사람 2의 시료 2방울
검출 시약	2방울	2방울	2방울	2방울
진단 반응물	2방울	2방울	2방울	2방울

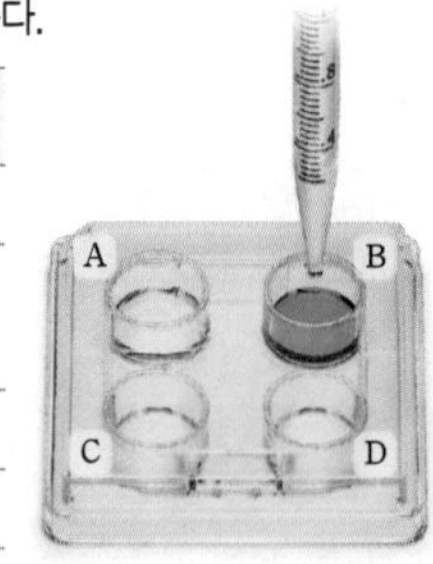

- 포획 항체: 시료와 결합하여 복합체를 형성하도록 만든 항체
- 표준 시료: 기준이 되는 시료로, 음성 표준 시료는 검체에 병원체가 없을 때의 반응을 나타내는 시료이고, 양성 표준 시료는 검체에 병원체가 있을 때의 반응을 나타내는 시료이다.

실험 결과

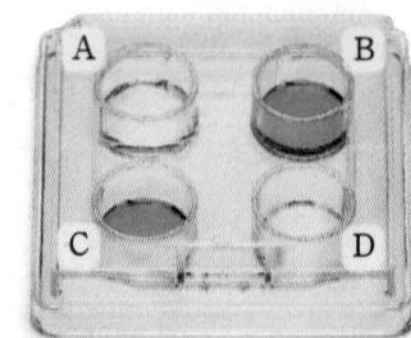

- 홈 A와 D는 색 변화가 없음 ➡ 사람 2의 시료는 음성 표준 시료와 같은 결과를 나타내므로, 병원체의 단백질이 존재하지 않는다(감염병 음성).
- 홈 B와 C는 붉은 색으로 변함 ➡ 사람 1의 시료는 양성 표준 시료와 같은 결과를 나타내므로 병원체의 단백질이 존재한다(감염병 양성).

◆ **바이러스**
단백질과 핵산(DNA나 RNA와 같은 유전 물질)으로 이루어진 생물과 무생물 중간 형태의 미생물

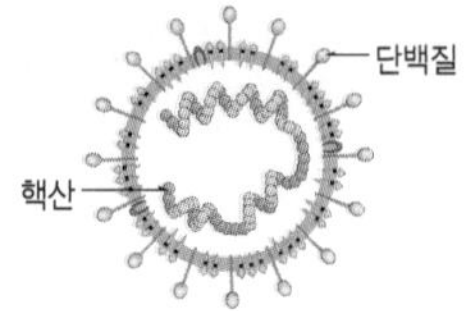

바이러스의 모식도

◆ **항원–항체 반응**
- 항원: 감염병인 경우 질병을 일으키는 병원체의 특정 단백질
- 항체: 항원에 대항하여 인체에서 생성되는 단백질
- 항원–항체 반응: 항체가 특정 항원(병원체 표면의 단백질)과 결합하는 반응

천재 교과서에만 나와요.

✱ **항체 검사**
병원체에 감염되었을 때 우리 몸을 방어하려고 혈액 내에 생기는 항체를 혈액을 채취하여 확인하는 방법이다. 항체가 생기기까지 시간이 걸리므로 신속한 진단에는 적합하지 않다.

암기해

감염병 진단 검사
- 신속항원검사: 단백질을 이용한 검사
- 유전자증폭검사: 핵산을 이용한 검사

✱ **최신 감염병 진단 기술**
- 나노바이오센서: 바이오센서에 나노 기술을 결합시켜 성능을 향상시킨 것으로, 아주 적은 양의 병원체도 찾아낼 수 있다.
- 생물정보학: 빅데이터 기술과 인공지능(AI) 기술을 토대로 신종 감염병 연구와 진단에 활용되고 있다.

2. 감염병의 추적·관리 감염병의 진단뿐만 아니라 추적·관리하는 전 과정에서 과학이 유용하게 이용된다.

① **정보 통신 기술과 인공지능 기술의 활용**: 스마트 기기와 정보 통신 기술을 이용하여 감염원 및 감염병 환자의 규모를 파악하고 환자의 감염 경로와 동선을 추적한다. 감염병의 유행 상황과 전파 경로를 세계적인 규모에서 추적하고 인공지능으로 예측한다.

(스마트 기기: 위성 위치 확인 시스템(GPS), 와이파이(WiFi), 블루투스, 센서 등을 활용)

② **병원체의 유전 정보 분석**: 핵산의 염기 순서를 분석하여 병원체의 특성을 알아내고 ◆백신과 치료제를 개발한다.

③ **감시 체계 구축과 방역 시스템 개선**: 새로운 감염병의 유행에 대비하기 위해 감시 체계를 구축하고 방역 시스템을 개선하기 위한 연구를 진행한다. 방역 로봇과 같은 인공지능 로봇을 활용하기도 한다.

◆ **백신**
독성을 약화시키거나 죽게 한 병원체를 인공적으로 체내에 주입하여 항체가 형성되도록 하는 것

3. 미래 사회 문제 해결에서 과학의 필요성

① **미래 사회의 문제**: 미래에는 감염병 대유행, 기후 변화, 에너지 및 자원 고갈, 자연재해, 물 부족, 식량 부족, 초연결 사회로 인한 사생활 침해 및 보안, 인공지능과 자동화 기술의 발달에 따른 일자리 변화 등의 다양한 문제가 나타날 것으로 예측되고 있다.

(미래 사회의 문제: 인구 구조의 변화, 생물다양성의 위기 등)

② **미래 사회 문제 해결을 위한 과학의 역할**: ◆과학 기술의 복합적인 활용으로 미래 사회 문제를 해결할 수 있으며, 과학은 인류가 안전하고 건강하며 풍요롭도록 삶의 질을 개선하는 데 중요한 역할을 할 것이다.

◆ **미래 사회 문제 해결을 위한 과학 기술**
빅데이터 기술, 생체 인증 기술, 배터리 기술, 지속가능한 농업 기술, 인공지능 기술, 생명공학 기술, 나노 기술, 로봇 공학 기술, 우주 탐사 기술, 재생 에너지 기술 등

B 과학 기술 사회에서 빅데이터의 활용

1. 실시간 생활 ◆데이터 측정 센서가 부착된 기기로 일상생활에서 다양한 데이터를 실시간으로 측정하여 활용할 수 있다.

(다양한 데이터: 교통 상황, 시간대별 기온, 나의 하루 걸음 수 등)

2. 데이터의 수집과 저장 현대 사회에서는 다양하고 많은 양의 데이터가 생성되고 실시간으로 빠르게 수집되어 저장되고 있다.

◆ **스마트 기기를 이용한 실시간 데이터 측정의 예**
- 스마트워치로 심박수, 수면 패턴 등을 실시간으로 측정하여 건강 상태를 확인한다.
- 미세 먼지 측정기를 이용하여 미세 먼지 농도를 실시간으로 측정하여 공기의 질을 확인한다.

| 디지털 탐구 도구 | 동아, 미래엔, 천재 교과서에만 나와요.

1. 피지컬 컴퓨팅 기기: 마이크로컨트롤러와 센서를 장착한 기기로, 스마트 기기와 연결하여 생활 데이터를 실시간으로 측정할 수 있다.
   - 피지컬 컴퓨팅: 센서를 통해 입력된 정보를 처리해 출력하는 것
   - 마이크로컨트롤러: 컴퓨터의 중앙 처리 장치에 해당하는 마이크로프로세서와 입출력 단자를 하나의 칩으로 만들어 정해진 기능을 수행하는 장치
2. 피지컬 컴퓨팅 기기의 활용: 피지컬 컴퓨팅 기기에 장착된 여러 가지 센서를 활용하면 미세 먼지 농도, 이산화 탄소 농도, 소음, 빛의 세기 등과 같은 데이터를 측정할 수 있다.

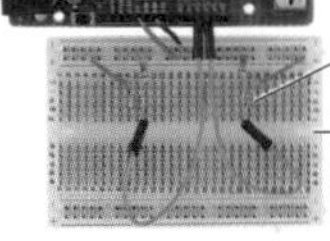

◆ 빅데이터
여러 형태의 방대한 양의 자료를 수집하고 분석하여 경제적으로 필요한 가치를 찾아내는 행위나 기술을 의미하기도 한다.

◆ 빅데이터의 생성
인터넷, 스마트폰, 사물 인터넷(IoT), 전자 상거래, 누리 소통망 등과 같은 다양한 출처를 통해 수집된 대규모의 데이터가 실시간으로 일정한 곳에 저장되어 빅데이터로 생성된다.

◆ 개인 정보 유출의 예
통화 기록의 빅데이터를 분석해 유동 인구를 예측하면 효율적인 교통 정책을 수립할 수 있지만, 개인의 통화 기록이 유출되어 사생활 침해 등의 피해가 발생할 수도 있다.

◆ 일상생활에서 수집되는 빅데이터
- 온라인 쇼핑의 고객 검색 기록, 구매 내역
- 음식 주문 애플리케이션의 주문 및 검색 기록
- TV시청 플랫폼의 시청 기록, 관심사
- 교통 카드 이용 기록
- 구급 출동 데이터

지학사 교과서에만 나와요.
✳ 데이터셋
유사한 성질을 가진 데이터를 모아서 검색이나 사용이 편리하도록 정리한 것이다.

용어
❶ 빅데이터 (big 크다, data 자료) 거대한 규모의 자료
❷ 신약 (新 새로운, 藥 약) 새로 발명한 약

3. 빅데이터의 활용

① ◆❶빅데이터: 기존의 데이터 관리 및 처리 도구로는 다루기 어려운 방대한 양의 데이터로, 수치 자료뿐만 아니라 문자와 영상, 음성 등 그 형태가 매우 다양하다.
(→ 현재는 빅데이터를 효과적으로 저장 및 처리하는 기술도 함께 발전하고 있다.)

- ◆빅데이터의 생성: 센서의 개발과 정보 통신 기술의 발달로 다양한 분야에서 수집된 많은 데이터가 디지털 형태로 전환되어 빅데이터로 축적된다.
- 빅데이터 기술: 빅데이터를 분석하여 가치있는 정보를 추출하고, 목적에 맞게 처리하여 금융, 교육, 의료, 정부의 정책 결정 등 여러 분야에서 다양한 용도로 활용한다.
(→ 최근에는 빅데이터 기술을 인공지능과 결합해 문제 해결에 필요한 의사 결정을 하는 데 활용하고 있다.)

② 빅데이터의 장점과 문제점

장점	• 공개 데이터를 활용함으로써 직접 데이터를 수집할 필요가 없어졌으며, 데이터 처리 및 분석에 더욱 집중할 수 있다. • 여러 분야에서 수집한 빅데이터의 분석 과정을 통해 현상에 대한 더 빠른 이해와 정확한 예측이 가능하다. • 다양한 변수가 얽힌 복잡한 문제를 빠르게 분석할 수 있다. • 과학 연구를 발전시키고 일상생활에 편리함을 제공한다.
문제점	• 빅데이터를 수집, 분석, 관리하는 과정에서 ◆개인 정보 유출 등의 문제가 발생할 수 있다. • 충분히 검증되지 못한 데이터의 활용 가능성과 지나친 데이터 의존이 발생할 수 있다. • 분석 방법에 따라 편향되거나 잘못된 결과가 도출될 수도 있다.

③ 빅데이터에 대한 태도

- 개인 정보가 포함될 수 있는 민감한 정보의 보호와 관리에 주의해야 한다.
- 필요한 데이터를 적절하게 선별하고 비판적으로 평가하는 소양을 기른다.
- 빅데이터의 문제점을 인식하고 이를 보완할 수 있는 방향으로 올바르게 사용한다.

4. 과학 기술 사회에서 빅데이터의 활용

빅데이터는 ◆일상생활뿐만 아니라 다양한 과학 분야에서도 활발하게 사용되고 있다.

과학 실험

수많은 과학 실험의 결과가 축적된 빅데이터를 기반으로 개별 연구자만으로는 기존에 수행하기 어려웠던 과학 실험을 수행할 수 있게 되었다.

기상 관측

기상 위성과 기상 관측소에서 수집한 빅데이터를 분석하여 기상 현상의 패턴을 찾아 기상 현상 예측의 정확도가 증가하게 되었다.

유전체 분석

유전체 연구 자료가 축적된 빅데이터를 분석하여 개인에게 발생 가능한 질병을 예측하고, 유전적 특성에 맞는 적절한 치료를 받을 수 있게 되었다.

❷신약 개발

기존 의약품 및 질병과 관련된 빅데이터를 분석하여 특정 질병을 치료할 수 있는 신약 후보 물질을 찾아 신약을 더 빠른 시간에 개발할 수 있게 되었다.

개념 확인 문제

핵심 체크

- **감염병**: 바이러스, 세균 등과 같은 (❶)에 감염되어 발생하는 질병
- 감염병은 일반적으로 단백질을 이용하여 진단하거나, (❷)을 증폭한 뒤 보다 정밀하게 진단한다.
- 미래 사회의 문제를 해결하는 데 (❸)은 핵심적인 역할을 할 것이다.
- (❹)가 부착된 기기로 일상생활에서 다양한 데이터를 실시간으로 측정하여 활용할 수 있다.
- (❺): 기존의 데이터 관리 및 처리 도구로는 다루기 어려운 방대한 양의 데이터이다.
- 다양한 분야에서 수집된 많은 데이터가 (❻) 형태로 전환되어 빅데이터로 축적된다.
- 빅데이터를 분석하여 가치있는 (❼)를 추출하고 변화를 예측할 수 있다.
- 빅데이터를 활용하면서 (❽) 유출 가능성, 검증되지 못한 데이터의 활용 가능성 등의 문제점이 제기되고 있다.
- 과학 실험, 기상 관측, 유전체 분석, 신약 개발 등 다양한 분야에서 생성된 수많은 데이터를 (❾) 기술로 분석하여 일상생활에서 폭넓게 활용하고 있다.

1 감염병에 대한 설명으로 옳은 것은 ○, 옳지 않은 것은 ×로 표시하시오.

(1) 병원체에 의해 생기는 질병이다. ( )
(2) 다른 사람에게 전파되지 않는다. ( )
(3) 공기, 오염된 물과 음식물, 접촉 등의 경로를 통해 감염된다. ( )

2 신속항원검사에 대한 설명으로 옳은 것은 ○, 옳지 않은 것은 ×로 표시하시오.

(1) 채취한 검체에 바이러스를 구성하는 단백질이 존재하는지 확인한다. ( )
(2) 일상생활에서 신속하고 간편하게 사용할 수 있다. ( )
(3) 유전자증폭검사에 비해 정확도가 높다. ( )

3 과학 기술을 활용하여 미래 사회 문제를 해결하는 사례로 옳은 것을 [보기]에서 있는 대로 고르시오.

보기
ㄱ. 에너지 부족 문제: 신재생 에너지를 개발한다.
ㄴ. 기후 변화: 온실 기체 배출을 줄이는 다양한 방법을 연구한다.
ㄷ. 노동력 부족 문제: 로봇을 활용한 자동화 공장을 구성한다.

4 빅데이터에 대한 설명으로 옳은 것은 ○, 옳지 않은 것은 ×로 표시하시오.

(1) 다양한 분야에서 수집된 방대한 양의 데이터이다. ( )
(2) 기존의 데이터 관리 및 처리 도구로 다룰 수 있다. ( )
(3) 빅데이터 분석을 통해 의미있는 정보를 얻을 수 있다. ( )

5 다음에서 설명하는 데이터의 이름을 쓰시오.

과학 기술의 발전으로 방대하게 축적되어 생성된 데이터로, 현상을 빠르게 이해하고 정확하게 예측하는 데 유용하게 이용된다.

6 빅데이터의 특징에 대한 설명으로 옳은 것만을 [보기]에서 있는 대로 고르시오.

보기
ㄱ. 과학 연구를 발전시키고 일상생활에도 편리함을 제공한다.
ㄴ. 복잡한 문제를 빠르게 분석하여 새로운 사실을 발견할 수 있다.
ㄷ. 빅데이터를 수집하고 활용하는 과정에서 개인 정보 유출과 사생활 침해 등의 문제점이 발생할 수 있다.

내신 만점 문제

A 과학의 유용성과 필요성

01 감염병에 대한 설명으로 옳은 것만을 [보기]에서 있는 대로 고른 것은?

보기
ㄱ. 세균이나 바이러스와 같은 병원체에 감염되어 생기는 질병이다.
ㄴ. 감염병의 예로 감기, 독감, 코로나바이러스 감염증 등이 있다.
ㄷ. 전파 속도가 빠르므로 신속한 진단이 필요하다.

① ㄴ ② ㄱ, ㄴ ③ ㄱ, ㄷ
④ ㄴ, ㄷ ⑤ ㄱ, ㄴ, ㄷ

중요 **02** 그림과 같은 간이 검사기를 이용한 검사에 대한 설명으로 옳은 것만을 [보기]에서 있는 대로 고른 것은?

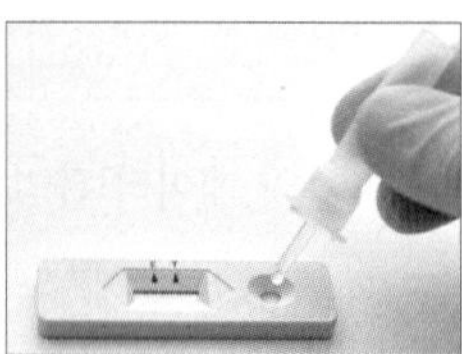

보기
ㄱ. 신속항원검사이다.
ㄴ. 검체에 들어 있는 바이러스를 구성하는 핵산을 검출하는 검사 방법이다.
ㄷ. 인체의 방어 작용과 관련된 과학 원리가 활용되었다.

① ㄷ ② ㄱ, ㄴ ③ ㄱ, ㄷ
④ ㄴ, ㄷ ⑤ ㄱ, ㄴ, ㄷ

03 유전자증폭검사(PCR)에 대한 설명으로 옳지 않은 것은?

① 바이러스의 핵산을 직접 검출하는 진단 검사이다.
② 바이러스의 특정 유전자를 증폭하여 감염 여부를 진단한다.
③ 정확도가 높아 감염 여부의 최종 진단에 사용하는 검사법이다.
④ 신속하게 감염 여부를 확인할 수 있다.
⑤ 검체에 들어 있는 병원체의 양이 매우 적더라도 정밀하게 분석할 수 있다.

04 다음은 감염병 진단 실험에서 홈판의 홈 1～4에 첨가한 진단 시료에 따른 색깔 변화를 나타낸 것이다. 각 홈에 동일하게 포획 항체, 검출 시약, 진단 반응물을 순서대로 첨가했다.

홈	진단 시료	색깔 변화
1	감염병 음성 표준 시료	변화 없음
2	감염병 양성 표준 시료	붉은색으로 변함
3	사람 1의 시료	붉은색으로 변함
4	사람 2의 시료	변화 없음

이에 대한 설명으로 옳은 것만을 [보기]에서 있는 대로 고른 것은?

보기
ㄱ. 감염병 진단을 위해 단백질이 이용되었다.
ㄴ. 항원-항체 반응의 원리를 이용한다.
ㄷ. 사람 2의 시료에 병원체가 존재한다.

① ㄷ ② ㄱ, ㄴ ③ ㄱ, ㄷ
④ ㄴ, ㄷ ⑤ ㄱ, ㄴ, ㄷ

05 감염병을 진단하는 방법 중에 항체 검사에 대한 설명으로 옳은 것만을 [보기]에서 있는 대로 고른 것은?

보기
ㄱ. 혈액을 채취하여 항체 존재를 확인한다.
ㄴ. 유전자증폭검사에 비해 검사의 정확도가 높다.
ㄷ. 신속한 감염병 진단에 적합하다.

① ㄱ ② ㄴ ③ ㄷ
④ ㄱ, ㄴ ⑤ ㄴ, ㄷ

06 감염병 관리에 대한 설명으로 옳지 않은 것은?

① 감염병 진단은 채취한 검체에 병원체가 존재하는지를 확인하는 방법을 사용한다.
② 감염병 추적은 감염원의 특징을 이해하고 감염병 환자의 동선을 파악하는 과정을 포함한다.
③ 환자의 이동 경로를 파악하고 접촉자를 확인하며, 감염 경로를 분석하기 위해서 역학 조사관의 직접 조사가 필수적이다.
④ 감염병의 특징을 파악하고 확산을 예측하기 위해 빅데이터 기술과 인공지능 기술이 활용된다.
⑤ 감염병 관리의 전 과정에서 과학이 유용하게 이용된다.

07 다음의 여러 가지 문제점에 대한 설명으로 옳은 것만을 [보기]에서 있는 대로 고른 것은?

> 감염병 대유행, 기후 변화, 에너지 및 자원 고갈, 식량 부족, 초연결 사회로 인한 사생활 침해 및 보안, 일자리 변화

보기
ㄱ. 인류가 직면할 미래 사회의 다양한 문제이다.
ㄴ. 과학 기술의 발전과는 관계가 없는 문제이다.
ㄷ. 과학 기술을 복합적으로 활용하여 해결할 수 있을 것으로 예측하고 있다.

① ㄷ ② ㄱ, ㄴ ③ ㄱ, ㄷ
④ ㄴ, ㄷ ⑤ ㄱ, ㄴ, ㄷ

중요 **08** 미래 사회 문제를 해결하기 위해 과학 기술을 활용하는 사례에 대한 설명으로 옳은 것만을 [보기]에서 있는 대로 고른 것은?

보기
ㄱ. 지구 온난화로 인한 기후 변화 문제를 해결하기 위해 탄소 저감 기술을 개발한다.
ㄴ. 식량 부족 문제를 해결하기 위해 새로운 농업 기술을 개발한다.
ㄷ. 감염병 대유행에 대비하기 위해 백신과 치료제 등의 대응 수단을 확보한다.

① ㄴ ② ㄷ ③ ㄱ, ㄴ
④ ㄴ, ㄷ ⑤ ㄱ, ㄴ, ㄷ

B 과학 기술 사회에서 빅데이터의 활용

중요 **09** 스마트워치를 사용한 생활 데이터 측정에 대한 설명으로 옳은 것만을 [보기]에서 있는 대로 고른 것은?

보기
ㄱ. 스마트워치에 내장된 센서를 통해 측정이 이루어진다.
ㄴ. 심박수, 수면 패턴과 같은 생활 데이터를 실시간으로 측정할 수 있다.
ㄷ. 실시간 생활 데이터를 이용해 건강하고 편리한 삶을 누릴 수 있다.

① ㄴ ② ㄱ, ㄴ ③ ㄱ, ㄷ
④ ㄴ, ㄷ ⑤ ㄱ, ㄴ, ㄷ

10 그림은 햇빛의 양을 실시간으로 측정하기 위한 피지컬 컴퓨팅 기기를 나타낸 것이다.
이에 대한 설명으로 옳은 것만을 [보기]에서 있는 대로 고른 것은?

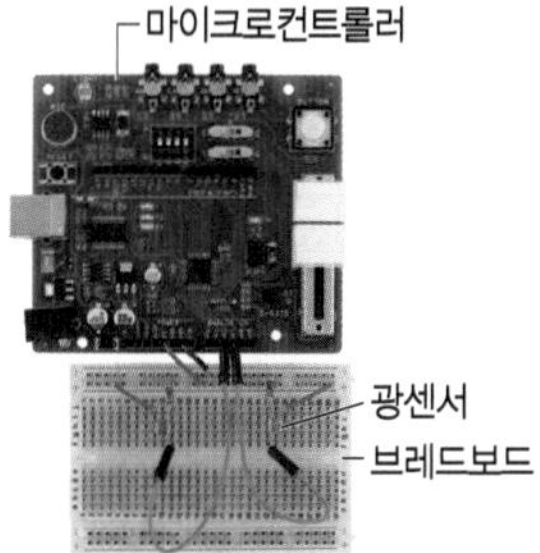

보기
ㄱ. 센서는 마이크프로세서 기능과 입출력 기능을 수행한다.
ㄴ. 측정한 데이터를 분석한 결과는 주변 환경 문제를 개선하는 방안을 찾는 데 활용할 수 있다.
ㄷ. 피지컬 컴퓨팅 기기의 센서의 종류에 따라 다양한 생활 데이터를 실시간으로 측정할 수 있다.

① ㄷ ② ㄱ, ㄴ ③ ㄱ, ㄷ
④ ㄴ, ㄷ ⑤ ㄱ, ㄴ, ㄷ

중요 **11** 빅데이터에 대한 설명으로 옳은 것은?

① 대량의 데이터를 분석하여 새로운 가치를 찾아내는 행위나 기술을 뜻한다.
② 빅데이터를 효과적으로 저장하고 처리하는 기술은 더 이상 발전하지 못하고 있다.
③ 다양한 분야에서 수집된 많은 양의 데이터가 아날로그 형태로 전환되어 축적된 것이다.
④ 문자나 영상, 음성 등의 데이터 집합은 빅데이터에 해당하지 않는다.
⑤ 과학 기술, 산업 등의 일부 전문 분야에서는 유용하게 활용되지만 일상생활에서는 활용되지 않는다.

12 일상생활에서 빅데이터를 활용하는 사례를 나타낸 것으로 옳은 것만을 [보기]에서 있는 대로 고른 것은?

보기
ㄱ. 언어 데이터 – 외국어 번역기
ㄴ. 상품 구매 데이터 – 유용한 상품 정보 제공
ㄷ. 교통 카드 이용 데이터 – 새로운 버스 노선과 배차 시간 변경

① ㄱ ② ㄷ ③ ㄱ, ㄴ
④ ㄴ, ㄷ ⑤ ㄱ, ㄴ, ㄷ

13 빅데이터의 분석과 활용에 대한 설명으로 옳지 않은 것은?

① 현상을 빠르게 이해하고 정확하게 예측하는 데 유용하게 이용된다.
② 적은 양의 데이터로 알 수 없었던 상관 관계를 밝힐 수 있다.
③ 데이터의 품질과 분석 방법에 관계없이 항상 올바른 결과를 도출한다.
④ 빅데이터를 저장하고 분석하는 데 슈퍼 컴퓨터와 인공지능을 이용한다.
⑤ 정부의 정책 결정이나 교육, 의료 등의 분야에서 합리적인 결정을 내리는 데 도움을 받을 수 있다.

중요 **14** 과학 실험, 기상 관측, 유전체 분석, 신약 개발 등의 분야에서 빅데이터를 활용할 때의 장점에 대한 설명으로 옳지 않은 것은?

① 개별 연구자만으로 과학 실험을 수행할 수 없다.
② 신약 개발 기간을 줄일 수 있다.
③ 장기적인 기상 현상 예측의 정확도가 증가한다.
④ 유전적 특성에 맞는 적절한 치료를 받을 수 있다.
⑤ 개인에게 발생 가능한 질병을 예측할 수 있다.

15 빅데이터를 대하는 태도에 대한 설명으로 옳은 것만을 [보기]에서 있는 대로 고른 것은?

보기
ㄱ. 개인 정보를 포함하는 데이터 사생활 침해의 우려가 있으므로, 보안과 관리에 유의해야 한다.
ㄴ. 충분히 검증되지 못한 데이터의 활용 가능성이 있으므로, 데이터를 적절하게 선별하여 다룬다.
ㄷ. 다양한 예측을 가능하게 해 주므로, 분석 결과를 비판없이 수용한다.

① ㄴ ② ㄷ ③ ㄱ, ㄴ
④ ㄱ, ㄷ ⑤ ㄴ, ㄷ

서술형 문제

16 감염병의 정의에 대해 서술하시오.

17 신속항원검사와 유전자증폭검사(PCR)의 장점과 단점을 한 가지씩 서술하시오.

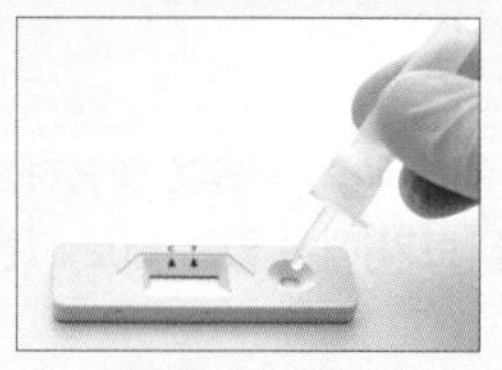
신속항원검사

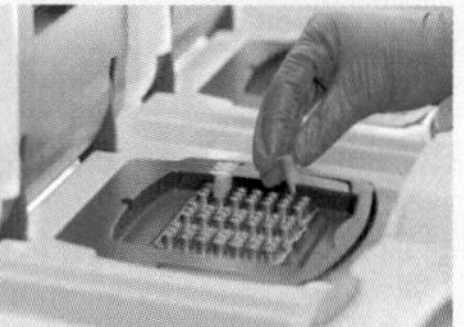
유전자증폭검사(PCR)

(1) 신속항원검사

(2) 유전자증폭검사(PCR)

18 과학 실험 분야에서 빅데이터를 활용하는 사례를 두 가지만 서술하시오.

19 빅데이터를 활용할 때의 장점과 문제점을 한 가지씩 서술하시오.

정답친해 79쪽

실력 UP 문제

01 그림은 감염병을 일으키는 바이러스를 나타낸 모식도이다. A, B는 각각 단백질, 핵산 중 하나이다.
이에 대한 설명으로 옳은 것만을 [보기]에서 있는 대로 고른 것은?

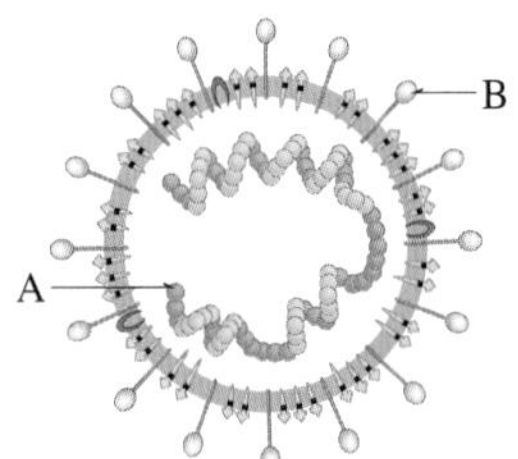

보기
ㄱ. A는 단백질이다.
ㄴ. 유전자증폭검사는 A를 직접 검출하는 검사 방법이다.
ㄷ. 신속항원검사는 항체를 이용하여 B를 검출하는 검사 방법이다.

① ㄱ ② ㄱ, ㄴ ③ ㄱ, ㄷ
④ ㄴ, ㄷ ⑤ ㄱ, ㄴ, ㄷ

02 다음은 공공 데이터 포털 누리집에 대한 설명이다.

공공 데이터 포털은 공공 기관이 생성하여 관리하는 데이터를 한 곳에 모아서 제공하는 통합 누리집이다. 데이터는 16개의 ㉠항목으로 분류하여 다양한 방식으로 제공하고 있다.

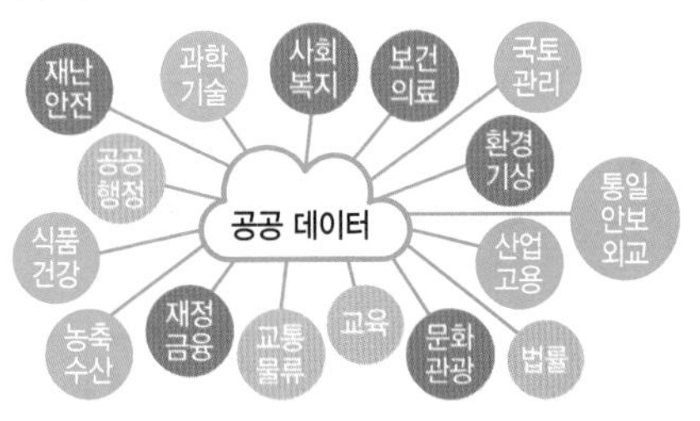

이에 대한 설명으로 옳은 것만을 [보기]에서 있는 대로 고른 것은?

보기
ㄱ. 공공 데이터는 공공 기관만 이용할 수 있는 데이터이다.
ㄴ. ㉠을 데이터셋이라고 한다.
ㄷ. 직접 데이터를 수집할 필요 없이 경제, 교통, 환경 등의 다양한 문제를 파악할 수 있다.

① ㄱ ② ㄱ, ㄴ ③ ㄱ, ㄷ
④ ㄴ, ㄷ ⑤ ㄱ, ㄴ, ㄷ

03 다음은 감염병 진단 기술에 대한 설명이다.

(A) 진단 기술은 ㉠핵산을 직접 검출하는 방식이고, (B) 진단 기술은 항체가 특정 항원(바이러스 표면의 단백질)에 결합하는 특징을 활용하는 방식이다.

이에 대한 설명으로 옳은 것만을 [보기]에서 있는 대로 고른 것은?

보기
ㄱ. '면역'이 A에 해당한다.
ㄴ. ㉠은 바이러스의 유전 물질이다.
ㄷ. '분자'가 B에 해당한다.

① ㄱ ② ㄴ ③ ㄷ
④ ㄱ, ㄴ ⑤ ㄴ, ㄷ

04 다음은 스마트 기기의 앱으로 인터넷에서 검색한 정보들을 이용해 여행 계획을 세우는 것을 나타낸 것이다.

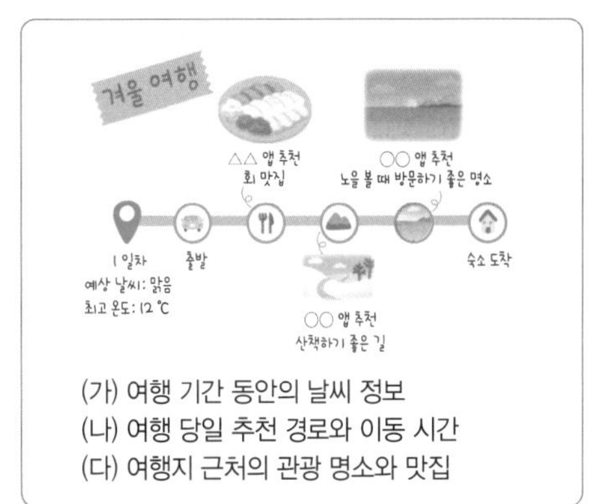

(가) 여행 기간 동안의 날씨 정보
(나) 여행 당일 추천 경로와 이동 시간
(다) 여행지 근처의 관광 명소와 맛집

이에 대한 설명으로 옳지 않은 것은?

① (가)는 기상 관측을 통해 수집한 빅데이터를 활용하여 제공된다.
② (나)는 통화 기록, 네비게이션 앱을 통해 수집된 빅데이터를 활용하여 제공된다.
③ (나)를 이용하면 여행 당일에 예상되는 이동 시간을 단축할 수가 있어 편리하다.
④ (다)는 많은 사람들의 검색 기록과 신용 카드 사용 내역 등의 빅데이터를 활용하여 제공된다.
⑤ (가)~(다)는 모두 신뢰성이 높은 정보들이다.

02 과학 기술의 발전과 쟁점

★ 핵심 포인트
- ▸ 인공지능 로봇 ★★★
- ▸ 사물 인터넷 ★★★
- ▸ 과학의 유용성과 한계 ★★

A 과학 기술과 미래 사회

1. 과학 기술의 발전 지능 정보화 시대는 데이터를 기반으로 하는 사물 인터넷 기술과 ◆인공지능 기술 등의 과학 기술이 발전하고 있다.

2. 사물 인터넷과 인공지능 기술

① **❶사물 인터넷(IoT) 기술**: 각종 센서, 통신 기능, 소프트웨어 등을 내장한 전자 기기가 인터넷에 연결된 다른 사물과 주변 환경의 데이터를 실시간으로 교환하며 작업을 수행하는 기술
- 사용자가 원격으로 사물의 상태를 파악하고 제어할 수 있고, 매 상황마다 사람이 개입하지 않아도 스스로 작동할 수 있다. (→ 사물과 사람 또는 사물과 사물 사이에 정보를 교환할 수 있다.)
- 인공지능 기술 개발에 필요한 기초 기술로, 다양한 분야에서 인간의 삶과 환경을 개선하는 데 ◆활용되고 있다.

② **❷인공지능(AI) 기술**: 인간의 추론이나 학습 능력을 컴퓨터에 구현한 기술로, 데이터를 분석하고 예측하는 기능을 갖추고 있다.
- 빅데이터를 학습하고 분석하는 기술을 바탕으로 다양하게 활용된다.
- 생성형 인공지능 기술: 사람의 말, 글, 그림 등을 입력하여 다양한 형식의 문서, 음악, 그림, 영상 등을 만들 수 있다.
- 예측형 인공지능 기술: 기존 데이터의 추이를 분석하여 미래 변화를 예측할 수 있다.
- 사물 인식 및 제어 기술: 주변 상황을 인식하고 스스로 구동 장치를 제어하는 자율 주행에 활용된다.

③ **인공지능(AI) 로봇**: 센서로 주변 상황을 인식하고 인공지능 기술을 활용해 스스로 판단하여 작업을 수행하는 로봇 (→ 로봇과 인공지능 기술이 접목된 로봇으로, 미리 정해진 대로 제한된 동작만 수행하던 과거의 로봇과 달리 스스로 학습하고 판단하여 변화하는 상황에도 대응할 수 있다.)
- 자율적으로 작업을 수행하거나 인간과 상호작용하여 작업을 보조할 수 있다.
- 근로자의 안전을 보장하면서 작업 효율을 높일 수 있다.
- 작업 환경과 목표에 따라 크기, 형태, 작동 방식을 달리 하여 다양한 분야에서 활용된다. (→ 일상생활, 문화·예술, 산업 현장, 우주 탐사 등)

| 일상생활에 활용되는 인공지능 로봇 |

안내 로봇	청소 로봇	의료 로봇	서빙 로봇
시설물, 전시 정보 등을 안내하거나, 민원서비스 등을 처리한다.	위치 센서 등으로 스스로 청소 경로를 설정하여 청소를 한다.	의료 현장에서 수술, 재활, 약품 조제 등의 작업을 수행한다.	라이더 센서로 공간 구조를 파악하고 음식을 나른다.

◆ **인공지능과 빅데이터의 관계** 빅데이터를 활용한 학습을 통해 인공지능이 더욱 정확하고 유용한 예측을 할 수 있는 능력을 갖추게 하고, 인공지능을 활용하여 빅데이터를 분석해 유용한 정보를 얻는다. 따라서 인공지능과 빅데이터는 상호 보완적 관계이다.

◆ **사물 인터넷 기술의 활용 사례**
- 스마트 홈: 집 안의 조명, 온도, 보안 장치, 가전 제품 등을 실시간으로 관리하고 제어한다.
- 스마트 팜: 온도, 습도, 토양 상태, 작물의 성장 등을 실시간으로 파악하여 자동으로 물과 영양분을 공급한다.
- 스마트 도시: 공기의 질, 수질, 에너지 사용 등을 실시간으로 관리한다.
- 스마트 교통: 지능형 교통 체계로 수집한 교통 정보를 실시간으로 제공한다.

용어

❶ **사물(事 일, 物 물건)** 일정한 모양과 성질을 갖추고 있는 물건
❷ **인공지능(AI, Artificial 인위적인 Intelligence 지능)** 사람의 지능을 모방하는 컴퓨터 시스템

3. 과학 기술의 유용성과 한계

① **과학 기술 발전의 유용성**: 사물 인터넷, 빅데이터, 인공지능, 로봇, ◆가상 현실 등의 과학 기술은 미래 사회의 다양한 분야에 활용되어 인간의 삶과 환경을 개선하는 데 유용할 것이다.

우주 분야 인공지능과 로봇 기술을 활용한 우주 탐사로 달과 화성에서 자원을 개발한다.
환경 분야 핵융합과 우주 태양광 발전으로 자연환경을 보존한다.
교육 분야 인공지능과 가상 현실 기술을 활용하여 수업 활동을 혁신한다.
의료 분야 사물 인터넷과 빅데이터 기술로 의료 데이터를 분석하여 질병을 진단하고 치료한다.
교통 분야 인공지능과 로봇 기술을 활용한 드론 택시, 무인 자율주행 자동차 등을 운행한다.

② **과학 기술 발전의 한계**: 과학 기술의 발전은 미래 사회에서 항상 해결해야 할 새로운 문제를 발생시킨다.

- 인공지능 기술의 한계: 인공지능이 부정확한 결과를 제시할 수 있고(→ 학습된 데이터가 충분하지 못할 경우), 인공지능 로봇으로 인해 인간의 노동 및 일자리가 줄어들 수 있다.
- 인터넷과 정보 통신 기술의 한계: 개인 정보의 활용, 허위 사실 유포 등의 위험성과 사물 인터넷이 널리 활용되면서 해킹의 위험성이 커질 수 있다.
- 과학 기술의 부적응과 의존성: 새로운 과학 기술에 서툴러 적응하지 못하거나, 과학 기술에 너무 의존하여 인간의 삶에 필수적인 능력이 약해질 수 있다.
- 환경 문제: 과학 기술의 발전으로 예상하지 못한 오염과 폐기물이 생길 수 있다.

③ **과학 기술 발전의 한계에 대한 대응**: 과학 기술의 발전에 무조건 의존하기보다는 한계를 명확하게 알고 현명하게 사용하며, 가치있는 해결책을 찾기 위해 협력하고 소통하는 태도를 기른다. → 관련 기술 발전과 법률, 규제, 윤리 등 다양한 측면에서 신중한 검토와 논의가 필요하며 새롭고, 창의적인 일자리를 개발하는 노력이 필요하다.

B 과학 관련 사회적 쟁점과 과학 윤리

1. 과학 관련 사회적 ❶쟁점(SSI) 과학 기술의 발전 과정에서 발생하는 사회적·윤리적 문제

(SSI → Socio-Scientific Issues)

① **과학 기술의 양면성**: 과학 기술의 발달로 인간의 삶은 더욱 편리하고 풍요로워졌지만, 사회, 윤리, 경제, 환경, 문화 등 다양한 측면에서 과학 관련 사회적 쟁점이 발생하기도 한다.

② 과학 관련 사회적 쟁점에는 사회 구성원들이 추구하는 가치에 따라 다양한 의견이 존재한다.

③ ◆**과학 관련 사회적 쟁점 분야**

에너지 분야	생명 윤리	건강 분야	환경 분야
신재생 에너지, 원자력 발전소, 방사성 폐기물, 해양 자원 이용 등	안락사, 동물 실험, 배아 연구, 맞춤 아기, 인간 복제 등	유전자 변형 농산물, 식품 첨가물, 가습기 살균제, 항생제 남용, 다이어트 등	화학 물질, 미세 먼지, 기후 변화, 간척 사업, 지구 온난화, 우주 개발 등

◆ **가상 현실**
컴퓨터 시스템 등을 사용해 인공적인 기술로 만들어 낸, 현실 세계와 유사하지만 실제가 아닌 어떤 특정한 환경이나 상황이다.

비상 교과서에만 나와요.
✳ **인공지능의 기계 학습**
인공지능의 학습 방법의 한 예로, 습득한 수많은 데이터의 패턴을 인식하여 해당 데이터를 기반으로 예측 또는 결정을 내리도록 학습하는 과정이다.

지학사 교과서에만 나와요.
✳ **인공지능 창작물의 지식 재산권**
대화형 인공지능 기술을 이용한 창작물의 저작권이 어디에 있는지에 대한 논란이 있다.

◆ **과학 관련 사회적 쟁점의 다른 사례**
- 동물 실험의 필요성
- 원자력 발전소의 안전성
- 생성형 인공지능을 활용한 결과물의 저작권
- 생명공학기술에 의한 유전자 조작
- 감염병 백신 접종

용어

❶ **쟁점(爭 다투다, 點 점)** 서로 의견이 대립하게 되는 내용

◆ 우주 개발 관련 사회적 쟁점
지구 궤도를 돌고 있는 우주 쓰레기(로켓에서 분리된 잔해, 수명을 다한 인공위성 등)의 처리 등의 쟁점이 발생하고 있다.

미래엔 교과서에만 나와요.
◆ 연구 윤리
과학자가 과학 기술을 연구하고 이용하면서 지켜야 할 원칙이나 행동 양식
- 정직성과 개방성: 연구 절차와 결과를 조작하거나 거짓으로 만들어 내지 않는다. 또 학문 발전을 위해 연구 내용을 공개한다.
- 실험 대상에 대한 존중: 실험 대상을 윤리적으로 대하며 실험 대상의 생명과 존엄성을 존중한다.
- 지식 재산권 존중: 다른 과학자의 연구 결과를 함부로 사용하지 않는다.
- 상호 존중: 함께 연구하는 동료들을 존중하고 연구 참여자들의 성과를 공정하게 나눈다.
- 사회적 책임: 사회에 악영향을 미치는 연구는 피하고 공공의 이익을 위해 노력한다.

2. 과학 관련 사회적 쟁점의 사례

✔ 식량 부족 문제를 해결하기 위해 현재 사용하고 있는 유전자변형 농산물의 생산 비율을 늘려야 한다.

유전자변형 농산물 사용

✖ 유전자변형 농산물의 부작용을 충분히 검증하지 못했으므로 이에 대한 사용을 제한해야 한다.

✔ 우주 개발을 하면 새로운 자원이나 터전을 확보할 수 있으므로 우주 개발을 확대해야 한다.

◆우주 개발

✖ 우주 개발과 관련된 기술이 악용될 수 있고, 지구에는 심해와 같이 자원 개발이 가능한 장소가 남아 있으므로 우주 개발은 시기상조이다.

✔ 신재생 에너지는 에너지를 변환하는 과정에서 환경 오염 물질이 매우 적게 배출되므로 주력 에너지원으로 확대해야 한다.

신재생 에너지 사용

✖ 신재생 에너지는 발전 과정에서 주변 환경의 영향을 많이 받아 안정적으로 전기를 생산하기 어려우므로 주력 에너지원으로 적합하지 않다.

3. 과학 관련 사회적 쟁점의 해결 방안 사회 구성원 간의 충분한 논의를 통해 최선의 합의를 이루는 것이 중요하다.

① **과학적인 근거와 타당성 검토**: 자신의 의견을 과학적 근거를 들어 논리적으로 설명하고, 상대방의 입장과 근거 사이의 논리성과 타당성을 검토하면서 상대방의 의견을 경청한다.

② **윤리적인 태도**: 쟁점에 대한 과학적 이해를 바탕으로 윤리적인 태도를 갖추어 토론한다.

③ **다양한 관점 고려**: 개인적 측면, 사회적 측면, 윤리적 측면 등 다양한 관점을 고려하여, 합리적이고 사회적으로 책임감 있는 의사결정을 하도록 노력한다.

④ **과학 기술의 발전 방향**: 과학 기술이 긍정적인 방향으로 발전할 수 있도록 노력한다.

4. 과학 윤리의 중요성

① ◆**과학 윤리**: 과학 기술을 개발하거나 이용하는 과정에서 가져야 하는 올바른 생각과 태도
- 과학 윤리의 중요성: 과학 윤리를 준수해야 과학 기술을 올바르게 활용할 수 있고, 장기적으로 과학 연구의 신뢰성이 높아지며 지속가능한 생태계를 유지할 수 있다.
- 과학자뿐만 아니라 다양한 분야의 사람들이 과학 윤리를 준수하는 것에 관심을 가지고 노력해야 한다.

② **과학 윤리를 준수하는 사례**

생명공학기술	생명의 가치를 존중하고, 기술을 위해 인간이나 동물이 도구로 희생되지 않도록 한다.
동물 실험	의약품 개발과 관련된 동물 실험에서 생명 윤리에 위배되는 행동을 하지 않는다.
임상 실험	참가자가 동의하지 않은 실험은 수행하지 않는다.
빅데이터	빅데이터와 같은 정보 통신을 이용할 때 수집된 개인 정보가 개인의 동의 없이 활용되지 않도록 유의한다.
인공지능 기술	인공지능 기술을 로봇이나 자동차에 이용할 때 책임의 주체를 설정하고 사용자가 작동을 제어할 수 있는 기능을 갖춘다.

정답친해 80쪽

개념 확인 문제

핵심 체크

- 지능 정보화 시대는 (❶)를 기반으로 하는 사물 인터넷 기술과 인공지능 기술 등의 과학 기술이 발전하고 있다.
- (❷) 기술: 각종 물건에 센서와 통신 기능을 내장한 뒤 인터넷에 연결하는 기술
- (❸) 기술: 인간의 추론이나 학습 능력을 컴퓨터에 구현한 기술
- 인공지능 로봇: (❹)로 주변 상황을 인식하고 스스로 판단하여 자율적으로 작업을 수행하는 로봇
- 과학 기술의 발전은 미래 사회에서 인류의 삶과 환경을 개선하는 (❺)을 가지는 동시에 한계도 함께 가진다.
- (❻): 과학 기술이 발달하면서 발생하는 사회적·윤리적 문제
- 과학 관련 사회적 쟁점을 논의할 때 자신의 입장을 (❼) 근거를 들어 논리적으로 설명한다.
- (❽): 과학 기술을 개발하거나 이용하는 과정에서 가져야 하는 올바른 생각과 태도
- 과학 관련 사회적 쟁점을 해결하는 과정에서 과학 (❾)는 중요한 역할을 한다.

1 사물 인터넷(IoT) 기술에 대한 설명으로 옳은 것은 ○, 옳지 않은 것은 ×로 표시하시오.

(1) 센서, 통신 기술을 내장한 사물을 이용한다. ( )

(2) 사물을 인터넷에 연결하고 서로 정보를 교환한다. ( )

(3) 사용자가 항상 개입하여 사물을 제어해야 한다. ( )

2 다음 ( ) 안에 알맞은 말을 쓰시오.

> ( ) 기술은 인간의 추론이나 학습 능력을 컴퓨터에 구현한 기술로, 데이터를 분석하고 예측하는 기능을 갖추고 있다.

3 과학 기술 발전의 유용성에 대한 설명으로 옳은 것만을 [보기]에서 있는 대로 고르시오.

보기

ㄱ. 과학 기술의 발전은 인간의 삶과 환경을 개선할 것이다.

ㄴ. 인공지능 로봇의 활용으로 산업 현장의 생산성이 높아진다.

ㄷ. 사물 인터넷으로 일상생활이 자동화되어 편의성이 높아졌다.

4 과학 관련 사회적 쟁점(SSI)에 대한 설명으로 옳은 것은 ○, 옳지 않은 것은 ×로 표시하시오.

(1) 과학 기술의 발전 과정에서 발생한다. ( )

(2) 사회 구성원들의 의견이 모두 같다. ( )

(3) 충분한 논의를 통해 최선의 합의를 이루는 것이 중요하다. ( )

5 다음 사례들과 관련된 용어를 쓰시오.

- 동물 실험의 필요성
- 원자력 발전소의 안전성
- 생성형 인공지능을 활용한 결과물의 저작권

6 과학 윤리에 대한 설명으로 옳은 것만을 [보기]에서 있는 대로 고르시오.

보기

ㄱ. 과학 윤리를 준수하면 과학 기술을 올바르게 활용할 수 있다.

ㄴ. 과학 윤리를 준수하면 장기적으로 과학 연구의 신뢰성이 낮아진다.

ㄷ. 과학 윤리를 준수하면 지속가능한 생태계를 유지할 수 있다.

내신 만점 문제

A 과학 기술과 미래 사회

중요 01 그림은 사물 인터넷이 활용된 스마트 홈을 간략하게 나타낸 것이다.

이에 대한 설명으로 옳은 것만을 [보기]에서 있는 대로 고른 것은?

보기
ㄱ. 사물들은 센서로 집안의 온도, 습도 등을 감지하거나 음성을 인식하기도 한다.
ㄴ. 사용자가 통신 기술로 사물들과 집안 환경의 데이터를 실시간으로 공유한다.
ㄷ. 사물들끼리 정보를 교환하여 자동으로 집안의 환경을 조절할 수 없다.

① ㄱ ② ㄱ, ㄴ ③ ㄱ, ㄷ
④ ㄴ, ㄷ ⑤ ㄱ, ㄴ, ㄷ

중요 02 인공지능(AI) 기술에 대한 설명으로 옳지 않은 것은?

① 인간의 추론이나 학습 능력을 컴퓨터에 구현한 기술이다.
② 빅데이터를 학습하고 분석하는 기술을 바탕으로 활용된다.
③ 인공지능 기술로 데이터를 분석하고 예측할 수 있다.
④ 예측형 인공지능 기술로 음악, 그림 등을 만들 수 있다.
⑤ 대화형 인공지능 기술로 사용자가 일일이 찾아볼 필요 없이 원하는 정보를 쉽게 얻을 수 있다.

중요 03 그림은 일상생활에 활용되는 안내 로봇을 나타낸 것이다.
이러한 인공지능 로봇에 대한 설명으로 옳은 것만을 [보기]에서 있는 대로 고른 것은?

보기
ㄱ. 인공지능 기술, 반도체, 센서 등의 첨단 과학 기술이 활용된다.
ㄴ. 미리 설정한 대로만 제한적으로 작동한다.
ㄷ. 작업 환경이나 용도가 달라도 크기, 형태, 작동 방식은 모두 같다.

① ㄱ ② ㄷ ③ ㄱ, ㄴ
④ ㄱ, ㄷ ⑤ ㄴ, ㄷ

04 인공지능 로봇에 대한 설명으로 옳은 것만을 [보기]에서 있는 대로 고른 것은?

보기
ㄱ. 인공지능 로봇을 사용하면 편리하고 작업 효율을 높일 수 있다.
ㄴ. 인공지능 로봇을 사용하면 근로자들의 안전 사고가 증가할 수 있다.
ㄷ. 인공지능 로봇이 인간을 대체하면서 일자리가 줄어들 수 있다.

① ㄴ ② ㄱ, ㄴ ③ ㄱ, ㄷ
④ ㄴ, ㄷ ⑤ ㄱ, ㄴ, ㄷ

05 사물 인터넷 기술의 유용성과 한계에 대한 설명으로 옳은 것만을 [보기]에서 있는 대로 고른 것은?

보기
ㄱ. 사용자가 원격으로 사물을 제어할 수 있지만, 개인 정보 유출과 해킹의 위험성도 증가한다.
ㄴ. 사물 인터넷 기술이 편리하지만, 새로운 기술에 서툴러 적응하지 못하는 상황이 발생할 수 있다.
ㄷ. 사물 인터넷 기술의 유용성이 크지만, 사물 인터넷 기기들의 폐기물이 증가할 수 있다.

① ㄱ ② ㄱ, ㄴ ③ ㄱ, ㄷ
④ ㄴ, ㄷ ⑤ ㄱ, ㄴ, ㄷ

중요 **06** 미래 사회에서 과학 기술의 발전의 한계와 거리가 먼 것은?

① 사물 인터넷과 인공지능 기술의 활용도가 감소한다.
② 정전 사태와 같은 예기치 못한 상황에 대응하기 어려울 수 있다.
③ 인간의 삶에 필수적인 능력이 약해질 수 있다.
④ 세대 간 정보 격차와 소통의 문제가 발생할 수 있다.
⑤ 예상하지 못한 환경 오염이 발생할 수 있다.

07 과학 기술의 발전과 함께 건전한 미래 사회를 만들기 위한 태도 및 방안에 대한 설명으로 옳은 것만을 [보기]에서 있는 대로 고른 것은?

보기
ㄱ. 건전한 가치 판단으로 과학 기술을 적용하고 활용해야 한다.
ㄴ. 무분별한 기술의 악용을 막는 윤리적 지침을 세워야 한다.
ㄷ. 새롭고 창의적인 일자리를 개발하기 위해 노력한다.

① ㄱ ② ㄱ, ㄴ ③ ㄱ, ㄷ
④ ㄴ, ㄷ ⑤ ㄱ, ㄴ, ㄷ

B 과학 관련 사회적 쟁점과 과학 윤리

중요 **08** 과학 관련 사회적 쟁점에 대한 설명으로 옳은 것만을 [보기]에서 있는 대로 고른 것은?

보기
ㄱ. 과학 기술의 발전 과정에서 발생하는 사회적·윤리적 문제이다.
ㄴ. 사회 구성원들이 추구하는 가치에 따라 다양한 의견이 존재한다.
ㄷ. 과학 기술의 발달 이전부터 예상했던 문제들이다.

① ㄱ ② ㄱ, ㄴ ③ ㄱ, ㄷ
④ ㄴ, ㄷ ⑤ ㄱ, ㄴ, ㄷ

중요 **09** 다음은 과학 관련 사회적 쟁점의 사례들을 나타낸 것이다.

(가) 자율 주행 자동차 허용
(나) 동물 실험
(다) 유전체 분석 기술 이용
(라) 신재생 에너지의 이용

이에 대한 설명으로 옳지 않은 것은?

① (가)~(라)는 이전에 없었던 과학과 관련된 사회 문화적 쟁점들이다.
② (가)를 반대하는 입장은 운전을 하기 어려운 사람의 이동권 보장을 근거로 제시한다.
③ (나)를 반대하는 입장은 동물 실험이 동물권을 침해한다는 윤리적 측면의 근거를 제시한다.
④ (다)를 찬성하는 입장은 질병의 진단과 맞춤형 의학 발전을 근거로 제시한다.
⑤ (라)를 찬성하는 입장은 환경 오염 물질이 적게 배출된다는 환경적 측면의 근거를 제시한다.

10 다음은 생성형 인공지능을 활용한 창작물의 저작권에 대한 내용이다.

최근 우리 나라에서 AI에 음표 작성 등 ㉠다양한 작곡법에 대한 빅데이터를 학습시킨 후, 작곡 서비스를 제공하여 누구나 작곡가가 될 수 있는 프로그램이 출시되었다. 특히 ㉡AI가 특정 가수의 목소리로 노래를 부르는 것이 큰 인기를 끌고 있다.

이에 대한 설명으로 옳은 것만을 [보기]에서 있는 대로 고른 것은?

보기
ㄱ. ㉠과 ㉡은 저작권, 음성권 등의 권리를 침해한다는 논란을 일으키고 있다.
ㄴ. 인공지능을 활용한 작곡은 손쉽게 수익을 창출할 수 있어 음악가들과 형평성 문제가 발생한다는 의견도 존재한다.
ㄷ. 인공지능을 활용한 창작물의 저작권에 대한 분쟁이 발생하고 있다.

① ㄷ ② ㄱ, ㄴ ③ ㄱ, ㄷ
④ ㄴ, ㄷ ⑤ ㄱ, ㄴ, ㄷ

11 과학 관련 사회적 쟁점을 해결하기 위한 사회 구성원 간의 올바른 논의 자세에 대한 설명으로 옳은 것만을 [보기]에서 있는 대로 고른 것은?

보기
ㄱ. 타당한 근거를 바탕으로 자신의 의견을 논증한다.
ㄴ. 다양한 의견 중 나와 같은 입장의 의견만 파악한다.
ㄷ. 합리적이고 책임감 있는 의사결정을 내리도록 해야 한다.

① ㄴ ② ㄷ ③ ㄱ, ㄴ
④ ㄱ, ㄷ ⑤ ㄴ, ㄷ

중요 **12** 다음은 과학 윤리에 대해 학생 A, B, C가 대화하는 모습을 나타낸 것이다.

과학 윤리는 과학 기술의 발전 방향에 영향을 미치지 않아.
과학자는 연구 과정에서 생명 존엄성 존중 등의 연구 윤리를 지켜야 해.
과학 윤리는 과학 관련 사회적 쟁점을 해결하는 과정에서 중요한 역할을 해.
학생 A
학생 B
학생 C

제시한 내용이 옳은 학생만을 있는 대로 고른 것은?

① B ② C ③ A, C
④ A, B ⑤ B, C

13 과학 기술을 개발하거나 이용할 때 과학 윤리를 준수하는 사례와 거리가 먼 것은?

① 다른 과학자의 연구 결과를 함부로 사용하지 않는다.
② 과학적 성과를 위해서는 사회에 악영향을 미치는 연구라도 참여한다.
③ 임상 실험에서 참가자의 자발적 동의가 없는 실험은 실행하지 않는다.
④ 동물 대상의 연구에서 생명 윤리에 위배되는 행동은 하지 않는다.
⑤ 빅데이터를 이용할 때 수집된 개인 정보가 개인의 동의 없이 활용되지 않도록 유의한다.

서술형 문제

14 사물 인터넷 기술을 활용하는 예를 두 가지만 서술하시오.

15 미래 사회의 다양한 분야에서 활용되어 인간 삶과 환경을 개선하는 데 유용한 과학 기술의 예를 두 가지만 서술하시오.

16 다음은 유전자변형 농산물 사용과 관련된 사회적 쟁점을 나타낸 것이다.

유전자변형 농산물 사용을 허용해야 하는가?

이러한 과학 관련 사회적 쟁점 사례를 두 가지만 서술하시오.

17 다음은 과학 윤리를 준수하는 사례를 나타낸 것이다. 이 밖에 과학 윤리를 준수하는 사례를 두 가지만 서술하시오.

동물 실험에서 생명 윤리에 위배되는 행동은 하지 않는다.

실력 UP 문제

01 그림은 지능 정보화 시대의 과학 기술의 발전을 나타낸 것이다.

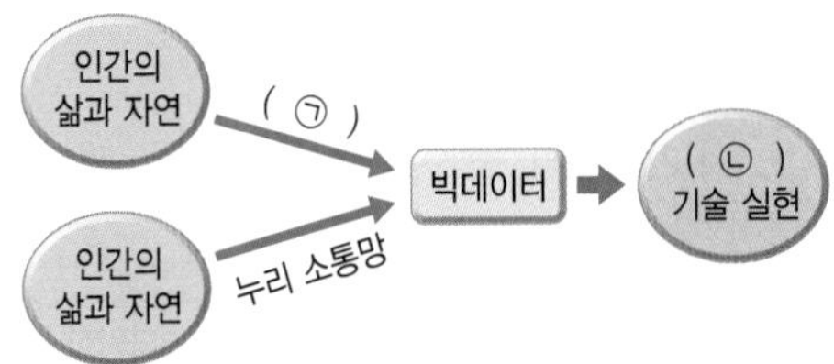

이에 대한 설명으로 옳은 것만을 [보기]에서 있는 대로 고른 것은?

보기
ㄱ. '사물 인터넷'이 ㉠에 해당한다.
ㄴ. ㉠과 누리 소통망을 통해 수집한 데이터는 공개하거나 공유하지 않는다.
ㄷ. '인공지능'이 ㉡에 해당한다.

① ㄱ ② ㄱ, ㄴ ③ ㄱ, ㄷ
④ ㄴ, ㄷ ⑤ ㄱ, ㄴ, ㄷ

02 다음은 모기와 관련된 문제를 해결하기 위해 인공지능의 기계 학습을 활용한 과정을 나타낸 것이다.

(가) 특정 질병을 유발하는 다양한 모기 사진을 수집한다.
(나) 수집한 사진을 종류별로 올린 뒤 학습시킨다.
(다) 채집한 모기 사진을 올린 뒤 어떤 종류인지 확인한다.

이에 대한 설명으로 옳은 것만을 [보기]에서 있는 대로 고른 것은?

보기
ㄱ. (가)에서 수집한 데이터가 많을수록 최적의 결과를 얻을 수 있다.
ㄴ. (나)의 기계 학습은 인공지능이 예측 또는 결정을 내릴 수 있도록 습득한 데이터를 기반으로 학습하는 것이다.
ㄷ. (다)에서 인공지능의 예측은 항상 정확한 결과를 제시한다.

① ㄱ ② ㄱ, ㄴ ③ ㄱ, ㄷ
④ ㄴ, ㄷ ⑤ ㄱ, ㄴ, ㄷ

03 다음은 유전자변형 농산물 사용에 대해 학생 A, B, C가 대화하는 모습을 나타낸 것이다.

식량 부족 문제를 해결하기 위해 유전자변형 농산물의 생산 비율을 늘려야 해.

유전자변형 농산물의 부작용을 충분히 검증하지 못했으므로 이에 대한 사용을 제한해야 돼.

유전자변형 원료를 사용한 모든 식품에 대해 유전자변형(GMO) 완전 표시제를 시행해야 돼.

이에 대한 설명으로 옳은 것만을 [보기]에서 있는 대로 고른 것은?

보기
ㄱ. A는 유전자변형 농산물에 찬성하는 입장에서 근거를 제시하고 있다.
ㄴ. B는 유전자변형 농산물의 안전성에 대한 우려를 제기하며 반대하고 있다.
ㄷ. C는 유전자변형 농산물에 대한 정책적 측면과 거리가 먼 의견을 제시하고 있다.

① ㄱ ② ㄴ ③ ㄷ
④ ㄱ, ㄴ ⑤ ㄴ, ㄷ

04 다음은 과학자의 연구 윤리의 몇가지 예를 설명한 것이다.

(가) 연구 절차와 결과를 조작하거나 거짓으로 만들어 내지 않고, 학문 발전을 위해 연구 내용을 공개한다.
(나) (㉠)의 생명과 존엄성을 존중하며 윤리적으로 대한다.
(다) 사회에 악영향을 미치는 연구는 피하고 공공의 이익을 위해 노력한다.

이에 대한 설명으로 옳은 것만을 [보기]에서 있는 대로 고른 것은?

보기
ㄱ. (가)는 지식 재산권 존중에 관한 원칙을 설명한 것이다.
ㄴ. '실험 대상'이 ㉠에 해당한다.
ㄷ. (다)는 사회적 책임에 대한 윤리를 설명한 것이다.

① ㄱ ② ㄴ ③ ㄷ
④ ㄱ, ㄴ ⑤ ㄴ, ㄷ

정답친해 83쪽

01 / 과학 기술의 활용

1. 과학의 유용성과 필요성

(1) **감염병**: 바이러스, 세균, 곰팡이 등과 같은 (❶) 에 감염되어 발생하는 질병

(2) **감염병의 진단**: 검체에서 병원체의 존재를 확인한다.

(❷)검사	유전자증폭검사(PCR)
• 바이러스의 단백질을 검출한다. • 간편하고 신속하다.	• 바이러스의 (❸)을 증폭하여 검출한다. • 정확도가 매우 높다.

(3) **감염병의 추적·관리**: 감염병의 진단뿐만 아니라 추적·관리하는 전 과정에서 과학이 유용하게 이용된다.

(4) **미래 사회 문제**: 감염병 대유행, 기후 변화, 에너지 및 자원 고갈, 자연 재해, 물 부족, 식량 부족 등

(5) **과학의 필요성**: 미래 사회 문제 해결에 (❹)이 중요한 역할을 담당할 것이다.

2. 과학 기술 사회에서 빅데이터의 활용

(1) **실시간 생활 데이터 측정**: 현대 사회에서는 많은 양의 데이터가 실시간으로 측정되고, 수집되어 저장되고 있다.

(2) **빅데이터의 활용**

① (❺): 기존의 데이터 관리 및 처리 도구로는 다루기 어려운 방대한 양의 데이터

• 빅데이터를 분석하여 가치있는 (❻)를 추출할 수 있다.

• 현상에 대한 더 빠른 이해와 정확한 예측이 가능하다.

• 일상생활뿐만 아니라 과학 실험, 기상 관측, 유전체 분석, 신약 개발 등 다양한 분야에서 활용되고 있다.

② **과학 기술 사회에서 빅데이터의 활용**: 실험 결과 빅데이터, 기상 관측 빅데이터, 유전체 관련 빅데이터, 기존 의약품 및 질병 관련 빅데이터

③ **빅데이터의 문제점**

• 개인 정보 유출 등의 문제가 발생할 수 있다.

• 충분히 검증되지 못한 데이터의 활용으로 잘못된 분석이나 결론을 생성할 수 있다.

02 / 과학 기술의 발전과 쟁점

1. 과학 기술과 미래 사회

(1) (❼): 각종 사물에 센서와 통신 기능을 내장하고 인터넷에 연결된 다른 사물과 정보를 주고 받는 기술

• 스마트 홈, 스마트 팜, 스마트 도시, 스마트 의료 등 다양한 분야에서 활용되고 있다.

(2) (❽) **기술**: 인간의 추론이나 학습 능력을 컴퓨터에 구현한 기술

(❾)형 인공지능 기술	사람의 말, 글, 그림 등을 입력하여 다양한 형식의 문서, 음악, 그림, 영상 등을 만들 수 있다.
예측형 인공지능 기술	기존 데이터의 추이를 분석하여 미래 변화를 예측할 수 있다.
사물 인식 및 제어 기술	주변 상황을 인식하고 스스로 구동 장치를 제어하는 자율 주행에 활용된다.

(3) **인공지능(AI) 로봇**: 센서로 주변 상황을 인식하고 (❿) 기술을 활용해 스스로 판단하여 자율적으로 작업을 수행하는 로봇

(4) **과학 기술 발전의 유용성**: 과학 기술은 미래 사회의 다양한 분야에 활용되어 인간의 삶과 환경을 개선하는 데 유용할 것이다.

(5) **과학 기술 발전의 한계**

① 인공지능 로봇의 활용으로 (⓫)가 줄어들 수 있다.

② 개인 정보의 활용과 해킹의 위험성이 커질 수 있다.

③ 새로운 과학 기술에 서툴러 적응하지 못할 수 있다.

④ 예상하지 못한 오염과 폐기물이 생길 수 있다.

2. 과학 관련 사회적 쟁점과 과학 윤리

(1) (⓬): 과학 기술의 발전 과정에서 발생하는 사회적·윤리적 문제

(2) **과학 관련 사회적 쟁점의 사례**: 유전자변형 농산물 사용, 우주 개발, 신재생 에너지 사용, 자율 주행 자동차 허용, 동물 실험, 인공지능을 활용한 결과물의 저작권 등

(3) 과학 관련 사회적 쟁점을 해결할 때에는 다양한 관점을 고려하여 합리적이고 사회적으로 책임감 있는 의사 결정을 하도록 노력해야 한다.

(4) (⓭): 과학 기술을 개발하거나 이용하는 과정에서 가져야 하는 올바른 생각과 태도

(5) **과학 윤리의 중요성**: 과학 윤리를 준수해야 과학 기술을 올바르게 활용할 수 있고, 장기적으로 과학 연구의 신뢰성이 높아지며 지속가능한 생태계를 유지할 수 있다.

중단원 마무리 문제

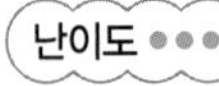

난이도 ●●●

정답친해 83쪽

01 다음은 감염병에 대한 설명이다.

> 세균이나 바이러스와 같은 (㉠)에 의해 생기는 질병을 감염병이라고 한다. 과학 기술이 발전함에 따라 (㉠)이/가 가지는 (㉡)과 단백질을 검출하는 진단 기술이 개발되었고, 감염병을 빠르게 진단하는 것이 가능해졌다.

이에 대한 설명으로 옳은 것만을 [보기]에서 있는 대로 고른 것은?

보기
ㄱ. '병원체'가 ㉠에 해당한다.
ㄴ. '핵산'이 ㉡에 해당한다.
ㄷ. ㉡의 검출은 항체가 특정 항원에 결합하는 특징을 이용한다.

① ㄱ ② ㄱ, ㄴ ③ ㄱ, ㄷ
④ ㄴ, ㄷ ⑤ ㄱ, ㄴ, ㄷ

02 신속항원검사와 유전자증폭검사(PCR)에 대한 설명으로 옳지 않은 것은?

① 신속항원검사는 바이러스를 구성하는 단백질을 이용한다.
② 신속항원검사에서 검체에 들어 있는 병원체의 양이 적을 경우 병원체가 검출되지 않을 수도 있다.
③ 유전자증폭검사(PCR)는 바이러스를 구성하는 핵산을 이용한다.
④ 검사의 정확도는 신속항원검사가 유전자증폭검사(PCR)에 비해 높다.
⑤ 검사 시간은 유전자증폭검사 (PCR)가 신속항원검사에 비해 길다.

03 미래 사회의 문제와 과학의 역할에 대한 설명으로 옳은 것만을 [보기]에서 있는 대로 고른 것은?

보기
ㄱ. 미래 사회에는 화석 연료의 고갈에 따른 에너지 부족, 지구 온난화로 인한 기후 변화 등의 다양한 문제가 나타날 것으로 예측하고 있다.
ㄴ. 과학 기술의 발전은 안전하고 지속가능한 사회를 만드는 데 중요한 역할을 할 것이다.
ㄷ. 미래 사회의 문제 해결에 과학의 필요성은 점차 낮아질 것이다.

① ㄱ ② ㄷ ③ ㄱ, ㄴ
④ ㄱ, ㄷ ⑤ ㄴ, ㄷ

04 대량의 데이터를 분석하여 가치있는 정보를 추출하고 변화를 예측하는 정보 기술을 뜻하는 용어를 쓰시오.

05 다음은 과학의 발전에 따른 현대 문명과 관련된 사례를 나타낸 것이다.

> (가) 스마트폰 – 길 안내 서비스
> (나) 음식 주문 앱 – 인기 메뉴 정보 제공
> (다) 온라인 쇼핑 – 고객 취향을 반영한 상품 추천

이에 대한 설명으로 옳은 것만을 [보기]에서 있는 대로 고른 것은?

보기
ㄱ. (가)는 실시간 교통 상황 정보를 알 수 있다.
ㄴ. (나)를 이용해 사람들이 선호하는 음식에 대한 정보를 얻을 수 있다.
ㄷ. (가), (나), (다) 모두 빅데이터가 활용된다.

① ㄴ ② ㄱ, ㄴ ③ ㄱ, ㄷ
④ ㄴ, ㄷ ⑤ ㄱ, ㄴ, ㄷ

06 그림 (가), (나)는 빅데이터의 활용 사례를 나타낸 것이다. (가)는 실시간 날씨 정보와 일기 예보를 확인하는 모습, (나)는 맞춤형 진료를 하는 모습이다.

(가) (나)

이에 대한 설명으로 옳은 것만을 [보기]에서 있는 대로 고른 것은?

보기
ㄱ. (가)는 기상 관측으로 생성된 빅데이터를 활용한다.
ㄴ. (나)는 기존의 약물과 화학 물질에 대한 빅데이터를 분석한 결과를 활용한다.
ㄷ. (나)와 관련이 있는 빅데이터는 수집 및 활용 과정에서 개인 정보 보호와 관리에 주의해야 한다.

① ㄷ ② ㄱ, ㄴ ③ ㄱ, ㄷ
④ ㄴ, ㄷ ⑤ ㄱ, ㄴ, ㄷ

07 다음은 사물 인터넷에 대해 학생 A, B, C가 대화하는 모습을 나타낸 것이다.

제시한 내용이 옳은 학생만을 있는 대로 고른 것은?

① B ② A, B ③ A, C
④ B, C ⑤ A, B, C

08 다음은 서빙 로봇의 특징을 나타낸 것이다.

> 라이더(LiDAR) (㉠)로 공간 구조를 파악하고 주문한 곳의 위치를 추론하여 ㉡음식을 나른다. 또 자동으로 무게를 감지해 고객이 음식을 받으면 되돌아간다.

이에 대한 설명으로 옳은 것만을 [보기]에서 있는 대로 고른 것은?

보기
ㄱ. 인공지능과 로봇 기술이 결합된 로봇이다.
ㄴ. '센서'가 ㉠에 해당한다.
ㄷ. ㉡은 자율 주행 기술이 사용된다.

① ㄱ ② ㄱ, ㄴ ③ ㄱ, ㄷ
④ ㄴ, ㄷ ⑤ ㄱ, ㄴ, ㄷ

09 사물 인터넷과 인공지능 로봇이 사회에 미치는 긍정적인 영향으로 볼 수 없는 것은?

① 다양한 산업에 인공지능 로봇을 활용하여 일자리가 감소한다.
② 제품 생산 과정의 효율성을 높일 수 있다.
③ 작물의 성장에 최적인 환경을 자동으로 조절해 준다.
④ 건강 정보를 실시간으로 모니터링할 수 있다.
⑤ 집안 환경의 데이터를 실시간으로 수집하고 원격으로 조절할 수 있다.

10 다음은 과학 기술의 발전이 미래 사회에 미치는 유용성과 한계를 정리한 것이다.

유용성	한계
• 산업 현장의 생산성이 (㉠). • 실시간으로 다른 사람과 소통하고 정보를 주고 받는다.	• 사라지는 직업이 생길 수 있다. • (㉡) 정보 격차와 소통의 문제를 일으킬 수 있다.

이에 대한 설명으로 옳은 것만을 [보기]에서 있는 대로 고른 것은?

보기
ㄱ. '낮아진다'가 ㉠에 해당한다.
ㄴ. '세대 간'이 ㉡에 해당한다.
ㄷ. 과학 기술의 발달에는 양면성이 존재한다.

① ㄱ ② ㄱ, ㄴ ③ ㄱ, ㄷ
④ ㄴ, ㄷ ⑤ ㄱ, ㄴ, ㄷ

11 과학 관련 사회적 쟁점에 대한 설명으로 옳은 것만을 [보기]에서 있는 대로 고른 것은?

보기
ㄱ. 생명공학기술에 의한 유전자 조작과 관련된 논쟁은 과학 관련 사회적 쟁점 사례 중 하나이다.
ㄴ. 우주 개발에 대한 여러 입장 중에는 새로운 터전 확보가 가능하므로 우주를 개발해야 한다는 입장이 있다.
ㄷ. 하나의 쟁점에 다양한 입장을 가진 사람들의 이해 관계가 얽혀 있는 경우가 많다.

① ㄱ ② ㄱ, ㄴ ③ ㄱ, ㄷ
④ ㄴ, ㄷ ⑤ ㄱ, ㄴ, ㄷ

12 과학 관련 사회적 쟁점을 해결하기 위한 올바른 논의 태도로 옳지 않은 것은?

① 자신의 입장을 논리적으로 설명하고 상대방의 의견을 경청한다.
② 과학 기술의 발전이 미치는 부정적인 영향도 관대하게 여긴다.
③ 쟁점에 대한 과학적 이해를 바탕으로 다양한 의견을 고려한다.
④ 다양한 관점과 복잡한 상황을 이해하고 충분히 협의한다.
⑤ 과학 기술이 긍정적인 방향으로 발전할 수 있도록 노력한다.

13 과학 윤리를 준수하는 예로 옳은 것만을 [보기]에서 있는 대로 고른 것은?

보기
ㄱ. 인간이나 동물이 과학 기술을 위한 도구로 희생되지 않도록 한다.
ㄴ. 개인의 유전 정보는 개인의 동의와 상관없이 유전체 빅데이터 연구에 활용한다.
ㄷ. 인공지능 기술을 로봇이나 자동차에 이용할 때 책임의 주체를 설정한다.

① ㄴ ② ㄷ ③ ㄱ, ㄴ
④ ㄱ, ㄷ ⑤ ㄴ, ㄷ

정답친해 84쪽

중단원 고난도 문제

01 다음은 신속항원검사 키트를 이용한 코로나바이러스 진단 검사에 대한 설명이다.

코로나바이러스 감염증 의심 환자에게서 채취한 검체를 희석한 용액을 검체구에 떨어뜨린 다음, 약 15분 후 검사 결과를 확인하면 다음과 같이 나타난다.

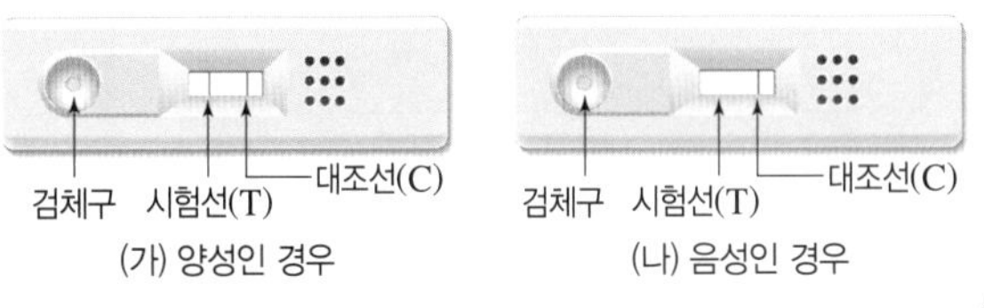

(가) 양성인 경우 (나) 음성인 경우

이에 대한 설명으로 옳은 것만을 [보기]에서 있는 대로 고른 것은?

보기
ㄱ. (가)에 사용한 검체에는 코로나바이러스 단백질이 존재한다.
ㄴ. 검사 키트의 대조선(C)에는 코로나바이러스 항원에 반응하는 항체가 있다.
ㄷ. 정확한 진단이 필요한 경우에 실시하는 검사법이다.

① ㄱ ② ㄴ ③ ㄷ ④ ㄱ, ㄴ ⑤ ㄴ, ㄷ

02 다음은 동물 실험에 대한 설명이다.

동물 실험은 인간에게 적용하기 전에 약물의 안전성과 효능을 평가하기 위해 이루어진다. 또한 화장품, 식품 등이 인간에게 해가 되는지 확인하기 위해 이루어진다.

이와 관련된 과학 윤리에 대한 설명으로 옳은 것만을 [보기]에서 있는 대로 고른 것은?

보기
ㄱ. 동물 실험을 대체할 방법을 찾기 위해 노력한다.
ㄴ. 동물 실험을 대체할 방법이 없는 경우 생명 윤리에 위배되는 행동을 하지 않는다.
ㄷ. 동물 실험을 대체할 방법이 없는 경우 실험의 정확성을 위해 가능한 많은 수의 동물을 이용한다.

① ㄱ ② ㄴ ③ ㄷ ④ ㄱ, ㄴ ⑤ ㄴ, ㄷ

Memo

Memo

Memo

학생용 부록

완자

수능 미리보기

통합과학 2

visang

ABOVE IMAGINATION

우리는 남다른 상상과 혁신으로
교육 문화의 새로운 전형을 만들어
모든 이의 행복한 경험과 성장에 기여한다

학생용 부록

수능 미리보기

수능에서는 어떻게 출제될지 궁금하죠?
수능에 출제될 유형 자료를 살펴보고
수능 문제에 미리 도전해 보아요.

통합과학2

Ⅰ. 변화와 다양성

Ⅱ. 환경과 에너지

Ⅲ. 과학과 미래 사회

수능 빈출 자료 분석하기

정답친해 26쪽

이 단원의 수능 빈출 자료 ❶ 지질 시대의 지구 환경과 생물의 변화를 지질 시대에 일어난 5차례의 대멸종과 관련지어 묻는 문제가 출제될 수 있다.

1 **그림은 지질 시대 중 일부에서 나타난 생물 과의 멸종 비율과 대멸종이 일어난 시기 A, B, C를 나타낸 것이다. D는 현재이다.**

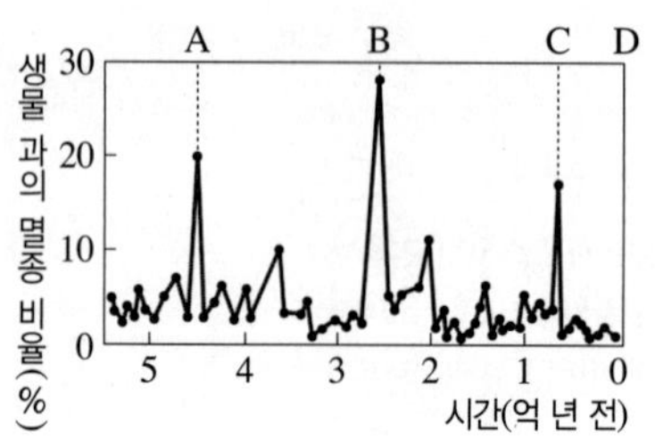

2023학년도 9월 모평 지구과학Ⅰ 7번 변형

연관 개념
• 지질 시대의 지구 환경과 생물의 변화 ➡ 13쪽
• 대멸종 ➡ 14쪽

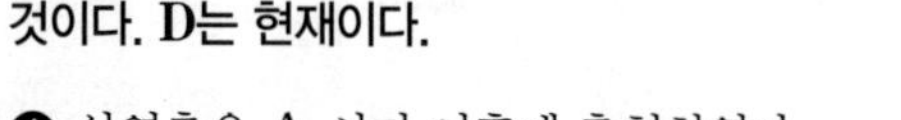

❶ 삼엽충은 A 시기 이후에 출현하였다. (○, ×)

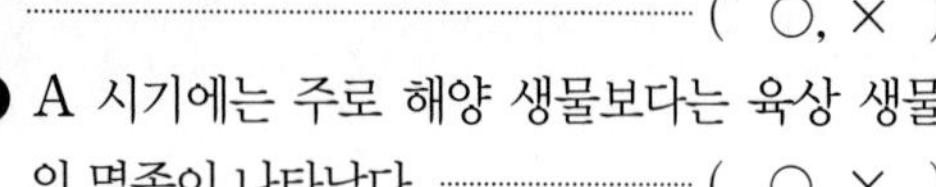

❷ A 시기에는 주로 해양 생물보다는 육상 생물의 멸종이 나타났다. (○, ×)

❸ B 시기의 대멸종은 지구 환경 변화에 의해 나타난 것이다. (○, ×)

❹ 생물 과의 멸종이 가장 많이 나타났던 시기는 C이다. (○, ×)

❺ B와 C 사이는 C와 D 사이보다 지구의 평균 기온이 낮았다. (○, ×)

이 단원의 수능 빈출 자료 ❷ 생물다양성의 세 가지 요소 및 그와 관련된 사례, 생물다양성의 감소 원인과 대책에 대한 문제가 출제될 수 있다.

2 **그림은 생물다양성의 세 가지 요소 A~C를 나타낸 것이고, 표는 A~C에 대한 자료이다. A~C는 유전적 다양성, 생태계다양성, 종다양성을 순서 없이 나타낸 것이다.**

2025학년도 6월 모평 생명과학Ⅰ 20번 변형

연관 개념
• 생물다양성 ➡ 32쪽
• 생물다양성의 감소 원인 ➡ 36쪽

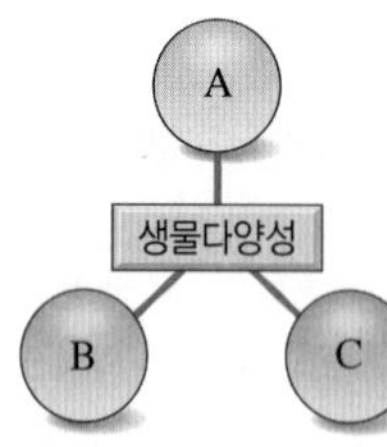

• A는 한 생태계 내에 존재하는 생물종의 다양한 정도를 의미한다.
• 같은 종의 개체들이 서로 다른 유전자를 가져 형질이 다양하게 나타나는 것은 B에 해당한다.
• C는 (가)

❶ 사람마다 눈동자 색이 다른 것은 A의 예에 해당한다. (○, ×)

❷ A가 감소하는 원인 중에는 서식지파괴가 있다. (○, ×)

❸ B는 종다양성이다. (○, ×)

❹ B가 높은 종은 환경이 급격히 변했을 때 멸종될 가능성이 낮다. (○, ×)

❺ '사막, 초원, 삼림, 강, 바다 등 다양한 생태계가 존재하는 것을 의미한다.'는 (가)에 해당한다. (○, ×)

수능 문제 도전하기

정답친해 26쪽

1 그림 (가)와 (나)는 서로 다른 지층에서 발견된 단풍나무 잎 화석과 암모나이트 화석이고, (다)는 지질 시대 중 어느 시기의 수륙 분포를 나타낸 것이다.

(가)

(나)

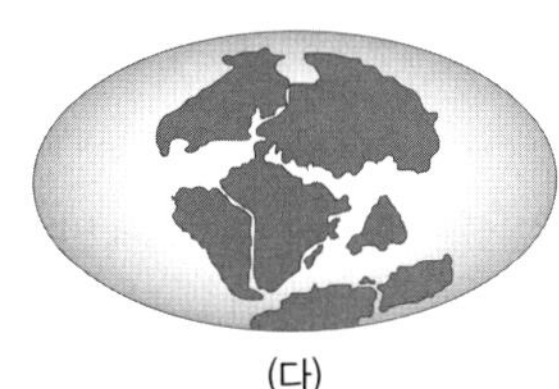
(다)

이에 대한 설명으로 옳은 것만을 [보기]에서 있는 대로 고른 것은?

보기

ㄱ. (가)의 생물이 번성한 시기에 최초의 다세포생물이 출현하였다.

ㄴ. (가)의 생물은 육지에서, (나)의 생물은 바다에서 서식하였다.

ㄷ. (다) 시기에는 (나)의 생물이 번성하였다.

① ㄱ ② ㄴ ③ ㄱ, ㄷ
④ ㄴ, ㄷ ⑤ ㄱ, ㄴ, ㄷ

출제 의도

지질 시대를 구분하고, 지질 시대의 대표적인 화석과 수륙 분포를 관련지어 해석할 수 있는지 평가하는 문제이다.

연관 개념

- 지질 시대의 지구 환경과 생물의 변화 ➡ 13쪽

2 그림은 서로 다른 지층 A~D와 각각의 지층에서 발견된 화석을 나타낸 것이다.

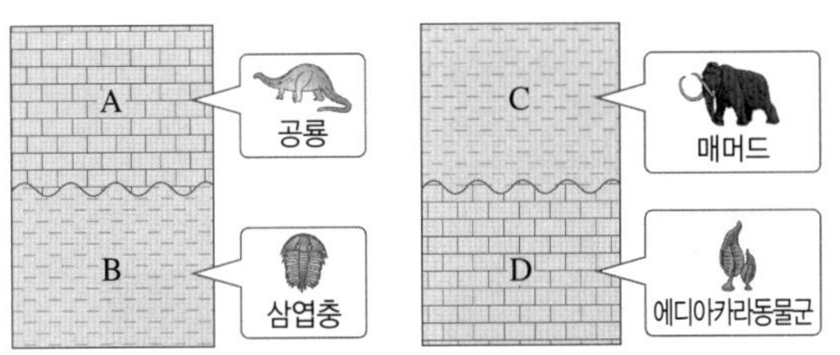

이에 대한 설명으로 옳은 것만을 [보기]에서 있는 대로 고른 것은?

보기

ㄱ. 오존층은 지층 A보다 먼저 형성되었다.

ㄴ. $\frac{\text{지층 A와 B 사이의 시간 간격}}{\text{지층 C와 D 사이의 시간 간격}} < 1$이다.

ㄷ. 지층 A~D 중 바다 환경에서 퇴적된 것은 3개이다.

① ㄱ ② ㄷ ③ ㄱ, ㄴ
④ ㄴ, ㄷ ⑤ ㄱ, ㄴ, ㄷ

출제 의도

표준 화석을 이용하여 지층의 생성 시기를 알아내고, 이를 바탕으로 지질 시대의 환경 변화를 해석할 수 있는지 평가하는 문제이다.

연관 개념

- 지질 시대의 지구 환경과 생물의 변화 ➡ 13쪽

3 다음은 (가)~(다)를 주제로 지질 시대의 생물과 대멸종에 대한 학생들의 대화 내용이다.

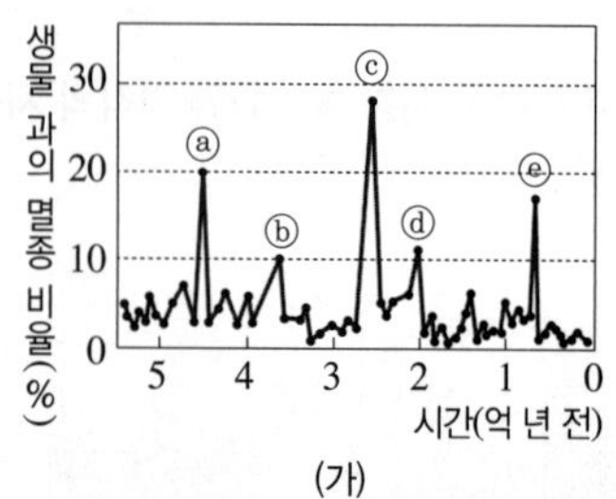

(가)

(나)

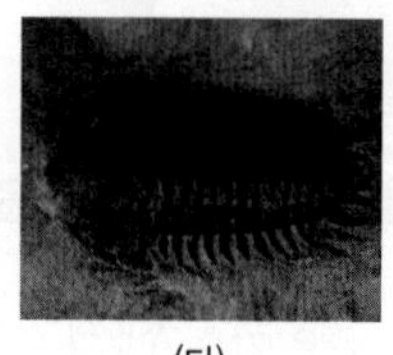
(다)

- 학생 A: 지질 시대의 생물들 중에는 특정 시기에만 번성했던 것들이 있어.
- 학생 B: 그럼 지질 시대를 특정 시기에 번성했다가 사라진 생물들을 기준으로 구분할 수 있겠네.
- 학생 C: 번성했던 생물들이 사라지고 새로운 생물이 번성하려면 급격한 환경 변화가 있어야 할 것 같아.
- 학생 B: (가)에서 고생대와 중생대의 경계는 (Ⅰ)인데, ㉠이 시기에 지구 환경이 크게 변화했겠지.
- 학생 C: 그래서 (Ⅰ)일 때 (Ⅱ)가 멸종했구나.

이에 대한 설명으로 옳은 것만을 [보기]에서 있는 대로 고른 것은?

보기

ㄱ. Ⅰ는 ⓑ에 해당한다.
ㄴ. '대규모 화산 분출'은 ㉠의 원인 중 하나이다.
ㄷ. (나)와 (다) 중 Ⅱ로 적절한 것은 (다)이다.

① ㄱ ② ㄷ ③ ㄱ, ㄴ
④ ㄴ, ㄷ ⑤ ㄱ, ㄴ, ㄷ

4 다음은 항생제 내성에 대한 자료이다.

- 항생제에 노출되었을 때 항생제 내성 세균은 생존 가능성이 높고, 항생제 감수성 세균은 죽을 가능성이 높다.
- 그림은 항생제 A 사용 여부에 따라 항생제 A 내성 세균과 항생제 A 감수성 세균의 비율이 변화하는 과정을 나타낸 것이다. ㉠과 ㉡은 항생제 A 내성 세균과 항생제 A 감수성 세균을 순서 없이 나타낸 것이다.

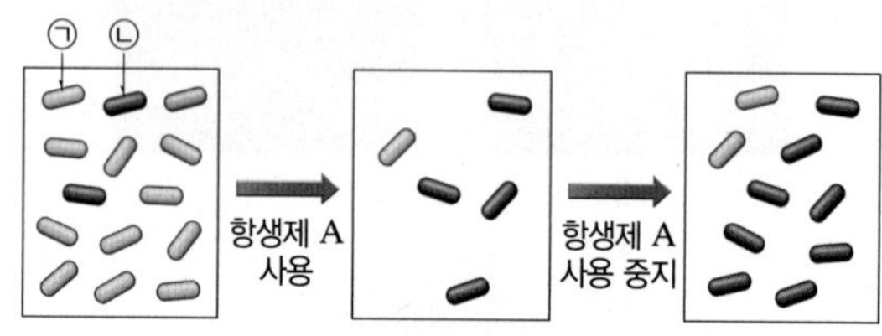

이에 대한 설명으로 옳은 것만을 [보기]에서 있는 대로 고른 것은?

보기

ㄱ. ㉠과 ㉡ 사이에는 변이가 있다.
ㄴ. 항생제 A 내성 세균은 ㉠이다.
ㄷ. 환경 변화는 자연선택의 방향에 영향을 준다.

① ㄱ ② ㄷ ③ ㄱ, ㄴ
④ ㄱ, ㄷ ⑤ ㄴ, ㄷ

출제 의도

지질 시대에 일어난 대멸종을 이해하고, 대멸종과 관련한 지구 환경의 변화와 멸종하는 생물에 대해 해석할 수 있는지 평가하는 문제이다.

연관 개념

- 지질 시대의 지구 환경과 생물의 변화 ➡ 13쪽
- 대멸종 ➡ 14쪽

출제 의도

변이와 자연선택에 의한 진화 과정을 이해하고 있는지 평가하는 문제이다.

연관 개념

- 변이 ➡ 22쪽
- 자연선택의 예 ➡ 24쪽

5 다음은 자연선택의 유형에 대한 자료이다.

- 표는 자연선택이 일어나는 과정에서 생존에 유리한 표현형의 분포가 변화하는 양상에 따라 세 유형 Ⅰ~Ⅲ으로 나눈 것이다.

유형	생존에 유리한 표현형의 분포
Ⅰ	양쪽 극단의 표현형
Ⅱ	중간 표현형
Ⅲ	한쪽 극단의 표현형

- 그림은 같은 종의 쥐로 구성된 집단 P가 특정 환경에서 자연선택이 일어나 집단 A로 바뀌었을 때, 털색에 따른 개체수를 나타낸 것이다.

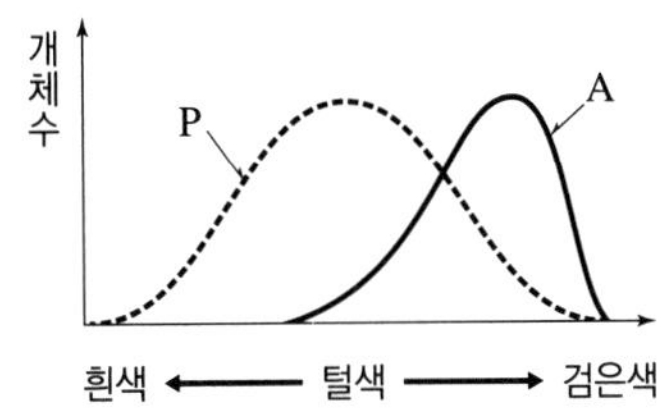

이에 대한 설명으로 옳은 것만을 [보기]에서 있는 대로 고른 것은?

보기

ㄱ. 그림의 사례는 유형 Ⅰ에 해당한다.
ㄴ. 털색의 변이는 A에서가 P에서보다 많다.
ㄷ. P와 A는 털색 유전자 구성이 서로 다르다.

① ㄱ ② ㄴ ③ ㄷ
④ ㄱ, ㄴ ⑤ ㄴ, ㄷ

출제 의도

주어진 자료를 이용하여 특정 환경에서 자연선택의 결과로 나타난 집단의 유전자 구성과 표현형의 변화를 분석할 수 있는지 평가하는 문제이다.

연관 개념

- 변이 ➡ 22쪽
- 자연선택 ➡ 23쪽

6 다음은 종다양성에 대한 자료이다.

- 세 지역 (가)~(다)의 ㉠넓이는 100 m^2로 같다.
- 그림은 (가)~(다)에 서식하는 식물 종 A~C를 나타낸 것이다.

(가)

(나)

(다)

- 종다양성은 생물종의 수가 많을수록, 전체 개체수에서 각 생물종이 차지하는 비율이 균등할수록 높다.

이에 대한 설명으로 옳은 것만을 [보기]에서 있는 대로 고른 것은?

보기

ㄱ. ㉠은 기본량이다.
ㄴ. 종다양성은 (나)에서가 (다)에서보다 높다.
ㄷ. (가)에서가 (나)에서보다 물질의 양이나 에너지의 흐름이 안정적으로 유지된다.

① ㄱ ② ㄴ ③ ㄷ
④ ㄱ, ㄴ ⑤ ㄴ, ㄷ

출제 의도

기본량과 유도량을 구분할 수 있으며, 종다양성의 개념을 이해하고 적용할 수 있는지 평가하는 문제이다.

연관 개념

- 기본량과 유도량 ➡ 통합과학1 12쪽
- 종다양성 ➡ 33쪽

수능 빈출 자료 분석하기

이 단원의 수능 빈출 자료 ❶ 금속 이온 수용액에 금속을 넣었을 때 일어나는 산화·환원 반응에서 수용액 속 입자 수와 금속 이온의 전하를 묻는 문제가 출제될 수 있다.

1 표는 금속 양이온 A^{3+} $5N$개가 들어 있는 수용액에 금속 B $3N$개를 넣고 반응을 완결시켰을 때, 석출된 금속 또는 수용액에 존재하는 양이온에 대한 자료이다. B는 모두 B^{n+}이 되었고, ㉠과 ㉡은 각각 A와 B^{n+} 중 하나이다. (단, A와 B는 임의의 원소 기호이고, A와 B는 물과 반응하지 않으며, 음이온은 반응에 참여하지 않는다.)

금속 또는 양이온	A^{3+}	㉠	㉡
원자 또는 이온 수(상댓값)	3	3	2

❶ A^{3+}은 환원된다. (○, ×)
❷ B는 전자를 잃는다. (○, ×)
❸ ㉠은 B^{n+}이다. (○, ×)
❹ $n=3$이다. (○, ×)
❺ 석출된 A 원자 수는 $2N$이다. (○, ×)

2024학년도 6월 모평
화학Ⅰ 7번 변형

연관 개념
• 전자의 이동과 산화·환원 반응 ➡ 54쪽

이 단원의 수능 빈출 자료 ❷ 용액 속 이온의 모형을 해석하여 용액의 액성을 구분하는 문제가 출제될 수 있다.

2 그림은 온도가 같은 수용액 (가)~(다)를 이온 모형으로 나타낸 것이다. (가)~(다)는 각각 묽은 염산(HCl), 수산화 나트륨(NaOH) 수용액, 염화 나트륨(NaCl) 수용액 중 하나이고, ■은 음이온이다.

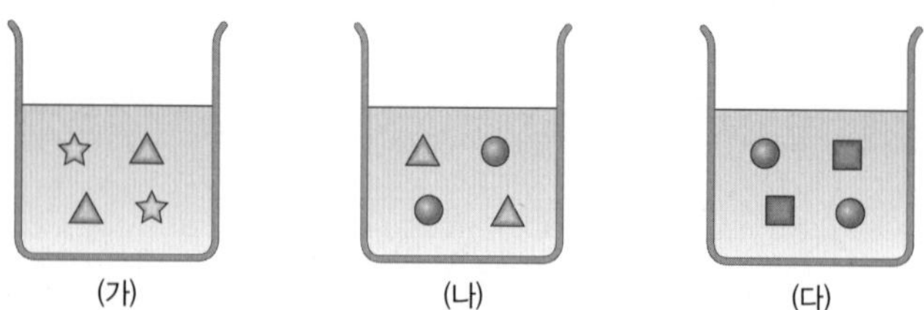

❶ (나)는 염화 나트륨 수용액이다. (○, ×)
❷ ☆은 푸른색 리트머스 종이를 붉게 변화시킨다. (○, ×)
❸ (가)에 전류를 흘려 주면 ▲은 (+)극 쪽으로 이동한다. (○, ×)
❹ (나)에 BTB 용액을 떨어뜨리면 노란색을 띤다. (○, ×)
❺ (가)와 (다)를 혼합하면 혼합 용액의 온도가 높아진다. (○, ×)

2023학년도 3월 학평
화학Ⅰ 14번 변형

연관 개념
• 산과 염기의 성질 ➡ 64쪽~66쪽
• 중화 반응이 일어날 때 용액의 온도 변화 ➡ 69쪽~70쪽

정답친해 27쪽

이 단원의 수능 빈출 자료 ❸ 중화 반응이 일어날 때 혼합 용액의 최고 온도를 이용하여 액성을 알아내고, 혼합 용액 속 이온 수를 묻는 문제가 출제될 수 있다.

3 표는 묽은 염산(HCl)과 수산화 나트륨(NaOH) 수용액의 부피를 달리하여 혼합한 용액 (가)~(다)에 대한 자료이다. (가)~(다)는 각각 산성, 중성, 염기성 중 하나이고, 혼합 전 수용액의 온도는 모두 같다.

혼합 용액		(가)	(나)	(다)
혼합 전 수용액의 부피(mL)	묽은 염산	4	6	10
	수산화 나트륨 수용액	8	6	2
혼합 후 최고 온도(°C)		24	26	22
전체 이온 수		xN	$12N$	yN

❶ 묽은 염산과 수산화 나트륨 수용액은 1 : 1의 부피비로 반응한다. (○, ×)
❷ (가)의 액성은 산성이다. (○, ×)
❸ $x=16$이다. (○, ×)
❹ $y=20$이다. (○, ×)
❺ 중화 반응으로 생성된 물 분자 수는 (나)에서가 (다)에서의 3배이다. (○, ×)

2024학년도 3월 학평
화학Ⅰ 19번 변형

연관 개념
- 중화 반응이 일어날 때의 변화
➡ 68쪽~70쪽

이 단원의 수능 빈출 자료 ❹ 물질 변화가 일어날 때 에너지의 출입 방향과 주변의 온도 변화를 묻고, 산화·환원 반응 및 화학 결합과 연계하여 묻는 문제가 출제될 수 있다.

4 다음은 일상생활에서 사용되고 있는 물질에 대한 자료이다.

㉠에탄올(C_2H_5OH)이 주성분인 손 소독제를 손에 바르면 에탄올이 증발하면서 손이 시원해진다.

손난로를 흔들면 손난로 속에 있는 ㉡철 가루(Fe)가 산화되면서 손난로가 따뜻해진다.

❶ ㉠이 증발할 때 주변의 온도가 낮아진다. (○, ×)
❷ ㉠은 이온 결합 물질이다. (○, ×)
❸ ㉡이 산화될 때 주변의 온도가 높아진다. (○, ×)
❹ ㉡의 산화는 흡열 반응이다. (○, ×)
❺ ㉡이 산화될 때 ㉡은 전자를 잃는다. (○, ×)

2024학년도 수능
화학Ⅰ 1번 변형

연관 개념
- 이온 결합과 공유 결합
➡ 통합과학1 77쪽~78쪽
- 전자의 이동과 산화·환원 반응
➡ 54쪽
- 물리 변화와 에너지의 출입
➡ 78쪽
- 화학 변화와 에너지의 출입
➡ 79쪽

수능 문제 도전하기

1 **다음은 구리(Cu)를 이용한 두 가지 실험이다.**

[실험 I]
붉은색 구리판을 알코올램프의 겉불꽃에 넣었더니 구리판이 검게 변하였다.
[실험 II]
질산 은 수용액에 붉은색의 구리 선을 넣었더니 구리 선 표면에 은색의 고체가 석출되었다.

이에 대한 설명으로 옳은 것만을 [보기]에서 있는 대로 고른 것은?

보기
ㄱ. 실험 I에서 생성된 검은색 물질은 이온 결합 물질이다.
ㄴ. 실험 II에서 수용액 속 $\frac{Cu^{2+}\ 수}{Ag^{+}\ 수}$는 증가한다.
ㄷ. 실험 I과 II에서 모두 구리는 산화된다.

① ㄱ ② ㄴ ③ ㄱ, ㄷ
④ ㄴ, ㄷ ⑤ ㄱ, ㄴ, ㄷ

출제 의도
실험 결과로부터 어떤 반응이 일어났는지 추론하고, 산소와 전자의 이동에 의한 산화·환원 반응으로 해석할 수 있는지 평가하는 문제이다.

연관 개념
• 이온 결합 ➡ **통합과학1 77쪽**
• 구리판의 변화 해석하기 ➡ 54쪽
• 전자의 이동과 산화·환원 반응 ➡ 54쪽

2 **다음은 산화·환원 반응 실험이다.**

[실험 과정]
(가) XNO_3 수용액에 금속 Y를 넣어 반응시킨다.
(나) 반응 전과 후 수용액에 존재하는 이온을 모형으로 나타낸다.
[실험 결과]

구분	반응 전	반응 후
수용액에 들어 있는 이온 모형	□ ● ● □	□ ▲ □

이에 대한 설명으로 옳은 것만을 [보기]에서 있는 대로 고른 것은? (단, X와 Y는 임의의 원소 기호이다.)

보기
ㄱ. □은 양이온이다.
ㄴ. ●은 환원된다.
ㄷ. 이온의 전하는 ▲이 ●보다 크다.

① ㄱ ② ㄷ ③ ㄱ, ㄴ
④ ㄴ, ㄷ ⑤ ㄱ, ㄴ, ㄷ

출제 의도
입자 모형을 해석하여 각 입자 모형이 어떤 입자인지 파악하고, 산화되는 물질이 잃은 전자의 수와 환원되는 물질이 얻은 전자의 수가 같다는 것을 이용하여 이온의 전하를 비교할 수 있는지 평가하는 문제이다.

연관 개념
• 전자의 이동과 산화·환원 반응 ➡ 54쪽

정답친해 28쪽

3 다음은 금속 A~C를 이용한 실험이다.

[실험 과정]

(가) 비커 Ⅰ에는 A^+ 수용액을, 비커 Ⅱ에는 B^{m+} 수용액을 넣는다.

(나) 비커 Ⅰ과 Ⅱ에 각각 충분한 양의 금속 C를 넣는다.

[실험 결과]

구분	반응 전		반응 후	
	수용액 속 양이온의 종류	수용액 속 양이온의 수	수용액 속 양이온의 종류	수용액 속 양이온의 수
비커 Ⅰ	A^+	$10N$	C^{2+}	xN
비커 Ⅱ	B^{m+}	$10N$	C^{2+}	$10N$

이에 대한 설명으로 옳은 것만을 [보기]에서 있는 대로 고른 것은? (단, A~C는 임의의 원소 기호이다.)

보기

ㄱ. 비커 Ⅰ과 Ⅱ에서 모두 C는 산화된다.

ㄴ. $x=5$이다.

ㄷ. $m=2$이다.

① ㄱ ② ㄴ ③ ㄱ, ㄷ

④ ㄴ, ㄷ ⑤ ㄱ, ㄴ, ㄷ

4 다음은 수용액 (가)~(다)에 대한 자료와 이에 대한 학생들의 대화이다.

• (가)~(다)는 각각 묽은 염산(HCl), 수산화 나트륨(NaOH) 수용액, 아세트산(CH_3COOH) 수용액 중 하나이다.

• (가)~(다)에 들어 있는 이온을 모형으로 나타내면 다음과 같다.

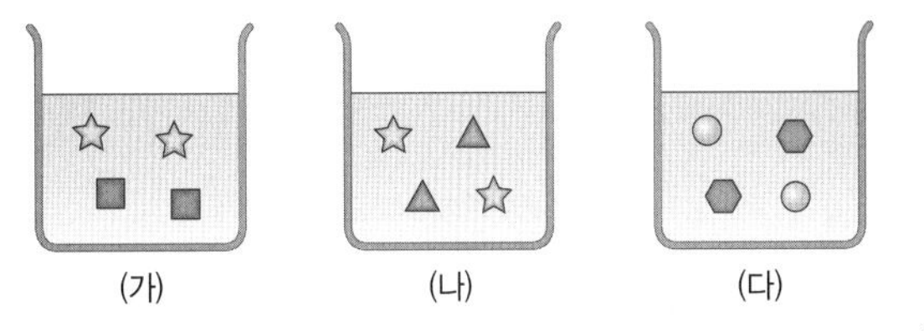

☆은 H⁺이야.
(가)에 마그네슘 조각을 넣으면 수소 기체가 발생해.
(다)에 BTB 용액을 떨어뜨리면 파란색을 나타내.
학생 A
학생 B
학생 C

제시한 내용이 옳은 학생만을 있는 대로 고른 것은?

① A ② C ③ A, B

④ B, C ⑤ A, B, C

출제 의도

산화되는 물질이 잃은 전자의 수와 환원되는 물질이 얻은 전자의 수가 같다는 것을 이용하여 이온의 전하와 개수를 알아낼 수 있는지 평가하는 문제이다.

연관 개념

• 전자의 이동과 산화·환원 반응 ➡ 54쪽

출제 의도

입자 모형을 해석하여 각 수용액의 액성을 파악할 수 있는지, 산과 염기의 성질을 알고 있는지 평가하는 문제이다.

연관 개념

• 산과 염기의 성질 ➡ 64쪽~66쪽

5 다음은 해양 산성화에 대한 자료와 이에 대한 학생들의 대화이다.

> 대기 중의 이산화 탄소는 바다에 녹아 ㉠탄산을 만드는데, ㉡화석 연료 사용의 증가로 대기 중 이산화 탄소 농도가 증가하면서 해양 산성화가 심화되고 있다. 해양 산성화는 조개나 산호 등 ㉢탄산 칼슘으로 이루어진 골격을 가진 생물의 성장을 방해하고 생태계에 영향을 미친다.

㉠은 물속에서 이온화하여 수소 이온을 생성해.
㉡의 연소는 발열 반응이야.
㉢과 산 수용액이 반응하면 수소 기체가 발생해.
학생 A
학생 B
학생 C

제시한 내용이 옳은 학생만을 있는 대로 고른 것은?

① A ② C ③ A, B
④ A, C ⑤ B, C

6 다음은 묽은 염산(HCl)과 수산화 나트륨(NaOH) 수용액을 이용한 실험이다.

[실험 과정]

(가) 묽은 염산과 수산화 나트륨 수용액의 부피를 표와 같이 달리해 혼합하여 용액 Ⅰ과 Ⅱ를 만들면서 각 혼합 용액의 최고 온도를 측정한다.

혼합 용액		Ⅰ	Ⅱ
혼합 전 수용액의 부피(mL)	묽은 염산	V_1	$2V_1$
	수산화 나트륨 수용액	$3V_2$	V_2

(나) Ⅰ과 Ⅱ에 BTB 용액을 2방울~3방울씩 떨어뜨린 후 용액의 색을 관찰한다.

[실험 결과 및 자료]

• Ⅰ과 Ⅱ의 부피는 같다.

혼합 용액	Ⅰ	Ⅱ
최고 온도(°C)	t_1	t_2
혼합 용액의 색	㉠	
혼합 용액에 들어 있는 양이온 모형	●●●	▲▲▲● (▲ 3개, ● 1개)

이에 대한 설명으로 옳은 것만을 [보기]에서 있는 대로 고른 것은? (단, 혼합 전 두 수용액의 온도는 같다.)

보기

ㄱ. ㉠으로 '파란색'이 적절하다.
ㄴ. $t_1 > t_2$이다.
ㄷ. Ⅱ에 수산화 나트륨 수용액 $2V_2$ mL를 넣은 용액의 액성은 중성이다.

① ㄱ ② ㄷ ③ ㄱ, ㄴ
④ ㄴ, ㄷ ⑤ ㄱ, ㄴ, ㄷ

출제 의도

산의 성질을 알고 있는지, 발열 반응의 예를 알고 있는지 평가하는 문제이다.

연관 개념

• 산의 성질 ➡ 64쪽
• 열에너지를 방출하는 화학 반응 ➡ 79쪽

출제 의도

혼합 용액 속 이온의 가짓수로 혼합 용액의 액성을 알아내고, 일정 부피의 산 수용액과 염기 수용액에 들어 있는 이온 수를 파악할 수 있는지 평가하는 문제이다.

연관 개념

• 중화 반응이 일어날 때의 변화 ➡ 68쪽~70쪽

7 다음은 묽은 염산(HCl)과 수산화 칼륨(KOH) 수용액을 이용한 실험이다.

[실험 과정]

(가) 농도가 같은 묽은 염산과 수산화 칼륨 수용액의 부피를 표와 같이 달리해 혼합하여 용액 A~D를 만들면서 각 혼합 용액의 최고 온도를 측정한다.

혼합 용액		A	B	C	D
혼합 전 수용액의 부피(mL)	묽은 염산	10	20	30	40
	수산화 칼륨 수용액	50	40	30	20

(나) A~D의 액성을 확인한다.

[실험 결과 및 자료]

혼합 용액	A	B	C	D
최고 온도(°C)	27	28	29	28
혼합 용액의 액성		㉠		㉡
혼합 용액 속 전체 이온 수	$10N$	xN		yN

이에 대한 설명으로 옳은 것만을 [보기]에서 있는 대로 고른 것은? (단, 혼합 전 두 수용액의 온도는 같다.)

보기

ㄱ. ㉠과 ㉡으로 모두 '산성'이 적절하다.

ㄴ. A에서 $\frac{\text{OH}^- \text{ 수}}{\text{Cl}^- \text{ 수}}=4$이다.

ㄷ. $x+y=16$이다.

① ㄱ ② ㄴ ③ ㄱ, ㄷ
④ ㄴ, ㄷ ⑤ ㄱ, ㄴ, ㄷ

8 다음은 학생 A가 수행한 탐구 활동이다.

[가설]

생명 현상과 지구 현상에서 화학 반응이 일어날 때는 항상 열에너지를 방출한다.

[탐구 과정 및 결과]

생명 현상 및 지구 현상 (가)~(다)가 일어날 때 열에너지의 출입을 조사한다.

현상	화학 반응	열에너지의 출입
(가)	카탈레이스에 의해 과산화 수소가 분해되는 반응	방출
(나)	(㉠)	
(다)	철과 산소가 반응하여 산화 철(Ⅲ)이 포함된 철광석이 만들어지는 반응	방출

[결론]

가설은 옳지 않다.

학생 A의 결론이 타당할 때, 이에 대한 설명으로 옳은 것만을 [보기]에서 있는 대로 고른 것은?

보기

ㄱ. '마이토콘드리아에서 일어나는 세포호흡'은 ㉠으로 적절하다.

ㄴ. (가)는 발열 반응이다.

ㄷ. (다)에서 철은 산화된다.

① ㄱ ② ㄷ ③ ㄱ, ㄴ
④ ㄴ, ㄷ ⑤ ㄱ, ㄴ, ㄷ

출제 의도

농도가 같은 산 수용액과 염기 수용액이 반응하는 부피비를 알고 산 수용액과 염기 수용액을 혼합한 용액에 들어 있는 이온 수를 파악할 수 있는지 평가하는 문제이다.

연관 개념

• 중화 반응이 일어날 때의 변화 ➡ 68쪽~70쪽

출제 의도

가설을 검증하는 탐구의 결론으로부터 탐구 과정을 추론할 수 있는지, 물질 변화가 일어날 때 에너지가 출입하는 현상의 예를 알고 있는지 평가하는 문제이다.

연관 개념

• 카탈레이스의 작용 원리 실험 ➡ 통합과학1 197쪽
• 산화·환원 반응 ➡ 53쪽~54쪽
• 생명 현상에서 에너지의 출입 ➡ 82쪽

수능 빈출 자료 분석하기

이 단원의 수능 빈출 자료 ① 생태계구성요소를 구분하고, 생태계구성요소 사이의 상호 관계와 각각의 사례를 연결하는 문제가 출제될 수 있다.

2025학년도 6월 모평
생명과학Ⅰ 16번 변형

연관 개념

• 생태계구성요소 ➡ 100쪽
• 생태계구성요소 사이의 관계 ➡ 101쪽

1 **그림은 생태계를 구성하는 요소 사이의 상호 관계를 나타낸 것이다.**

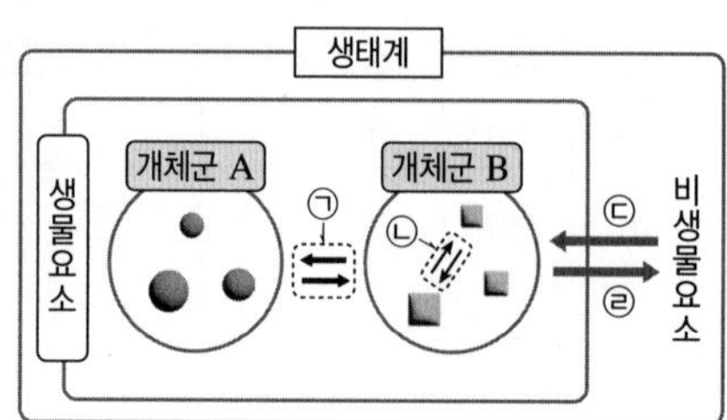

❶ 곰팡이는 생물요소에 속한다. (○, ×)

❷ 늑대가 말코손바닥사슴을 잡아먹는 것은 ㉠의 예에 해당한다. (○, ×)

❸ 같은 종의 개미들이 일을 분담하며 협력하는 것은 ㉠의 예에 해당한다. (○, ×)

❹ 빛의 세기가 참나무의 성장에 영향을 미치는 것은 ㉢의 예에 해당한다. (○, ×)

❺ 지의류에 의해 암석의 풍화가 촉진되어 토양이 형성되는 것은 ㉢의 예에 해당한다. (○, ×)

이 단원의 수능 빈출 자료 ② 생태피라미드에서의 영양단계 구분, 생태계에서 에너지흐름에 따른 에너지양의 감소와 에너지효율을 이용한 통합적인 문제가 출제될 수 있다.

2020학년도 6월 모평
생명과학Ⅰ 18번 변형

연관 개념

• 생태계에서의 에너지흐름 ➡ 110쪽
• 생태피라미드 ➡ 111쪽

2 **그림 (가)와 (나)는 서로 다른 안정된 생태계에서 생산자, 1차 소비자, 2차 소비자, 3차 소비자의 에너지양을 상댓값으로 나타낸 생태피라미드이다. A~C는 각각 1차 소비자, 2차 소비자, 3차 소비자 중 하나이며, B와 C의 에너지효율은 같다. ㉠은 에너지양이며, 에너지효율(%)은 $\frac{\text{현 영양단계가 보유한 에너지양}}{\text{전 영양단계가 보유한 에너지양}}\times 100$이다.**

(가): B 3, ㉠, A 100, 1000

(나): 4, C 16, 80, 800

❶ 생산자는 태양의 빛에너지를 유기물의 화학 에너지로 전환한다. (○, ×)

❷ A는 3차 소비자이다. (○, ×)

❸ ㉠은 15이다. (○, ×)

❹ C가 보유한 에너지의 일부는 생명활동을 하는 데 쓰이고, 일부만이 상위 영양단계로 이동한다. (○, ×)

❺ (나)에서 에너지효율은 상위 영양단계로 갈수록 감소한다. (○, ×)

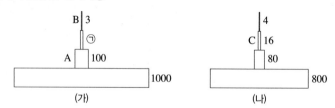

정답친해 30쪽

이 단원의 수능 빈출 자료 ❸ 개체군 사이의 먹이 관계가 각 개체군의 개체수에 영향을 미치는 과정, 생태계평형이 회복되는 과정을 이용한 통합적인 문제가 출제될 수 있다.

3 **그림은 어떤 지역에서 늑대의 개체수를 인위적으로 감소시켰을 때, 늑대, 사슴의 개체수와 식물군집의 생체량 변화를 나타낸 것이다.**

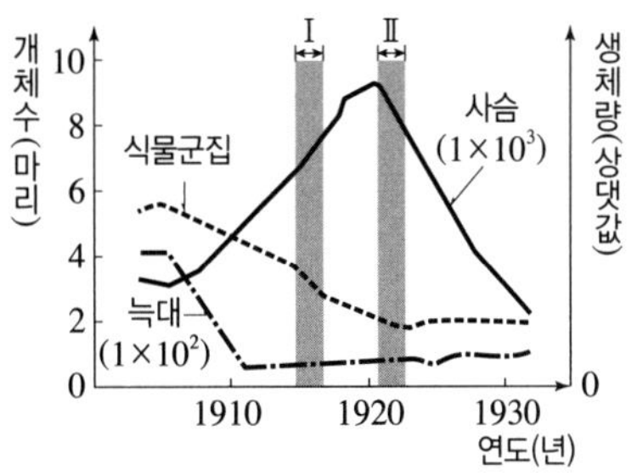

❶ 이 생태계에서의 먹이사슬은 식물군집의 풀 → 사슴 → 늑대이다. (○, ×)

❷ 구간 Ⅰ에서는 사슴의 개체수가 증가하여 식물군집의 생체량이 감소한다. (○, ×)

❸ 구간 Ⅱ에서는 식물군집의 생체량이 감소하여 사슴의 개체수가 감소한다. (○, ×)

❹ 사슴의 개체수는 포식자에 의해서만 조절된다. (○, ×)

❺ 늑대의 개체수를 인위적으로 감소시키는 것과 같은 인간의 개입이 생태계평형을 깨뜨릴 수 있다. (○, ×)

2022학년도 수능
생명과학Ⅰ 18번 변형

연관 개념

- 먹이 관계와 개체군의 개체수 변동 ➡ 113쪽
- 먹이 관계와 생태계평형 ➡ 114쪽

이 단원의 수능 빈출 자료 ❹ • 지구 온난화를 열수지와 관련하여 해석하게 하고, 지구 온난화로 인해 나타날 수 있는 지구 환경의 변화를 예상하는 문제가 출제될 수 있다.
• 엘니뇨, 사막화는 자료를 해석하는 문제로 출제될 수 있다.

4 **그림은 복사 평형 상태에 있는 지구 열수지를 나타낸 것이다.**

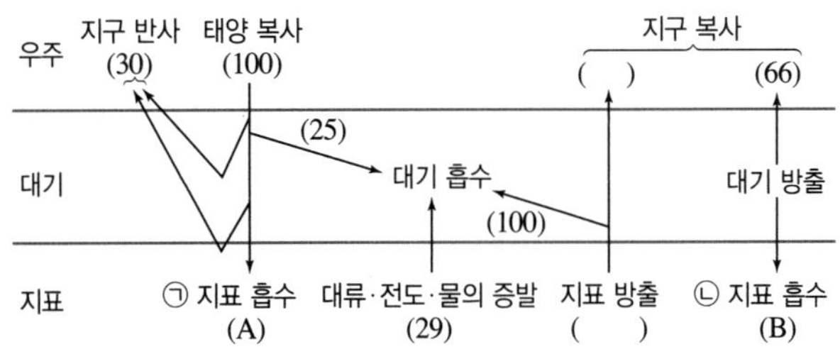

❶ A는 B보다 크다. (○, ×)

❷ (A+B)는 지표가 방출하는 복사 에너지량보다 크다. (○, ×)

❸ $\frac{\text{가시광선 영역 에너지의 양}}{\text{적외선 영역 에너지의 양}}$은 ㉠이 ㉡보다 작다. (○, ×)

❹ 지구의 평균 기온이 상승하면 빙하에 의한 반사량은 감소할 것이다. (○, ×)

❺ 지구의 평균 기온이 상승하여 복사 평형을 이루면 ㉡은 현재보다 증가할 것이다. (○, ×)

2019학년도 수능
지구과학Ⅰ 16번 변형

연관 개념

- 지구 열수지 ➡ 120쪽
- 지구 온난화 ➡ 121쪽~122쪽

수능 문제 도전하기

1 다음은 생태계구성요소에 대한 자료이다.

• 그림은 생태계구성요소 사이의 상호 관계를 나타낸 것이다.

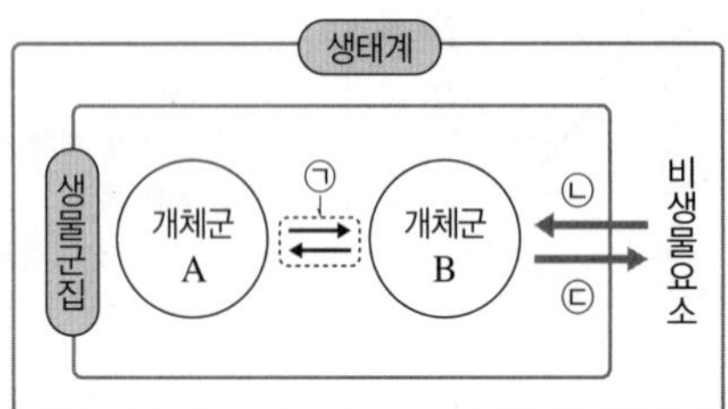

• 표는 생태계구성요소 사이의 상호 관계 (가)~(다)의 예를 나타낸 것이다. (가)~(다)는 ㉠~㉢을 순서 없이 나타낸 것이다.

상호 관계	예
(가)	식물의 ⓐ광합성으로 대기의 산소 농도가 증가한다.
(나)	식물 플랑크톤의 개체수가 증가하면 동물 플랑크톤의 개체수가 증가한다.
(다)	?

이에 대한 설명으로 옳은 것만을 [보기]에서 있는 대로 고른 것은?

보기
ㄱ. ⓐ에서 이산화 탄소는 환원되고, 물은 산화된다.
ㄴ. (나)는 ㉡이다.
ㄷ. 서식지에 따라 여우의 몸집과 몸 말단부의 크기가 달라지는 것은 (다)의 예에 해당한다.

① ㄱ ② ㄴ ③ ㄱ, ㄷ
④ ㄴ, ㄷ ⑤ ㄱ, ㄴ, ㄷ

2 그림은 안정된 생태계에서의 에너지흐름과 관련된 자료에 대해 학생 A~C가 대화하는 모습을 나타낸 것이다.

[안정된 생태계에서의 에너지흐름]

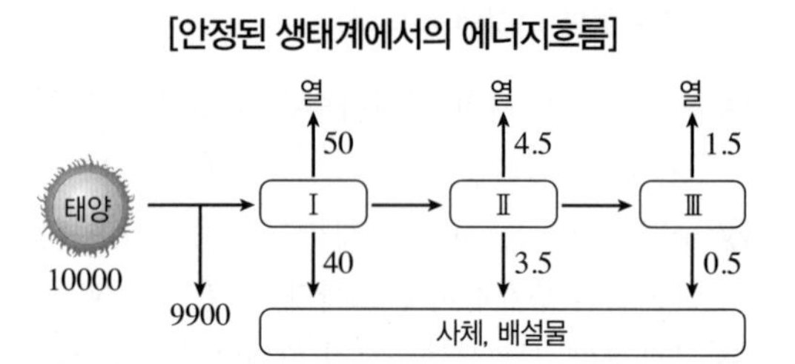

• Ⅰ~Ⅲ은 각각 1차 소비자, 2차 소비자, 생산자 중 하나이며, 에너지양은 상댓값이다.
• 에너지 전환: 빛에너지 $\xrightarrow{\text{광합성}}$ 화학 에너지 $\xrightarrow{\text{호흡}}$ 열에너지
• 에너지흐름: 생태계에서 에너지는 순환하지 않고 한 방향으로만 흐르다가 생태계 밖으로 빠져나간다.
• 에너지양: 상위 영양단계로 갈수록 전달되는 에너지양은 감소한다.

버섯은 Ⅰ에 속해.
생태계에서 에너지는 화학 에너지 형태로 이동해.
Ⅰ에서 Ⅱ로 이동한 에너지양은 Ⅱ에서 Ⅲ으로 이동한 에너지양의 5배야.
학생 A
학생 B
학생 C

제시한 내용이 옳은 학생만을 있는 대로 고른 것은?

① A ② B ③ A, C
④ B, C ⑤ A, B, C

출제 의도
주변에서 일어나는 산화·환원 반응을 이해하고, 생태계구성요소 사이의 상호 관계와 각각의 사례를 연결할 수 있는지 평가하는 문제이다.

연관 개념
• 우리 주변의 산화·환원 반응 ➡ 57쪽
• 생태계구성요소 사이의 관계 ➡ 101쪽

출제 의도
생태계구성요소를 구분할 수 있고, 생태계에서의 에너지흐름을 이해하고 있는지 평가하는 문제이다.

연관 개념
• 생태계구성요소 ➡ 100쪽
• 생태계에서의 에너지흐름 ➡ 110쪽

정답친해 31쪽

3 다음은 어떤 안정된 생태계에 대한 자료이다.

- 그림은 생산자와 A~C의 에너지양을 상댓값으로 나타낸 생태피라미드이다.

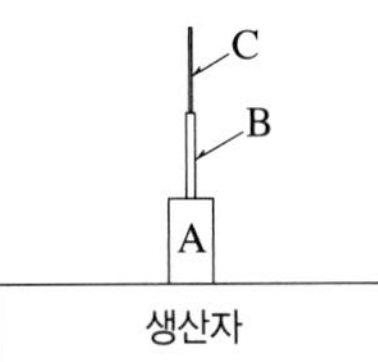

- 표는 각 영양단계의 에너지양과 에너지효율을 나타낸 것이다.

영양단계	에너지양(상댓값)	에너지효율(%)
Ⅰ	3	?
Ⅱ	?	10
Ⅲ	㉠	15
생산자	1000	?

- A~C는 각각 1차 소비자, 2차 소비자, 3차 소비자 중 하나이고, Ⅰ~Ⅲ은 A~C를 순서 없이 나타낸 것이다.
- 에너지효율(%)은 $\frac{\text{현 영양단계가 보유한 에너지양}}{\text{전 영양단계가 보유한 에너지양}} \times 100$ 이며, C가 A의 2배이다.

이에 대한 설명으로 옳은 것만을 [보기]에서 있는 대로 고른 것은?

보기
ㄱ. Ⅰ은 C, Ⅱ는 B, Ⅲ은 A이다.
ㄴ. ㉠은 150이다.
ㄷ. C의 에너지효율은 20 %이다.

① ㄱ　② ㄷ　③ ㄱ, ㄴ
④ ㄱ, ㄷ　⑤ ㄴ, ㄷ

4 다음은 생태계에 대한 자료이다.

그림 (가)는 어떤 지역에서 일정 기간 동안 조사한 종 A~C의 단위 면적당 생체량 변화를, (나)는 A~C 사이의 먹이 사슬을 나타낸 것이다. A~C는 각각 1차 소비자, 2차 소비자, 생산자 중 하나이다.

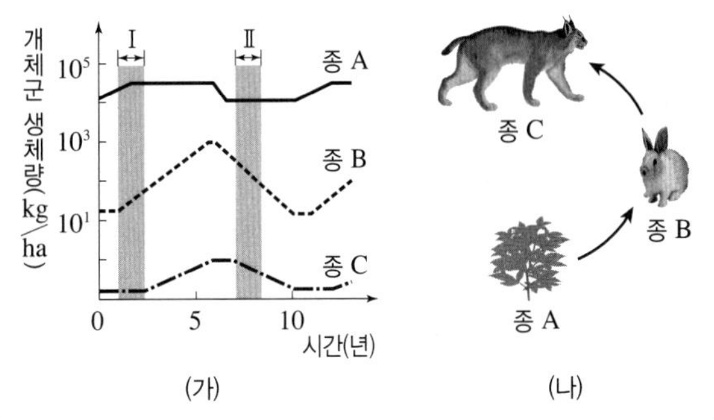

이에 대한 설명으로 옳은 것만을 [보기]에서 있는 대로 고른 것은?

보기
ㄱ. A는 1차 소비자이다.
ㄴ. 구간 Ⅰ에서 $\frac{\text{B의 생체량}}{\text{C의 생체량}}$은 증가한다.
ㄷ. A~C를 구성하고 있는 주요 원소 중 산소와 탄소는 우주 초기에 생성되었다.

① ㄱ　② ㄴ　③ ㄱ, ㄷ
④ ㄴ, ㄷ　⑤ ㄱ, ㄴ, ㄷ

출제 의도

생태피라미드에서 영양단계를 구분하고, 각 영양단계의 에너지효율을 계산할 수 있는지 평가하는 문제이다.

연관 개념

- 생태계에서의 에너지흐름 ➡ 110쪽
- 생태피라미드 ➡ 111쪽

출제 의도

주어진 자료를 분석하여 영양단계와 생체량 변화를 파악하고, 생명체 구성 원소의 생성 시기를 알고 있는지 평가하는 문제이다.

연관 개념

- 생태계에서의 에너지흐름 ➡ 110쪽
- 우주 초기 원소의 생성 ➡ 통합과학1 35쪽

5 다음은 두 생물종 ㉠과 ㉡ 사이의 먹이 관계가 두 개체군의 개체수에 미치는 영향을 알아보는 개체군 변동 모의실험이다.

[실험 과정]

(가) 포식자와 피식자의 개체수 변화를 나타내는 시뮬레이션을 실행한다.

(나) 시뮬레이션의 초기 조건에서 포식자와 피식자의 개체수 변화를 관찰한다.

(다) 초기 조건에서 ⓐ포식자의 개체수를 증가시켰을 때와 ⓑ피식자의 출생률을 감소시켰을 때, 각각 포식자와 피식자의 개체수 변화를 관찰한다.

[실험 결과]

그림 Ⅰ은 (나)의 결과를, Ⅱ와 Ⅲ은 (다)의 결과를 나타낸 것이다. Ⅱ와 Ⅲ은 ⓐ와 ⓑ의 결과를 순서 없이 나타낸 것이며, ㉠과 ㉡은 포식자와 피식자를 순서 없이 나타낸 것이다.

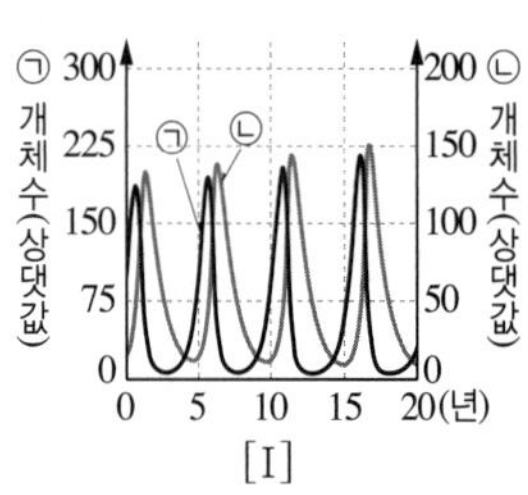

[Ⅰ]

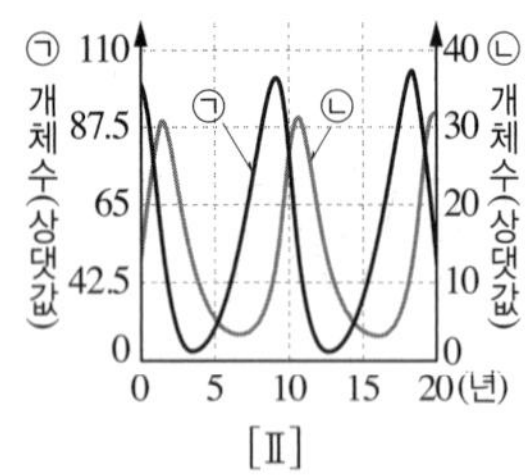

[Ⅱ]

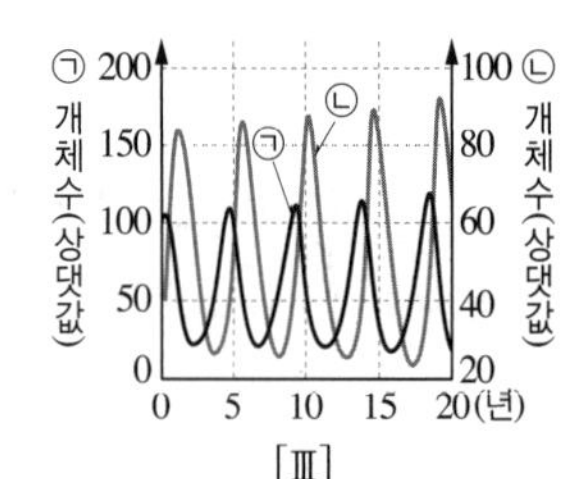

[Ⅲ]

이에 대한 설명으로 옳은 것만을 [보기]에서 있는 대로 고른 것은?

보기

ㄱ. ㉡은 포식자이다.

ㄴ. ⓐ의 결과를 나타낸 것은 Ⅱ이다.

ㄷ. 포식과 피식 관계에 있는 두 개체군의 개체수 변동 주기는 환경 조건에 따라 다르다.

① ㄱ ② ㄴ ③ ㄱ, ㄷ
④ ㄴ, ㄷ ⑤ ㄱ, ㄴ, ㄷ

출제 의도

개체군 사이의 먹이 관계가 각 개체군의 개체수에 영향을 미치는 과정을 해석할 수 있는지 평가하는 문제이다.

연관 개념

- 먹이 관계와 개체군의 개체수 변동 ➡ 113쪽

6 그림 (가)는 산업 혁명 이전 복사 평형 상태에 있는 지구 열수지를, (나)는 대기 중 온실 기체의 농도 증가로 지구의 평균 기온이 상승한 지구가 복사 평형을 이룬 상태의 지구 열수지를 나타낸 것이다.

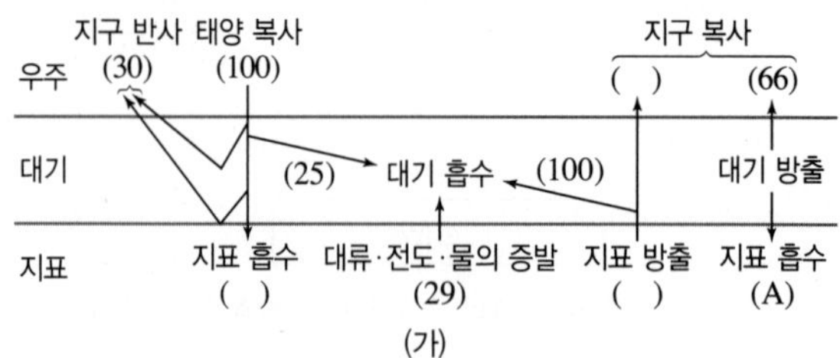

(가)

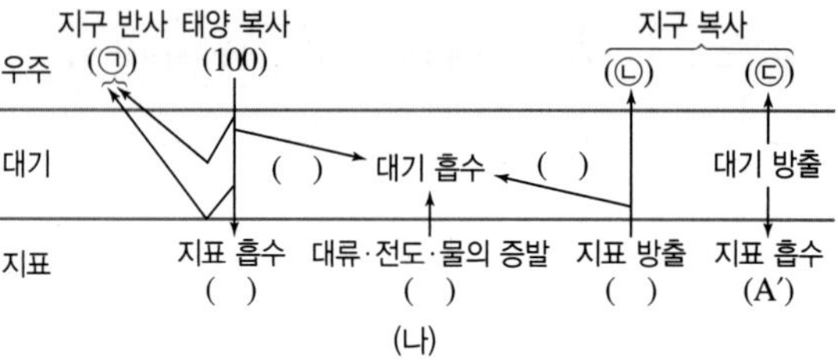

(나)

이에 대한 설명으로 옳은 것만을 [보기]에서 있는 대로 고른 것은?

보기

ㄱ. 육지의 면적은 (가)보다 (나)일 때 넓다.

ㄴ. ㉠+㉡+㉢=100이다.

ㄷ. A′는 88이다.

① ㄱ ② ㄴ ③ ㄱ, ㄷ
④ ㄴ, ㄷ ⑤ ㄱ, ㄴ, ㄷ

출제 의도

자료를 해석하여 복사 평형의 개념과 온실 효과에 의해 지구의 지표면 온도가 상승하는 과정을 이해하는지 평가하는 문제이다.

연관 개념

- 지구 열수지 ➡ 120쪽
- 지구 온난화의 메커니즘과 열수지 변동 ➡ 121쪽

7 다음은 이산화 탄소가 지구 온난화에 미치는 영향을 알아 보기 위한 실험이다.

[실험 과정]

(가) 부피가 300 mL로 동일한 페트병 A와 B에 20 ℃의 물을 각각 30 mL씩 채운 후, 물과 반응하여 이산화 탄소를 발생시키는 발포 바이타민을 페트병 B에 1개 넣는다.

(나) 근거리 무선 온도계를 페트병 A, B에 각각 끼운 후 고무마개로 A와 B의 입구를 막는다.

(다) 빛의 세기가 일정한 적외선 전등을 페트병 A와 B로부터 각각 15 cm 떨어진 곳에 설치한다.

(라) 근거리 무선 온도계를 스마트 기기에 연결하고, 적외선 전등을 켠 후 페트병 A, B의 온도를 2분 간격으로 20분 동안 측정한다.

(마) (라)에서 측정한 페트병 A, B 내부의 온도를 시간에 따라 그래프로 나타낸다.

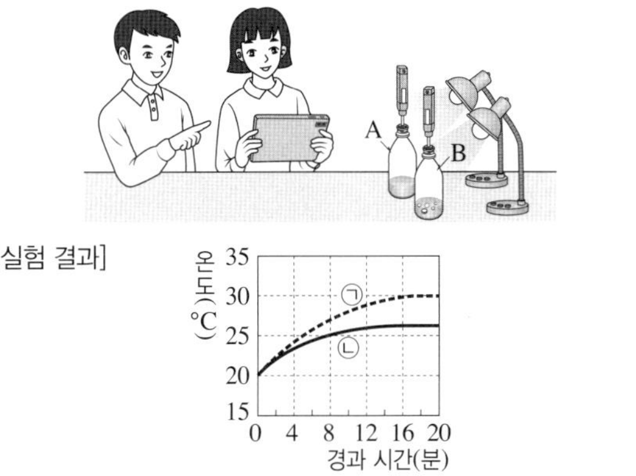

이에 대한 설명으로 옳은 것만을 [보기]에서 있는 대로 고른 것은?

보기

ㄱ. 그래프에서 ㉡은 페트병 A의 온도 변화에 해당한다.

ㄴ. 경과 시간이 18분일 때 페트병 A는 복사 평형 상태이다.

ㄷ. 과정 (가)에서 페트병 B에 발포 바이타민을 2개 넣으면 복사 평형에 도달한 페트병 내부의 온도는 30 ℃보다 높을 것이다.

① ㄱ ② ㄴ ③ ㄱ, ㄷ ④ ㄴ, ㄷ ⑤ ㄱ, ㄴ, ㄷ

출제 의도

자료를 해석하여 복사 평형, 온실 효과의 개념을 이해하고, 온실 기체의 농도 증가와 복사 평형에 도달하는 온도의 변화 관계를 이해하는지 평가하는 문제이다.

연관 개념

- 온실 효과 ➡ 120쪽
- 지구 온난화 ➡ 121쪽~122쪽

8 표의 (가)와 (나)는 태평양 적도 부근 해역에서 관측된 바람과 구름 양의 분포를 엘니뇨 시기와 엘니뇨가 아닌 시기로 구분하여 순서 없이 나타낸 것이다.

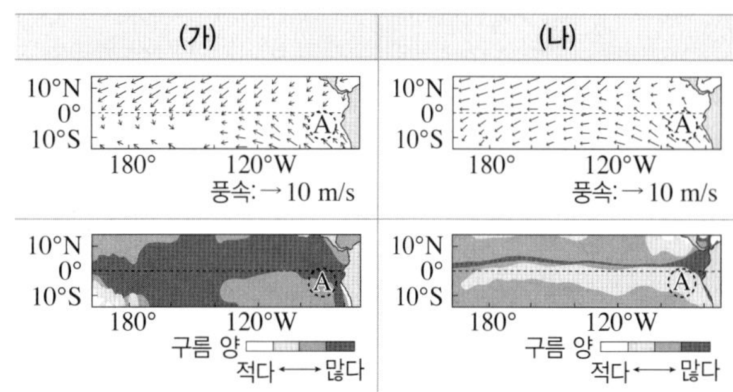

이에 대한 설명으로 옳은 것만을 [보기]에서 있는 대로 고른 것은?

보기

ㄱ. 무역풍은 (나)보다 (가) 시기일 때 약하다.

ㄴ. 태평양 적도 부근에서 동쪽에서 서쪽으로 흐르는 표층 해수의 흐름은 (가)보다 (나) 시기일 때 강하다.

ㄷ. A 해역에서 해수면의 평균 기압은 (가)보다 (나) 시기일 때 높다.

① ㄱ ② ㄷ ③ ㄱ, ㄴ
④ ㄴ, ㄷ ⑤ ㄱ, ㄴ, ㄷ

출제 의도

자료를 해석하여 엘니뇨 시기일 때를 판단하고, 엘니뇨가 발생하는 과정과 엘니뇨 시기일 때 적도 부근 동태평양 해역의 해수면 평균 기압 변화에 대해 이해하고 있는지 평가하는 문제이다.

연관 개념

- 엘니뇨 ➡ 123쪽~124쪽

수능 빈출 자료 분석하기

이 단원의 수능 빈출 자료 ❶ 태양 에너지의 생성 원리와 지구에서 태양 에너지의 전환에 대한 문제가 출제될 수 있다.

수능 예상

연관 개념
- 태양 에너지의 생성 ➡ 140쪽
- 태양 에너지의 전환과 흐름 ➡ 141쪽

1 그림은 지구에 도달한 태양 에너지가 다양한 에너지 흐름을 일으키는 것을 나타낸 것이다.

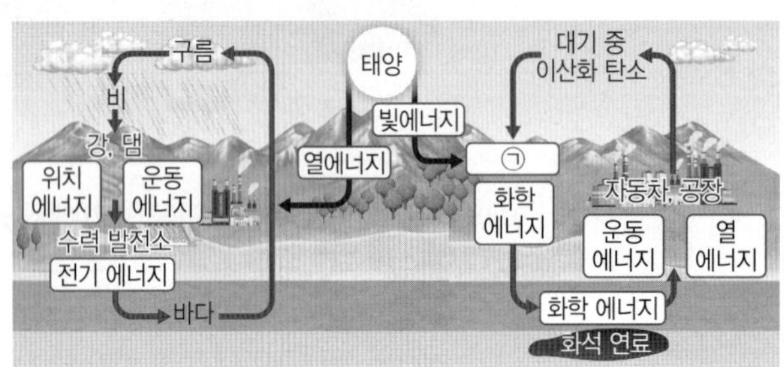

❶ 태양 에너지는 수소 핵융합 반응으로 생성된다. (○, ×)

❷ ㉠은 식물의 광합성이다. (○, ×)

❸ 태양 에너지는 지구에서 다양한 에너지로 전환되며 여러 가지 자연 현상을 일으킨다. (○, ×)

❹ 지구에 도달한 태양 에너지는 에너지를 순환시키지만 물질은 순환시키지 않는다. (○, ×)

이 단원의 수능 빈출 자료 ❷ 전자기 유도 현상의 원리와 유도 전류의 방향, 유도 전류의 세기에 대한 문제가 출제될 수 있다.

2021학년도 6월 모평
물리학Ⅰ 5번 변형

연관 개념
- 유도 전류의 세기와 방향 ➡ 146쪽
- 전자기 유도 실험 ➡ 147쪽

2 그림 (가)와 같이 자석의 N극을 아래로 하고 검류계를 연결한 코일에 일정한 속력으로 가까이 하였더니, (나)와 같이 검류계의 눈금이 왼쪽으로 움직였다.

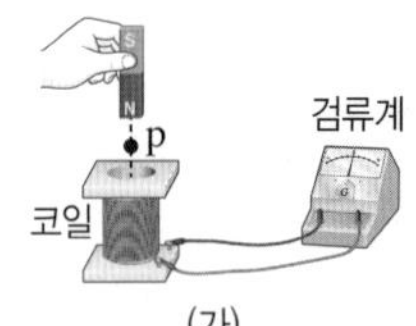

(가)

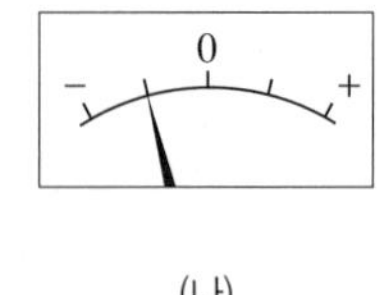

(나)

❶ 자석을 코일에 가까이 가져갈 때 코일을 통과하는 자기장의 세기는 일정하다. (○, ×)

❷ 자석의 속력이 빠를수록 검류계의 눈금은 더 큰 폭으로 움직인다. (○, ×)

❸ 자석이 코일 안에 정지해 있을 때 검류계의 눈금은 0을 가리킨다. (○, ×)

❹ 자석의 S극을 아래로 하고 코일에 가까이 가져갈 때, 검류계의 눈금은 오른쪽으로 움직인다. (○, ×)

❺ 자석의 S극을 아래로 하고 코일에서 멀리 할 때 유도 전류에 의한 자기장의 방향은 자석에 의한 자기장의 방향과 반대이다. (○, ×)

정답친해 33쪽

이 단원의 수능 빈출 자료 ③ 발전기에서 전기 에너지가 생산되는 원리와 에너지 전환 과정에 대한 문제가 출제될 수 있다.

3 그림은 발전기의 구조를 나타낸 것이다.

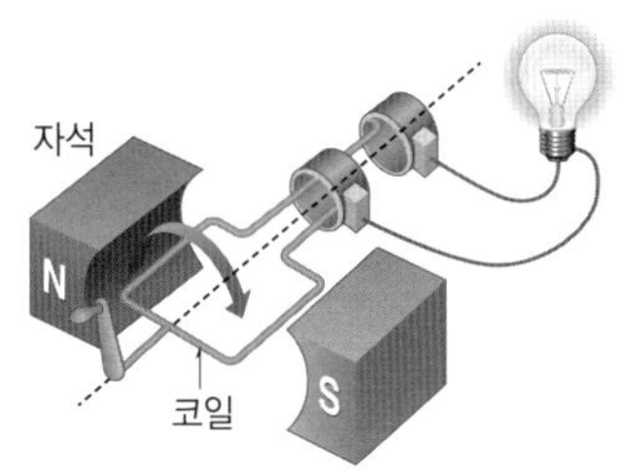

❶ 발전기는 자석과 코일이 상대적으로 회전하는 구조이다. (○, ×)
❷ 코일이 회전할 때 코일을 통과하는 자기장의 세기가 변한다. (○, ×)
❸ 발전기는 전류가 흐를 때 자기장이 생기는 원리를 이용한다. (○, ×)
❹ 발전기에서 에너지 전환 과정은 전기 에너지 → 코일의 운동 에너지이다. (○, ×)
❺ 코일의 운동 에너지가 클수록 더 많은 전기 에너지를 얻을 수 있다. (○, ×)

수능 예상

연관 개념

• 전자기 유도 ➡ 146쪽
• 발전기 ➡ 149쪽

이 단원의 수능 빈출 자료 ④ 에너지 효율의 의미와 중요성에 대한 문제가 출제될 수 있다.

4 그림은 온도가 T_1인 열원에서 $4Q$의 열을 흡수하여 Q의 일을 하고, 온도가 T_2인 열원으로 열을 방출하는 열기관을 나타낸 것이다.

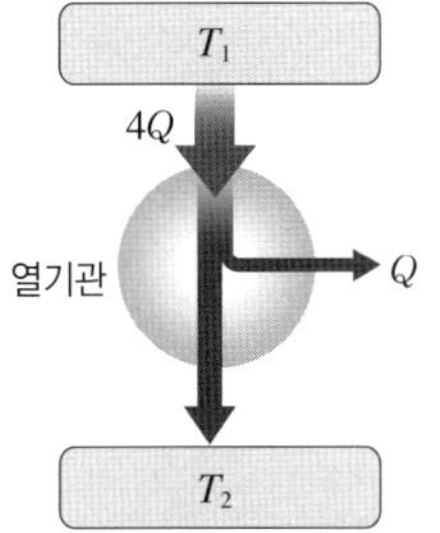

❶ 열기관에서 방출하는 열은 $3Q$이다. (○, ×)
❷ 열기관의 열효율은 25 %이다. (○, ×)
❸ 열기관에서 방출하는 열을 0으로 만들 수 있다. (○, ×)
❹ 열기관에서 흡수하는 열에너지의 양이 같을 때 방출하는 열에너지의 양이 많을수록 열기관의 효율은 높아진다. (○, ×)
❺ 열기관의 열효율이 높을수록 에너지를 절약할 수 있다. (○, ×)

2019학년도 9월 모평
물리Ⅰ 3번 변형

연관 개념

• 열기관 ➡ 157쪽
• 열효율 ➡ 157쪽

수능 문제 도전하기

1 다음은 태양 에너지의 생성 원리에 대한 자료이다.

- 태양 에너지는 약 1500만 K의 초고온 상태인 태양의 중심부에서 일어나는 수소 핵융합 반응 과정에서 발생한다.
- 태양에서 일어나는 수소 핵융합 반응 과정에서 감소한 질량만큼 태양 에너지가 생성된다.

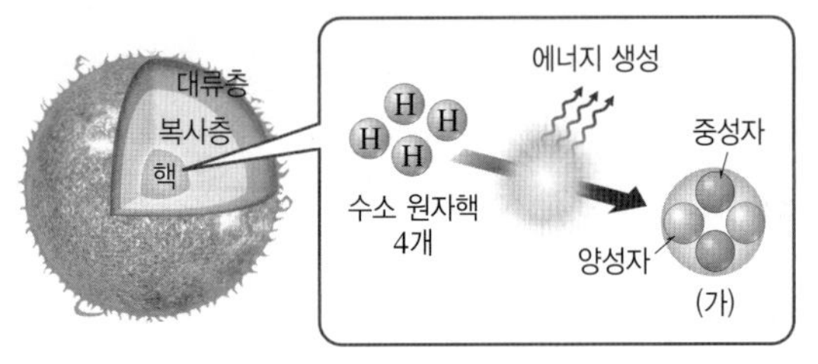

이에 대한 설명으로 옳은 것만을 [보기]에서 있는 대로 고른 것은?

보기
ㄱ. (가)는 헬륨 원자핵이다.
ㄴ. (가)의 질량은 반응에 참여한 양성자 2개와 중성자 2개의 질량을 모두 더한 것과 같다.
ㄷ. 태양 에너지는 지구 생명체의 생명 활동을 유지시키는 주된 에너지이다.

① ㄷ ② ㄱ, ㄴ ③ ㄱ, ㄷ
④ ㄴ, ㄷ ⑤ ㄱ, ㄴ, ㄷ

출제 의도
태양에서 수소 핵융합 반응을 통해 질량의 일부가 에너지로 바뀌어 방출되는 것을 이해하는지 평가하는 문제이다.

연관 개념
- 수소 핵융합 반응 ➡ 140쪽
- 질량과 에너지의 관계 ➡ 140쪽

2 다음은 전자기 유도에 대한 실험이다.

[실험 과정]
(가) 모양과 크기가 같은 철과 자석을 준비한다.
(나) 그림과 같이 코일에 검류계를 연결하고 코일로부터 일정한 높이에서 코일의 중심축을 따라 철을 가만히 놓은 후, 검류계 바늘의 움직임으로부터 유도 전류 발생 유무를 관찰한다.
(다) 철을 자석으로 바꾸고 같은 높이에서 과정 (나)를 반복한다.

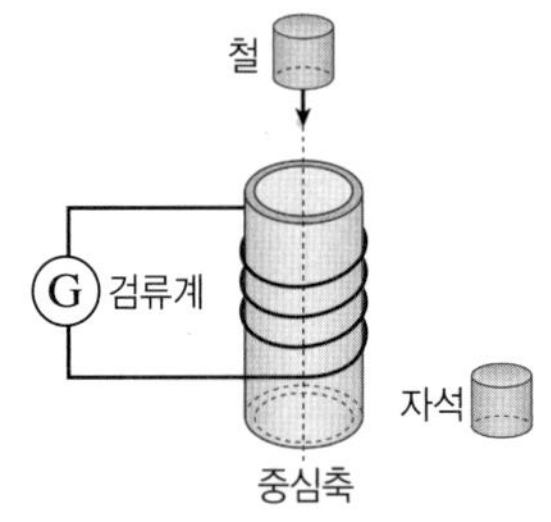

[실험 결과]

	(나)의 결과	(다)의 결과
유도 전류	㉠	흐른다.

이에 대한 설명으로 옳은 것만을 [보기]에서 있는 대로 고른 것은? (단, 공기 저항은 무시하고 철과 자석은 낙하하는 동안 회전하지 않는다.)

보기
ㄱ. '흐르지 않는다.'는 ㉠에 해당한다.
ㄴ. 바닥에 도달했을 때의 속력은 (나)와 (다)에서가 같다.
ㄷ. (다)에서 자석이 코일에 가까워지면 자석과 코일 사이에 서로 당기는 힘이 작용한다.

① ㄱ ② ㄴ ③ ㄷ
④ ㄱ, ㄴ ⑤ ㄴ, ㄷ

출제 의도
전자기 유도 현상에서 유도 전류의 방향을 알고, 전자기 유도에서 에너지의 전환 과정을 이해하는지 평가하는 문제이다.

연관 개념
- 전자기 유도 ➡ 146쪽
- 전자기 유도에서 에너지 전환 ➡ 146쪽

정답친해 34쪽

3 다음은 자전거 발전기에서 일어나는 에너지 전환에 대해 학생 A, B, C가 대화하는 모습을 나타낸 것이다.

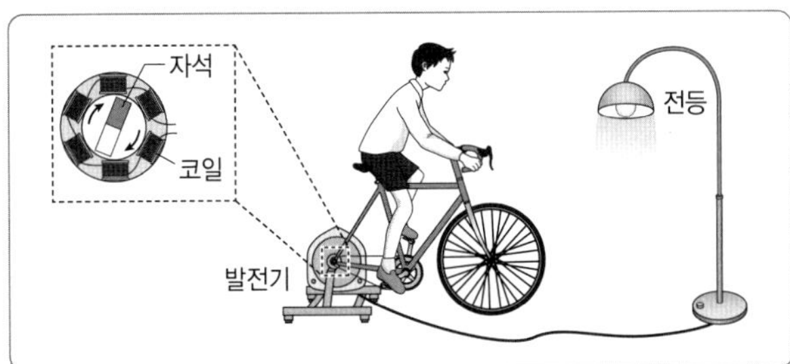

제시한 내용이 옳은 학생만을 있는 대로 고른 것은?

① A ② C ③ A, B
④ B, C ⑤ A, B, C

4 다음은 화력 발전과 핵발전에 대한 설명이다.

우리나라에서 사용하는 전기 에너지는 주로 화석 연료를 이용하는 화력 발전과 핵연료를 이용하는 핵발전을 통해 생산된다. 화력 발전은 석유, 석탄, 천연가스와 같은 화석 연료가 연소할 때 발생하는 열에너지를 이용하고, 핵발전은 우라늄과 같은 핵연료의 핵반응에서 발생하는 열을 이용한다.

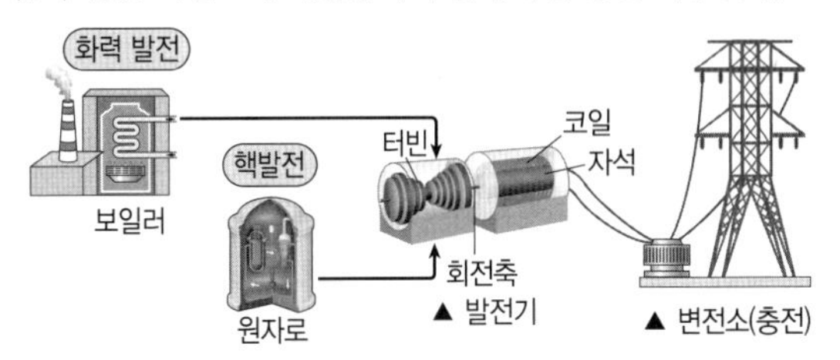

이에 대한 설명으로 옳은 것만을 [보기]에서 있는 대로 고른 것은?

보기
ㄱ. 핵발전은 이산화 탄소와 대기 오염 물질이 많이 발생한다.
ㄴ. 화석 연료와 핵연료는 모두 매장량이 한정되어 있다.
ㄷ. 화력 발전과 핵발전은 모두 고온·고압의 증기로 터빈을 돌려 전기 에너지를 생산한다.

① ㄱ ② ㄴ ③ ㄷ
④ ㄱ, ㄴ ⑤ ㄴ, ㄷ

출제 의도
발전기의 원리와 발전기에서 에너지 전환 과정을 이해하는지 평가하는 문제이다.

연관 개념
- 발전기 원리 ➡ 149쪽
- 발전기에서 에너지 전환 ➡ 149쪽

출제 의도
화력 발전과 핵발전의 원리를 알고, 장단점을 이해하고 있는지 평가하는 문제이다.

연관 개념
- 화력 발전과 핵발전의 원리 ➡ 150쪽
- 화력 발전과 핵발전의 장단점 ➡ 150쪽

5 그림은 휴대 전화에서 일어나는 에너지 전환을 나타낸 것이다.

이에 대한 설명으로 옳은 것만을 [보기]에서 있는 대로 고른 것은?

보기
ㄱ. ㉠은 운동 에너지이다.
ㄴ. 휴대 전화 본체에서 발생하는 열은 다시 사용할 수 없다.
ㄷ. 휴대 전화에서 전환된 모든 에너지의 합은 휴대 전화에 공급된 에너지의 양과 같다.

① ㄱ ② ㄷ ③ ㄱ, ㄴ
④ ㄴ, ㄷ ⑤ ㄱ, ㄴ, ㄷ

출제 의도

휴대 전화에서 일어나는 에너지 전환과 에너지 보존 법칙에 대해 이해하는지 평가하는 문제이다.

연관 개념

- 에너지 전환 ➡ 156쪽
- 에너지 보존 법칙 ➡ 156쪽

6 그림은 고열원에서 Q_1의 열을 흡수하여 W의 일을 하고 저열원으로 Q_2의 열을 방출하는 열기관을 모식적으로 나타낸 것이고, 표는 열기관 A, B의 W와 Q_2를 나타낸 것이다. 열효율은 A가 B의 2배이다.

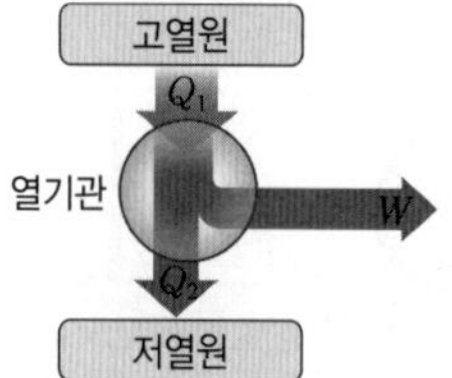

열기관	W	Q_2
A	12 kJ	18 kJ
B	(㉠)	8 kJ

이에 대한 설명으로 옳은 것만을 [보기]에서 있는 대로 고른 것은?

보기
ㄱ. A의 열효율은 40 %이다.
ㄴ. ㉠은 2 kJ이다.
ㄷ. 고열원에서 흡수한 열은 A가 B의 2배이다.

① ㄱ ② ㄷ ③ ㄱ, ㄴ
④ ㄴ, ㄷ ⑤ ㄱ, ㄴ, ㄷ

출제 의도

열기관의 에너지 효율을 이해하고, 열효율을 구할 수 있는지 평가하는 문제이다.

연관 개념

- 에너지 효율 ➡ 157쪽

7 다음은 도시 A와 B에 공급되는 전력과 난방용 열에너지의 흐름을 나타낸 것이다.

- 도시 A는 화력 발전소로부터 전력을 공급받고, 난방용 열에너지 공급을 위해 보일러는 따로 가동한다.

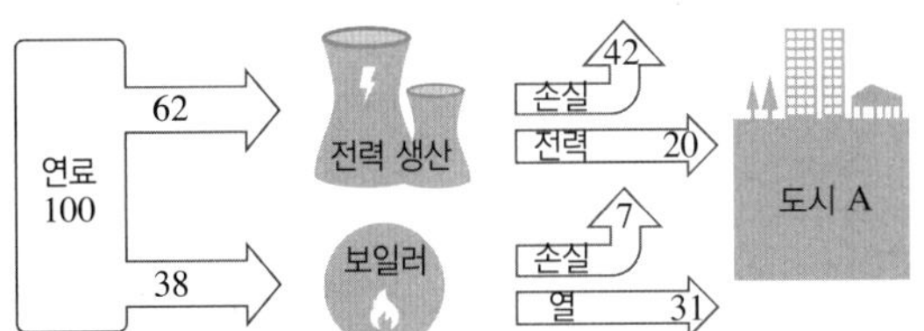

- 도시 B는 열병합 발전소로부터 전력과 난방용 열에너지를 동시에 공급받는다.

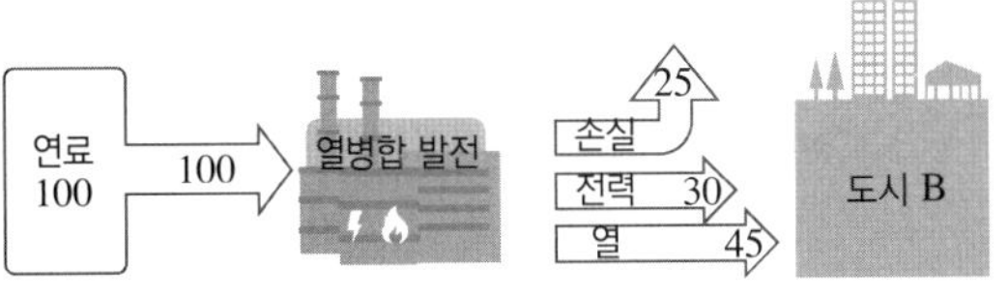

이에 대한 설명으로 옳은 것만을 [보기]에서 있는 대로 고른 것은?

보기

ㄱ. 도시 A에 전력을 공급하는 화력 발전소의 발전 과정에서 발생하는 열에너지는 대부분 버려진다.

ㄴ. 에너지 효율은 A의 경우가 B의 경우보다 낮다.

ㄷ. 같은 양의 에너지를 필요로 하는 경우, 연료 사용량은 A가 B보다 작다.

① ㄱ ② ㄷ ③ ㄱ, ㄴ
④ ㄴ, ㄷ ⑤ ㄱ, ㄴ, ㄷ

출제 의도

화력 발전과 열병합 발전의 차이를 알고 에너지 효율을 비교할 수 있는지 평가하는 문제이다.

연관 개념

- 에너지 효율 ➡ 157쪽
- 화력 발전과 열병합 발전의 에너지 흐름 ➡ 157쪽

8 다음은 신재생 에너지를 주제로 한 발표 자료에 대해 학생 A, B, C가 대화하는 모습을 나타낸 것이다.

신재생 에너지

- 신재생 에너지는 기존의 화석 연료를 변환하여 이용하거나 햇빛, 물, 지열, 강수, 바람, 해양, 생물 유기체 등의 재생 가능한 에너지를 변환하여 이용하는 에너지이다.
- 수력, 풍력, 태양광 발전은 전 세계에서 사용하는 신재생 에너지 중에서 높은 비율을 차지한다.

수력 발전

풍력 발전

태양광 발전

신재생 에너지는 지속적인 발전이 가능하고 환경 오염 물질을 거의 배출하지 않아.

학생 A

수력 발전, 풍력 발전은 발전기의 터빈을 회전시켜 전기를 생산해.

학생 B

풍력 발전과 태양광 발전에서는 안정적인 전력 공급을 위해서 에너지 저장 시스템(ESS)을 사용해.

학생 C

제시한 내용이 옳은 학생만을 있는 대로 고른 것은?

① A ② B ③ A, C
④ B, C ⑤ A, B, C

출제 의도

신재생 에너지의 발전 방식을 알고, 장점과 단점을 이해하는지를 평가하는 문제이다.

연관 개념

- 신재생 에너지의 발전 방식 ➡ 159쪽
- 신재생 에너지의 장단점 ➡ 160쪽

수능 빈출 자료 분석하기

정답친해 35쪽

이 단원의 수능 빈출 자료 ❶ 과학을 감염병의 진단·추적에 활용하고 있는 사례에 대한 문제가 출제될 수 있다.

1 다음은 신속항원검사와 유전자증폭검사의 장단점을 설명한 것이다.

구분	신속항원검사	유전자증폭검사
장·단점	• 검사가 (㉠)하다. • 검체에 들어 있는 병원체의 양이 적을 경우 병원체가 검출되지 않을 수도 있다.	• 검사 전문가가 필요하고 검사 시간과 비용이 많이 든다. • 정확도가 매우 (㉡).

❶ 신속항원검사와 유전자증폭검사는 모두 감염병의 진단에 사용한다. (○, ×)
❷ 신속항원검사는 바이러스의 핵산을 검출하는 검사법이다. (○, ×)
❸ '복잡'이 ㉠에 해당한다. (○, ×)
❹ '높다'가 ㉡에 해당한다. (○, ×)

수능 예상

연관 개념
• 감염병의 진단 검사 ➡ 178쪽

이 단원의 수능 빈출 자료 ❷ 인공지능 로봇, 사물 인터넷 기술이 활용되는 사례에 대한 문제가 출제될 수 있다.

2 다음은 사물 인터넷과 인공지능 기술의 활용에 대한 설명이다.

• 스마트 팜은 온도, 습도, 토양 상태, 일조량 등의 환경과 작물의 성장을 실시간으로 관측하고, 최적의 환경을 자동으로 제어하는 농장이다.
• 수확용 인공지능 로봇은 농작물의 숙성도, 정상 여부를 판별하여 수확 작업을 수행할 수 있다.

❶ 스마트 팜에 사물 인터넷 기술이 활용된다. (○, ×)
❷ 스마트 팜의 온도, 습도 등의 환경은 원격으로 제어할 수 없다. (○, ×)
❸ 수확용 인공지능 로봇은 센서로 주변 상황을 인식한다. (○, ×)
❹ 수확용 인공지능 로봇은 사용자의 조작을 통해서만 작업을 수행한다. (○, ×)
❺ 수확용 인공지능 로봇은 빅데이터 학습을 통해 예측할 수 있는 능력을 갖춘다. (○, ×)

수능 예상

연관 개념
• 사물 인터넷과 인공지능 기술 ➡ 186쪽
• 인공지능 로봇 ➡ 186쪽

수능 문제 도전하기

정답친해 36쪽

1 다음은 감염병 진단 기술과 이에 대한 학생들의 대화이다.

> **감염병 진단 기술**
>
> 감염병은 다른 사람에게 전파되어 확산되므로, 감염병을 진단하는 기술은 감염병을 예방하고 치료하는 데 중요한 역할을 한다. 감염병을 예방하는 기술에는 단백질과 핵산을 이용하는 방법이 있다.

감염병은 바이러스와 같은 병원체에 감염되어 발생하는 질병이야.
감염병 진단에는 생명 공학 기술을 활용하고 있어.
유전자증폭검사는 바이러스의 단백질을 검출하여 감염 여부를 확인하는 방법이야.
학생 A
학생 B
학생 C

제시한 의견이 옳은 학생만을 있는 대로 고른 것은?

① A ② A, B ③ A, C
④ B, C ⑤ A, B, C

출제 의도

감염병의 정의와 감염병의 진단 검사에 과학 기술이 활용되고 있음을 이해하는지를 평가하는 문제이다.

연관 개념

- 감염병 ➡ 178쪽
- 감염병 진단 검사 ➡ 178쪽

2 다음은 코로나19 펜데믹 사태가 발생했던 시기에 우리나라가 개발한 '코로나19 역학 조사 지원 시스템'에 대한 내용이다.

> 2020년 3월에 우리 정부가 스마트 도시 데이터 분석 기술을 활용해 '코로나19 역학 조사 지원 시스템'을 개발했다. 이 시스템은 ㉠확진자의 휴대 전화 위치 정보와 신용카드 사용 정보를 포함하는 빅데이터를 관련 기관으로부터 취합해 코로나19 확진자의 동선을 10분 내에 도출해 내는 시스템이다. 이 시스템에 활용된 스마트 도시 데이터 분석 기술은 대규모 도시 데이터 분석 도구로, ㉡교통·에너지·환경·안전 등 도시 내 각 분야의 다양한 빅데이터를 실시간으로 분석할 수 있는 기술이다.

이에 대한 설명으로 옳은 것만을 [보기]에서 있는 대로 고른 것은?

> 보기
>
> ㄱ. ㉠은 개인 정보가 유출되지 않도록 보안에 유의해야 한다.
> ㄴ. ㉡은 사물 인터넷 기술을 통해 수집한다.
> ㄷ. ㉡은 인공지능을 이용하여 분석한다.

① ㄱ ② ㄱ, ㄴ ③ ㄱ, ㄷ
④ ㄴ, ㄷ ⑤ ㄱ, ㄴ, ㄷ

출제 의도

사물 인터넷 기술을 이용해 수집한 빅데이터를 인공지능으로 분석하는 기술을 활용할 수 있음을 이해하는지 평가하는 문제이다.

연관 개념

- 빅데이터의 활용 ➡ 180쪽
- 사물 인터넷, 인공지능 기술 ➡ 186쪽

I-1 지구 환경 변화와 생물다양성

수능 빈출 자료 분석하기 2쪽

1 ❶ × ❷ × ❸ ○ ❹ × ❺ ×
2 ❶ × ❷ ○ ❸ × ❹ ○ ❺ ○

1 고생대는 약 5.39억 년 전~약 2.52억 년 전, 중생대는 약 2.52억 년 전~약 0.66억 년 전, 신생대는 약 0.66억 년 전~현재이다.

❶ 삼엽충은 고생대 초기에 출현하였으므로 A 시기 이전에 출현하였다.

❷ A 시기에는 오존층이 형성되지 않아 육상 생물이 출현하지 않았으므로, 주로 해양 생물의 멸종이 나타났을 것이다.

❸ 고생대 말기인 B 시기의 대멸종은 판게아 형성, 화산 폭발로 인한 온난화 등의 지구 환경 변화가 큰 요인으로 추정된다.

❹ 생물 과의 멸종이 가장 많이 나타났던 시기는 생물 과의 멸종 비율이 가장 높은 B이다.

❺ B와 C 사이는 중생대로, 중생대에는 빙하기 없이 전반적으로 온난하였다. C와 D 사이는 신생대로, 신생대 초기에는 대체로 온난하였으나, 말기에는 빙하기와 간빙기가 반복되었다. 따라서 B와 C 사이는 C와 D 사이보다 지구의 평균 기온이 높았다.

2 A는 종다양성, B는 유전적 다양성, C는 생태계다양성이다.

❶ 사람마다 눈동자 색이 다른 것은 사람마다 유전자가 다르기 때문으로, 이는 유전적 다양성(B)의 예에 해당한다.

❷ 생물다양성의 감소 원인에는 서식지파괴 및 단편화, 불법 포획과 남획, 외래생물 유입, 환경 오염 등이 있다.

❸ B는 유전적 다양성이다.

❹ 유전적 다양성이 높은 종은 변이가 다양하므로 환경이 급격하게 변했을 때 살아남는 개체가 존재할 확률이 높아 멸종될 가능성이 낮다.

❺ C는 생태계다양성으로, 일정한 지역에 존재하는 생태계의 다양한 정도를 의미한다.

수능 문제 도전하기 3쪽~5쪽

1 ④ 2 ③ 3 ④ 4 ④ 5 ③ 6 ②

1 전략적 풀이

1단계 화석을 통해 과거 환경을 추정한다.

2단계 지질 시대의 대표적인 화석과 수륙 분포를 관련지어 지질 시대를 파악한다.

해설 ㄱ. 단풍나무 잎(가)은 신생대에 번성하였고, 최초의 다세포 생물은 선캄브리아시대 말기에 출현하였다.

ㄴ. 단풍나무(가)는 속씨식물이므로 신생대에 육지에서, 암모나이트(나)는 중생대에 바다에서 서식하였다.

ㄷ. (다)는 하나의 초대륙인 판게아가 분리되어 여러 대륙으로 갈라진 모습으로, 중생대의 수륙 분포에 해당한다. 암모나이트(나)는 중생대의 표준 화석이므로 (다) 시기에는 암모나이트(나)가 번성하였다.

2 전략적 풀이

1단계 지질 시대의 대표적인 표준 화석을 이용하여 지층의 생성 시기를 파악한다.

2단계 지질 시대별 지구 환경의 변화를 파악한다.

해설 ㄱ. 오존층은 고생대에 형성되었고, 지층 A는 공룡 화석이 발견되는 것으로 보아 중생대에 퇴적되었으므로 오존층은 지층 A보다 먼저 형성되었다.

ㄴ. A는 중생대의 지층이고, B는 고생대의 지층이며, C는 신생대의 지층이고, D는 선캄브리아시대의 지층이다. 따라서 지층 C와 D 사이의 시간 간격이 지층 A와 B 사이의 시간 간격보다 더 크다.

ㄷ. 공룡과 매머드는 육지 환경에서 서식하였고, 삼엽충과 에디아카라동물군은 바다 환경에서 서식하였으므로 지층 A~D 중 바다 환경에서 퇴적된 것은 2개이다.

3 전략적 풀이

1단계 지질 시대에 일어난 대멸종의 시기와 원인을 이해한다.

2단계 대멸종의 시기별 멸종하는 생물에 대해 파악한다.

해설 ㄱ. 고생대 말기에 가장 큰 규모의 대멸종이 일어났다. 고생대와 중생대의 경계는 약 2.52억 년 전이므로, Ⅰ는 ⓒ에 해당한다.

ㄴ. 고생대 말기에 발생한 화산 폭발로 인해 화산 가스가 대기로 유입되고, 온실 효과를 일으켜 기온이 상승하는 등 지구 환경이 크게 변화했다.

ㄷ. 중생대의 표준 화석인 암모나이트(나)는 중생대와 신생대의 경계(ⓔ)에 멸종하였고, 고생대의 표준 화석인 삼엽충(다)은 고생대와 중생대의 경계(ⓒ)에 멸종하였다. 따라서 (나)와 (다) 중 Ⅱ로 적절한 것은 (다)이다.

4 전략적 풀이

(1단계) 변이의 의미를 생각해 본다.
(2단계) 집단 내에서 특정 형질을 가진 개체의 비율 변화를 통해 생존에 유리한 개체의 형질을 추정한다.
(3단계) 환경 변화에 따른 자연선택의 방향 변화를 파악한다.

해설 ㄱ. ㉠과 ㉡ 사이에는 항생제 A에 대한 내성과 감수성이라는 변이가 있다.
ㄴ. 항생제 A를 사용한 후 ㉠은 대부분 죽고, ㉡은 비율이 증가한 것으로 보아 항생제 A 내성 세균은 ㉡이다.
ㄷ. 항생제 A를 사용하기 전에는 ㉠의 비율이 높았으나, 항생제 A를 사용한 환경에서는 ㉡이 자연선택되어 그 비율이 증가하였다. 이와 같이 항생제 사용 여부와 같은 환경 변화는 자연선택의 방향에 영향을 준다.

5 전략적 풀이

(1단계) 집단 내에서 표현형에 따른 개체수 비율 변화를 통해 환경 변화에 따른 자연선택의 방향 변화를 파악한다.
(2단계) 변이의 의미를 생각해 본다.
(3단계) 변이가 나타나는 원인을 생각해 본다.

해설 ㄱ. 생존하는 데 유리한 형질은 자연선택되므로 집단 내에서의 비율이 다른 형질에 비해 높다. 집단 P가 유형 Ⅰ~Ⅲ에 따라 자연선택되었을 때의 표현형 분포를 그림으로 나타내면 다음과 같다.

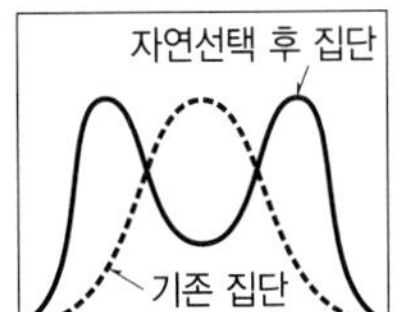

Ⅰ(양쪽 극단의 표현형)

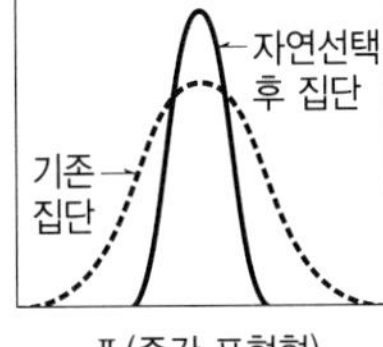

Ⅱ(중간 표현형)

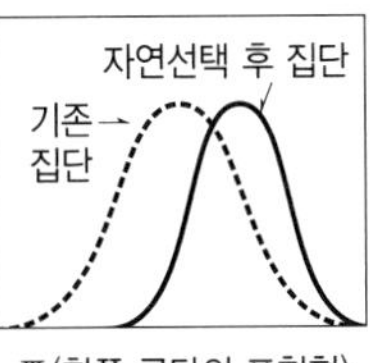

Ⅲ(한쪽 극단의 표현형)

따라서 P가 A로 바뀐 것은 어두운 털색을 가진 개체가 자연선택된 경우이므로 Ⅲ에 해당한다.
ㄴ. P의 털색은 흰색에서 검은색까지 다양한 반면, A의 털색은 검은색 쪽으로 치우쳐 있다. 따라서 털색의 변이는 P에서가 A에서보다 많다.
ㄷ. 변이는 유전자의 차이로 나타나므로, 변이가 다른 P와 A는 털색 유전자 구성이 서로 다르다.

6 전략적 풀이

(1단계) 기본량과 유도량의 차이를 생각해 본다.
(2단계) (가)~(다)에서 각 종의 개체수와 균등도를 비교하여 종다양성을 비교한다.
(3단계) 종다양성과 생태계 안정성의 관계를 생각해 본다.

해설 ㄱ. 기본량에는 길이, 질량, 시간, 전류, 온도, 광도, 물질량이 있으며, 유도량은 기본량으로부터 유도된 물리량으로, 넓이, 부피, 속력, 밀도 등이 있다. 따라서 넓이(단위: m^2)는 기본량인 길이(단위: m)로부터 유도된 유도량이다.
ㄴ. (가)~(다)에서 각 식물 종의 개체수와 종 수는 다음과 같다.

구분	개체수			총 개체수	종 수
	A	B	C		
(가)	6	1	3	10	3
(나)	4	4	4	12	3
(다)	2	4	6	12	3

(나)와 (다)는 식물 종의 수는 3종으로 같지만, 각 식물 종이 차지하는 비율은 (나)에서가 (다)에서보다 균등하다. 따라서 종다양성은 (나)에서가 (다)에서보다 높다.
ㄷ. (가)와 (나)는 식물 종의 수는 3종으로 같지만, 각 식물 종이 차지하는 비율은 (나)에서가 (가)에서보다 균등하므로 종다양성은 (나)에서가 (가)에서보다 높다. 종다양성이 높을수록 생태계평형이 잘 유지되므로 종다양성이 높은 (나)에서가 (가)에서보다 물질의 양, 에너지의 흐름이 안정적으로 유지된다.

Ⅰ-2 화학 변화

수능 빈출 자료 분석하기

6쪽~7쪽

1 ❶ ○ ❷ ○ ❸ ○ ❹ × ❺ ○
2 ❶ ○ ❷ ○ ❸ ○ ❹ × ❺ ○
3 ❶ ○ ❷ × ❸ ○ ❹ ○ ❺ ○
4 ❶ ○ ❷ × ❸ ○ ❹ × ❺ ○

1 ❶ 반응 후 A가 생성되었으므로 A^{3+}은 전자를 얻어 A로 환원된다.
❷ B는 전자를 잃고 B^{n+}으로 산화된다.
❸, ❺ B 원자 $3N$개가 모두 반응하므로 생성된 B^{n+}은 $3N$개이다. 반응 후 원자 또는 이온 수는 A^{3+} : ㉠ : ㉡$=3:3:2$이므로 ㉡을 B^{n+}이라고 하면 A^{3+} : A : $B^{n+}=4.5N:4.5N:3N$이다. 그런데 반응 후 A^{3+} 수와 A 원자 수의 합은 $5N$이어야 하므로 ㉡은 B^{n+}이 아니다. 따라서 ㉠은 B^{n+}이고, ㉡은 A이다.

반응 후 원자 또는 이온 수는 A^{3+} : B^{n+} : A=3N : 3N : 2N이다. 따라서 석출된 A 원자 수는 2N이다.

❹ B 원자 3N개가 B^{n+}이 될 때 A^{3+} 2N개가 A 원자가 된다. 이때 B 원자가 잃은 전자의 수와 A^{3+}이 얻은 전자의 수는 같으므로 $n=2$이다.

2 ❶ (다)에서 ■은 음이온이므로 ●은 양이온이다. ●은 (나)와 (다)에 모두 존재하므로 (나)와 (다)는 각각 수산화 나트륨(NaOH) 수용액과 염화 나트륨(NaCl) 수용액 중 하나이고, (가)는 묽은 염산(HCl)이다. (가)와 (나)에 들어 있는 음이온은 ▲으로 같으므로 (나)는 염화 나트륨 수용액이고, (다)는 수산화 나트륨 수용액이다.

❷ ☆은 묽은 염산에 들어 있는 양이온인 H^+으로, 푸른색 리트머스 종이를 붉게 변화시킨다.

❸ ▲은 묽은 염산에 들어 있는 음이온인 Cl^-으로, (가)에 전류를 흘려 주면 (+)극 쪽으로 이동한다.

❹ (나)는 중성 용액인 염화 나트륨 수용액이므로 BTB 용액을 떨어뜨리면 초록색을 띤다.

❺ 묽은 염산과 수산화 나트륨 수용액을 혼합하면 중화 반응이 일어나 중화열이 발생하므로 혼합 용액의 온도가 높아진다.

3 ❶ 혼합 용액의 최고 온도가 가장 높은 (나)에서 중화 반응이 완결되었으며, (나)의 액성은 중성이다. (나)에서 묽은 염산(HCl)과 수산화 나트륨(NaOH) 수용액이 각각 6 mL씩 반응하므로 묽은 염산과 수산화 나트륨 수용액은 1 : 1의 부피비로 반응한다.

❷ (가)에서는 묽은 염산과 수산화 나트륨 수용액이 각각 4 mL씩 반응하고, 용액에는 반응하지 않은 OH^-이 남아 있다. 따라서 (가)의 액성은 염기성이다.

❸ (나)의 액성은 중성이므로 (나)에는 Cl^-과 Na^+이 같은 수로 들어 있다. 혼합 후 (나)에는 Cl^-, Na^+이 각각 6N개씩 들어 있으므로 묽은 염산 6 mL에는 H^+, Cl^-이 각각 6N개씩, 수산화 나트륨 수용액 6 mL에는 Na^+, OH^-이 각각 6N개씩 들어 있다.

(가)에서 혼합 전 묽은 염산 4 mL에는 H^+, Cl^-이 각각 4N개씩, 수산화 나트륨 수용액 8 mL에는 Na^+, OH^-이 각각 8N개씩 들어 있다. 혼합 후 (가)에는 Cl^- 4N개, Na^+ 8N개, OH^- 4N개가 들어 있으므로 (가)의 전체 이온 수는 16N이다. 따라서 $x=16$이다.

❹ (다)에서 혼합 전 묽은 염산 10 mL에는 H^+과 Cl^-이 각각 10N개씩, 수산화 나트륨 수용액 2 mL에는 Na^+과 OH^-이 각각 2N개씩 들어 있다. 혼합 후 (다)에는 H^+ 8N개, Cl^- 10N개, Na^+ 2N개가 들어 있으므로 (다)의 전체 이온 수는 20N이다. 따라서 $y=20$이다.

❺ (나)에서는 묽은 염산과 수산화 나트륨 수용액이 각각 6 mL씩 반응하여 물을 생성하고, (다)에서는 묽은 염산과 수산화 나트륨 수용액이 각각 2 mL씩 반응하여 물을 생성한다. 따라서 중화 반응으로 생성된 물 분자 수는 (나)에서가 (다)에서의 3배이다.

4 ❶ 에탄올(C_2H_5OH)이 액체에서 기체로 증발할 때 열에너지를 흡수하여 주변의 온도가 낮아진다.

❷ 에탄올은 비금속 원소로 이루어지므로 공유 결합 물질이다.

❸, ❹ 철(Fe)이 산화되는 반응은 발열 반응으로, 반응이 일어날 때 열에너지를 방출하여 주변의 온도가 높아진다.

❺ 철이 산소(O_2)와 반응하여 산화 철(Ⅲ)(Fe_2O_3)을 생성할 때 철은 전자를 잃고 철 이온(Fe^{3+})으로 산화된다.

전자를 잃음: 산화

$$4Fe + 3O_2 \longrightarrow 2Fe_2O_3(4Fe^{3+} + 6O^{2-})$$

전자를 얻음: 환원

수능 문제 도전하기

8쪽~11쪽

1⑤ 2④ 3⑤ 4⑤ 5③ 6③ 7④ 8④

1 전략적 풀이

1단계 실험 Ⅰ과 Ⅱ에서 일어나는 반응을 화학 반응식으로 나타내고, 산화되는 물질과 환원되는 물질이 무엇인지 파악한다.

2단계 실험 Ⅰ에서 생성물을 이루는 원소의 종류로부터 화학 결합의 종류를 파악한다.

3단계 실험 Ⅱ에서 수용액 속 입자의 수가 어떻게 변하는지 파악한다.

해설 실험 Ⅰ: $2Cu + O_2 \longrightarrow 2CuO$ (산화: Cu → CuO)

실험 Ⅱ: $Cu + 2Ag^+ \longrightarrow Cu^{2+} + 2Ag$ (산화: Cu → Cu^{2+}, 환원: Ag^+ → Ag)

ㄱ. 실험 Ⅰ에서 생성된 검은색 물질은 산화 구리(Ⅱ)(CuO)로, 금속 원소와 비금속 원소로 이루어진 이온 결합 물질이다.

ㄴ. 실험 Ⅱ에서 은 이온(Ag^+)의 수는 감소하고, 구리 이온(Cu^{2+})의 수는 증가한다. 따라서 실험 Ⅱ에서 수용액 속 $\frac{Cu^{2+} \text{ 수}}{Ag^+ \text{ 수}}$는 증가한다.

ㄷ. 실험 Ⅰ에서 구리(Cu)는 산소를 얻어 산화 구리(Ⅱ)로 산화되고, 실험 Ⅱ에서 구리는 전자를 잃고 구리 이온으로 산화된다.

2 전략적 풀이

1단계 반응 전과 후의 입자 모형을 비교하여 각 입자 모형이 어떤 입자인지 파악한다.
2단계 이온 수 변화로 산화되는 물질과 환원되는 물질을 파악한다.
3단계 산화되는 물질이 잃은 전자의 수와 환원되는 물질이 얻은 전자의 수가 같다는 것을 이용하여 금속 이온의 전하를 비교한다.

해설 ●은 수가 감소하는 것으로 보아 X^+이고, ▲은 수가 증가하는 것으로 보아 Y 이온이다. □은 수가 일정한 것으로 보아 반응에 참여하지 않는 NO_3^-이다.
ㄱ. □은 NO_3^-으로 음이온이다.
ㄴ. X^+은 전자를 얻어 X로 환원되고, Y는 전자를 잃고 Y 이온으로 산화된다.
ㄷ. Y 이온 1개가 생성될 때 X^+ 2개가 감소하므로 X^+ 2개가 얻은 전자의 수는 Y 원자 1개가 잃은 전자의 수와 같다. 따라서 Y 이온의 전하는 +2이고, 이온의 전하는 Y^{2+}이 X^+보다 크다.

3 전략적 풀이

1단계 반응 전과 후 수용액 속 이온의 종류로 산화되는 물질과 환원되는 물질을 파악한다.
2단계 산화되는 물질이 잃은 전자의 수와 환원되는 물질이 얻은 전자의 수가 같다는 것을 이용하여 x와 m의 값을 알아낸다.

해설 ㄱ. 비커 Ⅰ에서 A^+이 감소하고 C^{2+}이 생성된 것으로 보아 A^+은 전자를 얻어 A로 환원되고, C는 전자를 잃고 C^{2+}으로 산화된다. 비커 Ⅱ에서 B^{m+}이 감소하고 C^{2+}이 생성된 것으로 보아 B^{m+}은 전자를 얻어 B로 환원되고, C는 전자를 잃고 C^{2+}으로 산화된다.
ㄴ. 비커 Ⅰ에서 A^+ $10N$개가 A로 환원될 때 얻은 전자의 수와 C 원자 xN개가 C^{2+}으로 산화될 때 잃은 전자의 수는 같다. 따라서 $x=5$이다.
ㄷ. 비커 Ⅱ에서 B^{m+} $10N$개가 B로 환원될 때 얻은 전자의 수와 C 원자 $10N$개가 C^{2+}으로 산화될 때 잃은 전자의 수는 같다. 따라서 $m=2$이다.

4 전략적 풀이

1단계 입자 모형을 해석하여 (가)~(다)가 각각 어떤 용액인지 파악한다.
2단계 산의 성질과 염기의 성질을 안다.

해설 (가)와 (나)에는 같은 종류의 이온이 들어 있으므로 (가)와 (나)는 각각 묽은 염산(HCl)과 아세트산(CH_3COOH) 수용액 중 하나이고, (다)는 수산화 나트륨(NaOH) 수용액이다.
• 학생 A: (가)와 (나)에 공통으로 들어 있는 이온인 ☆은 H^+이다.
• 학생 B: (가)는 산성 용액이므로 (가)에 마그네슘(Mg) 조각을 넣으면 수소 기체(H_2)가 발생한다.
• 학생 C: (다)는 염기성 용액이므로 (다)에 BTB 용액을 떨어뜨리면 파란색을 나타낸다.

5 전략적 풀이

1단계 탄산(H_2CO_3)은 산이며 수용액에서 이온화하여 수소 이온(H^+)을 내놓는다는 것을 안다.
2단계 연소는 열에너지를 방출하는 화학 반응이라는 것을 안다.
3단계 산의 성질을 안다.

해설 • 학생 A: 탄산은 물에 녹아 수소 이온과 탄산 이온(CO_3^{2-})으로 이온화한다.

$$H_2CO_3 \longrightarrow 2H^+ + CO_3^{2-}$$

• 학생 B: 화석 연료의 연소는 반응이 일어날 때 열에너지를 방출하는 발열 반응이다.
• 학생 C: 산 수용액은 탄산 칼슘($CaCO_3$)과 반응하여 이산화 탄소 기체(CO_2)를 발생시킨다.

6 전략적 풀이

1단계 혼합 용액 속 양이온의 가짓수로 Ⅰ과 Ⅱ의 액성을 파악한다.
2단계 각 입자 모형이 어떤 입자인지 파악한다.
3단계 Ⅰ과 Ⅱ에 존재하는 양이온의 개수를 이용하여 일정 부피의 묽은 염산(HCl)과 수산화 나트륨(NaOH) 수용액에 들어 있는 이온의 수를 파악한다.

해설 묽은 염산과 수산화 나트륨 수용액을 혼합한 용액의 액성이 염기성 또는 중성일 때 혼합 용액에 들어 있는 양이온은 Na^+이고, 산성일 때 혼합 용액에 들어 있는 양이온은 H^+, Na^+이다. 따라서 Ⅰ의 액성은 염기성 또는 중성이고, Ⅱ의 액성은 산성이다. Ⅰ과 Ⅱ에 공통으로 들어 있는 ●은 Na^+이고, ▲은 H^+이다.
Na^+은 반응에 참여하지 않으므로 반응 전과 후에 그 수가 변하지 않는다. 따라서 Ⅱ에서 혼합 전 수산화 나트륨 수용액 V_2 mL에는 Na^+과 OH^-이 각각 1개씩 들어 있다. OH^-은 H^+과 반응하여 물을 생성하므로 혼합 전 묽은 염산 $2V_1$ mL에 들어 있는 H^+은 4개이다.

ㄱ. Ⅰ에서 혼합 전 묽은 염산 V_1 mL에는 H^+과 Cl^-이 각각 2개씩 들어 있고, 수산화 나트륨 수용액 $3V_2$ mL에는 Na^+과 OH^-이 각각 3개씩 들어 있다. 혼합 후 Ⅰ에는 반응하지 않은 OH^-이 남아 있으므로 Ⅰ의 액성은 염기성이고, BTB 용액을 떨어뜨리면 파란색을 띤다.
ㄴ. 반응하는 H^+과 OH^-의 수가 많을수록 중화열이 많이 발생하여 혼합 용액의 온도가 높아진다. Ⅰ에서는 H^+과 OH^-이 2개씩 반응하여 물을 생성하고, Ⅱ에서는 H^+과 OH^-이 1개씩 반응하여 물을 생성한다. 따라서 $t_1 > t_2$이다.
ㄷ. 수산화 나트륨 수용액 $2V_2$ mL에는 Na^+, OH^-이 각각 2개씩 들어 있다. Ⅱ에 수산화 나트륨 수용액 $2V_2$ mL를 넣은 용액에는 H^+ 1개가 남아 있으므로 혼합 용액의 액성은 산성이다.

7 전략적 풀이

(1단계) 농도가 같은 산 수용액과 염기 수용액은 1 : 1의 부피비로 반응함을 이용하여 중화점을 찾는다.
(2단계) A에 들어 있는 전체 이온 수를 이용하여 일정 부피의 묽은 염산(HCl)과 수산화 칼륨(KOH) 수용액에 들어 있는 이온의 수를 파악한다.

해설 ㄱ. 농도가 같은 묽은 염산과 수산화 칼륨 수용액은 1 : 1의 부피비로 반응하므로 C에서 완전히 중화된다. B에서는 묽은 염산과 수산화 칼륨 수용액이 각각 20 mL씩 반응하고, 용액에는 반응하지 않은 OH^-이 남아 있으므로 B의 액성은 염기성이다. D에서는 묽은 염산과 수산화 칼륨 수용액이 각각 20 mL씩 반응하고, 용액에는 반응하지 않은 H^+이 남아 있으므로 D의 액성은 산성이다. 따라서 ㉠은 염기성, ㉡은 산성이다.
ㄴ. C에서 묽은 염산 30 mL에 H^+과 Cl^-이 각각 $3a$개씩 들어 있다고 하면 수산화 칼륨 수용액 30 mL에는 K^+과 OH^-이 각각 $3a$개씩 들어 있다. A에서 혼합 전 묽은 염산 10 mL에는 H^+과 Cl^-이 각각 a개씩 들어 있고, 수산화 칼륨 수용액 50 mL에는 K^+과 OH^-이 각각 $5a$개씩 들어 있다. 혼합 후 A에는 Cl^- a개, K^+ $5a$개, OH^- $4a$개가 들어 있으므로 $\frac{OH^- \text{ 수}}{Cl^- \text{ 수}}=4$이다.
ㄷ. 혼합 후 A에는 Cl^- a개, K^+ $5a$개, OH^- $4a$개가 들어 있으므로 전체 이온 수는 $10a$이고, $a=N$이다. B에서 혼합 전 묽은 염산 20 mL에는 H^+과 Cl^-이 각각 $2N$개, 수산화 칼륨 수용액 40 mL에는 K^+과 OH^-이 각각 $4N$개씩 들어 있다. 혼합 후 B에는 Cl^- $2N$개, K^+ $4N$개, OH^- $2N$개가 들어 있으므로 $x=8$이다.
D에서 혼합 전 묽은 염산 40 mL에는 H^+과 Cl^-이 각각 $4N$개, 수산화 칼륨 수용액 20 mL에는 K^+과 OH^-이 각각 $2N$개씩 들어 있다. 혼합 후 D에는 H^+ $2N$개, Cl^- $4N$개, K^+ $2N$개가 들어 있으므로 $y=8$이다. 따라서 $x+y=16$이다.

8 전략적 풀이

(1단계) 학생의 가설이 옳지 않다는 결론으로부터 (나)가 일어날 때 열에너지의 출입 방향을 파악한다.
(2단계) (다)에서 산화되는 물질과 환원되는 물질을 안다.

해설 ㄱ. 탐구 결과 가설이 옳지 않다는 결론에 도달했으므로 (나)는 물질 변화가 일어날 때 열에너지를 흡수하는 현상이다. 세포 속의 마이토콘드리아에서 세포호흡이 일어날 때 열에너지를 방출하므로 ㉠으로 적절하지 않다.
ㄴ. 카탈레이스에 의해 과산화 수소가 분해될 때 열에너지를 방출하므로 (가)는 발열 반응이다.
ㄷ. (다)에서 철(Fe)은 산소를 얻어 산화 철(Ⅲ)(Fe_2O_3)로 산화된다.

$$4Fe + 3O_2 \longrightarrow 2Fe_2O_3 \quad (\text{Fe} \xrightarrow{\text{산화}} Fe_2O_3)$$

Ⅱ-1 생태계와 환경 변화

수능 빈출 자료 분석하기 12쪽~13쪽

1 ❶ ○ ❷ ○ ❸ × ❹ ○ ❺ ×
2 ❶ ○ ❷ × ❸ ○ ❹ ○ ❺ ×
3 ❶ ○ ❷ ○ ❸ ○ ❹ × ❺ ○
4 ❶ × ❷ ○ ❸ × ❹ ○ ❺ ○

1 ❶ 곰팡이는 생물요소 중 분해자에 해당한다.
❷ 늑대가 말코손바닥사슴을 잡아먹는 것은 서로 다른 개체군 사이의 상호작용이므로 ㉠의 예에 해당한다.
❸ 같은 종에 속하는 개미들이 일을 분담하며 협력하는 것은 한 개체군을 이루는 개체 사이의 상호작용이므로 ㉡의 예에 해당한다.
❹ 빛의 세기가 참나무의 성장에 영향을 미치는 것은 비생물요소인 빛이 생물요소인 참나무에 영향을 미치는 것이므로 ㉢의 예에 해당한다.
❺ 지의류에 의해 암석의 풍화가 촉진되어 토양이 형성되는 것은 생물요소인 지의류가 비생물요소인 토양에 영향을 주는 것이므로 ㉣의 예에 해당한다.

2 ❶ 생산자는 광합성을 통해 태양의 빛에너지를 화학 에너지로 전환하여 유기물에 저장한다.
❷ A는 1차 소비자, B는 3차 소비자, C는 2차 소비자이다.

❸ B와 C의 에너지효율은 같다. C의 에너지효율은 $\frac{16}{80} \times 100 = 20$ %이므로, B의 에너지효율은 $\frac{3}{㉠} \times 100 = 20$ %이고, ㉠=15이다.

❹ 생태계의 각 영양단계에서 에너지는 생명활동을 하는 데 쓰이거나 열에너지로 방출되고, 나머지 일부 에너지만 상위 영양단계로 전달되므로 상위 영양단계로 갈수록 전달되는 에너지양은 감소한다.

❺ (나)에서 에너지효율은 1차 소비자가 $\frac{80}{800} \times 100 = 10$ %, 2차 소비자가 $\frac{16}{80} \times 100 = 20$ %, 3차 소비자가 $\frac{4}{16} \times 100 = 25$ %로, 상위 영양단계로 갈수록 증가한다.

3 ❶ 이 생태계에서 생산자는 식물군집의 풀, 1차 소비자는 사슴, 2차 소비자는 늑대이다.

❷, ❸ 늑대의 개체수가 감소하면 늑대가 먹이로 하는 사슴의 개체수는 증가하고, 사슴의 개체수가 증가하면 사슴이 먹이로 하는 식물군집의 생체량은 감소한다(구간 Ⅰ). 식물군집의 생체량이 감소하면 식물군집을 먹이로 하는 사슴의 개체수는 감소한다(구간 Ⅱ).

❹ 사슴의 개체수는 사슴을 먹이로 하는 늑대(포식자)뿐만 아니라 사슴이 먹이로 하는 식물군집(피식자)에 의해서도 조절된다.

❺ 사슴을 보호하기 위해 늑대 사냥을 허용한 것과 같은 인간의 개입이 생태계평형을 깨뜨릴 수 있다.

4 ❶ 우주에서 지구로 들어오는 태양 복사 에너지량을 100이라고 할 때, 대기와 지표에 의해 태양 복사 에너지가 흡수되고, 대기와 지표에 의해 태양 복사 에너지가 우주 공간으로 반사되므로 25+A+30=100이기 때문에 A는 45이다. 지구는 복사 평형 상태이므로 대기가 흡수한 에너지량은 대기가 방출한 에너지량과 같다. 대기는 태양으로부터 25, 지표가 방출하는 복사 에너지로부터 100, 대류·전도·물의 증발로부터 29를 받으므로 대기가 흡수하는 에너지량은 25+100+29=154이다. 대기에서 우주로 방출되는 에너지량은 66이므로 지표가 대기로부터 흡수하는 에너지량(B)은 154−66=88이다. 따라서 A는 B보다 작다.

❷ (A+B)는 지표가 흡수하는 에너지량이다. 복사 평형 상태이므로 지표는 (A+B)만큼의 에너지를 지표가 방출하는 복사 에너지, 대류·전도·물의 증발로 대기와 우주로 방출한다. 따라서 (A+B)=지표가 방출하는 복사 에너지량+29이므로 (A+B)는 지표가 방출하는 복사 에너지량보다 크다.

❸ 태양 복사 에너지는 주로 가시광선이고, 지구 복사 에너지는 주로 적외선이다. 따라서 $\frac{\text{가시광선 영역 에너지의 양}}{\text{적외선 영역 에너지의 양}}$은 ㉠이 ㉡보다 크다.

❹ 지구의 평균 기온이 상승하면 극지방과 고산 지방의 빙하가 녹아 빙하에 의한 반사량은 감소한다.

❺ 지구의 평균 기온이 상승하는 것은 온실 효과가 강화되어 나타나는 현상이다. 따라서 온실 효과가 강화되면 대기에서 지표로 재복사하는 에너지량이 증가하여 지표가 대기로부터 흡수(㉡)하는 에너지량도 증가한다.

수능 문제 도전하기

14쪽~17쪽

1 ③ 2 ④ 3 ② 4 ② 5 ③ 6 ② 7 ⑤ 8 ⑤

1 전략적 풀이

(1단계) 광합성 반응을 산화·환원 반응과 연결하여 산화, 환원되는 물질을 파악한다.

(2단계) 생태계구성요소 사이의 상호 관계를 파악한다.

(3단계) 각각의 사례가 생태계구성요소 사이의 상호 관계 중 어디에 해당하는지 구분한다.

해설 ㉠은 생물요소 사이에 서로 영향을 주는 경우이고, ㉡은 비생물요소가 생물요소에 영향을 주는 경우이며, ㉢은 생물요소가 비생물요소에 영향을 주는 경우이다. (가)의 예는 생물요소인 식물이 비생물요소인 공기에 영향을 주는 경우이므로 ㉢의 예이고, (나)의 예는 생물요소인 식물 플랑크톤이 생물요소인 동물 플랑크톤에 영향을 주는 것이므로 ㉠의 예이다.

ㄱ. 광합성(ⓐ)은 식물이 이산화 탄소와 물을 원료로 빛에너지를 이용하여 포도당과 산소를 합성하는 과정으로, 산화·환원 반응이 일어난다. 이산화 탄소는 산소를 잃고 수소를 얻으므로 환원되고, 물은 수소를 잃고 산소로 되므로 산화된다.

$$6CO_2 + 6H_2O \xrightarrow{\text{빛에너지}} C_6H_{12}O_6 + 6O_2$$

이산화 탄소 / 물 / 포도당 / 산소 (산화: $H_2O \rightarrow O_2$, 환원: $CO_2 \rightarrow C_6H_{12}O_6$)

ㄴ. (나)는 생물요소 사이의 상호작용인 ㉠이다.

ㄷ. (가)는 ㉢, (나)는 ㉠이므로 (다)는 ㉡이다. 서식지의 온도에 따라 여우의 몸집과 몸 말단부의 크기가 달라지는 것은 비생물요소인 온도가 생물요소인 여우에게 영향을 주는 것이므로 (다)의 예에 해당한다.

2 전략적 풀이

(1단계) 생태계에서의 에너지흐름을 보고, 각각의 영양단계를 파악한다.

(2단계) 생태계에서 에너지는 어떤 형태로 이동하는지 생각해 본다.

(3단계) 각 영양단계가 보유한 에너지양을 계산한다.

해설 • 학생 A: Ⅰ은 생산자, Ⅱ는 1차 소비자, Ⅲ은 2차 소비자이다. 버섯은 생물요소 중 분해자에 속한다.

• 학생 B: 태양의 빛에너지는 생산자의 광합성을 통해 유기물에 화학 에너지 형태로 저장되고, 유기물에 저장된 화학 에너지는 먹이사슬을 따라 하위 영양단계에서 상위 영양단계로 이동한다.

• 학생 C: Ⅰ의 에너지양은 10000－9900＝100이고, Ⅰ에서 Ⅱ로 이동한 에너지양은 100－(50＋40)＝10이며, Ⅱ에서 Ⅲ으로 이동한 에너지양은 10－(4.5＋3.5)＝2이다.

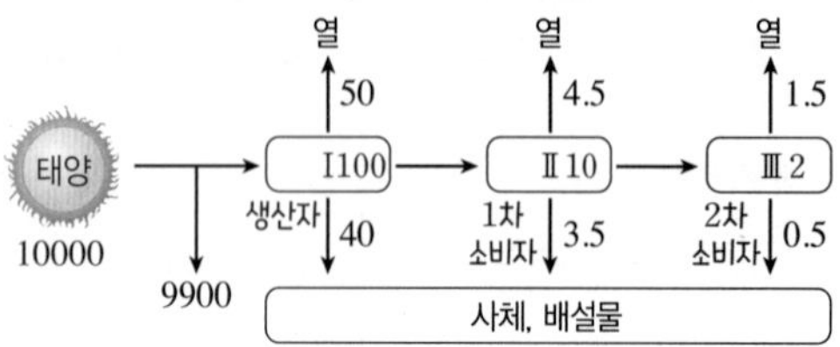

3 전략적 풀이

1단계 그림을 보고 각각의 영양단계를 파악한다.

2단계 주어진 조건을 이용하여 각 영양단계의 에너지양을 파악한다.

3단계 각 영양단계의 에너지효율을 계산한다.

해설 ㄱ. A는 1차 소비자, B는 2차 소비자, C는 3차 소비자이다. Ⅰ이 1차 소비자(A)일 경우 에너지효율은 $\frac{3}{1000}\times100=\frac{3}{10}$ %로 C가 A의 2배라는 조건을 만족하는 경우가 없다. 따라서 Ⅰ은 2차 또는 3차 소비자이고, Ⅱ와 Ⅲ 중 하나가 1차 소비자이다. Ⅲ이 1차 소비자(A)라면, 에너지효율은 C가 A의 2배이므로 에너지효율이 10 %인 Ⅱ는 C(3차 소비자)가 아니며, Ⅰ이 C, Ⅱ가 B(2차 소비자)이다. 이때 Ⅲ의 에너지양은 $\frac{x}{1000}\times100=15$ %에서 $x=150$이고, Ⅱ(B)의 에너지양은 $\frac{y}{150}\times100=10$ %에서 $y=15$이다. 이로부터 Ⅰ(C)의 에너지효율을 구하면 $\frac{3}{15}\times100$ ＝20 %가 되어 A의 2배라는 조건이 성립하지 않는다. 따라서 Ⅱ가 1차 소비자(A)이고, Ⅰ이 3차 소비자(C), Ⅲ은 2차 소비자(B)이다.

ㄴ. 1차 소비자(Ⅱ)의 에너지효율은 $\frac{x}{1000}\times100=10$ %이므로 1차 소비자의 에너지양은 100이다. 2차 소비자(Ⅲ)의 에너지효율이 15 %이므로 $\frac{㉠}{100}\times100=15$ %에서 ㉠은 15이다.

ㄷ. C(3차 소비자, Ⅰ)의 에너지효율은 A(1차 소비자, Ⅱ)의 2배인 20 %이다.

4 전략적 풀이

1단계 종 A～C의 영양단계를 파악한다.

2단계 구간 Ⅰ에서 각 영양단계의 생체량 변화를 파악한다.

3단계 생명체를 구성하는 주요 원소의 생성 시기를 생각해 본다.

해설 ㄱ. (나)에서 먹이사슬은 A → B → C이므로 A는 생산자, B는 1차 소비자, C는 2차 소비자이다.

ㄴ. 구간 Ⅰ에서 B의 생체량은 증가하고, C의 생체량은 일정하므로 $\frac{\text{B의 생체량}}{\text{C의 생체량}}$은 증가한다.

ㄷ. 빅뱅 이후 우주 초기에 생성된 원소는 수소, 헬륨이고, 산소와 탄소는 이로부터 수억 년이 지나 별이 탄생한 후 별의 내부에서 핵융합 반응으로 생성되었다.

5 전략적 풀이

1단계 그래프에서 포식자와 피식자는 각각 어느 것인지 파악한다.

2단계 초기 포식자의 수를 증가시켰을 때와 피식자의 출생률을 감소시켰을 때, 각각에 해당하는 그래프는 어느 것인지 파악한다.

3단계 포식과 피식 관계에 있는 두 개체군의 개체수 변동 주기를 파악한다.

해설 피식자의 개체수가 증가하면 피식자를 잡아먹는 포식자의 개체수도 증가한다. 포식자의 개체수가 증가하면 먹이가 되는 피식자의 개체수는 감소하고, 그에 따라 먹이가 부족해져 포식자의 개체수도 감소하면서 피식자의 개체수는 다시 증가한다. 이처럼 포식과 피식 관계에 있는 두 개체군의 개체수는 주기적으로 변동한다.

ㄱ. ㉠의 개체수가 증가하면 ㉡의 개체수도 증가하고, ㉠의 개체수가 감소하면 ㉡의 개체수도 감소한다. 따라서 ㉠은 피식자이고, ㉡은 포식자이다.

ㄴ. 시뮬레이션을 시작할 때 포식자(㉡)의 개체수를 보면, Ⅰ에서 약 15, Ⅱ에서 약 15, Ⅲ에서 약 40이다. 따라서 초기 포식자의 개체수를 증가시켰을 때(ⓐ)의 개체수 변화를 나타낸 것은 Ⅲ이고, 피식자의 출생률을 감소시켰을 때(ⓑ)의 개체수 변화를 나타낸 것은 Ⅱ이다.

ㄷ. 두 개체군의 개체수 변동 주기는 Ⅰ에서 약 5년, Ⅱ에서 약 9년, Ⅲ에서 약 4.5년으로 환경 조건에 따라 다르다.

6 전략적 풀이

1단계 지구의 평균 기온 상승과 육지의 면적과의 관계를 파악한다.
2단계 복사 평형 상태일 때 지구가 흡수하는 에너지량과 방출하는 에너지량의 크기를 비교한다.
3단계 온실 기체의 농도 증가로 인해 지구 온난화가 나타날 때 지구 열수지에서 변동하는 물리량을 파악한다.

해설 ㄱ. 지구의 평균 기온이 상승하면 빙하의 융해와 해수의 열팽창으로 인해 해수면이 상승하여 육지 면적이 감소하게 된다. 따라서 육지 면적은 (가)보다 (나)일 때 좁다.
ㄴ. (나)는 복사 평형 상태인 지구 열수지이다. 지구가 복사 평형 상태일 때는 지구가 흡수하는 에너지량과 우주로 방출하는 에너지량이 같으므로 지구 반사(㉠)+지구 복사(㉡+㉢)는 지구에 들어오는 태양 복사 에너지량(100)과 같다.
ㄷ. A′는 대기가 지표로 재복사하는 에너지량(지표가 흡수하는 대기의 재복사 에너지량)으로, 대기 중 온실 기체의 농도가 증가하면 대기가 지표가 방출하는 지구 복사 에너지를 더 많이 흡수하기 때문에 A′도 증가하게 된다. 한편, (가)에서 대기가 흡수한 에너지량은 대기가 방출하는 에너지량과 같으므로 25(대기가 흡수하는 태양 복사 에너지량)+29(대류·전도·물의 증발)+100(대기가 흡수하는 지표가 방출하는 지구 복사 에너지량)=66(대기에서 우주로 방출하는 에너지량)+A(대기의 재복사)이다. 따라서 A=25+29+100−66=88이고, 지구 온난화로 인해 A′는 A보다 크므로 A′는 88보다 크다.

7 전략적 풀이

1단계 실험 결과 자료를 해석하여 온실 효과가 나타나는 페트병을 판단한다.
2단계 복사 평형의 개념을 파악한 후 실험 결과 자료에서 복사 평형에 도달하였을 때 온도를 찾는다.
3단계 온실 기체의 농도 증가와 온실 효과의 관계를 파악한 후 복사 평형에 도달하는 온도를 예측한다.

해설 ㄱ. 그래프에서 ㉠은 상대적으로 높은 온도에서 온도가 일정해지고, ㉡은 상대적으로 낮은 온도에서 온도가 일정해진다. 이산화 탄소는 온실 기체이므로 적외선을 흡수하여 재복사하므로 이산화 탄소의 농도가 높은 페트병 B에서는 높은 온도에서 복사 평형을 이룬다. 따라서 ㉠은 페트병 B, ㉡은 페트병 A의 온도 변화에 해당한다.
ㄴ. 경과 시간이 18분일 때 ㉡은 온도가 시간에 따라 변화하지 않으므로 복사 평형 상태이다.
ㄷ. 이산화 탄소의 농도가 높을수록 온실 효과가 증가한다. 발포 바이타민을 페트병 B에 2개 넣으면 방출되는 이산화 탄소의 양이 증가하므로 복사 평형에 도달한 페트병 B 내부의 온도는 발포 바이타민 1개를 넣었을 때의 복사 평형 온도인 30 ℃보다 높을 것이다.

8 전략적 풀이

1단계 엘니뇨 시기일 때 적도 부근에서 부는 바람의 세기, 적도 부근 해역에서의 기압 배치와 기상 등의 특징을 파악한다.
2단계 적도 부근에서 부는 바람과 적도 부근에서 동쪽에서 서쪽으로 흐르는 표층 해수의 흐름과의 관계를 파악한다.
3단계 구름의 양과 해수면의 평균 기압과의 관계를 파악한다.

해설 ㄱ. 태평양 적도 부근에서 동쪽에서 서쪽으로 부는 동풍의 세기는 (나)보다 (가) 시기일 때 약하다. 따라서 무역풍은 (나)보다 (가) 시기일 때 약하므로 (가)는 엘니뇨 시기일 때이다.
ㄴ. 표층 해수는 지속적으로 부는 바람에 의해 이동하고, 바람이 세게 불수록 표층 해수의 흐름은 강해진다. 따라서 무역풍이 세게 부는 (나) 시기일 때가 (가) 시기일 때보다 태평양 적도 부근에서 동쪽에서 서쪽으로 흐르는 표층 해수의 흐름이 강할 것이다.
ㄷ. 저기압에서는 상승 기류가 발달하여 구름이 형성되고, 고기압에서는 하강 기류가 발달하여 날씨가 맑다. 따라서 적도 부근 동태평양 해역(A)에서 구름의 양은 (가) 시기일 때가 (나) 시기일 때보다 많으므로 해수면의 평균 기압은 (가) 시기일 때가 (나) 시기일 때보다 낮다.

Ⅱ-2 에너지 전환과 활용

수능 빈출 자료 분석하기 18쪽~19쪽

1 ❶ ○ ❷ ○ ❸ ○ ❹ ×
2 ❶ × ❷ ○ ❸ ○ ❹ ○ ❺ ×
3 ❶ ○ ❷ ○ ❸ × ❹ × ❺ ○
4 ❶ ○ ❷ ○ ❸ × ❹ × ❺ ○

1 ❶ 태양 에너지는 중심부(핵)에서 일어나는 수소 핵융합 반응을 통해 생성된다.

❷ 대기 중의 이산화 탄소는 식물의 광합성을 통해 화학 에너지로 전환된다.

❸ 지구에 도달한 태양 에너지는 다양한 에너지로 전환되면서 기상 현상과 같은 자연 현상을 일으킨다.

❹ 태양 에너지는 에너지와 물질(대기, 해수, 탄소)을 순환시킨다.

2 ❶ 자석과 코일의 상대적인 운동이 있을 때 코일을 통과하는 자기장의 세기가 변한다.

❷ 유도 전류의 세기는 코일과 자석이 상대적으로 빠르게 움직일수록 크다.

❸ 자석과 코일이 상대적으로 움직이지 않을 때는 전류가 흐르지 않는다.

❹ 자석의 N극을 아래로 하고 코일에 가까이 가져갈 때와 자석의 S극을 아래로 하고 코일에 가까이 가져갈 때, 코일에 흐르는 유도 전류의 방향은 반대이다.

❺ 유도 전류의 방향은 자기장의 변화를 방해하는 방향이므로, 자석을 멀리 할 때 유도 전류에 의한 자기장의 방향은 자석에 의한 자기장의 방향과 같다.

3 ❶, ❷ 발전기는 자석 사이에서 코일이 회전하면 코일을 통과하는 자기장이 시간에 따라 변하며 코일에 유도 전류가 흐르는 원리를 이용한 것이다.

❸ 발전기는 코일을 통과하는 자기장의 세기가 변할 때 유도 전류가 흐르는 전자기 유도 현상을 이용한다.

❹ 발전기에서 코일의 운동 에너지가 전기 에너지로 전환된다.

❺ 코일의 운동 에너지가 클수록 전류가 더 많이 흐르므로 더 많은 전기 에너지를 얻을 수 있다.

4 ❶ 열기관이 흡수한 열에너지의 양은 열기관이 외부에 한 일과 방출한 열에너지의 합과 같으므로, 열기관에서 방출하는 열은 $4Q-Q=3Q$이다.

❷ 열기관의 열효율은 공급한 열에 대해 열기관이 한 일의 비율이므로 $\frac{Q}{4Q}\times100=25\ \%$이다.

❸ 에너지를 사용하는 과정에서 항상 버려지는 열에너지가 있기 때문에 에너지 효율은 항상 100 %보다 작다. 따라서 열기관에서 방출하는 열을 0으로 만들 수 없다.

❹ 열기관에서 흡수하는 열에너지의 양이 같을 때 열기관에서 방출되어 버려지는 열의 양이 적을수록 열효율이 높다.

❺ 열기관의 열효율이 높을수록 방출되어 버려지는 열에너지의 양이 적으므로 에너지를 절약할 수 있다.

수능문제 도전하기

20쪽~23쪽

1 ③ 2 ① 3 ③ 4 ⑤ 5 ④ 6 ③ 7 ③ 8 ⑤

1 전략적 풀이

(1단계) 수소 핵융합 반응을 파악한다.

(2단계) 수소 핵융합 반응에서 발생하는 에너지의 근원에 대해 알아낸다.

해설 ㄱ. 수소 핵융합 반응은 수소 원자핵 4개가 융합하여 헬륨 원자핵 1개가 되는 반응이다.

ㄴ. 수소 핵융합 반응에서 반응 후 헬륨 원자핵 1개의 질량은 반응 전 수소 원자핵 4개의 질량 합보다 작다. 이때 감소한 질량이 에너지로 변해 방출된다.

ㄷ. 태양 에너지는 지구 생명체의 생명 활동과 자연 환경을 유지시키는 주된 에너지이다.

2 전략적 풀이

(1단계) 전자기 유도의 원리를 파악한다.

(2단계) 전자기 유도가 일어날 때 에너지의 전환 과정을 파악한다.

(3단계) 자석과 코일 사이에 작용하는 힘의 방향에 대해 알아낸다.

해설 ㄱ. (나)에서는 철이 자기장을 형성하지 않으므로, 코일을 통과할 때 유도 전류가 흐르지 않는다.

ㄴ. (나)에서는 철의 역학적 에너지가 보존되고 (다)에서는 자석의 역학적 에너지의 일부가 전기 에너지로 전환되므로, 바닥에 도달했을 때의 속력은 (나)에서가 (다)에서보다 크다.

ㄷ. (다)에서는 코일을 통과하는 자기장의 변화를 방해하는 방향의 자기장이 생기도록 유도 전류가 흐르므로 자석과 코일 사이에는 척력이 작용한다.

3 전략적 풀이

(1단계) 발전기에서 에너지 전환 과정을 파악한다.

(2단계) 전등에서 에너지 전환 과정을 파악한다.

(3단계) 에너지 보존 법칙을 적용한다.

해설 • 학생 A: 발전기에서는 자석의 운동 에너지가 전기 에너지로 전환된다.

• 학생 B: 전등에서는 전기 에너지가 빛에너지로 전환된다.

• 학생 C: 자석의 운동 에너지가 발전기에서 전기 에너지로 전환되고 전등에서 다시 빛에너지로 전환되므로, 발전기의 자석을 계속 회전시켜야 전등에서 계속 빛이 나온다.

4 전략적 풀이

(1단계) 화력 발전과 핵발전의 원리를 파악하고 핵발전의 장점을 알아낸다.
(2단계) 화력 발전과 핵발전의 장단점을 파악한다.
(3단계) 핵발전에서 발생하는 에너지의 근원에 대해 알아낸다.

해설 ㄱ. 핵발전은 핵분열 반응에서 줄어든 질량이 에너지로 변환되어 발생하므로, 연료의 연소 과정이 없어 이산화 탄소 배출이 거의 없다.
ㄴ. 화석 연료와 핵연료는 모두 매장량이 한정되어 있다.
ㄷ. 화력 발전과 핵발전에서 발생하는 에너지를 이용하여 물을 끓여 얻은 고온·고압의 증기로 터빈을 돌려 전기 에너지를 생산한다.

5 전략적 풀이

(1단계) 휴대 전화의 각 부분에서 에너지 전환 과정을 파악한다.
(2단계) 에너지 전환 과정에서 항상 버려지는 열에너지가 있음을 알아낸다.
(3단계) 에너지 보존 법칙을 적용한다.

해설 ㄱ. ㉠은 소리 에너지이다.
ㄴ. 휴대 전화 본체에서 발생하는 열은 에너지를 사용하는 과정에서 버려지는 에너지이므로 다시 사용할 수 없다.
ㄷ. 에너지 보존 법칙에 따라 휴대 전화에서 전환된 모든 에너지의 합은 휴대 전화에 공급된 에너지의 양과 같다.

6 전략적 풀이

(1단계) 열효율의 정의를 이용하여 A의 열효율을 알아낸다.
(2단계) B의 열효율로부터 B가 한 일을 양을 알아낸다.
(3단계) A와 B에 에너지 보존 법칙을 적용하여 고열원에서 흡수한 열을 알아낸다.

해설 ㄱ. A가 흡수한 에너지는 12 kJ+18 kJ=30 kJ이다. 열효율은 공급한 에너지에 대해 열기관이 한 일의 비율이므로 열효율$=\frac{12}{30}\times100=40$ %이다.
ㄴ. B의 열효율은 20 %이므로, 열효율$=\frac{㉠}{㉠+8}\times100=20$ %에서 ㉠은 2 kJ이다.
ㄷ. 고열원에서 흡수한 열은 A가 30 kJ이고 B가 10 kJ이므로, A가 B의 3배이다.

7 전략적 풀이

(1단계) 그림을 보고 화력 발전과 열병합 발전의 차이를 파악한다.
(2단계) 에너지 효율의 정의로부터 A, B의 에너지 효율을 파악한다.
(3단계) 에너지 효율이 높을 때와 낮을 때의 버려지는 열에너지의 차이를 파악한다.

해설 ㄱ. A에 전력을 공급하는 화력 발전소의 발전 과정에서 발생하는 열에너지는 대부분 버려진다.
ㄴ. 에너지 효율은 A가 51 %, B는 75 %이므로, 에너지 효율은 A의 경우가 B의 경우보다 낮다.
ㄷ. 같은 양의 에너지가 필요할 때 에너지 효율이 작을수록 버려지는 에너지가 많으므로, 연료 사용량이 많아진다. 따라서 연료 사용량은 A가 B보다 크다.

8 전략적 풀이

(1단계) 신재생 에너지의 장점을 파악한다.
(2단계) 수력, 풍력 발전의 원리를 파악한다.
(3단계) 에너지 저장 시스템(ESS)의 용도를 알아낸다.

해설 • 학생 A: 수력, 풍력, 태양광 발전에서 사용하는 신재생 에너지는 지속적인 발전이 가능하고 환경 오염 물질을 거의 배출하지 않는다.
• 학생 B: 수력 발전에서는 높은 곳의 물의 위치 에너지로 터빈을 돌려 전기를 생산하고, 풍력 발전에서는 바람의 운동 에너지로 터빈을 돌려 전기를 생산한다.
• 학생 C: 에너지 저장 시스템(ESS)은 생산된 전력을 저장해 두었다가 전력이 필요한 시기에 꺼내어 사용할 수 있도록 에너지를 저장하고 관리하는 시스템을 말한다. 풍력 발전과 태양광 발전은 자연 조건에 따라 발전량의 변동이 크므로, 안정적인 전력 공급을 위해서 에너지 저장 시스템(ESS)을 사용한다.

Ⅲ-1 과학 기술과 미래 사회

수능 빈출 자료 분석하기 24쪽

1 ❶ ○ ❷ × ❸ × ❹ ○
2 ❶ ○ ❷ × ❸ ○ ❹ × ❺ ○

1 ❶ 감염병 진단은 병원체에 감염되었는지를 판별하는 것으로 바이러스에 의한 감염병의 경우 신속항원검사와 유전자증폭검사를 이용한다.
❷ 신속항원검사는 바이러스의 단백질을 검출하여 감염 여부를 판단하는 검사법이다.
❸ 신속항원검사는 검사가 간편하고 신속 진단이 가능하다. 따라서 '간편'이 ㉠에 해당한다.
❹ 유전자증폭검사는 검체에 들어 있는 병원체의 양이 매우 적더라도 감염 여부를 보다 정밀하게 분석할 수 있고 정확도가 매우 높다.

2 ❶ 사물 인터넷 기술의 활용 사례에는 스마트 팜, 스마트 홈, 스마트 도시, 스마트 교통 등이 있다.
❷ 스마트 팜의 사용자는 인터넷에 연결된 사물들과 스마트 팜의 환경에 대한 데이터를 주고 받으며 원격으로 제어할 수 있다.
❸ ❹ 수확용 인공지능 로봇은 센서로 주변 상황을 인식하고 인공지능 기술을 활용해 스스로 판단하여 자율적으로 작업을 수행한다.
❺ 수확용 인공지능 로봇은 기존 데이터의 추이를 분석하여 미래 변화를 예측할 수 있다.

수능 문제 도전하기 25쪽

1 ② **2** ⑤

1 전략적 풀이

(1단계) 감염병의 정의를 파악한다.
(2단계) 바이러스에 의한 감염병 진단에 활용되는 진단법을 파악한다.
(3단계) 유전자증폭검사(PCR)의 원리에 대해 알아낸다.

해설 • 학생 A: 감염병은 바이러스와 같은 병원체에 감염되어 발생하는 질병이다.
• 학생 B: 감염병 진단에는 신속항원검사, 유전자증폭검사(PCR)와 같은 생명 공학 기술을 활용하고 있다.
• 학생 C: 유전자증폭검사(PCR)는 바이러스의 핵산(유전 물질)을 증폭하여 감염 여부를 확인한다.

2 전략적 풀이

(1단계) 데이터를 수집하는 데 쓰이는 기술에 대해 알아낸다.
(2단계) 빅데이터의 활용에서 문제점을 파악한다.
(3단계) 빅데이터의 분석에 활용되는 기술을 알아낸다.

해설 ㄱ. ㉠의 휴대 전화 위치 정보와 신용카드 사용 정보 등은 개인 정보이므로 유출되지 않도록 보안에 유의해야 한다.
ㄴ. ㉡의 데이터는 사물들이 인터넷에 연결되어 정보를 주고 받는 사물 인터넷 기술을 이용하여 수집한다.
ㄷ. 인공지능 기술은 데이터를 분석하고 예측하는 기능을 갖추고 있으므로 ㉡의 빅데이터는 인공지능을 이용하여 분석한다.

개념 확인 문제 59쪽

❶ 환원 ❷ 산화 ❸ 산화 ❹ 산화 ❺ 일산화 탄소 ❻ 산화 철(Ⅲ) ❼ 물

1 ㉠ 광합성, ㉡ 포도당, ㉢ 세포호흡 **2** (1) ㉠ 산화, ㉡ 환원 (2) ㉠ 산화, ㉡ 환원 **3** (1) C (2) CO (3) Fe_2O_3 **4** ㄴ, ㄷ **5** (1) ○ (2) × (3) ○ **6** ㄱ, ㄴ, ㄷ, ㄹ

내신 만점 문제 60쪽~62쪽

01 ㉠ 산소, ㉡ 이산화 탄소 **02** ① **03** ⑤ **04** ③ **05** ⑤ **06** ㄱ, ㄴ, ㄷ **07** ② **08** ③ **09** ④ **10** ⑤ **11** ㄱ, ㄴ, ㄷ **12** ③ **13** ⑤ **14** ②

서술형 문제 **15** 구리(Cu), 산화 구리(Ⅱ)(CuO)가 산소를 잃고 구리(Cu)로 환원된다. **16** (1) 수용액의 구리 이온(Cu^{2+})이 전자를 얻어 구리(Cu)로 환원되어 석출되므로 수용액 속 구리 이온(Cu^{2+}) 수가 감소하기 때문이다. (2) 수용액 속 전체 이온 수는 일정하다. 아연 이온(Zn^{2+}) 1개가 생성될 때 구리 이온(Cu^{2+}) 1개가 감소하고, 황산 이온(SO_4^{2-}) 수는 일정하기 때문이다. **17** 산화되는 물질: 마그네슘(Mg), 환원되는 물질: 산소(O_2), 마그네슘은 전자를 잃고 마그네슘 이온이 되고, 산소는 전자를 얻어 산화 이온이 되기 때문이다.

실력 UP 문제 63쪽

01 ③ **02** ⑤ **03** ③ **04** ③

02 산, 염기와 중화 반응

개념 확인 문제 67쪽

❶ 수소 이온(H^+) ❷ 수산화 이온(OH^-) ❸ 붉 ❹ 수소(H_2) ❺ 이산화 탄소(CO_2) ❻ 노란 ❼ 푸르 ❽ 단백질 ❾ 붉은 ❿ 파란

1 (1) H^+ (2) SO_4^{2-} (3) NaOH **2** (1) ○ (2) ○ (3) × **3** ㉠ (−), ㉡ 붉 **4** (1) ㄱ, ㄷ (2) ㄴ, ㄹ (3) ㄱ, ㄴ, ㄷ, ㄹ

개념 확인 문제 71쪽

❶ 중화 반응 ❷ 1 : 1 ❸ 중화점 ❹ 산성 ❺ 염기성 ❻ 중화열 ❼ 물(H_2O) ❽ 높다

1 (1) ○ (2) ○ (3) ○ (4) × **2** (1) (가) 파란색 (나) 파란색 (다) 초록색 (라) 노란색 (2) (다) **3** (1) A: 염기성, B: 중성, C: 산성 (2) B **4** ㄷ, ㄹ, ㅁ

완자쌤 비법 특강 72쪽

Q1 B=C>A **Q2** A: 노란색, B: 초록색, C: 파란색

내신 만점 문제 73쪽~76쪽

01 ② **02** ④ **03** ⑤ **04** ③ **05** ③ **06** ① **07** ③ **08** ⑤ **09** ② **10** ③ **11** ⑤ **12** ① **13** ③ **14** ④ **15** ② **16** ㄱ **17** ①

서술형 문제 **18** (1) (가) 수산화 나트륨(NaOH) 수용액 (나) 묽은 염산(HCl), 산 수용액은 마그네슘(Mg)과 반응하여 기체를 발생시키지만, 염기 수용액은 마그네슘(Mg)과 반응하지 않기 때문이다. (2) 수소 기체(H_2) (3) (가)에서는 아무런 변화가 없고, (나)에서는 기체(이산화 탄소(CO_2))가 발생한다. **19** (나)>(가)>(다), 중화 반응에서 생성되는 물의 양이 많을수록 혼합 용액의 온도가 높아지기 때문이다. **20** 치약에는 염기성 물질이 들어 있어 세균이 만든 산성 물질을 중화하기 때문이다.

실력 UP 문제 77쪽

01 ③ **02** ⑤ **03** ② **04** ④

03 물질 변화에서 에너지의 출입

개념 확인 문제 80쪽

❶ 높아 ❷ 낮아 ❸ 액화 ❹ 높아 ❺ 융해 ❻ 발열 ❼ 흡열

1 (1) × (2) × (3) ○ (4) ○ **2** ㉠ 발열, ㉡ 흡열 **3** (1) 방출 (2) 흡수 (3) 흡수 (4) 방출 **4** (1) ○ (2) × (3) ○ (4) ○ **5** (1) ㄱ, ㄷ (2) ㄴ, ㄹ

개념 확인 문제 83쪽

❶ 방출 ❷ 산소 ❸ 흡수 ❹ 흡수 ❺ 방출 ❻ 흡수 ❼ 방출

1 (1) × (2) ○ (3) ○ (4) × (5) × **2** ㉠ 방출, ㉡ 높아 **3** (1) 방출 (2) 흡수 (3) 흡수 (4) 흡수 **4** ㉠ 액화, ㉡ 방출, ㉢ 흡수

내신 만점 문제 84쪽~86쪽

01 ③ **02** ⑤ **03** ① **04** ③ **05** ③ **06** ③ **07** ④ **08** ① **09** ⑤ **10** ④ **11** ② **12** ③ **13** ②

서술형 문제 **14** 소금이 물에 녹을 때 열에너지를 흡수하여 주변의 온도가 낮아지기 때문이다. **15** (1) 에탄올이 기화하면서 열에너지를 흡수하여 주변의 온도가 낮아지기 때문이다. (2) 철 가루가 산소와 반응하면서 열에너지를 방출하여 주변의 온도가 높아지기 때문이다. **16** 산화 칼슘이 물에 녹을 때 열에너지를 방출하므로 열에 약한 구제역 바이러스를 제거할 수 있기 때문이다.

실력 UP 문제 87쪽

01 ③ **02** ③ **03** ② **04** ⑤

중단원 핵심 정리 88쪽~89쪽

❶ 제련 ❷ 얻는 ❸ 잃는 ❹ 산화 ❺ 환원 ❻ 수소 이온(H^+) ❼ 수산화 이온(OH^-) ❽ 이산화 탄소(CO_2) ❾ 푸르게 ❿ 수소 이온(H^+) ⓫ 수산화 이온(OH^-) ⓬ 1 : 1 ⓭ 염기성 ⓮ 중화열 ⓯ 높다 ⓰ 높아 ⓱ 낮아 ⓲ 방출 ⓳ 산소 ⓴ 흡수 ㉑ 방출

중단원 마무리 문제 90쪽~94쪽

01 ⑤ **02** ② **03** ④ **04** ⑤ **05** ② **06** ② **07** ② **08** ④ **09** (가) 코크스(C) (나) 일산화 탄소(CO), (가)에서 코크스(C)는 산소를 얻어 일산화 탄소(CO)로 산화되고, (나)에서 일산화 탄소(CO)는 산소를 얻어 이산화 탄소(CO_2)로 산화된다. **10** ③ **11** ③ **12** ③ **13** A: 염화 이온(Cl^-), B: 칼륨 이온(K^+), C: 수산화 이온(OH^-), D: 수소 이온(H^+) **14** 용액의 최고 온도는 (나)가 (가)보다 높다. 반응하는 묽은 염산(HCl)과 수산화 칼륨(KOH) 수용액의 부피가 (나)가 (가)보다 크고, 따라서 중화 반응으로 생성되는 물의 양이 (나)가 (가)보다 많기 때문이다. **15** ④ **16** ③ **17** ③ **18** ⑤ **19** ④ **20** ② **21** 드라이아이스가 승화하면서 열에너지를 흡수하여 주변의 온도가 낮아지기 때문이다. **22** ② **23** ①

중단원 고난도 문제 95쪽

01 ④ **02** ① **03** ② **04** ③

Ⅱ. 환경과 에너지

1 생태계와 환경 변화

01 생물과 환경

개념 확인 문제 101쪽

❶ 생태계 ❷ 생산자 ❸ 소비자 ❹ 분해자 ❺ 비생물요소

1 ㉠ 개체군, ㉡ 군집 **2** (1) ㄷ, ㅊ, ㅍ (2) ㅂ, ㅇ, ㅈ (3) ㄹ, ㅅ, ㅋ (4) ㄱ, ㄴ, ㅁ **3** (1) ㉡ (2) ㉠ (3) ㉡ (4) ㉠ (5) ㉢

개념 확인 문제 105쪽

❶ 울타리 ❷ 크고 ❸ 작은 ❹ 비늘 ❺ 광합성

1 (1) ㄷ (2) ㄴ (3) ㅁ (4) ㄷ (5) ㄹ (6) ㄱ **2** (1) (가) (2) (나) (3) (가) (4) (나) **3** 빛(일조 시간) **4** 온도 **5** (가)

내신 만점 문제 106쪽~108쪽

01 ② **02** ① **03** ④ **04** ⑤ **05** ④ **06** ③ **07** ④ **08** ⑤ **09** ③ **10** ③ **11** ④ **12** ②

서술형 문제 **13** (1) (가) 소비자 (나) 생산자 (다) 분해자 (2) (가)는 다른 생물을 먹이로 하여 양분을 얻고, (나)는 광합성으로 생명활동에 필요한 양분을 스스로 만들며, (다)는 다른 생물의 사체나 배설물을 분해하여 양분을 얻는다. **14** 강한 빛에 적응한 식물의 잎은 광합성이 활발히 일어나는 울타리조직이 발달하여 두껍고, 약한 빛에 적응한 식물의 잎은 얇고 넓어 약한 빛을 효율적으로 흡수할 수 있다. **15** 잎, 수분이 증발하는 것을 막아 건조한 환경에서도 살아갈 수 있게 한다. **16** (1) 온도 (2) 아메리카 사막토끼는 귀의 크기가 커서 외부로 열이 잘 방출되므로 더운 곳에서 체온을 유지하는 데 효과적이고, 북극토끼는 귀의 크기가 작아 외부로 열이 덜 방출되므로 추운 곳에서 체온을 유지하는 데 효과적이다.

실력 UP 문제 109쪽

01 ② **02** ③ **03** ② **04** ①

02 생태계평형

개념 확인 문제 111쪽

❶ 먹이사슬 ❷ 먹이그물 ❸ 빛 ❹ 생태피라미드

1 (1) ○ (2) ○ (3) ○ (4) × (5) × **2** (1) ○ (2) × (3) ○ (4) × **3** 에너지양, 개체수, 생체량

완자쌤 비법 특강 112쪽

Q1 ㉠ 화학 에너지, ㉡ 생명활동, ㉢ 열에너지
Q2 ⓐ 3021, ⓑ 505, ⓒ 128, ⓓ 51
Q3 ② 2차 소비자의 에너지효율(%)

$$= \frac{\text{2차 소비자의 에너지양}}{\text{1차 소비자의 에너지양}} \times 100$$
$$= \frac{505}{3021} \times 100 \fallingdotseq 16.7\ \%$$

③ 3차 소비자의 에너지효율(%)

$$= \frac{\text{3차 소비자의 에너지양}}{\text{2차 소비자의 에너지양}} \times 100$$
$$= \frac{128}{505} \times 100 \fallingdotseq 25.3\ \%$$

개념 확인 문제 115쪽

❶ 생태계평형 ❷ 복잡 ❸ 먹이 관계 ❹ 자연재해

1 (1) × (2) ○ (3) ○ (4) ○ 2 ㉠ 증가, ㉡ 증가, ㉢ 감소, ㉣ 증가, ㉤ 증가, ㉥ 감소 3 (1) (다) → (나) → (라) → (가) (2) 먹이 관계 4 ㄱ, ㄴ, ㄷ, ㄹ 5 (1) ○ (2) ○ (3) × (4) ○

내신 만점 문제 116쪽~118쪽

01 ③ 02 ① 03 ② 04 ⑤ 05 ⑤ 06 ② 07 ② 08 ② 09 ② 10 ④ 11 ㄷ

서술형 문제 12 (1) H, I, J (2) G가 사라지면 G를 먹이로 하는 D와 E의 개체수는 감소하고, G의 먹이가 되는 I의 개체수는 증가한다. 특히 D는 G만을 먹이로 하므로 G가 사라지면 D도 사라진다. 13 (1) A: 3차 소비자, B: 2차 소비자, C: 1차 소비자, D: 생산자 (2) 각 영양단계에서 에너지는 생명활동을 하는 데 쓰이거나 열에너지로 방출되고, 나머지 일부 에너지만 다음 영양단계로 전달되기 때문에 상위 영양단계로 갈수록 에너지양이 줄어든다. 14 해달 사냥으로 해달의 개체수가 감소하면 해달의 먹이인 성게의 개체수가 증가하고, 성게의 먹이인 다시마의 개체수는 감소한다. 성게의 개체수가 증가함에 따라 성게를 먹이로 하는 해달의 개체수는 증가하고, 성게의 개체수는 다시 감소하게 된다. 그 결과 다시마의 개체수가 증가하여 생태계는 평형을 회복한다.

실력 UP 문제 119쪽

01 ④ 02 ③ 03 ② 04 ③

03 지구 환경 변화와 인간 생활

개념 확인 문제 122쪽

❶ 온실 효과 ❷ 30 ❸ 70 ❹ 온실 기체 ❺ 빙하

1 ㉠ 태양, ㉡ 지구, ㉢ 높은 2 (1) ○ (2) × (3) ○ (4) × 3 ㄴ, ㄷ 4 (1) × (2) × (3) ○ (4) ○

개념 확인 문제 125쪽

❶ 무역풍 ❷ 약화 ❸ 높 ❹ 홍수 ❺ 가뭄 ❻ 사막 ❼ 30° ❽ 상승

1 A: 무역풍, B: 편서풍, C: 극동풍 2 (1) × (2) × (3) ○ (4) ○ 3 ① 4 ㄴ, ㄷ, ㄹ 5 ㉠ 상승, ㉡ 감소

내신 만점 문제 126쪽~128쪽

01 ④ 02 ③ 03 ① 04 ⑤ 05 ③ 06 ② 07 ② 08 ② 09 ④ 10 ③ 11 ①

서술형 문제 12 (1) (가)와 (나)는 우주로 방출되는 지구 복사 에너지의 양이 같다. (2) (나), 대기가 지표면에서 방출한 지구 복사 에너지를 흡수한 후 일부를 지표면으로 재복사하기 때문이다. 13 지구의 평균 기온 상승으로 빙하의 융해와 해수의 열팽창이 일어났기 때문이다. 14 A, 적도 부근 동태평양 해역에서는 강수량 증가로 인해 폭우와 홍수가 발생하고, 적도 부근 서태평양 해역에서는 강수량 감소로 인해 가뭄과 대규모 산불이 발생한다.

실력 UP 문제 129쪽

01 ⑤ 02 ③ 03 ① 04 ③

중단원 핵심 정리 130쪽~131쪽

❶ 군집 ❷ 광합성 ❸ 분해자 ❹ 생물요소 ❺ 울타리조직 ❻ 온도 ❼ 공기 ❽ 먹이그물 ❾ 먹이사슬 ❿ 감소 ⓫ 생태피라미드 ⓬ 복잡 ⓭ 먹이 관계 ⓮ 지구 복사 에너지 ⓯ 30 ⓰ 재복사 ⓱ 화석 연료 ⓲ 상승 ⓳ 온실 기체 ⓴ 약화 ㉑ 동 ㉒ 약화 ㉓ 상승 ㉔ 30° ㉕ 대기 대순환 ㉖ 많 ㉗ 증가

중단원 마무리 문제 132쪽~136쪽

01 ① 02 ② 03 ① 04 ③ 05 ③ 06 ③ 07 (가)는 몸 표면이 비늘로 덮여 있어 수분이 손실되는 것을 방지하며, (나)는 잎이 가시로 변해 수분의 증발을 방지하고 저수조직이 발달하여 내부에 물을 저장할 수 있다. 08 ③ 09 ① 10 ② 11 (1) A → D → B → C, 안정된 생태계에서는 상위 영양단계로 갈수록 에너지양이 줄어들므로 에너지양이 가장 많은 A가 생산자이고, D가 1차 소비자, B가 2차 소비자, C가 3차 소비자이다. (2) 20 % (3) 2차 소비자인 B의 개체수가 증가하면 3차 소비자인 C의 개체수는 증가하고, 1차 소비자인 D의 개체수는 감소하며, D의 개체수가 감소하면 생산자인 A의 개체수는 증가한다. 12 ⑤ 13 ③ 14 ② 15 A, B, C, E 16 ⑤ 17 (1) 대기 중 온실 기체의 농도 증가로 지구 온난화가 나타나 빙하가 녹았기 때문이다. (2) 빙하의 면적이 감소하여 지구의 반사율이 감소하였을 것이다. 18 ③ 19 ④ 20 ③ 21 ③ 22 위도 30° 부근은 대기 대순환에 의해 하강 기류가 형성되는 곳이므로 날씨가 맑고 건조하기 때문이다.

중단원 고난도 문제 137쪽

01 ③ 02 ④ 03 ① 04 ⑤

2 에너지 전환과 활용

01 태양 에너지의 생성과 전환

개념 확인 문제 142쪽

❶ 에너지 ❷ 수소 핵융합 ❸ 질량 ❹ 운동 ❺ 위치 ❻ 전기 ❼ 흐름

1 (1) × (2) ○ (3) ○ 2 ㉠ 수소, ㉡ 헬륨 3 ㉠ 작, ㉡ 감소 4 태양 에너지 5 ㄴ, ㄹ, ㅁ 6 ㉠ 화학, ㉡ 열 7 ㉠ 운동, ㉡ 화학

내신 만점 문제 143쪽~144쪽

01 ④ 02 ① 03 ⑤ 04 ② 05 ④ 06 ② 07 ④ 08 ③ 09 ⑤

서술형 문제 10 수소 핵융합 반응은 태양 중심부에서 수소 원자핵 4개가 융합하여 헬륨 원자핵 1개가 만들어지는 반응이다. 11 질량과 에너지는 서로 변환될 수 있는 물리량이므로, 태양에서 일어나는 수소 핵융합 반응에서 감소한 질량이 에너지로 전환되어 방출된다.

실력 UP 문제 145쪽

01 ⑤ 02 ③ 03 ① 04 ②

02 발전과 에너지원

개념 확인 문제 147쪽

❶ 자기장 ❷ 전자기 유도 ❸ 유도 전류 ❹ 빠를 ❺ 셀 ❻ 반대 ❼ 운동

1 ㉠ 전자기 유도, ㉡ 자기장 2 ㄱ, ㄴ, ㄷ 3 (1) ○ (2) × (3) ○

완자쌤 비법 특강 148쪽

Q1 (다)

개념 확인 문제 151쪽

❶ 발전기 ❷ 자석 ❸ 운동 ❹ 에너지원 ❺ 화력 ❻ 핵 ❼ 수력

1 (1) ○ (2) × (3) ○ 2 자기장 3 발전기 4 (1) ㉠ (2) ㉢ (3) ㉡ 5 ㉠ 열, ㉡ 열 6 (1) 화 (2) 핵 (3) 핵 (4) 화

내신 만점 문제 152쪽~154쪽

01 ③ 02 ③ 03 ② 04 ① 05 ① 06 ② 07 ③ 08 ⑤ 09 ① 10 ③ 11 ② 12 ①

서술형 문제 13 자석을 움직이는 속력을 빠르게 한다. 감은 수가 많은 코일을 사용한다. 세기가 강한 자석을 사용한다. 14 자석이 코일 속에서 회전하면(또는 코일이 자석 사이에서 회전하면) 코일을 통과하는 자기장의 세기가 변하므로, 전자기 유도 현상이 일어나 코일에 유도 전류가 흐른다.

실력 UP 문제 155쪽

01 ② 02 ③ 03 ③ 04 ④

03 에너지 효율과 신재생 에너지

개념 확인 문제 158쪽

❶ 전환 ❷ 빛 ❸ 화학 ❹ 보존 ❺ 열에너지 ❻ 효율 ❼ 작 ❽ 하이브리드 ❾ 소비 효율

1 ㉠ 빛, ㉡ 화학, ㉢ 열 2 (1) ○ (2) × (3) ○ 3 에너지 보존 4 20 % 5 (1) ○ (2) ○ (3) × 6 ㄱ, ㄷ 7 에너지 소비 효율

개념 확인 문제 161쪽

❶ 신재생 ❷ 연료 전지 ❸ 풍력 ❹ 조력 ❺ 파력 ❻ 바이오 ❼ 친환경 에너지

1 (1) ○ (2) ○ (3) × 2 화학 반응 3 지열 발전 4 (가) 조력 발전, (나) 파력 발전 5 풍력 발전 6 (1) ○ (2) × (3) ○ 7 ㄱ, ㄴ

내신 만점 문제 162쪽~164쪽

01 ③ 02 ⑤ 03 ④ 04 ① 05 ① 06 ③ 07 ④ 08 ⑤ 09 ② 10 ⑤ 11 ② 12 ① 13 ⑤ 14 ② 15 ①

서술형 문제 16 에너지가 전환될 때마다 항상 에너지의 일부가 다시 사용할 수 없는 열에너지의 형태로 전환되어 버려지므로, 우리가 사용할 수 있는 유용한 에너지의 양이 점차 감소하기 때문이다. 17 열기관이 한 일이 120 kJ이므로, 열효율 $=\frac{120\ \text{kJ}}{600\ \text{kJ}}\times 100=20\ \%$이다.

실력 UP 문제 165쪽

01 ④ 02 ② 03 ⑤ 04 ③

중단원 핵심 정리 166쪽~167쪽

❶ 수소 ❷ 질량 ❸ 운동 ❹ 화학 ❺ 전기 ❻ 자기장 ❼ 전기 ❽ 전자기 유도 ❾ 화학 ❿ 핵 ⓫ 이산화 탄소 ⓬ 보존 ⓭ 열 ⓮ 효율 ⓯ 열병합 ⓰ 에너지 소비 효율 ⓱ 신재생 ⓲ 빛 ⓳ 운동 ⓴ 조력 ㉑ 지열 ㉒ 신재생

중단원 마무리 문제 168쪽~172쪽

01 ③ 02 ① 03 ④ 04 ③ 05 ① 06 ⑤ 07 ③ 08 코일 내부에서 자석에 의한 자기장의 방향과 유도 전류에 의한 자기장의 방향은 모두 아래쪽으로 같다. 09 ③ 10 운동 에너지가 전기 에너지로 전환되고 전구에 불이 켜지는 빛에너지로 전환된다. 11 ④ 12 ③ 13 (가) 화학 에너지 (나) 핵에너지 14 ③ 15 ② 16 ② 17 ② 18 농구공이 바닥에 충돌할 때 농구공의 전체 에너지는 보존되지만 역학적 에너지의 일부가 열에너지와 소리 에너지로 전환되어 주변으로 흩어져서 충돌할 때마다 농구공의 역학적 에너지가 점점 감소하기 때문이다. 19 열효율 $=\frac{W}{8\ \text{kJ}+W}=0.2$에서 일 $W=2$ kJ이다. 20 ④ 21 ⑤ 22 ③ 23 ⑤ 24 A: 연료 전지 발전, B: 지열 발전, C: 조력 발전 25 ③ 26 ⑤

중단원 고난도 문제 173쪽

01 ⑤ 02 ② 03 ④ 04 ②

Ⅲ. 과학과 미래 사회

1 과학과 미래 사회

01 과학 기술의 활용

개념 확인 문제 181쪽

❶ 병원체 ❷ 핵산 ❸ 과학 ❹ 센서 ❺ 빅데이터 ❻ 디지털 ❼ 정보 ❽ 개인 정보 ❾ 빅데이터

1 (1) ○ (2) × (3) ○ 2 (1) ○ (2) ○ (3) × 3 ㄱ, ㄴ, ㄷ 4 (1) ○ (2) × (3) ○ 5 빅데이터 6 ㄱ, ㄴ, ㄷ

내신 만점 문제 182쪽~184쪽

01 ⑤ 02 ③ 03 ④ 04 ② 05 ① 06 ③ 07 ③ 08 ⑤ 09 ⑤ 10 ④ 11 ① 12 ⑤ 13 ③ 14 ① 15 ③

서술형 문제 16 바이러스, 세균과 같은 병원체에 감염되어 발생하는 질병이다. 17 (1) • 장점: 간편하고 신속하게 감염 여부를 확인할 수 있다. • 단점: 정확도가 유전자증폭검사보다 낮다. 검체에 들어 있는 병원체의 양이 적을 경우 병원체가 검출되지 않을 수도 있다. (2) • 장점: 검사의 정확도가 매우 높다. 검체에 들어 있는 병원체의 양이 적더라도 정밀하게 분석할 수 있다. • 단점: 검사 시간이 신속항원검사보다 오래 걸린다. 18 • 과학 실험 결과 빅데이터를 활용하여 연구 결과의 정확성을 높인다. • 과학 실험 결과 빅데이터를 활용하여 개별 연구자만으로는 기존에 수행하기 어려웠던 과학 실험을 수행할 수 있다. • 입자 가속기를 이용한 대규모 과학 실험의 빅데이터를 활용하여 새로운 과학 지식을 탐구한다. 19 • 장점: 현상에 대한 더 빠른 이해와 정확한 예측이 가능하다. 공개 데이터를 활용함으로써 직접 데이터를 수집할 필요가 없어졌다. 다양한 변수가 얽힌 복잡한 문제를 빠르게 분석할 수 있다. 과학 연구를 발전시키고 일상 생활에 편리함을 제공한다. • 문제점: 개인 정보 유출 등의 문제가 발생할 수 있다. 정확하지 않은 데이터를 활용하는 경우 잘못된 결과가 도출될 수도 있다.

실력 UP 문제 185쪽

01 ④ 02 ④ 03 ② 04 ⑤

02 과학 기술의 발전과 쟁점

개념 확인 문제 189쪽

❶ 데이터 ❷ 사물 인터넷 ❸ 인공지능 ❹ 센서 ❺ 유용성 ❻ 과학 관련 사회적 쟁점 ❼ 과학적 ❽ 과학 윤리 ❾ 윤리

1 (1) ○ (2) ○ (3) × 2 인공지능 3 ㄱ, ㄴ, ㄷ 4 (1) ○ (2) × (3) ○ 5 과학 관련 사회적 쟁점 6 ㄱ, ㄷ

내신 만점 문제 190쪽~192쪽

01 ② 02 ④ 03 ① 04 ③ 05 ⑤ 06 ① 07 ⑤ 08 ② 09 ② 10 ⑤ 11 ④ 12 ⑤ 13 ②

서술형 문제 14 • 집 안의 조명, 온도, 보안 장치, 가전 제품 등을 실시간으로 관리하고 제어한다. • 온도, 습도, 토양 상태, 작물의 성장 등을 실시간으로 파악하여 자동으로 물과 영양분을 공급한다. • 공기의 질, 수질, 에너지 사용 등을 실시간으로 관리한다. • 원격 모니터링 기기로 환자의 건강 상태를 실시간으로 추적하고 관리한다. 15 사물 인터넷, 빅데이터, 인공지능 로봇, 가상 현실 등이 있다. 16 신재생 에너지 사용을 확대해야 하는가, 자율 주행 자동차를 허용해야 하는가, 인공지능을 활용한 결과물의 저작권은 누구에게 있는가 등 17 • 임상 실험에서 참가자가 동의하지 않은 실험은 수행하지 않는다. • 개인 정보가 개인의 동의 없이 활용되지 않도록 유의한다.

실력 UP 문제 193쪽

01 ③ 02 ② 03 ④ 04 ⑤

중단원 핵심 정리 194쪽

❶ 병원체 ❷ 신속항원 ❸ 핵산 ❹ 과학 ❺ 빅데이터 ❻ 정보 ❼ 사물 인터넷 ❽ 인공지능(AI) ❾ 생성 ❿ 인공지능 ⓫ 일자리 ⓬ 과학 관련 사회적 쟁점 ⓭ 과학 윤리

중단원 마무리 문제 195쪽~197쪽

01 ② 02 ④ 03 ③ 04 빅데이터 05 ⑤ 06 ③ 07 ② 08 ⑤ 09 ① 10 ④ 11 ⑤ 12 ② 13 ④

중단원 고난도 문제 197쪽

01 ① 02 ④

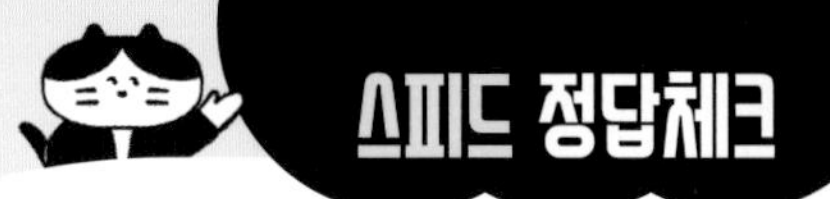

I. 변화와 다양성

1 지구 환경 변화와 생물다양성

01 / 지질 시대의 환경과 생물

개념 확인 문제 12쪽

❶ 화석 ❷ 시상 화석 ❸ 시기 ❹ 지질 시대 ❺ 생물계 ❻ 고생대

1 ㄴ, ㄷ, ㄹ **2** (1) ○ (2) × (3) ○ **3** ㉠ 흔적, ㉡ 화석, ㉢ 융기 **4** (1) 시 (2) 표 (3) 표 (4) 시 **5** (1) ㉡ (2) ㉠ (3) ㉢ **6** ㄱ, ㅁ, ㅂ **7** ㄷ, ㄹ **8** A: 선캄브리아시대, B: 고생대, C: 중생대, D: 신생대

개념 확인 문제 15쪽

❶ 남세균 ❷ 스트로마톨라이트 ❸ 판게아 ❹ 양치 ❺ 빙하기 ❻ 암모나이트 ❼ 간빙기 ❽ 생물다양성

1 (1) × (2) ○ (3) ○ (4) × **2** (1) × (2) × (3) ○ (4) ○ **3** 중생대 **4** (1) C (2) E

완자쌤 비법 특강 16쪽

Q1 고생대, 대기 중에 오존층이 형성되어 지표에 도달하는 강한 자외선을 차단하였기 때문에 고생대 중기에 육상 생물이 출현하면서 생물의 서식지가 바다에서 육지로 확장되었다.

내신 만점 문제 17쪽~20쪽

01 ③ **02** ② **03** B **04** ⑤ **05** ⑤ **06** ⑤ **07** ③ **08** ① **09** ㄱ, ㄷ **10** ⑤ **11** ㄷ, ㄹ **12** ㄴ, ㄷ **13** ㄱ **14** ③ **15** (다) − (나) − (가) − (라) **16** ③ **17** ① **18** ③ **19** ㄱ, ㄴ **20** ①

서술형 문제 **21** (1) 중생대 (2) (가)와 (나)는 모두 바다 환경에서 퇴적되었다. **22** 선캄브리아시대에 비해 신생대에 생물의 개체수가 많았다. 선캄브리아시대에는 단단한 골격을 갖는 생물이 없었으나 신생대에는 척추동물을 비롯해 많은 생물이 단단한 골격을 갖는다. 선캄브리아시대에 비해 신생대는 현재에 가까워 지각 변동을 덜 받았다. **23** 중생대에는 화산 활동으로 인한 대기 중 이산화 탄소의 농도 증가로 온실 효과가 커졌기 때문이다. **24** 고생대 말에 대륙들이 하나로 합쳐져 판게아를 형성하였고, 이때 삼엽충, 완족류, 방추충 등이 멸종했다.

실력 UP 문제 21쪽

01 ③ **02** ① **03** ② **04** ②

02 / 변이와 자연선택에 의한 생물의 진화

개념 확인 문제 25쪽

❶ 변이 ❷ 돌연변이 ❸ 유전자 조합 ❹ 수정 ❺ 자연선택

1 변이 **2** ㉠ 유전자(유전정보), ㉡ 단백질, ㉢ 형질 **3** ㄱ, ㄴ, ㄹ **4** 자연선택 **5** (나) → (라) → (다) → (가) **6** (1) ○ (2) ○ (3) × (4) × (5) ○ (6) ○

개념 확인 문제 27쪽

❶ 진화 ❷ 변이 ❸ 자연선택

1 (1) × (2) ○ (3) ○ (4) × **2** (1) ○ (2) ○ (3) ○ (4) × **3** ㉠ 먹이, ㉡ 자연선택

내신 만점 문제 28쪽~30쪽

01 A, C **02** ⑤ **03** ③ **04** ⑤ **05** ① **06** ③ **07** ③ **08** ⑤ **09** ③ **10** ④ **11** ⑤ **12** ③

서술형 문제 **13** 돌연변이와 유성생식 과정에서 일어나는 생식세포의 다양한 조합. 다양한 변이가 있는 개체들 중 환경에 적응하기 유리한 변이를 가진 개체가 자연선택되는 과정이 반복되면서 생물이 진화하므로 변이는 진화의 원동력이 된다. **14** (1) ㉠ 다양한 색깔의 초콜릿은 변이를 나타낸다. ㉡ 포식 등에 의해 개체가 무리에서 제거되는 과정을 나타낸다. ㉢ 개체가 번식하는 것을 나타낸다. (2) 특정 환경에서 생존에 유리한 형질을 가진 개체는 그렇지 않은 개체에 비해 더 잘 살아남아 많은 자손을 남기고(자연선택), 살아남은 개체의 형질이 자손에게 전달되어 그 형질을 가진 개체의 비율이 높아지며, 이러한 과정이 누적되어 진화가 일어난다. **15** 한 종의 핀치가 갈라파고스 제도의 각 섬에서 부리 모양이 다양한 많은 수의 핀치를 낳았다. 핀치는 먹이를 두고 경쟁하였으며, 각 섬의 먹이 환경에 적합한 부리를 가진 핀치가 자연선택되었다. 이 과정이 반복되어 서로 다른 종의 핀치로 진화하였다.

실력 UP 문제 31쪽

01 ① **02** ㄱ, ㄷ **03** ① **04** ③

03 / 생물다양성

개념 확인 문제 35쪽

❶ 유전적 ❷ 종 ❸ 생태계 ❹ 높 ❺ 생물자원

1 (가) 생태계다양성 (나) 종다양성 (다) 유전적 다양성 **2** (1) 생 (2) 유 (3) 종 **3** (1) ○ (2) × (3) ○ (4) × **4** (1) (가) 5종 (나) 4종

(2)

구분	A	B	C	D	E	총 개체수
(가)	2	4	1	3	3	13
(나)	1	5	0	2	5	13

(3) (가) **5** (1) × (2) ○ (3) ○ (4) ×

개념 확인 문제 37쪽

❶ 서식지 ❷ 외래생물 ❸ 멸종 위기종

1 (1) × (2) ○ (3) × (4) ○ **2** 외래생물 **3** 생태통로 **4** 생물다양성협약

내신 만점 문제 38쪽~40쪽

01 ⑤ **02** ② **03** ⑤ **04** ③ **05** ⑤ **06** ④ **07** ④ **08** ⑤ **09** ① **10** ① **11** ⑤ **12** ①

서술형 문제 **13** (1) 같은 생물종이라도 개체마다 서로 다른 유전자를 가지고 있기 때문이다. (2) 유전적 다양성, 급격한 환경 변화에도 적응하여 살아남는 개체가 있을 확률이 높아 멸종될 가능성이 낮다. **14** (1) 서식지가 단편화되면 서식지 면적이 감소하고 생물종의 이동이 제한되어 개체수가 감소하며 멸종으로 이어질 수 있다. 따라서 종다양성이 감소한다. (2) (나)와 (다)를 비교하였을 때 동물의 이동 경로를 보존하는 것이 생물다양성보전에 중요함을 알 수 있다. 따라서 터널을 뚫는 것이 산을 절개하는 것보다 동물의 이동 경로를 보존할 수 있으므로 생물다양성을 보전하는 데 더 유리하다. **15** 에너지 절약, 자원 재활용, 친환경 제품 사용 등의 생활 실천 활동과 생물다양성의 중요성을 알리는 홍보 활동 등에 참여할 수 있다.

실력 UP 문제 41쪽

01 ① **02** ④ **03** ④ **04** ①

중단원 핵심 정리 42쪽~43쪽

❶ 매머드 ❷ 생물계 ❸ 남세균 ❹ 오존층 ❺ 고생대 ❻ 돌연변이 ❼ 수정 ❽ 어두운 ❾ 유리 ❿ 진화 ⓫ 자연선택설 ⓬ 변이 ⓭ 먹이 ⓮ 유전적 다양성 ⓯ 많을 ⓰ 균등 ⓱ 생물자원 ⓲ 단편화 ⓳ 외래생물

중단원 마무리 문제 44쪽~48쪽

01 ⑤ **02** A, 생물의 생존 기간이 길고, 분포 면적이 좁을수록 생물이 살았던 당시의 환경을 잘 알려주기 때문이다. **03** ② **04** 고생대, 삼엽충은 바다에서 서식했던 생물이다. 퇴적 당시 이 지역은 바다였지만 현재는 육지이므로 지층이 형성될 당시의 고도는 현재보다 낮았을 것이다. **05** ③ **06** ㄴ, ㄹ **07** ④ **08** ④ **09** ④ **10** ⑤ **11** ② **12** 소행성(운석) 충돌이나 화산 폭발 때문이다. **13** ② **14** 돌연변이, B 과정에서 환경이 변화함에 따라 ㉡이 생존에 더 유리하게 되면서 자연선택되어 그 형질을 가진 개체의 비율이 증가하였다. **15** ① **16** ④ **17** ③ **18** ③ **19** ㄱ, ㄴ **20** ② **21** A: 유전적 다양성, B: 종다양성, C: 생태계다양성, 종다양성이 높은 생태계는 생물종의 수가 많고, 각 생물종의 분포 비율이 균등하다. **22** ④ **23** 불가사리가 제거된 구역에서는 종다양성이 급격히 감소하였으며, 5년 후에는 거의 모든 생물종이 사라졌다. 즉, 종다양성을 유지하는 것은 생태계를 안정적으로 유지하는 데 매우 중요하다. **24** ① **25** ① **26** 외래생물, 검역 등을 강화하여 외래생물이 불법적으로 유입되는 것을 막는다. 외래생물을 도입하기 전 생태계에 미칠 영향을 철저히 검증한다. **27** ⑤

중단원 고난도 문제 49쪽

01 ③ **02** ④ **03** ⑤ **04** ⑤

2 화학 변화

01 / 산화와 환원

완자쌤 비법 특강 55쪽

Q1 구리(Cu) **Q2** 구리 이온(Cu^{2+}) **Q3** 감소한다. **Q4** 감소한다.

개념 확인 문제 56쪽

❶ 광합성 ❷ 산소 ❸ 산소 ❹ 얻는 ❺ 잃는 ❻ 잃는 ❼ 얻는 ❽ 동시성

1 (1) ○ (2) ○ (3) ○ **2** ㄴ **3** (1) ㉠ 환원, ㉡ 산화 (2) ㉠ 산화, ㉡ 환원 (3) ㉠ 산화, ㉡ 환원 **4** (1) ○ (2) ○ (3) ×

완자

정확한 답과 친절한 해설

정답친해

통합과학 2

책 속의 가접 별책 (특허 제 0557442호)
'정답친해'는 본책에서 쉽게 분리할 수 있도록 제작되었으므로 유통 과정에서 분리될 수 있으나 파본이 아닌 정상제품입니다.

ABOVE IMAGINATION

우리는 남다른 상상과 혁신으로
교육 문화의 새로운 전형을 만들어
모든 이의 행복한 경험과 성장에 기여한다

완자

정답친해

통합과학 2

I

변화와 다양성

1 지구 환경 변화와 생물다양성

01 / 지질 시대의 환경과 생물

개념 확인 문제 12쪽

❶ 화석 ❷ 시상 화석 ❸ 시기 ❹ 지질 시대 ❺ 생물계 ❻ 고생대

1 ㄴ, ㄷ, ㄹ **2** (1) ○ (2) × (3) ○ **3** ㉠ 흔적, ㉡ 화석, ㉢ 융기 **4** (1) 시 (2) 표 (3) 표 (4) 시 **5** (1) ㉡ (2) ㉠ (3) ㉢ **6** ㄱ, ㅁ, ㅂ **7** ㄷ, ㄹ **8** A: 선캄브리아시대, B: 고생대, C: 중생대, D: 신생대

1 ㄱ. 퇴적암은 퇴적물이 쌓여서 굳어진 암석이고, 화석은 주로 퇴적암에서 발견된다.
ㄴ, ㄷ, ㄹ. 화석은 뼈, 알, 피부 등 생물의 유해뿐만 아니라 발자국, 배설물 등 생물이 남긴 흔적을 모두 포함한다.

2 (1) 화석은 과거에 살았던 생물의 유해나 흔적이 변성 작용이나 화성 작용을 받지 않아야 보존될 수 있다. 따라서 화석은 주로 퇴적암에서 발견된다.
(2) 화석이 되려면 생물의 유해나 흔적이 훼손되기 전에 지층 속에 빨리 매몰되어 화석화 작용을 받아야 한다.
(3) 표준 화석을 통해 지층이 생성된 시기를 알 수 있다.

3 생물의 유해나 흔적이 땅속에 묻혀 화석화되고, 그 화석들이 포함된 지층이 융기한 후 침식 작용을 받아 화석이 드러나면서 발견된다.

4 (1) 생물이 살았던 당시의 특정한 환경을 알려주는 화석은 시상 화석이다.
(2) 생물의 생존 기간이 짧고, 분포 면적이 넓은 화석은 표준 화석으로 적합하다.
(3) 지질 시대를 구분하는 기준이 되는 화석은 표준 화석으로, 생물계의 급격한 변화를 알려준다.
(4) 산호, 고사리, 조개 화석은 시상 화석에 속한다.

5 지질 시대별 표준 화석을 보면, 고생대에는 삼엽충, 완족류, 방추충 등이 있고, 중생대에는 공룡, 암모나이트 등이 있으며, 신생대에는 매머드, 화폐석 등이 있다.

6 ㄴ, ㄷ, ㄹ. 산호, 삼엽충, 암모나이트는 바다 환경에서 살았던 생물이다.

7 ㄷ, ㄹ. 지질 시대를 구분하는 기준은 부정합과 같은 대규모 지각 변동, 표준 화석을 통해 알아낸 생물계의 급격한 변화이다.

8 지질 시대를 긴 순서대로 나열하면 선캄브리아시대, 고생대, 중생대, 신생대이다.

개념 확인 문제 15쪽

❶ 남세균 ❷ 스트로마톨라이트 ❸ 판게아 ❹ 양치 ❺ 빙하기 ❻ 암모나이트 ❼ 간빙기 ❽ 생물다양성

1 (1) × (2) ○ (3) ○ (4) × **2** (1) × (2) × (3) ○ (4) ○ **3** 중생대 **4** (1) C (2) E

1 (1) 지구의 평균 기온이 가장 높았던 시기는 중생대이다.
(2) 중생대를 제외한 선캄브리아시대, 고생대, 신생대에는 모두 빙하기가 존재하였다.
(3) 신생대 초기에는 대체로 온난하였으나, 말기에는 빙하기와 간빙기가 반복되었다.
(4) 판게아는 고생대 말기에 대륙들이 하나로 뭉치면서 형성되었고, 중생대 초기에 판게아가 분리되기 시작하였다.

2 (1) 지질 시대 중 최초의 생명체는 단세포생물이다. 에디아카라 동물군은 다세포생물의 화석군이다.
(2) 고생대의 육지에는 양치식물이 번성하였고, 속씨식물은 신생대에 번성하였다.
(3) 중생대에는 공룡과 같은 거대한 파충류가 번성하였다.
(4) 신생대 초기에는 바다에서 유공충의 일종인 화폐석이 번성하였다.

3 판게아가 분리되어 대서양과 인도양이 형성되기 시작하였으므로, 중생대에 해당한다.

4 (1) 고생대 말기(C)에 가장 큰 규모의 대멸종이 일어났다.
(2) 암모나이트는 중생대 말기(E)에 멸종하였다.

완자쌤 비법 특강 16쪽

Q1 해설 참조

Q1 고생대에는 오존층이 형성되어 생물이 육상으로 진출할 수 있는 계기가 되었다.

모범 답안 고생대, 대기 중에 오존층이 형성되어 지표에 도달하는 강한 자외선을 차단하였기 때문에 고생대 중기에 육상 생물이 출현하면서 생물의 서식지가 바다에서 육지로 확장되었다.

채점 기준	배점
지질 시대의 이름을 옳게 쓰고, 그 까닭을 옳게 서술한 경우	100 %
지질 시대의 이름만 옳게 쓴 경우	50 %

내신 만점 문제 17쪽~20쪽

01 ③ 02 ② 03 B 04 ⑤ 05 ⑤ 06 ⑤
07 ③ 08 ① 09 ㄱ, ㄷ 10 ⑤ 11 ㄷ, ㄹ
12 ㄴ, ㄷ 13 ㄱ 14 ③ 15 (다)-(나)-(가)-(라)
16 ③ 17 ① 18 ③ 19 ㄱ, ㄴ 20 ①
21 해설 참조 22 해설 참조 23 해설 참조 24 해설 참조

01 ③ 멀리 떨어진 대륙에서 발견되는 화석을 비교하여 과거 대륙의 분포 및 이동 과정을 알 수 있다.

바로알기 ① 화석은 대부분 퇴적암에서 발견된다.
② 화석은 과거에 살았던 생물의 유해나 흔적이 지층에 남아 있는 것이다.
④ 선캄브리아시대는 화석이 가장 적게 발견된다.
⑤ 생물의 유해나 흔적은 퇴적물이 쌓인 후 오랜 시간이 지날수록 지각 변동을 받아 훼손되거나 형태가 사라지기 때문에 화석이 될 가능성이 적다.

02 ㄷ. 화석이 되기 위해서는 생물의 개체수가 많아야 하고, 생물의 유해나 흔적이 화석화 작용을 받아야 한다.

바로알기 ㄱ. 생물의 유해나 흔적이 화석으로 남는 것은 생물의 크기와 관계가 없다.
ㄴ. 생물에 뼈나 껍데기와 같은 단단한 부분이 있어야 화석으로 남기 쉽다.

03 • 학생 B: 삼엽충은 바다에서 서식했으므로 바다에서 퇴적된 지층이다.

바로알기 • 학생 A: 삼엽충 화석이 발견되므로 고생대에 퇴적된 지층이다.
• 학생 C: 높은 열과 압력을 받으면 화석이 남아 있을 수 없다.

04 꼼꼼 문제 분석

생물의 분포 면적이 좁고, 생존 기간이 길다.
➡ 시상 화석에 적합
생존 기간
A
B
생물의 분포 면적이 넓고, 생존 기간이 짧다. ➡ 표준 화석에 적합
O
분포 면적

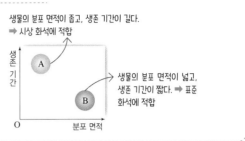

ㄱ. 시상 화석(A)을 이용하여 지층의 생성 환경을 알 수 있다.
ㄴ. 표준 화석(B)을 이용하여 지층의 생성 시기를 알 수 있다.
ㄷ. 완족류는 고생대의 표준 화석이므로 B에 해당한다.

05 ① (가)는 지층의 생성 환경을 알려주는 시상 화석인 고사리, (나)는 지층의 생성 시기를 알려주는 표준 화석인 암모나이트이다.
② 고사리(가)는 과거부터 현재까지 따뜻하고 습한 육지 환경에서 서식한다.
③ 지질 시대는 생물계의 급격한 변화를 기준으로 구분하는데, 생물계의 변화는 중생대의 표준 화석인 암모나이트(나)로 판단할 수 있다.
④ 공룡과 암모나이트(나)는 중생대에 번성한 생물이다.

바로알기 ⑤ 표준 화석은 생물의 생존 기간이 짧고, 분포 면적이 넓어야 한다. 따라서 표준 화석인 암모나이트(나)는 시상 화석인 고사리(가)보다 분포 면적이 넓다.

06 ① 화석을 시대 순으로 나열하면 생물이 어떤 과정을 거쳐 진화하였는지 알 수 있다.
② 바다나 육지에서 서식하는 생물의 화석을 통해 그 지역의 융기나 침강 여부를 알 수 있다.
③ 선캄브리아시대의 화석은 매우 드물게 발견되고, 고생대의 화석부터 많이 발견된다.
④ 고생대, 중생대, 신생대는 화석을 이용한 생물계의 급격한 변화를 기준으로 구분한다.

바로알기 ⑤ 딱딱한 골격을 갖는 생물체가 매우 적어 화석이 거의 발견되지 않는 지질 시대는 선캄브리아시대이다.

07 ㄱ. 지층 A에서는 신생대의 표준 화석인 화폐석 화석이 발견되므로 지층 A는 신생대에 퇴적되었다.
ㄴ. 지층 B에서는 고생대의 표준 화석인 삼엽충 화석이 발견되고, 지층 C에서는 중생대의 표준 화석인 공룡 화석이 발견된다. 따라서 지층 B는 지층 C보다 먼저 퇴적되었다.

바로알기 ㄷ. 공룡은 육지 환경에서 서식하고, 완족류는 바다 환경에서 서식한다. 따라서 지층 C는 육지 환경, 지층 D는 바다 환경에서 퇴적되었다.

08 ㄴ. 지질 시대의 구분 기준은 생물계의 급격한 변화(생물종의 큰 변화), 부정합이다.

바로알기 ㄱ. 지질 시대는 지구가 탄생한 이후부터 현재까지의 기간이다.

ㄷ. 시간이 가장 긴 지질 시대는 선캄브리아시대이다.

09 꼼꼼 문제 분석

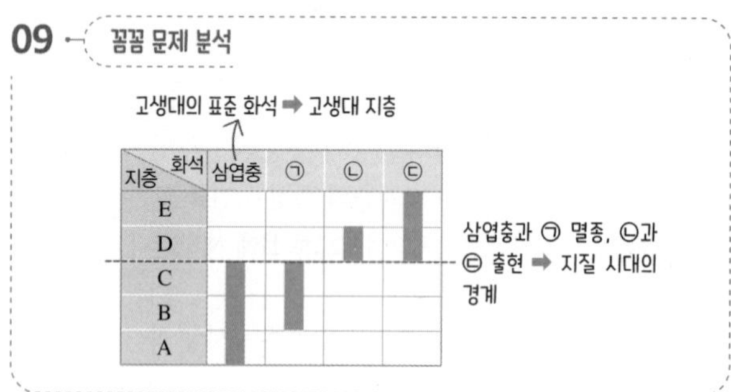

ㄱ. 지층 B에서는 고생대의 표준 화석인 삼엽충 화석이 발견되므로 지층 B는 고생대에 퇴적되었다.

ㄷ. 지층 A, B, C는 모두 고생대에 퇴적된 지층이고 화석 ㉡, ㉢은 지층 D에서 발견되므로 지질 시대의 경계는 지층 C와 지층 D 사이가 적절하다.

바로알기 ㄴ. 화석 ㉡은 지층 D에서만 발견되므로 생존 기간이 길지 않다. 따라서 화석 ㉡은 생물의 생존 기간이 길고, 분포 면적이 좁아야 하는 시상 화석으로는 부적합하다.

10 ① 스트로마톨라이트는 남세균에 의한 흔적 화석으로, 선캄브리아시대부터 형성되었다.

② 오존층은 고생대 중기에 형성되었다.

③ 겉씨식물은 중생대에, 속씨식물은 신생대에 번성하였다.

④ 지질 시대 중 가장 온난했던 시기는 빙하기가 없었던 중생대이다.

바로알기 ⑤ 최초의 다세포동물이 출현한 시기는 선캄브리아시대 말기이다.

11 ㄷ. 공룡, 암모나이트 화석은 중생대(C)의 표준 화석이다.

ㄹ. 현재와 수륙 분포가 비슷한 시기는 신생대(D)이다.

바로알기 ㄱ. 최초의 육상 생물이 출현한 시기는 고생대(B)이다.

ㄴ. 생물에 의한 광합성은 선캄브리아시대(A)에 남세균에 의해 시작되었다.

12 ㄴ. 신생대에는 초기에 온난하였지만, 말기에 간빙기와 빙하기가 반복되어 나타났다.

ㄷ. 지구의 평균 해수면 높이는 지구의 기온 상승으로 인한 빙하의 융해와 해수의 열팽창으로 높아진다. 따라서 신생대 말기는 중생대보다 지구의 평균 기온이 낮았으므로 지구의 평균 해수면 높이가 낮았을 것이다.

바로알기 ㄱ. 중생대에는 빙하기 없이 전반적으로 온난하였으므로, 빙하의 면적이 가장 좁았던 시기이다.

13 꼼꼼 문제 분석

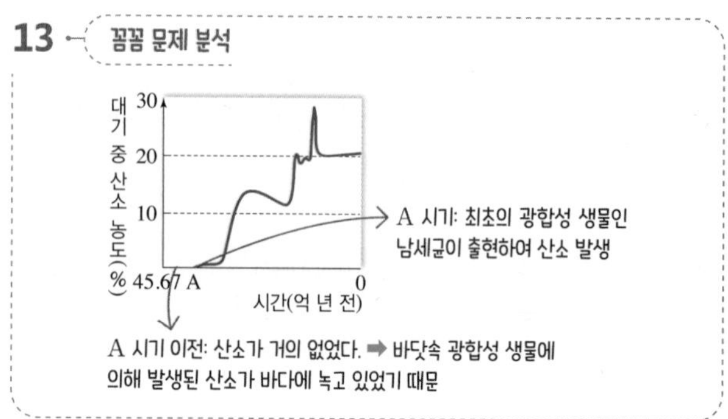

ㄱ. A 시기 이전에는 산소가 거의 없었으므로 오존층이 형성되지 않아 최초의 생명체는 강한 자외선으로부터 보호받을 수 있는 바다 속에서 탄생하였을 것이다.

바로알기 ㄴ. A 시기부터 대기 중에 산소가 증가하였으므로 이 시기 이전에 광합성을 하는 남세균이 출현하여 광합성에 의해 바다에 산소가 존재하게 되었고, 점차 산소 양이 증가하면서 대기 중에 산소가 쌓이게 되었다는 것을 알 수 있다.

ㄷ. 스트로마톨라이트는 남세균의 점액질에 모래나 진흙같은 부유물이 달라붙어 만들어진 퇴적 구조이다. 따라서 스트로마톨라이트는 남세균이 출현한 시기부터 현재까지 바다 환경에서 형성된 흔적 화석이다.

14 ㄱ. (가)는 중생대의 암모나이트, (나)는 고생대의 삼엽충, (다)는 신생대의 화폐석이다. 따라서 화석의 생성 순서대로 나열하면 (나) → (가) → (다)이다.

ㄷ. 암모나이트, 삼엽충, 화폐석은 모두 바다에서 서식하였다.

바로알기 ㄴ. 암모나이트는 중생대의 표준 화석으로, 중생대에는 육지에서 겉씨식물이 번성하였다.

15 (다) 바다에서 최초의 광합성 생물이 출현한 시기는 선캄브리아시대이다. → (나) 말기에 삼엽충, 완족류 등이 멸종한 시기는 고생대이다. → (가) 파충류와 겉씨식물이 번성한 시기는 중생대이다. → (라) 초원이 넓게 발달하였고, 포유류가 번성한 시기는 신생대이다.

16 (가)는 삼엽충이 나타나므로 고생대에 해당하고, (나)는 육지에 공룡이 나타나므로 중생대에 해당한다.

ㄱ. 방추충은 고생대(가)의 표준 화석이다.

ㄴ. 고생대(가)에 번성한 식물은 양치식물이다.

바로알기 ㄷ. 중생대(나)에는 바다에서 암모나이트가 번성하였고, 화폐석은 신생대의 바다에서 번성하였다.

17 (가)는 현재와 유사한 수륙 분포를 나타내므로 신생대의 수륙 분포이고, (나)는 판게아가 분리되어 여러 대륙들이 이동하고 있으므로 중생대의 수륙 분포이며, (다)는 고생대 말기에 대륙들이 모여 형성된 초대륙인 판게아가 나타나므로 고생대의 수륙 분포이다.

ㄱ. 신생대(가)에는 유라시아 대륙과 인도 대륙이 충돌하여 히말라야산맥이 형성되었고, 현재와 유사한 수륙 분포가 형성되었다.

바로알기 ㄴ. (나)는 중생대의 수륙 분포이다.

ㄷ. 대서양은 중생대(나)에 판게아가 분리되기 시작하면서 형성되었다.

18 ③ 고생대 말기에 삼엽충, 방추충 등이 멸종하면서 가장 큰 규모의 대멸종이 일어났다.

바로알기 ① 대멸종은 수만 년에서 수백만 년에 걸쳐 일어났다.

② 지질 시대 동안 대멸종은 총 5번 발생하였다.

④ 대멸종이 일어나면 지구 환경의 급격한 변화에 적응하지 못한 생물이 멸종한다. 따라서 대멸종 이전에 비해 대멸종 이후에 생물 과의 수는 대폭 감소한다.

⑤ 대멸종 이후 환경에 적응한 생물이 다양한 종으로 진화하면서 생물다양성은 회복된다.

19 꼼꼼 문제 분석

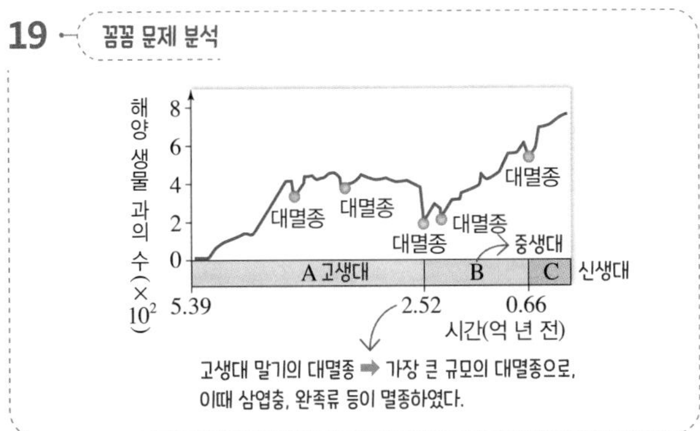

A는 약 5.39억 년 전~약 2.52억 년 전이므로 고생대이고, B는 약 2.52억 년 전~약 0.66억 년 전이므로 중생대이며, C는 약 0.66억 년 전~현재까지이므로 신생대이다.

ㄱ. 고생대(A) 말기에는 삼엽충, 완족류 등이 멸종하였다.

ㄴ. 생물의 수와 종류가 많을수록 생물다양성이 크다. 따라서 생물다양성은 고생대(A)보다 신생대(C)에 더 크다.

바로알기 ㄷ. 중생대(B) 말기에는 소행성 충돌, 화산 폭발 등의 원인으로 대멸종이 일어났다. 판게아의 형성과 관련이 있는 대멸종은 고생대(A) 말기에 일어난 대멸종이다.

20 꼼꼼 문제 분석

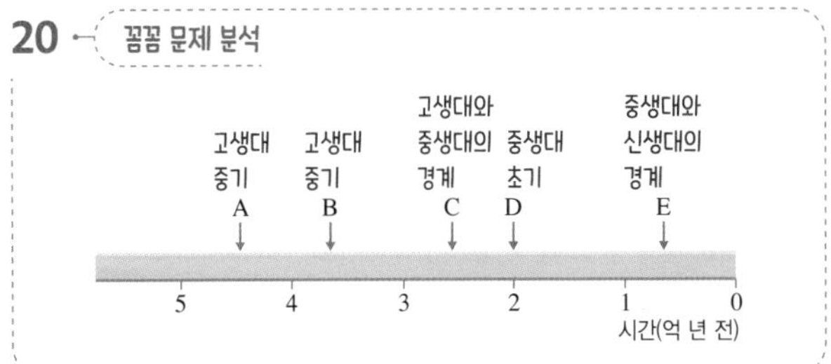

ㄱ. 육상 생물은 오존층이 형성된 후 약 4억 년 전부터 출현하기 시작하였다. 따라서 A 시기에 대멸종된 생물은 주로 해양 생물이었다.

바로알기 ㄴ. 매머드가 번성한 시기는 신생대이므로, E 시기 이후이며, D 시기와 E 시기 사이에는 공룡과 암모나이트 등이 번성하였다.

ㄷ. 어류는 고생대에 출현하였으므로 C 시기보다 앞선 시기에 출현하였다.

21 (가)는 암모나이트 화석이고, (나)는 갑주어 화석이다. 암모나이트는 중생대의 표준 화석이고, 갑주어는 고생대의 표준 화석이다.

모범 답안 (1) 중생대 (2) (가)와 (나)는 모두 바다 환경에서 퇴적되었다.

채점 기준	배점
(1)과 (2)를 모두 옳게 서술한 경우	100 %
(1)과 (2) 중 한 가지만 옳게 서술한 경우	50 %

22 선캄브리아시대의 화석은 드물게 발견되지만 신생대의 화석은 많이 발견된다. 이는 선캄브리아시대에 생물의 개체수가 적었고, 생물체에 딱딱한 골격을 갖는 부분이 없었으며, 현재로부터 오래 전이기 때문에 지각 변동을 많이 받았기 때문이다.

모범 답안 선캄브리아시대에 비해 신생대에 생물의 개체수가 많았다. 선캄브리아시대에는 단단한 골격을 갖는 생물이 없었으나 신생대에는 척추동물을 비롯해 많은 생물이 단단한 골격을 갖는다. 선캄브리아시대에 비해 신생대는 현재에 가까워 지각 변동을 덜 받았다.

채점 기준	배점
세 가지를 모두 옳게 서술한 경우	100 %
두 가지만 옳게 서술한 경우	60 %
한 가지만 옳게 서술한 경우	30 %

23 화산 활동이 일어나면 화산 가스 중의 이산화 탄소가 대기 중으로 다량 방출된다. 대기 중 이산화 탄소의 농도가 증가하면 온실 효과가 커지므로 기온이 높아진다.

모범 답안 중생대에는 화산 활동으로 인한 대기 중 이산화 탄소의 농도 증가로 온실 효과가 커졌기 때문이다.

채점 기준	배점
이산화 탄소의 농도가 증가하여 온실 효과가 옳게 서술한 경우	100 %
이산화 탄소의 농도가 증가하였다고만 옳게 서술한 경우	50 %

24 고생대 말에는 판게아의 형성, 화산 폭발로 인한 온난화 등으로 인해 삼엽충, 완족류 등이 멸종하였을 것으로 추정한다.

모범 답안 고생대 말에 대륙들이 하나로 합쳐져 판게아를 형성하였고, 이때 삼엽충, 완족류, 방추충 등이 멸종했다.

채점 기준	배점
고생대 말의 수륙 분포를 판게아 형성과 관련지어 옳게 서술하고, 멸종한 생물을 한 가지 옳게 쓴 경우	100 %
고생대 말의 수륙 분포만 판게아 형성과 관련지어 옳게 서술한 경우	60 %
멸종한 생물만 한 가지 옳게 쓴 경우	40 %

실력 UP 문제 21쪽

01 ③ **02** ① **03** ② **04** ②

01 (가)는 완족류 화석, (나)는 산호 화석이다.

ㄱ. 완족류는 고생대의 표준 화석이므로 이 지층은 고생대에 바다에서 퇴적되었을 것이다.

ㄷ. 완족류, 산호 화석이 발견되는 것으로 보아 이 지층이 퇴적될 당시에는 바다였을 것이다. 그러나 이 지층이 융기하여 깎이면서 현재 드러난 것이므로 지층이 퇴적될 당시보다 현재의 고도가 더 높을 것이다.

바로알기 ㄴ. 산호는 따뜻하고 얕은 바다에서 서식한다. 따라서 이 지층이 퇴적될 당시에는 따뜻하고 얕은 바다였을 것이다.

02 ㄱ. 양서류, 조류(새), 파충류 중 가장 먼저 출현한 것은 양서류이고, 가장 나중에 출현한 것은 조류(새)이다. 따라서 A는 양서류, B는 파충류, C는 조류(새)이다.

바로알기 ㄴ. 외부 온도에 상관 없이 체온을 일정하게 유지할 수 있는 동물을 정온 동물이라고 하는데, 정온 동물에는 조류(새)와 포유류가 있다.

ㄷ. 조류(C)가 출현한 중생대는 빙하기가 없이 전반적으로 온난하여 지질 시대 중 지구의 평균 기온이 가장 높았던 시기이므로, 지질 시대 중 대륙 빙하의 면적이 가장 좁았을 것이다.

03 꼼꼼 문제 분석

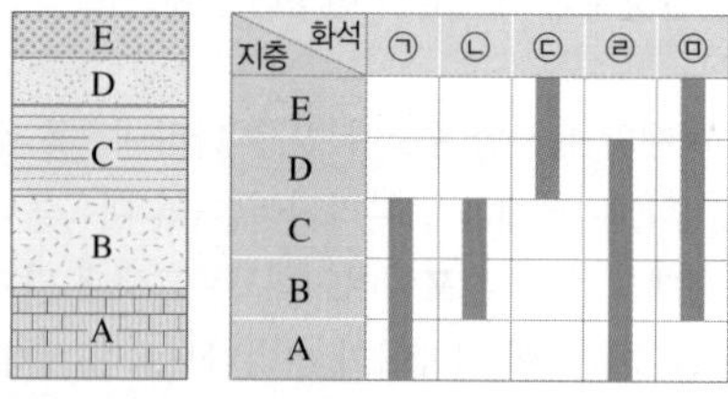

• 지층 B는 고생대의 지층이다. ➡ 화석 ㉠, ㉡은 고생대의 표준 화석이다.
• 시상 화석: 과거부터 현재까지 서식하는 생물의 화석이다. ➡ 화석 ㉤이 적합

화석 ㉠~㉤ 중 표준 화석은 3개이다. 이때 표준 화석이 될 수 있는 것은 ㉠, ㉡, ㉢ 또는 ㉠, ㉡, ㉣이다. 만일 ㉠, ㉡, ㉢이 표준 화석이면, ㉣과 ㉤은 표준 화석이 될 수 없고, ㉠, ㉡, ㉣이 표준 화석이면 ㉢과 ㉤은 표준 화석이 될 수 없다.

ㄷ. ㉤은 고생대부터 신생대까지 계속 살고 있는 생물체이므로 시상 화석에 해당된다. 고사리는 고생대부터 현재까지 살고 있는 생물이므로, 화석 ㉤이 될 수 있다.

바로알기 ㄱ. 지층 C와 D 사이를 경계로 ㉠과 ㉡ 멸종, ㉢이 출현하여 화석의 종류가 급변하므로, 지질 시대를 구분할 수 있다. 지층 B는 고생대에 퇴적되었고 지층은 역전된 적이 없으므로, 지층 C는 고생대에 퇴적되었다.

ㄴ. 이 지역에는 고생대와 신생대 지층이 나타나므로, 중생대의 표준 화석인 공룡 화석이 나타날 수 없다.

04 꼼꼼 문제 분석

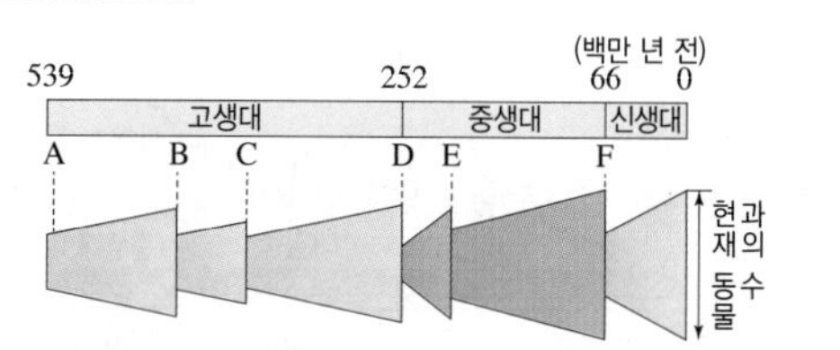

• A 시기: 생물의 종과 수가 급격하게 증가한 시기 ➡ 생물 대폭발
• B, C, D, E, F 시기 ➡ 동물 과의 수가 급격하게 감소한 대멸종 시기
• D 시기: 가장 큰 규모의 대멸종 ➡ 판게아의 형성, 화산 폭발 등이 원인으로 추정

ㄴ. 고생대와 중생대의 경계(고생대 말)에서 발생한 대멸종은 주로 판게아 형성, 화산 폭발 등이 원인으로 추정되므로 지권의 변화와 관련이 있다.

바로알기 ㄱ. A는 고생대 초기에 바다와 대기의 산소 농도가 증가하여 생물의 종과 수가 폭발적으로 증가한 시기이다. 고생대에 일어난 최초의 대멸종 시기는 동물 과의 수가 많이 감소한 B 시기이다.

ㄷ. D 시기에 동물 과의 수가 가장 많이 감소했으므로 대멸종에 의한 동물 과의 수 멸종 비율은 D 시기가 가장 크다.

02 / 변이와 자연선택에 의한 생물의 진화

개념 확인 문제 25쪽

❶ 변이 ❷ 돌연변이 ❸ 유전자 조합 ❹ 수정 ❺ 자연선택

1 변이 **2** ㉠ 유전자(유전정보), ㉡ 단백질, ㉢ 형질 **3** ㄱ, ㄴ, ㄹ
4 자연선택 **5** (나) → (라) → (다) → (가) **6** (1) ○ (2) ○
(3) × (4) × (5) ○ (6) ○

1 같은 종의 개체 사이에서 나타나는 형질의 차이를 변이라고 한다.

2 개체가 가진 유전자(유전정보)의 차이에 따라 합성되는 단백질의 종류와 양이 달라지고, 그에 따라 형질의 차이(변이)가 나타난다.

3 ㄱ. 돌연변이에 의해 DNA의 유전정보에 변화가 생겨 집단에 새로운 유전자가 만들어지면 새로운 변이가 나타날 수 있다.
ㄴ, ㄹ. 유성생식 과정에서 유전자 조합이 다양한 생식세포가 형성되고, 암수 생식세포가 무작위로 수정하여 형질이 다양한 자손이 나타난다.
ㄷ. 체세포분열 결과 형성된 딸세포는 유전자 구성이 모두 같으므로 체세포분열에 의한 세포의 형성은 변이의 원인이 될 수 없다.

4 자연 상태에서는 변이에 따라 개체마다 환경에 다르게 적응한다. 다양한 변이가 있는 개체들 중 환경에 적응하기 유리한 형질을 가진 개체가 그렇지 않은 개체보다 더 잘 살아남아 자손을 더 많이 남기는 것을 자연선택이라고 한다.

5 같은 종의 생물 무리에 다양한 형질을 가진 개체들이 존재한다(나).→ 포식자의 눈에 더 잘 띄는 피식자 개체가 높은 비율로 잡아먹힌다(라). → 시간이 지남에 따라 포식자의 눈에 덜 띄는 피식자 개체가 더 잘 살아남는다(다). → 살아남은 개체의 형질이 자손에게 전달되어 그 형질을 가진 개체의 비율이 증가한다(가).

6 (1) 돌연변이에 의해 유전자의 염기서열에 변화가 생겨 새로운 유전자가 만들어지면 집단에 없던 새로운 변이가 나타날 수 있다.
(2) 변이에 따라 환경에 적응하는 데 유리한 정도가 다르므로 어떤 변이를 갖느냐에 따라 환경에 적응하는 능력이 다르다.
(3) 유성생식 과정에서 유전자 조합이 다양한 생식세포가 형성되고, 암수 생식세포가 무작위로 수정하여 자손이 태어난다. 따라서 같은 부모로부터 태어난 자손이라도 유전자 구성이 다르므로 변이가 존재한다.
(4) 토양이 검게 변한 지역에서는 몸 색깔이 어두운 딱정벌레가 몸 색깔이 밝은 딱정벌레보다 포식자의 눈에 잘 띄지 않으므로 생존에 유리하다.
(5) 같은 변이라도 어떤 환경에서는 생존에 유리하게 작용하고, 다른 환경에서는 생존에 불리하게 작용할 수 있으므로 환경에 따라 자연선택의 결과가 다르게 나타날 수 있다.
(6) 인간의 활동은 자연선택의 방향에 영향을 줄 수 있다. 예를 들어 항생제를 지속적으로 사용하면 항생제 내성 세균이 자연선택되어 항생제 내성 세균의 비율이 높아질 수 있다.

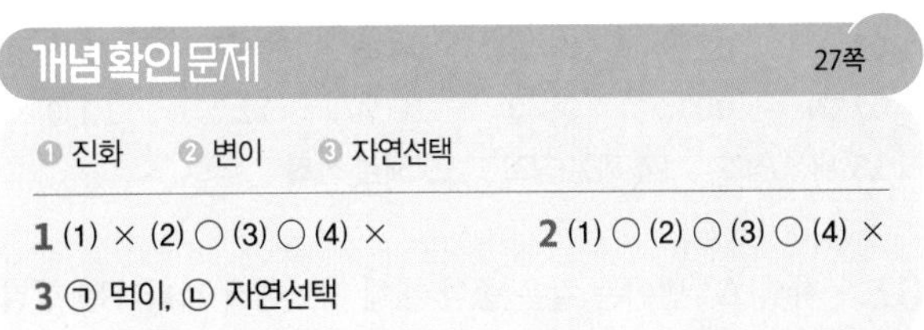
개념 확인 문제 27쪽

❶ 진화 ❷ 변이 ❸ 자연선택

1 (1) × (2) ○ (3) ○ (4) × **2** (1) ○ (2) ○ (3) ○ (4) ×
3 ㉠ 먹이, ㉡ 자연선택

1 (1) 진화는 오랜 시간 동안 여러 세대를 거치면서 생물이 변화하는 현상으로, 개체 수준에서는 관찰할 수 없으며, 집단 내에서 특정 유전자를 가진 개체의 비율이 변하는 것으로 진화를 관찰할 수 있다.
(2) 다양한 변이가 있는 개체들 중 환경에 적응하기 유리한 형질을 가진 개체가 자연선택되면서 진화가 일어나므로, 변이는 진화의 원동력이 된다.
(3) 지구의 다양한 환경에서 생물이 여러 방향으로 자연선택되는 과정에서 새로운 종이 출현할 수 있으며, 그 결과 지구에는 다양한 생물종이 나타났다.
(4) 우수한 형질을 가진 개체가 자연선택되는 것이 아니라 주어진 환경에서 적응하여 살아남기에 유리한 형질을 가진 개체가 자연선택된다.

2 (1) 다윈은 다양한 변이가 있는 개체들 중 환경에 적응하기 유리한 형질을 가진 개체가 자연선택되는 과정이 반복되어 생물이 진화한다고 설명하였다.
(2) 생물은 주어진 환경에서 살아남을 수 있는 것보다 많은 수의 자손을 낳는다(과잉 생산).
(3) 자연선택설의 핵심은 '환경에 적응하기 유리한 형질을 가진 개체가 살아남아 더 많은 자손을 남긴다.'는 것이다.
(4) 다윈이 자연선택설을 발표할 당시에는 유전의 원리가 밝혀지지 않았다. 다윈은 변이의 존재를 인식하고 있었지만, 그 변이가 어떻게 발생하고 유전되는지에 대해서는 명확하게 설명하지 못했다.

3 갈라파고스 제도는 섬마다 환경이 달랐다. 남아메리카 대륙에서 갈라파고스 제도로 건너온 핀치 사이에는 다양한 변이가 있었으며, 이 중에서 각 섬에 풍부한 먹이를 먹는 데 유리한 모양의 부리를 가진 핀치들이 더 잘 살아남아 자손을 더 많이 남기게 되었다. 이와 같은 자연선택 과정이 반복되고 누적되면서 섬마다 서로 다른 종류의 핀치로 진화하였다.

내신 만점 문제 28쪽~30쪽

01 A, C **02** ⑤ **03** ③ **04** ⑤ **05** ① **06** ③
07 ③ **08** ⑤ **09** ③ **10** ④ **11** ⑤ **12** ③
13 해설 참조 **14** 해설 참조 **15** 해설 참조

01 • 학생 A: 변이는 같은 종의 개체 사이에서 나타나는 형질의 차이를 의미한다.
• 학생 C: 개체가 가진 유전자의 차이에 따라 합성되는 단백질의 종류와 양이 달라지고, 그에 따라 형질의 차이(변이)가 나타난다.
(바로알기) • 학생 B: 변이는 주로 개체가 가진 유전자의 차이로 인해 나타난다.

02 ㄴ, ㄷ. 사랑앵무의 깃털 색이 개체마다 다른 것이나 같은 부모로부터 태어난 새끼 고양이의 털색이 서로 다른 것은 같은 종의 개체 사이에서 나타나는 형질의 차이이므로 변이의 예이다.
(바로알기) ㄱ. 변이는 같은 종의 개체 사이에서 나타나는 형질의 차이를 의미한다. 기린과 얼룩말은 서로 다른 종에 속하는 동물이므로 이들 사이에서 나타나는 무늬 차이는 변이의 예가 아니다.

03 • 학생 A: DNA에 저장된 유전정보가 다르면 이로부터 형성된 단백질의 종류와 양이 달라져 서로 다른 형질이 나타난다.
• 학생 B: 유성생식 과정에서 유전자 조합이 다양한 생식세포가 형성되고, 이 생식세포가 무작위로 수정하여 유전적으로 다양한 자손이 형성되면서 여러 가지 변이가 나타난다.
(바로알기) • 학생 C: 돌연변이는 무작위로 발생하며, 반드시 환경 적응에 유리한 방향으로만 일어나는 것은 아니다. 일반적으로 돌연변이는 생존에 불리한 경우가 많다.

04 ㄱ. (가)에서 붉은색 딱정벌레는 모두 같은 종이므로 개체마다 몸 색깔이 붉은 정도가 다른 것은 변이의 예이다.
ㄴ. 돌연변이는 DNA의 유전정보에 변화가 생겨 부모에게 없던 형질이 자손에게 나타나는 현상이다. (나)에서 붉은색 딱정벌레 집단의 자손 중에 초록색 딱정벌레가 갑자기 나타난 것은 돌연변이의 결과이다.
ㄷ. 붉은색 몸 색깔만 있던 딱정벌레 집단이 붉은색과 초록색 몸 색깔의 집단이 되었으므로 변이가 다양해졌다.

05 꼼꼼 문제 분석

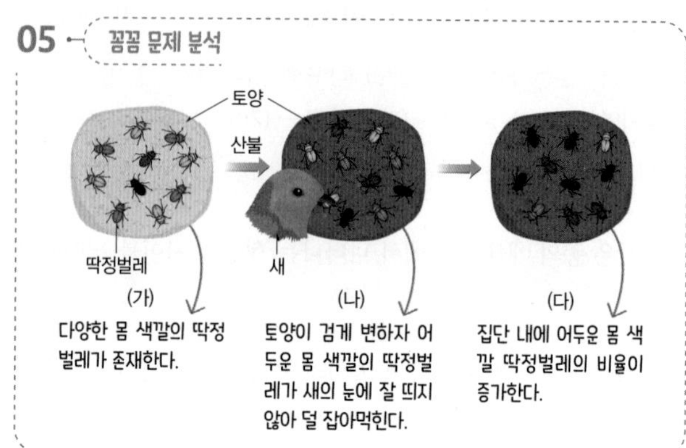
토양
산불
딱정벌레
새
(가)
(나)
(다)
다양한 몸 색깔의 딱정벌레가 존재한다.
토양이 검게 변하자 어두운 몸 색깔의 딱정벌레가 새의 눈에 잘 띄지 않아 덜 잡아먹힌다.
집단 내에 어두운 몸 색깔 딱정벌레의 비율이 증가한다.

ㄱ. 같은 종의 딱정벌레 사이에서 나타나는 다양한 몸 색깔은 변이로, 개체마다 유전자가 다르기 때문에 나타난다.
(바로알기) ㄴ. (나)와 같이 토양이 검은 환경에서는 몸 색깔이 밝을수록 포식자의 눈에 더 잘 띄므로 생존에 불리하다. 이처럼 딱정벌레의 몸 색깔은 자연선택에 영향을 준다.
ㄷ. 몸 색깔이 어두운 딱정벌레의 비율은 (가)에서 (다)로 갈수록 증가하고 있다. 즉, 몸 색깔이 어두운 딱정벌레의 비율은 (다)에서가 (나)에서보다 높다.

06 꼼꼼 문제 분석

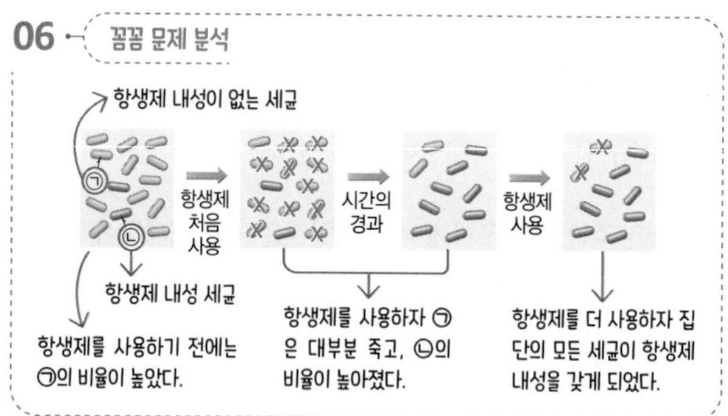
항생제 내성이 없는 세균
㉠
㉡
항생제 처음 사용
시간의 경과
항생제 사용
항생제 내성 세균
항생제를 사용하기 전에는 ㉠의 비율이 높았다.
항생제를 사용하자 ㉠은 대부분 죽고, ㉡의 비율이 높아졌다.
항생제를 더 사용하자 집단의 모든 세균이 항생제 내성을 갖게 되었다.

ㄷ. 항생제 내성 형질을 가진 세균이 번식하면서 자손도 항생제 내성 형질을 가지는 것으로 보아 항생제 내성 형질은 자손에게 유전됨을 알 수 있다.
(바로알기) ㄱ. 항생제가 처음 사용되었을 때 ㉠은 대부분 죽고, ㉡은 살아남은 것으로 보아 항생제에 대해 내성을 가진 세균은 ㉡임을 알 수 있다.
ㄴ. 항생제 내성 세균인 ㉡은 항생제 사용 전부터 존재하고 있으므로 항생제의 사용으로 ㉠이 ㉡으로 변화한 것이 아니다. 시간이 지날수록 ㉡의 비율이 높아진 것은 항생제가 지속적으로 사용되는 환경에서 ㉡이 자연선택되었기 때문이다.

07 꼼꼼 문제 분석

말라리아가 많이 발생하는 지역과 낫모양적혈구 유전자 빈도가 높은 지역이 유사하다.

낫모양적혈구 유전자 빈도
1 %~5 %
5 %~10 %
10 %~20 %

(가) 말라리아가 많이 발생하는 지역 (나) 낫모양적혈구 유전자 빈도

- 낫모양적혈구는 산소 운반 능력이 떨어지며, 모세혈관을 막아 혈액의 흐름을 느리게 하여 악성 빈혈을 유발한다.
- 말라리아가 많이 발생하는 지역에서 낫모양적혈구 유전자의 빈도가 높다. ➡ 낫모양적혈구 유전자가 생존에 유리하게 작용하여 자연선택된다.

ㄱ. 그림 (가)와 (나)를 비교해 보면 말라리아가 많이 발생하는 지역과 낫모양적혈구 유전자 빈도가 높은 지역이 유사함을 알 수 있다.
ㄷ. 낫모양적혈구 유전자는 일반적으로는 생존에 불리하여 자연선택되지 않지만, 말라리아가 많이 발생하는 지역에서는 생존에 유리하게 작용하여 자연선택된다.
바로알기 ㄴ. 낫모양적혈구는 일반적으로 심한 빈혈을 일으켜 생존에 불리하다, 그러나 말라리아를 일으키는 말라리아원충은 낫모양적혈구에서는 증식하기 어려워 말라리아가 많이 발생하는 지역에서는 낫모양적혈구 유전자를 가진 사람이 정상 적혈구 유전자만 가진 사람보다 생존에 유리하다.

08 ① 환경 오염, 항생제나 살충제의 사용, 도시화, 농업 활동 등과 같은 인간의 활동은 생물의 자연선택 방향에 영향을 줄 수 있다. 이와 같은 활동은 환경을 변화시키며, 변화된 환경에서 자연선택되는 생물이 달라질 수 있다.
② 어떤 변이는 개체가 환경에 적응하는 데 유리하게 작용하고, 어떤 변이는 불리하게 작용한다. 따라서 개체는 변이에 따라 환경에 적응하는 능력이 다르다.
③ 다양한 변이가 있는 개체들 중 환경에 적응하기 유리한 형질을 가진 개체가 자연선택되면서 진화가 일어나므로, 변이와 자연선택은 진화의 원동력이 된다.
④ 자연선택이 반복되면서 집단에서 특정 형질을 가진 개체의 비율이 점차 높아진다. 그 결과 생물은 이전과는 다른 형질을 가진 생물로 변화한다.
바로알기 ⑤ 특정 환경에서 생존에 유리한 형질이 다른 환경에서도 항상 유리한 것은 아니다. 특정 환경에서 유리한 형질이라 하더라도 다른 환경에서는 불리하게 작용할 수 있다.

09 ㄱ. 진화는 오랜 시간 동안 여러 세대를 거치면서 생물의 구조와 특성이 변화하는 현상으로, 진화의 결과 새로운 종의 생물이 생겨나기도 하고, 그 과정에서 환경에 적응하지 못한 생물은 사라지기도 한다.
ㄴ. 진화는 자연선택 과정이 반복되어 일어나므로 진화가 일어나면 자연선택된 형질(환경 적응에 유리한 형질)을 가진 개체의 비율이 증가한다.
바로알기 ㄷ. 같은 종의 생물이라도 환경이 다르면 서로 다른 형질이 자연선택되므로 각기 다른 방향으로 진화한다.

10 다윈의 자연선택설에서는 진화가 일어나는 과정을 과잉 생산과 변이(㉠) → 생존경쟁(㉡) → 자연선택(㉢) → 유전과 진화의 순으로 설명한다.
ㄴ. ㉡은 생존경쟁으로, 생물은 주어진 환경에서 살아남을 수 있는 것보다 더 많은 수의 자손을 낳으므로 과잉 생산된 개체들 사이에서 먹이와 서식 공간을 두고 경쟁이 일어난다.
ㄷ. ㉢은 자연선택이며, 생존에 유리한 형질을 가진 개체가 그렇지 못한 개체보다 더 잘 살아남아 더 많은 자손을 남기는 과정(자연선택)이 반복되어 그 형질을 가진 개체의 비율이 증가하면서 생물이 진화한다.
바로알기 ㄱ. ㉠은 과잉 생산된 개체들 사이에서 다양한 형질이 나타나는 변이이다.

11 꼼꼼 문제 분석

(가)
많은 수의 기린이 태어났고, 기린의 목 길이는 다양하였다.
- 과잉 생산과 변이
(나)
목이 긴 기린이 먹이를 먹기에 유리하여 살아남았다.
- 생존경쟁과 자연선택
(다)
이 과정이 오랫동안 반복되어 기린의 목이 오늘날과 같이 길어졌다.
- 유전과 진화

ㄱ. (가)에서는 기린의 목 길이에 변이가 있어 다양한 목 길이를 가진 기린들이 공존하고 있다.
ㄴ. (가) → (나) 과정에서는 다양한 목 길이를 가진 기린들 사이에서 먹이를 두고 생존경쟁을 한 결과 목이 긴 기린이 높은 곳의 먹이를 먹기에 유리하여 살아남았다. 즉, 목이 긴 기린이 자연선택되었다.
ㄷ. 자연선택된 목이 긴 형질은 자손에게 유전되어 집단 내에 목이 긴 기린의 비율이 증가한 결과 기린의 목이 오늘날과 같이 길어졌다.

12 

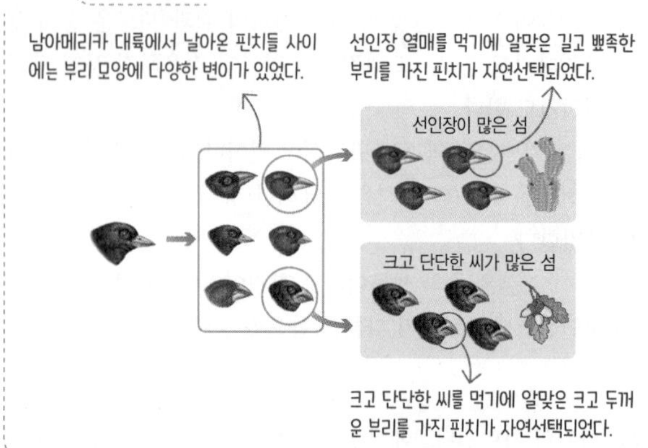

ㄷ. 섬마다 먹이 환경이 다르고, 그 환경에서 생존하는 데 유리한 부리 모양을 가진 핀치가 자연선택되므로 부리 모양이 서로 다른 방향으로 진화하였다.

(바로알기) ㄱ. 핀치 부리 모양의 다양한 변이는 갈라파고스 제도 각 섬의 환경에 적응하면서 나타난 것이 아니라, 핀치가 각 섬으로 흩어져 살기 전부터 이미 존재하고 있었다.

ㄴ. 선인장이 많은 섬에서는 길고 뾰족한 부리를 가진 핀치가 번성한 것으로 보아 이 형질이 생존에 유리함을 알 수 있다.

13 (모범 답안) 돌연변이와 유성생식 과정에서 일어나는 생식세포의 다양한 조합, 다양한 변이가 있는 개체들 중 환경에 적응하기 유리한 변이를 가진 개체가 자연선택되는 과정이 반복되면서 생물이 진화하므로 변이는 진화의 원동력이 된다.

채점 기준	배점
변이의 원인 두 가지를 쓰고, 변이가 진화의 원동력이 되는 까닭을 옳게 서술한 경우	100 %
변이가 진화의 원동력이 되는 까닭만 옳게 서술한 경우	60 %
변이의 원인 두 가지만 옳게 쓴 경우	40 %

14 (모범 답안) (1) ㉠ 다양한 색깔의 초콜릿은 변이를 나타낸다.
㉡ 포식 등에 의해 개체가 무리에서 제거되는 과정을 나타낸다.
㉢ 개체가 번식하는 것을 나타낸다.
(2) 특정 환경에서 생존에 유리한 형질을 가진 개체는 그렇지 않은 개체에 비해 더 잘 살아남아 많은 자손을 남기고(자연선택), 살아남은 개체의 형질이 자손에게 전달되어 그 형질을 가진 개체의 비율이 높아지며, 이러한 과정이 누적되어 진화가 일어난다.

채점 기준		배점
(1)	세 가지를 모두 옳게 서술한 경우	50 %
	두 가지만 옳게 서술한 경우	30 %
	한 가지만 옳게 서술한 경우	10 %
(2)	실험 결과의 의미를 자연선택 과정을 포함하여 옳게 서술한 경우	50 %
	실험 결과의 의미를 자연선택 과정을 포함하지 않고 자연선택된 개체의 비율이 높아진다고만 서술한 경우	30 %

15 (모범 답안) 한 종의 핀치가 갈라파고스 제도의 각 섬에서 부리 모양이 다양한 많은 수의 핀치를 낳았다. 핀치는 먹이를 두고 경쟁하였으며, 각 섬의 먹이 환경에 적합한 부리를 가진 핀치가 자연선택되었다. 이 과정이 반복되어 서로 다른 종의 핀치로 진화하였다.

채점 기준	배점
핀치의 진화 과정을 과잉 생산, 변이, 생존경쟁, 자연선택의 개념을 포함하여 옳게 서술한 경우	100 %
핀치의 진화 과정을 변이와 자연선택의 개념을 포함하여 옳게 서술한 경우	80 %
핀치의 진화 과정을 각 섬의 환경에 알맞은 핀치가 자연선택되어 서로 다른 종으로 진화하였다고만 서술한 경우	40 %

실력 UP 문제

31쪽

01 ① **02** ㄱ, ㄷ **03** ① **04** ③

01 ㄱ. 생물의 형질은 유전자의 유전정보에 따라 만들어지는 단백질에 의해 결정되는 것으로, 어린 홍학의 회색 몸 색깔도 유전자에 따라 합성되는 단백질에 의해 나타난다.

(바로알기) ㄴ. 돌연변이는 유전자의 변화로 인해 발생하며, 먹이의 종류와 양에 따라 제각기 다른 특징을 가지는 붉은 무늬가 나타나는 것은 환경의 영향을 받은 비유전적 변이이다.

ㄷ. ㉡은 유전자가 아닌 환경의 영향을 받아 나타난 비유전적 변이이므로 형질이 자손에게 유전되지 않는다.

02

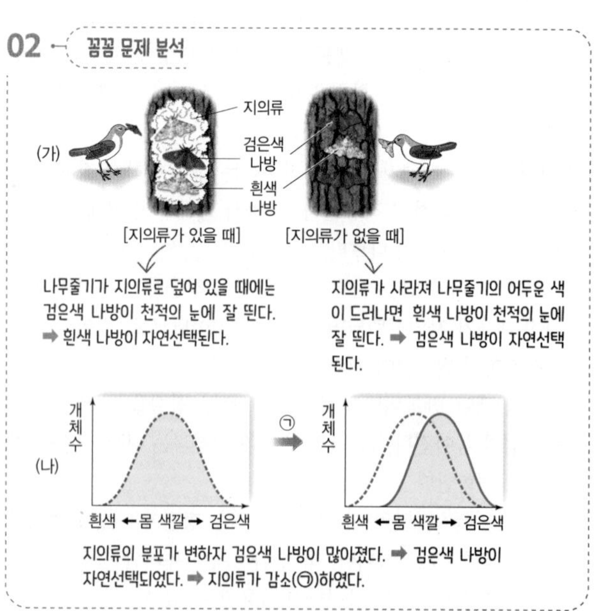

꼼꼼 문제 분석
(가)
지의류
검은색 나방
흰색 나방
[지의류가 있을 때]
[지의류가 없을 때]
나무줄기가 지의류로 덮여 있을 때에는 검은색 나방이 천적의 눈에 잘 띈다. ➡ 흰색 나방이 자연선택된다.
지의류가 사라져 나무줄기의 어두운 색이 드러나면 흰색 나방이 천적의 눈에 잘 띈다. ➡ 검은색 나방이 자연선택된다.
(나)
개체 수
㉠
흰색 ← 몸 색깔 → 검은색
지의류의 분포가 변하자 검은색 나방이 많아졌다. ➡ 검은색 나방이 자연선택되었다. ➡ 지의류가 감소(㉠)하였다.

ㄱ. 나무줄기에 지의류가 있는 환경에서는 흰색 나방이 천적의 눈에 잘 띄지 않아 생존에 유리하다.
ㄷ. 지의류의 변화에 따라 자연선택되는 나방의 형질이 달라지는 것처럼 환경 변화는 자연선택의 방향에 영향을 준다.
바로알기 ㄴ. (나)에서 ㉠이 일어났을 때 검은색 나방이 많아지는 방향으로 변화가 일어났으며, (가)에서 검은색 나방이 생존에 유리한 환경은 나무줄기에 지의류가 없을 때이다. 따라서 ㉠은 '지의류 감소'임을 알 수 있다.

03 꼼꼼 문제 분석

(가) 목이 긴 땅거북이 목이 짧은 땅거북보다 먹이를 더 쉽게 얻는다. ➡ 생존경쟁, 자연선택
(나) 오랜 시간 동안 목이 긴 땅거북이 더 많은 자손을 남긴다. ➡ 유전과 진화
(다) 많은 수의 땅거북이 있으며, 목이 긴 땅거북과 목이 짧은 땅거북이 공존하고 있다. ➡ 변이

ㄱ. (나)에서 목이 긴 땅거북이 더 많은 자손을 남기고, 긴 목 유전자는 자손에게 전달되므로 세대가 거듭될수록 땅거북 무리에서 긴 목 유전자의 비율은 증가한다.
바로알기 ㄴ. 변이와 자연선택에 의한 진화의 과정은 (다) → (가) → (나)이다. 개체들 사이에 변이가 존재하고(다), 그중 생존에 유리한 형질을 가진 개체가 자연선택되며(가), 이 과정이 오랜 시간 반복되어 해당 형질을 가진 개체의 비율이 높아진다(나).
ㄷ. 환경 변화로 키가 큰 선인장의 개체수가 급격히 줄어든다면 땅거북의 생존에 유리한 변이가 바뀔 수 있다. 따라서 (나)와 다른 결과가 나올 수 있다.

04 꼼꼼 문제 분석

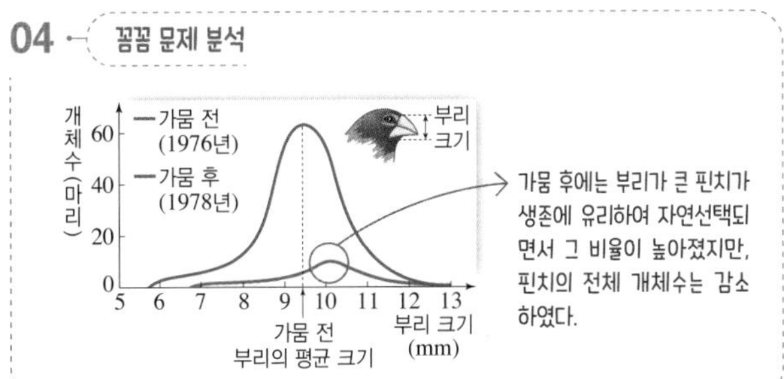

ㄷ. 가뭄 후 핀치의 개체수는 줄어들었지만 부리의 평균 크기는 가뭄 후가 가뭄 전보다 크다.
바로알기 ㄱ. 핀치의 전체 개체수는 그래프 아래 면적에 해당하며, 가뭄 전이 가뭄 후보다 많다.
ㄴ. 가뭄 후 크고 딱딱한 씨가 많아진 환경에서 부리 크기가 커지는 방향으로 자연선택이 일어났으므로 큰 부리가 크고 단단한 씨를 먹기에 유리함을 알 수 있다.

03 생물다양성

개념 확인 문제 35쪽

❶ 유전적 ❷ 종 ❸ 생태계 ❹ 높 ❺ 생물자원

1 (가) 생태계다양성 (나) 종다양성 (다) 유전적 다양성 **2** (1) 생 (2) 유 (3) 종 **3** (1) ○ (2) × (3) ○ (4) × **4** (1) (가) 5종 (나) 4종 (2) 해설 참조 (3) (가) **5** (1) × (2) ○ (3) ○ (4) ×

1 (가)는 일정한 지역에 존재하는 생태계의 다양성을 의미하는 생태계다양성, (나)는 일정한 지역에서 관찰되는 생물종의 다양성을 의미하는 종다양성, (다)는 같은 종의 생물이 지닌 유전자의 다양성을 의미하는 유전적 다양성이다.

2 (1) 제주도에 해안, 산, 습지, 초원 등 다양한 생태계가 있는 것은 생태계다양성의 예이다.
(2) 바지락이 개체마다 껍데기 무늬와 색이 다른 것은 각 개체가 가지고 있는 유전자가 다르기 때문으로, 유전적 다양성의 예이다.
(3) 숲에 참나무, 소나무, 다람쥐 등이 서식하는 것은 일정한 지역에 서식하는 생물종의 다양한 정도를 보여주는 것으로, 종다양성의 예이다.

3 (1) 종다양성은 동물, 식물, 미생물 등 일정한 지역에 사는 모든 생물을 포함하는 개념이다.
(2) 유전적 다양성은 같은 생물종에서 개체마다 유전자가 달라 다양한 형질이 나타나는 것을 의미한다.
(3) 유전적 다양성이 낮은 집단은 급격한 환경 변화가 일어났을 때 적응할 수 있는 개체가 존재할 확률이 낮아 멸종될 가능성이 높다.
(4) 생태계다양성은 생태계의 다양함뿐만 아니라 구성 요소 사이에서 일어나는 상호작용의 다양함까지 포함하는 개념이다.

4 (1) 각 지역에 서식하는 생물종의 수는 (가)가 5종(A, B, C, D, E), (나)가 4종(A, B, D, E)이다.
(2) 답

구분	A	B	C	D	E	총 개체수
(가)	2	4	1	3	3	13
(나)	1	5	0	2	5	13

(3) 서식하는 생물종의 수는 (가)가 5종이고, (나)가 4종으로, (가)가 (나)보다 많다. 또 (가)는 각 생물종이 (나)에 비해 고르게 분포하는 반면, (나)는 B와 E의 비율이 상대적으로 높다. 종다양성은 생물종의 수가 많을수록, 각 생물종이 고르게 분포할수록 높으므로 (가)에서가 (나)에서보다 종다양성이 높다.

5 (1) 생물자원은 인간의 생활과 생산 활동에 이용되는 모든 생물적 자원을 말하며, 생물다양성이 높을수록 생물자원이 풍부해진다.

(2) 생물은 저마다 고유한 기능을 수행하며 서로 밀접한 관계를 맺고 살아가므로 다양한 생물은 생태계를 안정적으로 유지하는 데 중요하다. 따라서 생물다양성이 높을수록 생태계가 안정적으로 유지된다.

(3) 버드나무로부터 해열진통제의 원료를 얻고, 푸른곰팡이로부터 항생제의 원료를 얻는 등 많은 의약품의 원료를 식물, 미생물, 동물 등 다양한 생물로부터 얻는다.

(4) 생태계 자체도 매우 중요한 생물자원이다. 다양한 생태계는 사람에게 휴식 장소, 여가 활동 장소, 생태 관광 장소 등을 제공한다.

개념 확인 문제

37쪽

❶ 서식지 ❷ 외래생물 ❸ 멸종 위기종

1 (1) × (2) ○ (3) × (4) ○ **2** 외래생물 **3** 생태통로
4 생물다양성협약

1 (1) 외래생물 유입은 생물다양성 감소의 원인 중 하나이지만, 가장 큰 원인은 아니다. 생물다양성 감소의 가장 큰 원인은 서식지파괴이다.

(2) 숲의 나무를 베어 내면 그곳에서 살아가던 수많은 동식물의 서식지가 파괴되어 생물다양성이 감소한다.

(3) 도로 건설 등으로 서식지가 분할되면 서식지의 총 면적이 감소하며, 생물종의 이동도 제한되어 고립될 수 있다.

(4) 보호 동식물을 불법 포획하거나 야생 동식물을 남획하면 해당 생물종의 개체수가 급격히 감소하여 멸종될 수 있다. 환경 오염은 서식 환경을 악화시켜 여러 생물종의 생존을 위협할 수 있다.

2 원래 서식하던 지역을 벗어나 다른 지역으로 유입된 생물을 외래생물이라고 한다. 외래생물이 새로운 환경에 적응하여 대량으로 번식하면 토종 생물의 서식지를 차지하여 생존을 위협하고 먹이 관계에 변화를 일으켜 생태계평형을 깨뜨린다.

3 생태통로는 도로나 철도 건설 등으로 단절된 서식지를 연결하여 야생 동물들이 자유롭게 이동할 수 있도록 만든 구조물이다. 생물종이 고립되는 것을 막아 생물다양성 감소를 완화시킬 수 있다.

4 생물다양성협약은 생물다양성을 보전하고, 지속 가능한 방식으로 생물다양성 요소를 이용하며, 유전자원 이용으로 발생하는 이익을 공정하고 공평하게 공유하는 것을 목적으로 체결된 국제 협약이다.

내신 만점 문제

38쪽~40쪽

01 ⑤ **02** ② **03** ⑤ **04** ③ **05** ⑤ **06** ④
07 ④ **08** ⑤ **09** ① **10** ① **11** ⑤ **12** ①
13 해설 참조 **14** 해설 참조 **15** 해설 참조

01 • 학생 B: 같은 생물종에서 개체마다 유전자가 달라 다양한 형질이 나타나는 것을 유전적 다양성이라고 한다.
• 학생 C: 생태계다양성은 일정한 지역에 존재하는 생태계의 다양한 정도를 말하며, 환경의 차이로 인해 지구에는 다양한 생태계가 존재한다.

바로알기 • 학생 A: 종다양성은 일정한 지역에 사는 생물종의 다양한 정도를 말한다.

02 (가)는 유전적 다양성, (나)는 종다양성, (다)는 생태계다양성이다.

ㄷ. 유전적 다양성은 종다양성 유지에 중요한 역할을 하고, 종다양성은 생태계평형을 유지하는 데 중요한 역할을 한다. 또 생태계다양성이 높을수록 종다양성과 유전적 다양성이 높아진다. 이처럼 세 요소는 서로 밀접하게 연관되어 생물다양성 유지에 중요한 역할을 한다.

바로알기 ㄱ. 유전적 다양성(가)이 높은 집단은 급격한 환경 변화가 일어났을 때 적응할 수 있는 개체가 존재할 확률이 높아 멸종될 가능성이 낮다.

ㄴ. 생물과 환경 사이의 상호작용을 포함하는 생물다양성 요소는 생태계다양성(다)이다. 생태계다양성은 생태계의 다양함뿐만 아니라 구성 요소 사이에서 일어나는 상호작용의 다양함까지 포함한다.

03 A는 생태계다양성, B는 유전적 다양성이므로 C는 종다양성이다.

ㄴ. 생태계의 종류에 따라 환경이 다르므로 환경과 상호작용을 하며 살아가는 생물종도 다르다. 따라서 생태계다양성(A)이 높을수록 종다양성(C)도 높아진다.

ㄷ. C는 종다양성이므로 '열대우림에 다양한 생물종이 살고 있다.'는 (가)에 해당한다.

바로알기 ㄱ. 사람마다 눈동자 색이 다른 것은 같은 생물종에서 유전자의 차이로 나타나는 형질의 다양함으로, 유전적 다양성(B)의 예이다.

04 꼼꼼 문제 분석

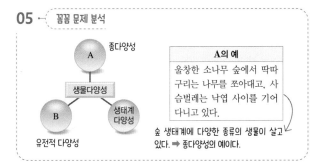

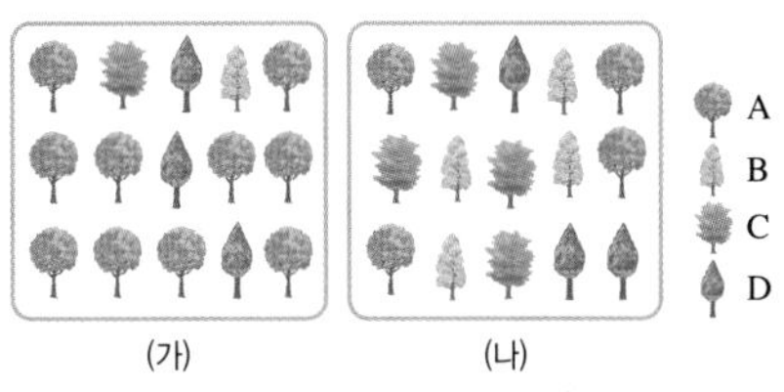

구분	A	B	C	D	총 개체수	종 수
(가)	10	1	1	3	15	4
(나)	4	4	4	3	15	4

- 종 수와 총 개체수는 (가)와 (나)에서 같다.
- 각 식물 종의 분포 비율은 (나)에서가 (가)에서보다 고르다.

➡ 종다양성은 (나)에서가 (가)에서보다 높다.

ㄱ. (가)와 (나) 모두 총 개체수는 15이다.

ㄷ. 일정한 지역에 서식하는 생물종의 수가 많을수록, 각 생물종의 분포 비율이 균등할수록 종다양성이 높다. (가)와 (나)는 식물 종의 수가 같지만, (나)에서가 (가)에서보다 각 식물 종이 더 고르게 분포하므로 종다양성이 높다.

바로알기 ㄴ. (나)에서는 각 식물 종이 고르게 분포하지만, (가)에서는 A가 대부분을 차지한다. 따라서 각 식물 종의 분포 비율은 (나)에서가 (가)에서보다 고르다.

05 꼼꼼 문제 분석

A 종다양성
생물다양성
B 유전적 다양성
생태계 다양성

A의 예
울창한 소나무 숲에서 딱따구리는 나무를 쪼아대고, 사슴벌레는 낙엽 사이를 기어다니고 있다.

숲 생태계에 다양한 종류의 생물이 살고 있다. ➡ 종다양성의 예이다.

① 종다양성은 일정한 지역에 서식하는 생물종의 다양한 정도로, 숲 생태계에 소나무, 딱따구리, 사슴벌레 등이 살고 있는 것은 종다양성(A)의 예이다.

② 종다양성(A)은 생물종의 수가 많을수록, 각 생물종의 분포 비율이 균등할수록 높다.

③, ④ B는 유전적 다양성으로, 한 생물종이 가지는 유전정보의 다양함을 의미한다. 헬리코니우스나비의 날개 무늬가 개체마다 다른 것은 개체마다 유전자가 다르기 때문으로, 유전적 다양성의 예이다.

바로알기 ⑤ 생태계의 종류에 따라 환경이 다르므로 생물이 서식하는 환경의 다양한 정도는 생물다양성 중 생태계다양성에 포함된다.

06 꼼꼼 문제 분석

- 바나나 야생종은 씨가 있어 ㉠씨를 통해 번식한다.
  (암수 생식세포의 수정으로 새로운 개체를 만드는 유성생식으로, 유전자 구성이 다양한 자손이 만들어진다.)
- 과거에 시장을 점령했던 그로 미셸 품종은 씨가 없어 ㉡뿌리나 줄기의 일부를 잘라 옮겨 심는 방법으로 재배되었으며, 곰팡이에 의해 발생한 질병으로 대부분의 지역에서 멸종되었다.
  (암수 생식세포의 결합 없이 새로운 개체를 만드는 무성생식으로, 유전자 구성이 동일한 자손이 만들어진다.)
- 오늘날 상업적으로 재배되는 캐번디시 품종은 씨가 없어 ㉡의 방법으로 재배되고 있다.

ㄱ. ㉠은 유성생식, ㉡은 무성생식이다. 유성생식에서는 생식 과정에서 생식세포의 다양한 조합이 일어나 유전자 구성이 다양한 자손이 만들어지는 반면, 무성생식에서는 유전자 구성이 동일한 자손이 만들어진다.

ㄴ. 유전적 다양성이 낮으면 환경 변화가 일어나거나 질병이 발생했을 때 적응하여 살아남는 개체가 존재할 확률이 낮아 멸종되기 쉽다.

바로알기 ㄷ. 야생종은 유성생식으로 번식하므로 자손의 형질이 다양하지만, 캐번디시 품종은 무성생식으로 번식하여 자손의 유전자 구성이 같으므로 형질의 차이가 거의 없다.

07 • 학생 A: 모든 생물은 경제적 가치나 유용성과 무관하게 생명 그 자체로 소중하며, 생태계의 일부로서 생태계의 균형과 기능에 기여하므로 중요하다.

• 학생 B: 생물은 인간의 의식주에 필요한 각종 자원을 제공하며, 많은 의약품의 원료는 다양한 생물에서 유래한다.

바로알기 • 학생 C: 다양한 식물의 뿌리는 토양 침식을 방지하여 토양 보전에 기여한다. 또한 다양한 식물과 미생물은 오염 물질을 흡수하고 분해하여 물을 정화하는 등 환경 정화에도 중요한 역할을 한다.

08 ② 목화(면섬유), 누에(비단) 등으로부터 얻는 섬유의 원료를 이용하여 의복을 만든다.

③ 옥수수나 사탕수수 등을 이용하여 바이오에탄올과 같은 에너지를 생산한다.

바로알기 ⑤ 생물자원은 인간의 생산 활동뿐 아니라 인간의 생활에 이용되는 모든 생물적 자원을 말하므로, 휴식 장소, 여가 활동 장소, 생태 관광 장소로 이용되는 것도 생물자원에 포함된다.

09 특정 생물종을 남획하면 개체수가 급격히 감소하여 멸종될 수 있으며, 먹이 관계에 있는 다른 생물종에도 영향을 미쳐 생물다양성을 감소시킨다.

10 꼼꼼 문제 분석

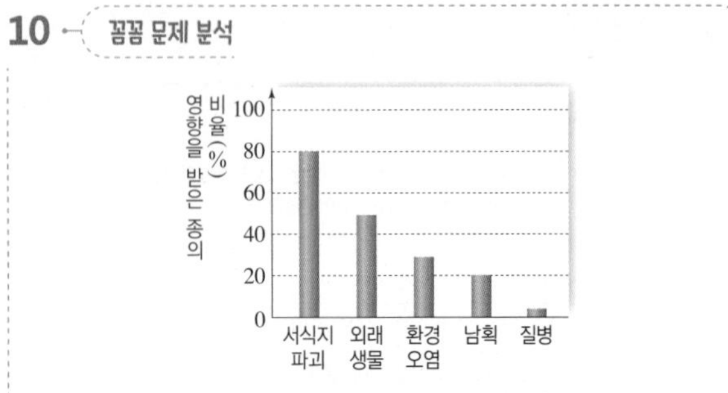

서식지파괴가 가장 많은 생물종에 영향을 미치며, 외래생물, 환경 오염, 남획 등도 영향을 미친다. ➡ 인간의 활동이 생물다양성 감소에 많은 영향을 미친다.

ㄱ. 외래생물이 새로운 환경에 적응하여 대량으로 번식하면 토종 생물의 서식지를 차지하거나 먹이 관계에 변화를 일으켜 생존을 위협할 수 있다.

바로알기 ㄴ. 생물다양성 감소에 가장 큰 영향을 주는 요인은 서식지파괴이다.

ㄷ. 서식지파괴, 환경 오염, 남획 등 생물다양성 감소의 주요 원인들은 대부분 인간의 활동과 관련이 깊다.

11 ① 불법 포획이나 남획은 특정 생물종의 개체수를 급격히 감소시켜 생물다양성을 위협한다.

② 서식지파괴는 생물다양성 감소의 주요 원인이므로 서식지를 복원하고 보존하는 것은 생물다양성보전에 매우 중요하다.

③ 생물다양성을 보전하기 위한 법적 근거를 마련하고, 이를 관리하는 것이 필요하다.

④ 자원 재활용이나 대중교통 이용과 같은 환경 보호 활동은 개인적 차원에서의 생물다양성보전 방안이다.

바로알기 ⑤ 생물다양성 감소는 특정 지역이나 한 나라에 국한된 문제가 아닌 인류의 생존과 직결된 문제로, 모두의 관심과 협력이 필요하다.

12 ① 람사르 협약은 물새 서식처로서 국제적으로 중요한 습지를 보호하는 국제 협약으로, 고창 운곡습지, 창녕 우포늪 등이 람사르 협약에 가입되어 있다.

바로알기 ② 기후 변화 협약은 지구 온난화를 막기 위해 온실 기체 배출을 줄이는 것을 목표로 하는 국제 협약이다.

③ 사막화 방지 협약은 심각한 가뭄이나 사막화의 영향을 받는 국가들의 사막화 방지와 피해 경감을 위한 국제 협약이다.

④ 생물다양성협약은 생물다양성의 보전과 지속 가능한 이용, 유전자원으로 얻는 이익 공유를 목표로 하는 국제 협약이다.

⑤ 이동성 야생 동물 보호 협약은 국경을 넘나드는 야생 동물들의 보호와 서식지 보전을 위한 국제 협약이다.

13 (1) 모범 답안 같은 생물종이라도 개체마다 서로 다른 유전자를 가지고 있기 때문이다.

(2) 모범 답안 유전적 다양성, 급격한 환경 변화에도 적응하여 살아남는 개체가 있을 확률이 높아 멸종될 가능성이 낮다.

채점 기준		배점
(1)	유전자의 차이를 포함하여 옳게 서술한 경우	50 %
	변이가 있기 때문이라고만 서술한 경우	30 %
(2)	유전적 다양성이라고 쓰고, 환경 변화와 멸종 가능성을 포함하여 옳게 서술한 경우	50 %
	유전적 다양성이라고 쓰고, 멸종 가능성이 낮다고만 서술한 경우	30 %
	유전적 다양성만 쓴 경우	10 %

14 꼼꼼 문제 분석

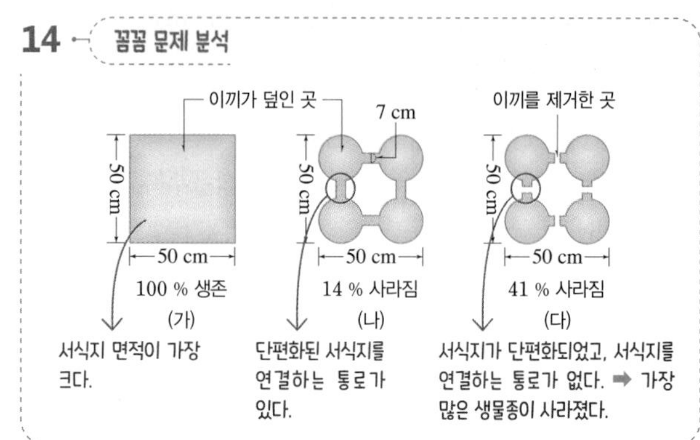

(1) 모범 답안 서식지가 단편화되면 서식지 면적이 감소하고 생물종의 이동이 제한되어 개체수가 감소하며 멸종으로 이어질 수 있다. 따라서 종다양성이 감소한다.

(2) 모범 답안 (나)와 (다)를 비교하였을 때 동물의 이동 경로를 보존하는 것이 생물다양성보전에 중요함을 알 수 있다. 따라서 터널을 뚫는 것이 산을 절개하는 것보다 동물의 이동 경로를 보존할 수 있으므로 생물다양성을 보전하는 데 더 유리하다.

채점 기준		배점
(1)	종다양성이 감소함을 서식지 면적 감소와 생물종의 이동을 포함하여 옳게 서술한 경우	50 %
	종다양성이 감소함을 서식지 면적 감소와 생물종의 이동 중 하나만 포함하여 옳게 서술한 경우	30 %
	종다양성이 감소한다고만 서술한 경우	10 %
(2)	(나)와 (다)를 비교하고, 터널을 뚫는 것이 더 유리함을 이동 경로의 보존을 포함하여 옳게 서술한 경우	50 %
	실험 결과를 언급하지 않고 터널을 뚫는 것이 더 유리함을 이동 경로의 보존을 포함하여 옳게 서술한 경우	30 %
	터널을 뚫는 것이 더 유리하다고만 쓴 경우	10 %

15 모범 답안 에너지 절약, 자원 재활용, 친환경 제품 사용 등의 생활 실천 활동과 생물다양성의 중요성을 알리는 홍보 활동 등에 참여할 수 있다.

채점 기준	배점
개인 수준에서 할 수 있는 노력을 사례와 함께 옳게 서술한 경우	100 %
개인 수준에서 할 수 있는 노력을 사례와 함께 서술하였으나 옳지 않은 사례가 포함된 경우	50 %

실력 UP 문제 41쪽

01 ① 02 ④ 03 ④ 04 ①

01 꼼꼼 문제 분석

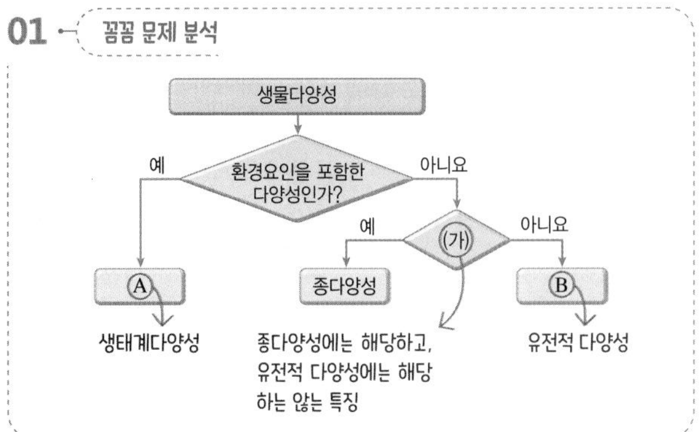

ㄱ. 생태계는 생물과 생물을 둘러싸고 있는 환경요인으로 구성되므로 생물다양성의 세 요소 중 환경요인을 포함하는 A는 생태계 다양성이다.

바로알기 ㄴ. B는 유전적 다양성이다. 일정한 지역에 존재하는 생물의 다양한 정도는 종다양성이다.

ㄷ. 같은 생물종에서의 변이를 의미하는 것은 유전적 다양성이다. (가)는 종다양성에는 해당하고, 유전적 다양성에는 해당하지 않는 특징이므로 '같은 생물종에서의 변이를 의미하는가?'는 (가)에 해당하지 않는다. (가)에는 '여러 생물종을 포함하는가?' 등이 해당한다.

02 꼼꼼 문제 분석

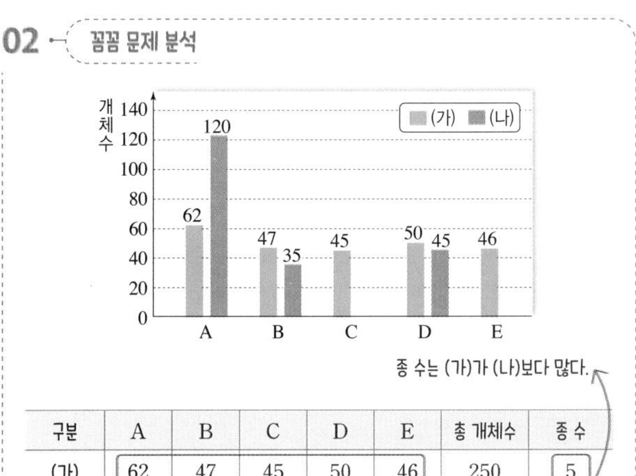

구분	A	B	C	D	E	총 개체수	종 수
(가)	62	47	45	50	46	250	5
(나)	120	35	0	45	0	200	3

(가)에서가 (나)에서보다 각 식물 종이 고르게 분포한다.

(가)에서가 (나)에서보다 식물 종의 수도 많고, 각 식물 종이 고르게 분포한다. ➡ (가)에서가 (나)에서보다 종다양성이 높다.

ㄱ. 전체 개체수는 (가)가 250, (나)가 200이므로, D가 전체 식물에서 차지하는 개체수의 비율은 (가)에서가 $\frac{50}{250}\times100=20$ %, (나)에서가 $\frac{45}{200}\times100=22.5$ %로, (나)에서가 (가)에서보다 높다.

ㄴ. 식물 종 수는 (가)가 5종, (나)가 3종으로 (가)가 많으며, (가)에서가 (나)에서보다 각 식물 종이 고르게 분포한다. 따라서 종다양성은 (가)에서가 (나)에서보다 높다.

바로알기 ㄷ. 종다양성이 높을수록 생태계가 안정적으로 유지되므로, 종다양성이 높은 (가)에서가 (나)에서보다 생태계평형이 잘 유지된다.

03 꼼꼼 문제 분석

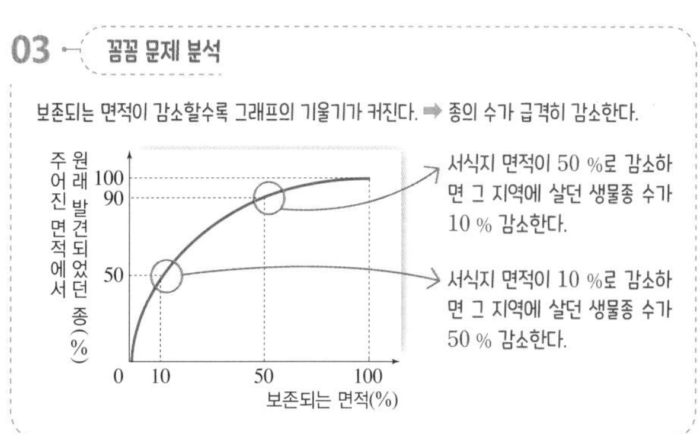

보존되는 면적이 감소할수록 그래프의 기울기가 커진다. ➡ 종의 수가 급격히 감소한다.
주어진 면적에 원래 발견되었던 종(%)
100
90
50
0
10
50
100
보존되는 면적(%)
서식지 면적이 50 %로 감소하면 그 지역에 살던 생물종 수가 10 % 감소한다.
서식지 면적이 10 %로 감소하면 그 지역에 살던 생물종 수가 50 % 감소한다.

ㄱ. 서식지가 파괴되어 서식지 면적이 감소하면 원래 발견되었던 종의 비율이 감소하므로 종다양성이 낮아진다.

ㄷ. 서식지 면적이 100 %에서 50 %로 감소하면 원래 발견되었던 종의 10 %가 사라지지만, 서식지 면적이 50 %에서 10 %로 감소하면 원래 발견되었던 종의 40 %가 사라진다. 즉, 보존되는 면적이 감소할수록 원래 발견되었던 종의 수가 급격하게 감소함을 알 수 있다.

바로알기 ㄴ. 주어진 면적의 50 %가 보존될 때, 원래 발견되었던 종의 90 %가 보존된다.

04 ㄱ. 외래생물은 본래의 서식지를 벗어나 다른 지역으로 유입된 생물로, 인간이 의도적으로 도입한 생물종도 외래생물에 포함된다. 농업용 작물이나 가축, 관상용 식물이나 애완동물, 조경 목적의 식물 등이 의도적으로 도입된 외래생물이다.

바로알기 ㄴ. 대부분의 외래생물은 새로운 환경에 잘 적응하지 못하지만, 뉴트리아, 가시박 등 일부 종은 대량으로 번식하면서 생태계를 교란시키고 있다.

ㄷ. 외래생물에 의한 생태계 교란은 일시적일 수도 있지만, 먹이 관계가 변화하거나 토종 생물이 멸종되어 생태계평형이 깨지면 생태계가 원래대로 회복되기 어려울 수 있다. 이런 경우 추가적인 관리와 복원 작업이 필요하다.

중단원 핵심 정리 42쪽~43쪽

❶ 매머드 ❷ 생물계 ❸ 남세균 ❹ 오존층 ❺ 고생대 ❻ 돌연변이 ❼ 수정 ❽ 어두운 ❾ 유리 ❿ 진화 ⓫ 자연선택설 ⓬ 변이 ⓭ 먹이 ⓮ 유전적 다양성 ⓯ 많을 ⓰ 균등 ⓱ 생물자원 ⓲ 단편화 ⓳ 외래생물

중단원 마무리 문제 44쪽~48쪽

01 ⑤ **02** 해설 참조 **03** ② **04** 해설 참조
05 ③ **06** ㄴ, ㄹ **07** ④ **08** ④ **09** ④ **10** ⑤
11 ② **12** 해설 참조 **13** ② **14** 해설 참조
15 ① **16** ④ **17** ③ **18** ③ **19** ㄱ, ㄴ **20** ②
21 해설 참조 **22** ④ **23** 해설 참조 **24** ①
25 ① **26** 해설 참조 **27** ⑤

01 ㄱ. 화석은 대부분 셰일, 석회암 등의 퇴적암에서 발견된다.

ㄴ. 멀리 떨어진 대륙의 화석 분포를 비교하여 과거의 수륙 분포 변화를 추정할 수 있다.

ㄷ. 화석이 되기 위해서는 생물에 단단한 골격이 있을수록 유리하다. 해파리는 단단한 골격이 없으므로 화석이 되는 데 유리한 생물이 아니다.

02 과거 생물이 살았던 당시의 환경을 알려주는 화석은 시상 화석이다. 시상 화석은 생물의 생존 기간이 길고, 분포 면적이 좁아야 유리하므로, A가 시상 화석으로 적합하다.

모범 답안 A, 생물의 생존 기간이 길고, 분포 면적이 좁을수록 생물이 살았던 당시의 환경을 잘 알려주기 때문이다.

채점 기준	배점
화석의 기호를 옳게 쓰고, 그렇게 생각한 까닭을 옳게 서술한 경우	100 %
화석의 기호만 옳게 쓴 경우	50 %

03 꼼꼼 문제 분석

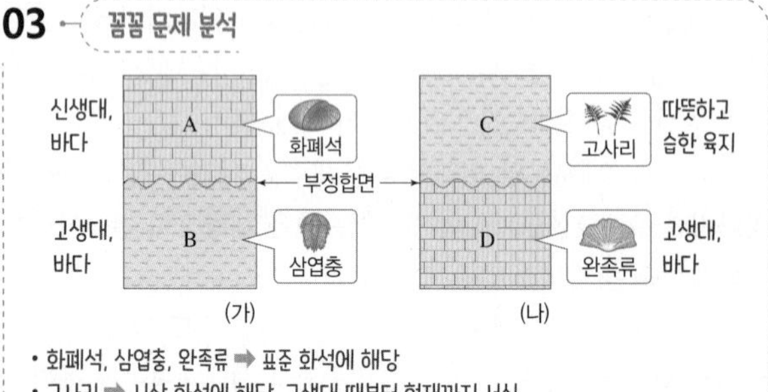

화폐석은 신생대, 삼엽충과 완족류는 고생대의 표준 화석이다. 고사리는 고생대부터 현재까지 존재하는 시상 화석이다.

② 삼엽충과 완족류는 모두 고생대의 표준 화석이므로, 지층 B와 D는 같은 지질 시대에 퇴적되었다.

바로알기 ① 지층 A는 화폐석 화석이 발견되므로 신생대에 퇴적되었다.

③ (가)의 지층 A와 B는 모두 바다에서 서식하던 생물의 화석이 발견되므로 퇴적 당시 바다 환경이었을 것이다.

④ 고사리는 따뜻하고 습한 육지 환경에서 서식하므로 지층 C는 따뜻하고 습한 육지 환경에서 퇴적되었다.

⑤ 고사리는 육상 생물이므로 고생대 중기에 등장하였다. 따라서 6억 년 전은 선캄브리아시대이므로 지층 C는 6억 년 전에 퇴적되지 않았다.

04 이 지역의 지층은 고생대의 표준 화석인 삼엽충 화석이 발견되므로 고생대에 퇴적되었다. 삼엽충은 바다에서 서식하던 생물이고, 현재 이 지역은 육지이므로 융기하였다는 것을 알 수 있다.

모범 답안 고생대, 삼엽충은 바다에서 서식했던 생물이다. 퇴적 당시 이 지역은 바다였지만 현재는 육지이므로 지층이 형성될 당시의 고도는 현재보다 낮았을 것이다.

채점 기준	배점
지층의 생성 시기를 옳게 쓰고, 화석과 관련지어 이 지역의 고도를 현재와 비교하여 옳게 서술한 경우	100 %
지층의 생성 시기만 옳게 쓴 경우	50 %
화석과 관련지어 이 지역의 고도만 옳게 서술한 경우	50 %

05 꼼꼼 문제 분석

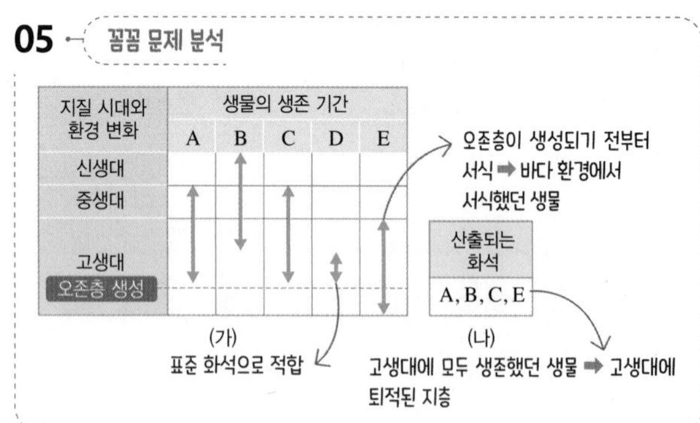

ㄱ. 생물의 생존 기간이 짧고, 분포 면적이 넓을수록 표준 화석으로 적합하다. 따라서 생물의 생존 기간만을 고려한다면 표준 화석으로 가장 적절한 것은 D이다.

ㄴ. (나)의 지층에서 산출되는 화석 A, B, C, E는 모두 고생대에 생존했으므로 이 지층은 고생대에 퇴적되었음을 알 수 있다. 방추충은 고생대의 표준 화석에 해당한다.

바로알기 ㄷ. 대기 중에 오존층이 생성되어 생물의 서식지가 바다에서 육지로 확장되었고, E는 오존층이 생성되기 전에 출현했으므로 바다 환경에서 서식했던 생물일 것이다.

06 A는 선캄브리아시대, B는 고생대, C는 중생대, D는 신생대이다.

ㄴ. 양치식물은 고생대(B)에, 겉씨식물은 중생대(C)에, 속씨식물은 신생대(D)에 번성하였다.

ㄹ. 고생대(B)와 중생대(C)는 약 2.52억 년 전을 경계로 구분하므로, ㉠은 3보다 작다.

바로알기 ㄱ. 에디아카라 동물군은 선캄브리아시대(A)의 무척추동물인 다세포생물의 화석군이다.

ㄷ. 신생대(D) 초기에는 온난하였으나 말기에는 빙하기와 간빙기가 여러 차례 반복되었다.

07 ㄴ. 삼엽충(나)과 방추충(다)은 고생대의 표준 화석이다.

ㄷ. (다)는 방추충으로, 바다 환경에서 서식하였다.

바로알기 ㄱ. (가)는 고생대 말기에 형성된 초대륙인 판게아(A)를 나타낸 것이다. 삼엽충(나)은 판게아(A) 형성과 화산 폭발 등의 원인으로 멸종하였으므로, 삼엽충(나)의 멸종은 판게아(A)의 형성보다 나중에 나타났다.

08 꼼꼼 문제 분석

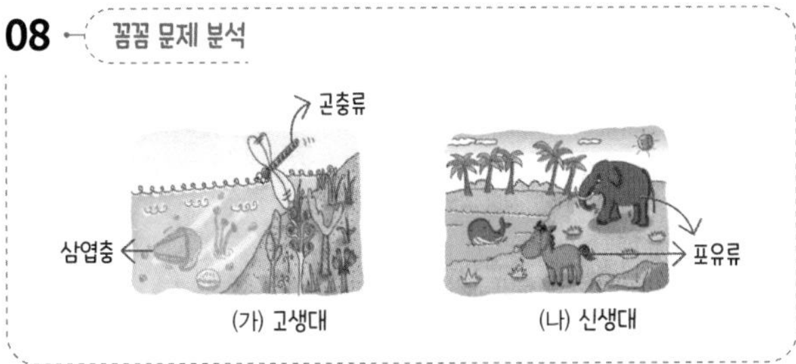

(가)는 바다에서 삼엽충이 나타나고 곤충류인 대형 잠자리가 날아다니므로 고생대이고, (나)는 몸집이 큰 포유류가 나타나므로 포유류가 번성한 신생대이다.

ㄴ. 최초의 인류는 신생대(나) 말기에 등장하였다.

ㄷ. 신생대(나)에 유라시아 대륙과 인도 대륙이 충돌하면서 히말라야산맥이 형성되었다.

바로알기 ㄱ. 빙하기가 없었던 지질 시대는 중생대이며, 고생대(가)에는 여러 차례 빙하기가 있었다.

09 ㄱ, ㄴ, ㄷ. 대멸종은 수륙 분포 변화 및 해수면의 변화, 소행성(운석) 충돌, 대규모 화산 폭발, 지각 변동, 기후 변화 등에 의한 지구 환경의 급격한 변화로 일어난다.

바로알기 ㄹ. 대규모 지진으로 인해 지구 환경의 변화가 일어나기는 하지만 생물의 대멸종을 일으키는 지구 환경의 급격한 변화는 아니다.

10 꼼꼼 문제 분석

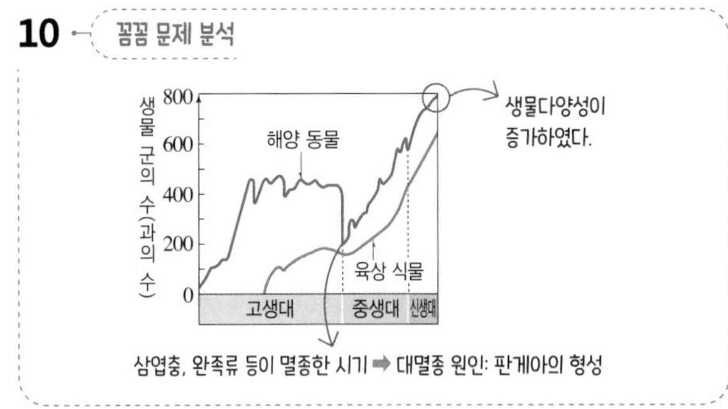

① 해양 동물 군의 수는 고생대 초기에 증가하다가 고생대 말기에 급격히 감소하였고, 중생대부터 신생대까지는 대체로 증가하였다.

② 고생대 말기의 대멸종은 판게아의 형성과 관계가 있다.

③ 생물 군의 수는 중생대보다 신생대에 더 많으므로 생물다양성은 중생대보다 신생대에 증가하였다.

④ 중생대와 신생대의 경계에서 육상 식물의 수는 상승하는 추세에 있으므로 지질 시대의 구분은 해양 동물 군의 수로 하는 것이 더 적절하다.

바로알기 ⑤ 삼엽충이 멸종한 시기는 고생대 말로, 이 시기에 육상 식물 군의 수는 약간 감소하였다.

11 꼼꼼 문제 분석

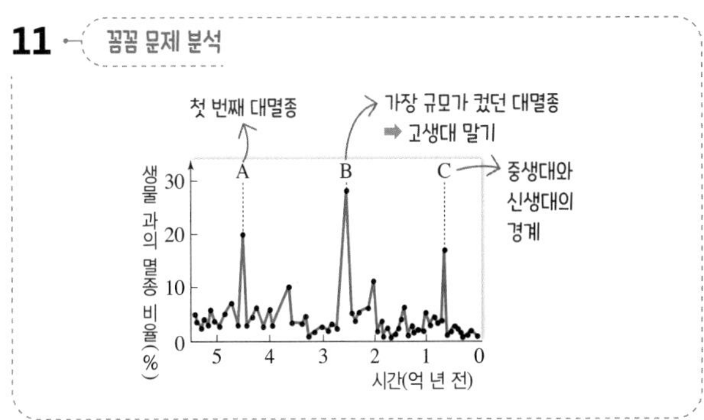

ㄷ. C 시기 이후는 신생대이다. 중생대 말에 지구 환경 변화에 적응하지 못한 생물은 멸종했지만 환경 변화에 적응한 생물은 진화하면서 생물다양성이 회복되었다.

바로알기 ㄱ. 생물 수의 감소가 가장 크게 나타난 시기는 생물 과의 멸종 비율이 가장 높았던 B 시기이다.

ㄴ. 화폐석은 신생대에 출현하여 신생대에 멸종하였다. 따라서 화폐석이 멸종한 시기는 C 시기 이후이다.

12 중생대 말의 대멸종은 소행성 충돌과 화산 폭발 등으로 인해 일어났을 것으로 추정한다.

모범 답안 소행성(운석) 충돌이나 화산 폭발 때문이다.

채점 기준	배점
두 가지를 모두 옳게 서술한 경우	100 %
한 가지만 옳게 서술한 경우	50 %

13 ㄴ. 자연선택된 개체의 형질 중 유전자에 의해 나타나는 형질은 자손에게 전달된다.

(바로알기) ㄱ. 변이는 오랫동안 축적된 돌연변이와 유성생식 과정에서 일어나는 생식세포의 다양한 조합으로 발생한다.

ㄷ. 특정 환경에 유리한 형질이라도 새로운 환경에서는 더 이상 유리하지 않을 수 있으며, 다른 형질이 자연선택될 수 있다.

14 꼼꼼 문제 분석

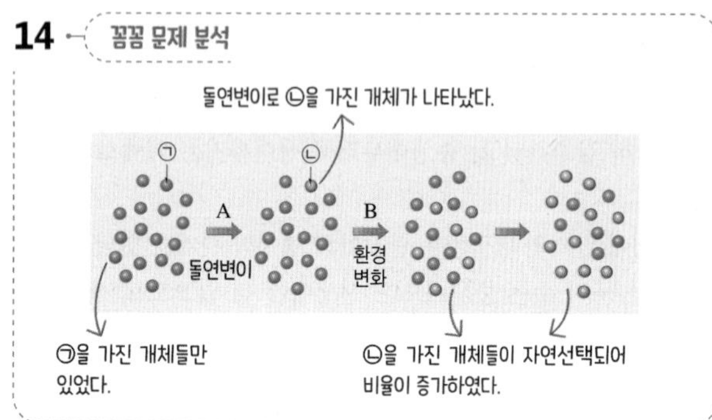

(모범 답안) 돌연변이, B 과정에서 환경이 변화함에 따라 ㉡이 생존에 더 유리하게 되면서 자연선택되어 그 형질을 가진 개체의 비율이 증가하였다.

채점 기준	배점
돌연변이를 쓰고, ㉡을 가진 개체의 비율이 증가한 원인을 환경 변화와 자연선택을 포함하여 옳게 서술한 경우	100 %
돌연변이를 쓰고, ㉡을 가진 개체의 비율이 증가한 원인을 환경 변화와 자연선택 중 하나만 포함하여 옳게 서술한 경우	60 %
돌연변이만 쓴 경우	20 %

15 꼼꼼 문제 분석

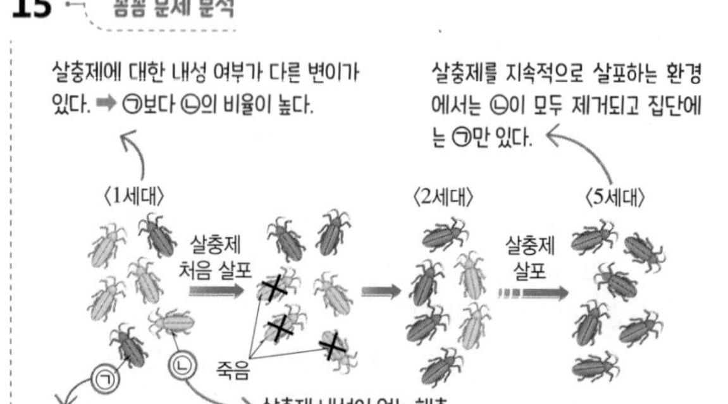

ㄱ. 살충제 살포 후 ㉡의 비율은 줄고, ㉠의 비율은 늘어났으므로 ㉠이 살충제 내성이 있는 해충이며, 자연선택되었다.

(바로알기) ㄴ. 1세대에서는 살충제 내성이 있거나 없는 변이가 존재하지만, 5세대에서는 모든 해충이 살충제 내성이 있다. 변이가 다양한 세대가 유전적 다양성이 높으므로 유전적 다양성은 1세대에서가 5세대에서보다 높다.

ㄷ. 살충제 살포 전에도 이미 살충제 내성 형질을 가진 ㉠이 존재하고 있다.

16 ㄴ. 흰색 도화지를 검은색 도화지로 바꾸는 것은 환경이 변하는 것을 의미한다.

ㄷ. 실험 결과 흰색 도화지에서는 흰색 나방 모형이 많이 남고, 검은색 도화지에서는 검은색 나방 모형이 많이 남았다. 이는 도화지와 비슷한 색을 가진 모형이 눈에 덜 띄었기 때문으로, 이로부터 생존에 유리한 형질을 가진 개체가 자연선택됨을 알 수 있다.

(바로알기) ㄱ. (나) 과정은 번식이 아니라 포식 등에 의해 무리에서 제거되는 것을 의미한다.

17 ㄷ. 자연선택설에서는 생물은 주어진 환경에서 살아남을 수 있는 것보다 많은 수의 자손을 낳으며(과잉 생산), 이들 사이에 생존경쟁이 일어난다고 설명한다.

(바로알기) ㄱ. 자연선택된 개체는 생존에 유리한 형질을 가지고 있을 가능성이 높지만, 생존에 유리한 형질만 자손에게 전달하는 것은 아니다.

ㄴ. 자연선택설에서는 목을 길게 뻗는 행위가 직접적으로 목을 길게 만든 것이 아니라, 생존경쟁과 자연선택 과정 전에 이미 목이 긴 기린이 존재하고 있었다고 설명한다.

18 꼼꼼 문제 분석

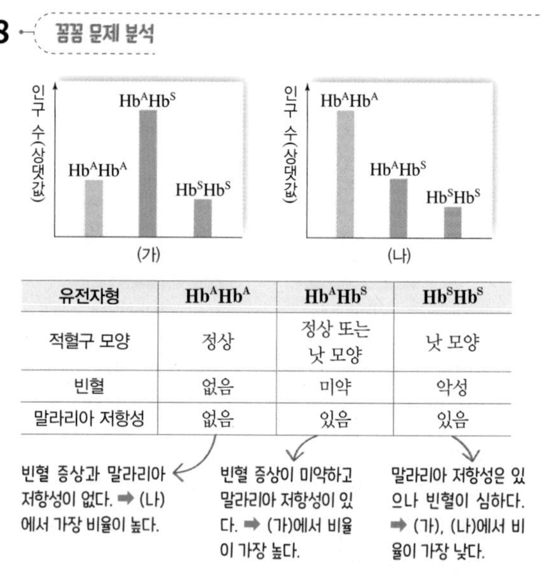

유전자형	Hb^AHb^A	Hb^AHb^S	Hb^SHb^S
적혈구 모양	정상	정상 또는 낫 모양	낫 모양
빈혈	없음	미약	악성
말라리아 저항성	없음	있음	있음

- 말라리아가 많이 발생하는 지역에서는 빈혈 증상이 미약하게 있지만, 말라리아에 저항성이 있는 형질이 생존에 유리하다.
- 말라리아가 발생하지 않는 지역에서는 빈혈이 없는 형질이 생존에 유리하다.

➡ (가)는 말라리아가 많이 발생하는 지역이고, (나)는 말라리아가 발생하지 않는 지역이다.

ㄱ. (가)에서는 유전자형이 Hb^AHb^S인 사람의 비율이 가장 높다.

ㄷ. 낫모양적혈구 유전자(Hb^S)는 비정상 헤모글로빈을 만들어 낫모양적혈구가 나타나게 하며, 자손에게 유전된다.

바로알기 ㄴ. 유전자형이 Hb^AHb^S인 사람은 정상 유전자와 낫 모양적혈구 유전자를 모두 가지고 있어 미약한 빈혈 증상이 있지만, 말라리아에 저항성이 있어 말라리아가 많이 발생하는 지역에서 생존에 유리하다. 따라서 말라리아가 많이 발생하는 지역은 (가)이다.

19 꼼꼼 문제 분석

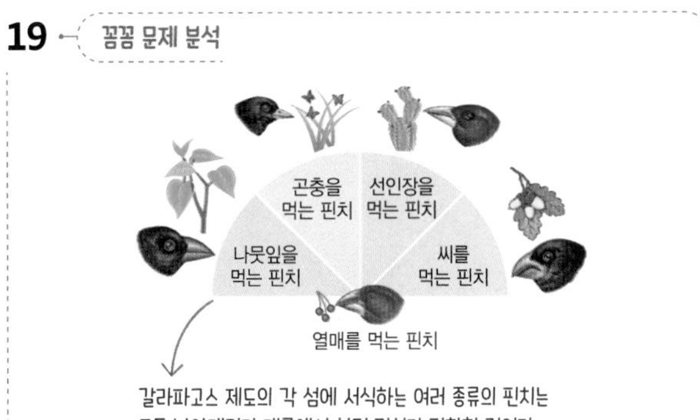

섬마다 먹이 환경이 달랐고, 각 섬에 풍부한 먹이를 먹기에 유리한 부리 모양을 가진 핀치가 자연선택되었다. 이러한 과정이 오랜 시간 동안 반복되어 서로 다른 종으로 진화하였다.

ㄱ. 섬마다 먹이 환경이 달랐고, 다양한 모양의 부리 중 각 섬의 먹이 환경에 적응하기 유리한 형질이 자연선택되어 서로 다른 방향으로 진화하였다.
ㄴ. 각 섬에 사는 여러 종의 핀치는 모두 남아메리카 대륙에서 건너온 같은 종의 핀치에서 진화한 것이다.
바로알기 ㄷ. 자주 사용하여 발달한 기관은 후천적으로 획득된 형질로, 자손에게 유전되지 않는다.

20 꼼꼼 문제 분석

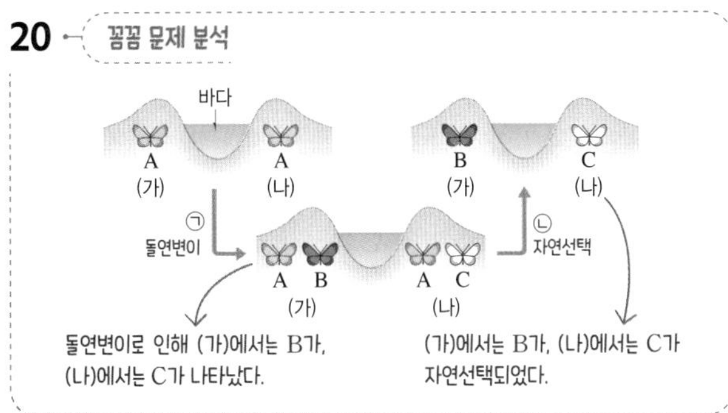

ㄴ. (가)에서는 A가 사라지고 B가 자연선택되었으므로 환경에 대한 적응력은 B가 A보다 높음을 알 수 있다.
바로알기 ㄱ. A만 있던 나비 집단에서 ㉠(돌연변이)에 의해 B와 C가 나타났으므로 나비 집단의 변이가 증가하였다. 또 A와 B, A와 C가 있던 집단에서 ㉡(자연선택)에 의해 A가 사라지고 각각 B와 C만 남았으므로 나비 집단의 변이가 감소하였다.
ㄷ. (나)에서 C는 돌연변이에 의해 나타난 것으로, A와 다른 형질을 가지고 있다. 따라서 A와 C는 유전적으로 서로 다르다.

21 A는 생물이 지닌 유전자의 다양성, B는 일정한 지역에서 관찰되는 생물종의 다양성, C는 생물이 서식하는 생태계의 다양성을 나타낸다.

모범 답안 A: 유전적 다양성, B: 종다양성, C: 생태계다양성, 종다양성이 높은 생태계는 생물종의 수가 많고, 각 생물종의 분포 비율이 균등하다.

채점 기준	배점
A~C를 모두 옳게 쓰고, 종다양성이 높은 생태계의 특징을 두 가지 요소와 관련지어 옳게 서술한 경우	100 %
A~C를 모두 옳게 쓰고, 종다양성이 높은 생태계의 특징을 한 가지 요소만 관련지어 서술한 경우	60 %
A~C만 옳게 쓴 경우	30 %

22 ㄱ. 생태계의 종류에 따라 환경이 다르므로 환경과 상호작용하며 살아가는 생물종과 개체수도 다르다. 따라서 생태계가 다양할수록 종다양성과 유전적 다양성도 높아진다.
ㄴ. 종다양성이 높을수록 다양한 종들이 상호작용을 하고, 특정 종이 감소하더라도 다른 종들이 그 역할을 대체할 수 있기 때문에 생태계평형이 잘 유지된다.
바로알기 ㄷ. 유전적 다양성이 높을수록 다양한 형질을 가진 개체들이 존재하므로, 질병 발생과 같은 환경 변화에 적응할 수 있는 개체가 존재할 확률이 높아 종이 멸종되지 않고 유지될 가능성이 높다.

23 모범 답안 불가사리가 제거된 구역에서는 종다양성이 급격히 감소하였으며, 5년 후에는 거의 모든 생물종이 사라졌다. 즉, 종다양성을 유지하는 것은 생태계를 안정적으로 유지하는 데 매우 중요하다.

채점 기준	배점
종다양성 유지의 중요성을 근거를 들어 옳게 서술한 경우	100 %
종다양성이 유지되어야 생태계가 안정적으로 유지될 수 있다고만 서술한 경우	50 %

24 꼼꼼 문제 분석

각 식물 종의 분포 비율은 Ⅰ에서가 Ⅱ에서보다 균등하다.

구분	A	B	C	D	총 개체수
Ⅰ	27	㉠ 28	26	29	110
Ⅱ	0	56	44	? 10	110

- Ⅱ의 면적은 Ⅰ의 2배이고, $\frac{\text{B의 개체수}}{\text{면적}}$는 Ⅰ과 Ⅱ에서 같으므로 B의 개체수는 Ⅱ에서가 Ⅰ에서의 2배이다. ➡ ㉠=28이다.
- Ⅰ의 전체 개체수는 27+28+26+29=110이며, Ⅰ과 Ⅱ의 총 개체수는 동일하므로 Ⅱ의 총 개체수도 110이다.

ㄱ. $\frac{\text{B의 개체수}}{\text{면적}}$는 Ⅰ과 Ⅱ에서 같고, Ⅱ의 면적은 Ⅰ의 2배이므로 Ⅰ에서 B의 개체수(㉠)는 56÷2=28이다.

바로알기 ㄴ. Ⅰ의 총 개체수는 110이고, Ⅰ과 Ⅱ의 총 개체수가 같으므로 Ⅱ에서 D의 개체수는 $110-(56+44)=10$이다. 따라서 식물 종 수는 Ⅰ에서 4종, Ⅱ에서 3종이다.
ㄷ. 식물의 종다양성은 식물 종의 수가 많고, 각 식물 종의 분포 비율이 균등한 Ⅰ에서가 Ⅱ에서보다 높다.

25 꼼꼼 문제 분석

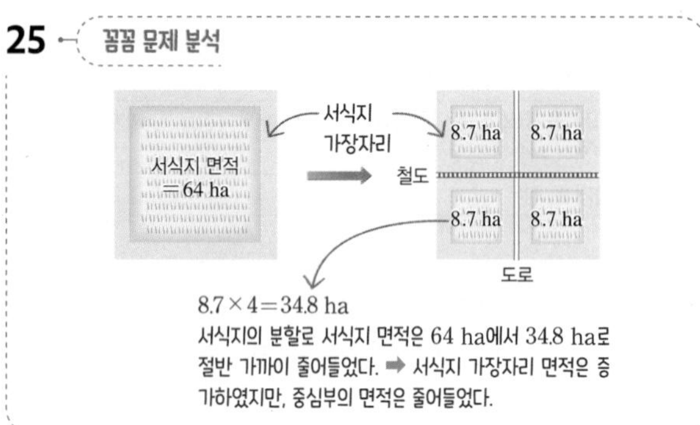

ㄱ. 대규모의 서식지가 소규모의 서식지로 분할되는 것을 서식지 단편화라고 한다.
바로알기 ㄴ. 서식지가 단편화되면 가장자리 면적은 증가하지만, 중심부 면적은 줄어든다. 따라서 서식지 중심부에 살던 생물종이 가장자리에 살던 생물종보다 사라질 위험이 더 높다.
ㄷ. (나)에서 생태통로를 설치하면 서식지가 연결되어 생물다양성이 감소하는 것을 줄일 수 있지만, 서식지의 면적이 줄어들었으므로 생물다양성이 서식지를 분할하기 전과 같아지지는 않는다.

26 모범 답안 외래생물, 검역 등을 강화하여 외래생물이 불법적으로 유입되는 것을 막는다. 외래생물을 도입하기 전 생태계에 미칠 영향을 철저히 검증한다.

채점 기준	배점
외래생물이라고 쓰고, 생물다양성보전 방안을 두 가지 모두 옳게 서술한 경우	100 %
외래생물이라고 쓰고, 생물다양성보전 방안을 한 가지만 옳게 서술한 경우	60 %
외래생물만 쓴 경우	20 %

27 ①, ③ 친환경 제품 사용, 에너지 절약, 자원 재활용 등은 온실 기체 배출로 인한 기후 변화와 환경 오염으로 인한 생물다양성 감소를 방지할 수 있다.
② 멸종 위기종을 복원하는 것은 종다양성을 유지하는 데 매우 중요하다.
④ 생물다양성이 높은 지역을 국립 공원으로 지정하면 그 지역의 종들이 안전하게 서식할 수 있도록 보호할 수 있다.
바로알기 ⑤ 하나의 서식지를 작은 서식지로 분리하는 서식지단편화는 서식지 면적을 감소시키고, 특히 서식지 중심부에 사는 생물종이 멸종될 수 있어 생물다양성 감소의 원인이 된다.

중단원 고난도 문제
49쪽
01 ③ 02 ④ 03 ⑤ 04 ⑤

01 꼼꼼 문제 분석

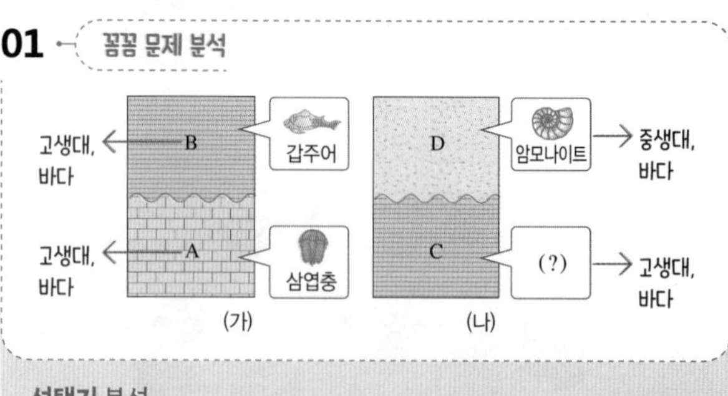

선택지 분석
ㄱ. 지층 A~D 중 가장 먼저 퇴적된 지층은 A이다.
ㄴ. 지층 C에서는 고사리 화석이 나타날 수 있다. 없다.
ㄷ. 고생대 말보다 지층 D가 퇴적된 시기에 해양 생물의 서식지가 더 넓어졌다.

전략적 풀이 ❶ 지층이 역전되지 않았으면 아래에 있는 지층은 위의 지층보다 먼저 퇴적되었다는 점을 기억한다.
ㄱ. 지층 B와 C는 같은 시기에 퇴적되었고, 아래에 있는 지층이 먼저 퇴적되었으므로 지층의 생성 순서는 A → B=C → D이다.
❷ 고사리와 갑주어의 서식 환경을 파악한다.
ㄴ. B와 C는 퇴적 시기와 퇴적 환경이 같으므로 고생대에 바다에서 퇴적된 지층이다. 따라서 지층 C에서는 육지에서 서식하는 고사리 화석이 발견될 수 없다.
❸ 해양 생물의 주요 서식지인 얕은 바다의 면적은 해안선의 총 길이와 관계가 있다는 점을 기억한다.
ㄷ. 지층 D는 중생대의 표준 화석인 암모나이트가 산출되므로 중생대에 퇴적되었으며, 해양 생물의 주요 서식지인 얕은 바다의 면적은 해안선의 길이가 길어질수록 넓어진다. 고생대 말에는 판게아가 형성되어 해안선의 총 길이가 짧고, 중생대 초부터는 판게아가 분리되면서 해안선의 총 길이가 길어졌다. 따라서 해양 생물의 서식지는 고생대 말보다 지층 D가 퇴적된 시기에 더 넓을 것이다.

02 꼼꼼 문제 분석

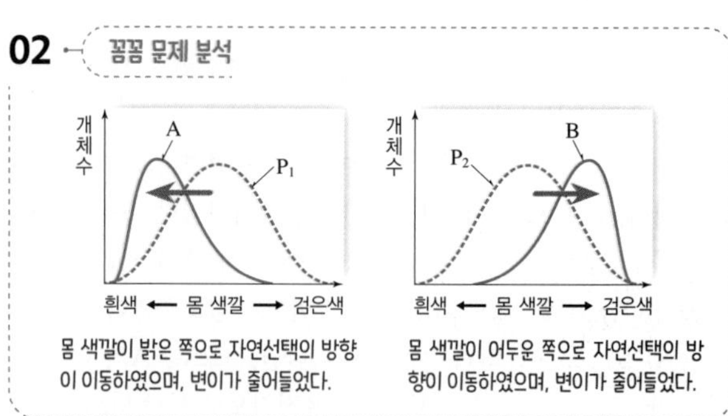

선택지 분석

ㄱ. 몸 색깔의 변이는 P_1에서가 A에서보다 많다.
ㄴ. P_2가 B로 될 때 총 개체수는 늘어났다. 줄어들었다.
ㄷ. 같은 형질이라도 환경에 따라 생존에 유리한 정도가 다르다.

전략적 풀이 ❶ 변이의 의미를 생각해 본다.

ㄱ. 변이는 같은 종의 개체 사이에서 나타나는 형질 차이를 의미한다. P_1과 A의 그래프를 비교해 보면, P_1에서가 A에서보다 몸 색깔의 범위가 넓으므로 변이가 더 많음을 알 수 있다.

❷ 그래프에서 총 개체수를 비교한다.

ㄴ. 그래프 아래 면적은 개체수를 나타낸다. P_2와 B의 그래프를 비교해 보면, P_2가 B보다 그래프 아래 면적이 더 넓으므로 P_2가 B로 될 때 총 개체수는 줄어들었음을 알 수 있다.

❸ 자연선택이 일어나면 생존에 유리한 형질의 비율이 늘어남을 기억한다.

ㄷ. 환경이 변하였을 때 P_1에서는 몸 색깔이 밝은 쪽으로 자연선택의 방향이 이동하였고, P_2에서는 몸 색깔이 어두운 쪽으로 자연선택의 방향이 이동하였다. 따라서 P_1이 있는 환경에서는 밝은 몸 색깔이 생존에 유리하고, P_2가 있는 환경에서는 어두운 몸 색깔이 생존에 유리하다.

03 꼼꼼 문제 분석

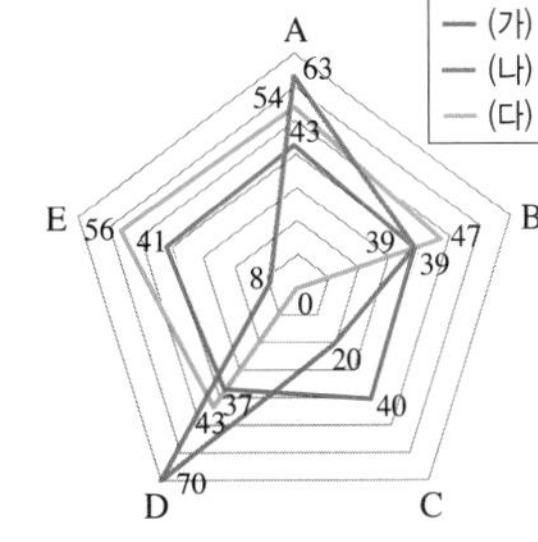

식물 종의 수는 (가)와 (나)가 5종으로 (다)보다 많고, 식물 종의 분포 비율은 (나) > (다) > (가) 순으로 균등하다.

구분	A	B	C	D	E	총 개체수	종 수
(가)	63	39	20	70	8	200	5
(나)	43	39	40	37	41	200	5
(다)	54	47	0	43	56	200	4

선택지 분석

ㄱ. 식물 종의 수는 (나)에서가 (가)에서보다 많다.
ㄴ. 총 개체수는 (가), (나), (다)에서 모두 같다.
ㄷ. 생태계의 안정성은 (나)에서가 (다)에서보다 높다.

전략적 풀이 ❶ (가)와 (나)에서 식물 종의 수를 비교한다.

ㄱ. 식물 종의 수는 (가)와 (나) 모두 5종으로 같다.

❷ (가)~(다)에서 총 개체수를 비교한다.

ㄴ. 총 개체수는 (가), (나), (다) 모두 200으로 같다.

❸ 서식하는 생물종의 수가 많을수록, 각 생물종의 분포 비율이 균등할수록 종다양성이 높음을 기억하고, 종다양성과 생태계 안정성의 관계를 생각해 본다.

ㄷ. 종다양성이 높을수록 생태계가 안정적으로 유지된다. 식물 종의 수가 많고, 식물 종의 분포 비율이 더 균등한 (나)에서가 (다)에서보다 종다양성이 높으므로 생태계가 더 안정적으로 유지된다.

04 꼼꼼 문제 분석

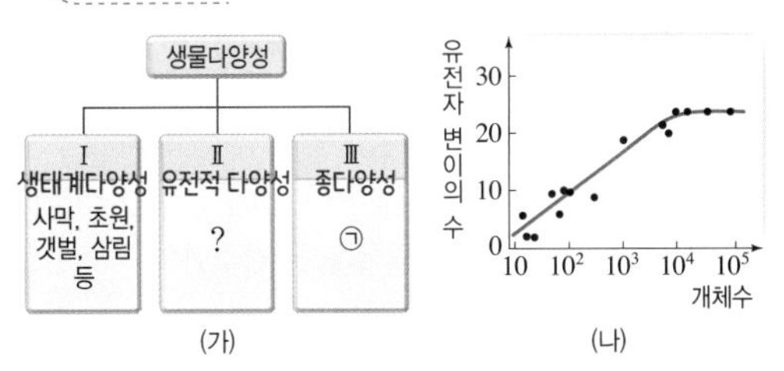

- 사막, 초원, 갯벌, 삼림은 생태계의 예이므로 Ⅰ은 생태계다양성이다.
- (나)는 같은 생물종에서 변이가 다양함을 의미하므로, 유전적 다양성(Ⅱ)의 예이다.

➡ Ⅲ은 종다양성이다.

선택지 분석

ㄱ. Ⅱ는 종다양성이다. 유전적 다양성
ㄴ. Ⅰ이 높을수록 Ⅲ도 높아진다.
ㄷ. '어떤 습지에 수달, 황새, 팔색조 등이 서식한다.'는 ㉠에 해당한다.

전략적 풀이 ❶ Ⅰ~Ⅲ에 해당하는 생물다양성 요소가 무엇인지 파악한다.

ㄱ. 사막, 초원, 갯벌, 삼림 등은 생태계의 예이므로 Ⅰ은 생태계다양성이고, 같은 종의 생물로 구성된 집단 A의 유전자 변이는 유전적 다양성의 예이므로 Ⅱ는 유전적 다양성이다. 따라서 Ⅲ은 종다양성이다.

❷ 생태계다양성과 종다양성의 관계를 생각해 본다.

ㄴ. 생태계의 종류에 따라 환경이 다르므로 그곳에 서식하는 생물종과 개체수도 다르다. 따라서 생태계다양성(Ⅰ)이 높을수록 그곳에 사는 생물종이 다양해지므로 종다양성(Ⅲ)이 높아진다.

❸ 주어진 예가 어떤 생물다양성 요소에 해당하는지 생각해 본다.

ㄷ. '어떤 습지에 수달, 황새, 팔색조 등이 서식한다.'는 종다양성(Ⅲ)의 예이므로 ㉠에 해당한다.

2 화학 변화

01 / 산화와 환원

완자쌤 비법 특강 55쪽

Q1 구리(Cu) **Q2** 구리 이온(Cu^{2+}) **Q3** 감소한다.
Q4 감소한다.

Q1 구리(Cu)는 전자를 잃고 구리 이온(Cu^{2+})으로 산화된다.

Q2 구리 이온(Cu^{2+})은 전자를 얻어 구리(Cu)로 환원된다.

Q3 알루미늄 이온(Al^{3+}) 2개가 생성될 때 구리 이온(Cu^{2+}) 3개가 감소한다. 따라서 수용액 속 양이온 수는 감소한다.

Q4 아연(Zn)이 전자를 잃고 아연 이온(Zn^{2+})으로 산화되어 수용액에 녹아 들어가므로 아연판의 질량은 감소한다.

개념 확인 문제 56쪽

❶ 광합성 ❷ 산소 ❸ 산소 ❹ 얻는 ❺ 잃는 ❻ 잃는
❼ 얻는 ❽ 동시성

1 (1) ○ (2) ○ (3) ○ **2** ㄴ **3** (1) ㉠ 환원, ㉡ 산화
(2) ㉠ 산화, ㉡ 환원 (3) ㉠ 산화, ㉡ 환원 **4** (1) ○ (2) ○ (3) ×

1 (1) (가)는 광합성이다. 원시 바다에서 최초로 광합성을 하는 생물인 남세균이 출현하여 대기 중 산소의 농도가 증가하였다.
(2) (다)는 철의 제련 과정의 일부이다. 자연에서 철은 주로 산소와 결합하여 존재하므로 그대로 사용하기 어렵다. 순수한 철을 얻으려면 철의 제련 과정을 거쳐야 한다.
(3) (나)는 화석 연료가 연소하는 반응이다. 광합성, 화석 연료의 연소, 철의 제련은 모두 산소가 관여하는 산화·환원 반응이다.

2 ㄱ, ㄴ. 산화는 물질이 산소를 얻거나 전자를 잃는 반응이고, 환원은 물질이 산소를 잃거나 전자를 얻는 반응이다.
ㄷ. 산소가 관여하지 않는 산화·환원 반응도 있다. 전자의 이동으로도 산화·환원 반응을 설명할 수 있다.

3 (1) $2CuO + C \longrightarrow 2Cu + CO_2$
(CuO → Cu: 산소를 잃음: 환원, C → CO_2: 산소를 얻음: 산화)

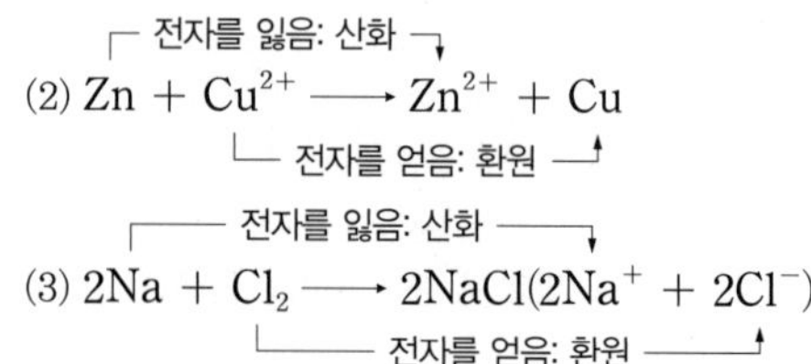

(2) $Zn + Cu^{2+} \longrightarrow Zn^{2+} + Cu$
(Zn → Zn^{2+}: 전자를 잃음: 산화, Cu^{2+} → Cu: 전자를 얻음: 환원)

(3) $2Na + Cl_2 \longrightarrow 2NaCl(2Na^+ + 2Cl^-)$
(Na → Na^+: 전자를 잃음: 산화, Cl_2 → Cl^-: 전자를 얻음: 환원)

4 꼼꼼 문제 분석

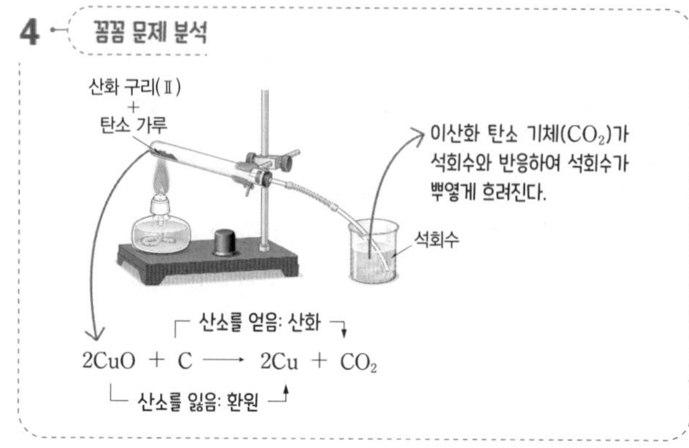

(1) 산화 구리(Ⅱ)(CuO)와 탄소(C)가 반응하여 이산화 탄소(CO_2)를 생성한 다음 이산화 탄소가 석회수와 반응하여 석회수가 뿌옇게 흐려진다.
(2) 시험관 속에서는 검은색 산화 구리(Ⅱ)가 산소를 잃고 붉은색 구리(Cu)로 환원된다.
(3) 탄소는 산소를 얻어 이산화 탄소로 산화된다.

개념 확인 문제 59쪽

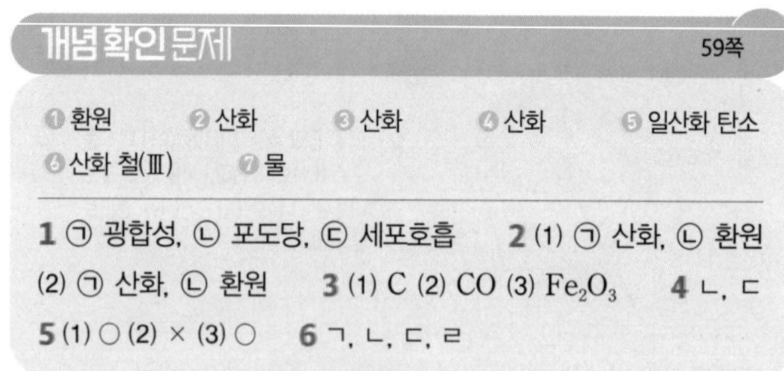

❶ 환원 ❷ 산화 ❸ 산화 ❹ 산화 ❺ 일산화 탄소
❻ 산화 철(Ⅲ) ❼ 물

1 ㉠ 광합성, ㉡ 포도당, ㉢ 세포호흡 **2** (1) ㉠ 산화, ㉡ 환원
(2) ㉠ 산화, ㉡ 환원 **3** (1) C (2) CO (3) Fe_2O_3 **4** ㄴ, ㄷ
5 (1) ○ (2) × (3) ○ **6** ㄱ, ㄴ, ㄷ, ㄹ

1 광합성은 식물의 엽록체에서 빛에너지를 이용하여 이산화 탄소와 물로 포도당과 산소를 만드는 반응이며, 포도당은 생명체의 에너지원으로 사용된다. 세포호흡은 세포 속의 마이토콘드리아에서 포도당과 산소로 이산화 탄소와 물을 생성하면서 에너지를 방출하는 반응이다.

2 (1) $C_6H_{12}O_6 + 6O_2 \longrightarrow 6CO_2 + 6H_2O$
($C_6H_{12}O_6$ → $6CO_2$: 산화, $6O_2$ → $6H_2O$: 환원)

(2) $2C_4H_{10} + 13O_2 \longrightarrow 8CO_2 + 10H_2O$ (산화: $C_4H_{10} \rightarrow CO_2$, 환원: $O_2 \rightarrow H_2O$)

3 (1) (가)에서 탄소(C)는 산소를 얻어 일산화 탄소(CO)로 산화된다.
(2) (나)에서 일산화 탄소는 산소를 얻어 이산화 탄소(CO_2)로 산화된다.
(3) (나)에서 산화 철(Ⅲ)(Fe_2O_3)은 산소를 잃고 철(Fe)로 환원된다.

4 ㄱ. 메테인이 산소와 반응하여 연소할 때 이산화 탄소와 물을 생성한다.
ㄴ. 용광로에 철광석과 코크스를 넣고 가열하면 산화·환원 반응이 일어나 순수한 철을 얻을 수 있다.
ㄷ. 수소 연료 전지에서 반응이 일어날 때 물질의 화학 에너지가 전기 에너지로 전환되며, 전기 에너지는 수소 연료 전지 자동차나 우주선 등의 동력원으로 이용할 수 있다.

5 (1) 반딧불이의 광세포에서 루시페린이 산화되는 과정에서 빛에너지를 방출한다.
(2) 철로 된 울타리나 자전거 등이 산소와 반응하여 녹슬면 붉은색으로 변하고 광택을 잃는다.
(3) 사과, 바나나 등의 껍질을 벗겨 공기 중에 두면 과일 속 폴리페놀이 산화되어 갈색으로 변한다.

6 ㄱ. 고려청자는 도자기를 구울 때 도자기 속 철 이온이 환원되어 특유의 푸른색이 나타나는 것을 이용한 것이다.
ㄴ. 누렇게 변한 옷을 표백제로 세탁하면 산화·환원 반응이 일어나 옷이 하얗게 된다.
ㄷ. 양초를 태울 때 양초의 주성분인 파라핀이 연소하여 산화되고, 이산화 탄소와 수증기가 생성된다.
ㄹ. 리튬 배터리에서는 리튬이 전자를 잃고 산화된 다음 양극에서 음극으로 이동하는 과정에서 배터리가 충전된다.

내신 만점 문제

60쪽~62쪽

01 ㉠ 산소, ㉡ 이산화 탄소	02 ①	03 ⑤	04 ③
05 ⑤	06 ㄱ, ㄴ, ㄷ	07 ②	08 ③
09 ④	10 ⑤	11 ㄱ, ㄴ, ㄷ	12 ③
13 ⑤	14 ②	15 해설 참조	16 해설 참조
17 해설 참조			

01 (가)는 식물의 엽록체에서 빛에너지를 이용하여 이산화 탄소(CO_2)와 물(H_2O)로 포도당($C_6H_{12}O_6$)과 산소(O_2)를 만드는 광합성이다. (나)는 철의 제련 과정에서 산화 철(Ⅲ)(Fe_2O_3)과 일산화 탄소(CO)가 반응하여 철(Fe)과 이산화 탄소가 생성되는 반응이다. (다)는 화석 연료가 산소와 반응하여 이산화 탄소와 물을 생성하는 화석 연료의 연소이다. 따라서 ㉠은 산소이고, ㉡은 이산화 탄소이다.

02 ② 원시 바다에 최초로 광합성을 하는 생물인 남세균이 출현하여 대기 중 산소 농도가 증가하였다.
③ (나)는 철의 제련 과정의 일부이다.
④ (다)는 화석 연료의 연소이다. 화석 연료인 석탄을 에너지원으로 하는 증기 기관과 증기 기관차의 발명은 산업 혁명이 일어나는 데에 큰 영향을 주었다.
⑤ 광합성, 철의 제련, 화석 연료의 연소는 모두 산소가 관여하는 산화·환원 반응이라는 공통점이 있다.
바로알기 ① 광합성은 식물의 엽록체에서 일어난다.

03 ㄱ, ㄴ, ㄷ. 자연 상태에서 철은 주로 산소와 결합하여 존재하며, 순수한 철을 얻기 위해서는 산화 철(Ⅲ)에서 산소를 제거하는 철의 제련 과정을 거쳐야 한다.

04 • 학생 A: 산화는 물질이 산소를 얻거나 전자를 잃는 반응이다.
• 학생 C: 어떤 물질이 산소를 얻거나 전자를 잃고 산화되면 다른 물질은 산소를 잃거나 전자를 얻어 환원되므로 산화와 환원은 항상 동시에 일어난다.
바로알기 • 학생 B: 환원은 물질이 산소를 잃거나 전자를 얻는 반응이다.

05 석회수가 뿌옇게 흐려진 것으로 보아 이산화 탄소(CO_2)가 생성되었고, 시험관 속에 붉은색 물질이 생성된 것으로 보아 구리(Cu)가 생성되었다.

$$2CuO + C \longrightarrow 2Cu + CO_2$$

(산소를 얻음: 산화 — $C \rightarrow CO_2$; 산소를 잃음: 환원 — $CuO \rightarrow Cu$)

ㄱ. 석회수가 뿌옇게 흐려진 것으로 이산화 탄소가 생성되었음을 알 수 있다. 탄소(C)가 산소를 얻어 이산화 탄소로 산화된다.
ㄴ. 반응 후 시험관 속에 생성된 붉은색 물질은 산화 구리(Ⅱ)(CuO)가 산소를 잃고 환원되어 생성된 구리이다.
ㄷ. 시험관 속에서 산화 구리(Ⅱ)는 구리로 환원되고, 탄소는 이산화 탄소로 산화된다. 따라서 시험관 속에서 일어나는 반응은 산화·환원 반응이다.

06 ← 꼼꼼 문제 분석

(가) 붉은색 구리판을 알코올램프의 겉불꽃에 넣어 가열하였더니 구리판이 검게 변하였다. (겉불꽃 → 산소(O_2)가 잘 공급된다.)

산소를 얻음: 산화

$$2Cu + O_2 \longrightarrow 2CuO$$

(나) 구리판의 검게 변한 부분을 속불꽃에 넣어 가열하였더니 다시 붉게 변하였다. (속불꽃 → 산소가 부족하고, 일산화 탄소(CO)가 많다.)

산소를 얻음: 산화

$$CuO + CO \longrightarrow Cu + CO_2$$

산소를 잃음: 환원

ㄱ. (가)에서 구리(Cu)는 산소를 얻어 산화 구리(Ⅱ)(CuO)로 산화된다.

ㄴ. 구리판의 검게 변한 부분은 산화 구리(Ⅱ)이며, (나)에서 산화 구리(Ⅱ)는 산소를 잃고 구리로 환원된다.

ㄷ. (가)와 (나)에서 모두 산화·환원 반응이 일어난다.

07 전자를 잃음: 산화 / 전자를 얻음: 환원

$$(가)\ 2Na + Cl_2 \longrightarrow 2NaCl(2Na^+ + 2Cl^-)$$

산소를 얻음: 산화 / 산소를 잃음: 환원

$$(나)\ CuO + H_2 \longrightarrow Cu + H_2O$$

08 ← 꼼꼼 문제 분석

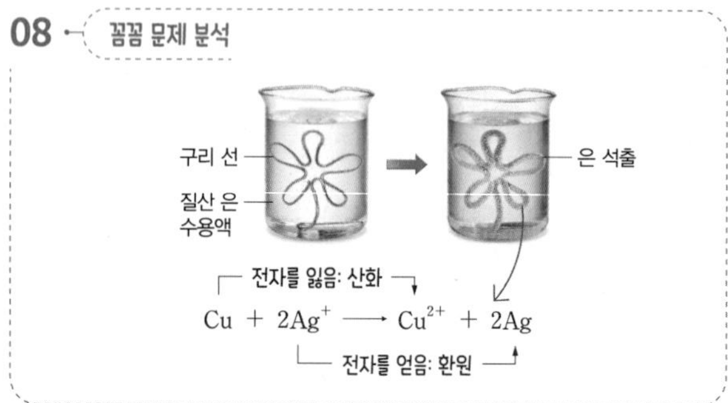

ㄱ. 구리(Cu)는 전자를 잃고 구리 이온(Cu^{2+})으로 산화된다.

ㄷ. 은 이온(Ag^+)은 전자를 얻어 은(Ag)으로 환원되어 석출되므로 수용액 속 은 이온 수는 감소한다.

바로알기 ㄴ. 질산 이온(NO_3^-)은 반응에 참여하지 않으므로 산화되거나 환원되지 않는다.

09 전자를 잃음: 산화 / 전자를 얻음: 환원

$$2Al + 3Cu^{2+} \longrightarrow 2Al^{3+} + 3Cu$$

ㄴ. 구리 이온(Cu^{2+})이 전자를 얻어 구리(Cu)로 환원되어 석출되므로 수용액 속 구리 이온 수는 감소한다. 따라서 수용액의 푸른색은 점점 옅어진다.

ㄷ. 알루미늄 이온(Al^{3+}) 2개가 생성될 때 구리 이온 3개가 감소하므로 수용액 속 양이온 수는 감소한다.

바로알기 ㄱ. 알루미늄(Al)은 전자를 잃고 알루미늄 이온으로 산화된다.

10 전자를 잃음: 산화 / 전자를 얻음: 환원

$$Zn + 2H^+ \longrightarrow Zn^{2+} + H_2\uparrow$$

ㄱ. 아연(Zn)은 전자를 잃고 아연 이온(Zn^{2+})으로 산화되고, 수소 이온(H^+)은 전자를 얻어 수소(H_2)로 환원된다. 따라서 전자는 아연에서 수소 이온으로 이동한다.

ㄴ. 아연이 아연 이온으로 산화되어 수용액에 녹아 들어가므로 아연판의 질량은 감소한다.

ㄷ. 수소 이온이 수소로 환원되므로 수용액 속 수소 이온 수는 감소한다.

11 (가)는 식물의 엽록체에서 빛에너지를 이용하여 이산화 탄소(CO_2)와 물(H_2O)로 포도당($C_6H_{12}O_6$)과 산소(O_2)를 만드는 광합성이고, (나)는 세포 속의 마이토콘드리아에서 포도당과 산소로 이산화 탄소와 물을 생성하면서 에너지를 방출하는 세포호흡이다.

ㄱ. 광합성이 일어날 때 이산화 탄소는 포도당으로 환원된다.

ㄴ. 세포호흡이 일어날 때 포도당은 이산화 탄소로 산화된다.

ㄷ. 광합성과 세포호흡은 모두 산화·환원 반응이다.

12 (가) 메테인(CH_4)이 산소(O_2)와 반응하여 이산화 탄소(CO_2)와 물(H_2O)을 생성한다.

산화 / 환원

$$CH_4 + 2O_2 \longrightarrow CO_2 + 2H_2O$$

(나) 철(Fe)이 공기 중의 산소와 반응하여 산화 철(Ⅲ)(Fe_2O_3)을 생성한다.

산화 / 환원

$$4Fe + 3O_2 \longrightarrow 2Fe_2O_3$$

ㄱ. (가)에서 메테인은 산소를 얻어 이산화 탄소로 산화된다.

ㄷ. (가)와 (나)는 모두 반응물에 산소가 있다.

바로알기 ㄴ. (나)에서 철은 산소와 반응하여 산화된다. 철이 산소와 반응하여 산화 철(Ⅲ)을 생성할 때 철은 전자를 잃고 철 이온(Fe^{3+})으로 산화된다.

13 산화 / 환원

$$2H_2 + O_2 \longrightarrow 2H_2O$$

ㄱ, ㄴ. 수소 연료 전지에서 수소(H_2)는 산소를 얻어 물(H_2O)로 산화되며, 이때 물질의 화학 에너지가 전기 에너지로 전환된다.
ㄷ. 수소 연료 전지에서는 수소와 산소(O_2)가 반응하여 물이 생성되므로 수소 연료 전지 자동차는 이산화 탄소(CO_2)를 발생시키지 않는다.

14 꼼꼼 문제 분석

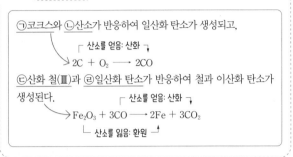

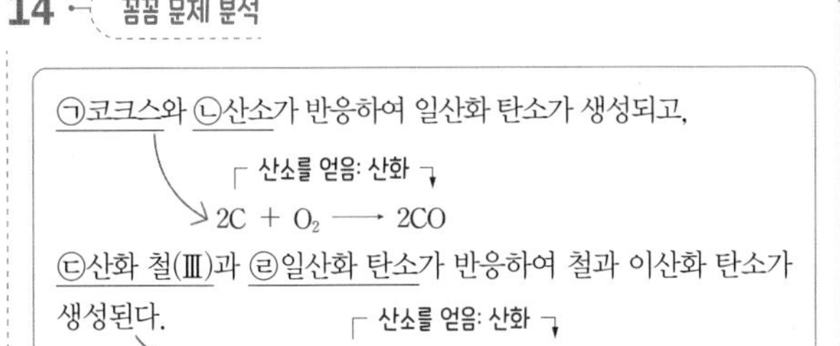

㉠코크스와 ㉡산소가 반응하여 일산화 탄소가 생성되고,
산소를 얻음: 산화
2C + O2 → 2CO
㉢산화 철(Ⅲ)과 ㉣일산화 탄소가 반응하여 철과 이산화 탄소가 생성된다.
산소를 얻음: 산화
Fe2O3 + 3CO → 2Fe + 3CO2
산소를 잃음: 환원

코크스(C)와 산소(O_2)가 반응할 때 코크스는 산소를 얻어 일산화 탄소(CO)로 산화된다. 산화 철(Ⅲ)(Fe_2O_3)과 일산화 탄소가 반응할 때 일산화 탄소는 산소를 얻어 이산화 탄소(CO_2)로 산화된다.

15 $2CuO + C \longrightarrow 2Cu + CO_2$

(C → CO_2: 산소를 얻음: 산화, CuO → Cu: 산소를 잃음: 환원)

모범 답안 구리(Cu), 산화 구리(Ⅱ)(CuO)가 산소를 잃고 구리(Cu)로 환원된다.

채점 기준	배점
붉은색 물질이 무엇인지 옳게 쓰고, 그 생성 과정을 산화·환원 반응과 관련지어 옳게 서술한 경우	100 %
붉은색 물질이 무엇인지만 옳게 쓴 경우	40 %

16 $Zn + Cu^{2+} \longrightarrow Zn^{2+} + Cu$

(Zn → Zn^{2+}: 전자를 잃음: 산화, Cu^{2+} → Cu: 전자를 얻음: 환원)

모범 답안 (1) 수용액의 구리 이온(Cu^{2+})이 전자를 얻어 구리(Cu)로 환원되어 석출되므로 수용액 속 구리 이온(Cu^{2+}) 수가 감소하기 때문이다.
(2) 수용액 속 전체 이온 수는 일정하다. 아연 이온(Zn^{2+}) 1개가 생성될 때 구리 이온(Cu^{2+}) 1개가 감소하고, 황산 이온(SO_4^{2-}) 수는 일정하기 때문이다.

	채점 기준	배점
(1)	수용액의 푸른색이 옅어지는 까닭을 산화·환원 반응과 관련지어 옳게 서술한 경우	50 %
	수용액의 푸른색이 옅어지는 까닭을 구리 이온 수가 감소하기 때문이라고만 서술한 경우	25 %
(2)	수용액 속 전체 이온 수의 변화를 옳게 쓰고, 그 까닭을 옳게 서술한 경우	50 %
	수용액 속 전체 이온 수의 변화만 옳게 쓴 경우	25 %

17 $2Mg + O_2 \longrightarrow 2MgO(2Mg^{2+} + 2O^{2-})$

(Mg: 전자를 잃음: 산화, O_2: 전자를 얻음: 환원)

모범 답안 산화되는 물질: 마그네슘(Mg), 환원되는 물질: 산소(O_2), 마그네슘은 전자를 잃고 마그네슘 이온이 되고, 산소는 전자를 얻어 산화 이온이 되기 때문이다.

채점 기준	배점
산화되는 물질과 환원되는 물질을 옳게 쓰고, 그 까닭을 전자의 이동과 관련지어 옳게 서술한 경우	100 %
산화되는 물질과 환원되는 물질만 옳게 쓴 경우	40 %

실력 UP 문제

63쪽

01 ③ **02** ⑤ **03** ③ **04** ③

01 꼼꼼 문제 분석

(가) $4Al + 3O_2 \longrightarrow 2Al_2O_3(4Al^{3+} + 6O^{2-})$

(Al: 전자를 잃음: 산화, O_2: 전자를 얻음: 환원)

$Zn \longrightarrow Zn^{2+} + 2⊖$

(나) $Zn + 2HCl \longrightarrow ZnCl_2 + H_2$

(Zn: 전자를 잃음: 산화, HCl: 전자를 얻음: 환원)

$2H^+ + 2⊖ \longrightarrow H_2$

(다) $2Mg + CO_2 \longrightarrow 2MgO + C$

(Mg: 산소를 얻음: 산화 → 전자를 잃고 산화된 것이기도 하다. $Mg \longrightarrow Mg^{2+} + 2⊖$, CO_2: 산소를 잃음: 환원)

ㄱ. (가)에서 산소는 전자를 얻어 산화 이온(O^{2-})으로 환원된다.
ㄷ. (다)에서 마그네슘(Mg)은 전자를 잃고 마그네슘 이온(Mg^{2+})으로 산화된다.
바로알기 ㄴ. (나)에서 아연(Zn) 원자 1개가 아연 이온(Zn^{2+})으로 산화될 때 전자 2개가 이동한다.

02 (가) $2Cu + O_2 \longrightarrow 2CuO(2Cu^{2+} + 2O^{2-})$

(Cu: 전자를 잃음: 산화, O_2: 전자를 얻음: 환원)

(나) $CuO + H_2 \longrightarrow Cu + H_2O$

(H_2: 산소를 얻음: 산화, CuO: 산소를 잃음: 환원)

ㄱ, ㄴ. (가)에서 구리(Cu)와 산소(O_2)가 반응하여 산화 구리(Ⅱ)(CuO)를 생성할 때 구리는 전자를 잃고 구리 이온(Cu^{2+})으로 산화되고, 산소는 전자를 얻어 산화 이온(O^{2-})으로 환원된다. 따라서 전자는 구리에서 산소로 이동한다.
ㄷ. (나)에서 수소(H_2)는 산소를 얻어 물(H_2O)로 산화된다.

03 ㄱ, ㄴ. 금속 B의 표면에 금속 A가 석출되는 것으로 보아 A^{2+}은 전자를 얻어 A로 환원되고, B는 전자를 잃고 B^{n+}으로 산화된다.
바로알기 ㄷ. 반응이 일어날 때 A^{2+} 수는 감소하고, B^{n+} 수는 증가한다. 그런데 (나)에서 수용액 속 양이온 수는 감소하므로 감소하는 A^{2+}의 수가 증가하는 B^{n+}의 수보다 크다. 즉, 반응하는 입자의 수는 A^{2+}이 B 원자보다 크다. 이때 A^{2+}이 얻은 전자 수와 B 원자가 잃은 전자 수는 같으므로 n은 2보다 크다.

04 꼼꼼 문제 분석

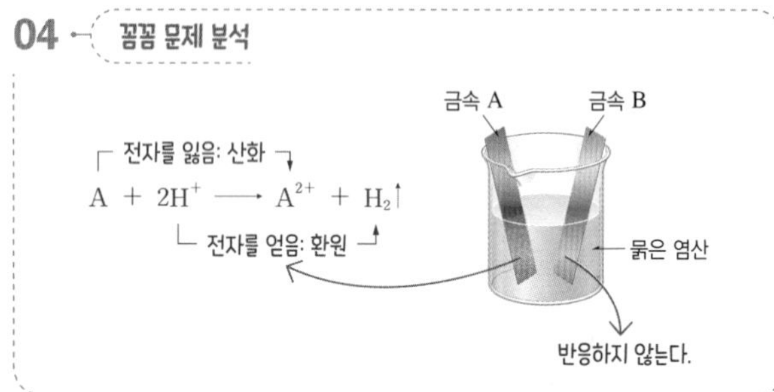

ㄱ. 금속 A의 표면에서 발생한 기포는 수소(H_2)이다. A는 전자를 잃고 A^{2+}으로 산화되고, 수소 이온(H^+)은 전자를 얻어 수소로 환원된다.
ㄷ. A^{2+} 1개가 생성될 때 수소 이온 2개가 감소하므로 수용액 속 양이온 수는 감소한다.
바로알기 ㄴ. 금속 B의 표면에서는 아무런 변화가 없으므로 B는 전자를 얻거나 잃지 않는다.

02 / 산, 염기와 중화 반응

개념 확인 문제 67쪽

❶ 수소 이온(H^+) ❷ 수산화 이온(OH^-) ❸ 붉 ❹ 수소(H_2) ❺ 이산화 탄소(CO_2) ❻ 노란 ❼ 푸르 ❽ 단백질 ❾ 붉은 ❿ 파란

1 (1) H^+ (2) SO_4^{2-} (3) NaOH **2** (1) ○ (2) ○ (3) × **3** ㉠ (−), ㉡ 붉 **4** (1) ㄱ, ㄷ (2) ㄴ, ㄹ (3) ㄱ, ㄴ, ㄷ, ㄹ

1 산은 물에 녹아 H^+과 음이온으로 나누어지고, 염기는 물에 녹아 양이온과 OH^-으로 나누어진다. 이때 수용액은 전기적으로 중성이므로 양이온 전하의 전체 합과 음이온 전하의 전체 합이 같아야 한다.
(1) $HCl \longrightarrow H^+ + Cl^-$
(2) $H_2SO_4 \longrightarrow 2H^+ + SO_4^{2-}$
(3) $NaOH \longrightarrow Na^+ + OH^-$

2 (1) 산은 수용액에서 H^+을 내놓는 물질이므로 산 수용액에는 공통으로 H^+이 들어 있다.
(2) 묽은 염산(HCl)과 아세트산(CH_3COOH) 수용액은 모두 산성 용액이므로 마그네슘(Mg)과 반응하여 수소 기체(H_2)를 발생시킨다.
(3) 수산화 나트륨(NaOH) 수용액은 염기성 용액이므로 탄산 칼슘($CaCO_3$)과 반응하지 않는다.

3 질산 칼륨(KNO_3) 수용액에 적신 푸른색 리트머스 종이 위에 묽은 염산(HCl)에 적신 실을 올려놓고 전류를 흘려 주면 양이온인 H^+이 (−)극 쪽으로 이동하여 리트머스 종이가 실에서부터 (−)극 쪽으로 붉게 변한다.

4 식초와 아세트산 수용액은 산성 물질이고, 하수구 세정제와 수산화 칼륨 수용액은 염기성 물질이다.
(1) 푸른색 리트머스 종이를 붉게 변화시키는 물질은 산성 물질인 식초와 아세트산 수용액이다.
(2) 페놀프탈레인 용액을 떨어뜨리면 붉은색을 나타내는 물질은 염기성 물질인 하수구 세정제와 수산화 칼륨 수용액이다.
(3) 식초, 하수구 세정제, 아세트산 수용액, 수산화 칼륨 수용액에는 모두 이온이 들어 있으므로 전기 전도성이 있다.

개념 확인 문제 71쪽

❶ 중화 반응 ❷ 1 : 1 ❸ 중화점 ❹ 산성 ❺ 염기성 ❻ 중화열 ❼ 물(H_2O) ❽ 높다

1 (1) ○ (2) ○ (3) ○ (4) × **2** (1) (가) 파란색 (나) 파란색 (다) 초록색 (라) 노란색 (2) (다) **3** (1) A: 염기성, B: 중성, C: 산성 (2) B **4** ㄷ, ㄹ, ㅁ

1 (1) 중화 반응이 일어날 때 산의 H^+과 염기의 OH^-이 1 : 1의 개수비로 반응하여 물(H_2O)을 생성한다.
(2) 중화 반응이 일어날 때 열이 발생하며, 이 열을 중화열이라고 한다.
(3) 중화 반응에서 반응하는 H^+과 OH^-의 수가 많을수록, 즉 생성되는 물의 양이 많을수록 중화열이 많이 발생하여 혼합 용액의 온도가 높아진다.
(4) H^+과 OH^-이 1 : 1의 개수비로 반응하므로 혼합하는 산 수용액과 염기 수용액 속 이온의 수에 따라 용액의 액성이 달라진다. 혼합하는 H^+과 OH^-의 수가 같으면 중성, H^+의 수가 OH^-의 수보다 많으면 산성, H^+의 수가 OH^-의 수보다 적으면 염기성이 된다.

2 (1) (가)와 (나)는 OH^-이 존재하는 염기성 용액이므로 BTB 용액을 떨어뜨리면 파란색을 띤다. (다)는 H^+과 OH^-이 모두 반응한 중성 용액이므로 BTB 용액을 떨어뜨리면 초록색을 띤다. (라)는 H^+이 존재하는 산성 용액이므로 BTB 용액을 떨어뜨리면 노란색을 띤다.
(2) 반응하는 H^+과 OH^-의 수가 많을수록 중화열이 많이 발생하여 혼합 용액의 온도가 높아진다. 따라서 (가)에 들어 있는 OH^- 2개가 모두 반응하여 산과 염기가 완전히 중화된 (다)에서 용액의 최고 온도가 가장 높다. (라)는 (다)보다 온도가 낮은 묽은 염산(HCl)을 더 넣어 준 것이므로 (라)의 최고 온도는 (다)보다 낮다.

3 (1) B에서 혼합 용액의 최고 온도가 가장 높으므로 완전히 중화되었고, 묽은 염산(HCl)과 수산화 나트륨(NaOH) 수용액은 1 : 1의 부피비로 반응함을 알 수 있다. A에서는 묽은 염산과 수산화 나트륨 수용액이 각각 2 mL씩 반응하고, 용액에는 반응하지 않은 OH^-이 남아 있으므로 A의 액성은 염기성이다. C에서는 묽은 염산과 수산화 나트륨 수용액이 각각 2 mL씩 반응하고, 용액에는 반응하지 않은 H^+이 남아 있으므로 C의 액성은 산성이다.
(2) 용액의 최고 온도가 가장 높은 B에서 중화 반응이 가장 많이 일어났으므로 B에서 중화 반응으로 생성된 물의 양이 가장 많다.

4 ㄱ. 깎아 둔 사과 속 폴리페놀이 산화되어 갈색으로 변하는 것은 산화·환원 반응의 예이다.
ㄴ. 철로 된 머리핀이 산소와 반응하여 녹스는 것은 산화·환원 반응의 예이다.
ㄷ. 위산 과다로 속이 쓰릴 때 염기성 물질인 제산제를 먹어 산성 물질인 위산을 중화하는 것은 중화 반응의 예이다.
ㄹ. 염기성 물질인 치약으로 양치질을 하여 충치를 유발하는 산성 물질을 중화하는 것은 중화 반응의 예이다.
ㅁ. 생선구이에 산성 물질인 레몬즙을 뿌려 비린내의 원인인 염기성 물질을 제거하는 것은 중화 반응의 예이다.

완자쌤 비법 특강 72쪽

Q1 B=C>A **Q2** A: 노란색, B: 초록색, C: 파란색

Q1 B에서 용액의 최고 온도가 가장 높으므로 완전히 중화되었고, 중화 반응으로 생성된 물의 양이 최대가 된다. A는 중화점 이전이므로 생성된 물의 양은 A가 B보다 적다. 중화점 이후에는 중화 반응이 일어나지 않으므로 생성된 전체 물의 양은 B와 C가 같다. 따라서 중화 반응으로 생성된 전체 물의 양을 비교하면 B=C>A이다.

Q2 A에는 반응하지 않은 H^+이 남아 있으므로 A는 산성 용액이고, BTB 용액을 떨어뜨리면 노란색을 띤다. B는 중화점이므로 중성 용액이고, BTB 용액을 떨어뜨리면 초록색을 띤다. C에는 반응하지 않은 OH^-이 남아 있으므로 C는 염기성 용액이고, BTB 용액을 떨어뜨리면 파란색을 띤다.

내신 만점 문제 73쪽~76쪽

01 ② 02 ④ 03 ⑤ 04 ③ 05 ③ 06 ①
07 ③ 08 ⑤ 09 ② 10 ③ 11 ⑤ 12 ①
13 ③ 14 ④ 15 ② 16 ㄱ 17 ① 18 해설 참조 19 해설 참조 20 해설 참조

01 바로알기 ② $H_2SO_4 \longrightarrow 2H^+ + SO_4^{2-}$

02 ① 산 수용액에는 공통으로 H^+이 들어 있고, 산 수용액에 들어 있는 음이온의 종류는 산의 종류에 따라 다르다.
② 산 수용액에 들어 있는 H^+은 푸른색 리트머스 종이를 붉게 변화시킨다.
③ 염기는 수용액에서 OH^-을 내놓는 물질이므로 염기 수용액에는 공통으로 OH^-이 들어 있다.
⑤ 산과 염기는 물에 녹아 이온화하므로 산 수용액과 염기 수용액은 모두 전기 전도성이 있다.
바로알기 ④ 염기 수용액은 탄산 칼슘($CaCO_3$)과 반응하지 않는다.

03 ⑤ 비눗물, 레몬즙, 탄산 음료, 제빵 소다 수용액에는 모두 이온이 들어 있으므로 전류가 흐른다.

바로알기 ①, ④ 비눗물과 제빵 소다 수용액은 염기성 물질이므로 마그네슘(Mg)과 반응하지 않고, 붉은색 리트머스 종이를 푸르게 변화시킨다.
② 레몬즙은 산성 물질이므로 레몬즙에 BTB 용액을 떨어뜨리면 노란색을 띤다.
③ 탄산 음료는 산성 물질이므로 달걀 껍데기와 반응하여 이산화 탄소 기체(CO_2)를 발생시킨다.

04 꼼꼼 문제 분석

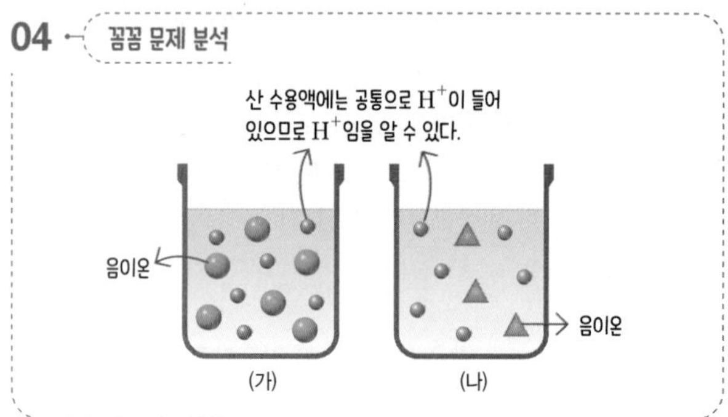

ㄱ. (가)와 (나)는 모두 산 수용액이므로 (가)와 (나)에 공통으로 들어 있는 ●은 H^+이다.
ㄷ. (가)와 (나)는 모두 산 수용액이므로 (가)와 (나)에 마그네슘(Mg) 조각을 넣으면 모두 수소 기체(H_2)가 발생한다.
바로알기 ㄴ. 푸른색 리트머스 종이를 붉게 변화시키는 것은 ●(H^+)이다.

05 꼼꼼 문제 분석

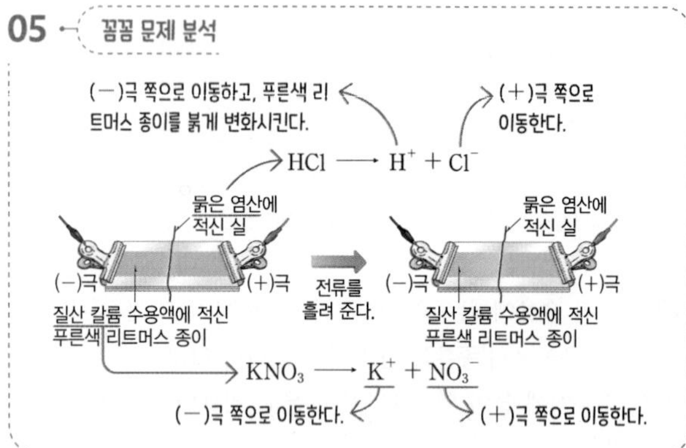

ㄱ. 푸른색 리트머스 종이를 붉게 변화시키는 이온은 H^+으로, 전류를 흘려 주면 실에서부터 (−)극 쪽으로 이동하여 붉은색이 (−)극 쪽으로 이동한다.
ㄷ. 묽은 황산(H_2SO_4)에도 H^+이 들어 있으므로 묽은 염산(HCl) 대신 묽은 황산으로 실험해도 리트머스 종이가 실에서부터 (−)극 쪽으로 붉게 변해 간다.
바로알기 ㄴ. (−)극 쪽으로 이동하는 이온은 K^+, H^+으로 두 가지이다.

06 꼼꼼 문제 분석

구분	묽은 염산 (→산성)	아세트산 수용액 (→산성)
탄산 칼슘과의 반응	기체 발생	㉠ 기체 발생
마그네슘과의 반응	㉡ 기체 발생	기체 발생
BTB 용액	노란색	㉢ 노란색

묽은 염산(HCl)과 아세트산(CH_3COOH) 수용액은 모두 산성 용액이므로 탄산 칼슘($CaCO_3$)과 반응하여 이산화 탄소 기체(CO_2)를 발생시키고, 마그네슘(Mg)과 반응하여 수소 기체(H_2)를 발생시키며, BTB 용액을 노란색으로 변화시킨다.

07 꼼꼼 문제 분석

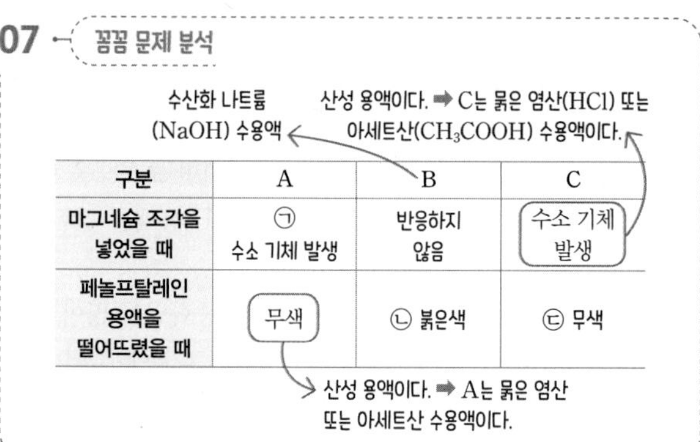

구분	A	B	C
마그네슘 조각을 넣었을 때	㉠ 수소 기체 발생	반응하지 않음	수소 기체 발생
페놀프탈레인 용액을 떨어뜨렸을 때	무색	㉡ 붉은색	㉢ 무색

수산화 나트륨(NaOH) 수용액
산성 용액이다. ➡ C는 묽은 염산(HCl) 또는 아세트산(CH_3COOH) 수용액이다.
산성 용액이다. ➡ A는 묽은 염산 또는 아세트산 수용액이다.

A는 페놀프탈레인 용액을 떨어뜨렸을 때 무색이고, C는 마그네슘(Mg)과 반응하여 수소 기체(H_2)를 발생시키므로 모두 산성 용액이다. 따라서 A와 C는 각각 묽은 염산(HCl)과 아세트산(CH_3COOH) 수용액 중 하나이고, B는 수산화 나트륨(NaOH) 수용액이다.
ㄱ. A는 산성 용액이므로 마그네슘과 반응하여 수소 기체를 발생시킨다. 따라서 ㉠으로 '수소 기체 발생'이 적절하다.
ㄷ. A와 C는 모두 산성 용액이므로 들어 있는 양이온의 종류는 H^+으로 같다.
바로알기 ㄴ. B는 염기성 용액이므로 페놀프탈레인 용액을 떨어뜨리면 붉은색을 띠고, C는 산성 용액이므로 페놀프탈레인 용액을 떨어뜨려도 색이 변하지 않는다. 따라서 ㉡으로는 '붉은색', ㉢으로는 '무색'이 적절하다.

08 ①, ② 중화 반응은 산의 H^+과 염기의 OH^-이 1 : 1의 개수비로 반응하여 물(H_2O)이 생성되는 반응이다.
③ 산의 H^+과 염기의 OH^-이 모두 반응하여 산과 염기가 완전히 중화되는 지점을 중화점이라고 한다.
④ 중화 반응이 일어날 때 발생하는 열을 중화열이라고 한다.
바로알기 ⑤ 중화 반응에서 반응하는 H^+과 OH^-의 수가 많을수록, 즉 생성되는 물의 양이 많을수록 중화열이 많이 발생하여 혼합 용액의 온도가 높아진다.

09 ㄴ. 묽은 염산(HCl)과 수산화 나트륨(NaOH) 수용액을 혼합하면 중화 반응이 일어나 중화열이 발생하므로 용액의 온도가 높아진다. 따라서 혼합 용액의 최고 온도는 25 °C보다 높다.

(바로알기) ㄱ. 두 수용액의 농도가 같으므로 묽은 염산 10 mL에 들어 있는 H^+ 수는 수산화 나트륨 수용액 5 mL에 들어 있는 OH^- 수보다 많다. 따라서 혼합 용액에는 반응하지 않은 H^+이 남아 있으므로 혼합 용액의 액성은 산성이다.

ㄷ. 묽은 염산 10 mL에 들어 있는 H^+과 Cl^-의 수는 수산화 나트륨 수용액 5 mL에 들어 있는 Na^+과 OH^-의 수보다 많다. H^+은 OH^-과 반응하여 그 수가 적어지므로 혼합 용액에서 이온 수가 가장 많은 것은 Cl^-이다.

10 꼼꼼 문제 분석

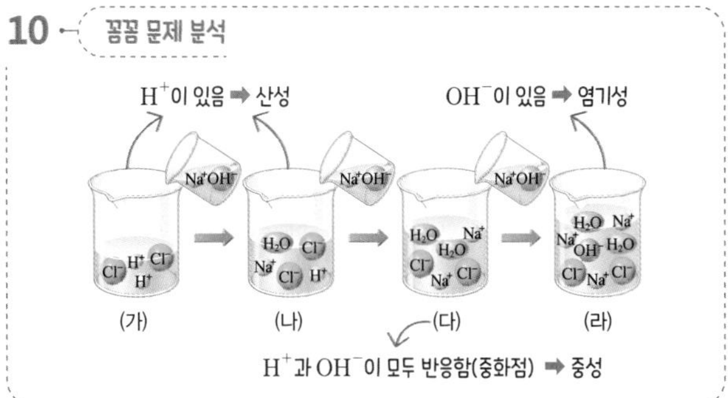

ㄱ. (가)에는 H^+이 들어 있으므로 (가)의 액성은 산성이다. 따라서 (가)에 마그네슘(Mg) 조각을 넣으면 수소 기체(H_2)가 발생한다.

ㄴ. 중화 반응이 완결된 (다)에서 용액의 최고 온도가 가장 높다. (라)는 (다)보다 온도가 낮은 수산화 나트륨(NaOH) 수용액을 더 넣어 준 것이므로 (라)의 최고 온도는 (다)보다 낮다.

(바로알기) ㄷ. (나)에는 H^+ 1개가 들어 있고, (라)에는 OH^- 1개가 들어 있으므로 (나)와 (라)를 혼합한 용액의 액성은 중성이다.

11 꼼꼼 문제 분석

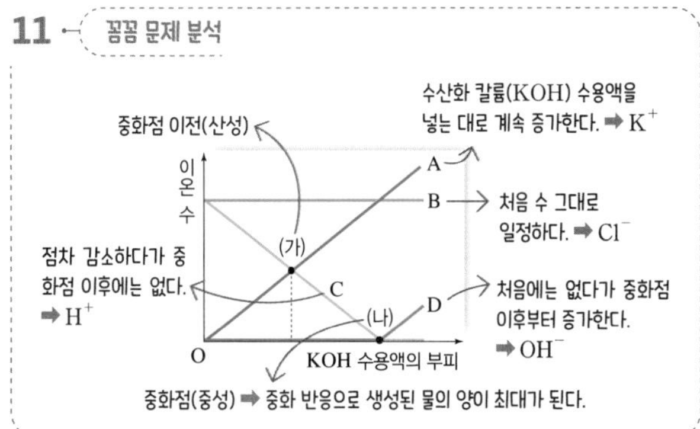

ㄱ, ㄴ. A는 K^+, B는 Cl^-, C는 H^+, D는 OH^-이다. C와 D는 모두 중화 반응에 참여하는 이온이다.

ㄷ. 중화 반응으로 생성된 물의 양은 중화점에 도달한 (나)가 중화점에 도달하기 전인 (가)보다 많다.

12 꼼꼼 문제 분석

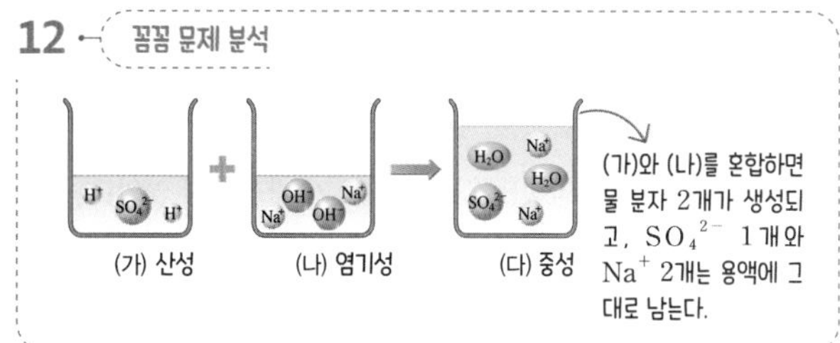

ㄱ. (가)와 (나)를 혼합하면 중화 반응이 일어나 중화열이 발생하므로 용액의 온도가 높아진다. 따라서 (다)의 최고 온도는 (가) 또는 (나)보다 높다.

(바로알기) ㄴ. Na^+은 중화 반응에 참여하지 않으므로 (나)와 (다)에 들어 있는 Na^+ 수는 같다.

ㄷ. (다)의 액성은 중성이므로 (다)에 페놀프탈레인 용액을 떨어뜨려도 색이 변하지 않는다.

13 꼼꼼 문제 분석

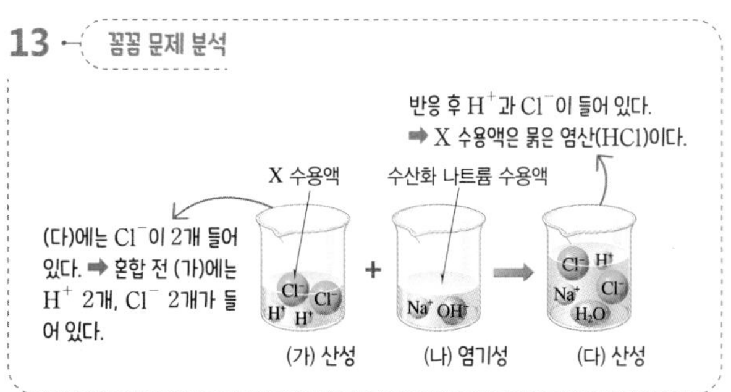

ㄱ. 혼합 전 (가)에는 H^+ 2개, Cl^- 2개가 들어 있으므로 X 수용액은 산성 용액이다. 따라서 (가)에 탄산 칼슘($CaCO_3$)을 넣으면 이산화 탄소 기체(CO_2)가 발생한다.

ㄴ. (다)에는 H^+이 들어 있으므로 (다)의 액성은 산성이다. 따라서 (다)에 온도가 같은 수산화 칼륨(KOH) 수용액을 넣으면 중화 반응이 일어나 중화열이 발생하여 용액의 온도가 높아진다.

(바로알기) ㄷ. (가)에 들어 있는 전체 이온은 4개이고, (다)에 들어 있는 전체 이온은 4개이므로 용액 속 전체 이온 수는 (가)와 (다)가 같다.

14 꼼꼼 문제 분석

농도가 같은 묽은 염산(HCl)과 수산화 나트륨(NaOH) 수용액은 1 : 1의 부피비로 반응한다.

구분		(가)	(나)	(다)	(라)
묽은 염산의 부피(mL)		40	30	20	10
수산화 나트륨 수용액의 부피(mL)		20	30	40	50
반응한 용액 (mL)	묽은 염산	20	30	20	10
	수산화 나트륨 수용액	20	30	20	10
혼합 용액의 액성		산성	중성	염기성	염기성

ㄴ. 반응하는 H^+과 OH^-의 수가 많을수록 중화열이 많이 발생하여 혼합 용액의 온도가 높아진다. 반응하는 용액의 부피는 (나)에서 가장 크므로 용액의 최고 온도는 (나)가 가장 높다.
ㄷ. (가)에서는 묽은 염산(HCl) 20 mL가 반응하지 않았고, (다)에서는 수산화 나트륨(NaOH) 수용액 20 mL가 반응하지 않았다. 묽은 염산과 수산화 나트륨 수용액의 농도가 같으므로 (가)에 들어 있는 H^+ 수와 (다)에 들어 있는 OH^- 수는 같다.
바로알기 ㄱ. (가)에는 반응하지 않은 H^+이 남아 있으므로 (가)의 액성은 산성이고, (라)에는 반응하지 않은 OH^-이 남아 있으므로 (라)의 액성은 염기성이다. 따라서 BTB 용액을 떨어뜨렸을 때의 색은 (가)가 노란색이고 (라)가 파란색으로 서로 다르다.

15 꼼꼼 문제 분석

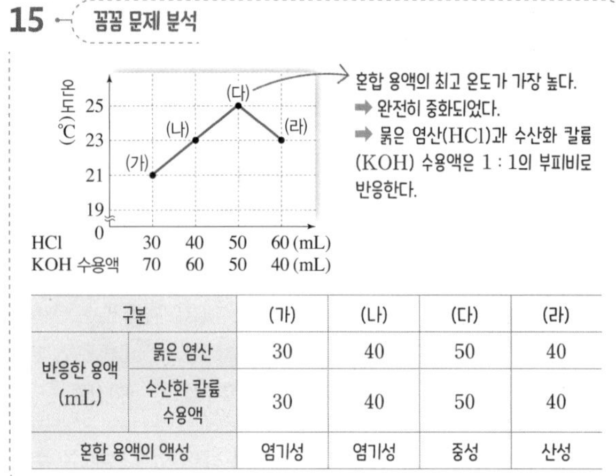

구분		(가)	(나)	(다)	(라)
반응한 용액 (mL)	묽은 염산	30	40	50	40
	수산화 칼륨 수용액	30	40	50	40
혼합 용액의 액성		염기성	염기성	중성	산성

ㄷ. (가)에서는 수산화 칼륨(KOH) 수용액 40 mL가 반응하지 않았고, (라)에서는 묽은 염산(HCl) 20 mL가 반응하지 않았다. (가)와 (라)를 혼합한 용액에는 OH^-이 남아 있으므로 혼합 용액의 액성은 염기성이다.
바로알기 ㄱ. (가)에는 반응하지 않은 OH^-이 남아 있으므로 (가)의 액성은 염기성이다. 따라서 (가)는 마그네슘(Mg)과 반응하지 않는다.
ㄴ. (나)에는 반응하지 않은 OH^-이 남아 있으므로 (나)의 액성은 염기성이고, (다)에서는 H^+과 OH^-이 모두 반응하였으므로 (다)의 액성은 중성이다. 따라서 (나)에 페놀프탈레인 용액을 떨어뜨리면 붉은색을 띠고, (다)는 페놀프탈레인 용액을 떨어뜨려도 색이 변하지 않는다.

16 ㄱ. 김치에 염기성 물질인 제빵 소다를 넣어 신맛을 내는 산성 물질을 중화하는 것은 중화 반응을 이용한 것이다.
바로알기 ㄴ. 머리카락에 의해 하수구가 막혔을 때 하수구 세정제를 사용하는 것은 단백질을 녹이는 염기의 성질을 이용한 것이다.
ㄷ. 철광석과 코크스를 함께 가열하여 산화 철(Ⅲ)에서 산소를 제거하는 철의 제련은 산화·환원 반응을 이용한 것이다.

17 산성화된 토양에 염기성 물질인 석회 가루를 뿌리는 것은 중화 반응을 이용하는 예이다.
② 산성 물질인 레몬즙을 뿌려 비린내의 원인인 염기성 물질을 제거하는 것은 중화 반응을 이용하는 예이다.
③ 공장 매연 속 산성 물질인 황산화물을 염기성 물질인 산화 칼슘으로 제거하는 것은 중화 반응을 이용하는 예이다.
④ 염기성 물질인 암모니아수가 들어 있는 약으로 산성 물질인 벌의 독을 중화하는 것은 중화 반응을 이용하는 예이다.
⑤ 위산이 많이 분비되어 속이 쓰릴 때 염기성 물질인 제산제를 먹어 산성 물질인 위산을 중화하는 것은 중화 반응을 이용하는 예이다.
바로알기 ① 도시가스를 연소시켜 요리를 하는 것은 산화·환원 반응을 이용하는 예이다.

18 꼼꼼 문제 분석

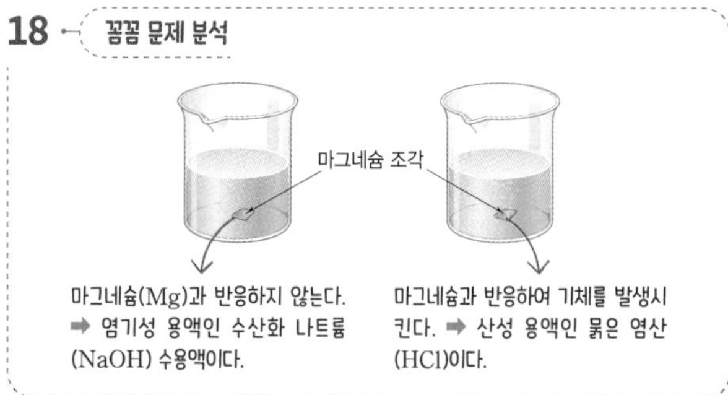

마그네슘 조각
마그네슘(Mg)과 반응하지 않는다.
➡ 염기성 용액인 수산화 나트륨(NaOH) 수용액이다.
마그네슘과 반응하여 기체를 발생시킨다. ➡ 산성 용액인 묽은 염산(HCl)이다.

모범 답안 (1) (가) 수산화 나트륨(NaOH) 수용액 (나) 묽은 염산(HCl), 산 수용액은 마그네슘(Mg)과 반응하여 기체를 발생시키지만, 염기 수용액은 마그네슘(Mg)과 반응하지 않기 때문이다.
(2) 수소 기체(H_2)
(3) (가)에서는 아무런 변화가 없고, (나)에서는 기체(이산화 탄소(CO_2))가 발생한다.

채점 기준		배점
(1)	(가)와 (나)가 무엇인지 옳게 쓰고, 그 까닭을 옳게 서술한 경우	40 %
	(가)와 (나)가 무엇인지만 옳게 쓴 경우	15 %
(2)	(나)에서 발생한 기체를 옳게 쓴 경우	20 %
(3)	(가)와 (나)의 변화를 옳게 서술한 경우	40 %

19 모범 답안 (나)>(가)>(다), 중화 반응에서 생성되는 물의 양이 많을수록 혼합 용액의 온도가 높아지기 때문이다.

채점 기준	배점
중화 반응으로 생성된 물의 양을 옳게 비교하고, 그 까닭을 혼합 용액의 온도와 관련지어 옳게 서술한 경우	100 %
중화 반응으로 생성된 물의 양만 옳게 비교한 경우	40 %

20 모범 답안 치약에는 염기성 물질이 들어 있어 세균이 만든 산성 물질을 중화하기 때문이다.

채점 기준	배점
중화 반응과 관련지어 옳게 서술한 경우	100 %
중화 반응과 관련지어 옳게 서술하지 못한 경우	0 %

실력 UP 문제

77쪽

01 ③ 02 ⑤ 03 ② 04 ④

01 꼼꼼 문제 분석

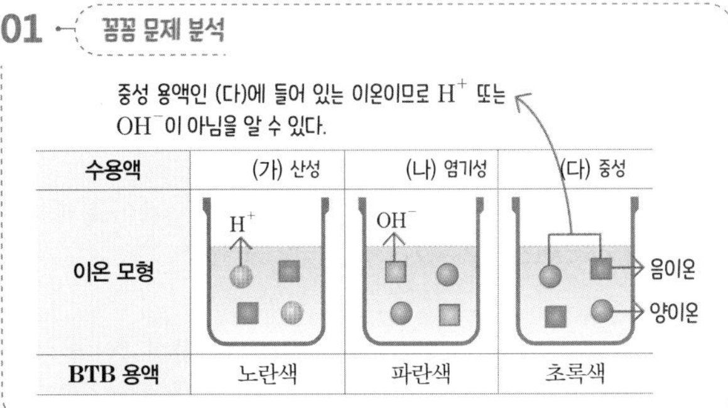

중성 용액인 (다)에 들어 있는 이온이므로 H^+ 또는 OH^-이 아님을 알 수 있다.
수용액
(가) 산성
(나) 염기성
(다) 중성
이온 모형
H^+
OH^-
음이온
양이온
BTB 용액
노란색
파란색
초록색

ㄱ. (가)와 (다)에 들어 있는 양이온의 종류는 서로 다르고, 음이온의 종류는 같다.

ㄷ. (가)의 액성은 산성이므로 달걀 껍데기를 넣으면 이산화 탄소 기체(CO_2)가 발생한다.

바로알기 ㄴ. ■(OH^-)은 붉은색 리트머스 종이를 푸르게 변화시킨다.

02 꼼꼼 문제 분석

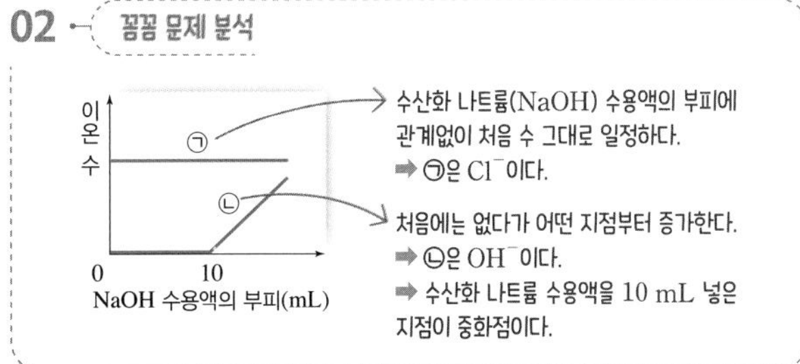

이온 수
㉠
㉡
0
10
NaOH 수용액의 부피(mL)
수산화 나트륨(NaOH) 수용액의 부피에 관계없이 처음 수 그대로 일정하다.
➡ ㉠은 Cl^-이다.
처음에는 없다가 어떤 지점부터 증가한다.
➡ ㉡은 OH^-이다.
➡ 수산화 나트륨 수용액을 10 mL 넣은 지점이 중화점이다.

ㄱ. ㉠은 처음 수 그대로 일정한 것으로 보아 중화 반응에 참여하지 않는 Cl^-이다.

ㄴ. ㉡은 처음에는 없다가 중화점 이후부터 증가하는 것으로 보아 OH^-이다. 수산화 나트륨(NaOH) 수용액에는 OH^-이 들어 있다.

ㄷ. 묽은 염산(HCl) 10 mL에 수산화 나트륨 수용액을 10 mL 넣을 때까지는 OH^-이 없고, 그 이후부터 OH^-이 존재하므로 묽은 염산 10 mL에 들어 있는 H^+ 수와 수산화 나트륨 수용액 10 mL에 들어 있는 OH^- 수는 같다. 따라서 묽은 염산 5 mL와 수산화 나트륨 수용액 5 mL를 혼합한 용액의 액성은 중성이다.

03 꼼꼼 문제 분석

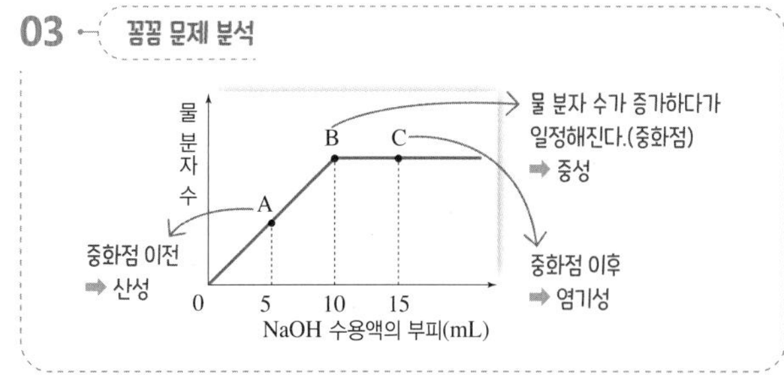

ㄷ. C는 중화점 이후이므로 C에는 OH^-이 남아 있다. 따라서 C의 액성은 염기성이므로 BTB 용액을 떨어뜨리면 파란색을 띤다.

바로알기 ㄱ. Cl^-은 중화 반응에 참여하지 않으므로 넣어 준 수산화 나트륨(NaOH) 수용액의 부피에 관계없이 그 수가 변하지 않는다. 따라서 용액 속 Cl^- 수는 A와 B가 같다.

ㄴ. 용액의 최고 온도는 중화점인 B가 가장 높다. B 이후로는 중화열이 발생하지 않고, 혼합 용액보다 온도가 낮은 용액이 가해지므로 용액의 온도가 점점 낮아진다. 따라서 용액의 최고 온도는 C가 B보다 낮다.

04 꼼꼼 문제 분석

실험 Ⅰ에서 용액의 최고 온도가 가장 높은 지점(중화점) ➡ 실험 Ⅰ에서 묽은 염산(HCl)과 수산화 나트륨(NaOH) 수용액은 1 : 2의 부피비로 반응한다.

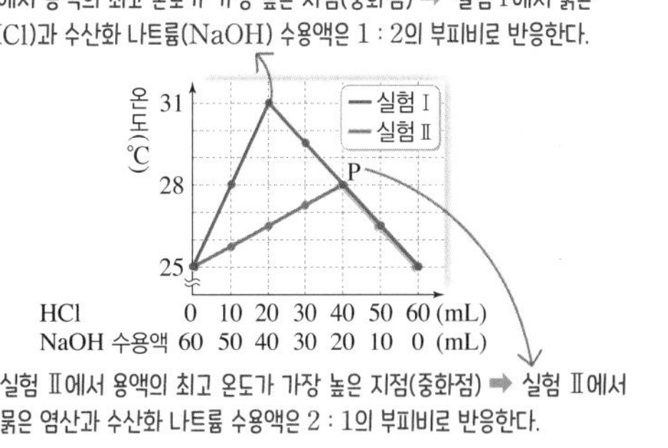

실험 Ⅱ에서 용액의 최고 온도가 가장 높은 지점(중화점) ➡ 실험 Ⅱ에서 묽은 염산과 수산화 나트륨 수용액은 2 : 1의 부피비로 반응한다.

ㄴ. 실험 Ⅰ에서는 묽은 염산(HCl)과 수산화 나트륨(NaOH) 수용액이 1 : 2의 부피비로 반응하고, 실험 Ⅱ에서는 묽은 염산과 수산화 나트륨 수용액이 2 : 1의 부피비로 반응한다. 이때 실험 Ⅰ과 Ⅱ에서 사용한 수산화 나트륨 수용액의 농도는 같으므로 같은 부피의 묽은 염산에 들어 있는 H^+ 또는 Cl^- 수는 실험 Ⅰ이 실험 Ⅱ의 4배이다.

ㄷ. 실험 Ⅰ의 P에서는 묽은 염산 10 mL와 수산화 나트륨 수용액 20 mL가 반응하고, 실험 Ⅱ의 P에서는 묽은 염산 40 mL와 수산화 나트륨 수용액 20 mL가 반응한다. 실험 Ⅰ과 Ⅱ에서 사용한 수산화 나트륨 수용액의 농도는 같으므로 P에서 생성된 물 분자 수는 실험 Ⅰ과 실험 Ⅱ가 같다.

바로알기 ㄱ. 실험 Ⅰ에서 묽은 염산 20 mL와 수산화 나트륨 수용액 40 mL를 혼합하였을 때 혼합 용액의 최고 온도가 가장 높으므로 이 지점이 중화점이다. 따라서 같은 부피의 묽은 염산과 수산화 나트륨 수용액에 들어 있는 이온 수는 Cl^-이 Na^+의 2배이다.

03 / 물질 변화에서 에너지의 출입

개념 확인 문제 80쪽

❶ 높아 ❷ 낮아 ❸ 액화 ❹ 높아 ❺ 융해 ❻ 발열 ❼ 흡열

1 (1) × (2) × (3) ○ (4) ○ **2** ㉠ 발열, ㉡ 흡열 **3** (1) 방출 (2) 흡수 (3) 흡수 (4) 방출 **4** (1) ○ (2) × (3) ○ (4) ○ **5** (1) ㄱ, ㄷ (2) ㄴ, ㄹ

1 (1) 화학 변화가 일어날 때는 화학 변화의 종류에 따라 에너지를 방출하기도 하고 흡수하기도 한다.
(2) 열에너지를 흡수하는 변화가 일어날 때는 주변의 온도가 낮아진다.
(3) 액화가 일어날 때는 열에너지를 방출하여 주변의 온도가 높아진다.
(4) 고체에서 기체로 승화가 일어날 때는 열에너지를 흡수하여 주변의 온도가 낮아진다.

2 열에너지를 방출하는 화학 반응을 발열 반응이라고 하고, 열에너지를 흡수하는 화학 반응을 흡열 반응이라고 한다.

3 (1), (4) 산화 칼슘이 물에 녹거나 메테인이 공기 중에서 연소할 때 열에너지를 방출한다.
(2), (3) 질산 암모늄이 물에 녹거나 탄산수소 나트륨이 열분해될 때 열에너지를 흡수한다.

4 (가)가 일어날 때 열에너지를 방출하므로 주변의 온도가 높아지고, (나)가 일어날 때 열에너지를 흡수하므로 주변의 온도가 낮아진다.
(1) 열에너지를 방출하는 화학 반응을 발열 반응이라고 한다. 따라서 발열 반응은 (가)에 해당한다.
(2) (나)가 일어날 때 열에너지를 흡수하므로 주변의 온도가 낮아진다.
(3) 화석 연료가 연소할 때 열에너지를 방출하므로 (가)에 해당한다.
(4) 질산 암모늄과 수산화 바륨이 반응할 때 열에너지를 흡수하므로 (나)에 해당한다.

5 (1) 물이 증발하거나 탄산수소 나트륨이 열분해될 때 열에너지를 흡수한다.
(2) 나무가 연소하거나 묽은 염산과 수산화 나트륨 수용액이 중화 반응할 때 열에너지를 방출하여 주변의 온도가 높아진다.

개념 확인 문제 83쪽

❶ 방출 ❷ 산소 ❸ 흡수 ❹ 흡수 ❺ 방출 ❻ 흡수 ❼ 방출

1 (1) × (2) ○ (3) ○ (4) × (5) × **2** ㉠ 방출, ㉡ 높아 **3** (1) 방출 (2) 흡수 (3) 흡수 (4) 흡수 **4** ㉠ 액화, ㉡ 방출, ㉢ 흡수

1 (1) 자동차, 배, 기차 등의 교통수단은 화석 연료가 연소하면서 방출하는 열에너지를 이용하여 움직인다.
(2) 손난로를 흔들면 손난로 속 철 가루가 산소와 반응하면서 열에너지를 방출하여 따뜻해진다.
(3) 냉찜질 팩을 주무르면 질산 암모늄이 물에 녹으면서 열에너지를 흡수하여 차가워진다.
(4) 과수원에서 개화 시기에 물을 뿌리면 물이 응고하면서 열에너지를 방출하여 냉해를 예방할 수 있다.
(5) 신선식품을 배달할 때 얼음주머니를 넣으면 얼음이 융해하면서 열에너지를 흡수하여 신선도가 유지된다.

2 산화 칼슘이 물에 녹을 때 열에너지를 방출하여 주변의 온도가 높아진다. 발열 용기에서는 이를 이용하여 음식을 데운다.

3 (1) 메테인, 뷰테인 등의 연료가 연소할 때 방출하는 열에너지를 이용하여 요리나 난방을 한다.
(2) 제빵 소다를 넣어 빵을 구우면 탄산수소 나트륨이 열에너지를 흡수하여 분해되고, 이산화 탄소가 발생하여 반죽이 부푼다.
(3) 냉장고나 에어컨에서는 냉매가 기화하면서 열에너지를 흡수하여 시원해진다.
(4) 아이스크림을 포장할 때 드라이아이스를 넣으면 드라이아이스가 승화하면서 열에너지를 흡수하여 아이스크림이 녹지 않는다.

4 (가) 커피 전문점에서는 수증기가 액화하면서 방출하는 열에너지를 이용하여 우유를 데운다.
(나) 불이 났을 때 소화기로 탄산수소 나트륨 분말을 뿌리면 탄산수소 나트륨이 분해되면서 열에너지를 흡수하여 불이 꺼진다.

내신 만점 문제 84쪽~86쪽

01 ③ 02 ⑤ 03 ① 04 ③ 05 ③ 06 ③ 07 ④ 08 ① 09 ⑤ 10 ④ 11 ② 12 ③ 13 ② 14 해설 참조 15 해설 참조 16 해설 참조

01 ④ 기화가 일어날 때는 열에너지를 흡수하여 주변의 온도가 낮아진다.

⑤ 중화 반응이 일어날 때는 중화열을 방출한다.
바로알기 ③ 응고가 일어날 때는 열에너지를 방출한다.

02 ㄱ. 열에너지를 방출하는 화학 반응을 발열 반응이라고 하고, 열에너지를 흡수하는 화학 반응을 흡열 반응이라고 한다.
ㄴ. 물질 변화가 일어날 때 열에너지를 방출하면 주변의 온도가 높아지고, 열에너지를 흡수하면 주변의 온도가 낮아진다.
ㄷ. 응고, 액화, 메테인의 연소가 일어날 때 열에너지를 방출한다.

03 꼼꼼 문제 분석

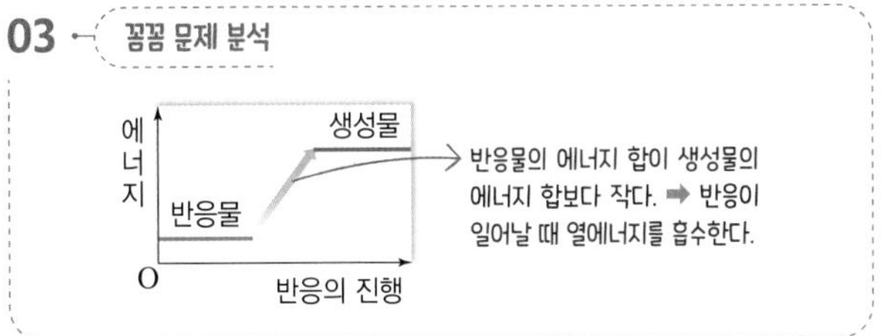
에너지
생성물
반응물
O
반응의 진행
반응물의 에너지 합이 생성물의 에너지 합보다 작다. ➡ 반응이 일어날 때 열에너지를 흡수한다.

ㄱ. 반응물의 에너지 합이 생성물의 에너지 합보다 작으므로 반응이 일어날 때 열에너지를 흡수한다.
바로알기 ㄴ, ㄷ. 반응이 일어날 때 열에너지를 흡수하여 주변의 온도가 낮아지므로 이 반응을 이용하여 손난로를 만들 수 없다.

04 ㄱ. 철이 녹슬 때 열에너지를 방출한다.
ㄷ. 탄산수소 나트륨이 열분해될 때와 얼음이 융해할 때 모두 열에너지를 흡수한다.
바로알기 ㄴ. 탄산수소 나트륨을 가열하면 탄산수소 나트륨이 열에너지를 흡수하여 분해된다. 따라서 (나)는 흡열 반응이다.

05 ㄱ. 나무판이 삼각 플라스크에 달라붙는 것으로 보아 반응이 일어날 때 열에너지를 흡수하여 주변의 온도가 낮아지고 나무판 위의 물이 얼었다.
ㄷ. 질산 암모늄과 수산화 바륨이 반응할 때 열에너지를 흡수하므로 반응물의 에너지 합이 생성물의 에너지 합보다 작다.
바로알기 ㄴ. 질산 암모늄과 수산화 바륨이 반응할 때 열에너지를 흡수하여 주변의 온도가 낮아진다.

06 • 학생 A: 질산 암모늄이 물에 녹을 때 열에너지를 흡수하여 주변의 온도가 낮아진다.
• 학생 B: 묽은 염산과 수산화 나트륨 수용액이 중화 반응할 때 열에너지를 방출한다.
바로알기 • 학생 C: 탄산수소 나트륨의 열분해는 열에너지를 흡수하는 반응이고, 나무의 연소 반응은 열에너지를 방출하는 반응이다. 따라서 두 반응의 에너지 출입 방향은 다르다.

07 ㄴ. 반딧불이가 빛을 내는 것은 빛에너지를 방출하는 반응이다.
ㄷ. 염화 암모늄과 수산화 바륨이 반응할 때 열에너지를 흡수하여 주변의 온도가 낮아진다.
바로알기 ㄱ. 금속과 산이 반응할 때는 열에너지를 방출하고, 염화 암모늄과 수산화 바륨이 반응할 때는 열에너지를 흡수한다. 따라서 (가)와 (다)에서 에너지의 출입 방향은 다르다.

08 (가) 물을 전기 분해할 때 물이 전기 에너지를 흡수하여 수소 기체와 산소 기체로 분해된다.
바로알기 (나), (다) 프로페인이 연소하거나 염화 칼슘이 물에 녹을 때 열에너지를 방출한다.
(라) 차가운 컵 표면에서 수증기가 물로 액화할 때 열에너지를 방출한다.

09 ㄱ, ㄷ. (가)에서는 탄산수소 나트륨이 열에너지를 흡수하여 분해되고, (나)에서는 드라이아이스가 고체에서 기체로 승화하면서 열에너지를 흡수한다. 따라서 (가)와 (나)에서 물질 변화가 일어날 때 에너지의 출입 방향은 같다.
ㄴ. (나)는 드라이아이스가 고체에서 기체로 승화하면서 열에너지를 흡수하여 주변의 온도가 낮아지는 현상을 이용한 것이다.

10 (가) 에어컨이나 냉장고에서는 냉매가 기화하면서 열에너지를 흡수하여 시원해진다.
(나) 뷰테인, 메테인 등의 연료가 연소할 때 방출하는 열에너지를 이용하여 요리나 난방을 한다.
(다) 발열 용기에서는 산화 칼슘이 물에 녹을 때 방출하는 열에너지로 음식을 데운다.
(라) 냉찜질 팩을 주무르면 질산 암모늄이 물에 녹으면서 열에너지를 흡수하여 차가워진다.

11 ㄴ. 산화 칼슘이 물에 녹을 때 열에너지를 방출하여 주변의 온도가 높아진다. 따라서 산화 칼슘이 물에 녹는 반응은 음식을 조리하는 실험에 이용하기에 적절하다.
바로알기 ㄱ, ㄷ. 얼음이 융해하거나 질산 암모늄이 물에 녹을 때는 열에너지를 흡수하여 주변의 온도가 낮아진다. 따라서 두 반응은 음식을 조리하는 실험에 이용하기에 적절하지 않다.

12 불이 났을 때 소화기로 탄산수소 나트륨 분말을 뿌리면 탄산수소 나트륨이 분해되면서 열에너지를 흡수하여 불이 꺼진다.
ㄴ, ㄷ. 식물의 엽록체에서 광합성이 일어날 때 빛에너지를 흡수하고, 냉찜질 팩에서 질산 암모늄이 물에 녹을 때 열에너지를 흡수한다.
바로알기 ㄱ, ㄹ. 모닥불에서 나무가 연소하거나 손난로에서 철 가루가 산소와 반응할 때 열에너지를 방출한다.

13 (가) 생명체의 마이토콘드리아에서 세포호흡이 일어날 때 열에너지를 방출한다.
(나) 물은 태양 에너지를 흡수해 증발하여 수증기가 되고, 수증기는 열에너지를 방출해 응결되어 구름이 된다.

14 소금이 물에 녹을 때 열에너지를 흡수하므로 소금을 뿌린 얼음물에 음료를 넣으면 소금을 뿌리지 않은 얼음물에 넣었을 때보다 더 시원하게 보관할 수 있다.
모범 답안 소금이 물에 녹을 때 열에너지를 흡수하여 주변의 온도가 낮아지기 때문이다.

채점 기준	배점
소금이 물에 녹을 때 열에너지의 출입 및 주변의 온도 변화와 관련지어 옳게 서술한 경우	100 %
소금이 물에 녹을 때 열에너지의 출입과 주변의 온도 변화 중 한 가지만 옳게 서술한 경우	50 %

15 **모범 답안** (1) 에탄올이 기화하면서 열에너지를 흡수하여 주변의 온도가 낮아지기 때문이다.
(2) 철 가루가 산소와 반응하면서 열에너지를 방출하여 주변의 온도가 높아지기 때문이다.

채점 기준		배점
(1)	열에너지의 출입 및 주변의 온도 변화와 관련지어 옳게 서술한 경우	50 %
	열에너지의 출입과 주변의 온도 변화 중 한 가지만 옳게 서술한 경우	25 %
(2)	열에너지의 출입 및 주변의 온도 변화와 관련지어 옳게 서술한 경우	50 %
	열에너지의 출입과 주변의 온도 변화 중 한 가지만 옳게 서술한 경우	25 %

16 **모범 답안** 산화 칼슘이 물에 녹을 때 열에너지를 방출하므로 열에 약한 구제역 바이러스를 제거할 수 있기 때문이다.

채점 기준	배점
열에너지의 출입과 관련지어 옳게 서술한 경우	100 %
열에너지의 출입과 관련지어 옳게 서술하지 못한 경우	0 %

실력 UP 문제

87쪽

01 ③ 02 ③ 03 ② 04 ⑤

01 ㄱ. 철 가루와 산소의 반응은 열에너지를 방출하는 화학 반응이므로 반응이 일어날 때 반응물과 생성물의 화학 에너지 차이만큼 에너지를 방출한다.
ㄷ. 철 가루와 산소가 반응하거나 수증기가 액화할 때 열에너지를 방출한다. 따라서 ㉠과 ㉢은 에너지의 출입 방향이 같다.
바로알기 ㄴ. 메테인의 연소는 열에너지를 방출하는 반응이므로 반응물의 에너지 합은 생성물의 에너지 합보다 크다.

02 ㄱ. (나)에서 용액의 온도가 높아진 것으로 보아 염화 칼슘과 물이 반응할 때 열에너지를 방출하고 주변의 온도가 높아진다. 따라서 염화 칼슘과 물의 반응은 발열 반응이다.
ㄴ. (다)에서 용액의 온도가 낮아진 것으로 보아 질산 암모늄과 물이 반응할 때 열에너지를 흡수하고 주변의 온도가 낮아진다.
바로알기 ㄷ. 질산 암모늄과 물이 반응할 때 열에너지를 흡수하여 주변의 온도가 낮아지므로 손난로에 이용하기에 적절하지 않다.

03 ㄴ. 달걀이 익은 것으로 보아 산화 칼슘과 물이 반응할 때 열에너지를 방출하여 주변의 온도가 높아진다. 따라서 ㉠에서 반응물의 에너지 합은 생성물의 에너지 합보다 크다.
바로알기 ㄱ. ㉠은 열에너지를 방출하는 화학 반응이므로 발열 반응이다.
ㄷ. 질산 암모늄이 물에 녹을 때 열에너지를 흡수하여 주변의 온도가 낮아진다. 따라서 질산 암모늄으로 실험하면 산화 칼슘을 이용했을 때와 달리 달걀이 익지 않는다.

04 (가)는 빛에너지를 흡수하여 이산화 탄소와 물로 포도당과 산소를 만드는 광합성이다. (나)는 포도당과 산소로 이산화 탄소와 물을 생성하면서 열에너지를 방출하는 세포호흡이다.
ㄱ. 식물의 엽록체에서 광합성이 일어날 때 빛에너지를 흡수한다.
ㄴ. 생명체의 마이토콘드리아에서 세포호흡이 일어날 때 열에너지를 방출한다.
ㄷ. 세포호흡과 중화 반응은 모두 열에너지를 방출하는 반응이다. 따라서 (나)는 중화 반응과 에너지의 출입 방향이 같다.

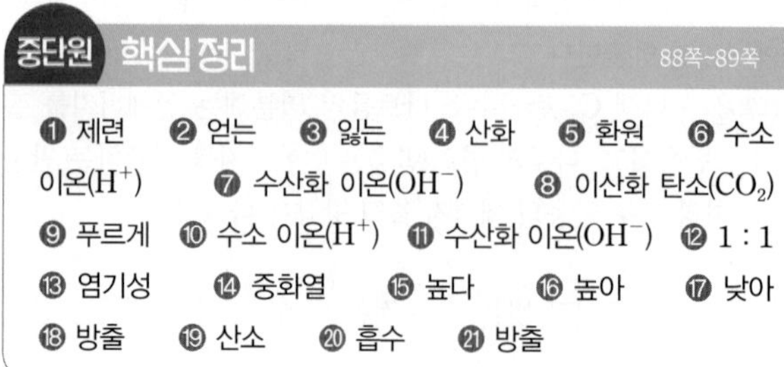
중단원 핵심 정리

88쪽~89쪽

❶ 제련 ❷ 얻는 ❸ 잃는 ❹ 산화 ❺ 환원 ❻ 수소 이온(H^+) ❼ 수산화 이온(OH^-) ❽ 이산화 탄소(CO_2) ❾ 푸르게 ❿ 수소 이온(H^+) ⓫ 수산화 이온(OH^-) ⓬ 1 : 1 ⓭ 염기성 ⓮ 중화열 ⓯ 높다 ⓰ 높아 ⓱ 낮아 ⓲ 방출 ⓳ 산소 ⓴ 흡수 ㉑ 방출

중단원 마무리 문제 90쪽~94쪽

01 ⑤	02 ②	03 ④	04 ⑤	05 ②	06 ②
07 ②	08 ④	09 해설 참조	10 ③	11 ③	12 ③

13 A: 염화 이온(Cl^-), B: 칼륨 이온(K^+), C: 수산화 이온(OH^-), D: 수소 이온(H^+) 14 해설 참조 15 ④ 16 ③ 17 ③
18 ⑤ 19 ④ 20 ② 21 해설 참조 22 ② 23 ①

01 ㄱ, ㄴ. 원시 바다에 최초로 광합성을 하는 생물인 남세균이 출현하여 산소가 생성되었다. 광합성은 산화·환원 반응이다.
ㄷ. 대기 중 산소 농도가 증가한 후 산소 호흡으로 에너지를 얻는 생물이 출현하였으며 오존층이 형성되었다.

02 (가) $Cu + 2Ag^+ \longrightarrow Cu^{2+} + 2Ag$ (산화: Cu → Cu^{2+}, 환원: Ag^+ → Ag)

(나) $CH_4 + 2O_2 \longrightarrow CO_2 + 2H_2O$ (산화: CH_4 → CO_2, 환원: O_2 → H_2O)

(다) $6CO_2 + 6H_2O \longrightarrow C_6H_{12}O_6 + 6O_2$ (산화: H_2O → O_2, 환원: CO_2 → $C_6H_{12}O_6$)

ㄷ. (가)~(다)는 모두 산화·환원 반응이다.
바로알기 ㄱ. (가)에서 구리(Cu)는 전자를 잃고 구리 이온(Cu^{2+})으로 산화된다.
ㄴ. (나)에서 메테인(CH_4)은 산소를 얻어 이산화 탄소(CO_2)로 산화된다.

03 $2CuO + C \longrightarrow 2Cu + CO_2$ (산소를 얻음: 산화 C → CO_2, 산소를 잃음: 환원 CuO → Cu)

ㄴ. 탄소(C)는 산소를 얻어 이산화 탄소(CO_2)로 산화된다.
ㄷ. 석회수가 뿌옇게 흐려진 것으로 보아 이산화 탄소가 생성된다.
바로알기 ㄱ. 산화 구리(Ⅱ)(CuO)는 산소를 잃고 구리(Cu)로 환원된다.

04 꼼꼼 문제 분석

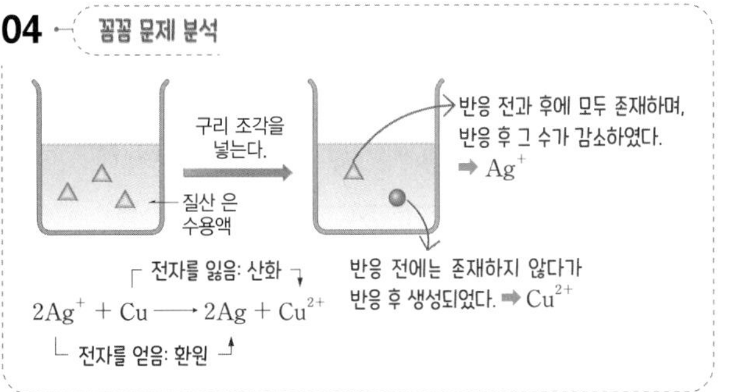

ㄱ. ●은 구리 이온(Cu^{2+})이다.
ㄴ. 은 이온(Ag^+)은 전자를 얻어 은(Ag)으로 환원된다.
ㄷ. 전자는 구리(Cu)에서 은 이온으로 이동한다.

05 $Mg + 2H^+ \longrightarrow Mg^{2+} + H_2\uparrow$ (전자를 잃음: 산화 Mg → Mg^{2+}, 전자를 얻음: 환원 H^+ → H_2)

ㄷ. 마그네슘 이온(Mg^{2+}) 1개가 생성될 때 수소 이온(H^+) 2개가 감소하므로 수용액 속 양이온 수는 감소한다.
바로알기 ㄱ, ㄴ. 마그네슘(Mg)은 전자를 잃고 마그네슘 이온으로 산화되어 수용액에 녹아 들어가므로 마그네슘 조각의 질량은 감소한다.

06 (가) $2C_4H_{10} + 13O_2 \longrightarrow 8CO_2 + 10H_2O$ (산화: C_4H_{10} → CO_2, 환원: O_2 → H_2O)

뷰테인(C_4H_{10})이 산소를 얻어 이산화 탄소(CO_2)로 산화된다.

(나) $CuO + CO \longrightarrow Cu + CO_2$ (산화: CO → CO_2, 환원: CuO → Cu)

산화 구리(Ⅱ)(CuO)가 산소를 잃고 구리(Cu)로 환원된다.

(다) $Cu^{2+} + Zn \longrightarrow Cu + Zn^{2+}$ (산화: Zn → Zn^{2+}, 환원: Cu^{2+} → Cu)

아연(Zn)이 전자를 잃고 아연 이온(Zn^{2+})으로 산화된다.

07 꼼꼼 문제 분석

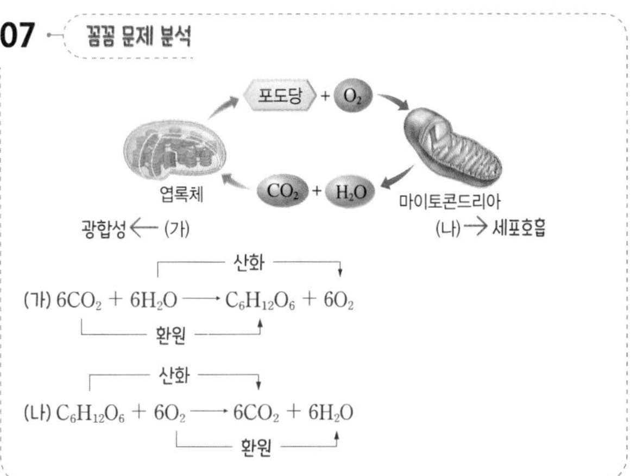

ㄷ. 세포호흡이 일어날 때 방출하는 에너지의 일부는 생명 현상을 유지하는 데에 이용된다.
바로알기 ㄱ. (가)는 광합성이다.
ㄴ. 세포호흡이 일어날 때 포도당($C_6H_{12}O_6$)은 이산화 탄소(CO_2)로 산화된다.

08 꼼꼼 문제 분석

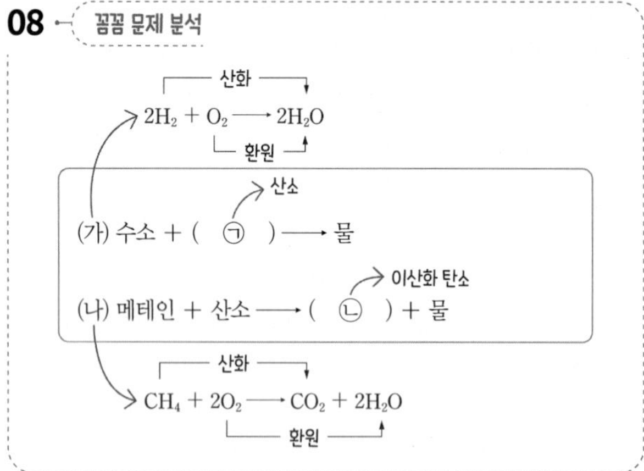

ㄴ. (가)에서 수소(H_2)는 산소를 얻어 물(H_2O)로 산화된다.

ㄷ. (가)는 수소 연료 전지에서 물이 생성되는 반응이고, (나)는 메테인의 연소 반응이다. (가)와 (나)는 모두 산화·환원 반응이다.

(바로알기) ㄱ. ㉠은 산소(O_2)이고, ㉡은 이산화 탄소(CO_2)이다.

09

(가) $2C + O_2 \longrightarrow 2CO$ (C: 산화)

(나) $Fe_2O_3 + 3CO \longrightarrow 2Fe + 3CO_2$ (CO: 산화, Fe_2O_3: 환원)

모범 답안 (가) 코크스(C) (나) 일산화 탄소(CO), (가)에서 코크스(C)는 산소를 얻어 일산화 탄소(CO)로 산화되고, (나)에서 일산화 탄소(CO)는 산소를 얻어 이산화 탄소(CO_2)로 산화된다.

채점 기준	배점
산화되는 물질을 옳게 쓰고, 그 까닭을 산소의 이동과 관련지어 옳게 서술한 경우	100 %
산화되는 물질만을 옳게 쓴 경우	40 %

10 꼼꼼 문제 분석

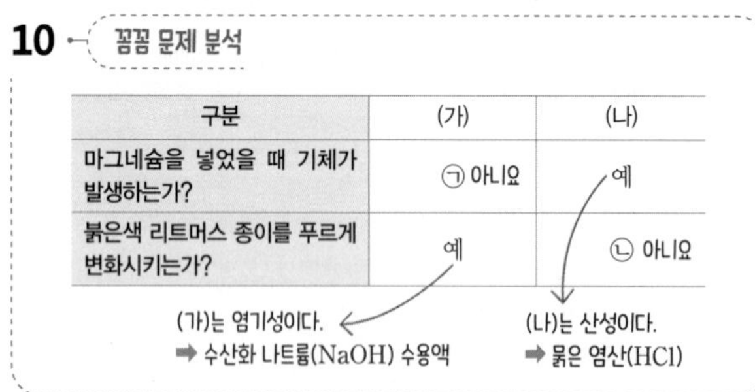

구분	(가)	(나)
마그네슘을 넣었을 때 기체가 발생하는가?	㉠ 아니요	예
붉은색 리트머스 종이를 푸르게 변화시키는가?	예	㉡ 아니요

ㄱ, ㄷ. (가)는 염기성 용액인 수산화 나트륨(NaOH) 수용액이므로 마그네슘(Mg)과 반응하지 않고, 페놀프탈레인 용액을 붉게 변화시킨다.

(바로알기) ㄴ. (나)는 산성 용액인 묽은 염산(HCl)이므로 붉은색 리트머스 종이의 색을 변화시키지 않는다.

11 꼼꼼 문제 분석

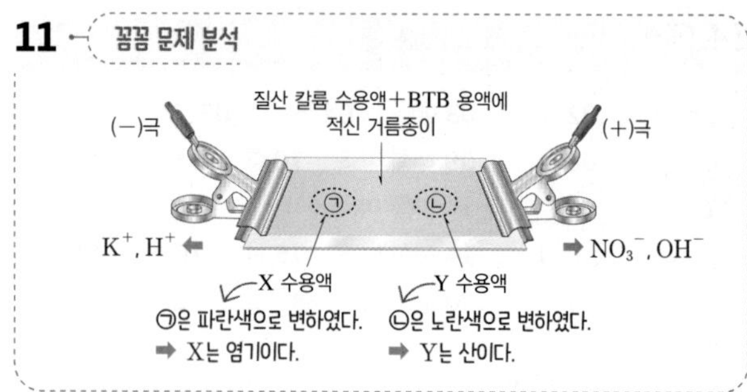

ㄱ. X는 염기이므로 X 수용액에는 OH^-이 들어 있고, Y는 산이므로 Y 수용액에는 H^+이 들어 있다.

ㄷ. (다)에서 ㉠과 ㉡ 사이에 초록색이 나타난 것으로 보아 H^+은 (−)극 쪽으로, OH^-은 (+)극 쪽으로 이동하여 ㉠과 ㉡ 사이에서 중화 반응이 일어난다.

(바로알기) ㄴ. 파란색은 OH^- 때문에 나타나고, 노란색은 H^+ 때문에 나타난다. 따라서 (다)에서 파란색은 (+)극 쪽으로, 노란색은 (−)극 쪽으로 이동한다.

12 꼼꼼 문제 분석

(가)와 (나)에 각각 BTB 용액을 떨어뜨렸을 때 두 수용액은 모두 파란색을 띠었다.
↳ (가)와 (나)는 모두 염기성 용액이다.

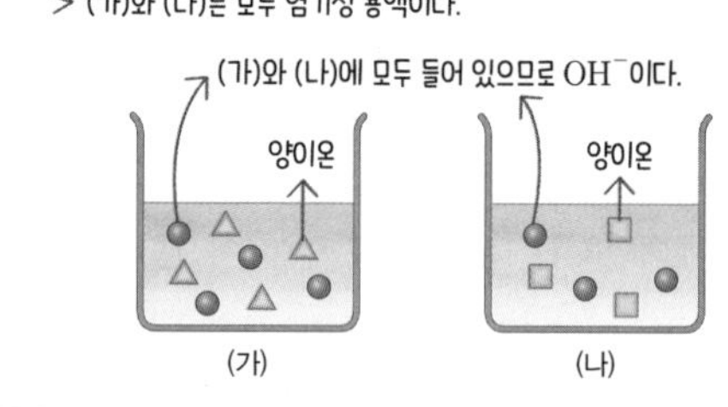

ㄱ. (가)와 (나)에 공통으로 들어 있는 ●은 OH^-이다.

ㄴ. ▲은 양이온이므로 전류를 흘려 주면 (−)극 쪽으로 이동한다.

(바로알기) ㄷ. 붉은색 리트머스 종이를 푸르게 변화시키는 것은 ●(OH^-)이다.

13 꼼꼼 문제 분석

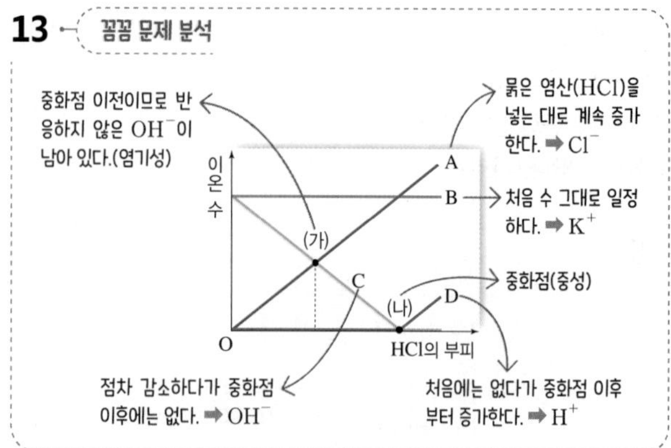

A는 Cl^-, B는 K^+, C는 OH^-, D는 H^+이다.

14 중화 반응이 일어날 때 반응하는 H^+과 OH^-의 수가 많을수록, 즉 생성되는 물(H_2O)의 양이 많을수록 중화열이 많이 발생하여 용액의 온도가 높아진다.

모범 답안 용액의 최고 온도는 (나)가 (가)보다 높다. 반응하는 묽은 염산(HCl)과 수산화 칼륨(KOH) 수용액의 부피가 (나)가 (가)보다 크고, 따라서 중화 반응으로 생성되는 물의 양이 (나)가 (가)보다 많기 때문이다.

채점 기준	배점
(가)와 (나)의 최고 온도를 옳게 비교하고 그 까닭을 반응하는 용액의 부피 및 중화 반응으로 생성되는 물의 양과 관련지어 옳게 서술한 경우	100 %
(가)와 (나)의 최고 온도만 옳게 비교한 경우	50 %

15 꼼꼼 문제 분석

농도가 같은 묽은 염산(HCl)과 수산화 나트륨(NaOH) 수용액은 1 : 1의 부피비로 반응한다.

혼합 용액		(가)	(나)	(다)	(라)	(마)
묽은 염산의 부피(mL)		10	15	20	25	30
수산화 나트륨 수용액의 부피(mL)		30	25	20	15	10
최고 온도(℃)		27	30	33	㉠	27
반응한 용액(mL)	묽은 염산	10	15	20	15	10
	수산화 나트륨 수용액	10	15	20	15	10
혼합 용액의 액성		염기성	염기성	중성	산성	산성

ㄴ. (가)에는 반응하지 않은 OH^-이 남아 있고, (마)에는 반응하지 않은 H^+이 남아 있다. 따라서 (가)와 (마)를 혼합하면 중화 반응이 일어나 중화열이 발생하여 용액의 온도가 높아진다.

ㄷ. (나)에서는 묽은 염산(HCl)과 수산화 나트륨(NaOH) 수용액이 각각 15 mL씩 반응하여 물을 생성하고, (다)에서는 묽은 염산과 수산화 나트륨 수용액이 각각 20 mL씩 반응하여 물을 생성한다. 따라서 중화 반응으로 생성된 물의 양은 (다)가 (나)보다 많다.

바로알기 ㄱ. (다)에서는 묽은 염산과 수산화 나트륨 수용액이 각각 20 mL씩 반응하고, (라)에서는 묽은 염산과 수산화 나트륨 수용액이 각각 15 mL씩 반응한다. 반응하는 H^+과 OH^-의 수가 많을수록 중화열이 많이 발생하므로 용액의 최고 온도는 (라)가 (다)보다 낮다. 따라서 ㉠은 33보다 작다.

16 꼼꼼 문제 분석

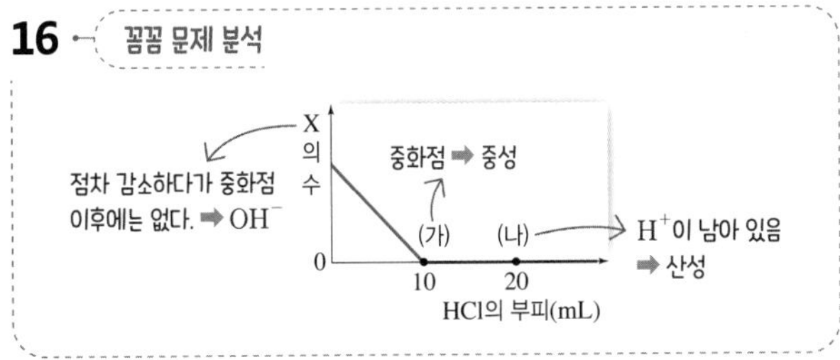

ㄱ. X는 점차 감소하다가 중화점 이후에는 존재하지 않으므로 OH^-이다.

ㄷ. (가)에서 OH^- 수가 0이므로 수산화 칼륨(KOH) 수용액과 묽은 염산(HCl)은 1 : 1의 부피비로 반응한다. 수산화 칼륨 수용액 10 mL에 들어 있는 K^+, OH^- 수를 각각 N이라고 하면 묽은 염산 20 mL에 들어 있는 H^+, Cl^- 수는 각각 $2N$이다. (나)에서는 수산화 칼륨 수용액 10 mL와 묽은 염산 10 mL가 반응하고, 묽은 염산 10 mL가 반응하지 않았으므로 (나)에 들어 있는 K^+ 수와 H^+ 수는 각각 N으로 같다.

바로알기 ㄴ. (가)에는 K^+, Cl^-이 들어 있으므로 (가)는 전기 전도성이 있다.

17 꼼꼼 문제 분석

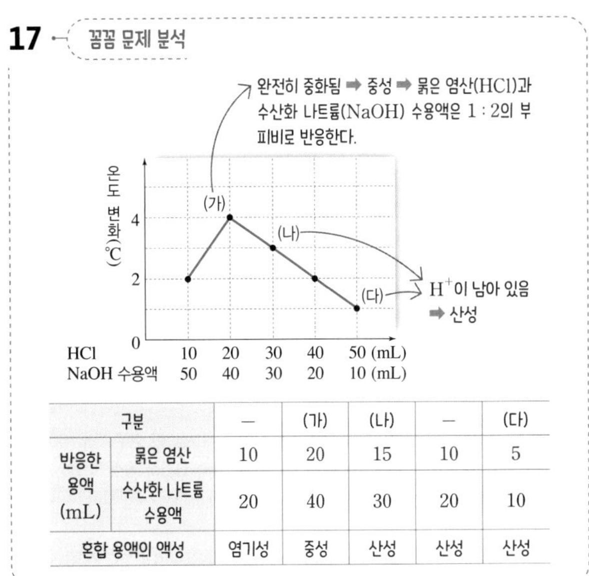

구분		–	(가)	(나)	–	(다)
반응한 용액(mL)	묽은 염산	10	20	15	10	5
	수산화 나트륨 수용액	20	40	30	20	10
혼합 용액의 액성		염기성	중성	산성	산성	산성

ㄱ. 온도가 가장 많이 변한 (가)에서 혼합 용액의 최고 온도가 가장 높으므로 완전히 중화되었고, 묽은 염산(HCl)과 수산화 나트륨(NaOH) 수용액은 1 : 2의 부피비로 반응한다. 따라서 혼합 전 (가)에서 묽은 염산 20 mL에 들어 있는 H^+, Cl^- 수와 수산화 나트륨 수용액 40 mL에 들어 있는 Na^+, OH^- 수는 같으므로 혼합 후 (가)에 들어 있는 Na^+ 수와 Cl^- 수는 같다.

ㄷ. (다)에는 반응하지 않은 H^+이 남아 있으므로 (다)의 액성은 산성이다. 따라서 (다)에 BTB 용액을 떨어뜨리면 노란색을 띤다.

바로알기 ㄴ. (나)에는 반응하지 않은 H^+이 남아 있으므로 (나)의 액성은 산성이다.

18 (가) 속이 쓰릴 때 염기성 물질이 들어 있는 제산제를 복용하여 위액에 들어 있는 염산을 중화한다.
(나) 생선회에 산성 물질인 레몬즙을 뿌려 비린내의 원인인 염기성 물질을 중화한다.
(다) 묵은 김치의 신맛을 줄이기 위해 염기성 물질인 제빵 소다를 넣어 신맛을 내는 산성 물질을 중화한다.

ㄱ. 제산제와 제빵 소다는 모두 염기성 물질이다.
ㄴ. 레몬즙은 산성 물질이므로 레몬즙에는 H^+이 들어 있다.
ㄷ. (가)~(다)는 모두 중화 반응을 이용하는 예이다.

19 (가) 나무가 연소할 때 열에너지를 방출한다.
(나) 산화 칼슘이 물에 녹을 때 열에너지를 방출한다.
(라) 묽은 염산과 수산화 나트륨 수용액이 중화 반응할 때 열에너지를 방출한다.
바로알기 (다) 질산 암모늄이 물에 녹을 때 열에너지를 흡수한다.

20 ㄴ. 나무판이 삼각 플라스크에 달라붙는 것으로 보아 질산 암모늄과 수산화 바륨이 반응할 때 열에너지를 흡수하여 주변의 온도가 낮아지고 나무판 위의 물이 얼었다.
바로알기 ㄱ. 질산 암모늄과 수산화 바륨이 반응할 때 열에너지를 흡수하므로 흡열 반응이다.
ㄷ. 염화 칼슘이 물에 녹을 때 열에너지를 방출한다. 따라서 질산 암모늄과 수산화 바륨의 반응은 염화 칼슘이 물에 녹는 반응과 에너지의 출입 방향이 다르다.

21 모범 답안 드라이아이스가 승화하면서 열에너지를 흡수하여 주변의 온도가 낮아지기 때문이다.

채점 기준	배점
열에너지의 출입 및 주변의 온도 변화와 관련지어 옳게 서술한 경우	100 %
열에너지의 출입과 주변의 온도 변화 중 한 가지만 옳게 서술한 경우	50 %

22 ㄷ. 물을 전기 분해할 때 물이 전기 에너지를 흡수하여 수소 기체와 산소 기체로 분해된다.
바로알기 ㄱ. 식물의 엽록체에서 광합성이 일어날 때 빛에너지를 흡수하고, 알코올이 연소할 때 열에너지를 방출한다. 따라서 (가)와 (나)에서 에너지의 출입 방향은 다르다.
ㄴ. 알코올의 연소는 열에너지를 방출하는 반응이므로 반응물의 에너지 합은 생성물의 에너지 합보다 크다.

23 (가) 자동차, 배, 기차 등의 교통수단은 화석 연료가 연소하면서 방출하는 열에너지를 이용하여 움직인다.
(나) 손난로를 흔들면 손난로 속 철 가루가 산소와 반응하면서 열에너지를 방출하여 따뜻해진다.
(다) 제빵 소다를 넣어 빵을 구우면 탄산수소 나트륨이 열에너지를 흡수하여 분해되고, 이산화 탄소가 발생하여 반죽이 부푼다.
(라) 불이 났을 때 소화기로 탄산수소 나트륨 분말을 뿌리면 탄산수소 나트륨이 분해되면서 열에너지를 흡수하여 불이 꺼진다.
(마) 신선식품을 배달할 때 얼음주머니를 넣으면 얼음이 융해하면서 열에너지를 흡수하여 신선도가 유지된다.

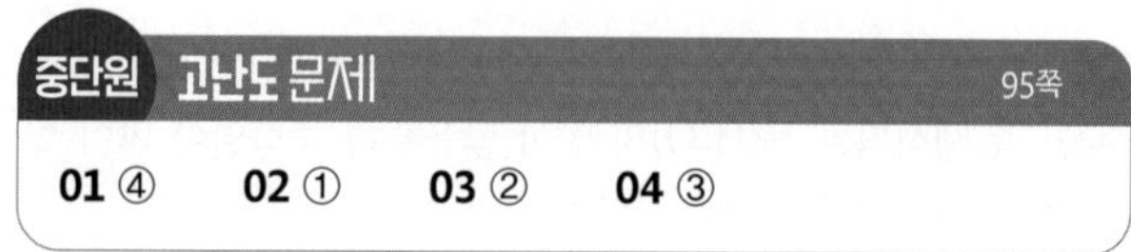

중단원 고난도 문제
95쪽
01 ④ 02 ① 03 ② 04 ③

01 꼼꼼 문제 분석

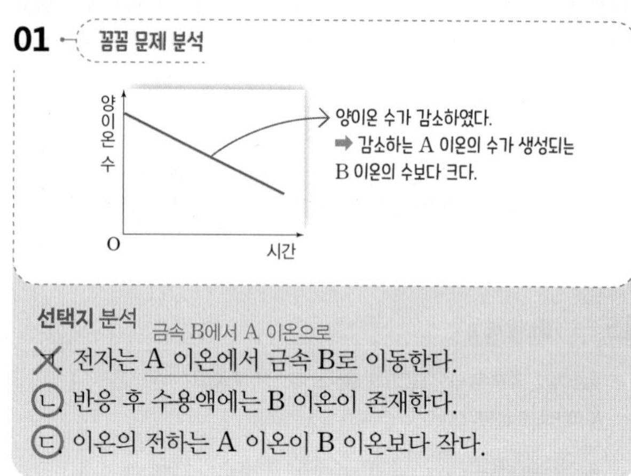

선택지 분석
~~ㄱ.~~ 전자는 A 이온에서 금속 B로 이동한다. (금속 B에서 A 이온으로)
ⓛ 반응 후 수용액에는 B 이온이 존재한다.
ⓒ 이온의 전하는 A 이온이 B 이온보다 작다.

전략적 풀이 ❶ 그래프를 보고 어떤 반응이 일어났는지 알아낸다.
ㄱ, ㄴ. 시간이 지나면서 수용액 속 양이온 수가 감소한 것으로 보아 A 이온과 금속 B가 반응하여 금속 A와 B 이온이 생성되었다. 전자는 금속 B에서 A 이온으로 이동한다.
❷ 산화되는 물질이 잃은 전자의 수와 환원되는 물질이 얻은 전자의 수가 같다는 것을 이용하여 A 이온과 B 이온의 전하 크기를 비교한다.
ㄷ. 수용액에 들어 있는 양이온 수가 감소하므로 감소하는 A 이온의 수가 생성되는 B 이온의 수보다 크다. 즉, 반응하는 입자의 수는 A 이온이 B 원자보다 크다. 이때 A 이온이 얻은 전자의 수와 B 원자가 잃은 전자의 수는 같으므로 이온의 전하는 A 이온이 B 이온보다 작다.

02 꼼꼼 문제 분석

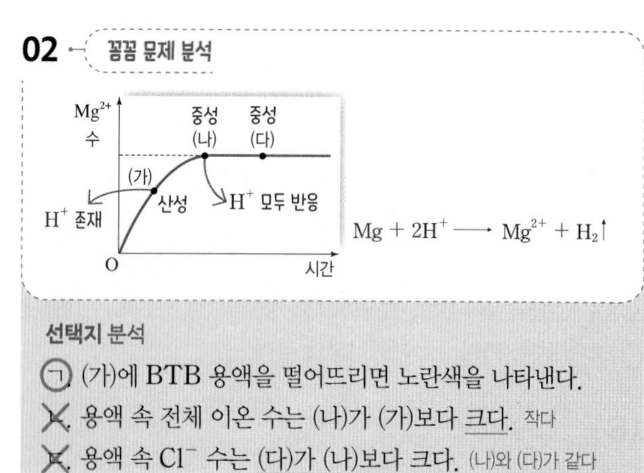

선택지 분석
ⓖ (가)에 BTB 용액을 떨어뜨리면 노란색을 나타낸다.
~~ㄴ.~~ 용액 속 전체 이온 수는 (나)가 (가)보다 크다. 작다
~~ㄷ.~~ 용액 속 Cl^- 수는 (다)가 (나)보다 크다. (나)와 (다)가 같다

전략적 풀이 ❶ 용액에서 일어나는 반응을 화학 반응식으로 나타낸다.
묽은 염산(HCl)에 마그네슘(Mg) 조각을 넣었을 때 일어나는 반응을 화학 반응식으로 나타내면 다음과 같다.

$$Mg + 2H^+ \longrightarrow Mg^{2+} + H_2\uparrow$$

ㄷ. Cl^-은 반응에 참여하지 않으므로 (가)~(다)에서 그 수가 같다.

❷ Mg^{2+} 수의 변화를 통해 반응이 완결된 지점을 찾고, (가)~(다)의 액성을 파악한다.

(나) 이후 Mg^{2+} 수가 일정한 것으로 보아 (나)에서 반응이 완결되었다. (나)와 (다)에서는 용액 속 H^+이 모두 반응하였으므로 (나)와 (다)의 액성은 중성이다. (가)는 반응이 완결되기 전이므로 용액에 H^+이 남아 있고, (가)의 액성은 산성이다.

ㄱ. (가)의 액성은 산성이므로 (가)에 BTB 용액을 떨어뜨리면 노란색을 나타낸다.

ㄴ. Mg^{2+} 1개가 생성될 때 H^+ 2개가 감소하고, Cl^- 수는 일정하므로 반응이 일어날수록 용액 속 전체 이온 수는 감소한다. 따라서 용액 속 전체 이온 수는 반응이 더 일어난 (나)가 (가)보다 작다.

03 꼼꼼 문제 분석

혼합 용액		(가)	(나)
혼합 전 부피 (mL)	묽은 염산	15	10
		H^+ 3개, Cl^- 3개	H^+ 2개, Cl^- 2개
	수산화 칼륨 수용액	5	10
		K^+ 1개, OH^- 1개	K^+ 2개, OH^- 2개
혼합 용액에 들어 있는 양이온 모형		△–K^+, □, □–H^+	△–K^+, △
혼합 용액의 액성		산성	중성

선택지 분석

✗. (나)에 존재하는 음이온의 종류는 두 가지이다. 한 가지

ⓛ 혼합 용액의 최고 온도는 (나)가 (가)보다 높다.

✗. 수용액 속 전체 이온 수는 (가)가 (나)의 2배이다. $\frac{3}{2}$

전략적 풀이 ❶ 양이온 모형을 이용하여 용액의 액성을 파악한다.

묽은 염산(HCl)과 수산화 칼륨(KOH) 수용액을 혼합했을 때 혼합 용액의 액성이 중성이라면 Cl^-, K^+이 들어 있고, 산성이라면 H^+, Cl^-, K^+이 들어 있고, 염기성이라면 Cl^-, K^+, OH^-이 들어 있다. (가)에는 두 가지 양이온이 존재하므로 (가)의 액성은 산성이고, (나)에는 한 가지 양이온이 존재하므로 (나)의 액성은 중성 또는 염기성이다.

❷ 양이온 모형이 각각 어떤 이온을 나타내는지 파악한다.

(가)와 (나)에 공통으로 들어 있는 △은 K^+이고, □은 H^+이다.

❸ 혼합 용액에 들어 있는 이온 수를 이용하여 일정 부피의 묽은 염산과 수산화 칼륨 수용액에 들어 있는 이온 수를 알아낸다.

(가)에서 혼합 전 수산화 칼륨 수용액 5 mL에는 K^+, OH^-이 각각 1개씩 들어 있다. OH^-은 H^+과 반응하여 물을 생성하므로 혼합 전 묽은 염산 15 mL에는 H^+, Cl^-이 각각 3개씩 들어 있다.

ㄱ. (나)에서 혼합 전 묽은 염산 10 mL에는 H^+, Cl^-이 각각 2개씩 들어 있고, 수산화 칼륨 수용액 10 mL에는 K^+, OH^-이 각각 2개씩 들어 있다. 따라서 혼합 후 (나)에는 Cl^- 2개, K^+ 2개가 들어 있으므로 (나)에 존재하는 음이온의 종류는 Cl^- 한 가지이다.

ㄴ. 반응하는 H^+과 OH^-의 수가 많을수록 중화열이 많이 발생하여 혼합 용액의 온도가 높아진다. (가)에서는 H^+과 OH^-이 각각 1개씩 반응하고, (나)에서는 H^+과 OH^-이 각각 2개씩 반응하므로 혼합 용액의 최고 온도는 (나)가 (가)보다 높다.

ㄷ. (가)에는 H^+ 2개, Cl^- 3개, K^+ 1개가 들어 있으므로 전체 이온은 6개이다. (나)에는 Cl^- 2개, K^+ 2개가 들어 있으므로 전체 이온은 4개이다. 따라서 수용액에 들어 있는 전체 이온 수는 (가)가 (나)의 $\frac{3}{2}$배이다.

04 꼼꼼 문제 분석

[실험 결과]
- (가)에서 물질의 온도가 20 °C보다 낮아졌다.
  수산화 바륨과 염화 암모늄이 반응할 때 열에너지를 흡수하고 주변의 온도가 낮아진다.
- (나)에서 용액의 온도가 20 °C보다 높아졌다.
  산화 칼슘이 물에 용해될 때 열에너지를 방출하고 주변의 온도가 높아진다.

선택지 분석

ⓖ 비커 Ⅰ에서 흡열 반응이 일어난다.

ⓛ 비커 Ⅱ에서 열에너지를 방출하는 반응이 일어난다.

✗. 산화 칼슘이 물에 용해되는 반응은 냉찜질 팩에 이용하기에 적절하다. 적절하지 않다

전략적 풀이 ❶ 실험 결과로부터 (가)와 (나)에서 반응이 일어날 때 열에너지의 출입 방향을 파악한다.

ㄱ. (가)에서 물질의 온도가 낮아지는 것으로 보아 수산화 바륨과 염화 암모늄이 반응할 때 열에너지를 흡수한다. 따라서 비커 Ⅰ에서 흡열 반응이 일어난다.

ㄴ. (나)에서 용액의 온도가 높아지는 것으로 보아 산화 칼슘이 물에 용해될 때 열에너지를 방출한다.

❷ 냉찜질 팩은 물질 변화가 일어날 때 열에너지를 흡수하는 현상을 이용하는 예라는 것을 안다.

ㄷ. 산화 칼슘이 물에 용해될 때 열에너지를 방출하고 주변의 온도가 높아진다. 따라서 산화 칼슘이 물에 용해되는 반응은 냉찜질 팩에 이용하기에 적절하지 않다.

Ⅱ

환경과 에너지

1 생태계와 환경 변화

01 생물과 환경

개념 확인 문제 101쪽

❶ 생태계 ❷ 생산자 ❸ 소비자 ❹ 분해자 ❺ 비생물요소

1 ㉠ 개체군, ㉡ 군집 **2** (1) ㄷ, ㅊ, ㅍ (2) ㅂ, ㅇ, ㅈ (3) ㄹ, ㅅ, ㅋ (4) ㄱ, ㄴ, ㅁ **3** (1) ㉡ (2) ㉠ (3) ㉡ (4) ㉠ (5) ㉢

1 일정한 지역에 사는 같은 종의 개체들의 무리를 개체군이라고 하고, 여러 개체군이 모여 군집을 이룬다.

2 (1) 생산자는 광합성으로 생명활동에 필요한 양분(유기물)을 스스로 만드는 생물로, 벼, 소나무, 민들레 등이 있다.
(2) 소비자는 다른 생물을 먹이로 하여 양분(유기물)을 얻는 생물로, 여우, 토끼, 멧돼지 등이 있다.
(3) 분해자는 다른 생물의 사체나 배설물에 포함된 유기물을 분해하여 에너지를 얻는 생물로, 세균, 버섯, 곰팡이 등이 있다.
(4) 비생물요소는 생물을 둘러싸고 있는 환경요인으로, 빛, 온도, 물, 토양, 공기 등이 있다.

3 ㉠은 비생물요소가 생물요소에 영향을 주는 것이고, ㉡은 생물요소가 비생물요소에 영향을 주는 것이며, ㉢은 생물요소 사이에 서로 영향을 주는 것이다.
(1) 낙엽은 생물요소이고, 토양은 비생물요소이므로 낙엽이 쌓여 분해되면 토양이 비옥해지는 것은 생물요소가 비생물요소에 영향을 주는 예이다.
(2) 토양은 비생물요소이고, 식물은 생물요소이므로 토양에 양분이 풍부하면 식물이 잘 자라는 것은 비생물요소가 생물요소에 영향을 주는 예이다.
(3) 식물은 생물요소이고, 공기는 비생물요소이므로 식물이 광합성을 활발히 하면 주변 공기의 조성이 바뀌는 것은 생물요소가 비생물요소에 영향을 주는 예이다.
(4) 온도는 비생물요소이고, 은행나무는 생물요소이므로 가을에 기온이 낮아지면 은행나무 잎이 노랗게 변하는 것은 비생물요소가 생물요소에 영향을 주는 예이다.
(5) 메뚜기와 개구리는 모두 생물요소이므로 메뚜기의 개체수가 증가하면 개구리의 개체수도 증가하는 것은 생물요소 사이에 서로 영향을 주는 예이다.

개념 확인 문제 105쪽

❶ 울타리 ❷ 크고 ❸ 작은 ❹ 비늘 ❺ 광합성

1 (1) ㄷ (2) ㄴ (3) ㅁ (4) ㄷ (5) ㄹ (6) ㄱ **2** (1) (가) (2) (나) (3) (가) (4) (나) **3** 빛(일조 시간) **4** 온도 **5** (가)

1 (1) 새의 알은 단단한 껍질로 싸여 있어 알 속의 수분이 손실되는 것을 막는다.
(2) 개구리와 같은 변온동물은 추운 겨울이 오면 물질대사가 원활하지 않으므로 온도 변화가 적은 땅속으로 들어가 겨울잠을 잔다.
(3) 식물은 광합성 과정에서 이산화 탄소를 흡수하고, 산소를 방출하여 주변 공기의 조성에 영향을 미친다.
(4) 물에서 서식하는 수련의 줄기와 뿌리에는 통기조직이 발달해 있어 잎이나 줄기에서 흡수한 공기가 뿌리 쪽으로 이동한다.
(5) 지렁이와 두더지는 토양을 돌아다니며 통기성을 높여 산소가 필요한 식물과 미생물이 살기 좋은 환경을 만든다.
(6) 강한 빛에 적응한 식물의 잎은 울타리조직이 발달하여 약한 빛에 적응한 식물의 잎보다 두껍다.

2 (1) 소의 트림에 포함된 메테인이 지구의 기온을 높이는 것은 생물요소인 소가 비생물요소인 온도에 영향을 주는 경우이다.
(2) 라피도포라의 잎이 커질수록 구멍이 크게 생겨 아래쪽에 있는 잎도 빛을 잘 받도록 하는 것은 비생물요소인 빛이 생물요소인 라피도포라에 영향을 주는 경우이다.
(3) 흰개미의 침과 배설물로 인해 흰개미 집 주변의 토양 성분이 변하는 것은 생물요소인 흰개미가 비생물요소인 토양에 영향을 주는 경우이다.
(4) 염분이 많은 땅에 사는 함초가 고농도의 염분을 저장하는 조직이 발달해 수분을 잘 흡수하는 것은 비생물요소인 토양이 생물요소인 함초에 영향을 주는 경우이다.

3 꾀꼬리는 일조 시간이 길어지는 봄에 번식하고, 노루는 일조 시간이 짧아지는 가을에 번식한다. 또 붓꽃은 일조 시간이 길어지는 봄과 초여름에 꽃이 피고, 코스모스는 일조 시간이 짧아지는 가을에 꽃이 핀다.

4 사막여우는 몸집이 작고 귀가 커서 열이 많이 방출되므로 더운 곳에서 체온을 유지하는 데 효과적이고, 북극여우는 몸집이 크고 귀가 작아서 열이 덜 방출되므로 추운 곳에서 체온을 유지하는 데 효과적이다. 이는 동물이 온도에 적응한 현상이다.

5 건조한 환경에서 서식하는 식물은 잎이 작거나 가시로 변하였고, 저수조직이 발달하여 내부에 물을 저장할 수 있다. 물이 풍부한 환경에서 서식하는 식물은 관다발이나 뿌리가 잘 발달하지 않고, 통기조직이 발달하여 산소와 이산화 탄소를 교환하며 물 위에 떠서 살 수 있다. 따라서 (가)는 건조한 환경에서 서식하는 식물이고, (나)는 물이 풍부한 환경에서 서식하는 식물이다.

내신 만점 문제

106쪽~108쪽

01 ②	02 ①	03 ④	04 ⑤	05 ④	06 ③
07 ④	08 ⑤	09 ③	10 ③	11 ④	12 ②
13 해설 참조	14 해설 참조	15 해설 참조	16 해설 참조		

01 ㄷ. 일정한 지역에 사는 같은 종의 개체들이 모여 개체군을 이루고, 여러 개체군이 모여 군집을 이룬다.
바로알기 ㄱ. 생태계는 생물요소와 비생물요소로 구성된다. 생물요소는 역할에 따라 생산자, 소비자, 분해자로 구분된다.
ㄴ. 하나의 개체군을 이루는 생물들은 모두 같은 종에 속한다.

02 A는 비생물요소, B는 소비자, C는 생산자, D는 분해자이다.
ㄴ. 소비자(B)는 유기물이 이동하는 단계에 따라 1차 소비자, 2차 소비자, 3차 소비자 등으로 구분한다. 1차 소비자는 생산자를 먹이로 하는 초식동물이고, 2차, 3차 소비자는 각각 1차, 2차 소비자를 먹이로 하는 육식동물이다.
바로알기 ㄱ. 물, 온도, 토양은 비생물요소에 해당하지만, 세균은 분해자로 생물요소에 해당한다.
ㄷ. 버섯은 광합성을 하지 못하며, 다른 생물의 사체나 배설물에 포함된 유기물을 분해하여 생명활동에 필요한 에너지를 얻는 분해자(D)에 해당한다.

03 ① 벼와 옥수수는 광합성으로 생명활동에 필요한 양분(유기물)을 스스로 만드는 생산자이다.
② 메뚜기는 벼와 옥수수(생산자)를 먹이로 하는 소비자이다.
③ 개체군은 일정한 지역에서 살아가는 같은 종의 개체들의 무리이다. 쥐와 뱀은 서로 다른 종이므로 각각 다른 개체군에 속한다.
⑤ 곰팡이는 다른 생물의 사체나 배설물에 포함된 유기물을 분해하여 에너지를 얻는 분해자이다.
바로알기 ④ 생태계구성요소 중 생물요소는 생태계에 존재하는 모든 생물이고, 비생물요소는 생물을 둘러싸고 있는 환경요인으로 빛, 온도, 물, 토양, 공기 등이 있다. 주어진 생태계구성요소에 생물요소는 존재하지만, 비생물요소는 존재하지 않는다.

04 ㄱ. 생물요소는 그 역할에 따라 생산자, 소비자, 분해자로 나뉘며, 서로 다른 방법으로 양분을 얻는다. 생산자는 스스로 유기물을 합성하므로 유기물을 (나)와 (다)에게 공급하는 (가)는 생산자이고, 분해자는 생산자와 소비자의 사체와 배설물로부터 유기물을 얻으므로 (다)가 분해자이며, 생산자로부터 유기물을 얻는 (나)는 소비자이다.
ㄴ. 동물 플랑크톤은 식물 플랑크톤(생산자)을 먹이로 하는 1차 소비자이다.
ㄷ. (가)~(다)는 모두 생물요소로, 비생물요소와 밀접한 관계를 맺고 서로 영향을 주고받으며 살아간다.

05 꼼꼼 문제 분석

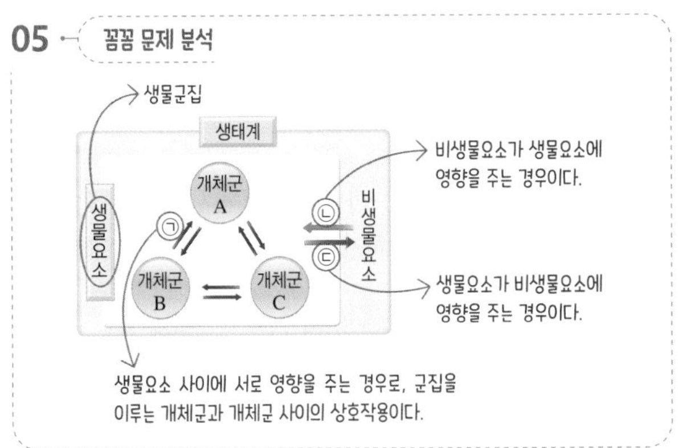

ㄱ. 일정한 지역에 사는 여러 개체군이 모여 군집을 이루므로 개체군 A와 B는 같은 군집에 속한다.
ㄷ. 지렁이 배설물에는 영양물질이 많아 지렁이가 많이 사는 곳의 토양 성분이 변하는 것은 생물요소인 지렁이가 비생물요소인 토양에 영향을 주는 경우(㉢)이다.
바로알기 ㄴ. 같은 종의 기러기들이 집단으로 이동할 때 리더를 따라 이동하는 것은 한 개체군을 이루는 개체들 사이에서 일어나는 상호작용이고, ㉠은 군집을 이루는 개체군 사이의 상호작용이다.

06 ① 생태계를 구성하는 생물요소와 비생물요소는 서로 영향을 주고받으며, 생물요소와 비생물요소의 상호 관계로 생태계가 유지된다.
②, ⑤ 비생물요소는 생물의 서식 장소, 번식 방법, 몸의 구조 등에 영향을 미치며, 생물은 환경요인에 적응하여 몸의 구조와 기능, 습성 등을 바꾸면서 살아간다.
④ 생물은 환경으로부터 물, 양분 등 생존에 필요한 물질을 얻으며, 서식 장소를 제공받는다.
바로알기 ③ 식물의 광합성 결과 주변 공기의 조성이 바뀌거나, 지렁이의 활동으로 토양의 통기성이 증가하는 것처럼 생물의 생명활동 결과 환경요인이 변화하기도 한다.

07 꼼꼼 문제 분석

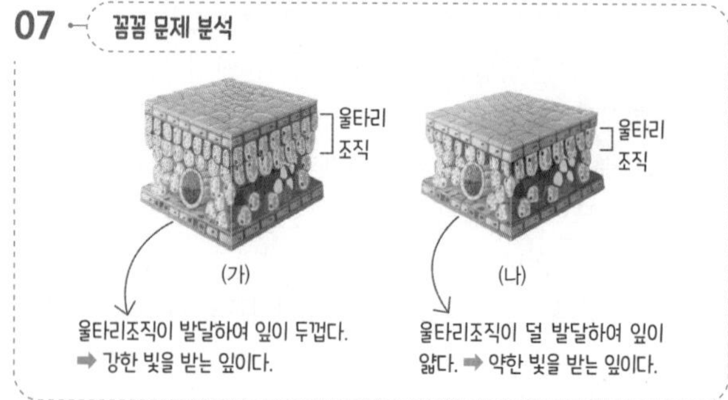
울타리 조직
울타리 조직
(가)
(나)
울타리조직이 발달하여 잎이 두껍다. ➡ 강한 빛을 받는 잎이다.
울타리조직이 덜 발달하여 잎이 얇다. ➡ 약한 빛을 받는 잎이다.

ㄴ, ㄷ. 잎의 두께는 빛의 세기의 영향을 받아 강한 빛을 받는 잎(가)은 약한 빛을 받는 잎(나)에 비하여 울타리조직이 발달하여 두껍다.

(바로알기) ㄱ. 잎의 두께가 더 두꺼운 (가)가 강한 빛을 받는 잎이고, (나)는 약한 빛을 받는 잎이다.

08 ㄴ. 변온동물인 뱀과 도마뱀이 햇빛이나 그늘을 찾아다니는 것은 적당한 체온을 유지하기 위한 것으로, 온도에 대한 적응 현상이다.

ㄷ. 툰드라는 기온이 매우 낮은 지역으로, 툰드라에 사는 털송이풀의 잎에 털이 나 있는 것은 체온이 낮아지는 것을 막기 위한 것이다. 이는 온도에 대한 적응 현상이다.

(바로알기) ㄱ. 곤충의 몸 표면이 키틴질로 되어 있는 것은 몸속의 수분이 손실되는 것을 막기 위한 것으로, 물에 대한 적응 현상이다.

09 꼼꼼 문제 분석

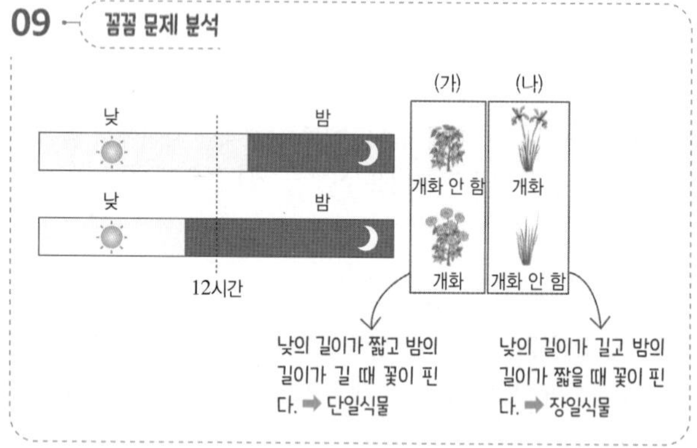
낮
밤
낮
밤
12시간
(가)
(나)
개화 안 함
개화
개화
개화 안 함
낮의 길이가 짧고 밤의 길이가 길 때 꽃이 핀다. ➡ 단일식물
낮의 길이가 길고 밤의 길이가 짧을 때 꽃이 핀다. ➡ 장일식물

ㄱ. (가)는 낮의 길이가 길 때에는 개화하지 않고, 밤의 길이가 길 때 개화하므로 단일식물이다.

ㄷ. 일조 시간은 조류나 포유류의 성호르몬 분비에 영향을 주어 일조 시간에 따라 생식주기가 달라진다. 꾀꼬리는 일조 시간이 길어지는 봄에 번식하고, 노루는 일조 시간이 짧아지는 가을에 번식한다.

(바로알기) ㄴ. 일조 시간이 짧아지는 가을에 꽃이 피는 국화와 코스모스는 단일식물(가)에 속한다.

10 꼼꼼 문제 분석

(가) 사막여우
몸집이 작고 몸의 말단부가 크다.
➡ 단위 부피당 체표면적이 커서 열 방출량이 많다.
➡ 더운 지역에서 살기에 유리하다.

(나) 북극여우
몸집이 크고 몸의 말단부가 작다.
➡ 단위 부피당 체표면적이 작아 열 방출량이 적다.
➡ 추운 지역에서 살기에 유리하다.

ㄱ. 포유류는 서식지의 기온이 낮을수록 몸집은 커지고, 몸 말단부는 작아지는 경향이 있다. 따라서 (가)는 사막여우, (나)는 북극여우이다.

ㄷ. 사막여우(가)는 북극여우(나)보다 단위 부피당 체표면적이 커서 외부로 열을 방출하는 데 유리하다.

(바로알기) ㄴ. 북극여우(나)는 사막여우(가)보다 몸집은 크지만 귀와 같은 몸의 말단부는 작다.

11 (가) 가을이 되어 온도가 낮아지면 단풍나무의 잎에 있던 엽록소가 파괴되고 붉은 색소가 생성되어 잎이 붉게 변한다. 이는 온도에 대한 적응 현상이다.

(나) 조류와 파충류의 알은 단단한 껍질로 싸여 있어서 알 속의 수분이 손실되는 것을 막는다. 이는 물에 대한 적응 현상이다.

(다) 지렁이의 배설물에는 영양물질이 많아 지렁이가 많은 토양에서는 식물이 잘 자란다.

(라) 산소가 희박한 고산지대에 사는 사람들은 평지에 사는 사람들에 비해 혈액에 적혈구 수가 많아 산소를 효율적으로 운반한다. 이는 산소가 부족한 환경에 적응한 것으로, 공기에 대한 적응 현상이다.

12 ㄷ. (가)는 생물과 생물 사이, (나)와 (다)는 생물과 환경 사이에서 주고받는 영향을 나타낸 예이다. 이처럼 생물과 환경은 서로 영향을 주고받으며 살아간다.

(바로알기) ㄱ. (가)에서 소나무는 생산자이고, 세균과 곰팡이는 분해자이다.

ㄴ. (나)는 생물요소인 삼나무가 비생물요소인 공기에 영향을 주는 예이고, (다)는 비생물요소인 토양이 생물요소인 세균에 영향을 주는 예이다.

13 (모범 답안) (1) (가) 소비자 (나) 생산자 (다) 분해자

(2) (가)는 다른 생물을 먹이로 하여 양분을 얻고, (나)는 광합성으로 생명활동에 필요한 양분을 스스로 만들며, (다)는 다른 생물의 사체나 배설물을 분해하여 양분을 얻는다.

채점 기준		배점
(1)	(가)~(다)를 모두 옳게 쓴 경우	30 %
(2)	(가)~(다)의 양분을 얻는 방법을 모두 옳게 서술한 경우	70 %
	(가)~(다) 중 두 가지만 옳게 서술한 경우	40 %
	(가)~(다) 중 한 가지만 옳게 서술한 경우	20 %

14 식물에 종류에 따라 생존에 유리한 빛의 세기가 다르며, 잎의 두께와 구조도 다르다.

모범 답안 강한 빛에 적응한 식물의 잎은 광합성이 활발히 일어나는 울타리조직이 발달하여 두껍고, 약한 빛에 적응한 식물의 잎은 얇고 넓어 약한 빛을 효율적으로 흡수할 수 있다.

채점 기준	배점
강한 빛에 적응한 식물의 잎과 약한 빛에 적응한 식물의 잎의 두께를 구조 및 기능과 관련지어 옳게 서술한 경우	100 %
강한 빛에 적응한 식물의 잎과 약한 빛에 적응한 식물의 잎의 두께를 구조와 기능 중 하나만 관련지어 옳게 서술한 경우	70 %
강한 빛에 적응한 식물의 잎과 약한 빛에 적응한 식물의 잎의 두께만 옳게 비교한 경우	30 %

15 선인장은 잎이 가시로 변하였고, 줄기에 수분을 저장할 수 있는 저수조직이 있어 사막과 같은 건조한 환경에서도 살아갈 수 있다.

모범 답안 잎, 수분이 증발하는 것을 막아 건조한 환경에서도 살아갈 수 있게 한다.

채점 기준	배점
잎이라고 쓰고, 선인장이 얻는 이점을 수분 증발을 포함하여 옳게 서술한 경우	100 %
잎이라고 쓰고, 선인장이 얻는 이점을 건조한 환경에서 살아갈 수 있다고만 서술한 경우	70 %
잎이라고만 쓴 경우	30 %

16 토끼는 서식하는 지역에 따라 몸의 형태가 달라 체온을 유지하는 데 적합하다. 더운 지역에 사는 아메리카 사막토끼는 몸집이 작고 몸의 말단부가 크고, 추운 지역에 사는 북극토끼는 몸집이 크고 몸의 말단부가 작다.

모범 답안 (1) 온도

(2) 아메리카 사막토끼는 귀의 크기가 커서 외부로 열이 잘 방출되므로 더운 곳에서 체온을 유지하는 데 효과적이고, 북극토끼는 귀의 크기가 작아 외부로 열이 덜 방출되므로 추운 곳에서 체온을 유지하는 데 효과적이다.

채점 기준		배점
(1)	온도라고 쓴 경우	30 %
(2)	귀의 크기가 달라서 얻는 이점을 열의 방출 및 체온 유지를 모두 포함하여 옳게 서술한 경우	70 %
	귀의 크기가 달라서 얻는 이점을 열의 방출이나 체온 유지 중 한 가지만 포함하여 옳게 서술한 경우	30 %

01 ② 02 ③ 03 ② 04 ①

01 꼼꼼 문제 분석

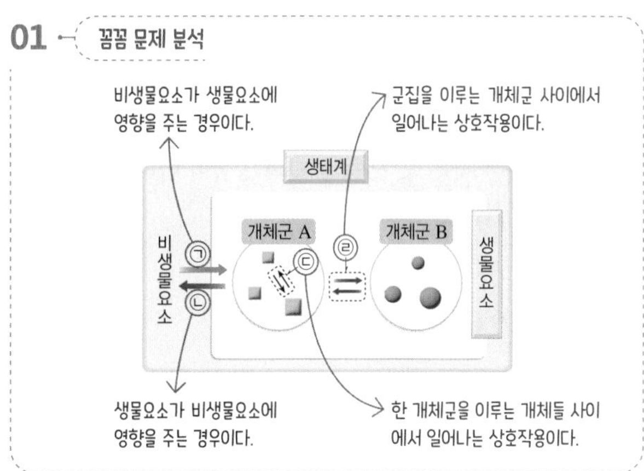

ㄴ. 소는 생물요소이고, 기온은 비생물요소이므로 소의 트림에 포함된 메테인이 지구의 기온을 높이는 것은 ㉡에 해당한다.

바로알기 ㄱ. 일정한 지역에 사는 같은 종의 개체들의 무리를 개체군이라고 한다. 따라서 개체군은 한 종의 생물로 이루어져 있으며, 생산자, 소비자, 분해자로 이루어져 있는 것은 여러 개체군이 모인 군집이다.

ㄷ. 같은 종의 닭이 모이를 먼저 먹기 위해 싸우는 것은 한 개체군을 이루는 개체들 사이에서 일어나는 상호작용이므로 ㉢에 해당한다. ㉣은 군집을 이루는 서로 다른 개체군 사이에서 일어나는 상호작용이다.

02 꼼꼼 문제 분석

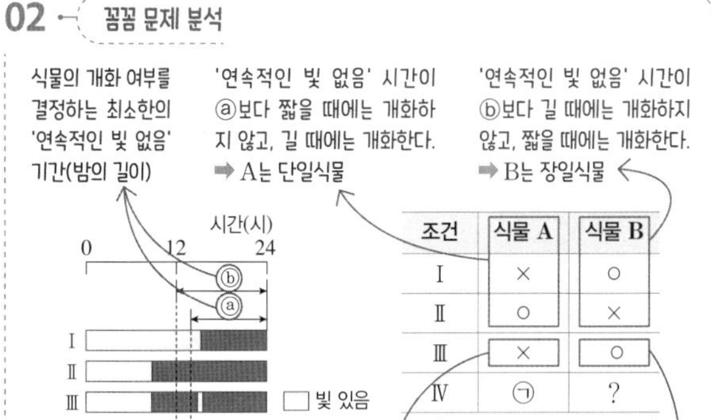

- 장일식물: 낮의 길이가 길어지고 밤의 길이가 짧아지는 봄과 초여름에 꽃이 피는 식물 예 붓꽃, 시금치
- 단일식물: 낮의 길이가 짧아지고 밤의 길이가 길어지는 가을에 꽃이 피는 식물 예 국화, 코스모스

ㄱ, ㄴ. A는 '연속적인 빛 없음' 시간이 ⓐ보다 짧을 때에는 개화하지 않고 ⓐ보다 길 때에는 개화하였으므로 단일식물이다. 빛 조건 Ⅳ에서는 '연속적인 빛 없음' 시간이 ⓐ보다 짧으므로 A는 개화하지 않는다. 따라서 ㉠은 '×'이다.

(바로알기) ㄷ. B는 '연속적인 빛 없음' 시간이 12시간(ⓑ)보다 긴 빛 조건 Ⅱ에서는 개화하지 않지만, '빛 없음' 시간의 총합이 12시간(ⓑ)보다 긴 빛 조건 Ⅲ에서는 개화한다. 따라서 B의 개화 여부를 결정하는 것은 '빛 없음' 시간의 총합이 아니라 '연속적인 빛 없음' 시간임을 알 수 있다.

03 꼼꼼 문제 분석

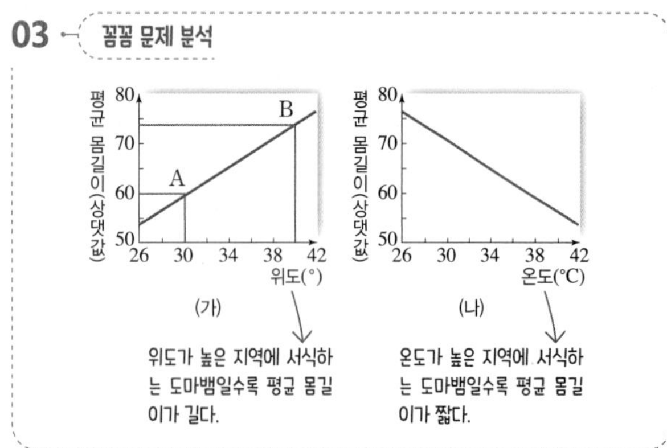

ㄷ. 서식지의 위도가 낮을수록 도마뱀의 평균 몸길이가 짧아 몸집이 작으므로 단위 부피당 체표면적이 넓어 열을 잘 방출할 수 있다.

(바로알기) ㄱ. 도마뱀 A는 위도 30°에, B는 위도 40°에 서식하므로 A가 B보다 평균 몸길이가 짧다. A의 몸길이를 a, B의 몸길이를 b라고 할 때 $a<b$이고, $\frac{\text{체표면적}}{\text{몸의 부피}}$을 계산하면 $\frac{a^2}{a^3}(=\frac{1}{a}) > \frac{b^2}{b^3}(=\frac{1}{b})$이다. 따라서 $\frac{\text{체표면적}}{\text{몸의 부피}}$은 A가 B보다 크다.

ㄴ. 연평균 온도가 올라가면 도마뱀의 평균 몸길이가 작아지므로 몸집은 작아질 것이다.

04 ㄱ. A는 줄기와 잎에 있는 산소가 뿌리로 이동하는 조직이므로 통기조직이고, B는 건조한 환경에 사는 식물이 물을 저장하는 저수조직이다.

(바로알기) ㄴ. 벼가 물에 잠겼을 때 줄기가 급격히 자라서 수면 위로 줄기와 잎을 내밀어 살아남는 것(㉠)은 비생물요소인 물이 생물요소인 벼에 영향을 주는 예에 해당한다. 한편, 기공에서 빠져나간 수증기가 주변의 습도를 변화시키는 것(㉡)은 생물요소인 선인장이 비생물요소인 공기에 영향을 주는 예에 해당한다.

ㄷ. 물이 풍부한 지역에 사는 벼에 통기조직이 발달하고(가), 건조한 지역에 사는 선인장에 저수조직이 발달한 것(나)은 물이 식물의 구조에 영향을 준 것이다.

02 / 생태계평형

개념 확인 문제 111쪽

❶ 먹이사슬 ❷ 먹이그물 ❸ 빛 ❹ 생태피라미드

1 (1) ○ (2) ○ (3) ○ (4) × (5) × **2** (1) ○ (2) × (3) ○ (4) ×
3 에너지양, 개체수, 생체량

1 (1) 벼는 광합성으로 생명활동에 필요한 양분(유기물)을 스스로 만드는 생산자이다.
(2) 쥐는 벼나 당근, 옥수수(생산자)를 먹이로 할 때에는 1차 소비자이고, 메뚜기(1차 소비자)를 먹이로 할 때에는 2차 소비자이다.
(3) 최종 소비자는 먹이사슬의 끝에 위치한 매와 늑대이다.
(4) 토끼가 사라져도 늑대는 뱀이나 쥐를 먹고 살 수 있으므로 사라지지 않는다.
(5) 생태계에서 생물들은 하나의 먹이사슬로만 연결되지 않고, 여러 먹이사슬에 동시에 연결되어 먹이그물을 이룬다.

2 (1) 생산자는 광합성을 통해 빛에너지를 화학 에너지로 전환하여 유기물에 저장한다.
(2) 생산자가 가진 에너지 중 많은 양은 생명활동을 하는 데 쓰이고, 남은 에너지는 소비자나 분해자로 이동한다.
(3) 생태계에서 에너지는 유기물의 형태로 먹이사슬을 따라 하위 영양단계에서 상위 영양단계로 이동한다.
(4) 각 영양단계의 생물이 가진 에너지는 생명활동을 하는 데 쓰이거나 열에너지로 방출되고, 나머지 일부만 상위 영양단계로 전달되므로 상위 영양단계로 갈수록 에너지양은 감소한다.

3 일반적으로 안정된 생태계에서는 에너지양, 개체수, 생체량이 상위 영양단계로 갈수록 줄어든다.

완자쌤 비법특강 112쪽

Q1 ㉠ 화학 에너지, ㉡ 생명활동, ㉢ 열에너지 **Q2** ⓐ 3021, ⓑ 505, ⓒ 128, ⓓ 51 **Q3** 해설 참조

Q1 태양의 빛에너지는 생산자의 광합성을 통해 유기물의 화학 에너지로 전환된다. 유기물의 화학 에너지는 먹이사슬을 따라 상위 영양단계로 이동하는데, 각 영양단계에서 생명활동에 쓰이거나 열에너지로 방출되고, 나머지 일부 에너지만 다음 영양단계로 전달된다. 생물의 사체나 배설물에 들어 있는 에너지는 분해자의 호흡을 통해 열에너지로 방출된다.

Q2 유기물에 저장된 에너지는 각 영양단계에서 생명활동을 하는 데 쓰이거나 열에너지로 방출되고, 나머지 일부 에너지만 상위 영양단계로 이동한다.

- ⓐ(1차 소비자의 에너지양)=20810(생산자의 에너지양) −13197(호흡)−4592(고사, 낙엽)=3021
- ⓑ(2차 소비자의 에너지양)=3021(1차 소비자의 에너지양) −1865(호흡)−651(사체, 배설물)=505
- ⓒ(3차 소비자의 에너지양)=505(2차 소비자의 에너지양) −272(호흡)−105(사체, 배설물)=128
- ⓓ(3차 소비자의 사체, 배설물)=128(3차 소비자의 에너지양) −77(호흡)=51

Q3 모범 답안 ② 2차 소비자의 에너지효율(%)

$=\frac{\text{2차 소비자의 에너지양}}{\text{1차 소비자의 에너지양}}\times 100=\frac{505}{3021}\times 100 \fallingdotseq 16.7\ \%$

③ 3차 소비자의 에너지효율(%)

$=\frac{\text{3차 소비자의 에너지양}}{\text{2차 소비자의 에너지양}}\times 100=\frac{128}{505}\times 100 \fallingdotseq 25.3\ \%$

개념 확인 문제 115쪽

❶ 생태계평형 ❷ 복잡 ❸ 먹이 관계 ❹ 자연재해

1 (1) × (2) ○ (3) ○ (4) ○ **2** ㉠ 증가, ㉡ 증가, ㉢ 감소, ㉣ 증가, ㉤ 증가, ㉥ 감소 **3** (1) (다) → (나) → (라) → (가) (2) 먹이 관계 **4** ㄱ, ㄴ, ㄷ, ㄹ **5** (1) ○ (2) ○ (3) × (4) ○

1 (1) 먹고 먹히는 관계에서 잡아먹는 생물을 포식자라고 하고, 먹이가 되는 생물을 피식자라고 한다. 스라소니가 눈신토끼를 잡아먹으므로 스라소니가 포식자, 눈신토끼가 피식자이다.
(2) 눈신토끼의 개체수가 증가하면 눈신토끼를 먹고 사는 스라소니의 개체수도 증가한다.
(3) 스라소니의 개체수가 증가하면 스라소니의 먹이가 되는 눈신토끼의 개체수는 감소한다.
(4) 포식과 피식 관계에 있는 두 개체군의 개체수는 주기적으로 변동한다. 눈신토끼와 스라소니의 개체수는 약 10년을 주기로 증가, 감소를 반복한다.

2 생산자의 개체수가 증가하면 생산자를 먹고 사는 1차 소비자의 개체수도 증가(㉠)한다. 1차 소비자의 개체수가 증가하면 1차 소비자를 먹고 사는 2차 소비자의 개체수는 증가(㉡, ㉣)하고, 1차 소비자의 먹이가 되는 생산자의 개체수는 감소(㉢)한다. 2차 소비자의 개체수가 증가하면 2차 소비자의 먹이가 되는 1차 소비자의 개체수는 감소(㉥)하고, 이어서 1차 소비자의 먹이가 되는 생산자의 개체수는 증가(㉤)한다.

3 1차 소비자의 개체수가 일시적으로 증가하면(다) 1차 소비자의 먹이가 되는 생산자의 개체수는 감소하고, 1차 소비자를 먹이로 하는 2차 소비자의 개체수는 증가한다(나). 생산자의 개체수 감소와 2차 소비자의 개체수 증가로 인해 1차 소비자의 개체수가 감소하면(라) 1차 소비자의 먹이가 되는 생산자의 개체수는 증가하고, 1차 소비자를 먹이로 하는 2차 소비자의 개체수는 감소하여 생태계가 평형을 회복한다(가).

4 생태계평형을 깨뜨리는 환경 변화 요인으로는 지진, 화산, 태풍, 홍수 등과 같은 자연재해와 무분별한 벌목, 농경지 개발, 환경 오염 등과 같은 인간의 활동이 있다. 옥상 정원 조성, 생태하천 복원은 생태계보전을 위한 노력이다.

5 (2) 이산화 탄소의 농도가 증가하면 지구 온난화가 심화되어 생물의 서식지가 파괴되거나 생물이 멸종되는 원인이 되기도 한다.
(3) 외래생물이 새로운 환경에 적응하여 대량으로 번식하면 토종 생물의 서식지를 차지하여 생존을 위협하고 먹이 관계에 변화를 일으켜 생태계평형을 깨뜨린다.
(4) 생활 하수와 축산 폐수는 수질 오염을 일으켜 수중 생물의 생존을 위협한다.

내신 만점 문제 116쪽~118쪽

01 ③ **02** ① **03** ② **04** ⑤ **05** ⑤ **06** ② **07** ② **08** ② **09** ② **10** ④ **11** ㄷ **12** 해설 참조 **13** 해설 참조 **14** 해설 참조

01 ㄱ. 족제비가 다람쥐를 먹이로 할 때에는 2차 소비자이고, 개구리나 두더지를 먹이로 할 때에는 3차 소비자이다.
ㄷ. 에너지가 먹이사슬을 따라 전달되면서 상위 영양단계로 갈수록 생물들이 이용할 수 있는 에너지양은 점점 줄어든다. 따라서 먹이사슬의 영양단계는 일반적으로 계속 연결되지 못하고 몇 단계로 제한된다.
바로알기 ㄴ. 참새가 사라져도 여우는 쥐나 다람쥐를 먹고 살 수 있으므로 사라지지 않는다.

02 ㄱ. 상위 영양단계로 갈수록 각 영양단계의 에너지양은 감소하므로, B는 생산자, C는 1차 소비자, A는 2차 소비자이다. 따라서 A는 C보다 상위 영양단계이다.
바로알기 ㄴ. B는 생산자이며, 초식동물은 생산자를 먹고 사는 1차 소비자(C)이다.
ㄷ. 상위 영양단계로 갈수록(B → C → A) 각 영양단계의 생체량은 17.7 → 1.25 → 0.66으로 감소한다.

03 꼼꼼 문제 분석

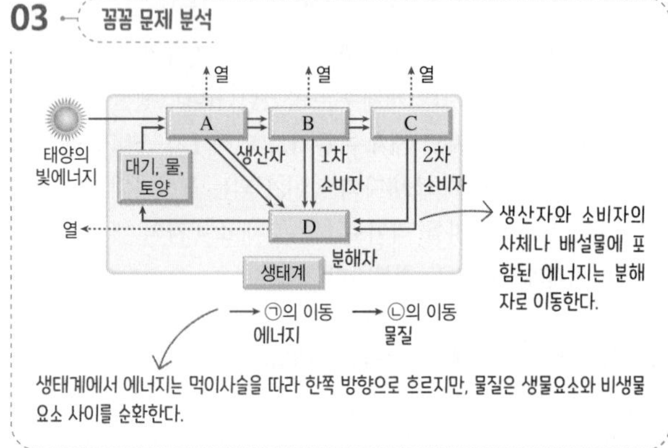

ㄴ. 생산자(A)는 광합성을 통해 태양의 빛에너지를 유기물의 화학 에너지로 전환한다.

(바로알기) ㄱ. ㉠은 먹이사슬을 따라 한쪽 방향으로 흐르다가 결국 열에너지 형태로 생태계 밖으로 방출되므로 에너지이다. ㉡은 생물요소와 비생물요소 사이를 순환하므로 물질이다.

ㄷ. 1차 소비자(B)가 가진 에너지의 일부는 생명활동을 하는 데 쓰이거나 열에너지로 방출되고, 나머지는 2차 소비자(C)로 전달되거나 사체나 배설물의 형태로 분해자(D)로 전달된다.

04 ㄱ. 에너지피라미드는 각 영양단계의 에너지양을 하위 영양단계부터 상위 영양단계로 쌓아 올린 것이다. 따라서 A는 3차 소비자, B는 2차 소비자, C는 1차 소비자, D는 생산자이다.

ㄴ. $\frac{㉡}{\text{D의 에너지양}}=\frac{1}{10}$이므로 ㉡=300이고, $\frac{㉡}{㉠}=5$이므로 ㉠=60이다. 따라서 ㉠+㉡=360이다.

ㄷ. 각 영양단계의 에너지는 생명활동에 쓰이거나 열에너지로 방출되고, 나머지 일부 에너지만 상위 영양단계로 전달된다. 따라서 상위 영양단계로 갈수록 에너지양은 감소한다.

05 꼼꼼 문제 분석

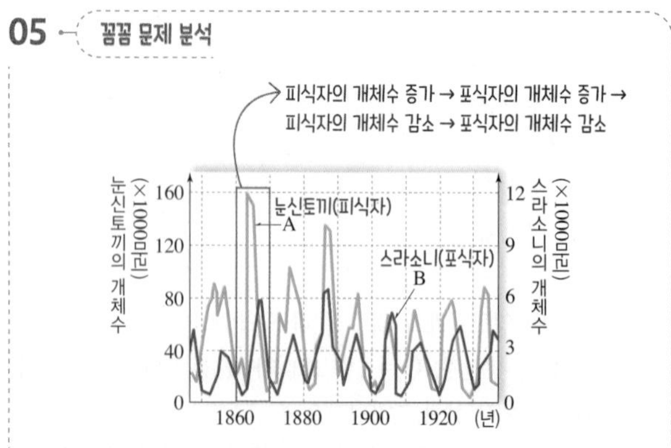

A의 개체수가 증가하면 B의 개체수가 증가하고, A의 개체수가 감소하면 B의 개체수가 감소한다. 따라서 A는 피식자인 눈신토끼이고, B는 포식자인 스라소니이다. ➡ 포식과 피식 관계에 있는 두 개체군의 개체수는 주기적으로 변동한다.

ㄱ. A는 눈신토끼이고, B는 스라소니이다.

ㄴ. 눈신토끼(A)의 개체수가 증가하면 눈신토끼를 먹고 사는 스라소니(B)의 개체수도 증가한다. 스라소니의 개체수가 증가하면 먹이가 되는 눈신토끼의 개체수는 감소하고, 그에 따라 먹이가 부족해져 스라소니의 개체수가 감소한다. 그 결과 눈신토끼의 개체수가 다시 증가한다. 이처럼 포식과 피식 관계에 있는 두 개체군의 개체수는 주기적으로 변동한다.

ㄷ. 생태계에서 어떤 요인으로 한 생물종의 개체수가 증가하거나 감소하면 그 생물종과 먹이 관계에 있는 다른 생물종의 개체수도 영향을 받는다. 즉, 군집을 구성하는 개체군 사이의 먹이 관계는 각 개체군의 개체수에 서로 영향을 미친다.

06 ㄷ. (가)와 (나)에서 쥐가 사라지면 (가)에서는 뱀도 사라지지만, (나)에서는 쥐를 먹이로 하는 뱀과 매, 늑대가 다른 생물을 먹고 살 수 있으므로 사라지지 않는다. 따라서 쥐가 사라지면 생태계평형은 (가)에서가 (나)에서보다 쉽게 깨질 것이다.

(바로알기) ㄱ. (가)에서 최종 소비자는 매로 1종이고, (나)에서 최종 소비자는 매와 늑대로 2종이다.

ㄴ. (나)에서 개구리의 개체수가 증가하면 개구리를 먹이로 하는 뱀과 매의 개체수는 증가하고, 개구리의 먹이가 되는 메뚜기의 개체수는 감소한다. 따라서 뱀, 매, 메뚜기와 먹이 관계를 맺고 있는 쥐의 개체수도 영향을 받는다.

07 꼼꼼 문제 분석

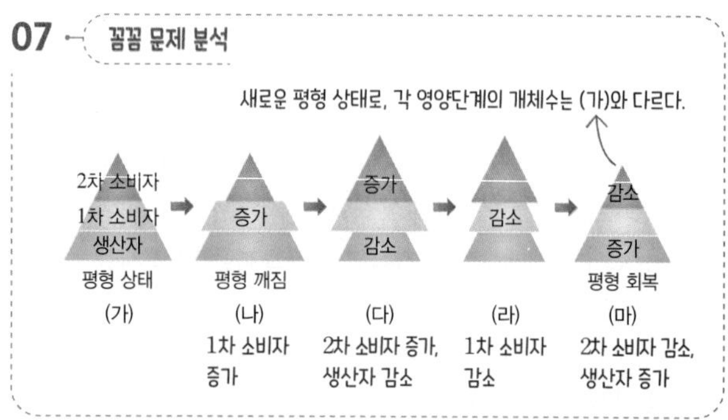

ㄷ. 1차 소비자의 개체수가 증가하면(나) 1차 소비자의 먹이가 되는 생산자의 개체수는 감소하고, 1차 소비자를 먹이로 하는 2차 소비자의 개체수는 증가한다(다). 따라서 $\frac{\text{생산자의 개체수}}{\text{2차 소비자의 개체수}}$는 (나)에서가 (다)에서보다 크다.

(바로알기) ㄱ. 1차 소비자의 개체수가 감소하면 1차 소비자의 먹이가 되는 생산자의 개체수는 증가한다.

ㄴ. (마)에서 생태계평형이 회복되었다는 것은 새로운 평형 상태에 도달하였다는 것이지, 원래의 개체수로 돌아갔다는 의미는 아니다. 따라서 (가)와 (마)에서 같은 영양단계에 속한 생물의 개체수가 같은 것은 아니다.

08 꼼꼼 문제 분석

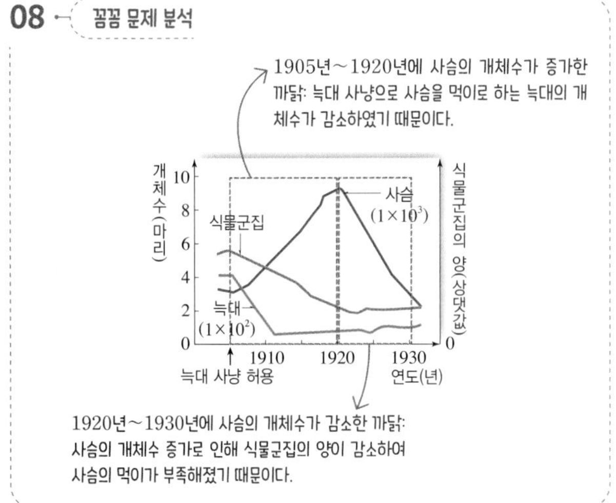

1905년~1920년에 사슴의 개체수가 증가한 까닭: 늑대 사냥으로 사슴을 먹이로 하는 늑대의 개체수가 감소하였기 때문이다.
개체수(마리)
식물군집의 양(상댓값)
식물군집
사슴
(1×10³)
늑대
(1×10²)
1910
1920
1930
늑대 사냥 허용
연도(년)
1920년~1930년에 사슴의 개체수가 감소한 까닭: 사슴의 개체수 증가로 인해 식물군집의 양이 감소하여 사슴의 먹이가 부족해졌기 때문이다.

ㄷ. 사슴을 보호하기 위해 늑대 사냥을 허용한 것과 같은 인간의 개입이 생태계평형을 깨뜨릴 수 있음을 알 수 있다.

바로알기 ㄱ. 1905년부터 1920년까지 식물군집의 양은 감소하였으며, 이 시기에 사슴의 개체수가 증가한 까닭은 늑대 사냥으로 사슴을 잡아먹는 늑대의 개체수가 감소하였기 때문이다.

ㄴ. 1920년부터 1930년까지 늑대의 개체수는 큰 변화가 없다. 이 시기에 사슴의 개체수가 감소한 까닭은 사슴 개체수의 급격한 증가로 식물군집의 양이 감소하여 사슴의 먹이가 부족해졌기 때문이다.

09 ㄴ. E의 개체수가 증가하면 E의 먹이가 되는 A와 B의 개체수는 일시적으로 감소하고, E를 먹이로 하는 G의 개체수는 일시적으로 증가한다.

바로알기 ㄱ. A가 사라지면 A만을 먹이로 하는 D는 사라지지만, D를 먹고 사는 G는 E를 먹고 살 수 있다. 또 A를 먹이로 하는 E는 B를 먹고 살 수 있다. 따라서 A가 사라지면 다른 한 종(D)만 더 사라진다.

ㄷ. 에너지는 하위 영양단계에서 상위 영양단계로 이동한다. 따라서 F는 B와 C로부터 에너지를 얻으며, H는 F로부터 에너지를 얻는다.

10 • 학생 B: 무분별한 벌목으로 숲이 훼손되면 생물의 서식지가 파괴되어 숲에 서식하던 많은 생물들이 사라지게 된다.

• 학생 C: 폐그물이나 폐플라스틱과 같은 해양 쓰레기로 인해 해양 포유류와 바닷새가 폐사하는 등 해양 생물이 생존에 위협을 받고 있다.

바로알기 • 학생 A: 외래생물이 유입되어 토종 생물의 생존이 위협을 받거나 일부 생물이 사라지면서 연관된 생물들이 잇따라 사라지는 등 생물환경의 변화도 생태계평형을 깨뜨릴 수 있다.

11 ㄷ. 대규모 토목 공사와 같이 환경을 파괴할 수 있는 사업을 시작하기 전에는 환경영향평가를 실시하여 생태계에 미칠 수 있는 영향을 분석하고 검토하는 것이 필요하다.

바로알기 ㄱ. 하천에 콘크리트 제방을 쌓고 물길을 직선화한 인공 하천보다 돌, 나무, 풀, 흙과 같은 자연 재료를 이용하여 자연형 하천을 만드는 것이 생물들의 서식지를 더 잘 보호하여 생태계를 보전할 수 있다.

ㄴ. 갯벌은 수생태계와 육상 생태계가 공존하는 곳으로, 많은 생물들이 살고 있다. 간척 사업으로 갯벌을 농경지로 만들면 갯벌에서 살아가는 생물들의 서식지가 사라져 생태계가 파괴된다.

12 (1) 생산자는 광합성으로 생명활동에 필요한 양분을 스스로 만드는 생물이므로 다른 생물을 먹이로 하지 않고 다른 생물의 먹이가 된다.

(2) 생태계에서 특정 종이 사라지면 특정 종을 먹이로 하는 상위 영양단계의 생물은 개체수가 감소하고, 특정 종의 먹이가 되는 하위 영양단계의 생물은 개체수가 증가한다.

모범 답안 (1) H, I, J

(2) G가 사라지면 G를 먹이로 하는 D와 E의 개체수는 감소하고, G의 먹이가 되는 I의 개체수는 증가한다. 특히 D는 G만을 먹이로 하므로 G가 사라지면 D도 사라진다.

채점 기준		배점
(1)	H, I, J를 모두 쓴 경우	30 %
(2)	D, E, I의 개체수 변화를 근거를 들어 모두 옳게 서술한 경우	70 %
	D, E, I의 개체수 변화만 옳게 서술한 경우	30 %

13 하위 영양단계에서 상위 영양단계로 갈수록 에너지양, 개체수, 생체량이 줄어들어 이를 생산자부터 쌓아 올리면 피라미드 모양이 된다.

모범 답안 (1) A: 3차 소비자, B: 2차 소비자, C: 1차 소비자, D: 생산자

(2) 각 영양단계에서 에너지는 생명활동을 하는 데 쓰이거나 열에너지로 방출되고, 나머지 일부 에너지만 다음 영양단계로 전달되기 때문에 상위 영양단계로 갈수록 에너지양이 줄어든다.

채점 기준		배점
(1)	A~D를 모두 옳게 쓴 경우	30 %
(2)	각 영양단계에서의 에너지 이용을 포함하여 옳게 서술한 경우	70 %
	각 영양단계가 가진 에너지 중 일부만 다음 영양단계로 전달되기 때문이라고만 서술한 경우	30 %

14 포식과 피식의 관계에 있을 때 포식자의 개체수가 증가하면 피식자의 개체수는 감소하고, 포식자의 개체수가 감소하면 피식자의 개체수는 증가한다. 또 피식자의 개체수가 증가하면 포식자의 개체수는 증가하고, 피식자의 개체수가 감소하면 포식자의 개체수는 감소한다.

모범 답안 해달 사냥으로 해달의 개체수가 감소하면 해달의 먹이인 성게의 개체수가 증가하고, 성게의 먹이인 다시마의 개체수는 감소한다. 성게의 개체수가 증가함에 따라 성게를 먹이로 하는 해달의 개체수는 증가하고, 성게의 개체수는 다시 감소하게 된다. 그 결과 다시마의 개체수가 증가하여 생태계는 평형을 회복한다.

채점 기준	배점
다시마, 성게, 해달의 먹이 관계와 개체수 변화를 포함하여 옳게 서술한 경우	100 %
개체수 변화로만 생태계평형이 회복되는 과정을 서술한 경우	50 %

실력 UP 문제

119쪽

01 ④ 02 ③ 03 ② 04 ③

01 ㄱ. 생산자에 의해 빛에너지가 화학 에너지로 전환되어 유기물에 저장되며, 화학 에너지 형태로 먹이사슬을 따라 이동한다.
ㄷ. 고등어의 개체수가 증가하면 (가)에서는 참치의 개체수가 증가하고, (나)에서는 참치와 가다랑어의 개체수가 같이 증가한다. 따라서 참치의 개체수 변화는 (가)에서가 (나)에서보다 클 것이다.
바로알기 ㄴ. (나)에서 전갱이가 사라지면 전갱이의 먹이가 되는 멸치의 개체수는 일시적으로 증가한다.

02 꼼꼼 문제 분석

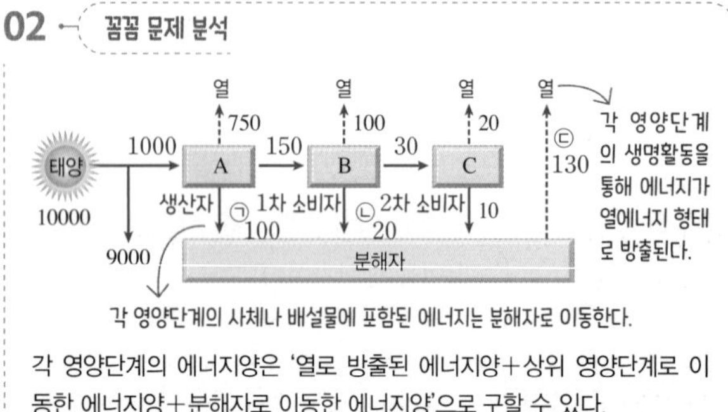

각 영양단계의 에너지양은 '열로 방출된 에너지양+상위 영양단계로 이동한 에너지양+분해자로 이동한 에너지양'으로 구할 수 있다.

ㄱ. 빛은 생태계구성요소 중 비생물요소에 해당한다.
ㄴ. C의 에너지양은 30(=20+10)이고, C의 에너지효율이 20 %이므로 $\frac{\text{C의 에너지양}}{\text{B의 에너지양}}\times 100=\frac{30}{\text{B의 에너지양}}\times 100=20\ \%$에서 B의 에너지양은 150이다. B의 에너지양 150=100+30+㉡이므로 ㉡=20이다. A의 에너지양은 1000(=10000−9000)이므로 1000=750+150+㉠에서 ㉠=100이다. 분해자의 에너지양 ㉢=㉠+㉡+10=100+20+10=130이다. 따라서 ㉠+㉡+㉢=100+20+130=250이다.
바로알기 ㄷ. B의 에너지효율(%)$=\frac{\text{B의 에너지양}}{\text{A의 에너지양}}\times 100=\frac{150}{1000}\times 100=15\ \%$이고, C의 에너지효율은 20 %이다.

03 꼼꼼 문제 분석

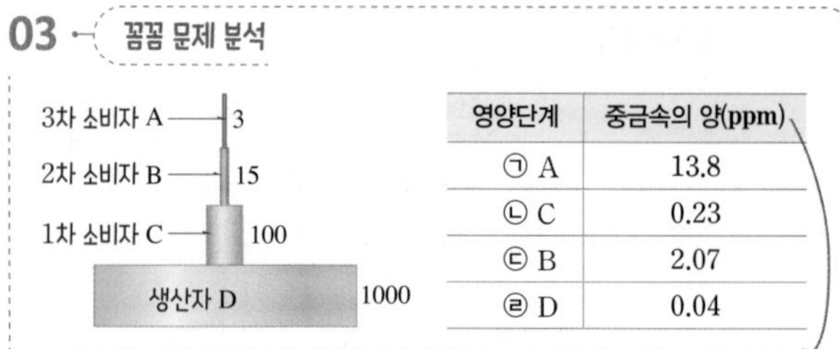

영양단계	중금속의 양(ppm)
㉠ A	13.8
㉡ C	0.23
㉢ B	2.07
㉣ D	0.04

중금속은 생물체 내에서 잘 분해되거나 배출되지 않아 생물체 내에 쌓이게 되므로 상위 영양단계로 갈수록 중금속의 양은 증가한다. 따라서 ㉠은 3차 소비자, ㉢은 2차 소비자, ㉡은 1차 소비자, ㉣은 생산자이다.

ㄴ. ㉡은 1차 소비자이다.
바로알기 ㄱ. A는 ㉠이다.
ㄷ. ㉠은 3차 소비자, ㉢은 2차 소비자이므로 ㉢이 가진 에너지의 일부가 ㉠으로 전달된다.

04 꼼꼼 문제 분석

구분	개체수 변화			
	옥수수 생산자	A 3차 소비자	B 1차 소비자	C 2차 소비자
생산자 옥수수 개체수 ㉠ 증가	−	증가	㉡ 증가	㉢ 증가
3차 소비자 A 개체수 ㉢ 증가	감소	−	㉣ 증가	감소
1차 소비자 B 개체수 ㉣ 증가	감소	㉤ 증가	−	증가
2차 소비자 C 개체수 ㉥ 감소	㉦ 감소	감소	증가	−

- 생산자 증가 ➡ 1차 소비자 증가 → 2차 소비자 증가 → 3차 소비자 증가
- 1차 소비자 증가 ➡ 생산자 감소, 2차 소비자 증가 → 3차 소비자 증가 ➡ 증가 2개, 감소 1개
- 2차 소비자 증가 ➡ 3차 소비자 증가, 1차 소비자 감소 → 생산자 증가 ➡ 증가 2개, 감소 1개
- 3차 소비자 증가 ➡ 2차 소비자 감소 → 1차 소비자 증가 → 생산자 감소 ➡ 증가 1개, 감소 2개

생산자의 개체수가 감소하면 1차~3차 소비자의 개체수가 모두 감소하므로 ㉠은 '증가'이고, 생산자의 개체수가 증가하면 1차~3차 소비자의 개체수가 모두 증가하므로 ㉡과 ㉢ 모두 '증가'이다. A의 개체수가 증가(㉢)할 때 '감소'가 2개이므로 A는 3차 소비자이고, ㉣은 '증가'이다. B의 개체수가 증가(㉣)할 때 생산자의 개체수가 감소하므로 B는 1차 소비자이고, ㉤은 '증가'이다. 나머지 C는 2차 소비자이고, 3차 소비자(A)의 개체수가 감소하고 1차 소비자(B)의 개체수가 증가하려면 2차 소비자(C)의 개체수가 감소하여야 하므로 ㉥은 '감소'이다. 2차 소비자(C)의 개체수가 감소하면 1차 소비자의 개체수가 증가하고, 생산자의 개체수는 감소한다. 따라서 ㉦은 '감소'이다.
ㄱ. A는 3차 소비자이다.
ㄴ. 옥수수에 저장된 에너지의 일부는 1차 소비자(B)를 거쳐 2차 소비자(C)로 이동한다.
바로알기 ㄷ. ㉤은 '증가'이고, ㉦은 '감소'이다.

03 / 지구 환경 변화와 인간 생활

개념 확인 문제 122쪽

❶ 온실 효과 ❷ 30 ❸ 70 ❹ 온실 기체 ❺ 빙하

1 ㉠ 태양, ㉡ 지구, ㉢ 높은 2 (1) ○ (2) × (3) ○ (4) ×
3 ㄴ, ㄷ 4 (1) × (2) × (3) ○ (4) ○

1 온실 효과는 온실 기체가 태양 복사 에너지를 대부분 통과시키지만 지구 복사 에너지를 흡수하여 일부를 지표로 재복사하면서 대기가 없을 때보다 지구의 온도가 높게 유지되는 효과이다.

2 (1) 지구에 들어오는 태양 복사 에너지량을 100이라고 할 때 대기의 반사 및 산란(23), 지표면 반사(7)로 30 단위를 우주 공간으로 반사한다. 따라서 현재 지구의 반사율은 약 30 %이다.
(2) 지표에서 방출된 지구 복사 에너지가 그대로 우주 공간으로 빠져나가려면 지구에 대기가 없어야 한다.
(3) 지구는 복사 평형 상태에 있으므로 대기, 지표, 지구 전체에서 흡수하는 에너지량과 방출하는 에너지량이 같다.
(4) 지구 열수지가 변하면 지구의 평균 기온이 높아지거나 낮아진다.

3 ㄱ. 지구에 들어오는 태양 복사 에너지의 양 변화는 온실 기체의 양과는 관계가 없다.
ㄴ, ㄷ. 대기 중 이산화 탄소의 농도가 증가하면 대기가 지표면에서 방출된 지구 복사 에너지를 더 많이 흡수하기 때문에 대기가 지표로 재복사하는 에너지의 양도 증가하게 된다.

4 (1) 최근 일어나는 지구 온난화의 원인은 화석 연료의 사용량 증가, 과도한 삼림 벌채, 과잉 방목 등으로 인한 대기 중 온실 기체의 농도 증가이다. 숲의 면적이 증가하면 대기 중 이산화 탄소의 농도가 감소한다.
(2) 지구 온난화가 진행되면 빙하의 융해와 해수의 열팽창으로 해수면이 상승하여 육지 면적이 감소한다. 또한 지구 온난화로 인해 생물의 서식지 변화, 멸종 등으로 생물다양성이 감소하며, 집중 호우, 가뭄, 홍수 등 기상 이변이 발생한다.
(3) 대기 중 이산화 탄소의 농도가 증가하면 바다에 이산화 탄소가 많이 녹아 해양 산성화가 나타난다.
(4) 지구 온난화를 막기 위한 방법으로는 온실 기체의 배출량을 줄이기 위해 화석 연료를 대체할 수 있는 신재생 에너지 개발, 에너지 효율을 높이는 기술 개발, 이산화 탄소 농도를 줄이기 위해 숲의 면적 늘리기, 국제 협약 가입 등이 있다.

개념 확인 문제 125쪽

❶ 무역풍 ❷ 약화 ❸ 높 ❹ 홍수 ❺ 가뭄 ❻ 사막
❼ 30° ❽ 상승

1 A: 무역풍, B: 편서풍, C: 극동풍 2 (1) × (2) × (3) ○ (4) ○
3 ① 4 ㄴ, ㄷ, ㄹ 5 ㉠ 상승, ㉡ 감소

1 A는 적도~위도 30°인 저위도 지역으로 무역풍이 불고, B는 위도 30°~60°인 중위도 지역으로 편서풍이 불며, C는 위도 60°~극 지역인 고위도 지역으로 극동풍이 분다.

2 (1) 엘니뇨는 무역풍의 약화로 인해 적도 부근 동태평양 해역의 표층 수온이 평년보다 높아지는 현상으로, 수권과 기권의 상호 작용으로 발생한다.
(2), (3) 엘니뇨가 발생하면 따뜻한 표층 해수가 평년보다 서쪽으로 덜 이동하기 때문에 적도 부근 동태평양 해역에서는 평년보다 따뜻한 해수층의 두께가 두꺼워지고, 용승이 약해진다.
(4) 엘니뇨가 발생하면 적도 부근 동태평양 해역에서는 비가 많이 내려 폭우, 홍수가 발생하고, 적도 부근 서태평양 해역에서는 평년보다 건조해져 가뭄, 대규모 산불 등이 발생한다.

3 ① 적도 지역은 비가 많이 내려 증발량이 강수량보다 적으므로 사막이 형성되기 어렵다.
②, ③, ④, ⑤ 사막은 고압대가 형성되어 하강 기류가 발달하여 날씨가 맑고 건조한 위도 30° 부근에 주로 분포한다. 위도 30° 부근은 증발량이 강수량보다 많다.

4 ㄱ. 대규모 홍수는 사막화와 관련이 없는 현상이다.
ㄴ, ㄷ, ㄹ. 사막화의 발생 원인에는 대기 대순환의 변화로 나타나는 지속적인 가뭄, 인간 활동에 의한 과잉 방목, 과잉 경작, 무분별한 삼림 벌채 등이 있다.

5 온실 기체의 배출량이 계속 증가한다면 미래에는 현재보다 지구의 평균 기온이 더 높아져 빙하 면적 감소, 해수면 상승, 영구 동토층의 해빙 증가, 기상 이변 증가, 생물다양성 감소 등이 현재보다 더 심하게 나타나게 될 것이다.

내신 만점 문제 126쪽~128쪽

01 ④ 02 ③ 03 ① 04 ⑤ 05 ③ 06 ②
07 ② 08 ② 09 ④ 10 ③ 11 ① 12 해설 참조 13 해설 참조 14 해설 참조

01 ④ 지구 온난화의 원인은 대기 중 온실 기체의 농도 증가로 인한 온실 효과의 강화이다.

바로알기 ① 온실 기체는 온실 효과를 일으키는 기체로 수증기, 이산화 탄소, 메테인, 산화 이질소, 오존 등이 있다.
② 온실 기체는 태양 복사 에너지를 대부분 통과시키지만, 지구 복사 에너지를 흡수하였다가 일부를 지표로 재복사한다.
③ 최근 대기 중으로 배출량이 가장 많은 온실 기체는 이산화 탄소이다.
⑤ 산업 혁명 이후 화석 연료의 사용량 증가, 토지 개발, 무분별한 삼림 벌목, 과잉 방목 등에 의해 대기 중으로 온실 기체의 배출량이 계속 증가하고 있다.

02 꼼꼼 문제 분석

ㄱ. 달은 표면에서 방출된 달 복사 에너지가 그대로 우주로 빠져나가므로 온실 효과가 나타나지 않는다. 지구는 대기가 흡수한 지구 복사 에너지의 일부를 지구 표면으로 재복사하므로 온실 효과가 나타난다.
ㄴ. 만일 지구에 대기가 존재하지 않았다면 온실 효과가 일어나지 않아서 지구의 평균 표면 온도는 현재보다 낮았을 것이다.

바로알기 ㄷ. 지구와 달은 태양으로부터의 평균 거리가 거의 같으므로 지구와 달에 도달하는 태양 복사 에너지의 양은 거의 같다. 지구가 달보다 평균 표면 온도가 높은 까닭은 대기에 의한 온실 효과가 나타나 더 높은 온도에서 복사 평형을 이루기 때문이다.

03 꼼꼼 문제 분석

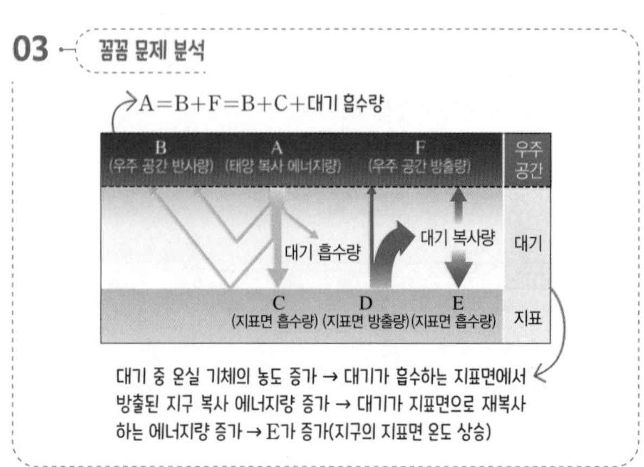

ㄱ. 지구는 복사 평형 상태이므로 지표, 대기, 지구 전체에서 흡수한 에너지의 양은 방출한 에너지의 양과 같다. 따라서 지구에 들어오는 태양 복사 에너지량(A)은 지구에서 우주 공간으로 방출되는 지구 복사 에너지량(F)과 대기와 지표면에 반사되어 우주 공간으로 방출되는 태양 복사 에너지량(B)의 합과 같다.

바로알기 ㄴ. C는 지표면에서 흡수하는 태양 복사 에너지이고, D는 지표면에서 방출하는 지구 복사 에너지이다. 따라서 C는 주로 가시광선으로 흡수되고, D는 주로 적외선으로 방출된다.
ㄷ. 온실 기체의 농도가 증가하면 대기가 지표면에서 방출된 지구 복사 에너지를 더 많이 흡수하고, 대기가 지표면으로 재복사하는 에너지의 양이 증가하여 지표면이 흡수하는 에너지량(E)이 증가한다.

04 ㄱ. 2000년~2015년 동안 우리나라의 안면도는 전 지구보다 이산화 탄소의 농도가 더 높았다. 따라서 지구 온난화는 대기 중 온실 기체의 농도 증가로 인해 나타나므로 온난화의 영향은 우리나라의 안면도가 전 지구보다 컸을 것이다.
ㄴ. (나)로부터 ㉡ 시기에 우리나라와 전 지구는 모두 평균 기온 편차(관측값-평년값)가 계속 증가하였으므로 평균 기온이 전반적으로 계속 상승하였다는 것을 알 수 있다.
ㄷ. 전 지구의 빙하 면적은 지구의 평균 기온이 높을수록 감소한다. 따라서 ㉠ 시기보다 ㉡ 시기에 지구의 평균 기온이 더 높았으므로 빙하의 면적은 ㉠ 시기보다 ㉡ 시기에 더 작았을 것이다.

05 ③ 영구 동토층은 땅속이 1년 내내 언 상태로 있는 지대로, 지구의 평균 기온이 상승하면 영구 동토층이 녹는다.

바로알기 ①, ②, ④, ⑤ 지구 온난화로 인해 빙하의 융해와 해수의 열팽창으로 해수면이 상승하며, 빙하의 면적이 감소하므로 빙하에 의한 반사율이 감소한다. 또한 해안가 근처는 해수면 상승으로 인해 침수될 수 있으므로 인간의 거주지 면적이 감소하고, 수온이 높아져 한류성 어종의 분포 면적이 축소된다.

06 꼼꼼 문제 분석

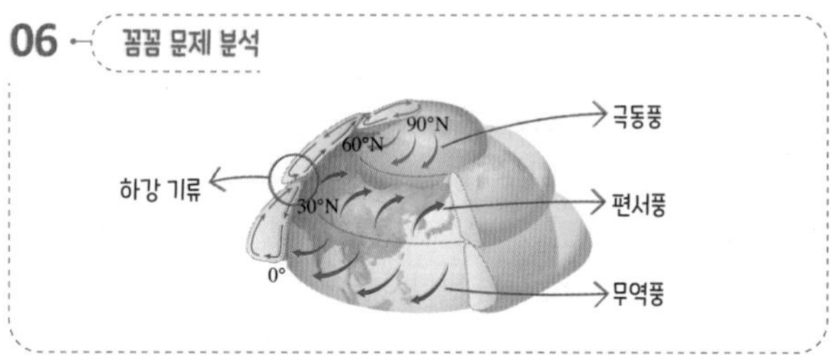

① 무역풍은 위도 0°~30° 사이에서, 편서풍은 위도 30°~60° 사이에서, 극동풍은 위도 60°~90° 사이에서 지표면 부근에서 연중 분다.

③ 우리나라는 중위도에 위치하므로 편서풍이 부는 편서풍대에 속한다.
④ 대기 대순환의 바람이 수면 위를 지속적으로 불기 때문에 표층 해수가 일정한 방향으로 흐른다. 저위도 지역의 표층 해수는 무역풍의 영향으로 동쪽에서 서쪽으로 흐르고, 중위도 지역의 표층 해수는 편서풍의 영향으로 서쪽에서 동쪽으로 흐른다. 따라서 대기 대순환은 해수의 표층 순환과 관계가 있다.
⑤ 지구는 구형이므로 위도에 따라 흡수하는 태양 복사 에너지량과 방출하는 지구 복사 에너지량이 달라져 위도에 따른 에너지 불균형이 나타난다. 따라서 대기와 해수의 순환은 저위도의 남는 에너지를 에너지가 부족한 고위도로 수송하여 위도에 따른 에너지 불균형을 해소해 준다.
바로알기 ② 적도 부근에서 가열된 공기가 상승하여 고위도로 이동하다가 위도 30° 부근에서 하강한다. 따라서 위도 30° 부근에서는 하강 기류가 나타난다.

07 ① 엘니뇨는 무역풍의 약화로 인한 표층 해수의 흐름 변화로 발생한다.
③, ④ 엘니뇨 시기에는 무역풍의 약화로 따뜻한 표층 해수가 평년보다 서쪽으로 덜 이동하기 때문에 차가운 심층 해수의 용승이 약해져 적도 부근 동태평양 해역의 표층 수온이 평년보다 높아지고, 어획량이 감소한다.
⑤ 엘니뇨 시기에 적도 부근 서태평양 해역에서는 표층 수온이 평년보다 낮아져 하강 기류가 발달하기 때문에 평년보다 구름의 양이 감소한다.
바로알기 ② 엘니뇨는 지구 온난화와 관계 없이 수년마다 불규칙하게 발생하는 현상으로, 산업 혁명 이전에도 계속 있어 왔던 현상이다.

08 꼼꼼 문제 분석

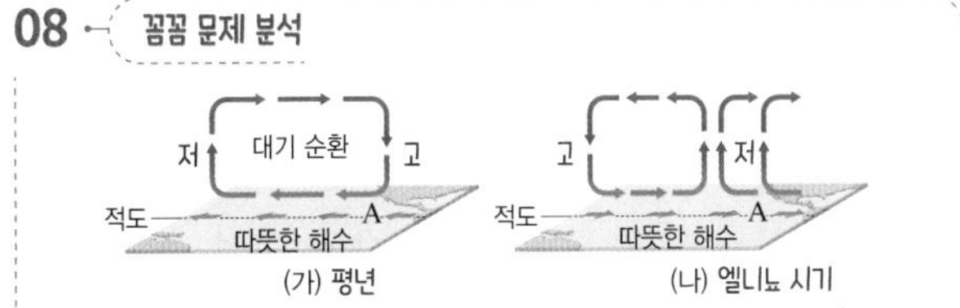

• (가) 평년: 무역풍이 동쪽에서 서쪽으로 분다. → 적도 부근의 따뜻한 표층 해수가 서쪽으로 이동한다. → 적도 부근 동태평양 해역(A)에서는 심층의 차가운 해수가 용승한다.
• (나) 엘니뇨 시기: 무역풍이 평년에 비해 약하게 분다. → 적도 부근의 따뜻한 표층 해수가 평년에 비해 동쪽으로 이동한다. → 적도 부근 동태평양 해역(A)에서는 평년보다 용승이 약하게 일어난다.

ㄴ. 무역풍은 평년인 (가) 시기일 때가 엘니뇨 시기인 (나)일 때보다 강하다.
바로알기 ㄱ. (가)는 따뜻한 표층 해수가 서쪽으로 이동하여 적도 부근 동태평양의 표층 수온이 서태평양의 표층 수온보다 낮고, (나)는 따뜻한 표층 해수가 평년에 비해 동쪽으로 이동하여 적도 부근 동태평양의 표층 수온이 서태평양의 표층 수온보다 높으므로 (가)는 평년이고, (나)는 엘니뇨 시기이다.
ㄷ. 적도 부근 동태평양 해역(A)에서의 용승은 평년인 (가) 시기일 때보다 엘니뇨 시기인 (나)일 때 더 약해진다.

09 꼼꼼 문제 분석

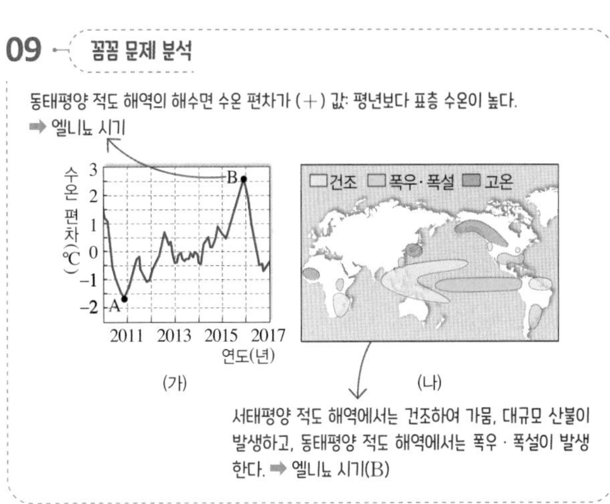

동태평양 적도 해역의 해수면 수온 편차가 (+) 값: 평년보다 표층 수온이 높다.
➡ 엘니뇨 시기
수온 편차 (℃)
3
2
1
0
−1
−2
B
A
2011 2013 2015 2017
연도(년)
(가)
□건조 □폭우·폭설 ■고온
(나)
서태평양 적도 해역에서는 건조하여 가뭄, 대규모 산불이 발생하고, 동태평양 적도 해역에서는 폭우·폭설이 발생한다. ➡ 엘니뇨 시기(B)

ㄴ. (나)는 엘니뇨 시기에 나타나는 전 지구적인 기상 이변이므로 B 시기에 나타난 모습이다.
ㄷ. 평상시에는 무역풍에 의해 따뜻한 표층 해수가 서쪽으로 이동하므로 서태평양 적도 해역에 저기압이 분포하고 동태평양 적도 해역에 고기압이 분포한다. 하지만 엘니뇨 시기(B)일 때는 무역풍의 약화로 따뜻한 표층 해수가 평년에 비해 동쪽으로 이동하여 동태평양 적도 해역에 저기압이 분포하고, 서태평양 적도 해역에 고기압이 분포한다.
바로알기 ㄱ. 엘니뇨 시기에는 동태평양 적도 해역의 표층 수온이 평년보다 높다. 따라서 동태평양 해역의 해수면 수온 편차가 (+) 값을 나타내는 B 시기가 엘니뇨 시기에 해당한다.

10 ① 위도 30° 부근은 대기 대순환에서 하강 기류가 발달하여 고압대가 형성되는 곳으로, 건조한 기후가 나타나기 때문에 전 세계의 큰 사막이 나타난다.
② 사막화는 강수량 감소로 인해 건조한 지역이 넓어지면서 사막 주변 지역의 토지가 황폐해져 나타나는 현상이므로, 주로 사막 주변에서 나타난다.
④ 지나친 가축의 방목, 과잉 경작, 무분별한 삼림 벌채 등은 사막화를 일으킨다.
⑤ 고비 사막은 중위도에 위치하므로 이 곳의 모래 먼지는 편서풍을 타고 동쪽으로 이동하여 우리나라에 영향을 준다. 고비 사막 주변의 사막화는 우리나라의 황사 발생 빈도를 증가시킨다.
바로알기 ③ 사막은 강수량이 증발량보다 적은 건조한 기후 지역에서 나타난다.

11 화석 연료의 사용이 증가하면 대기 중에 배출되는 온실 기체의 양이 증가하여 지구의 평균 기온이 상승하고, 지구의 평균 기온이 상승하면 전 지구 평균 강수량은 증가한다. 기후 변화 시나리오 A는 전 지구 평균 강수량이 크게 증가하는 반면에, 기후 변화 시나리오 B는 전 지구 평균 강수량의 증가 폭이 크지 않다. 따라서 기후 변화 시나리오 A는 화석 연료의 사용이 증가하는 경우이고, 기후 변화 시나리오 B는 화석 연료의 사용을 줄이는 경우이다.

ㄱ. 화석 연료의 사용이 증가하게 되면 대기 중 이산화 탄소의 배출량이 많아진다. 따라서 이산화 탄소의 배출량은 기후 변화 시나리오 A보다 B에서 적을 것이다.

(바로알기) ㄴ. 전 지구 평균 증발량은 지구의 평균 기온이 높을수록 많으므로 기후 변화 시나리오 B보다 A에서 많을 것이다.

ㄷ. 태풍은 해수의 온도가 높아 증발이 활발할수록 잘 발생한다. 따라서 태풍의 발생 빈도와 세기는 화석 연료의 사용이 증가하여 지구의 평균 기온이 높은 기후 변화 시나리오 A가 B보다 클 것이다.

12 대기와 지표에 의한 반사를 고려하지 않는다고 했으므로 (가)와 (나)에서는 지구에 들어오는 태양 복사 에너지의 양이 같기 때문에 우주로 방출되는 지구 복사 에너지의 양이 같다. (나)는 대기가 지표면으로부터 방출된 지구 복사 에너지를 흡수한 후 일부를 지표면으로 재복사하므로 지구의 지표면 온도는 대기가 있는 (나)가 대기가 없는 (가)보다 높다.

모범 답안 (1) (가)와 (나)는 우주로 방출되는 지구 복사 에너지의 양이 같다. (2) (나), 대기가 지표면에서 방출한 지구 복사 에너지를 흡수한 후 일부를 지표면으로 재복사하기 때문이다.

채점 기준		배점
(1)	우주로 방출되는 지구 복사 에너지의 양을 비교하여 옳게 서술한 경우	40 %
(2)	지구의 지표면 온도가 더 높은 것을 옳게 쓰고, 그 까닭을 옳게 서술한 경우	60 %
	지구의 지표면 온도가 더 높은 것만 옳게 쓴 경우	30 %
	그 까닭만 옳게 서술한 경우	30 %

13 지구의 평균 해수면 높이는 지구 온난화로 인해 빙하가 녹는 것과 해수의 열팽창에 의해 계속 상승하고 있다. 이때 지구의 평균 해수면 높이의 상승은 주로 그린란드, 남극 대륙 등의 대륙 빙하의 융해로 인해 나타난다.

모범 답안 지구의 평균 기온 상승으로 빙하의 융해와 해수의 열팽창이 일어났기 때문이다.

채점 기준	배점
두 가지를 모두 옳게 서술한 경우	100 %
한 가지만 옳게 서술한 경우	50 %

14 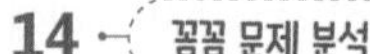

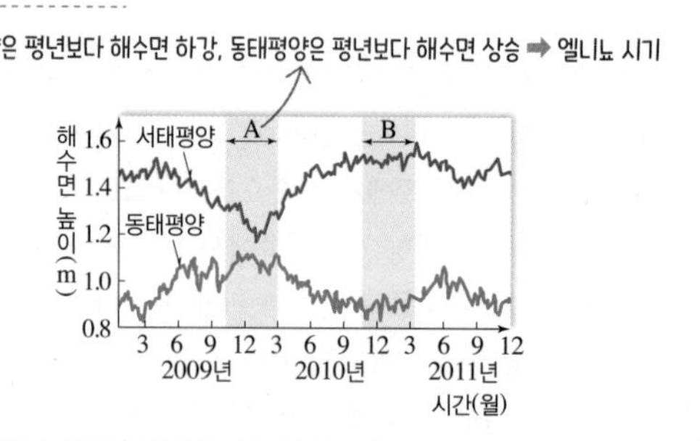

엘니뇨 시기에는 무역풍의 약화로 인해 평년보다 서쪽으로 흐르는 따뜻한 해수의 흐름이 약해져 평년보다 적도 부근 동태평양 해역의 해수면 높이가 높아지고, 적도 부근 서태평양 해역의 해수면 높이가 낮아진다. 따라서 엘니뇨는 A 시기에 해당한다. 엘니뇨 시기일 때 적도 부근 동태평양 해역에서는 상승 기류가 발달하여 비가 많이 내리고, 적도 부근 서태평양 해역에서는 하강 기류가 발달하여 날씨가 맑고 건조하다.

모범 답안 A, 적도 부근 동태평양 해역에서는 강수량 증가로 인해 폭우와 홍수가 발생하고, 적도 부근 서태평양 해역에서는 강수량 감소로 인해 가뭄과 대규모 산불이 발생한다.

채점 기준	배점
엘니뇨 시기를 옳게 쓰고, 엘니뇨 시기일 때 적도 부근 동태평양 해역과 서태평양 해역에서 발생하는 기상 재해를 모두 옳게 서술한 경우	100 %
엘니뇨 시기만 옳게 쓴 경우	50 %
엘니뇨 시기일 때 적도 부근 동태평양 해역과 서태평양 해역에서 발생하는 기상 재해만 옳게 서술한 경우	50 %

실력 UP 문제

129쪽

01 ⑤ 02 ③ 03 ① 04 ③

01 ㄴ. 대기 중 온실 기체인 이산화 탄소의 농도가 증가하면 지표에서 방출된 지구 복사 에너지를 대기가 더 많이 흡수하고, 대기가 지표로 재복사하는 에너지의 양이 증가한다. 따라서 지표가 대기로부터 흡수(D)하는 에너지의 양이 증가하여 지표가 방출하는 복사 에너지의 양도 증가한다.

ㄷ. 지구 온난화가 진행되면 빙하의 면적이 감소하므로 지표면에서 반사(F)되는 태양 복사 에너지의 양이 감소한다.

(바로알기) ㄱ. 지표가 흡수하는 에너지의 양은 A+D이고, 지표가 방출하는 에너지의 양은 B+C+대류·전도+물의 증발이다. 지구는 복사 평형 상태이기 때문에 흡수하는 에너지의 양은 방출하는 에너지의 양과 같으므로 A+D=B+C+대류·전도+물의 증발이다. 따라서 D−C=B−A+대류·전도+물의 증발이다.

02 꼼꼼 문제 분석

표층 수온이 높다.

(가) 엘니뇨 시기 (나)

(단위: ℃, 수심(m) 0~500, 140°E 180° 140°W 100°W)

• 엘니뇨 시기일 때 적도 부근의 표층 수온: 동태평양 해역 > 서태평양 해역 ➡ (가)는 엘니뇨 시기이다.
• 무역풍이 세게 불수록 따뜻한 표층 해수가 서쪽으로 더 많이 이동하여 적도 부근 서태평양 해역의 표층 수온이 높아진다. ➡ 무역풍의 세기: (가) < (나)

ㄱ. 엘니뇨 시기일 때 적도 부근 동태평양 해역의 표층 수온이 서태평양 해역보다 높으므로 (가)는 엘니뇨 시기에 해당한다.
ㄷ. 무역풍이 약하게 불수록 서쪽으로 이동하는 따뜻한 표층 해수의 흐름이 약해져 적도 부근 동태평양 해역에서는 평년보다 용승이 약해지기 때문에 표층 수온이 높다. 따라서 적도 부근 동태평양 해역의 표층 수온이 높은 (가)일 때가 (나)일 때보다 무역풍이 약하게 분다.
바로알기 ㄴ. (가)에서 적도 부근 동태평양 해역에서는 표층 수온이 높으므로 저기압이 발달하여 상승 기류가 형성된다.

03 ㄱ. 이 기간 동안 북반구와 남반구에서는 모두 기온이 대체로 상승하였다.
ㄹ. 산업 혁명 이후 대기 중에 배출되는 온실 기체 중 가장 많은 양을 차지하는 것은 이산화 탄소이다. 이 기간 동안 북반구와 남반구의 기온은 계속 상승하였으므로 이산화 탄소의 농도가 계속 증가하여 지구 온난화가 일어났다는 것을 알 수 있다.
바로알기 ㄴ. 북반구와 남반구에서의 기온 편차는 다르게 나타나므로 지구의 전 지역에 걸쳐 동일하게 기온이 상승하지 않았다.
ㄷ. 이 기간 동안 북반구의 기온은 대체로 상승했으므로 북반구에서 빙하의 융해가 일어나 북반구의 반사율이 점차 감소했을 것이다.

04 ㄱ. 아랄해의 호수 면적이 감소하였으므로 이 기간 동안 아랄해의 어족 자원은 감소하였을 것이다.
ㄷ. 아랄해는 농업 용수로 물을 많이 사용하면서 호수 면적이 감소하여 사막으로 변하였다. 따라서 아랄해는 인간의 활동에 의해 사막화가 진행되고 있는 지역이다.
바로알기 ㄴ. 이 기간 동안 호수 주변은 점차 메말라갔고, 아랄해에 의한 대기 중으로 수증기의 공급이 감소하여 호수 주변의 강수량이 감소하였을 것이다.

중단원 핵심 정리

130쪽~131쪽

❶ 군집 ❷ 광합성 ❸ 분해자 ❹ 생물요소 ❺ 울타리 조직 ❻ 온도 ❼ 공기 ❽ 먹이그물 ❾ 먹이사슬 ❿ 감소 ⓫ 생태피라미드 ⓬ 복잡 ⓭ 먹이 관계 ⓮ 지구 복사 에너지 ⓯ 30 ⓰ 재복사 ⓱ 화석 연료 ⓲ 상승 ⓳ 온실 기체 ⓴ 약화 ㉑ 동 ㉒ 약화 ㉓ 상승 ㉔ 30° ㉕ 대기 대순환 ㉖ 많 ㉗ 증가

중단원 마무리 문제

132쪽~136쪽

01 ① **02** ② **03** ① **04** ③ **05** ③ **06** ③
07 해설 참조 **08** ③ **09** ① **10** ②
11 해설 참조 **12** ⑤ **13** ③ **14** ②
15 A, B, C, E **16** ⑤ **17** 해설 참조 **18** ③
19 ④ **20** ③ **21** ③ **22** 해설 참조

01 (가)는 생태계, (나)는 군집, (다)는 개체군이다.
ㄱ. 생태계(가)는 생물이 다른 생물 및 주위 환경과 서로 영향을 주고받으며 살아가는 체계로, 생물요소와 비생물요소로 구성된다.
바로알기 ㄴ. 군집(나)은 일정한 지역에 사는 여러 개체군의 무리이므로, 여러 종의 생물로 구성된다.
ㄷ. 개체군(다)은 일정한 지역에 사는 같은 종의 개체들의 무리이다. 생산자, 소비자, 분해자로 구성된 것은 군집이다.

02 꼼꼼 문제 분석

구성 요소		예
생물요소	분해자 A	곰팡이
	생산자 B	벼, 옥수수
비생물요소 C		공기, 토양

(가)

특징
• 생물요소이다. − A, B • 광합성을 한다. − B • 다른 생물의 사체나 배설물을 분해한다. − A

(나)

ㄷ. 공기, 토양과 같이 생물을 둘러싸고 있는 환경요인을 비생물요소라고 한다.
바로알기 ㄱ. A(분해자)는 생물요소에 해당하며, 다른 생물의 사체나 배설물을 분해하여 에너지를 얻지만, 광합성은 하지 못한다.
ㄴ. 개체군은 일정한 지역에 사는 같은 종의 개체들의 무리를 말한다. 벼와 옥수수는 서로 다른 종이므로 각각 다른 개체군을 이룬다.

03 ㄱ. 산소가 희박한 고산지대에 사는 사람들은 평지에 사는 사람들에 비해 혈액 속 적혈구 수가 많아 산소를 효율적으로 운반한다. 이는 산소가 부족한 환경에 사람이 적응한 것이므로 '비생물요소가 생물요소에 영향을 주는 경우'이다.

바로알기 ㄴ. 군집은 일정한 지역에 사는 여러 개체군의 무리로, 생물요소로 구성된다. 따라서 비생물요소인 ㉠(공기)은 군집을 이루지 않는다.

ㄷ. 영양단계는 개체군이 먹이사슬에서 차지하고 있는 위치로, 생산자, 1차 소비자, 2차 소비자 등이 있다. ㉡(토끼풀)은 광합성으로 생명활동에 필요한 유기물을 스스로 만드는 생산자이고, ㉢(토끼)은 다른 생물을 먹이로 하여 유기물을 얻는 소비자이므로 ㉡과 ㉢은 영양단계가 다르다.

04 꼼꼼 문제 분석

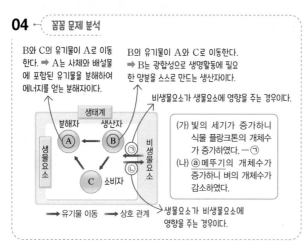

B와 C의 유기물이 A로 이동한다. ➡ A는 사체와 배설물에 포함된 유기물을 분해하여 에너지를 얻는 분해자이다.

B의 유기물이 A와 C로 이동한다. ➡ B는 광합성으로 생명활동에 필요한 양분을 스스로 만드는 생산자이다.

비생물요소가 생물요소에 영향을 주는 경우이다.

생태계

분해자 A

생산자 B

소비자 C

생물요소

비생물요소

㉠ ㉡

➡ 유기물 이동 ➡ 상호 관계

생물요소가 비생물요소에 영향을 주는 경우이다.

(가) 빛의 세기가 증가하니 식물 플랑크톤의 개체수가 증가하였다. — ㉠

(나) ⓐ메뚜기의 개체수가 증가하니 벼의 개체수가 감소하였다.

ㄱ. 빛의 세기는 비생물요소이고, 식물 플랑크톤은 생물요소이므로 빛의 세기가 증가하니 식물 플랑크톤의 개체수가 증가한 것은 비생물요소가 생물요소에 영향을 주는 경우(㉠)에 해당한다.

ㄷ. ⓐ(메뚜기)는 1차 소비자이므로 C(소비자)에 속한다.

바로알기 ㄴ. 메뚜기와 벼는 모두 생물요소이므로 메뚜기의 개체수가 증가하니 벼의 개체수가 감소한 것은 생물요소 사이에 영향을 주고받는 경우에 해당한다. ㉡은 생물요소가 비생물요소에 영향을 주는 경우이다.

05 ㄱ. 동물의 종류에 따라 번식 시기가 다른 것은 일조 시간의 영향을 받은 것으로, 종달새는 일조 시간이 길어지는 봄에 번식하고, 노루는 일조 시간이 짧아지는 가을에 번식한다.

ㄷ. 강한 빛을 받는 잎(㉠)은 약한 빛을 받는 잎(㉡)보다 울타리 조직이 발달하여 두께가 두껍다.

바로알기 ㄴ. 식물의 종류에 따라 개화 시기가 다른 것은 일조 시간의 영향을 받은 것으로, 붓꽃은 일조 시간이 길어지는 봄과 초여름에 꽃이 피고, 코스모스는 일조 시간이 짧아지는 가을에 꽃이 핀다.

06 꼼꼼 문제 분석

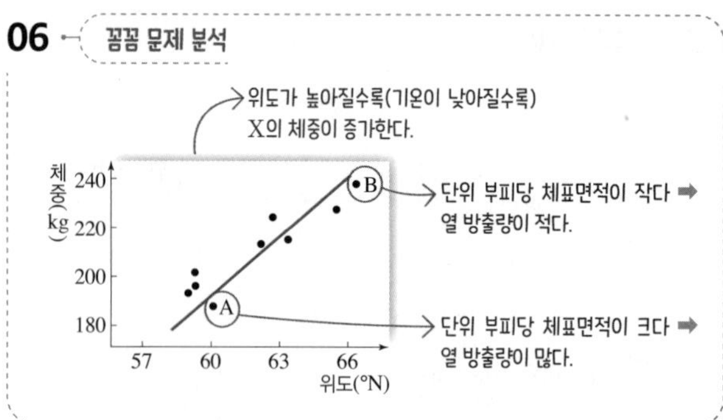

위도가 높아질수록(기온이 낮아질수록) X의 체중이 증가한다.
체중(kg)
240
220
200
180
57
60
63
66
위도(°N)
A
B
단위 부피당 체표면적이 작다 ➡ 열 방출량이 적다.
단위 부피당 체표면적이 크다 ➡ 열 방출량이 많다.

ㄱ. 서식지의 위도가 높을수록 X는 체중이 무거운 것으로 보아 몸집이 크다는 것을 알 수 있다.

ㄷ. B는 A보다 몸집이 커서 단위 부피당 체표면적이 작으므로 열 방출량이 적다. 따라서 추운 곳에서 체온을 유지하는 데 효과적이다.

바로알기 ㄴ. 몸집이 작을수록 단위 부피당 체표면적이 크므로 열 방출량이 많다.

07 물은 생명 유지에 반드시 필요하다. 따라서 생물은 체내 수분을 보존하기 위해 다양한 방법으로 적응하였다.

모범 답안 (가)는 몸 표면이 비늘로 덮여 있어 수분이 손실되는 것을 방지하며, (나)는 잎이 가시로 변해 수분의 증발을 방지하고 저수조직이 발달하여 내부에 물을 저장할 수 있다.

채점 기준	배점
(가)와 (나)가 건조한 환경에 적응한 방법을 각각 몸 표면의 비늘과 가시 및 저수조직을 포함하여 옳게 서술한 경우	100 %
(가)와 (나) 중 하나만 옳게 서술한 경우	50 %

08 • 학생 A: 물질대사는 생명체에서 일어나는 화학 반응으로, 효소의 작용으로 일어나므로 온도의 영향을 받는다. 따라서 생물의 생명활동은 온도의 영향을 받는다.

• 학생 B: 지렁이는 흙속을 돌아다니면서 토양의 통기성을 높여 산소가 필요한 생물이 살기 좋은 환경을 만든다.

바로알기 • 학생 C: 툰드라에 사는 털송이풀의 잎이나 꽃에 털이 나 있는 것은 추운 환경에서 체온이 낮아지는 것을 막기 위한 것으로, 온도에 적응한 것이다.

09 ㄱ. 뱀은 토끼를 먹이로 할 때에는 2차 소비자이고, 개구리를 먹이로 할 때에는 3차 소비자이다.

바로알기 ㄴ. 가장 많은 영양단계로 이루어진 먹이사슬은 최종 소비자가 4차 소비자인 경우로, '벼 → 메뚜기 → 쥐 → 뱀 → 매', '옥수수 → 메뚜기→ 개구리 → 뱀 → 늑대' 등이 있다.

ㄷ. 일정한 지역에 서식하는 생물종의 수가 많을수록, 각 생물종의 분포 비율이 균등할수록 종다양성이 높다. 개구리가 사라지면 생물종의 수가 적어지므로 종다양성은 감소한다.

10 꼼꼼 문제 분석

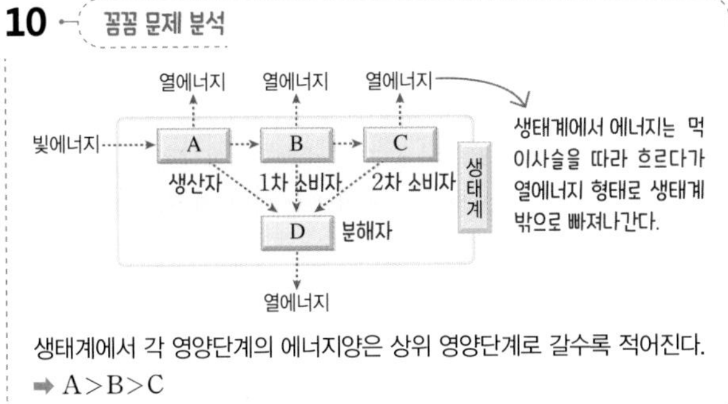

생태계에서 각 영양단계의 에너지양은 상위 영양단계로 갈수록 적어진다.
➡ A>B>C

ㄴ. A가 가진 에너지의 일부는 생명활동을 하는 데 쓰이고, 나머지 일부 에너지만 B로 전달된다. 또 B가 가진 에너지의 일부는 생명활동을 하는 데 쓰이고, 나머지 일부 에너지만 C로 전달된다. 따라서 A에서 B로 이동한 에너지양은 B에서 C로 이동한 에너지양보다 많다.

바로알기 ㄱ. A는 생산자, B는 1차 소비자, C는 2차 소비자, D는 분해자이며, 최종 소비자는 C이다.

ㄷ. 생태계에서 물질은 순환하지만, 에너지는 순환하지 않고 먹이사슬을 따라 흐르다가 열에너지 형태로 생태계 밖으로 빠져나간다. 따라서 생태계가 유지되려면 태양의 빛에너지가 계속 유입되어야 한다.

11 꼼꼼 문제 분석

영양단계	에너지양(상댓값)	에너지효율(%)
생산자 A	2000	–
2차 소비자 B	30	15
3차 소비자 C	6	㉠ 20
1차 소비자 D	200	10

안정된 생태계에서는 상위 영양단계로 갈수록 에너지양이 감소한다. ➡ 에너지양이 가장 많은 A가 생산자이고, D가 1차 소비자, B가 2차 소비자, C가 3차 소비자이다.

(2) 3차 소비자인 C의 에너지효율(%)은 $\frac{\text{C의 에너지양}}{\text{B의 에너지양}} \times 100$ $= \frac{6}{30} \times 100 = 20$ %이다.

(3) 2차 소비자의 개체수가 증가하면 2차 소비자를 먹이로 하는 3차 소비자의 개체수는 증가하고, 2차 소비자의 먹이가 되는 1차 소비자의 개체수는 감소한다.

모범 답안 (1) A → D → B → C, 안정된 생태계에서는 상위 영양단계로 갈수록 에너지양이 줄어들므로 에너지양이 가장 많은 A가 생산자이고, D가 1차 소비자, B가 2차 소비자, C가 3차 소비자이다.

(2) 20 %

(3) 2차 소비자인 B의 개체수가 증가하면 3차 소비자인 C의 개체수는 증가하고, 1차 소비자인 D의 개체수는 감소하며, D의 개체수가 감소하면 생산자인 A의 개체수는 증가한다.

채점 기준		배점
(1)	먹이사슬을 옳게 나타내고, 영양단계에 따른 에너지양을 근거로 옳게 서술한 경우	40 %
	먹이사슬만 옳게 나타낸 경우	20 %
(2)	20 %라고 쓴 경우	20 %
(3)	A, B, C, D의 영양단계를 포함하여 A, C, D의 개체수 변화를 옳게 서술한 경우	40 %
	A, C, D의 개체수 변화만 옳게 서술한 경우	20 %

12 꼼꼼 문제 분석

- 생물 A~D는 하나의 먹이사슬을 이루며, 각각 1차 소비자, 2차 소비자, 3차 소비자, 생산자 중 하나이다.
- C는 광합성으로 생명활동에 필요한 유기물을 스스로 만든다. ➡ C는 생산자이다.
- B의 개체수가 일시적으로 증가하면 D의 개체수는 감소하고 A의 개체수는 증가한다.
- 생체량은 상위 영양단계로 갈수록 감소하며, A가 D보다 생체량이 많다. ➡ A는 D보다 하위 영양단계이다.

- 1차 소비자 증가 ➡ 생산자 감소, 2차 소비자 증가 → 3차 소비자 증가 ➡ B가 1차 소비자일 경우 A와 D가 모두 증가하므로 조건에 맞지 않는다.
- 2차 소비자 증가 ➡ 3차 소비자 증가, 1차 소비자 감소 → 생산자 증가 ➡ B가 2차 소비자일 경우 D가 1차 소비자, A가 3차 소비자로, A가 D보다 하위 영양단계라는 조건을 만족하지 않는다.
- 3차 소비자 증가 ➡ 2차 소비자 감소 → 1차 소비자 증가 → 생산자 감소 ➡ B는 3차 소비자이고, D는 2차 소비자, A는 1차 소비자이다.

ㄱ. 생명활동에 필요한 유기물을 스스로 만드는 C는 생산자이고, 주어진 조건으로부터 B는 3차 소비자, D는 2차 소비자, A는 1차 소비자임을 알 수 있다.

ㄴ. B(3차 소비자)는 D(2차 소비자)보다 상위 영양단계이므로 에너지양은 B가 D보다 적다.

ㄷ. A(1차 소비자)의 개체수가 일시적으로 감소하면 먹이가 되는 C(생산자)의 개체수는 증가한다.

13 꼼꼼 문제 분석

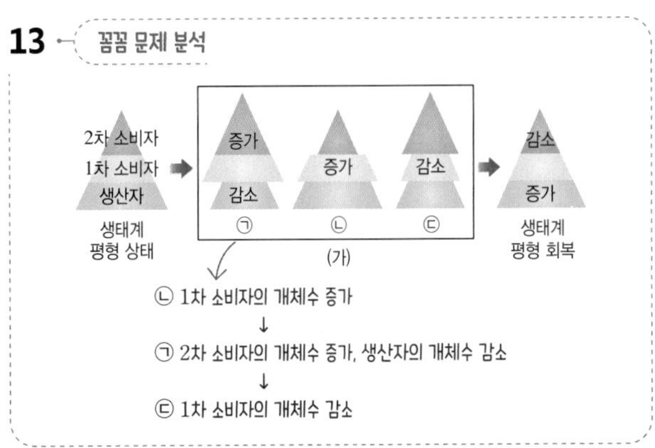

ㄱ. 1차 소비자의 개체수가 증가하면(㉡) 1차 소비자를 먹이로 하는 2차 소비자의 개체수는 증가하고, 1차 소비자가 먹이로 하는 생산자의 개체수는 감소하며(㉠), 이로 인해 1차 소비자의 개체수가 감소한다(㉢). 따라서 생태계평형이 회복되는 과정은 ㉡ → ㉠ → ㉢이다.

ㄴ. 각 영양단계의 개체수를 비교하면 2차 소비자의 개체수는 ㉢에서가 ㉡에서보다 많고, 1차 소비자의 개체수는 ㉡에서가 ㉢에서보다 많다. 따라서 $\frac{\text{1차 소비자의 개체수}}{\text{2차 소비자의 개체수}}$는 ㉡에서가 ㉢에서보다 크다.

바로알기 ㄷ. 2차 소비자의 개체수가 증가하거나 감소하면 1차 소비자의 개체수가 감소하거나 증가하므로 1차 소비자의 먹이가 되는 생산자의 개체수도 영향을 받는다.

14 꼼꼼 문제 분석

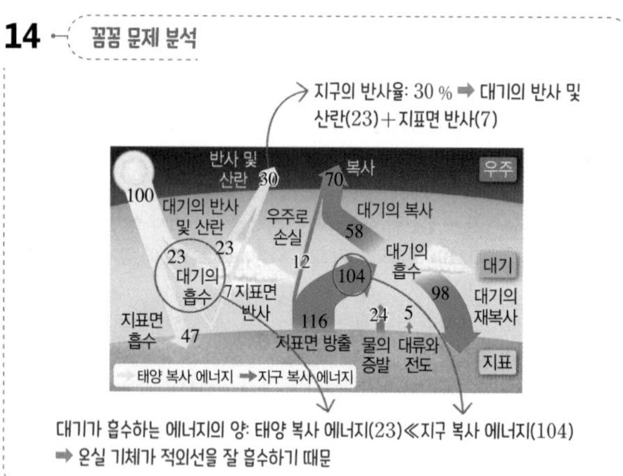

ㄴ. 대기가 흡수하는 태양 복사 에너지의 양은 23이고, 대기가 흡수하는 지구 복사 에너지의 양은 104이다. 따라서 대기는 태양 복사 에너지보다 지구 복사 에너지를 더 많이 흡수한다.

ㄷ. 대기가 우주로 방출하는 지구 복사 에너지의 양은 58이다.

바로알기 ㄱ. 지구에 들어오는 태양 복사 에너지의 양을 100이라고 할 때 대기와 지표면의 반사 및 산란(23+7)으로 우주 공간으로 빠져나가는 태양 복사 에너지의 양은 30이다. 따라서 지구의 반사율은 30 %이다.

ㄹ. 대기 중 온실 기체의 농도가 변하면 대기가 흡수하는 지구 복사 에너지의 양, 대기가 지표면으로 재복사하는 에너지의 양이 변하여 지구는 열수지 변동이 일어난다.

15 화석 연료의 사용 증가(A), 삼림 파괴로 대기 중 온실 기체의 농도가 증가(B)하면 지구 온난화가 일어난다. 지구 온난화로 해수의 온도가 상승(C)하면 해수의 열팽창으로 해수면이 상승(E)한다.

바로알기 지구 온난화로 인해 빙하가 녹으면 빙하 면적이 감소(D)하고, 해수면이 상승(E)한다.

16 이산화 탄소는 온실 기체이고, 온실 기체는 온실 효과를 일으켜 대기가 없을 때보다 기온을 높게 유지시켜 준다.

ㄱ. 과정 (나)보다 (라)에서 상자 안에 있는 이산화 탄소의 농도가 높다. 이산화 탄소는 적외선을 잘 흡수하고, 이산화 탄소의 농도는 과정 (라)일 때 가장 높으므로 기체에 의한 적외선의 흡수량은 과정 (나)보다 (라)일 때가 더 많다.

ㄴ. 과정 (라)일 때 이산화 탄소의 농도가 가장 높으므로 복사 평형에 도달했을 때의 온도도 가장 높고, 과정 (나)일 때 복사 평형에 도달했을 때의 온도가 가장 낮다. 과정 (라)에서 온도가 일정해졌을 때의 온도는 13.5 ℃이고, 과정 (다)는 (라)보다 이산화 탄소의 농도가 낮으므로 복사 평형일 때의 온도는 (라)에 비해 낮을 것이다. 따라서 ㉠은 12.7보다 크고, 13.5보다 작을 것이다.

ㄷ. 이 실험을 통해 대기 중 이산화 탄소(온실 기체)의 농도가 높을수록 지구의 평균 기온이 더 많이 상승한다는 것을 예측할 수 있다.

17 지구의 평균 기온이 상승하여 지구 온난화가 발생하면 대륙 빙하가 녹아 대륙 빙하의 면적이 감소하고, 그로 인해 지구의 반사율이 감소한다.

모범 답안 (1) 대기 중 온실 기체의 농도 증가로 지구 온난화가 나타나 빙하가 녹았기 때문이다.
(2) 빙하의 면적이 감소하여 지구의 반사율이 감소하였을 것이다.

채점 기준		배점
(1)	온실 기체의 농도 증가로 지구 온난화가 나타났기 때문이라고 옳게 서술한 경우	60 %
	지구 온난화 또는 지구의 평균 기온이 상승했기 때문이라고만 옳게 서술한 경우	20 %
(2)	반사율이 감소한다고 옳게 서술한 경우	40 %

18 꼼꼼 문제 분석

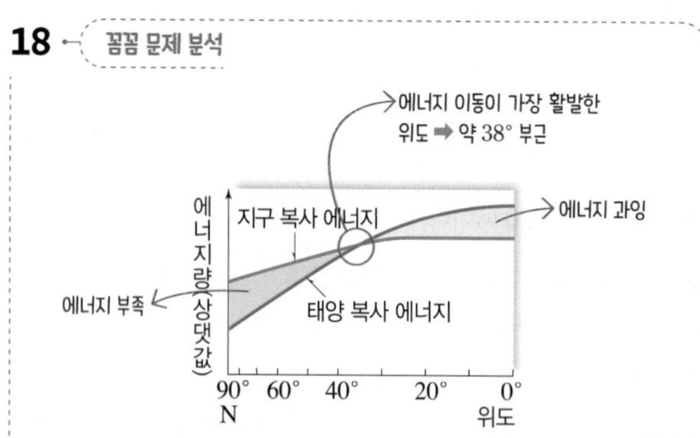

- 적도~위도 약 38 °: 태양 복사 에너지 흡수량>지구 복사 에너지 방출량 ➡ 에너지 과잉
- 위도 약 38 °~극: 태양 복사 에너지 흡수량<지구 복사 에너지 방출량 ➡ 에너지 부족
- 위도 약 38 ° 부근: 태양 복사 에너지 흡수량=지구 복사 에너지 방출량 ➡ 대기와 해수에 의한 에너지의 이동이 가장 활발한 지역

ㄱ. 저위도는 흡수하는 태양 복사 에너지량이 방출하는 지구 복사 에너지량보다 많으므로 에너지 과잉 상태이고, 고위도는 방출하는 지구 복사 에너지량이 흡수하는 태양 복사 에너지량보다 많으므로 에너지 부족 상태이다.

ㄷ. 대기와 해수의 순환은 저위도에서 고위도로 에너지를 수송하여 위도별 에너지 불균형을 해소하는 데 기여하는데, 에너지의 이동 방향이 북반구에서는 남쪽에서 북쪽 방향이고, 남반구에서는 북쪽에서 남쪽 방향이다.

바로알기 ㄴ. 저위도의 남는 에너지가 에너지가 부족한 고위도로 이동할 때 에너지의 이동이 가장 활발한 위도는 약 38° 부근이다.

19 꼼꼼 문제 분석

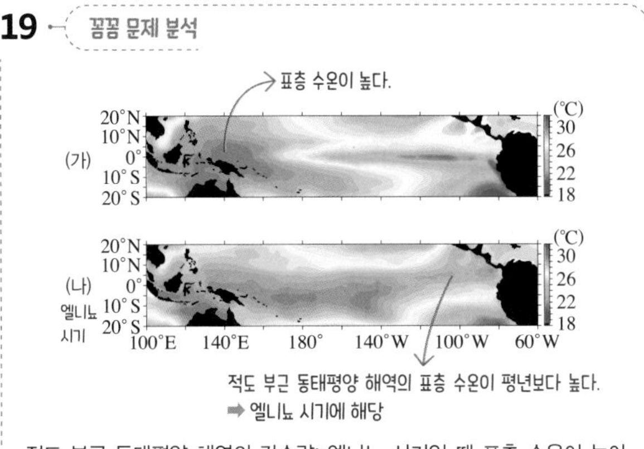

ㄴ. 무역풍에 의해 적도 부근의 따뜻한 표층 해수는 동쪽에서 서쪽으로 흐르는데, 무역풍이 세게 불수록 따뜻한 표층 해수가 서쪽으로 더 많이 이동하여 적도 부근 서태평양 해역에서는 해수면의 높이가 높아지고, 표층 수온이 상승한다. 따라서 (나)는 무역풍이 약하게 불 때 나타나는 엘니뇨 시기이므로 (가) 시기에 비해 적도 부근 서태평양 해역의 해수면 높이가 낮다.

ㄷ. 적도 부근 동태평양 해역에서 상승 기류가 형성되어 강수량이 많은 시기는 엘니뇨 시기인 (나)이다. 따라서 적도 부근 동태평양 해역에서 강수량은 (가)보다 (나) 시기에 더 많다.

바로알기 ㄱ. (가)와 (나) 중 적도 부근 동태평양 해역의 표층 수온이 더 높은 것은 (나)이므로, (나)일 때는 엘니뇨 시기에 해당한다.

20 ③ 인도네시아는 서태평양 해역에 위치하므로 엘니뇨 시기에 평년보다 강수량이 감소하여 가뭄, 산불에 의한 피해가 나타날 수 있다.

바로알기 ① 엘니뇨 시기에 우리나라는 겨울철에 이상 고온 건조 현상이 나타난다.

② 페루는 동태평양 해역에 위치하므로 엘니뇨 시기에 평년보다 강수량이 증가한다.

④ 엘니뇨로 인해 전 지구적인 기상 이변이 나타날 수 있다.

⑤ 엘니뇨는 가뭄, 산불, 홍수 등 평년에 비해 지구 환경의 변화를 초래하여 농작물의 재배지와 수확량 변화, 생물의 서식지와 개체수 변화 등을 일으킨다.

[21~22] 꼼꼼 문제 분석

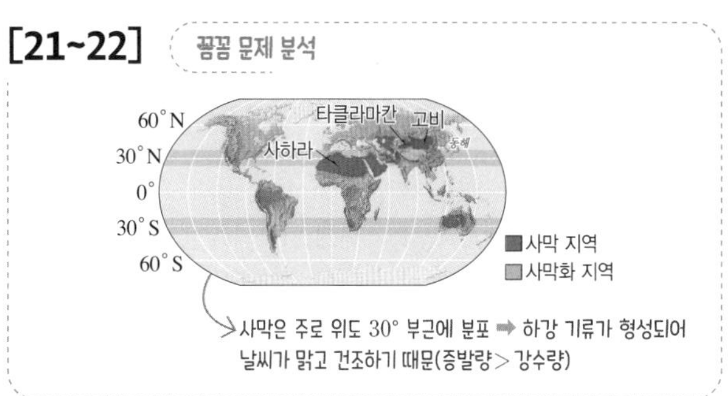

21 ③ 증발량이 강수량보다 많은 지역은 건조해서 사막화가 진행될 수 있다.

바로알기 ① 전 세계의 주요 사막은 대기 대순환의 하강 기류가 형성되는 위도 30° 부근에서 나타난다. 사막화는 주로 사막 주변에서 나타나므로 사막화 지역은 위도 30° 부근에 주로 분포한다.

② 사막화가 진행되면 생물의 서식지 파괴, 생물의 멸종 등이 나타나 생물다양성이 감소한다.

④ 중국과 몽골 지역의 사막화는 우리나라의 황사 발생 빈도를 증가시킨다.

⑤ 현재의 사막화는 지구 온난화로 인한 기후 변화, 삼림 벌채, 과잉 방목, 과잉 경작 등과 같은 인간의 활동에 의해서 나타나는 경우가 많다.

22 하강 기류가 형성된 지역은 날씨가 맑고 건조하다.

모범 답안 위도 30° 부근은 대기 대순환에 의해 하강 기류가 형성되는 곳이므로 날씨가 맑고 건조하기 때문이다.

채점 기준	배점
하강 기류가 형성되어 건조한 날씨가 나타나기 때문이라고 옳게 서술한 경우	100 %
하강 기류가 형성되기 때문이라고만 옳게 서술한 경우	50 %

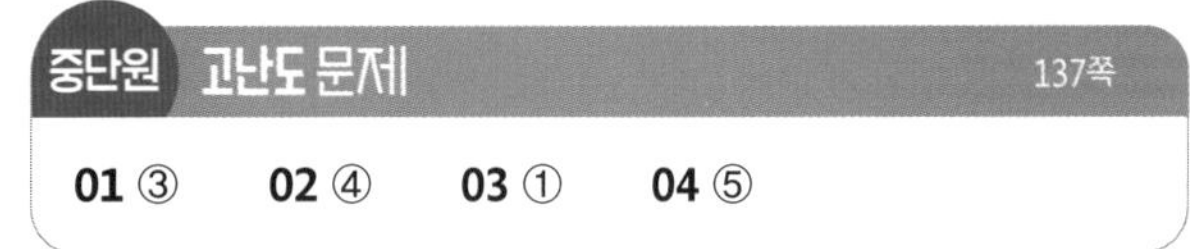

중단원 고난도 문제 137쪽

01 ③ 02 ④ 03 ① 04 ⑤

01 꼼꼼 문제 분석

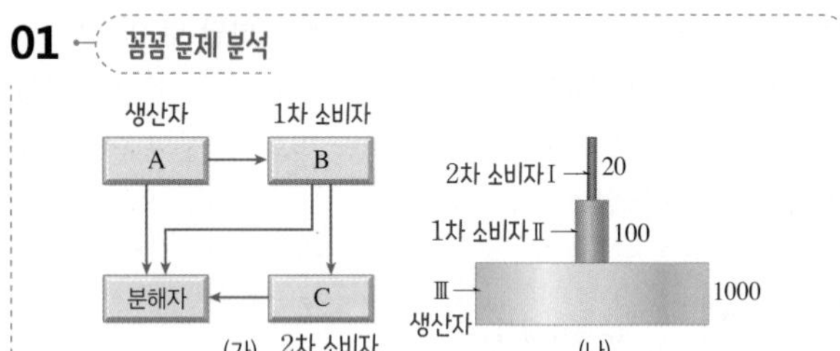

선택지 분석

㉠ A는 Ⅲ이다. (○)
㉡ C의 에너지는 모두 분해자에게 전달된다. (×)
㉢ 에너지효율은 C가 B의 2배이다. (○)

전략적 풀이 ❶ A~C와 Ⅰ~Ⅲ에 해당하는 영양단계를 파악한다.

ㄱ. A는 다른 생물로부터 유기물을 받지 않고, B와 분해자로 전달하므로 생산자이고, A의 유기물이 B를 거쳐 C로 이동하므로 B는 1차 소비자, C는 2차 소비자이다. 생태피라미드는 생산자부터 상위 영양단계로 쌓아 올린 것이므로 Ⅲ은 생산자(A), Ⅱ는 1차 소비자(B), Ⅰ은 2차 소비자(C)이다.

❷ 각 영양단계에서의 에너지 사용을 생각해 본다.

ㄴ. 2차 소비자(C)의 에너지는 생명활동을 하는 데 쓰이거나 열에너지로 방출되고, 사체와 배설물에 포함된 에너지만 분해자로 이동한다.

❸ 1차 소비자와 2차 소비자의 에너지효율을 구한다.

ㄷ. 에너지효율(%)은 C(2차 소비자)가 $\frac{\text{C의 에너지양}}{\text{B의 에너지양}} \times 100 = \frac{20}{100} \times 100 = 20\ \%$이고, B(1차 소비자)가 $\frac{\text{B의 에너지양}}{\text{A의 에너지양}} \times 100 = \frac{100}{1000} \times 100 = 10\ \%$이다. 따라서 C가 B의 2배이다.

02 꼼꼼 문제 분석

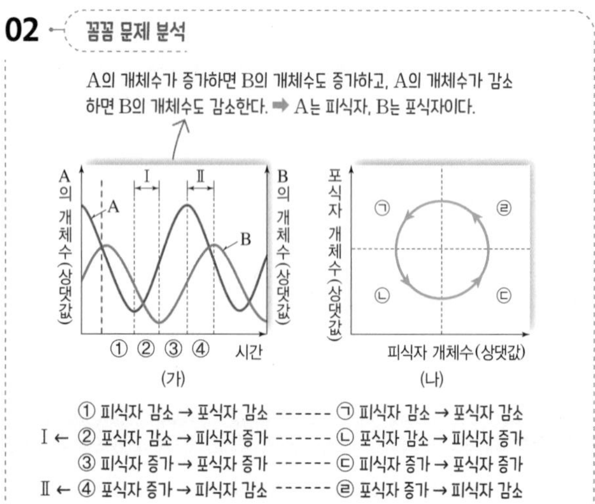

선택지 분석

㉠ A는 포식자이다. (×) 피식자
㉡ 구간 Ⅰ에서 B의 개체수가 감소하여 A의 개체수가 증가한다. (○)
㉢ (가)의 구간 Ⅱ는 (나)의 ㉣에 해당한다. (○)

전략적 풀이 ❶ A와 B의 개체수 변화를 고려하여 A와 B 중 어느 것이 각각 포식자와 피식자인지 파악한다.

ㄱ. 포식과 피식 관계에 있는 두 개체군의 개체수는 주기적으로 변동한다. (가)에서 A의 개체수가 감소하면 뒤따라 B의 개체수도 감소하고, A의 개체수가 증가하면 뒤따라 B의 개체수도 증가한다. 따라서 A는 피식자, B는 포식자이다.

❷ 구간 Ⅰ에서 포식자와 피식자의 개체수가 변하는 원인이 무엇인지 파악한다.

ㄴ. 구간 Ⅰ에서는 포식자(B)의 개체수가 감소하면서 피식자(A)가 덜 잡아먹혀 피식자의 개체수가 증가한다.

❸ 피식자와 포식자의 개체수 변동을 고려하여 (가)의 각 구간이 (나)의 어느 구간에 해당하는지 파악한다.

ㄷ. 구간 Ⅱ에서는 포식자(B)의 개체수가 증가하면서 피식자(A)가 많이 잡아먹혀 피식자의 개체수가 감소한다. (나)에서 포식자의 개체수(y축)는 증가하고, 피식자의 개체수(x축)는 감소하는 경우는 ㉣이다. 따라서 (가)의 구간 Ⅱ는 (나)의 ㉣에 해당한다.

03 꼼꼼 문제 분석

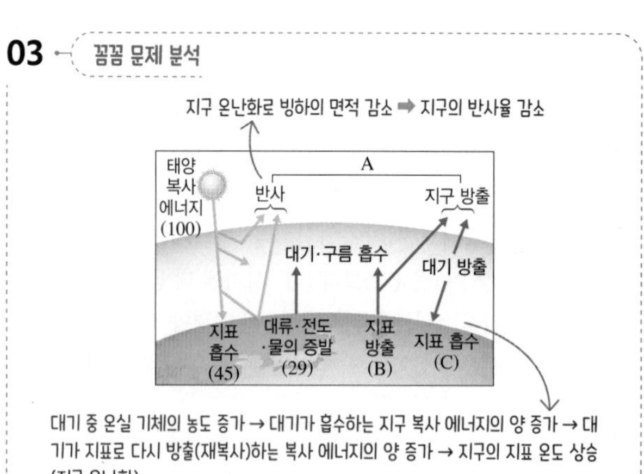

선택지 분석

㉠ A는 100보다 작을 것이다. (○)
㉡ B는 감소하고, C는 증가할 것이다. (×) 증가
㉢ 지구 온난화가 진행된 후 우주로 반사되는 태양 복사 에너지량의 비율은 산업 혁명 직전보다 클 것이다. (×) 작을

전략적 풀이 ❶ 산업 혁명 직전에는 지구가 복사 평형 상태였지만 지구 온난화가 진행 중인 현재는 지구 열수지가 변했다는 점을 생각한다.

ㄱ. 지구에 들어오는 태양 복사 에너지량이 100이라고 할 때, 지구가 복사 평형 상태일 때는 우주로 방출되는 지구 복사 에너지량과 지구의 지표와 대기에 의해 반사되는 태양 복사 에너지량의 합이 100이 되어야 한다. 하지만 현재 지구의 온도가 상승하고 있는 도중에 나타난 에너지 출입이므로 지구에 들어오는 에너지량에 비해 우주로 방출되는 에너지량이 적은 상태일 것이다. 따라서 A는 100보다 작을 것이다.

❷ 대기 중 온실 기체의 농도가 증가하면 온실 기체가 흡수하는 지구 복사 에너지의 양, 온실 기체가 지표로 재복사하는 에너지의 양이 증가한다는 점을 파악한다.

ㄴ. 대기 중 온실 기체의 농도가 증가하면 대기는 지표가 방출하는 지구 복사 에너지를 더 많이 흡수하고, 대기에서 지표로 더 많이 에너지를 재방출(재복사)하여 지표가 흡수하는 에너지의 양이 증가한다. 따라서 현재 지구는 대기 중 온실 기체의 농도 증가로 지구 온난화가 진행되고 있으므로 산업 혁명 직전에 비해 B와 C가 증가할 것이다.

❸ 빙하의 면적 감소는 지구의 반사율을 감소시킨다는 점을 파악한다.

ㄷ. 현재 지구 온난화가 진행됨에 따라 빙하의 면적이 계속 감소하고 있다. 따라서 지구의 반사율이 작아져 지표나 대기의 반사에 의해 우주로 빠져나가는 태양 복사 에너지량의 비율(지구의 반사율)은 산업 혁명 직전보다 작을 것이다.

04 ← 꼼꼼 문제 분석

엘니뇨 시기: 무역풍의 약화로 평년보다 서쪽으로 이동하는 따뜻한 표층 해수의 흐름이 약해진다. → 적도 부근 동태평양 해역에서 평년보다 용승이 약해진다. → 적도 부근 동태평양 해역의 표층 수온이 평년보다 높아져 수온 약층이 나타나기 시작하는 깊이가 깊어진다. ➡ A 시기

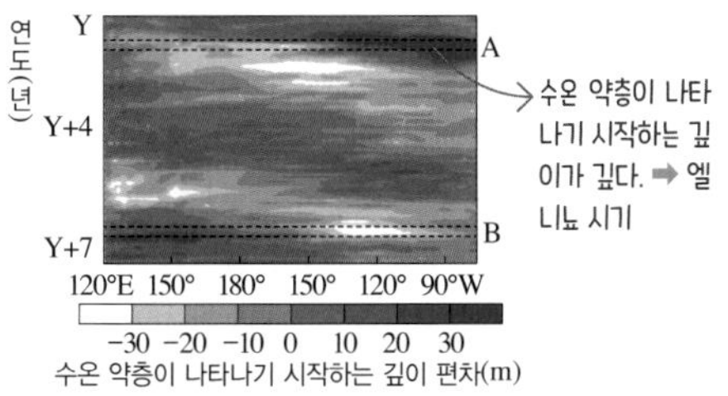

선택지 분석

ㄱ A는 엘니뇨 시기이다.

ㄴ A보다 B 시기에 페루 연안에서 용승이 강하게 일어난다.

ㄷ A 시기에는 적도 부근 서태평양 해역의 평균 기압 편차가 양(+)의 값을 갖는다.

전략적 풀이 ❶ 수온 약층이 나타나기 시작하는 깊이가 깊을수록 표층 수온이 높다는 점을 생각한다.

엘니뇨 시기에는 심층의 차가운 해수가 평년보다 적게 올라와(용승 약화) 표층 수온이 높아지므로 수온 약층이 나타나기 시작하는 깊이가 평년보다 깊어진다. 따라서 수온 약층이 나타나기 시작하는 깊이가 평년보다 깊어진 구간이 나타나는 기간이 엘니뇨 시기에 해당한다.

ㄱ. A 시기에 수온 약층이 나타나기 시작하는 깊이 편차가 (+)값을 나타내므로 A는 엘니뇨 시기에 해당한다.

❷ 적도 부근 동태평양 해역에서는 용승이 약하게 일어날수록 표층 수온이 높다는 점을 기억한다.

ㄴ. 적도 부근 동태평양 해역에서 용승이 약하게 일어날수록 심층의 찬 해수가 적게 올라와 적도 부근 동태평양 해역의 표층 수온이 높아진다. 따라서 엘니뇨(A) 시기에는 적도 부근 동태평양 해역의 표층 수온이 평년보다 높으므로 페루 연안에서 용승이 평년보다 약하게 일어난다는 것을 알 수 있다.

❸ 표층 수온이 높으면 기압이 낮아져 상승 기류가 형성되어 비가 내린다는 점을 기억한다.

ㄷ. 엘니뇨 시기일 때 적도 부근 서태평양 해역은 동태평양 해역에 비해 표층 수온이 낮기 때문에 고기압이 분포하여 하강 기류가 형성되므로 평년보다 강수량이 감소한다. 따라서 엘니뇨인 A 시기일 때 적도 부근 서태평양 해역은 평년보다 기압이 상승했으므로 평균 기압 편차가 양(+)의 값을 갖는다.

2 에너지 전환과 활용

01 태양 에너지의 생성과 전환

개념 확인 문제 142쪽

❶ 에너지 ❷ 수소 핵융합 ❸ 질량 ❹ 운동 ❺ 위치
❻ 전기 ❼ 흐름

1 (1) × (2) ○ (3) ○ 2 ㉠ 수소, ㉡ 헬륨 3 ㉠ 작, ㉡ 감소
4 태양 에너지 5 ㄴ, ㄹ, ㅁ 6 ㉠ 화학, ㉡ 열 7 ㉠ 운동, ㉡ 화학

1 (1) 핵에너지는 원자핵이 핵반응할 때 발생하는 에너지이다.
(2) 역학적 에너지는 물체의 운동 에너지와 위치 에너지의 합이다.
(3) 전기 에너지는 전류가 흐를 때 전달되는 에너지이다.

2 수소 핵융합 반응은 수소 원자핵 4개가 서로 충돌하여 헬륨 원자핵 1개로 변환되는 반응이다.

3 핵융합 반응 후 입자들의 질량 합은 반응 전 입자들의 질량 합보다 작으므로, 수소 핵융합 반응 후 생성된 헬륨 원자핵 1개의 질량은 반응 전 수소 원자핵 4개의 질량 합보다 작다. 이때 감소한 질량만큼 태양 에너지가 생성된다.

4 지구에서 여러 가지 자연 현상이 일어나는 데 필요한 에너지와 우리가 살아가는 데 필요한 에너지의 근원이 되는 에너지는 태양 에너지이다.

5 ㄱ. 우라늄과 같은 방사성 원소는 우주에서 초신성이 폭발할 때 만들어져서 지구가 생성될 때 지각에 포함된 것으로, 태양 에너지와 관계가 없다.
ㄷ. 지열 발전의 지열 에너지는 지구가 만들어질 때 저장된 에너지와 우라늄과 같은 방사성 원소가 붕괴하면서 방출하는 에너지로, 태양 에너지와 관계가 없다.

6 태양 에너지는 빛에너지의 형태로 광합성 과정을 통해 식물의 화학 에너지로 전환된다. 또 태양 에너지는 열에너지의 형태로 지표와 대기에 흡수되어 바람을 일으키므로 바람의 운동 에너지로 전환된다.

7 태양의 열에너지에 의해 물이 순환하는 과정과 태양의 빛에너지에 의해 탄소가 순환하는 과정에서 다양한 에너지 흐름이 일어난다.

내신 만점 문제 143쪽~144쪽

01 ④	02 ①	03 ⑤	04 ②	05 ④	06 ②
07 ④	08 ③	09 ⑤	10 해설 참조	11 해설 참조	

01 ㄱ. 일을 할 수 있는 능력을 에너지라고 한다.
ㄴ. 역학적 에너지는 운동하는 물체가 가진 운동 에너지와 높은 곳에 있는 물체가 가진 위치 에너지의 합이다.
바로알기 ㄷ. 핵에너지는 원자핵이 핵반응할 때 발생하는 에너지이다.

02 꼼꼼 문제 분석

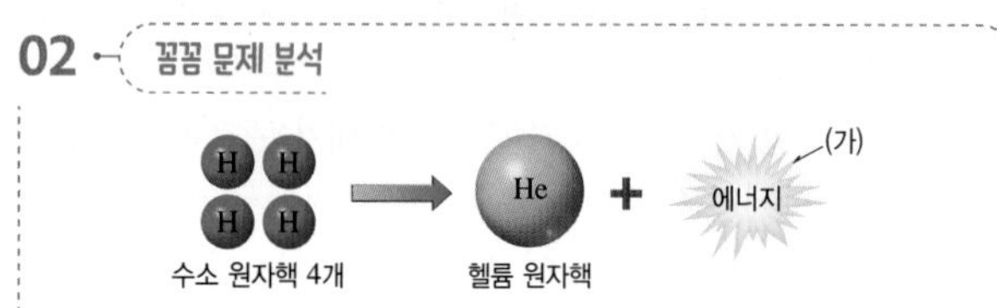

• 수소 핵융합 반응은 태양의 중심부인 핵에서 일어나며, 태양의 핵은 온도가 약 1500만 K인 초고온 상태이다.
• 수소 핵융합 반응에서 줄어든 질량에 해당하는 에너지를 방출하므로 질량이 감소한다.

ㄱ. 수소 핵융합 반응이 초고온에서 일어나는 까닭은 (+)전하를 띠는 원자핵들이 전기적인 반발력을 이기고 융합하기 위해서 큰 운동 에너지를 가지고 고속으로 충돌해야 하기 때문이다.
바로알기 ㄴ. 수소 핵융합 반응은 태양의 중심부인 핵에서 일어난다.
ㄷ. 수소 핵융합 반응에서 질량이 감소하므로, 수소 원자핵 4개의 질량 합은 헬륨 원자핵 1개의 질량보다 크다.

03 ⑤ 수소 핵융합 반응에서 질량이 감소한다. 질량과 에너지는 서로 전환될 수 있는 물리량이므로, 수소 핵융합 반응에서 발생하는 에너지는 질량이 에너지로 전환된 것이다.

04 ㄱ. 아인슈타인의 이론에 따르면 질량과 에너지는 서로 변환될 수 있는 물리량이다.
ㄴ. 핵반응에서 발생한 에너지는 질량이 변환된 것이므로, 핵반응에서 질량은 보존되지 않는다.
바로알기 ㄷ. 질량과 에너지는 서로 전환될 수 있는 물리량이다. 따라서 핵반응에서 감소한 질량이 클수록 에너지가 많이 발생한다.

05 ㄴ. 지구에 도달한 태양 에너지는 지구의 자연 현상과 생명 활동 과정에서 다양한 형태의 에너지로 전환되며 에너지 흐름을 일으킨다.
ㄷ. 지구에 도달한 태양 에너지는 지구 시스템 각 권역에서 물질(물, 탄소 등)을 순환시키고 에너지의 흐름을 일으킨다.

바로알기 ㄱ. 태양에서 방출된 에너지의 일부$\left(\frac{1}{20억}\text{ 정도}\right)$만 지구에 도달한다.

06 ① 바람이 불고 대기와 해수가 순환하는 현상은 태양의 열에너지가 지표와 대기에 흡수되어 대기와 해수의 운동 에너지로 전환되면서 일어나는 현상이다.
③ 식물의 광합성 작용은 태양의 빛에너지가 화학 에너지로 전환되어 양분으로 축적되는 현상이다.
④ 바닷물의 증발은 태양의 열에너지가 해수에 흡수되어 물의 위치 에너지로 전환되면서 일어나는 현상이다.
⑤ 태양 에너지는 바다에 흡수되어 물을 증발시키고 증발한 수증기는 구름이 되어 비, 눈과 같은 기상 현상을 일으킨다.
바로알기 ② 지진이나 화산 활동은 지구 내부 에너지에 의해 일어나므로, 태양 에너지가 전환되면서 일어나는 현상이 아니다.

07 꼼꼼 문제 분석

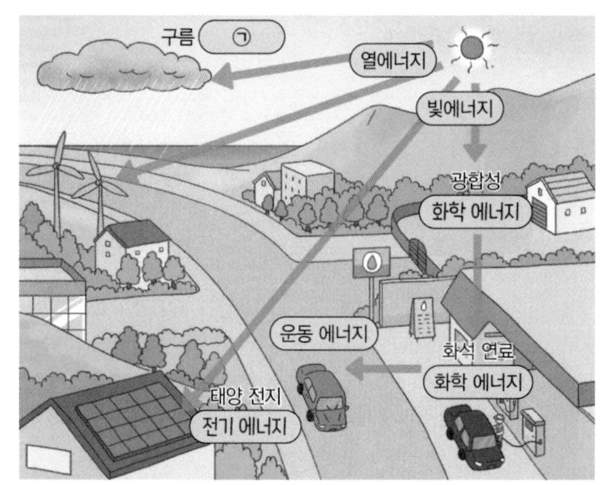

- 태양 에너지는 빛에너지의 형태로 광합성을 통해 식물의 화학 에너지로 전환되며 동물의 에너지원이 된다. → 식물이나 동물의 유해가 땅속에 묻혀 오랜 세월에 걸쳐 열과 압력을 받으면 현재 인류가 가장 많이 사용하고 있는 석탄, 석유, 천연가스 등과 같은 화석 연료가 된다.
- 태양 에너지는 열에너지의 형태로 지표면을 가열한다. → 열에너지를 흡수한 지표면은 지표면의 상태에 따라 온도 차가 발생한다. → 이에 따라 기압 차가 생기면 바람이 불게 된다. 또 지표의 물이 태양 에너지를 흡수하면 대기 중으로 증발해 수증기가 되고, 대기 중에서 수증기가 응결하면 구름이 된다. → 구름에서 만들어진 비와 눈은 다시 지표로 내려와 강과 바다를 이룬다.

㉠ 태양 에너지는 바닷물에 열에너지의 형태로 흡수되어 물을 증발시키고 구름을 만들어 구름의 위치 에너지로 전환된다.
㉡ 태양 에너지는 빛에너지의 형태에서 태양 전지를 이용하는 태양광 발전을 통해 전기 에너지로 전환된다.
㉢ 태양 에너지는 빛에너지의 형태로 광합성 과정에서 화학 에너지로 전환되고 이중 일부는 화석 연료의 화학 에너지로 전환된다.

08 꼼꼼 문제 분석

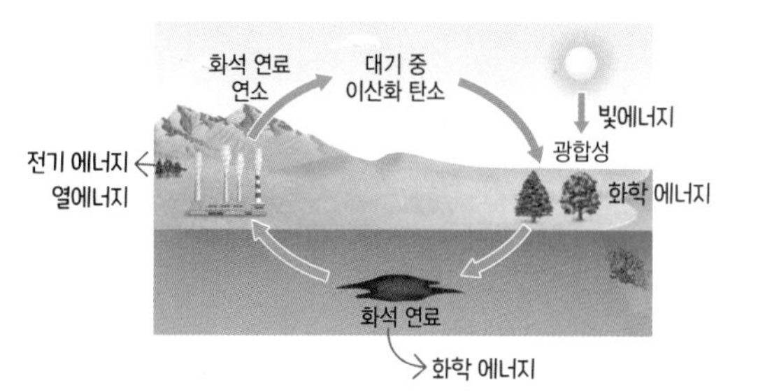

대기 중의 이산화 탄소는 태양 에너지와 함께 화학 에너지 형태로 포도당에 저장되고 생명체의 유해는 땅속에 묻혀 화석 연료가 된다. → 탄소를 매개로 하는 순환을 일으키며 다양한 에너지로 전환된다.

대기 중에 이산화 탄소로 존재하는 탄소는 광합성으로 식물에 양분으로 저장되는 과정에서 태양의 빛에너지가 화학 에너지 형태로 포도당에 저장된다.
이 양분을 에너지원으로 사용한 생명체 유해가 땅속에 묻혀 화석 연료가 되고, 이 화석 연료의 연소 과정에서 이산화 탄소로 배출된다.
이 과정에서 화석 연료의 화학 에너지는 공장과 자동차에 의해 열에너지와 운동 에너지로 전환된다.

09 꼼꼼 문제 분석

태양의 열에너지에 의해 물이 순환하는 과정에서 다양한 에너지 흐름이 일어난다.

바다의 물 → 수증기 → 구름(위치 에너지) → 비, 눈(운동 에너지) → 강, 댐의 물(위치 에너지, 운동 에너지) → 수력 발전소(전기 에너지) → 바다의 물

ㄱ. 태양 에너지가 바다의 물을 증발시켜 구름을 만들고, 비나 눈을 내리게 하여 강, 댐을 통해 물을 다시 바다로 흘러 가게 하는 순환 과정에서 태양 에너지의 전환이 연속적으로 일어난다.
ㄴ. (가)에서 구름의 위치 에너지는 지상에 비가 내릴 때 강의 상류, 댐 등에 물의 위치 에너지 형태로 저장된다.
ㄷ. (나)에서 물이 흐르며 생긴 운동 에너지는 수력 발전을 통해 전기 에너지로 전환된다.

10 모범 답안 수소 핵융합 반응은 태양 중심부에서 수소 원자핵 4개가 융합하여 헬륨 원자핵 1개가 만들어지는 반응이다.

채점 기준	배점
단어를 모두 포함하여 수소 핵융합 반응을 옳게 서술한 경우	100 %
수소 원자핵과 헬륨 원자핵만을 포함하여 수소 핵융합 반응을 서술한 경우	50 %

11 모범 답안 질량과 에너지는 서로 변환될 수 있는 물리량이므로, 태양에서 일어나는 수소 핵융합 반응에서 감소한 질량이 에너지로 전환되어 방출된다.

채점 기준	배점
질량과 에너지의 관계를 이용하여 태양 에너지의 생성 원리를 옳게 서술한 경우	100 %
질량과 에너지의 관계에 대한 서술 없이 감소한 질량이 에너지로 전환된다고만 서술한 경우	50 %

실력 UP 문제 145쪽

01 ⑤ 02 ③ 03 ① 04 ②

01 꼼꼼 문제 분석

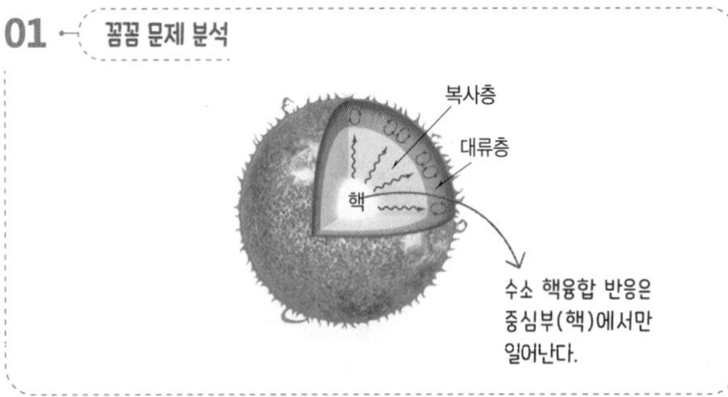

ㄴ. 중심부는 약 1500만 K인 초고온 상태이기 때문에 수소는 원자핵과 전자가 분리된 플라스마 상태로 존재한다.
ㄷ. 핵에서 수소 핵융합 반응으로 생성된 에너지가 태양 표면에 도달하고, 태양 표면에서는 사방으로 에너지가 방출된다.
바로알기 ㄱ. 태양의 중심부는 압력과 온도가 매우 높다.

02 ㄱ. 수소 핵융합 반응에서는 수소 원자핵 4개가 융합하여 헬륨 원자핵 1개를 만든다.
ㄴ. 수소 핵융합 반응에서 발생하는 에너지는 감소한 질량이 에너지로 변환된 것이다. 따라서 양성자 2개와 중성자 2개로 이루어진 헬륨 원자핵 1개의 질량은 양성자 2개와 중성자 2개의 질량을 모두 더한 것보다 작다.
바로알기 ㄷ. 태양 중심부에서 수소 핵융합 반응으로 수소 원자핵 4개가 융합하여 헬륨 원자핵 1개가 만들어지므로, 시간이 지날수록 수소의 양은 점점 감소한다.

03 꼼꼼 문제 분석

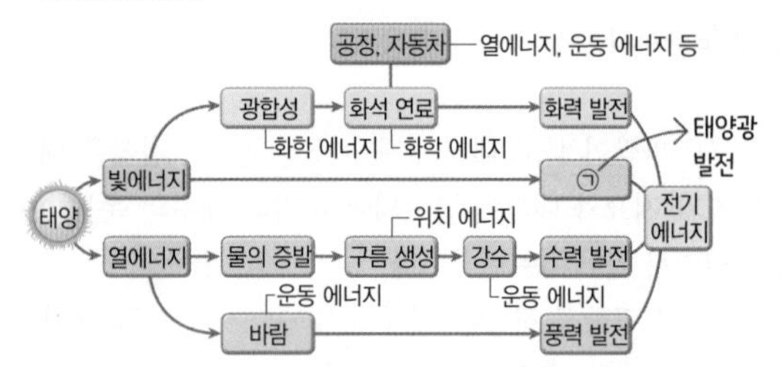

지구에 도달한 태양 에너지는 다양한 형태의 에너지로 전환되어 일상생활에 활용된다.

ㄱ. 태양의 빛에너지를 전기 에너지로 바꾸는 장치는 태양 전지이므로, '태양광 발전'이 ㉠에 해당한다.
바로알기 ㄴ. 태양 에너지는 열에너지의 형태로 지표와 대기, 해수에 흡수되어 바람을 불게 하고 물을 증발시켜 구름을 만들며 비, 눈과 같은 기상 현상을 일으킨다.
ㄷ. 태양 에너지는 빛에너지의 형태로 광합성 과정에서 화학 에너지로 전환되어 생명체의 생명 활동을 가능하게 하고 생물의 먹이 사슬을 따라 이동한다.

04 꼼꼼 문제 분석

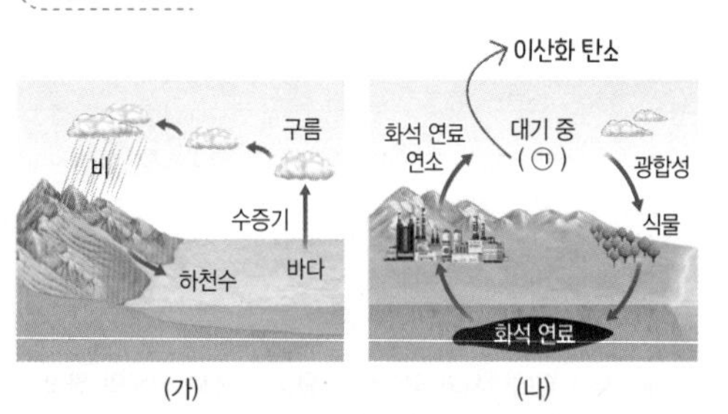

(가) (나)

(가) 태양의 열에너지에 의해 물이 순환하는 과정에서 다양한 에너지 흐름이 일어난다.
- 물의 순환 과정
  바다의 물 → 수증기 → 구름(위치 에너지) → 비, 눈(운동 에너지) → 강, 댐의 물(위치 에너지, 운동 에너지) → 수력 발전소(전기 에너지) → 바다의 물

(나) 태양의 빛에너지에 의해 탄소가 순환하는 과정에서 다양한 에너지 흐름이 일어난다.
- 탄소의 순환 과정
  대기 중의 이산화 탄소 → 식물의 광합성(화학 에너지) → 화석 연료(화학 에너지) → 자동차, 공장(운동 에너지, 열에너지) → 대기 중의 이산화 탄소

ㄱ. 대기 중에 이산화 탄소로 존재하는 탄소가 식물의 광합성에 의해 포도당으로 저장되므로, ㉠은 이산화 탄소이다.
ㄴ. 태양 에너지는 열에너지의 형태로 대기에 흡수되어 바람을 불게 하고 비, 눈과 같은 기상 현상을 일으킨다.
바로알기 ㄷ. 화석 연료는 근원적으로 태양 에너지가 화학 에너지로 전환되어 저장된 것이다.

02 / 발전과 에너지원

개념 확인 문제 147쪽

❶ 자기장 ❷ 전자기 유도 ❸ 유도 전류 ❹ 빠를 ❺ 셀 ❻ 반대 ❼ 운동

1 ㉠ 전자기 유도, ㉡ 자기장 **2** ㄱ, ㄴ, ㄷ **3** (1) ○ (2) × (3) ○

1 코일과 자석의 상대 운동에 의해 유도 전류가 흐르는 현상을 전자기 유도 현상이라고 하며, 유도 전류는 코일을 통과하는 자기장의 변화를 방해하는 방향으로 흐른다.

2 ㄱ, ㄴ, ㄷ. 코일의 감은 수가 많을수록, 자석의 세기가 셀수록, 자석을 빨리 움직일수록 코일을 통과하는 자기장의 변화가 커지므로 유도 전류는 더 많이 흐른다.
ㄹ. 코일의 감은 방향에 관계없이 유도 전류의 세기는 코일의 감은 수에만 관계된다.

3 (1) 코일 근처에서 자석을 움직일 때 유도 전류가 흐르므로, 검류계 바늘이 움직인다.
(2) 코일 속에 자석이 정지해 있을 때 유도 전류가 흐르지 않으므로, 검류계 바늘이 움직이지 않는다.
(3) 자석을 빨리 움직일수록 유도 전류가 더 많이 흐르므로, 검류계 바늘이 움직이는 폭이 커진다.

완자쌤 비법특강 148쪽

Q1 (다)

Q1 자석의 N극을 코일에 가까이 하면 코일의 위쪽에 N극을 형성하는 방향으로 유도 전류가 흐른다. (가)와 (나)는 코일의 위쪽에 S극을 형성하는 방향으로 유도 전류가 흐르고, (다)는 코일의 위쪽에 N극을 형성하는 방향으로 유도 전류가 흐른다.

개념 확인 문제 151쪽

❶ 발전기 ❷ 자석 ❸ 운동 ❹ 에너지원 ❺ 화력 ❻ 핵 ❼ 수력

1 (1) ○ (2) × (3) ○ **2** 자기장 **3** 발전기 **4** (1) ㉠ (2) ㉢ (3) ㉡ **5** ㉠ 열, ㉡ 열 **6** (1) 화 (2) 핵 (3) 핵 (4) 화

1 (1) 발전기는 안쪽에 축을 따라 회전하는 자석과 바깥쪽에 철심이 들어 있는 코일이 고정되어 있다.
(2) 발전기는 자석이나 코일의 운동 에너지를 전기 에너지로 전환하는 장치이다.
(3) 발전소의 발전기는 자석이 터빈에 연결되어 있어 터빈을 돌리면 발전기의 자석이 코일 속에서 회전한다.

2 발전기의 원리는 코일을 통과하는 자기장의 세기가 변할 때 코일에 유도 전류가 흐르는 현상을 이용한다.

3 발전소에서는 터빈이 발전기의 회전축에 연결되어 있으므로, 물이나 증기 등으로 터빈을 회전시키면 발전기의 자석이 터빈과 함께 회전하면서 전기 에너지를 생산한다.

4 (1) 화력 발전에서는 석탄, 석유와 같은 화석 연료의 화학 에너지를 이용한다.
(2) 핵발전은 우라늄의 핵에너지를 이용한다.
(3) 수력 발전은 높은 곳에 있는 물의 위치 에너지를 이용한다.

5 (1) 화력 발전에서 화석 연료를 연소시킬 때 화학 에너지가 열에너지로 전환되며, 이때 발생하는 열에너지로 물을 끓여 고온·고압의 증기를 만들고, 이 증기의 운동 에너지로 터빈을 돌려 전기 에너지를 얻는다.
(2) 핵발전에서 핵연료가 핵분열할 때 핵에너지가 열에너지로 전환되며, 이때 발생하는 열에너지로 물을 끓여 고온·고압의 증기를 만들고, 이 증기의 운동 에너지로 터빈을 돌려 전기 에너지를 얻는다.

6 (1) 다양한 화석 연료를 사용할 수 있어 에너지 공급의 안정성이 높은 발전 방식은 화력 발전이다.
(2) 연소 과정에서 이산화 탄소 배출이 거의 없는 발전 방식은 핵발전이다.
(3) 방사성 폐기물 처리가 어렵고, 방사능이 누출될 경우 큰 피해가 생길 수 있는 발전 방식은 핵발전이다.
(4) 다른 발전소에 비해 적은 비용으로 건설할 수 있는 발전 방식은 화력 발전이다.

내신 만점 문제 152쪽~154쪽

01 ③ **02** ③ **03** ② **04** ① **05** ① **06** ②
07 ③ **08** ⑤ **09** ① **10** ③ **11** ② **12** ①
13 해설 참조 **14** 해설 참조

01 ㄱ. 자석을 코일에 가까이 하거나 멀리 할 때 코일을 통과하는 자기장이 변하므로 코일에 전류가 흐른다.
ㄷ. 자석을 2배 빠르게 움직이면 코일을 통과하는 자기장의 시간에 따른 변화가 커져서 유도 전류의 세기가 커진다.
바로알기 ㄴ. 자석이 코일 안에 정지해 있을 때는 코일을 통과하는 자기장의 변화가 없어 전류가 흐르지 않는다.

02 ㄱ. 코일에서 자석의 N극을 멀리 할 때 코일에 흐르는 유도 전류의 방향은 코일에 자석의 N극을 가까이 할 때와 반대이므로, 검류계 바늘이 오른쪽으로 움직인다.
ㄷ. 코일에 자석의 S극을 가까이 할 때 코일에 흐르는 유도 전류의 방향은 N극을 가까이 할 때와 반대이므로, 검류계 바늘이 오른쪽으로 움직인다.
바로알기 ㄴ. 코일에서 자석의 S극을 멀리 할 때 코일에 흐르는 유도 전류의 방향은 N극을 멀리 할 때와 반대이므로 코일에 N극을 가까이 할 때와 같은 방향이다. 따라서 코일에서 자석의 S극을 멀리 할 때, 검류계 바늘은 왼쪽으로 움직인다.

03 꼼꼼 문제 분석

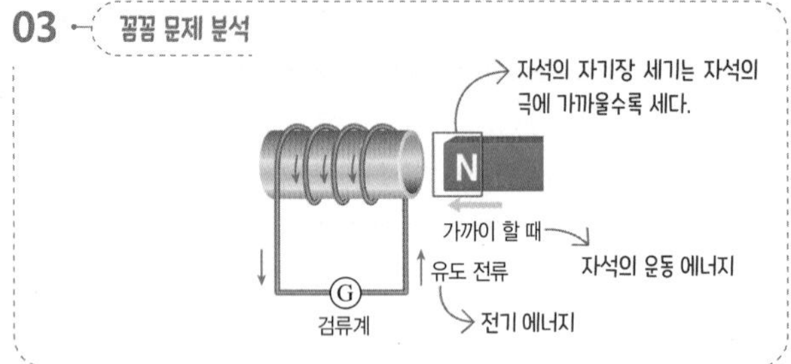

ㄱ. 자석의 자기장 세기는 자석의 극에 가까울수록 세므로, 자석을 코일에 가까이 할 때 코일을 통과하는 자기장의 세기가 증가한다.
ㄴ. 자석이 코일 근처에서 움직일 때, 유도 전류가 흐르는 코일의 전기 에너지는 자석의 운동 에너지가 전환된 것이다.
바로알기 ㄷ. 자석이 코일 속에서 정지하면 코일을 통과하는 자기장의 세기는 일정하다.

04 꼼꼼 문제 분석

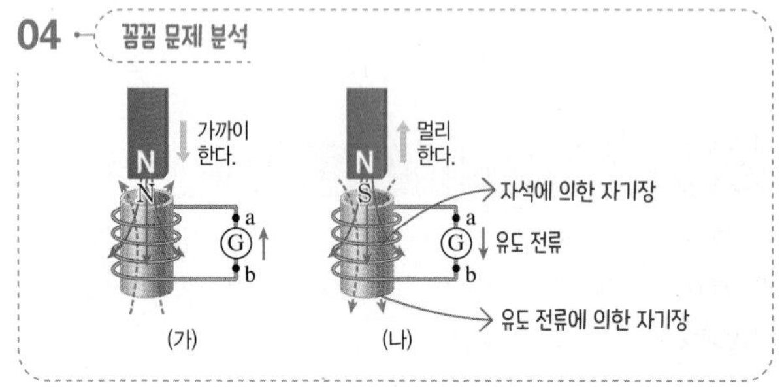

ㄱ. 유도 전류의 방향은 코일을 통과하는 자기장의 변화를 방해하는 방향으로 흐르는데, 코일을 통과하는 자기장의 변화는 자석의 움직임으로 인해 생기므로 유도 전류는 자석의 운동을 방해하는 방향으로 흐른다. (가)에서 자석의 N극을 코일에 가까이 할 때 코일의 위쪽에 N극이 형성되도록 유도 전류가 흘러 자석에 척력이 작용한다.
바로알기 ㄴ. (나)에서는 자석의 N극을 멀리 할 때 코일의 위쪽에 S극이 형성되도록 유도 전류가 흐르므로 (가)와 반대 방향으로 전류가 흐른다.
ㄷ. 자기장의 방향은 N극에서 나와서 S극으로 들어가는 방향이므로 (나)의 코일 내부에서 자석의 자기장의 방향은 아래 방향이다. 유도 전류는 코일의 위쪽에 S극을 형성하는 방향으로 흐르므로, 코일 내부에서 자기장의 방향도 아래 방향이다. 따라서 (나)의 코일 내부에서 자석에 의한 자기장의 방향과 유도 전류에 의한 자기장의 방향은 같다.

05 꼼꼼 문제 분석

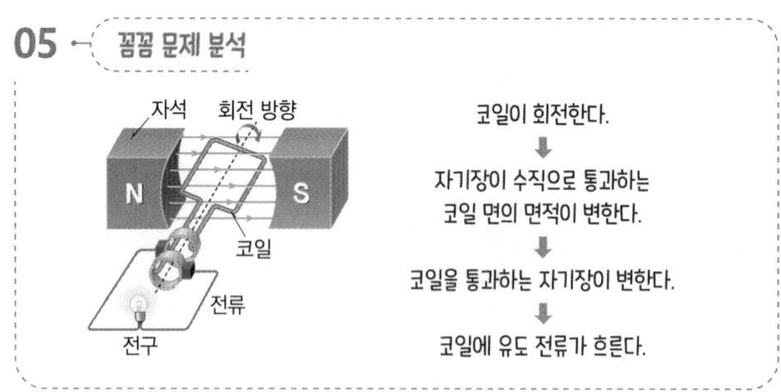

ㄴ. 코일이 회전할 때 전자기 유도 현상이 일어나 유도 전류가 흐르므로, 코일의 운동 에너지가 전기 에너지로 전환된다.
바로알기 ㄱ. 코일이 회전할 때 코일 면과 자석의 자기장 방향이 이루는 각도가 계속 변하므로, 코일을 통과하는 자기장의 세기가 계속 변한다.
ㄷ. 코일이 빠르게 회전할수록 코일을 통과하는 자기장의 시간에 따른 변화가 커져서 유도 전류의 세기가 커진다.

06 전동기와 발전기는 작동 원리가 서로 다르지만 구조가 같아 발전기를 전동기로 사용할 수 있고, 전동기를 발전기로도 사용할 수 있다.
ㄱ. 전동기와 발전기는 모두 자석과 코일로 구성되어 있으므로, 전동기와 발전기의 구조는 근본적으로 같다.
ㄴ. 전동기는 자석의 자기장 내에 있는 코일에 전류가 흐를 때 코일이 회전하므로, 전기 에너지를 운동 에너지로 전환하는 장치이다. 이와 반대로 전동기의 코일을 회전시키면 발전기에서와 같이 전자기 유도 현상이 일어나 코일에 유도 전류가 흐른다. 따라서 전동기의 축을 돌리면 코일이 회전하면서 유도 전류가 흘러 발광 다이오드에 불이 켜진다.

바로알기 ㄷ. 전동기의 축을 돌릴 때 코일이 회전하여 유도 전류가 발생하므로, 코일의 운동 에너지가 전기 에너지로 전환된다.

07 ㄱ. 영구 자석이 회전할 때 코일을 통과하는 자기장이 변하므로 코일에 유도 전류가 흐른다.
ㄷ. 회전하는 영구 자석의 운동 에너지가 전기 에너지로 전환된다.
바로알기 ㄴ. 전자기 유도 현상에 의해 흐르는 전류는 교류이므로, 전조등에 흐르는 전류의 방향과 세기는 계속 변한다.

08 ① 수많은 날개가 달려 있는 터빈은 증기나 물의 흐름 등을 이용해 회전하는 힘을 얻는 장치이다.
② 발전기의 회전축에는 터빈이 연결되어 있으므로, 터빈이 회전할 때 회전축에 연결된 자석이 터빈과 함께 회전한다.
③ 발전기는 코일과 자석의 상대 운동으로 유도 전류를 얻는 전자기 유도를 이용하여 전기 에너지를 생산한다.
④ 터빈을 돌리는 에너지원에 따라 화력 발전, 수력 발전, 핵발전 방식으로 구분한다.
바로알기 ⑤ 화력 발전과 핵발전에서는 화학 에너지 → 열에너지 → 운동 에너지 → 전기 에너지의 에너지 전환 과정이 일어나지만, 수력 발전에서는 위치 에너지 → 운동 에너지 → 전기 에너지의 에너지 전환 과정이 일어난다.

09 ← 꼼꼼 문제 분석

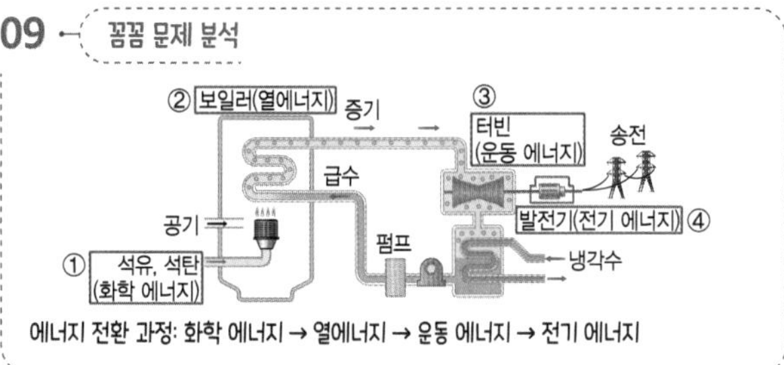

ㄱ. 화력 발전에서 화석 연료를 연소시킬 때 화학 에너지가 열에너지로 전환되며, 이때 발생하는 열에너지로 물을 끓여 고온·고압의 증기를 만들고, 이 증기의 운동 에너지로 터빈을 돌려 전기 에너지를 얻는다.
바로알기 ㄴ. 이산화 탄소 배출은 거의 없지만 방사능 누출의 위험이 있는 발전은 핵발전이다.
ㄷ. 화력 발전에서 에너지 전환 과정은 화학 에너지 → 열에너지 → 운동 에너지 → 전기 에너지이다.

10 ㄱ. 핵발전은 발전 과정에서 발생한 방사성 폐기물 처리가 어렵고 방사능 유출의 위험이 있다.
ㄷ. 핵발전은 핵분열 과정에서 줄어든 질량이 막대한 에너지로 변환되어 발생하므로, 적은 양의 연료로 대량의 전력을 생산할 수 있다.
바로알기 ㄴ. 핵발전은 원료 비용이 저렴하므로, 화력 발전에 비해 연료비가 적게 든다.

11 ①, ③, ④ 발전소에서 전기를 대규모로 생산하여 공급하는 것이 가능해졌으므로, 가정에서는 다양한 가전 제품을 편리하게 사용할 수 있고 첨단 과학 기술의 발전이 가능해졌다.
⑤ 발전 과정에서 환경 오염 문제가 발생하고, 발전소 건설에 따른 지역 주민 갈등 등과 같은 문제들이 발생한다.
바로알기 ② 화석 연료와 핵연료는 매장량에 한계가 있어 언젠가는 고갈될 수 있으므로, 지속적으로 이용할 수 있는 에너지에 해당되지 않는다.

12 ← 꼼꼼 문제 분석

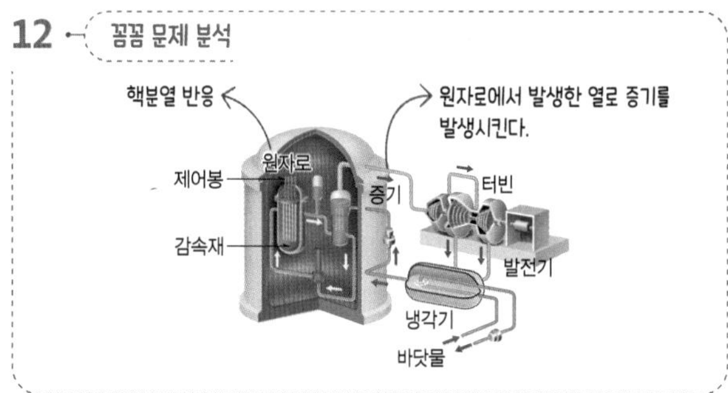

ㄷ. 핵발전은 원자로에서 일어나는 핵분열 반응에서 발생한 열로 물을 끓이고 증기를 발생시켜 발전기의 터빈을 돌린다.
바로알기 ㄱ. 핵발전은 우라늄 원자핵의 핵분열 반응에서 발생하는 에너지를 이용한다.
ㄴ. 핵발전은 발전 과정에서 이산화 탄소를 거의 발생시키지 않는다.

13 모범 답안 자석을 움직이는 속력을 빠르게 한다. 감은 수가 많은 코일을 사용한다. 세기가 강한 자석을 사용한다.

채점 기준	배점
세 가지 모두 옳게 서술한 경우	100 %
두 가지만 옳게 서술한 경우	70 %
한 가지만 옳게 서술한 경우	40 %

14 모범 답안 자석이 코일 속에서 회전하면(또는 코일이 자석 사이에서 회전하면) 코일을 통과하는 자기장의 세기가 변하므로, 전자기 유도 현상이 일어나 코일에 유도 전류가 흐른다.

채점 기준	배점
주어진 용어를 모두 사용하여 옳게 서술한 경우	100 %
주어진 용어를 2～3개만 사용하여 서술한 경우	50 %

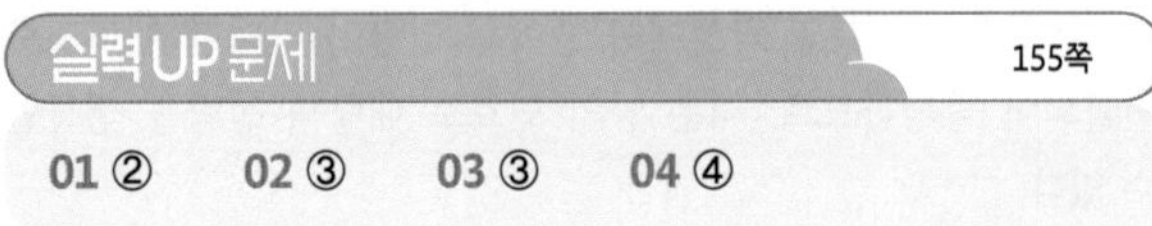

실력 UP 문제

155쪽

01 ② 02 ③ 03 ③ 04 ④

01 꼼꼼 문제 분석

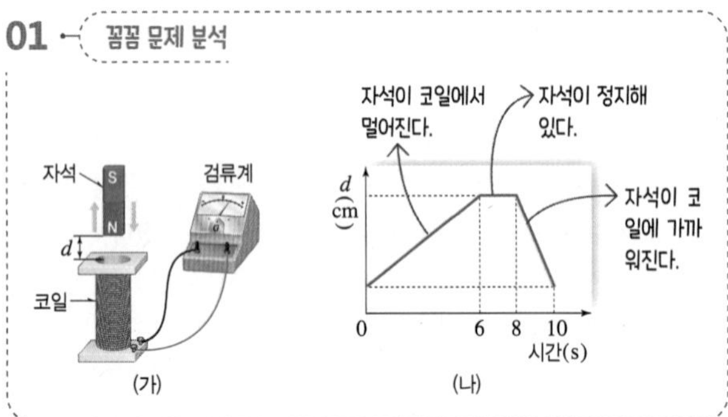

d가 증가하는 0초부터 6초까지 자석은 코일에서 멀어지고, d가 일정한 6초부터 8초까지 자석은 정지해 있다. d가 감소하는 8초부터 10초까지 자석은 코일에 가까워진다.

ㄷ. 자석의 운동 방향은 3초일 때와 9초일 때가 서로 반대이므로, 유도 전류의 방향도 3초일 때와 9초일 때가 서로 반대이다.

바로알기 ㄱ. 7초일 때 자석이 정지해 있으므로, 코일을 통과하는 자기장의 변화가 없어서 유도 전류가 흐르지 않는다.

ㄴ. 자석과 코일 사이의 간격인 d는 9초일 때가 3초일 때보다 빠르게 변한다. 즉, 자석의 속력은 9초일 때가 3초일 때보다 빠르므로, 유도 전류의 세기는 9초일 때가 3초일 때보다 크다.

02 꼼꼼 문제 분석

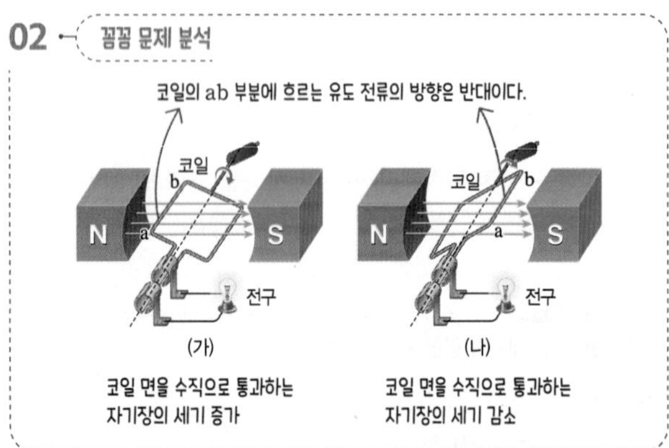

① (가)는 코일 면이 자석의 자기장의 방향과 이루는 각도가 0°에서 점점 커져서 90°가 되어 가는 과정의 어느 한 순간이므로, 코일 면을 수직으로 통과하는 자기장의 세기가 증가한다.

② (나)는 코일 면이 자석의 자기장의 방향과 이루는 각도가 90°에서 점점 작아져 0°가 되어 가는 과정의 어느 한 순간이므로, 코일 면을 수직으로 통과하는 자기장의 세기가 감소한다.

④ 코일에 흐르는 유도 전류는 코일을 통과하는 자기장의 변화를 방해하는 방향으로 흐르기 때문에 코일이 회전하는 것을 방해한다.

⑤ 코일이 빠르게 회전할수록 코일을 통과하는 자기장의 시간에 따른 변화가 커서 유도 전류의 세기가 커진다. 따라서 코일의 운동 에너지가 클수록 더 많은 전기 에너지를 얻을 수 있다.

바로알기 ③ (가)에서는 코일 면을 수직으로 통과하는 자기장의 세기가 증가하고 (나)에서는 코일 면을 수직으로 통과하는 자기장의 세기가 감소하므로, 코일의 ab 부분에 흐르는 유도 전류의 방향은 (가)와 (나)에서 서로 반대이다.

03 꼼꼼 문제 분석

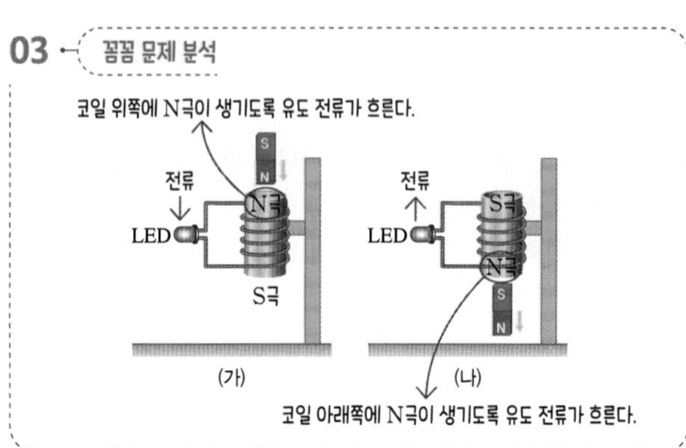

ㄱ. (가)에서 자석이 코일에 가까워질 때 코일에 흐르는 유도 전류의 방향은 자석의 운동을 방해하는 방향, 즉 자석에 척력이 작용하는 방향으로 흐른다. 따라서 코일의 위쪽에 유도 전류에 의한 자기장의 N극이 생기도록 유도 전류가 흐르므로 자석이 받는 자기력의 방향은 위쪽이다.

ㄴ. (가)에서 발광 다이오드에 불이 켜질 때 에너지가 전환되는 과정은 자석의 운동 에너지 → 전기 에너지 → 빛에너지이다.

바로알기 ㄷ. LED는 전류를 한 방향으로만 흐르게 한다. (나)에서 자석이 코일로부터 멀어질 때 코일에 흐르는 유도 전류의 방향은 자석의 운동을 방해하는 방향, 즉 자석에 인력이 작용하는 방향으로 흐른다. 따라서 코일의 아래쪽에 N극이 생기도록 유도 전류가 흘러야 하는데 이 방향은 (가)에서와 반대 방향이므로, LED에 전류가 흐르지 않는다. 따라서 (나)에서 발광 다이오드에 불이 켜지지 않는다.

04

ㄱ. (나)의 핵발전은 핵분열 반응을 이용하여 전기 에너지를 생산한다.

ㄷ. (가)의 화력 발전에서는 화석 연료를 연소시켜 발생한 열에너지로, (나)의 핵발전에서는 핵분열 반응에서 발생한 열에너지로 각각 증기를 발생시켜 발전기를 돌린다. 따라서 (가), (나) 모두 '열에너지 → 운동 에너지 → 전기 에너지'의 에너지 전환 과정이 나타난다.

바로알기 ㄴ. (가)의 화력 발전의 근원이 되는 에너지는 태양 에너지이지만, (나)의 핵발전의 근원이 되는 에너지는 우라늄의 핵에너지로 태양 에너지와 관련이 없다.

03 / 에너지 효율과 신재생 에너지

개념 확인 문제 158쪽

❶ 전환 ❷ 빛 ❸ 화학 ❹ 보존 ❺ 열에너지 ❻ 효율 ❼ 작 ❽ 하이브리드 ❾ 소비 효율

1 ㉠ 빛, ㉡ 화학, ㉢ 열 **2** (1) ○ (2) × (3) ○ **3** 에너지 보존 **4** 20 % **5** (1) ○ (2) ○ (3) × **6** ㄱ, ㄷ **7** 에너지 소비 효율

1 전등은 전기를 이용하여 불을 밝히는 장치이므로 전기 에너지를 빛에너지로 전환하며, 반딧불이는 배 부분의 발광 물질에서 빛을 방출하므로, 화학 에너지가 빛에너지로 전환된다. 또 전열기는 전기 에너지를 이용하여 열을 방출하는 도구이므로 전기 에너지를 열에너지로 전환한다.

2 (1) 에너지는 한 형태에서 다른 형태, 즉 다른 종류의 에너지로 전환될 수 있다.
(2) 노트북이나 휴대폰 등을 사용할 때 발생하는 열에너지는 공기 중으로 흩어지므로, 이를 회수해서 다시 사용할 수 없다.
(3) 에너지는 전환할 때마다 에너지의 일부가 불필요한 열에너지로 전환되어 버려진다.

3 에너지는 전환될 수 있지만 전환 과정에서 새로 생기거나 없어지지 않고 에너지의 전체 양이 항상 일정하게 보존되는 법칙을 에너지 보존 법칙이라고 한다.

4 열효율(%) $=\dfrac{100\ \mathrm{J}}{500\ \mathrm{J}}\times 100=20\ \%$

5 (1) 에너지 효율은 공급된 에너지에 대해 유용하게 사용된 에너지의 비율을 말한다.
(2) 공급하는 에너지의 양이 같을 때, 에너지 효율이 낮을수록 버려지는 열에너지의 양이 많다.
(3) 에너지를 이용하는 과정에서 에너지 일부가 불필요한 열에너지로 발생하므로, 에너지 효율이 100 %가 되는 것은 불가능하다.

6 ㄱ. 화석 연료를 사용하는 일반 자동차보다 에너지 효율이 높은 전기 자동차, 하이브리드 자동차 등을 개발한다.
ㄴ. 1등급에 가까울수록 에너지 효율이 높다.
ㄷ. 조명 기구로 백열등이나 형광등 대신 에너지 효율이 높은 LED등을 사용한다.
ㄹ. 열병합 발전의 에너지 효율이 화력 발전보다 높다.

7 에너지 소비 효율 등급 표시 제도는 에너지를 효율적으로 사용하는 정도에 따라 1등급~5등급으로 나누어 표시하는 제도로, 1등급에 가까울수록 에너지 효율이 높다.

개념 확인 문제 161쪽

❶ 신재생 ❷ 연료 전지 ❸ 풍력 ❹ 조력 ❺ 파력 ❻ 바이오 ❼ 친환경 에너지

1 (1) ○ (2) ○ (3) × **2** 화학 반응 **3** 지열 발전 **4** (가) 조력 발전, (나) 파력 발전 **5** 풍력 발전 **6** (1) ○ (2) × (3) ○ **7** ㄱ, ㄴ

1 (1) 신재생 에너지는 기존의 화석 연료를 변환해 이용하거나 재생이 가능한 에너지를 변환해 이용하므로, 에너지를 만드는 자원이 고갈될 염려가 적다.
(2) 신재생 에너지는 이용 과정에서 환경 오염 물질이 거의 발생하지 않으므로, 지구 환경 문제 해결에 도움이 된다.
(3) 신재생 에너지는 자연 조건에 따라 발전량이 달라지므로, 안정적인 전력 공급이 어렵다.

2 연료 전지는 수소와 산소에 저장된 화학 에너지를 화학 반응을 이용하여 직접 전기 에너지로 전환한다.

3 땅속 고온의 지하수나 수증기를 이용하여 난방을 하거나 전기 에너지를 생산하는 방식은 지열 발전이다.

4 (가) 밀물과 썰물 때 해수면의 높이차를 이용해 터빈을 돌려 전기 에너지를 생산하는 방식은 조력 발전이다.
(나) 파도가 칠 때 해수면이 상승하거나 하강하여 생기는 공기의 흐름을 이용하여 터빈을 돌려 전기 에너지를 생산하는 방식은 파력 발전이다.

5 풍력 발전은 바람의 운동 에너지를 이용하여 발전기와 연결된 날개를 돌려 전기를 생산하므로, 전력 생산 단가가 저렴하고 발전 과정에서 온실 기체나 오염 물질을 배출하지 않는다. 그러나 날개에서 발생한 소음이 공해를 일으킬 수 있고, 바람의 세기와 방향이 계속 변하므로 발전량을 예측하기 어렵다. 또 지속적으로 바람이 부는 높은 산, 바다 근처나 해양에 설치해야 하므로, 발전 지역이 제한적이다.

6 (1) 태양 전지는 건물의 지붕이나 외벽, 아파트 발코니, 난간 등의 다양한 곳과 도로의 가로등에 설치하여 이용할 수 있다.
(2) 계절과 일조량의 영향을 받으므로, 발전량이 일정하지 않다.

(3) 태양 전지의 에너지 효율은 화력 발전보다 낮으므로, 대규모 발전을 하려면 태양광 발전 시스템을 넓게 설치할 면적이 필요하다.

7 ㄱ. 친환경 에너지 도시는 지역 환경에 맞는 신재생 에너지를 활용하여 에너지와 환경 문제를 해결할 수 있다.
ㄴ. 가상 발전소 기술은 에너지 저장 시스템과 신재생 에너지 발전소 등 여러 분산 전원을 연결해 하나의 발전소처럼 운영하므로, 에너지원이 다양하게 분산되어 있는 신재생 에너지의 단점을 보완할 수 있다.
ㄷ. 핵분열 발전에 이용되는 핵연료는 화석 연료와 마찬가지로 매장량에 한계가 있어 언젠가는 고갈될 에너지원이고 폐기물 처리 등과 관련된 환경 오염 문제를 일으키므로, 핵분열 연구는 에너지 문제를 해결하기 위한 노력과 거리가 멀다.

내신 만점 문제 162쪽~164쪽

01 ③	02 ⑤	03 ④	04 ①	05 ①	06 ③
07 ④	08 ⑤	09 ②	10 ⑤	11 ②	12 ①
13 ⑤	14 ②	15 ①	16 해설 참조	17 해설 참조	

01 ㄱ. 일을 할 수 있는 능력을 에너지라고 하며, 에너지는 빛에너지, 위치 에너지, 운동 에너지, 전기 에너지, 화학 에너지, 열에너지, 소리 에너지 등의 다양한 형태로 존재한다.
ㄷ. 에너지가 전환될 때 에너지의 일부는 불필요한 열에너지로 전환되어 손실된다.
바로알기 ㄴ. 에너지가 전환될 때마다 에너지의 일부는 다시 사용하기 어려운 형태의 열에너지로 전환되어 버려지므로, 우리가 사용할 수 있는 에너지의 양은 점점 감소한다.

02 ① 가스레인지는 연료를 연소시킬 때 발생하는 열을 이용하는 장치이므로, 가스레인지에서 화학 에너지가 열에너지로 전환된다.
② TV를 전원에 연결하면 화면에 영상이 나오므로, TV 화면에서 전기 에너지가 빛에너지로 전환된다.
③ 마이크에 소리가 입력될 때 전류가 흐르므로, 마이크에서 소리 에너지가 전기 에너지로 전환된다.
④ 스피커에 전류가 흐를 때 소리가 나오므로, 스피커에서 전기 에너지가 소리 에너지로 전환된다.
바로알기 ⑤ 열기관은 자동차의 내연 기관(엔진)처럼 열을 일로 전환하는 장치이므로, 열기관에서 열에너지가 역학적 에너지로 전환된다.

03 ㄱ. 에너지 보존 법칙에 따라 TV에서 전환된 에너지를 모두 합하면 TV에 공급된 전기 에너지의 양과 같다.
ㄴ. 에너지가 전환될 때 에너지의 일부는 열에너지로 전환되므로, '열에너지'가 ㉠에 해당한다.
바로알기 ㄷ. 에너지가 전환될 때 불필요하게 발생한 열에너지는 공기 중으로 방출되어 버려지므로 다시 사용할 수 없다.

04 꼼꼼 문제 분석

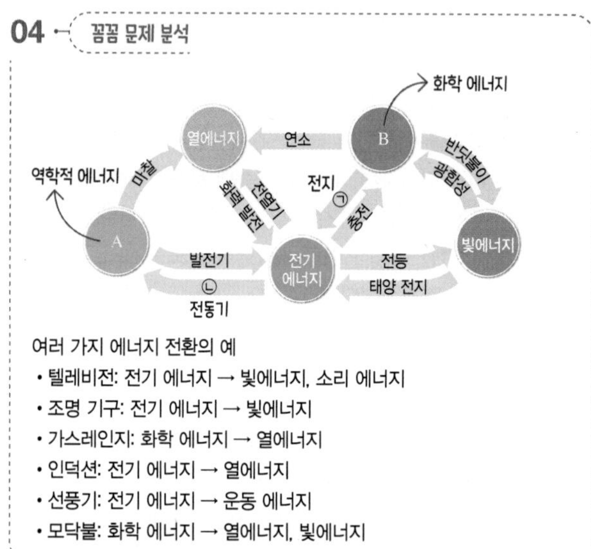

여러 가지 에너지 전환의 예
- 텔레비전: 전기 에너지 → 빛에너지, 소리 에너지
- 조명 기구: 전기 에너지 → 빛에너지
- 가스레인지: 화학 에너지 → 열에너지
- 인덕션: 전기 에너지 → 열에너지
- 선풍기: 전기 에너지 → 운동 에너지
- 모닥불: 화학 에너지 → 열에너지, 빛에너지

ㄷ. 충전의 에너지 전환(전기 에너지 → 화학 에너지)과 반대인 에너지 전환(화학 에너지 → 전기 에너지)의 장치는 전지이므로, ㉠의 예로 전지를 들 수 있다. 발전기의 에너지 전환(역학적 에너지 → 전기 에너지)과 반대인 에너지 전환(전기 에너지 → 역학적 에너지)의 장치는 전동기이므로, ㉡의 예로 전동기를 들 수 있다.
바로알기 ㄱ. 발전기는 자석과 코일의 상대 운동에 의해 전기 에너지가 생산되는 장치이므로, 발전기에서 역학적 에너지가 전기 에너지로 전환된다. 따라서 A는 역학적 에너지이다.
ㄴ. 광합성은 태양의 빛에너지를 이용하여 포도당을 합성하는 과정이므로, 빛에너지가 화학 에너지로 전환된다. 따라서 B는 화학 에너지이다.

05 ㄴ. 에너지 효율이 높은 제품일수록 공급한 에너지에 대해 유용하게 사용된 에너지의 비율이 크므로, 같은 효과를 내는 데 더 적은 에너지를 사용한다.
바로알기 ㄱ. 에너지 효율은 공급한 에너지에 대해 유용하게 사용된 에너지의 비율이다.
ㄷ. 에너지를 이용하는 과정에서 에너지의 일부가 불필요한 열에너지로 전환되므로, 에너지 효율은 항상 100 %보다 작다.

06 조명 기구에서 유용하게 사용한 에너지는 빛에너지 18 J이므로, 에너지 효율은 $\frac{18\text{ J}}{60\text{ J}}\times100=30\ \%$이다.

07 ㄱ. A와 B의 에너지 효율은 각각 $\frac{300\text{ J}}{600\text{ J}}\times100=50\ \%$, $\frac{400\text{ J}}{500\text{ J}}\times100=80\ \%$이므로, 에너지 효율은 B가 A보다 크다.
ㄴ. 에너지 효율이 작을수록 버려지는 열에너지의 비율이 크므로, 공급한 전기 에너지가 같을 때 버려지는 열에너지는 에너지 효율이 낮은 A가 에너지 효율이 높은 B보다 많다.
(바로알기) ㄷ. 에너지 효율이 낮을수록 같은 효과를 내는 데 더 많은 에너지를 사용하므로, 바퀴를 움직이는 에너지가 같을 때 공급된 전기 에너지의 양은 A가 B보다 많다.

08 꼼꼼 문제 분석

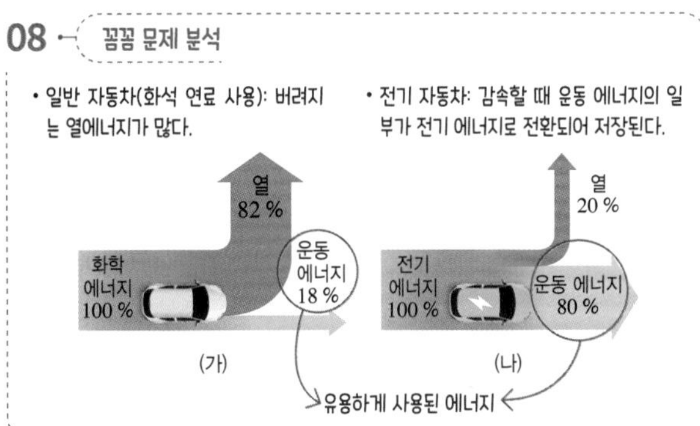

ㄴ. (가)에서는 연료가 연소할 때 발생하여 버려지는 열에너지의 비율이 높기 때문에 유용하게 사용된 에너지의 비율이 낮아서 에너지 효율이 낮다.
ㄷ. (나)에서는 가속 페달에서 발을 떼거나 브레이크 페달을 밟아 속도를 줄이면, 전동기가 발전기로 작용하여 줄어드는 운동 에너지의 일부를 전기 에너지로 전환한 뒤 전지에 저장했다가 다시 사용한다.
(바로알기) ㄱ. 원하는 용도로 사용한 에너지의 비율은 바퀴를 움직이는 데 사용된 에너지의 비율이며, 이 비율은 (가)가 (나)보다 낮다. 따라서 공급한 에너지에 대해 원하는 용도로 사용한 에너지의 비율은 (가)가 (나)보다 낮다.

09 ①, ③ (가)는 에너지 소비 효율이 1등급일수록 에너지 효율이 높으므로, 같은 조건일 때 에너지를 절약할 수 있다는 것을 나타낸다.
④, ⑤ (나)의 에너지 절약 표시는 전자 제품의 전원을 끈 상태에서도 소비하는 대기 전력을 줄인 제품에 붙여지는 표시이므로, 같은 조건일 경우 이 표시가 붙은 제품을 구입하는 것이 에너지를 절약할 수 있다.
(바로알기) ② (가)는 에너지 소비 효율이 5등급일수록 에너지 효율이 낮으므로, 같은 일을 할 때 전기 에너지를 많이 소비한다는 것을 나타낸다.

10 ㄱ. 전기 자동차와 하이브리드 자동차는 감속할 때 줄어드는 운동 에너지의 일부를 전기 에너지로 전환하여 전지에 저장하므로 에너지 효율이 일반 자동차보다 높다.
ㄴ. 열병합 발전은 화력 발전에서 버려지는 열을 회수하여 난방이나 온수를 전력과 함께 공급함으로써 에너지 효율을 높인 발전 방식이다.
ㄷ. 스마트 플러그는 스마트 기기를 통해 인터넷으로 외부에서 전기 제품을 제어할 수 있으므로, 에너지를 효율적으로 관리할 수 있다.

11 ㄱ. 신재생 에너지는 계속 사용할 수 있어 자원 고갈의 염려가 적으므로, 지속적인 발전이 가능하다.
ㄴ. 신재생 에너지를 이용하는 과정에서 환경 오염 물질을 거의 배출하지 않으므로, 지구 온난화같은 환경 문제를 해결할 수 있다.
(바로알기) ㄷ. 신재생 에너지를 이용한 발전 방식의 대부분은 화력 발전보다 효율이 낮기 때문에 대규모 전력 공급이 어렵다.

12 꼼꼼 문제 분석

(가) 태양광 발전

(나) 풍력 발전

(가) 태양광 발전
• 고갈될 염려가 없고, 환경 오염 물질을 배출하지 않는다.
• 계절과 날씨에 따라 발전량이 달라진다. 흐린 날과 밤에는 전기를 생산할 수 없다.
• 대규모 발전을 하려면 넓은 면적이 필요하다.
(나) 풍력 발전
• 전력 생산 단가가 저렴하고, 발전 과정에서 온실 기체나 오염 물질을 배출하지 않는다.
• 발전 지역이 제한적이고, 바람의 세기와 방향이 계속 변하므로 발전량을 예측하기 어렵다.

② 태양광 발전은 화력 발전에 비해 발전 효율이 낮으므로, 대규모 발전을 하려면 태양광 발전 시스템을 넓게 설치할 장소가 필요하다.
③ 풍력 발전은 바람의 운동 에너지를 이용하여 발전기와 연결된 날개를 돌려 전기를 생산하므로, 전력 생산 단가가 저렴하다.

④ 풍력 발전은 지속적으로 바람이 부는 높은 산, 바다 근처나 해양에 설치해야 하므로 발전 지역이 제한적이고, 바람의 세기와 방향이 계속 변하므로 발전량을 예측하기 어렵다.
⑤ 풍력 발전은 날개가 회전할 때 소음이 발생하므로 주변에 피해를 줄 수 있다.
바로알기 ① 태양광 발전은 화력 발전에 비해 발전 효율이 낮다.

13 꼼꼼 문제 분석

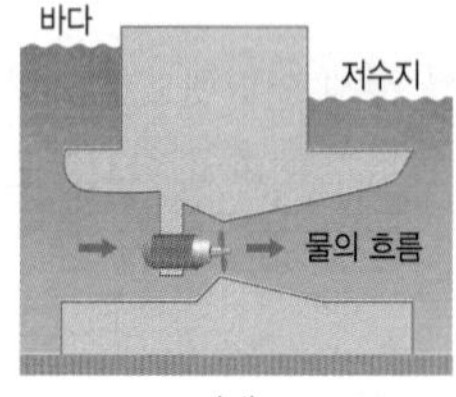

(가) 조력 발전의 원리

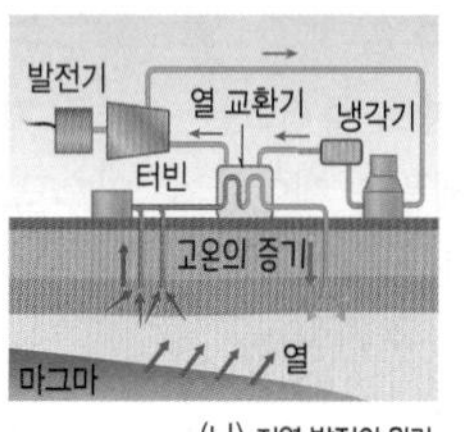

(나) 지열 발전의 원리

• 조력 발전은 바닷물의 흐름이 발전기의 터빈을 회전시킨다.
• 지열 발전은 땅속의 고온·고압의 증기가 발전기의 터빈을 회전시킨다.

① (가)의 조력 발전과 (나)의 지열 발전은 모두 신재생 에너지를 이용한다.
② (가)는 밀물과 썰물 때 해수면의 높이차가 큰 곳에 설치해야 하고, (나)는 땅속에 있는 뜨거운 물과 수증기를 이용해야 하므로, 조건이 맞는 곳에 설치해야 한다. 따라서 (가), (나) 모두 설치 장소가 제한적이다.
③ (가)는 밀물과 썰물 때 해수면의 높이차를 이용하므로, (가)의 에너지원은 물의 위치 에너지이다.
④ (나)는 지하에 있는 고온의 지하수나 수증기의 열에너지를 이용하므로, (나)의 에너지원은 지구 내부 에너지이다.
바로알기 ⑤ (나)의 지열 발전의 경우에는 고온의 지하수나 수증기의 열에너지를 이용하지만, (가)의 조력 발전의 경우에는 바닷물의 흐름이 발전기에 연결된 터빈을 돌려 전기 에너지를 생산하므로, 고온·고압의 증기를 사용하지 않는다.

14 ① 건물의 외벽에 고효율 단열재를 사용하여 열손실을 줄인다.
③ 태양 전지, 열병합 발전 등 지역 환경에 맞는 신재생 에너지를 활용한다.
④ 이산화 탄소를 배출하는 교통 수단 사용을 자제하여 환경 오염을 막는다.
⑤ 빗물을 저장하여 옥상 정원 관리와 화장실에 사용함으로써, 수돗물을 공급하고 배분하는 데 사용되는 에너지를 줄인다.
바로알기 ② 환경 오염의 원인인 화석 연료의 사용 비율을 감소시켜야 한다.

15 전자기 유도 현상을 이용하지 않는 C는 태양광 발전이고, 발전량이 날씨에 따라 변하는 B는 풍력 발전이다.
ㄱ. C는 태양광 발전이고 B는 풍력 발전이므로, A는 지열 발전이다.
바로알기 ㄴ. B는 풍력 발전이므로 발전기에서 일어나는 전자기 유도 현상을 이용한다. 따라서 '○'가 ㉠에 해당한다.
ㄷ. A는 지열 발전으로 땅속의 고온의 지하수나 수증기의 열에너지를 이용하므로 날씨의 영향을 받지 않는다. 따라서 '×'가 ㉡에 해당한다.

16 모범 답안 에너지가 전환될 때마다 항상 에너지의 일부가 다시 사용할 수 없는 열에너지의 형태로 전환되어 버려지므로, 우리가 사용할 수 있는 유용한 에너지의 양이 점차 감소하기 때문이다.

채점 기준	배점
에너지 전환 과정에서 에너지의 일부가 열에너지로 전환되어 이용할 수 있는 에너지의 양이 감소한다는 내용을 포함하여 옳게 서술한 경우	100 %
에너지 전환 과정에서 에너지의 일부가 열에너지로 전환된다고만 서술한 경우	50 %

17 꼼꼼 문제 분석

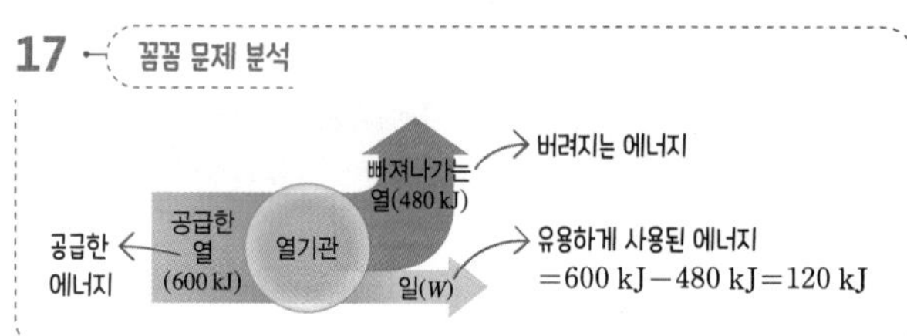

열기관이 한 일은 에너지 보존 법칙에 따라 $W=600\ \text{kJ}-480\ \text{kJ}=120\ \text{kJ}$이다. 열효율은 열기관의 에너지 효율이다. 따라서 열효율은 공급한 에너지 중에서 외부에 한 일의 비율이므로, 열효율$=\dfrac{120\ \text{J}}{600\ \text{J}}\times100=20\ \%$이다.

모범 답안 열기관이 한 일이 120 kJ이므로, 열효율$=\dfrac{120\ \text{kJ}}{600\ \text{kJ}}\times100=20\ \%$이다.

채점 기준	배점
계산 과정을 포함하여 열효율을 옳게 구한 경우	100 %
열효율만 옳게 구한 경우	40 %

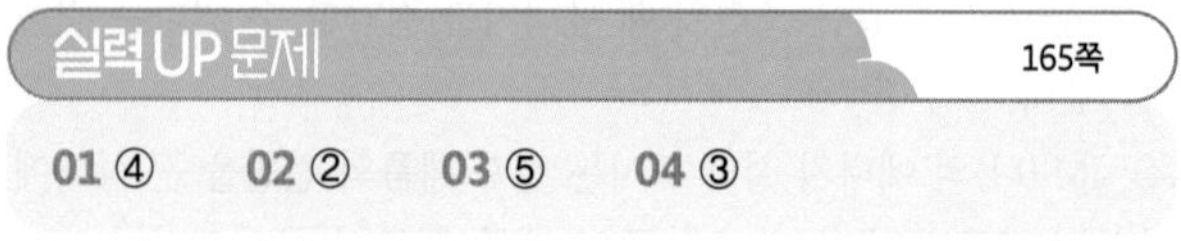

01 ㄴ. 연료 전지는 화학 에너지를 전기 에너지로 직접 전환하므로, (나)에 해당한다

ㄷ. 에너지 전환 과정에서 에너지의 일부는 항상 열에너지로 전환된다.

바로알기 ㄱ. 에너지 전환 과정에서 항상 열에너지가 발생하므로, '열에너지'가 (가)에 해당한다.

02 ㄴ. 같은 양의 에너지가 공급될 때 효율이 작을수록 버려지는 열에너지가 많으므로, 같은 양의 에너지가 공급될 때 버려지는 열에너지는 C가 D보다 많다.

바로알기 ㄱ. 같은 밝기라면 소비하는 전기 에너지는 효율이 클수록 적으므로, 같은 밝기라면 소비하는 전기 에너지는 B가 A의 $\frac{1}{3}$배이다.

ㄷ. 같은 양의 일을 한다면 효율이 작을수록 연료를 더 많이 소비하므로, C가 D보다 연료를 더 많이 소비한다.

03 꼼꼼 문제 분석

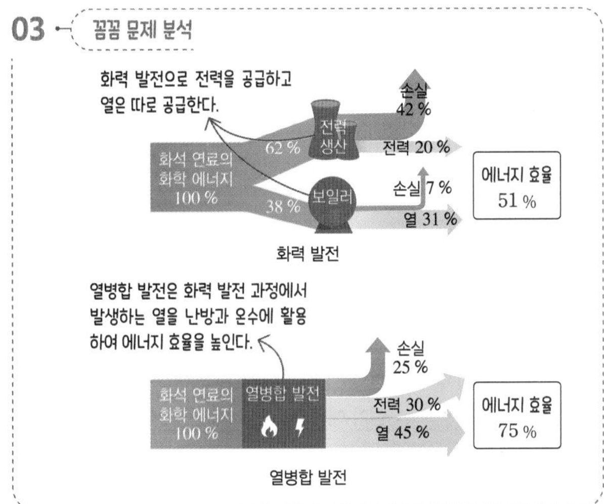

ㄱ. 화력 발전 과정에서 발생하는 열을 난방, 온수 등에 활용하는 발전은 열병합 발전이므로, '열병합'이 (가)에 해당한다.

ㄴ. 열병합 발전의 에너지 효율은 일반 화력 발전의 경우보다 높다.

ㄷ. 열병합 발전 과정에서 버려지는 열에너지의 비율은 일반 화력 발전의 경우보다 낮다.

04 ㄱ. 가상 발전소는 물리적으로 존재하지는 않지만, 정보통신 기술을 이용해 발전소 역할을 하는 시스템이다.

ㄷ. 가상 발전소는 자연 조건에 따라 발전량의 변동이 크고, 에너지원이 다양하게 분산되어 있어 안정적인 전력 공급이 어려운 신재생 에너지의 단점을 보완하기 위한 기술 중 하나이다.

바로알기 ㄴ. 가상 발전소는 신재생 에너지, 에너지 저장 장치(ESS), 전기 자동차 등 분산되어 있는 소규모 에너지 자원을 통합하여 하나의 발전소처럼 관리하는 시스템이다.

중단원 핵심 정리 166쪽~167쪽

❶ 수소 ❷ 질량 ❸ 운동 ❹ 화학 ❺ 전기 ❻ 자기장
❼ 전기 ❽ 전자기 유도 ❾ 화학 ❿ 핵 ⓫ 이산화 탄소
⓬ 보존 ⓭ 열 ⓮ 효율 ⓯ 열병합 ⓰ 에너지 소비 효율
⓱ 신재생 ⓲ 빛 ⓳ 운동 ⓴ 조력 ㉑ 지열 ㉒ 신재생

중단원 마무리 문제 168쪽~172쪽

01 ③ **02** ① **03** ④ **04** ③ **05** ① **06** ⑤
07 ③ **08** 해설 참조 **09** ③ **10** 해설 참조
11 ④ **12** ③ **13** (가) 화학 에너지 (나) 핵에너지 **14** ③
15 ② **16** ② **17** ② **18** 해설 참조 **19** 해설 참조
20 ④ **21** ⑤ **22** ③ **23** ⑤ **24** A: 연료 전지 발전, B: 지열 발전, C: 조력 발전 **25** ③ **26** ⑤

01 ㄱ. 지구에 도달한 태양 에너지는 대기와 지표에 흡수되어 물을 증발시키고 구름을 만들며 비, 눈과 같은 기상 현상을 일으킨다. 또 바람을 일으켜 대기와 해수를 순환하게 한다.

ㄷ. 태양 에너지는 광합성을 통해 식물의 화학 에너지로 전환되고 동물의 에너지원이 되므로, 태양 에너지는 지구 생명체의 생명 활동을 유지시키는 주된 에너지이다.

바로알기 ㄴ. 지구 내부 에너지는 지구 내부의 방사성 원소의 붕괴열로 생기는 에너지로, 태양 에너지가 근원이 아니다.

02 꼼꼼 문제 분석

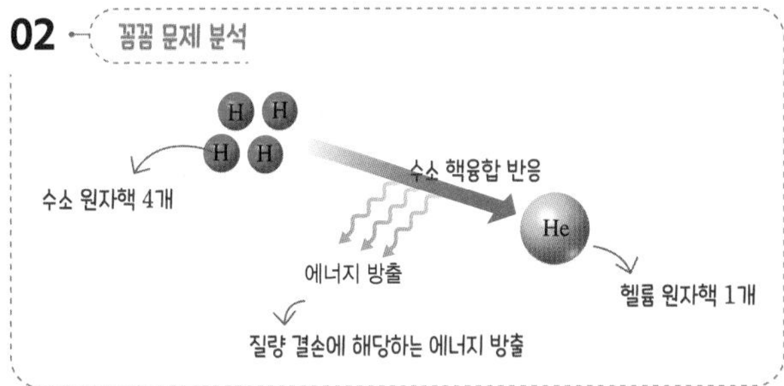

ㄱ. 태양 에너지는 지구에 도달하여 지구에서 에너지 전환과 순환을 일으킨다.

바로알기 ㄴ. 태양 에너지는 태양 중심부에서 수소 원자핵이 융합하여 헬륨 원자핵으로 바뀌는 수소 핵융합 반응으로 생성된다.

ㄷ. 수소 핵융합 반응에서 질량 결손에 해당하는 에너지가 발생하므로, 핵반응 후 전체 질량이 줄어든다. 따라서 핵반응 과정에서 질량은 보존되지 않는다.

03 태양 에너지는 열에너지의 형태로 대기에 흡수되어 바람을 일으키므로 바람의 ㉠운동 에너지로 전환된다.

• 태양 에너지는 빛에너지의 형태로 식물의 광합성을 통해 ㉡화학 에너지로 식물에 저장된다.
• 태양 에너지는 빛에너지의 형태로 태양광 발전에서 이용하는 태양 전지에 흡수되어 ㉢전기 에너지로 전환된다.

04 ㄱ. 물이 순환하면서 기상 현상이 일어나는 과정에서 태양 에너지는 다양한 에너지로 전환되면서 이동한다.
ㄷ. (나)에서 높은 곳에 있던 구름이 비가 되어 떨어질 때 구름의 위치 에너지는 비의 운동 에너지로 전환된다.
(바로알기) ㄴ. 태양 에너지는 열에너지의 형태로 해수를 증발시켜 구름을 만들므로, (가)에서 바닷물이 증발할 때 태양의 열에너지가 구름의 위치 에너지로 전환된다.

05 ㄱ. (가)에서 금속 고리와 자석의 상대 운동이 없어서 금속 고리를 통과하는 자기장의 변화가 없으므로, 금속 고리에 유도 전류가 흐르지 않는다.
(바로알기) ㄴ. (나)와 (다)에서는 모두 자석의 N극과 코일이 가까워지고 있으므로, 금속 고리에 흐르는 유도 전류의 방향은 같다.
ㄷ. (다)에서 자석에 금속 고리가 가까워지고 있으므로, 금속 고리를 통과하는 자기장의 세기는 증가한다.

06 유도 전류의 세기는 자석의 세기가 같을 때 자석이 빨리 움직일수록, 코일의 감은 수가 많을수록 세다. 자석을 낙하시킨 높이가 클수록 코일 속으로 들어가는 순간의 속력이 빠르므로, 코일의 감은 수가 많고 낙하 높이가 큰 (다)에서 유도 전류의 세기가 가장 크다. 반면에 코일의 감은 수가 적고 낙하 높이가 작은 (가)에서 유도 전류의 세기가 가장 작다. 따라서 검류계의 바늘이 많이 움직인 순서는 (다) > (나) > (가)이다.

07 꼼꼼 문제 분석

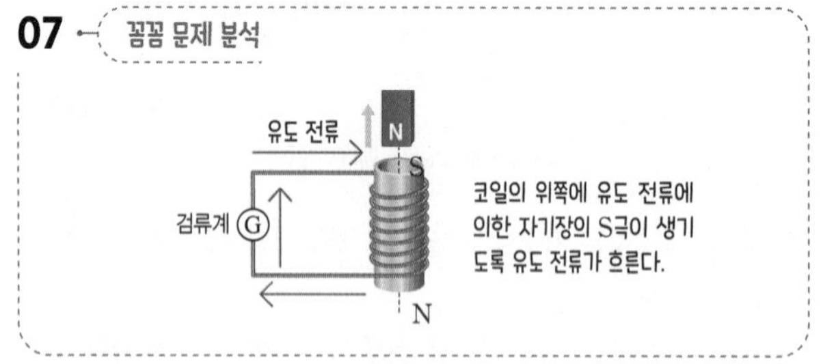
유도 전류
N
S
검류계
G
N
코일의 위쪽에 유도 전류에 의한 자기장의 S극이 생기도록 유도 전류가 흐른다.

ㄱ. 자석의 극에 가까운 곳일수록 자기장의 세기가 세다. 자석이 코일에서 멀어지므로, 자석에 의한 코일 내부의 자기장은 약해진다.
ㄷ. 유도 전류는 자석의 운동을 방해하는 방향으로 흐르므로, 코일의 위쪽에 유도 전류에 의한 자기장의 S극이 형성되어 인력이 작용하도록 유도 전류가 흐른다.
(바로알기) ㄴ. 자석의 N극이 멀어지고 있으므로 이를 방해하는 자기장이 유도되도록 코일의 위쪽은 S극을 띤다.

08 자석의 자기장은 N극에서 나오는 방향이므로 코일 내부에서 아래쪽이고, 코일의 위쪽에 S극이 유도되므로 유도 전류에 의한 코일 내부에서 자기장의 방향도 아래쪽이다.

모범 답안 코일 내부에서 자석에 의한 자기장의 방향과 유도 전류에 의한 자기장의 방향은 모두 아래쪽으로 같다.

채점 기준	배점
자석에 의한 자기장의 방향과 유도 전류에 의한 자기장의 방향이 모두 아래쪽 방향이라고 서술한 경우	100 %
자석에 의한 자기장의 방향과 유도 전류에 의한 자기장의 방향 중에 한 가지만 옳게 서술한 경우	50 %

09 ㄱ. 간이 발전기는 자석과 코일의 상대 운동으로 일어나는 전자기 유도 현상을 이용하는 장치이므로, 자석과 코일로 구성되어 있다.
ㄷ. 간이 발전기의 날개가 빠르게 회전할수록 운동 에너지가 커지므로, 전자기 유도에 의해 얻어지는 전기 에너지도 커진다. 따라서 간이 발전기의 날개가 빠르게 회전할수록 발광 다이오드의 밝기는 더 밝아진다.
(바로알기) ㄴ. 간이 발전기의 날개가 회전할 때 코일이 자석 주위를 회전하여 유도 전류가 흐르므로, 발광 다이오드의 불을 켜기 위해 건전지가 필요 없다.

10 자전거의 페달을 밟으면 자석이 코일 주위에서 회전하므로 (운동 에너지), 전자기 유도 현상이 일어나 코일에 전류(전기 에너지)가 흘러서 전구에 불(빛에너지)이 켜진다.

모범 답안 운동 에너지가 전기 에너지로 전환되고 전구에 불이 켜지는 빛에너지로 전환된다.

채점 기준	배점
에너지 전환 과정을 세 단계로 옳게 서술한 경우	100 %

11 ㄴ. 발전기는 전자기 유도 현상을 이용하여 전기 에너지를 생산한다.
ㄷ. 자석을 회전시키기 위해 발전기 축에 터빈을 연결하여 터빈을 회전시킨다.
(바로알기) ㄱ. 전자기 유도 현상은 자석과 코일의 상대 운동에 의해 일어나므로, 고정된 코일 사이에서 회전축에 연결된 자석이 회전하도록 되어 있다.

12 ㄱ. 화력 발전에서는 화석 연료가 연소할 때 발생하는 열에너지로, 핵발전에서는 핵연료가 핵분열할 때 발생하는 열에너지로 물을 끓여 얻은 증기의 운동 에너지로 터빈을 돌린다.
ㄷ. 화석 연료와 핵연료는 모두 매장량에 한계가 있어서 고갈될 수 있으므로 사용할 수 있는 양에 한계가 있다.

바로알기 ㄴ. 화력 발전과 핵발전은 터빈을 통과한 고온·고압의 증기를 식히는 데 많은 양의 물이 필요하기 때문에 주로 물을 얻기 쉬운 바닷가에 건설한다.

13 화력 발전은 석유, 석탄, 천연 가스와 같은 화석 연료의 화학 에너지를 이용하고, 핵발전은 우라늄 원자핵의 핵에너지를 이용한다.

14 ① 석유, 석탄, 천연가스와 화석 연료가 연소할 때 발생하는 열을 이용한다.
② 화력 발전은 다른 발전 방식에 비해 발전 효율이 높은 편이고, 발전 용량을 조절하기 쉽다.
④ 발전 과정에서 이산화 탄소와 같은 온실 기체, 미세 먼지와 같은 대기 오염 물질이 많이 발생한다.
⑤ 석유, 석탄, 천연가스와 같은 다양한 화석 연료를 사용할 수 있어 에너지 공급의 안정성이 높으므로, 에너지가 부족한 상황에 빠르게 대처할 수 있다.
바로알기 ③ 화력 발전소는 다른 발전소에 비해 건설하는 데 걸리는 시간이 짧다.

15 ㄱ. 우라늄 원자핵의 핵분열 과정에서 질량이 감소하는데, 이때 줄어든 질량이 에너지로 변환되어 방출된다. 따라서 핵발전은 핵분열 과정에서 줄어든 질량이 에너지로 변환되는 것을 이용한다.
ㄴ. 핵발전은 핵분열 반응을 이용하므로, 연료의 연소 과정이 없어 이산화 탄소 배출이 거의 없다.
바로알기 ㄷ. 핵발전으로 생기는 방사성 폐기물에서 발생하는 방사능이 없어질 때까지 오랜 시간이 걸리므로, 방사성 폐기물의 처리가 어렵다.

16 ㄱ. 에너지는 다양한 형태로 존재하며, 한 형태에서 다른 형태로 전환될 수 있다.
ㄴ. 에너지가 전환될 때마다 에너지의 일부는 다시 사용하기 어려운 열에너지의 형태로 전환된다.
바로알기 ㄷ. 에너지 보존 법칙에 따라 에너지가 전환되기 전과 전환된 후의 총량은 같다.

17 ㄴ. 휴대 전화가 진동할 때 전기 에너지가 운동 에너지로 전환된다.
바로알기 ㄱ. 배터리가 충전될 때 전기 에너지가 화학 에너지로 전환된다.
ㄷ. 휴대 전화가 뜨거워질 때 발생하는 열에너지는 공기 중으로 흩어지므로 다시 사용할 수 없다.

18 모범 답안 농구공이 바닥에 충돌할 때 농구공의 전체 에너지는 보존되지만 역학적 에너지의 일부가 열에너지와 소리 에너지로 전환되어 주변으로 흩어져서 충돌할 때마다 농구공의 역학적 에너지가 점점 감소하기 때문이다.

채점 기준	배점
전체 에너지가 보존되지만 역학적 에너지의 일부가 열에너지 등으로 전환되어 버려진다는 내용을 포함하여 옳게 서술한 경우	100 %
역학적 에너지의 일부가 열에너지 등으로 전환되어 버려진다는 내용만 서술한 경우	50 %

19 열효율$=\dfrac{\text{열기관이 외부에 한 일}}{\text{공급한 열}}$이다.

모범 답안 열효율$=\dfrac{W}{8\text{ kJ}+W}=0.2$에서 일 $W=2\text{ kJ}$이다.

채점 기준	배점
계산 과정을 포함하여 일을 옳게 구한 경우	100 %
일만 옳게 구한 경우	50 %

20 ㄱ. 에너지 효율이 낮을수록 공급한 에너지 중에서 유용한 에너지로 전환된 비율이 낮아진다. 따라서 공급한 에너지 중에서 원하는 형태의 에너지로 전환하는 비율은 형광등이 LED등보다 낮다.
ㄴ. 에너지 효율이 낮을수록 공급한 에너지에서 열에너지로 전환되어 버려지는 비율이 높으므로, 공급한 에너지에서 불필요하게 발생하는 열에너지의 비율은 형광등이 LED등보다 높다.
바로알기 ㄷ. 에너지 효율이 낮을수록 같은 효과를 내는 데 더 많은 양의 에너지를 소비하므로, 같은 밝기일 때 전기 에너지를 소비하는 양은 형광등이 LED등보다 많다.

21 ㄱ. 에너지를 효율적으로 이용하면 유용하게 사용된 에너지의 비율을 높일 수 있으므로, 에너지의 사용 과정에서 버려지는 열에너지를 줄일 수 있다.
ㄴ. 에너지를 효율적으로 이용하면 같은 일을 하는 데 더 적은 양의 에너지를 사용할 수 있으므로, 에너지를 절약할 수 있다.
ㄷ. 에너지를 효율적으로 이용하면 에너지를 소비하는 양을 줄일 수 있으므로, 이산화 탄소 배출량을 줄일 수 있어 환경 문제를 해결하는 데 도움이 된다.

22 ㄱ. 신재생 에너지는 에너지를 만드는 자원이 고갈될 염려가 적어, 화석 연료의 고갈 문제에 대비할 수 있다.
ㄴ. 신재생 에너지는 계속 사용할 수 있고, 발전 과정에서 환경 오염 물질을 거의 배출하지 않는다.
바로알기 ㄷ. 신재생 에너지는 설치 비용이 많이 들고, 자연 조건에 따라 발전량의 변동이 크므로 안정적인 전력 공급이 어렵다.

23 ㄱ. 발전 과정에서 이산화 탄소 및 미세 먼지 등과 같은 환경 오염 물질을 배출하는 발전 방식은 화력 발전이므로 (가)이다.
ㄴ. 발전기를 사용하지 않는 발전 방식은 태양 전지에 빛을 쪼일 때 전류가 흘러 전기 에너지를 얻는 방식인 태양광 발전이므로 (나)이다.
ㄷ. 에너지원이 고갈되지 않는 발전 방식은 신재생 에너지를 이용하는 태양광 발전과 풍력 발전이므로 (나), (다)이다.

24 꼼꼼 문제 분석

고온·고압의 증기를 사용하여 발전기의 터빈을 돌려 전기 에너지를 생산하는 방식은 화력 발전, 핵분열 발전, 지열 발전이다.

고온·고압의 증기를 사용하지 않고 발전기의 터빈을 돌려 전기 에너지를 생산하는 방식은 풍력 발전, 조력 발전, 파력 발전이다.

에너지원 – B – 증기 – C – 터빈 – 발전기 → 전기 에너지 (A)

발전기 없이 전기 에너지를 생산하는 방식은 태양광 발전, 연료 전지 발전이다.

A: 발전기 없이 에너지원을 직접 전기 에너지로 전환하는 방식은 연료 전지 발전이다.
B: 에너지원의 열에너지로 물을 끓여 증기를 만든 후, 증기를 이용해 터빈을 돌려 전기 에너지를 생산하는 방식은 지열 발전이다.
C: 고온·고압의 증기를 사용하는 과정 없이 에너지원의 역학적 에너지를 이용해 터빈을 돌려 전기 에너지를 생산하는 방식은 조력 발전이다.

25 ㄱ. (가)는 밀물과 썰물이 주기적으로 발생하므로 발전량을 예측하기 쉽고, 밀물과 썰물의 해수면의 차가 있을 때 흐르는 바닷물의 규모가 크므로 많은 양의 전기를 생산할 수 있다.
ㄴ. (가)는 바닷물을 가두는 방조제의 규모가 크므로 설치 비용이 많이 들고, 조수 간만의 차가 큰 곳에 설치해야 하므로 설치 장소가 제한적이다.
바로알기 ㄷ. (나)의 파력 발전은 기후에 따라 파도가 약해지면 발전량이 줄어든다.

26 꼼꼼 문제 분석

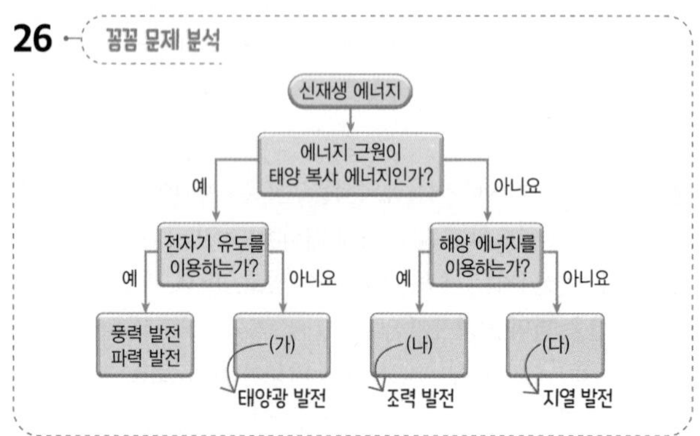

⑤ (가)는 에너지의 근원이 태양 에너지이며 전자기 유도를 이용하지 않는 발전 방식이므로 태양광 발전이다. (나)는 에너지의 근원이 태양 에너지가 아니며 해양 에너지를 이용하는 발전 방식이므로 조력 발전이다. (다)는 에너지의 근원이 태양 에너지가 아니며 해양 에너지도 이용하지 않는 방식이므로 지구 내부 에너지가 근원인 지열 발전이다.

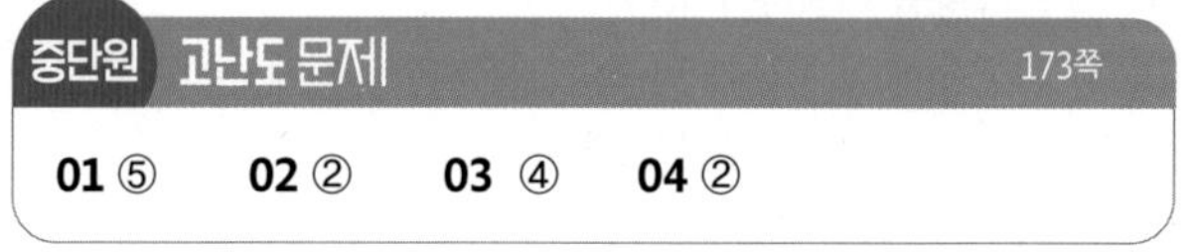

01 꼼꼼 문제 분석

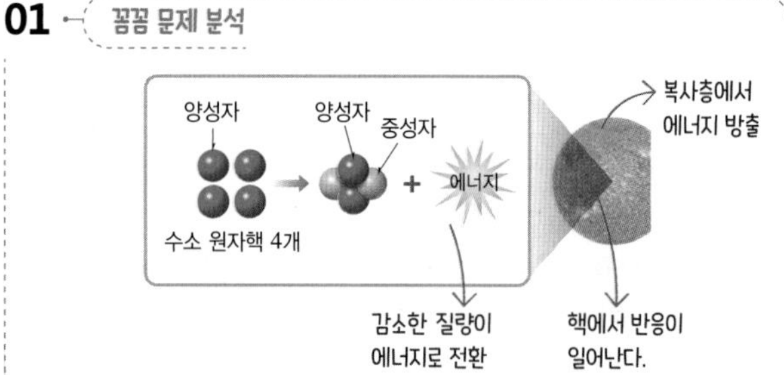

선택지 분석
㉠ 수소 핵융합 반응으로 생성되는 원자핵은 헬륨이다.
㉡ 핵융합 반응 전의 전체 질량은 반응 후의 전체 질량보다 크다.
㉢ 핵융합 반응으로 생성된 에너지는 태양 표면에서 복사의 형태로 방출된다.

전략적 풀이 ❶ 수소 핵융합 과정에서 반응물과 생성물이 무엇인지 안다.
ㄱ. 수소 핵융합 반응은 수소 원자핵 4개가 융합하여 헬륨 원자핵 1개를 만드는 과정이므로, 수소 핵융합 반응으로 생성되는 원자핵은 헬륨이다.
❷ 수소 핵융합 반응에서 에너지가 방출된다는 것을 알고 질량과의 관계를 파악한다.
ㄴ. 핵융합 반응에서 감소한 질량이 에너지로 전환되므로 핵융합 반응 전의 전체 질량은 반응 후의 전체 질량보다 크다.
❸ 태양의 구조를 파악하고 태양 에너지의 방출이 어디에서 일어나는지 안다.
ㄷ. 핵에서 수소 핵융합 반응으로 생성된 에너지는 태양 표면에 도달하고 태양 표면에서 복사의 형태로 방출된다.

02 

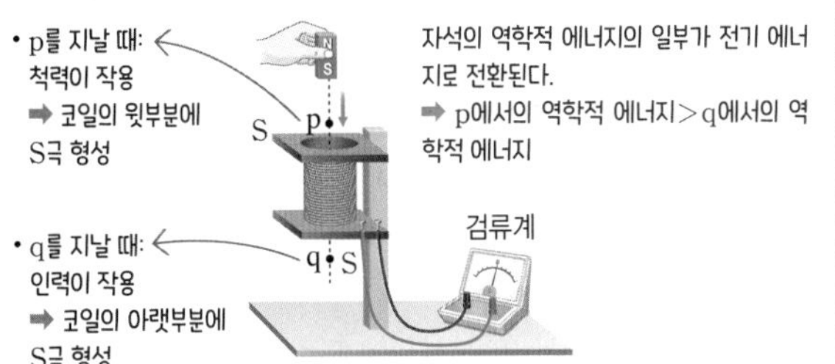
• p를 지날 때: 척력이 작용
➡ 코일의 윗부분에 S극 형성
S
p
N
S
자석의 역학적 에너지의 일부가 전기 에너지로 전환된다.
➡ p에서의 역학적 에너지>q에서의 역학적 에너지
검류계
• q를 지날 때: 인력이 작용
➡ 코일의 아랫부분에 S극 형성
q
S

선택지 분석

~~ㄱ~~. 자석이 p와 q를 지날 때 검류계 바늘이 움직이는 방향은 같다. 반대이다.

~~ㄴ~~. 자석이 q를 지날 때 자석과 솔레노이드 사이에 척력이 작용한다. 인력

ⓒ. 자석의 역학적 에너지는 p에서가 q에서보다 크다.

전략적 풀이 ❶ 자석이 p를 지날 때와 q를 지날 때 코일에 유도되는 극을 파악한다.

ㄱ. 코일에 흐르는 유도 전류의 방향은 자석의 운동을 방해하려는 방향으로 흐른다. 자석이 p를 지날 때는 자석의 S극이 코일에 가까워지므로 척력이 작용하도록 코일의 위쪽이 S극이 되도록 유도 전류가 흐른다. 또 자석이 q를 지날 때는 자석의 N극이 코일로부터 멀어지므로 인력이 작용하도록 코일의 아래쪽이 S극이 되도록 유도 전류가 흐른다. 따라서 자석이 p를 지날 때와 q를 지날 때 코일에 흐르는 유도 전류의 방향이 서로 반대이므로, 검류계 바늘이 움직이는 방향은 반대이다.

❷ 유도 전류의 방향이 자기장의 변화를 방해하는 방향으로 흐른다는 것을 안다.

ㄴ. 자석이 q를 지날 때 자석이 코일로부터 멀어지므로, 자석과 코일 사이에 인력이 작용한다.

❸ 전자기 유도 현상에서 자석이나 코일의 에너지 전환 과정을 파악한다.

ㄷ. 코일에 흐르는 유도 전류는 자석의 역학적 에너지가 전기 에너지로 전환되어 흐르는 것이다. 따라서 자석의 역학적 에너지는 q에서가 p에서보다 작다.

03 꼼꼼 문제 분석

$Q+3W$
공급한 열 / 열기관 / 빠져나가는 열(Q) / 일($3W$)

(가)

$e=\dfrac{3W}{Q+3W}$

공급한 열(Q) / 열기관 / 빠져나가는 열 ← $Q-2W$ / 일($2W$)

(나)

$e=\dfrac{2W}{Q}$

전략적 풀이 ❶ 열효율의 정의를 파악한다.

열효율은 열기관의 에너지 효율이므로, 열기관의 열효율은 공급된 에너지 중에서 일로 전환된 비율이다.

❷ 열효율을 구하는 공식을 안다.

열효율$=\dfrac{\text{열기관이 외부에 한 일}}{\text{공급한 열}}$이므로 $e=\dfrac{W}{Q_1}=1-\dfrac{Q_2}{Q_1}$이다.

❸ 공식을 이용하여 열효율을 구한다.

(가)에서 고열원에서 공급된 에너지는 에너지 보존 법칙에 따라 $Q+3W$이므로 에너지 효율은 $\dfrac{3W}{Q+3W}$이고, (나)에서 에너지 효율은 $\dfrac{2W}{Q}$이다. (가)와 (나)에서 열효율이 같으므로, $\dfrac{3W}{Q+3W}=\dfrac{2W}{Q}$에서 $Q=6W$이고 $e=\dfrac{1}{3}$이다.

04 꼼꼼 문제 분석

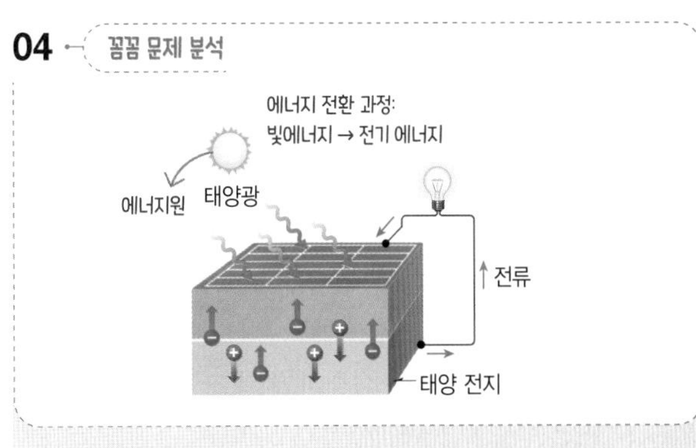
에너지 전환 과정:
빛에너지 → 전기 에너지
에너지원
태양광
전류
태양 전지

선택지 분석

ⓖ. 환경 오염 물질이 거의 발생하지 않는다.

ⓛ. 태양광 발전 설비의 유지와 보수가 쉽다.

~~ㄷ~~. 태양 전지의 설치 면적에 관계없이 많은 양의 전기 에너지를 생산할 수 있다. 설치 면적이 넓어야

전략적 풀이 ❶ 태양광 에너지의 에너지원이 무엇인지 안다.

ㄱ. 태양 전지는 태양의 빛에너지를 직접 전기 에너지로 전환하므로, 이산화 탄소와 같은 환경 오염 물질이 거의 발생하지 않는다.

❷ 태양 전지를 설치할 수 있는 곳을 파악하여 유지 보수가 어떠할지 예상해 본다.

ㄴ. 태양광 발전 설비는 수명이 길고 유지와 보수가 간편하다.

❸ 태양광 발전의 단점에서 발전과 면적의 관계를 안다.

ㄷ. 태양 전지 하나의 발전량은 매우 적기 때문에 태양광 발전으로 많은 전력량을 생산하기 위해서는 태양 전지의 설치 면적이 넓어야 한다.

Ⅲ

과학과 미래 사회

1 과학과 미래 사회

01 / 과학 기술의 활용

개념 확인 문제 181쪽

❶ 병원체 ❷ 핵산 ❸ 과학 ❹ 센서 ❺ 빅데이터
❻ 디지털 ❼ 정보 ❽ 개인 정보 ❾ 빅데이터

1 (1) ○ (2) × (3) ○ 2 (1) ○ (2) ○ (3) × 3 ㄱ, ㄴ, ㄷ
4 (1) ○ (2) × (3) ○ 5 빅데이터 6 ㄱ, ㄴ, ㄷ

1 (1) 감염병은 바이러스, 세균, 곰팡이 등과 같은 병원체에 감염되어 발생하는 질병이다.
(2) 감염병을 일으키는 병원체는 다른 사람에게 전파되어 확산된다.
(3) 병원체 감염은 호흡을 통한 흡입, 오염된 물과 음식물의 섭취, 피부 접촉, 수혈 등 다양한 경로로 일어난다.

2 (1) 신속항원검사는 채취한 검체에 바이러스를 구성하는 단백질이 존재하는지 확인하는 검사이다.
(2) 신속항원검사는 자가 진단 키트를 이용하므로, 일상생활에서 신속하고 간편하게 사용할 수 있다.
(3) 신속항원검사는 검체에 들어 있는 병원체의 양이 적을 경우 병원체가 검출되지 않을 수도 있으므로, 유전자증폭검사에 비해 정확도가 낮다.

3 ㄱ. 화석 연료의 고갈에 따른 에너지 부족 문제를 해결하기 위해 신재생 에너지를 개발한다.
ㄴ. 화석 연료 사용으로 인한 이산화 탄소와 같은 온실 기체 배출로 기후 변화가 발생하므로, 기후 변화 문제를 해결하기 위해 온실 기체 배출을 줄이는 다양한 방법을 연구한다.
ㄷ. 노동력 부족 문제 및 노동자의 안전 문제를 해결하기 위해 로봇을 활용한 자동화 공장을 구성한다.

4 (1) 빅데이터는 여러 분야에서 수집된 많은 양의 데이터가 디지털 형태로 전환되어 생성된 방대한 양의 데이터를 의미한다.
(2) 빅데이터는 데이터의 양이 매우 크고 형태가 다양하기 때문에 기존의 데이터 관리 및 처리 도구로 다룰 수 없다.
(3) 빅데이터를 분석하여 가치있는 정보를 추출할 수 있다.

5 빅데이터는 여러 분야에서 수집되어 축적된 대량의 데이터로, 빅데이터를 분석하면서 현상에 대한 더 빠른 이해와 정확한 예측이 가능해졌다.

6 ㄱ. 과학 연구에서 연구 목적에 따라 다양한 빅데이터를 사용하고 연구 결과의 정확도를 높이므로, 빅데이터는 과학 연구 발전에 도움이 된다. 또 빅데이터 분석으로 얻은 가치있는 정보들을 일상생활에 유용하게 이용한다.
ㄴ. 빅데이터는 복잡한 문제를 빠르게 분석하여 새로운 사실을 발견할 수 있다.
ㄷ. 빅데이터를 수집하는 과정에서 개인 정보가 포함된 데이터가 수집되는 경우가 많으므로, 개인 정보 유출과 사생활 침해 등의 문제점이 발생할 수 있다.

내신 만점 문제 182쪽~184쪽

01 ⑤ 02 ③ 03 ④ 04 ② 05 ① 06 ③
07 ③ 08 ⑤ 09 ⑤ 10 ④ 11 ① 12 ⑤
13 ③ 14 ① 15 ③ 16 해설 참조 17 해설 참조
18 해설 참조 19 해설 참조

01 ㄱ. 감염병은 세균, 바이러스, 곰팡이 등과 같은 병원체에 감염되어 생기는 질병이다.
ㄴ. 감염병의 예로 감기, 독감, 결핵, 폐렴, 코로나바이러스 감염증 등이 있다.
ㄷ. 감염병은 전파 속도가 빠른 특징이 있으므로, 확산을 막기 위해 신속한 진단이 필요하다.

02 꼼꼼 문제 분석

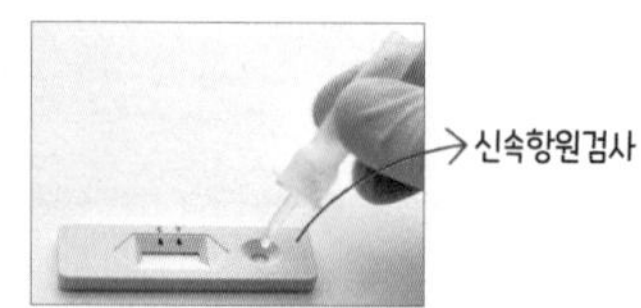

• 원리: 채취한 검체에 바이러스를 구성하는 단백질(항원)이 존재하는지를 면역 반응(항원 – 항체 반응)으로 확인한다.
• 특징: 간편하고 신속하게 감염 여부를 진단할 수 있다. 검체에 들어 있는 병원체의 양이 적을 경우 병원체가 검출되지 않을 수도 있다.

ㄱ. 간이 검사기 또는 자가진단 키트를 이용한 검사로, 신속항원검사라고 한다.

ㄷ. 신속항원검사는 검체에 들어 있는 항원(바이러스를 구성하는 단백질)을 키트의 항체가 결합해 바이러스 감염 여부를 보여준다. 따라서 외부에서 침입한 항원(병원체의 단백질)에 대항하여 인체에서 항체를 형성하는 면역 반응과 같은 인체의 방어 작용 원리가 활용되었다.

바로알기 ㄴ. 신속항원검사는 검체에 들어 있는 바이러스를 구성하는 단백질을 검출하는 검사 방법이다.

03 ①, ② 유전자증폭검사(PCR)는 채취한 검체에 들어 있는 바이러스의 특정 유전자(핵산)를 증폭하여 감염 여부를 진단하므로, 바이러스의 핵산을 직접 검출하는 진단 검사이다.
③ 유전자증폭검사(PCR)는 정확도가 매우 높아 감염 여부의 최종 진단에 사용한다.
⑤ 유전자증폭검사(PCR)는 검체에 들어 있는 병원체의 양이 매우 적더라도 정밀하게 분석할 수 있다.

바로알기 ④ 유전자증폭검사(PCR)는 신속항원검사에 비해 검사 시간이 많이 걸리므로, 신속하게 감염 여부를 확인하기 어렵다.

04 ㄱ. 포획 항체, 진단 시약의 항체 등을 사용해 항원(병원체의 특정 단백질)에 결합하는 특징을 이용한 검사이므로, 감염병 진단을 위해 단백질이 이용되었다.
ㄴ. 항원과 특정 항체가 결합하는 특징을 이용한 검사이므로, 항원 – 항체 반응을 이용한다.

바로알기 ㄷ. 사람 2의 시료는 음성 표준 시료의 경우와 같이 색깔 변화가 없다. 따라서 사람 2의 시료에는 병원체가 존재하지 않으므로, 사람 2는 감염병 음성이다.

05 ㄱ. 병원체에 감염되면 우리 몸에는 이 병원체에 대항하는 항체가 생기므로, 항체 검사는 혈액을 채취하여 항체 존재를 확인한다.

바로알기 ㄴ. 가장 정확도가 높은 검사는 유전자증폭검사이므로, 항체 검사는 유전자증폭검사에 비해 검사의 정확도가 낮다.
ㄷ. 병원체에 감염되고 항체가 생기기까지는 시간이 걸리므로 신속한 감염병 진단에는 적합하지 않다.

06 ① 감염병 진단은 일반적으로 감염으로 인한 증상이 나타나는 사람에게서 검체를 채취한 다음 실험실에서 병원체의 존재를 확인하여 이루어진다.
② 감염병 추적은 감염원의 특징을 이해하고 감염병 환자의 동선을 파악하는 과정을 포함한다.
④ 감염병의 특징을 파악하고 확산을 예측하기 위해 빅데이터 기술과 인공지능 기술을 이용해 많은 양의 데이터를 얻고 분석한다.
⑤ 과학은 감염병 진단 및 추적뿐만 아니라 방역과 치료를 포함한 감염병 관리의 전 과정에서 유용하게 이용되고 있다.

바로알기 ③ 과거에는 대부분 역학 조사관의 직접 조사에 의존하였으나, 최근에는 스마트 기기에 내장된 위성 위치 확인 시스템(GPS), 와이파이(WiFi), 블루투스, 센서 등을 활용하여 환자의 정보를 수집하고 공유하는 방식으로 감염병 추적이 이루어지고 있다.

07 ㄱ. 감염병 대유행, 기후 변화, 에너지 및 자원 고갈, 식량 부족, 초연결 사회로 인한 사생활 침해 및 보안, 일자리 변화 등의 문제는 미래 사회에 나타날 것으로 예측되는 문제들이다.
ㄷ. 미래 사회 문제는 빅데이터 기술, 배터리 기술, 지속가능한 농업 기술, 인공지능 기술, 생명공학 기술, 로봇 공학 기술, 우주 탐사 기술, 재생 에너지 기술 등과 같은 과학 기술을 복합적으로 활용하여 해결할 수 있을 것으로 예측하고 있다.

바로알기 ㄴ. 초연결 사회로 인한 사생활 침해 및 보안, 인공지능과 자동화 기술의 발달에 따른 일자리 변화 등은 과학 기술의 발전과 관련있는 문제이다.

08 ㄱ. 지구 온난화로 인한 기후 변화 문제를 해결하기 위해 탄소 저감 기술을 개발하여 이산화 탄소 배출량을 줄인다.
ㄴ. 식량 부족 문제를 해결하기 위해 새로운 농업 기술을 개발하여 식량 생산량을 늘린다.
ㄷ. 감염병 대유행에 대비하기 위해 백신과 치료제 등의 대응 수단을 확보한다.

09 ㄱ, ㄴ. 스마트워치에 내장된 센서를 통해 심박수, 수면 패턴과 같은 생활 데이터를 실시간으로 측정할 수 있다.
ㄷ. 스마트워치를 이용한 데이터 측정으로 자신의 건강 상태를 확인할 수 있으므로, 실시간 생활 데이터를 이용해 건강하고 편리한 삶을 누릴 수 있다.

10 꼼꼼 문제 분석

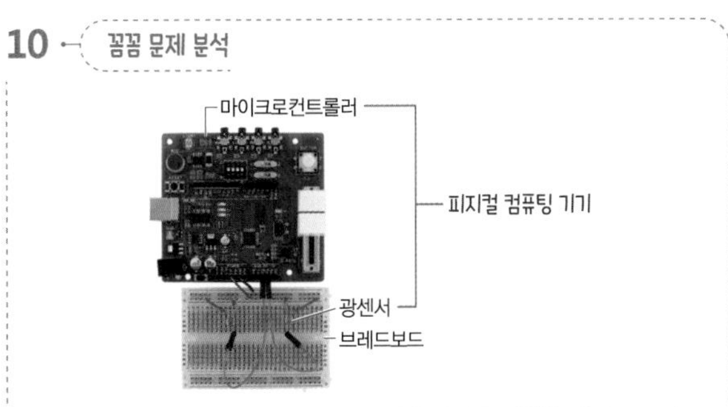

- 피지컬 컴퓨팅 기기: 마이크로컨트롤러와 센서를 장착한 기기로, 스마트 기기와 연결하여 생활 데이터를 실시간으로 측정할 수 있다.
- 피지컬 컴퓨팅 기기의 활용: 피지컬 컴퓨팅 기기에 장착된 여러 가지 센서를 활용하면 미세 먼지 농도, 이산화 탄소 농도, 소음, 빛의 세기 등과 같은 데이터를 측정할 수 있다.

ㄴ. 실시간으로 측정한 데이터를 분석한 결과는 밝기 조절 등과 같은 주변 환경 문제를 개선하는 방안을 찾는 데 활용할 수 있다.
ㄷ. 피지컬 컴퓨팅 기기에 장착된 여러 가지 센서를 활용하면 미세 먼지 농도, 이산화 탄소 농도, 소음, 빛의 세기 등과 같은 생활 데이터를 실시간으로 측정할 수 있다.
바로알기 ㄱ. 마이크로프로세서와 입출력 단자가 하나의 칩으로 이루어져 정해진 기능을 수행하는 장치는 마이크로컨트롤러이다.

11 ① 빅데이터는 거대한 규모의 데이터를 뜻하지만, 여러 형태의 방대한 양의 자료를 수집하고 분석하여 경제적으로 필요한 가치를 찾아내는 행위나 기술을 의미하기도 한다.
바로알기 ② 빅데이터의 형태가 다양하고 데이터가 축적되는 양이 증가함에 따라 빅데이터를 효과적으로 저장 및 처리하는 기술도 함께 발전하고 있다.
③ 빅데이터는 다양한 분야에서 수집된 많은 양의 데이터가 디지털 형태로 전환되어 축적된 것이다.
④ 빅데이터는 수치 자료뿐만 아니라 문자나 영상, 음성 등의 데이터를 포함한다.
⑤ 빅데이터는 과학 기술, 산업 등의 일부 전문 분야에서뿐만 아니라 일상생활에서도 유용하게 이용된다.

12 ㄱ. 언어 빅데이터를 활용하여 외국어를 상황에 알맞게 번역할 수 있는 외국어 번역기를 만든다.
ㄴ. 상품 구매 빅데이터를 활용하여 유용한 상품 정보를 제공한다.
ㄷ. 교통 카드 이용 기록과 관련된 빅데이터를 활용하여 새로운 노선 개설과 배차 시간 변경 등에 활용한다.

13 ① 빅데이터를 분석한 결과는 현상을 빠르게 이해하고 정확하게 예측하는 데 유용하게 이용된다.
② 빅데이터의 분석으로 적은 양의 데이터로 알 수 없었던 상관관계를 밝힐 수 있다.
④ 빅데이터를 저장하고 분석하는 데 슈퍼 컴퓨터와 인공지능을 이용한다.
⑤ 빅데이터를 활용해 교육, 의료 등의 다양한 분야에서 현상을 빠르게 이해하고 앞으로 일어날 일을 예측할 수 있으므로, 합리적인 결정을 내리거나 새로운 정책을 세우는 데 도움을 받을 수 있다.
바로알기 ③ 정확하지 않거나 충분히 검증되지 못한 데이터를 사용하는 경우, 잘못된 분석이나 결론을 도출할 수 있으므로 빅데이터를 사용할 때는 문제점을 인식하고 이를 보완할 수 있는 방향으로 올바르게 사용해야 한다.

14 ② 기존 의약품 및 질병과 관련된 빅데이터의 활용으로 특정 질병을 치료할 수 있는 신약 후보 물질을 찾아 신약을 더 빠른 시간에 개발할 수 있다.
③ 기상 위성과 기상 관측소에서 수집한 빅데이터의 활용으로 기상 현상의 패턴을 찾으면 기상 현상 예측의 정확도가 증가한다.
④, ⑤ 유전체 연구 자료가 축적된 빅데이터의 활용으로 개인에게 발생 가능한 질병을 예측하고, 유전적 특성에 맞는 적절한 치료를 받을 수 있다.
바로알기 ① 수많은 과학 실험의 결과가 축적된 빅데이터를 기반으로 개별 연구자만으로는 기존에 수행하기 어려웠던 과학 실험을 수행할 수 있다.

15 ㄱ. 빅데이터를 수집하고 활용하는 과정에서 개인 정보가 유출되는 경우 사생활 침해의 우려가 있으므로, 보안과 관리에 유의해야 한다.
ㄴ. 빅데이터를 분석하는 과정에서 충분히 검증되지 못한 데이터를 활용할 수 있으므로, 필요한 데이터를 적절하게 선별하여 다루어야 한다.
바로알기 ㄷ. 데이터의 품질과 분석 방법에 따라 편향되거나 잘못된 결과가 도출될 수 있으므로, 지나친 데이터 의존성을 지양하고 비판적으로 평가하는 소양을 기른다.

16 모범 답안 바이러스, 세균과 같은 병원체에 감염되어 발생하는 질병이다.

채점 기준	배점
바이러스, 세균, 병원체를 포함하여 감염병을 옳게 서술한 경우	100 %
바이러스, 세균, 병원체 중 한 가지만 포함하여 서술한 경우	50 %

17 꼼꼼 문제 분석

신속항원검사	유전자증폭검사(PCR)
채취한 검체에 바이러스를 구성하는 단백질(항원)이 존재하는지를 면역 반응(항원-항체 반응)으로 확인한다.	채취한 검체에 들어 있는 매우 적은 양의 핵산을 복제한 다음 병원체 감염 여부를 정밀하게 분석하여 바이러스가 존재하는지를 확인한다.
• 일상생활에서 간편하고 신속하게 감염 여부를 진단할 수 있다. • 검체에 들어 있는 병원체의 양이 적을 경우 병원체가 검출되지 않을 수도 있다.	• 검체에 들어 있는 병원체의 양이 매우 적더라도 감염 여부를 정밀하게 분석할 수 있다. • 정확도가 매우 높지만 검사 시간이 신속항원검사에 비해 길다.

모범 답안 (1) • 장점: 간편하고 신속하게 감염 여부를 확인할 수 있다.
• 단점: 정확도가 유전자증폭검사보다 낮다. 검체에 들어 있는 병원체의 양이 적을 경우 병원체가 검출되지 않을 수도 있다.
(2) • 장점: 검사의 정확도가 매우 높다. 검체에 들어 있는 병원체의 양이 적더라도 정밀하게 분석할 수 있다.
• 단점: 검사 시간이 신속항원검사보다 오래 걸린다.

채점 기준		배점
(1)	신속항원검사의 장점과 단점을 모두 한 가지씩 옳게 서술한 경우	50 %
	신속항원검사의 장점과 단점 중 한 가지만 옳게 서술한 경우	25 %
(2)	유전자증폭검사(PCR)의 장점과 단점을 모두 한 가지씩 옳게 서술한 경우	50 %
	유전자증폭검사(PCR)의 장점과 단점 중 한 가지만 옳게 서술한 경우	25 %

18 모범 답안 • 과학 실험 결과 빅데이터를 활용하여 연구 결과의 정확성을 높인다.
• 과학 실험 결과 빅데이터를 활용하여 개별 연구자만으로는 기존에 수행하기 어려웠던 과학 실험을 수행할 수 있다.
• 입자 가속기를 이용한 대규모 과학 실험의 빅데이터를 활용하여 새로운 과학 지식을 탐구한다.

채점 기준	배점
과학 실험 분야에서 빅데이터를 활용하는 사례를 두 가지 모두 옳게 서술한 경우	100 %
과학 실험 분야에서 빅데이터를 활용하는 사례를 한 가지만 옳게 서술한 경우	50 %

19 모범 답안 • 장점: 현상에 대한 더 빠른 이해와 정확한 예측이 가능하다. 공개 데이터를 활용함으로써 직접 데이터를 수집할 필요가 없어졌다. 다양한 변수가 얽힌 복잡한 문제를 빠르게 분석할 수 있다. 과학 연구를 발전시키고 일상 생활에 편리함을 제공한다.
• 문제점: 개인 정보 유출 등의 문제가 발생할 수 있다. 정확하지 않은 데이터를 활용하는 경우 잘못된 결과가 도출될 수도 있다.

채점 기준	배점
빅데이터의 장점과 문제점을 모두 한 가지씩 옳게 서술한 경우	100 %
빅데이터의 장점 또는 문제점을 한 가지만 옳게 서술한 경우	50 %

실력 UP 문제 185쪽

01 ④ 02 ④ 03 ② 04 ⑤

01 꼼꼼 문제 분석

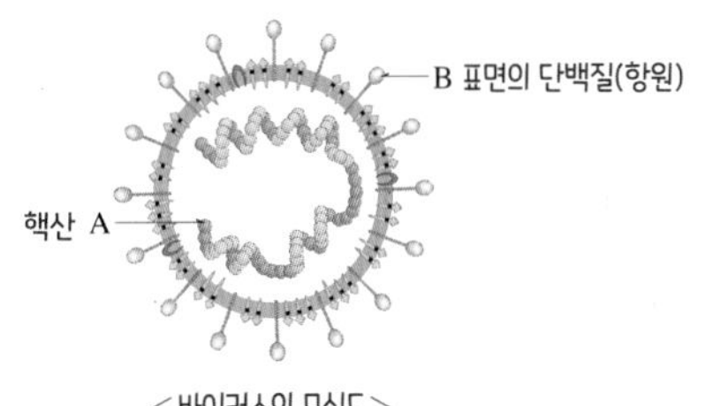

<바이러스의 모식도>

바이러스는 단백질과 핵산으로 이루어진 생물과 무생물, 중간 형태의 미생물이다.

ㄴ. 유전자증폭검사는 바이러스를 구성하는 핵산인 A를 직접 검출하는 검사 방법이다.
ㄷ. 신속항원검사는 항체를 이용하여 바이러스 표면의 단백질인 B를 검출하는 검사 방법이다.
바로알기 ㄱ. A는 바이러스의 유전 물질인 핵산이다.

02 ㄴ. 유사한 성질을 가진 데이터를 모아서 검색이나 사용이 편리하도록 정리한 것을 데이터셋이라고 한다. 우리가 활용하는 빅데이터는 대부분 정리된 데이터셋이므로, ㉠은 데이터셋이라고 할 수 있다.
ㄷ. 공공 데이터를 이용하면 직접 데이터를 수집할 필요 없이 경제, 교통, 환경 등의 다양한 문제를 파악할 수 있다.
바로알기 ㄱ. 공공 데이터는 빅데이터 중에서 모든 사람에게 공개되어 누구나 이용할 수 있는 데이터이다.

03 ㄴ. 핵산은 바이러스의 유전 물질이다.
바로알기 ㄱ. 바이러스의 핵산을 직접 검출하는 방식은 분자 진단 기술이므로, '분자'가 A에 해당한다.
ㄷ. 항체가 특정 항원에 결합하는 특징을 활용한 방식은 면역 진단 기술이므로, '면역'이 B에 해당한다.

04 ① (가)의 날씨 정보는 기상 관측을 통해 수집한 빅데이터를 활용하여 제공된다.
② (나)의 추천 경로와 이동 시간은 이동 통신 회사의 통화 기록 빅데이터와 네비게이션 앱을 통해 수집된 빅데이터를 활용하여 제공된다.
③ (나)의 추천 경로를 이용하면 여행 당일에 예상되는 이동 시간을 단축할 수가 있다.
④ (다)의 관광 명소와 맛집 정보는 많은 사람들의 검색 기록과 신용 카드 사용 내역 등의 빅데이터를 활용하여 제공된다.
바로알기 ⑤ (다)의 빅데이터의 경우 정확하지 않거나 편향된 데이터가 포함될 수 있다. 따라서 신뢰성이 높은 정보라고는 할 수 없다.

02 / 과학 기술의 발전과 쟁점

개념 확인 문제 189쪽

❶ 데이터 ❷ 사물 인터넷 ❸ 인공지능 ❹ 센서 ❺ 유용성 ❻ 과학 관련 사회적 쟁점 ❼ 과학적 ❽ 과학 윤리 ❾ 윤리

1 (1) ○ (2) ○ (3) × **2** 인공지능 **3** ㄱ, ㄴ, ㄷ **4** (1) ○ (2) × (3) ○ **5** 과학 관련 사회적 쟁점 **6** ㄱ, ㄷ

1 (1) 사물 인터넷 기술에 사용되는 장치들은 센서와 통신 기술, 소프트웨어를 내장하고 있다.
(2) 사물 인터넷 기술은 인터넷에 연결된 사물과 주변 환경의 데이터를 실시간으로 주고 받으며 작업을 수행한다.
(3) 사물 인터넷 기술이 적용된 장치는 매 상황마다 사람이 개입하지 않아도 스스로 제어하고 조종할 수 있다.

2 인공지능(AI) 기술은 인간의 추론이나 학습 능력을 컴퓨터에 구현한 기술로, 데이터를 분석하고 예측하는 기능을 갖추고 있으며 빅데이터를 학습하고 분석하는 기술을 바탕으로 다양하게 활용된다.

3 ㄱ. 사물 인터넷 기술, 인공지능 기술과 같은 과학 기술은 인간의 삶과 환경을 개선하는 데 활용되고 있다.
ㄴ. 인공지능 로봇의 활용으로 24시간 쉬지 않고 업무를 처리할 수 있어 생산성이 높아진다.
ㄷ. 사물 인터넷으로 일상생활이 자동화되고 스마트 기기 하나로 모든 가전제품을 조작할 수 있어 편의성이 높아졌다.

4 (1) 과학 관련 사회적 쟁점은 과학 기술의 발전 과정에서 발생한다.
(2) 과학 관련 사회적 쟁점(SSI)에는 사회 구성원들이 추구하는 가치에 따라 다양한 의견이 존재한다.
(3) 과학 관련 사회적 쟁점(SSI)은 사회 구성원 간의 충분한 논의를 통해 최선의 합의를 이루는 것이 중요하다.

5 동물 실험의 필요성, 원자력 발전소의 안전성, 생성형 인공지능을 활용한 결과물의 저작권 등은 과학 관련 사회적 쟁점(SSI)에 해당하는 사례들이다.

6 ㄱ, ㄷ. 과학 윤리를 준수하면 과학 기술을 올바르게 활용할 수 있고, 지속가능한 생태계를 유지할 수 있다.
ㄴ. 과학 윤리를 준수하면 장기적으로 과학 연구의 신뢰성이 높아진다.

내신 만점 문제 190쪽~192쪽

01 ②	02 ④	03 ①	04 ③	05 ⑤	06 ①
07 ⑤	08 ②	09 ②	10 ⑤	11 ④	12 ⑤
13 ②	14 해설 참조	15 해설 참조	16 해설 참조		
17 해설 참조					

01 꼼꼼 문제 분석

스마트 홈: 집 안의 조명, 온도, 보안 장치, 가전 제품 등을 실시간으로 관리하고 제어한다.

ㄱ. 인터넷에 연결된 사물들은 센서로 집안의 온도, 습도 등을 감지하여 자동으로 조절하거나 사람의 음성을 인식하여 작업을 수행하기도 한다.
ㄴ. 사용자가 스마트 기기로 인터넷과 연결된 사물들과 집안 환경의 데이터를 실시간으로 주고 받을 수 있다.
바로알기 ㄷ. 사물 인터넷에 연결된 사물들은 사용자가 원격으로 조절할 수도 있지만, 사물들끼리 정보를 교환하여 스스로 작동할 수 있으므로 자동으로 집안의 환경을 조절할 수 있다.

02 ①, ② 인공지능 기술은 인간의 추론이나 학습 능력을 컴퓨터에 구현한 기술로, 빅데이터를 학습하고 분석하는 기술을 바탕으로 활용된다.
③ 인공지능 기술로 데이터를 분석하고 예측할 수 있다.
⑤ 대화형 인공지능 기술은 스스로 정보를 분석하여 사용자가 필요한 정보를 능동적으로 제공하므로, 사용자가 일일이 찾아볼 필요 없이 원하는 정보를 쉽게 얻을 수 있다.
바로알기 ④ 생성형 인공지능 기술로 사람의 말, 글, 그림 등을 입력하여 다양한 형식의 문서, 음악, 그림, 영상 등을 만든다.

03 ㄱ. 인공지능 로봇에 인공지능 기술, 반도체, 센서 등의 첨단 과학 기술이 활용된다.
바로알기 ㄴ. 인공지능 로봇은 센서로 주변 상황을 인식하고 스스로 판단하여 자율적으로 작업을 수행한다.
ㄷ. 작업 환경이나 용도가 다르면 인공지능 로봇의 크기, 형태, 작동 방식이 다르다. 예를 들어 로봇에 따라 자율 주행 기능이 있는 로봇이 있고 없는 로봇도 있다.

04 ㄱ. 인공지능 로봇이 사람들의 업무를 대신할 수 있으므로 편리하고 작업 효율을 높일 수 있다.
ㄷ. 인공지능 로봇이 다양한 분야에서 인간을 대체하면서 사람들의 일자리가 감소할 수 있다.
바로알기 ㄴ. 인공지능 로봇이 사람이 하기 위험한 작업을 대신할 수 있으므로, 근로자들의 안전 사고가 감소한다.

05 ㄱ. 사물 인터넷 기술로 사용자가 원격으로 사물을 제어할 수 있지만, 인터넷을 사용하므로 개인 정보 유출과 해킹의 위험성도 증가한다.
ㄴ. 사물 인터넷 기술로 일상생활이 자동화되어 편리하지만, 새로운 기술에 서툴러 적응하지 못하는 상황이 발생할 수 있다.
ㄷ. 사물 인터넷 기술이 다양한 분야에서 유용하게 활용되지만, 사물 인터넷 기기의 대량 생산으로 인해 폐기물의 양이 증가할 수 있다.

06 ② 사물 인터넷 기술, 인공지능 기술의 활용에 전력 공급은 필수적이므로, 정전 사태와 같은 예기치 못한 상황에 대응하기 어려울 수 있다.
③ 과학 기술에 너무 의존하여 인간의 삶에 필수적인 능력이 약해질 수 있다.
④ 매체 기술의 발전으로 영화나 음악과 같은 문화 예술에 관련된 새로운 문화가 빨리 생겨나고 사라지며 세대 간 정보 격차와 소통의 문제를 일으킬 수도 있다.
⑤ 과학 기술의 발전으로 예상하지 못한 환경 오염과 폐기물이 생길 수 있다.
바로알기 ① 사물 인터넷과 인공지능 기술 등의 과학 기술은 미래 사회의 다양한 문제 상황에서 최적의 결과를 산출하는 데 유용하므로 활용도가 증가할 것이다.

07 ㄱ, ㄴ. 인터넷과 정보 통신 기술의 발전으로 필요한 정보를 쉽게 활용할 수 있는 과정에서 개인 정보 활용 문제와 익명성을 악용한 허위 사실 유포나 사이버 언어 폭력의 위험이 높아질 수 있다. 따라서 건전한 가치 판단으로 과학 기술을 적용하고 활용해야 하고 무분별한 기술의 악용을 막는 윤리적 지침을 세워야 한다.
ㄷ. 산업 현장에서 인공지능 로봇이 인간을 대체하면 사람의 일자리가 줄어들므로, 새롭고 창의적인 일자리를 개발하는 노력이 필요하다.

08 ㄱ. 과학 관련 사회적 쟁점은 과학 기술이 발달하는 과정에서 발생하는 사회적·윤리적 문제이다.
ㄴ. 과학 관련 사회적 쟁점에는 사회 구성원들이 추구하는 가치에 따라 다양한 의견이 존재한다.
바로알기 ㄷ. 과학 관련 사회적 쟁점들은 과학 기술이 발달하면서 나타난 문제들로 대부분 예상하지 못한 문제들이다.

09 ① (가)~(라)와 같은 쟁점들은 과학의 발달 과정에서 나타난 문제들로 이전에 없었던 사회적 쟁점들이다.
③ (나)를 반대하는 입장은 동물도 고통을 느낄 수 있는 존재로서 존중받아야 하므로, 동물 실험이 동물권을 침해한다는 것을 근거로 제시한다.
④ (다)를 찬성하는 입장은 인간의 유전체 분석 기술로 질병의 진단과 맞춤형 의학이 발전할 수 있는 것을 근거로 제시한다.
⑤ (라)를 찬성하는 입장은 신재생 에너지가 환경 오염 물질이 적게 배출된다는 것을 근거로 제시한다.
바로알기 ② (가)를 찬성하는 입장에서 운전을 하기 어려운 사람의 이동권을 보장할 수 있다는 것을 근거로 제시한다.

10 ㄱ. ㉠과 ㉡은 인공지능의 학습에 창작자의 작품이나 가수의 목소리 데이터가 이용될 수 있으므로, 창작자의 저작권, 가수의 음성권(저작인접권) 등의 권리를 침해한다는 논란을 일으키고 있다.
ㄴ. 인공지능을 활용한 작곡은 짧은 시간에 이루어지는 데다가 상업적으로 이용할 경우 손쉽게 수익을 창출할 수 있어 음악가들과 형평성 문제가 발생한다는 의견이 존재한다.
ㄷ. 인공지능을 활용한 창작물의 저작권이 누구에게 있는지에 대한 분쟁이 발생하고 있다.

11 ㄱ. 사회 구성원들이 합의에 이르기 위해서는 타당한 근거를 바탕으로 자신의 의견을 논증할 수 있어야 한다.
ㄷ. 과학 관련 사회적 쟁점을 해결할 때에는 개인적 측면, 사회적 측면, 윤리적 측면 등 다양한 관점을 고려하여 합리적이고 책임감 있는 의사결정을 하도록 노력해야 한다.
바로알기 ㄴ. 상대방의 입장과 근거 사이의 논리성과 타당성을 검토하면서 상대방의 의견을 경청해야 하며, 다양한 의견을 고려해야 한다.

12 학생 B: 과학자는 실험 대상을 윤리적으로 대하여 실험 대상의 생명과 존엄성을 존중하는 연구 윤리를 지켜야 한다.
학생 C: 과학 관련 사회적 쟁점에는 과학 기술의 개발이나 이용 과정에서 발생할 수 있는 윤리 문제를 고려하는 관점이 포함되므로, 과학 윤리는 이러한 쟁점을 해결하는 과정에서 중요한 역할을 한다.
바로알기 학생 A: 과학 윤리를 바탕으로 건전한 가치 판단을 하며 책임감 있게 과학 기술을 이용해야 과학 기술이 인간의 삶과 조화를 이루며 바람직하게 발전할 수 있다. 따라서 과학 윤리는 과학 기술의 발전에 큰 영향을 미친다.

13 ① 연구자는 다른 과학자의 연구 결과를 함부로 사용하지 않는 연구 윤리를 지켜야 한다.
③ 임상 실험은 참가자의 자발적 동의가 반드시 필요하며, 참가자의 의사 결정에는 어떠한 압박이나 강요도 있어서는 안 된다.
④ 동물 대상의 연구를 할 때 생명 윤리에 위배되는 행동은 하지 않아야 한다.
⑤ 빅데이터를 이용할 때 수집된 개인 정보가 개인의 동의 없이 활용되지 않도록 유의해야 한다.
바로알기 ② 사회에 악영향을 미치는 연구는 피하고 공공의 이익을 위해 노력해야 한다.

14 모범 답안 • 집 안의 조명, 온도, 보안 장치, 가전 제품 등을 실시간으로 관리하고 제어한다.
• 온도, 습도, 토양 상태, 작물의 성장 등을 실시간으로 파악하여 자동으로 물과 영양분을 공급한다.
• 공기의 질, 수질, 에너지 사용 등을 실시간으로 관리한다.
• 원격 모니터링 기기로 환자의 건강 상태를 실시간으로 추적하고 관리한다.

채점 기준	배점
사물 인터넷 기술을 활용하는 예를 두 가지 모두 옳게 서술한 경우	100 %
사물 인터넷 기술을 활용하는 예를 한 가지만 옳게 서술한 경우	50 %

15 모범 답안 사물 인터넷, 빅데이터, 인공지능 로봇, 가상 현실 등이 있다.

채점 기준	배점
과학 기술의 예를 두 가지 모두 옳게 서술한 경우	100 %
과학 기술의 예를 한 가지만 옳게 서술한 경우	50 %

16 꼼꼼 문제 분석

유전자변형 농산물 사용을 허용해야 하는가?
식량 부족 문제를 해결하기 위해 현재 사용하고 있는 유전자변형 농산물의 생산 비율을 늘려야 한다.
유전자변형 농산물의 부작용을 충분히 검증하지 못했으므로 이에 대한 사용을 제한해야 한다.

모범 답안 신재생 에너지 사용을 확대해야 하는가, 자율 주행 자동차를 허용해야 하는가, 인공지능을 활용한 결과물의 저작권은 누구에게 있는가 등

채점 기준	배점
과학 관련 사회적 쟁점 사례를 두 가지 모두 옳게 서술한 경우	100 %
과학 관련 사회적 쟁점 사례를 한 가지만 서술한 경우	50 %

17 모범 답안 • 임상 실험에서 참가자가 동의하지 않은 실험은 수행하지 않는다.
• 개인 정보가 개인의 동의 없이 활용되지 않도록 유의한다.

채점 기준	배점
과학 윤리를 준수하는 사례를 두 가지 모두 옳게 서술한 경우	100 %
과학 윤리를 준수하는 사례를 한 가지만 옳게 서술한 경우	50 %

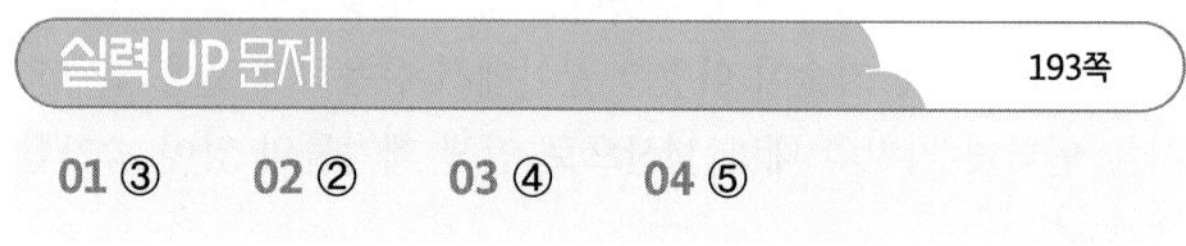

01 꼼꼼 문제 분석

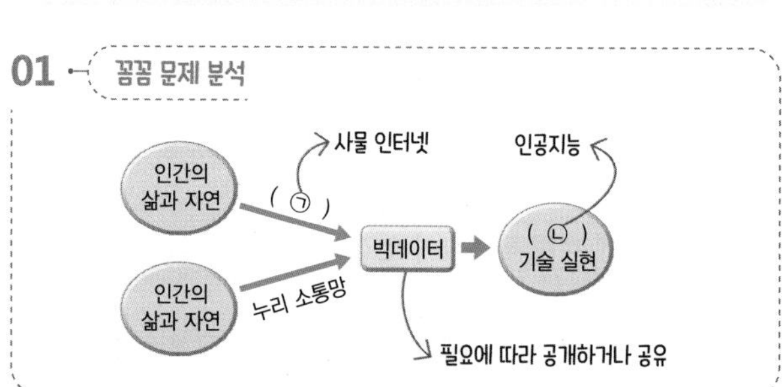

ㄱ. 지능 정보화 시대에서 인간의 삶과 자연에 대한 데이터는 주로 사물 인터넷과 누리 소통망을 통해 수집된다. 따라서 '사물 인터넷'이 ㉠에 해당한다.
ㄷ. 축적된 빅데이터를 분석하여 얻는 정보는 인공지능(AI) 기술로 구현되므로, '인공지능'이 ㉡에 해당한다.
바로알기 ㄴ. 사물 인터넷과 누리 소통망을 통해 다양한 분야에서 수집한 데이터는 필요에 따라 공개하거나 공유함으로써 새로운 가치를 창출하는 데 이용된다.

02 ㄱ. (가)에서 수집한 데이터가 많으면 기계 학습에 사용된 데이터의 양이 많아지므로, 수집한 데이터가 많을수록 최적의 결과를 얻을 수 있다.
ㄴ. (나)의 기계 학습은 인공지능이 습득한 데이터를 기반으로 예측 또는 결정을 내릴 수 있는 능력을 학습하는 것이다.
바로알기 ㄷ. (다)에서 기계 학습에 사용된 데이터의 양이 적거나 오류가 있으면, 인공지능의 예측은 부정확한 결과를 생성할 수 있다.

03 ㄱ. A는 식량 부족 문제의 해결이 가능하다는 것을 근거로 유전자변형 농산물 사용에 찬성하고 있다.
ㄴ. B는 유전자변형 농산물의 안전성이 입증되지 않았다는 것을 근거로 유전자변형 농산물 사용에 반대하고 있다.

(바로알기) ㄷ. 유전자변형 농산물(GMO) 완전 표시제는 유전자변형 원료를 사용한 식품이 가공 후 유전자변형 원료의 단백질이나 DNA가 남아 있지 않은 경우에도 표시하도록 하는 것이다. 유전자변형 농산물(GMO) 완전 표시제 시행은 국회에서의 입법 과정을 거쳐야 하는 문제이이므로, C의 의견은 정책적 측면에서 제시한 의견이다.

04 ㄴ. (나)는 실험 대상에 대한 존중의 윤리를 설명한 것으로, '실험 대상'이 ㉠에 해당한다.
ㄷ. (다)는 사회적 책임에 대한 윤리를 설명한 것이다.
(바로알기) ㄱ. (가)는 정직성과 개방성에 대한 윤리를 설명한 것이다.

중단원 핵심 정리 194쪽

❶ 병원체 ❷ 신속항원 ❸ 핵산 ❹ 과학 ❺ 빅데이터 ❻ 정보 ❼ 사물 인터넷 ❽ 인공지능(AI) ❾ 생성 ❿ 인공지능 ⓫ 일자리 ⓬ 과학 관련 사회적 쟁점 ⓭ 과학 윤리

중단원 마무리 문제 195쪽~197쪽

01 ②	**02** ④	**03** ③	**04** 빅데이터	**05** ⑤
06 ③	**07** ②	**08** ⑤	**09** ①	**10** ④	**11** ⑤
12 ②	**13** ④			

01 ㄱ. 감염병은 세균이나 바이러스와 같은 병원체에 의해 생기는 질병이므로 '병원체'가 ㉠에 해당한다.
ㄴ. 감염병 진단은 바이러스를 구성하는 핵산과 단백질을 검출하는 방법을 이용하므로, '핵산'이 ㉡에 해당한다.
(바로알기) ㄷ. ㉡에 해당하는 핵산의 검출은 채취한 검체에 들어 있는 바이러스의 특정 유전자(핵산)를 증폭하여 검출한다.

02 ① 신속항원검사는 채취한 검체에 바이러스를 구성하는 단백질(항원)이 존재하는지를 면역 반응(항원-항체 반응)으로 확인한다.
② 신속항원검사에서 검체에 들어 있는 병원체의 양이 적을 경우 병원체가 검출되지 않을 수도 있다.
③ 유전자증폭검사(PCR)는 채취한 검체에 들어 있는 바이러스의 특정 유전자(핵산)를 증폭하여 바이러스가 존재하는지를 확인한다.
⑤ 검사 시간은 유전자증폭검사(PCR)가 신속항원검사에 비해 오래 걸린다.
(바로알기) ④ 신속항원검사에서 검체에 들어 있는 병원체의 양이 적을 경우 병원체가 검출되지 않을 수도 있으므로, 검사의 정확도는 신속항원검사가 유전자증폭검사(PCR)에 비해 낮다.

03 ㄱ. 미래 사회에는 화석 연료의 고갈에 따른 에너지 부족, 지구 온난화로 인한 기후 변화 등의 다양한 문제가 나타날 것으로 예측하고 있다.
ㄴ. 과학 기술의 발전은 미래 사회 문제를 해결하여 안전하고 지속 가능한 사회를 만드는 데 중요한 역할을 할 것이다.
(바로알기) ㄷ. 미래 사회의 문제 해결에 과학이 중요한 역할을 담당할 것이므로, 과학의 필요성은 높아질 것이다.

04 빅데이터는 대량의 데이터를 분석하여 가치있는 정보를 추출하고 변화를 예측하는 정보 기술을 뜻한다.

05 ㄱ. (가)의 길 안내 서비스는 실시간 교통 상황 정보와 추천 경로 등을 제공한다.
ㄴ. (나)의 음식 주문 앱에서 인기 메뉴에 대한 정보를 제공하므로, 사람들이 선호하는 음식에 대한 정보를 얻을 수 있다.
ㄷ. (가)에서는 통화 기록, 네비게이션 앱을 통해 수집된 빅데이터가 활용되고 (나)와 (다)에서는 사람들의 검색 기록과 구매 내역 등의 빅데이터가 활용되므로, (가)~(다) 모두 빅데이터가 활용된다.

06 꼼꼼 문제 분석

과학 기술 사회에서 빅데이터의 활용
- 기상 위성과 기상 관측소에서 수집한 빅데이터를 분석하여 기상 현상의 패턴을 찾아 기상 현상 예측의 정확도가 증가하게 되었다.
- 기존 의약품 및 질병과 관련된 빅데이터를 분석하여 특정 질병을 치료할 수 있는 신약 후보 물질을 찾아 신약을 더 빠른 시간에 개발할 수 있게 되었다.

ㄱ. (가)의 날씨 정보와 일기 예보는 기상 관측으로 생성된 빅데이터를 활용한다.
ㄷ. (나)에서 개인 정보 유출의 문제가 발생할 수도 있으므로, (나)와 관련이 있는 빅데이터는 수집 및 활용 과정에서 개인 정보 보호와 관리에 주의해야 한다.

(바로알기) ㄴ. (나)는 유전체 연구 자료가 축적된 빅데이터를 활용한다.

07 학생 A: 사물 인터넷으로 연결된 장치에는 센서와 통신 장비가 내장되어 있어, 센서로 주변 상황을 인식하고 주변 환경의 데이터를 실시간으로 주고 받는다.
학생 B: 사물 인터넷은 스마트 홈, 스마트 팜, 스마트 의료, 스마트 교통 등 다양한 분야에서 유용하게 활용되고 있다.
(바로알기) 학생 C: 사물 인터넷 장치는 사람과 사물 또는 사물과 사물 사이에 정보를 교환할 수 있으므로, 사람의 조작을 통해서 작동되기도 하지만 사물들이 스스로 제어하고 조종할 수 있다.

08 꼼꼼 문제 분석

→ 센서

라이더(LiDAR) (㉠)로 공간 구조를 파악하고 주문한 곳의 위치를 추론하여 ㉡음식을 나른다. 또 자동으로 무게를 감지해 고객이 음식을 받으면 되돌아간다.

→ 자율 주행 기술 사용

인공지능(AI) 로봇: 센서로 주변 상황을 인식하고 인공지능 기술을 활용해 스스로 판단하여 작업을 수행하는 로봇

ㄱ. 제시된 특징을 가진 서빙 로봇은 인공지능과 로봇 기술이 결합된 로봇이다.
ㄴ. 인공지능 로봇은 센서로 주변 상황을 인식하므로 '센서'가 ㉠에 해당한다. 라이더(LiDAR)는 주변의 사물을 인식하기 위해 레이저 신호를 이용하는 센서이다.
ㄷ. 인공지능 로봇은 센서를 이용하여 주변 공간 지형을 인식하고 자신의 위치를 파악한 후, 최적의 경로를 계산하여 목적지까지 이동한다. 따라서 ㉡은 자율 주행 기술이 사용된다.

09 ② 공장에서 인공지능 로봇을 이용하여 제품 생산 과정의 효율성을 높일 수 있다.
③ 사물 인터넷 기술을 활용한 스마트 팜에서는 온도, 습도, 일조량 등을 실시간으로 파악하여 작물의 성장에 최적인 환경을 자동으로 조절해 줄 수 있다.
④ 스마트워치와 같은 사람 몸에 부착된 여러 가지 센서로 건강 정보를 실시간으로 모니터링할 수 있다.
⑤ 사물 인터넷 기술을 이용한 스마트 홈에서는 집안 환경의 데이터를 실시간으로 수집하고 원격으로 조절할 수 있다.
(바로알기) ① 다양한 산업에 인공지능 로봇이 인간을 대체하여 일자리가 감소함에 따라 실업자가 증가하는 것은 과학 기술의 긍정적인 영향이라고 볼 수 없다.

10 ㄴ. 매체 기술의 발전이 문화 예술에 대한 접근성을 높이지만, 새로운 문화가 빨리 생겨나고 사라지면서 세대 간 정보 격차와 소통의 문제를 일으킬 수도 있다. 따라서 '세대 간'이 ㉡에 해당한다.
ㄷ. 과학 기술 발전의 유용성과 한계가 있으므로, 과학 기술의 발달에는 양면성이 존재한다.
(바로알기) ㄱ. 인공지능 로봇의 활용으로 산업 현장의 생산성이 높아지므로, '높아진다'가 ㉠에 해당한다.

11 ㄱ. 생명공학기술에 의한 유전자 조작에 관해서는 유전자 편집으로 인한 부작용을 우려하는 입장과 연구 용도에 한해서 규제를 완화하여 유전으로 인한 불임 등을 치료하기 위한 연구가 뒤처지지 않도록 해야 한다는 입장 등의 논쟁이 있으므로, 이는 과학 관련 사회적 쟁점 사례 중 하나이다.
ㄴ. 우주 개발에 대한 여러 입장 중에는 우주 개발을 하면 새로운 자원이나 새로운 터전을 확보할 수 있으므로 우주 개발을 확대해야 한다는 입장이 있다.
ㄷ. 사회 구성원들이 추구하는 가치가 다르므로, 과학 관련 사회적 쟁점에서 하나의 쟁점에 다양한 입장을 가진 사람들의 이해관계가 얽혀 있는 경우가 많다.

12 ①, ③ 과학 관련 사회적 쟁점을 해결하기 위해서는 자신의 입장을 타당한 근거를 들어 논리적으로 설명하고 상대방 입장과 근거 사이의 논리성과 타당성을 검토하면서 의견을 경청하며, 쟁점에 대한 과학적 이해를 바탕으로 다양한 의견을 고려한다.
④, ⑤ 사회 구성원들의 다양한 관점과 복잡한 상황을 이해하고 충분히 협의하여, 과학 기술이 긍정적인 방향으로 발전할 수 있도록 노력해야 한다.
(바로알기) ② 과학 기술 발전의 부정적인 영향에 대해서는 건전한 가치 판단과 합리적 의사 결정으로 해결하도록 해야 한다.

13 ㄱ. 생명공학기술을 이용할 때 생명의 가치를 존중하고 기술을 위해 인간이나 동물이 도구로 희생되지 않도록 해야 한다.
ㄷ. 인공지능 기술을 로봇이나 자동차에 이용할 때 사고 발생 시 책임의 주체를 설정하여 혼란이나 법적 분쟁이 없도록 해야 한다.
(바로알기) ㄴ. 유전체 분석 기술로 수집한 개인의 유전 정보는 개인 동의 없이 유출되거나 사용되지 않도록 해야 한다.

중단원 **고난도 문제** 197쪽

01 ① **02** ④

01 꼼꼼 문제 분석

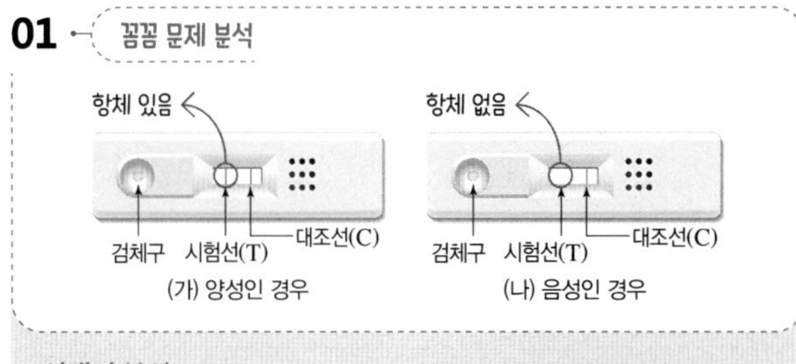

선택지 분석

ㄱ. (가)에 사용한 검체에는 코로나바이러스 단백질이 존재한다.

~~ㄴ~~. 검사 키트의 대조선(C)에는 코로나바이러스 항원에 반응하는 항체가 있다. 시험선(T)

~~ㄷ~~. 정확한 진단이 필요한 경우에 실시하는 검사법이다. 유전자증폭검사

전략적 풀이 ❶ (가)의 결과를 보고 신속항원검사에 들어 있는 항원이 무엇인지 안다.

ㄱ. (가)가 코로나바이러스 양성이므로, (가)에 사용한 검체에는 코로나바이러스 단백질이 존재한다.

❷ 검사 키트에서 실험선과 대조선이 의미하는 것이 무엇인지 파악한다.

ㄴ. 신속항원검사는 검체에 들어 있는 항원(바이러스를 구성하는 단백질)이 검사 키트에 있는 항체와 결합해 바이러스 감염 여부를 보여준다. 양성인 경우 검사 키트의 시험선(T)에 붉은 선이 나타나므로, 시험선(T)에 코로나바이러스 항원에 반응하는 항체가 있다.

❸ 신속항원검사의 특징 중 일상생활에서 간편하고 신속하게 감염 여부를 진단할 수 있다는 것을 파악하고 있어야 한다.

ㄷ. 신속항원검사는 검체에 들어 있는 병원체의 양이 적을 경우 병원체가 검출되지 않을 수도 있고(정확도 50 %~70 %), 유전자증폭검사는 검체에 들어 있는 병원체의 양이 적더라도 정밀하게 감염 여부를 확인할 수 있다(정확도 95 % 이상). 따라서 정확한 진단이 필요한 경우에는 유전자증폭검사를 실시한다.

02 꼼꼼 문제 분석

동물 실험은 인간에게 적용하기 전에 약물의 안전성과 효능을 평가하기 위해 이루어진다. 또한 화장품, 식품 등이 인간에게 해가 되는지 확인하기 위해 이루어진다.

→ 의약품 개발과 관련된 동물 실험에서 생명 윤리에 위배되는 행동을 하지 않는다.

선택지 분석

ㄱ. 동물 실험을 대체할 방법을 찾기 위해 노력한다.

ㄴ. 동물 실험을 대체할 방법이 없는 경우 생명 윤리에 위배되는 행동을 하지 않는다.

~~ㄷ~~. 동물 실험을 대체할 방법이 없는 경우 실험의 정확성을 위해 가능한 많은 수의 동물을 이용한다. 최소한의

전략적 풀이 ❶ 과학 윤리를 준수하는 사례 중 동물 실험에 해당하는 내용이라는 것을 파악한다.

ㄱ, ㄴ. 동물 실험에서 지켜야 할 원칙을 명시한 동물법에서는 동물 실험을 대체할 방법이 있으면 동물 실험을 대신하고, 대체할 수 없는 경우에는 최소한의 동물을 이용하고, 동물에 가해지는 통증이나 고통을 감소시키도록 해야 한다고 되어 있다. 따라서 동물 실험을 대체할 방법을 찾기 위해 노력하고, 동물 실험을 대체할 방법이 없는 경우 생명 윤리에 위배되는 행동을 하지 않는다.

❷ 연구 윤리 중 실험 대상을 윤리적으로 대하며 실험 대상의 생명과 존엄성을 존중한다는 관점에서 생각해 보도록 한다.

ㄷ. 동물 실험을 대체할 방법이 없는 경우 최소한의 동물을 이용해야 한다.

Memo

Memo

Memo